Jetzt helfe ich mir selbst

AF902006

Motor
buch
Verlag

Bilder/Zeichnungen: Gerhard Axmann, Klaus Breustedt, Heinz-Dieter Kupsch, Wilhelm Mierendorf, Peter Russek, Archiv Oskar Weber Redaktionsagentur, Mercedes-Benz AG, Continental, Dunlop, Uniroyal, Hella, Bosch.

Alle Angaben und Ratschläge in diesem Ratgeber wurden nach bestem Wissen und Gewissen erteilt. Eine Haftung der Autoren oder des Verlages und seiner Beauftragten für Personen-, Sach- und Vermögensschäden ist jedoch ausgeschlossen.

Dieser Band entspricht dem Kenntnisstand zum Zeitpunkt der Drucklegung. Abweichungen durch Weiterentwicklung der beschriebenen Fahrzeuge, geänderte Anweisungen des Fahrzeugherstellers bzw. neue gesetzliche Bestimmungen sind möglich.

ISBN 3-613-0290-4

Ein Unternehmen der Paul Pietsch Verlage GmbH + Co
1. Auflage 2001

Grafische Gestaltung: Andreas Pflaum
Herstellung: Fotolito Longo, Bozen (I)
Druck & Bindung: KN Digital Printforce GmbH
70565 Stuttgart
Printed in Germany

Klaus Breustedt

Mercedes E-Klasse

Diesel: E 200 CDI (102/115 PS), E 220 D (95 PS), E 220 CDI (125/143 PS), E 270 CDI (170 PS), E 290 Turbo D (129 PS), E 300 D (136 PS), E 320 CDI (197 PS)

ab Mai 1995

Inhaltsverzeichnis

Einführung

Die Modellvorstellung

Die Ausrüstung

Die Wagenpflege

Die Motoren

Das Schmiersystem

Das Kühlsystem

Die Dieseleinspritzsysteme

Die Kraftstoffversorgung

Die Kraftübertragung

Das Fahrwerk

Ein Ratgeber stellt sich vor

»Jetzt helfe ich mir selbst« ist ein Ratgeber rund ums Auto. Er zeigt, wie die Technik funktioniert und wie Sie Ihr Fahrzeug optimal pflegen und warten können. Sie werden sehen: Do it yourself macht Spaß und spart Geld. Und mit dem richtigen Know-how schrumpft manche Panne zur Bagatelle, weil oft wenige Handgriffe genügen, ein Auto wieder flott zu machen.

Ein Ratgeber mit System

Jedes Kapitel dieses Ratgebers gliedert sich in die Abschnitte Theorie, Wartung und Reparatur.

Theorie: Hier informieren Sie sich über Technik und Funktionen. Neben ausführlichen Beschreibungen finden Sie in diesem Abschnitt auch ein **Techniklexikon** mit Hintergrundwissen zu speziellen Problemen.

Wartung: Eine detaillierte Anleitung führt Step by Step durch alle Arbeiten. **Arbeitssymbole** verdeutlichen Zeitaufwand, Schwierigkeitsgrad sowie Gefahren für Sicherheit und Umwelt. Eine Fotodokumentation veranschaulicht Arbeitsabläufe und Probleme.

Reparatur: Die **Arbeitsschritte** werden nach dem gleichen Muster dargestellt wie die Wartungsarbeiten. **Praxistips** helfen Ihnen bei der Umsetzung und bei Problemen. Der Reparatur-Teil enthält auch häufig einen **Störungsbeistand,** der Störungen, Ursachen und Abhilfen auflistet.

Technik-Themen und Störungsbeistände erschließen Sie über die Inhaltsübersicht und das Stichwortverzeichnis. Im Inhaltsverzeichnis finden Sie auch einen Hinweis auf die Wartungen und Reparaturen zu den verschiedenen Baugruppen: Jeweils auf der ersten Seite des entsprechenden Kapitels steht eine Übersicht mit Seitenangaben, die Sie direkt zu den Arbeitsschritten führt.

Die Bauteile des Motors

Techniklexikon

Motorblock. Hier sind die beweglichen Teile gelagert. Er besteht bei vielen Motoren aus Grauguss. Der Motorblock trägt auch Aggregate wie Lichtmaschine, Anlasser und Zündanlage.

Zylinderkopf. Schließt den Zylinder nach oben ab. Er enthält Kanäle für Frisch- und Abgas, Ventilsitze, Lager und Führungen für Teile der Ventilsteuerung, Zündkerzengewinde, Wasserkanäle und Brennraum. Die Zylinderkopfdichtung zwischen den Metall-Flächen von Zylinderkopf und Zylinderblock verhindert, dass an dieser Stelle Luft und Kühlwasser in den Zylinder gelangen.

Technik auf den Punkt gebracht: Knappe und präzise Infos über Begriffe, Funktionen und Zusammenhänge.

Wartung

Motor durchdrehen ....

Ventilspiel prüfen ....

Ventile einstellen ....

Kompressionsdruck messen ....

Reparatur

Zahnriemenzustand prüfen ....

Zahnriemenspannung behelfsmäßig prüfen ....

Eine Übersicht der Wartungen und Reparaturen finden Sie auf der ersten Seite jedes Kapitels. Die Seitenangaben führen Sie direkt zu den Arbeitsschritten.

Arbeitsschritte | 30.000 km 2 Jahre

① Ansauggeräuschdämpfer abbauen. Beim Diesel: Luftansaugleitung abbauen. Bei allen Motoren: elektrische Steckverbindungen lösen.

② Sechs Schrauben der Zylinderkopfhaube lösen und Haube vorsichtig abnehmen. Sitzt der Deckel fest, lösen Sie ihn durch Schläge mit Handballen oder Hammerstiel.

③ Für die Messung von Ein- und Auslassventil eines Zylinders müssen beide Ventile entlastet sein. Dazu den Motor durchdrehen, bis an der Nockenwelle die Spitzen beider Nocken von Zylinder 1 (in Fahrtrichtung rechts) symmetrisch nach links und rechts oben zeigen (OT-Markierung beachten). Diese Position entspricht dem Oberen Totpunkt.

Die Arbeitsschritte führen Sie Step by Step durch Ihre Wartungen und Reparaturen. Hier steht, wo Sie den Hebel ansetzen müssen und worauf Sie dabei achten müssen.

Kühlsystem

Störungs-beistand

Störung	Ursache	Abhilfe
A Temperatur-Anzeigenadel steht im roten Bereich	**1** Keilrippenriemen zu schwach gespannt oder gerissen	Riemenspannung kontrollieren oder Riemen ersetzen
	2 Zu wenig Flüssigkeit im Kühlsystem	Auffüllen, notfalls aus der Scheibenwaschanlage
	3 Kabel zur Temperaturanzeige hat Masseschluss	Kabel am Temperaturgeber abziehen, Zeiger muss zurückgehen, sonst Masseschluss; Kabelverlauf kontrollieren

Der ideale Pannenhelfer: Der »Störungsbeistand« hilft Ihnen, Fehlern und Defekten an Ihrem Fahrzeug systematisch auf den Grund zu gehen. Außerdem finden Sie hier Tipps, wie Sie mit einer Störung fertig werden.

Kompressions-druckluft strömt aus

Praxistipp

Wenn Kompressionsdruckluft an einer der folgenden Stellen ausströmt, hat dies meist diese Ursachen:

- Ansaugkrümmer oder Luftfiltergehäuse: defektes Einlassventil.
- geöffneter Kühler oder Kühlmittel-Ausgleichsbehälter.

Praxistipps für Schrauber: Hier steht, wie Sie schnell und effektiv Fehler feststellen und Probleme lösen.

Wartung und Inspektion

Sie finden den **Wartungsplan** von »Jetzt helfe ich mir selbst« auf den hinteren Buchseiten. Er basiert auf dem Wartungsplan, den die Autohersteller an ihre Vertragswerkstätten ausgeben. Außerdem enthält er einige Wartungsarbeiten an Baugruppen, die der Prüfer von TÜV oder DEKRA bei einer Hauptuntersuchung in Augenschein nimmt. Wenn Sie einen neuen Mercedes E-Klasse fahren, halten Sie die Wartungsintervalle des Herstellers unbedingt ein. Vor allem verzichten Sie aufs Do it yourself: Mercedes erfüllt nämlich selbst berechtigte Garantieansprüche nur dann, wenn die Wartungsarbeiten an Ihrem Mercedes rechtzeitig von einer Vertragswerkstatt erledigt wurden.

Ratgeberservice: Checklisten

Auf die vordere und hintere Umschlaginnenseite dieses Ratgebers haben wir eine Reihe von **Checklisten** gestellt, die Ihnen helfen, Ihr Auto für Alltag, Winter und TÜV/DEKRA fit zu machen. Hier steht, welche Arbeiten Sie durchführen sollten und auf welchen Seiten Sie die Arbeitsanleitungen dazu finden. Am besten die benötigte Liste kopieren und alle Arbeiten Punkt für Punkt abhaken.

Die Arbeitssymbole

Der Umweltbaum soll Sie für den Umweltschutz sensibilisieren. Er taucht immer dann auf, wenn eine Arbeit oder die dabei anfallenden Abfälle für die Umwelt problematisch sind.

Die Zahl der Schraubenschlüssel signalisiert den Schwierigkeitsgrad.
1 Schlüssel = leichte Arbeit; 2 Schlüssel = anspruchsvolle Arbeit; 3 Schlüssel = schwierige Arbeit.

Die Sanduhr nennt den Zeitaufwand für den Hobby-Schrauber. Ein Teilstrich steht für eine Viertelstunde – bei einer gefüllten Uhr müssen Sie also mit rund einer Stunde Arbeit rechnen.

Das Ausrufezeichen steht für Arbeiten, die die Betriebssicherheit Ihres Fahrzeugs betreffen. Wenn Sie nicht absolut kompetent sind: Hände weg! Das ist ein Fall für die Werkstatt.

Die Prüfplakette klassifiziert eine Vorsorgearbeit für die Hauptuntersuchung. Sie sparen Geld und Zeit, wenn Sie die markierten Wartungs- und Prüfarbeiten vor Ihrem Termin bei TÜV oder DEKRA durchführen.

Die Wartungsplakette bezeichnet alle Wartungsarbeiten für Ihr Auto, die auch die Werkstatt beim Kleinen und Großen Kundendienst durchführt. Sämtliche Punkte entsprechen den offiziellen Wartungsplänen.

DIE MERCEDES E-KLASSE

Mit attraktivem Design und vielen technischen Innovationen ging die neue Mercedes E-Klasse 1995 europaweit an den Start. Die "Neuen" zeichnen sich durch "intelligenten" Leichtbau, vorbildliche Aerodynamik und optimierte Motoren aus. Drei Design- und Ausstattungsvarianten stehen zur Wahl: Classic, Elegance und Avantgarde (Abb.).

Als die neue E-Klasse von Mercedes-Benz 1995 präsentiert wurde, machten sowohl sie als auch ihre Betrachter große Augen: Statt der Mercedes-typischen Rechteckscheinwerfer gaben ovale, schräggestellte Doppelleuchten der E-Klasse-Front ein für Mercedes-Verhältnisse eher ungewöhnliches Gepräge – aber auch ein typisches Gesicht.
Der Mut zum Bruch mit Konventionen hat sich zweifellos gelohnt: Die E-Klasse wurde aus dem Stand zum Renner. Sie verdrängte auf dem deutschen Markt sogar die deutlich preisgünstigere C-Klasse von Mercedes. Und sie setzte sich in ihrem ersten Produktionsjahr (1996) mit fast 130 000 Exemplaren bundesweit auf Platz sieben der Zulassungs-Hitliste – inmitten von viel preisgünstigeren Mobilen von VW, Opel und Audi.

Die Karosserie

Es begann 1895 als simples Fahrgestell mit einem aufgesetzten Kutschenaufbau. Diese erste von Carl Benz kreierte Limousine hatte in ihrer groben Struktur lange Gültigkeit.
Nach dem Zweiten Weltkrieg wich die von einem Rahmen getragene Karosseriebauweise der selbsttragenden Stahlblechkarosserie. Von da an bildeten Hohlkörper und Schalenteile aus Blech eine stabil verschweißte Einheit. Nur noch die vorderen Kotflügel, Hauben und Türen wurden angeschraubt. Die damit erzielte höhere Steifigkeit war ein großer und wichtiger Schritt in Richtung maximaler Sicherheit und Haltbarkeit. Im Laufe der Jahre und durch die unermüdliche Arbeit der Mercedes-Ingenieure wurden die Karosserien mit dem Stern auf der Motorhaube mehr und mehr verfeinert. Stabile und gleichzeitig leichtere Materialien, eine elegante strömungsgünstige Form und schließlich der effektive Korrosionsschutz sind heute beste Voraussetzung für ein möglichst sicheres, umweltschonendes und langlebiges Auto.

Das Leichtbaukonzept

Der Anteil des Gewichts am Energieverbrauch eines Autos ist nicht zu unterschätzen. Im Stadtverkehr beträgt er zum Beispiel 23 Prozent. Davon sind 17 Prozent für die Massenbeschleunigung erforderlich, die restlichen sechs Prozent der Energie werden für die Überwindung des Rollwiderstands benötigt. Und der ist ebenfalls vom Fahrzeuggewicht abhängig. Deutlicher: Durch eine Verringerung des Fahrzeuggewichts um 100 Kilogramm sinkt der Kraftstoffverbrauch im

Stadtverkehr – je nach Modell und Fahrweise – um 0,3 bis 0,6 Liter je 100 Kilometer.

»Abspecken ja, aber nicht um jeden Preis« – das war das primäre Ziel bei der Entwicklung der E-Klasse. Denn Gewichtsverringerung ist nur ein Schritt zur Lösung. Wichtig sind ebenso Aspekte wie Sicherheit, Fahrkomfort, Verlässlichkeit und Wirtschaftlichkeit. Aus dieser Erkenntnis heraus hat Mercedes-Benz ein Leichtbaukonzept entwickelt, das alle Anforderungen gleichermaßen erfüllt.

In der neuen Mercedes-Benz E-Klasse ersetzen Naturmaterialien wie Flachs, Sisal, Baumwolle oder Kokosfasern an zahlreichen Stellen der Karosserie chemische Werkstoffe und ermöglichen damit weitere Fortschritte auf dem Gebiet des Recyclings. Die Trägerteile der Türinnenverkleidungen bestehen aus einer neuartigen Flachs-/Sisal-Kombination.

Die Hauptrolle in diesem Konzept spielt Stahl. Mit einem guten Leistungsgewicht bei gleichzeitiger hoher Stabilität ist Stahl in der tragenden Rohbaustruktur von Personenwagen der ideale Kompromiss zwischen Gewicht und Sicherheit. Um diesen beiden Polen gerecht zu werden, wurden besonders anfällige Stellen der Karosserie durch die lokale Verstärkung der Blechdicke robuster gemacht. Für andere, weniger belastete Bereiche wurde Stahl geringerer Stärke verwendet. Es entstand eine Karosserie, die zwar mit Gewicht, aber nicht mit Stabilität geizt. Da Stahl jedoch nicht gleich Stahl ist, greift Mercedes-Benz immer öfter auf höherfeste Stahlsorten zurück. Sie erlauben die Verwendung geringerer Blechdicken bei gleichbleibender Festigkeit. Rund ein Drittel aller Bleche in der Rohbaustruktur der neuen E-Klasse besteht aus solchem höherfesten Stahl.

Leichtbau mit Titan

Ein neuer Vertreter der höherfesten Stahlsorten ist der "mikrolegierte isotope Stahl". Das ist eine Speziallegierung, die aus titanhaltigem Feinblech besteht und über eine besonders gleichmäßige Struktur verfügt. Dank des Titanzusatzes lässt sich das Feinblech besser umformen und ist so vor allem für großflächige Karosserieteile geeignet. Bei der E-Klasse werden unter anderem Teile des Integralträgers, die Fondtüren, die Rückwand sowie der hintere Unterboden aus titanhaltigem Feinblech hergestellt. Die Gewichtseinsparungen gegenüber herkömmlichem Stahlblech betragen je nach Bauteil zwischen vier und sieben Prozent.

Neue Formensprache

Die Funktion folgt der Form. Das ist die Aussage, mit der man das Design der neuen E-Klasse zusammenfassen kann.

Die aerodynamische Entwicklung der neuen Mercedes-Benz E-Klasse begann im Wasserkanal, wo sich die Umströmung der Karosserie besonders gut beobachten lässt. Mit einem Luftwiderstandsbeiwert (cw-Wert) von nur 0,27 sind der E 200 und der E 220 DIESEL die strömungsgünstigsten Serienlimousinen der Welt.

Beispiel Frontpartie: Hier haben die runden Scheinwerfer weit mehr als nur funktionale Bedeutung. Sie prägen das Erscheinungsbild und sind deshalb ein wichtiges Design-Merkmal. In der Seitenansicht harmoniert die coupéähnliche Linienführung mit der Dynamik der neugestalteten Frontpartie und lehnt sich gleichzeitig an die gewohnten, zeitlosen Merkmale des Mercedes-Designs an. Mercerdestypisch auch die Gestaltung der Dachsäulen:

A-Säule. Sie greift mit der flach anlaufenden Frontscheibe die coupéhafte Linienführung auf, die sich in dem relativ kurzen Dach und der langgestreckten Heckscheibe fortsetzt.

B-Säule. Sie fungiert als formales Bindeglied und sorgt

Neues Stilelement: Statt der Mercedes-typischen Rechteckscheinwerfer geben ovale, schräggestellte Doppelleuchten der E-Klasse-Front ein für Mercedes-Verhältnisse eher ungewöhnliches Gepräge - aber auch ein unverwechselbares, typisches Gesicht.

durch schwarz lackierte, hochglänzende Blenden für eine nahtlose Einheit zwischen den Seitenscheiben. **C-Säule.** Sie ermöglicht dank ihrer kraftvollen, prägnanten Formgestaltung einen fließenden Übergang zum Heck der Limousine.

Das relativ kurze Dach sowie die lang in den Kofferraum auslaufende Heckscheibe der neuen Mercedes-Benz E-Klasse vermitteln in Verbindung mit der organisch angebundenen C-Säule einen coupéähnlichen Eindruck.

Die Modelle der Mercedes E-Klasse

Die Mittelklasse von Mercedes-Benz ist eine deutsche Institution. Und schwäbische Tradition ist deren außerordentliche Modell-Vielfalt. Ob nüchtern rechnender Taxifahrer oder großzügig denkender Genussmensch – jedem E-Klasse-Interessenten offeriert die mehrseitige Preisliste eine maßgeschneiderte Variante im äußerlich fast identischen Gewand.
Damit deckt die E-Klasse das gewaltige Preisspektrum von rund 53 000 Mark (E 200 ohne Extras) bis 175 000 Mark (E 50 AMG mit allen erdenklichen Extras) ab.
Für den knapp 1,5 Tonnen schweren E 200 kann auch heute noch – wie bereits zu Zeiten der so genannten »Heckflosse« Mitte der 60er Jahre – ein Zweiliter-Benzinmotor geordert werden. Damals wie heute gilt ein Mercedes 200 als Einstieg ins automobile Oberhaus. Und wie schon den »Heckflossen«-Nachfolger, 1968 präsentiert und von Sternen-Fans "Strich-8" genannt, beflügelt auch das aktuelle E-Klasse-Modell auf Wunsch ein Motor, der ursprünglich für die große S-Klasse bestimmt war. Ist es heute der 4,2 Liter V8 im E 420, so war es 1972 der Reihensechszylinder mit zwei obenliegenden Nockenwellen im 280 und 280 E, der Fahrleistungen und Antriebskomfort der Spitzenklasse in die Mittelklasse transferierte.
Darüber hinaus wartet die aktuelle E-Klasse W 210 mit einem Topmodell auf, dessen Geschichte nur bis zu ihrer Vorgänger-Serie W 124 zurückverfolgt werden kann. Gemeint ist der 500 E-Nachfolger E 50 AMG, der vom Mercedes-Tuner AMG in Affalterbach seinen letzten Schliff erhält und als offizielles Modell die Mercedes-Preisliste krönt: Als Fünfliter-Kraftprotz mit knapp 350 PS und Fahrleistungen in der Region internationaler Super-Sportwagen.
Mit Ausnahme des Fünfliters sowie des hubraumgrößten und -kleinsten Diesel können alle Triebwerke neben der viertürigen Limousine auch für die zweite E-Karosserievariante, für die Kombiversion, das T-Modell gewählt werden. Geringere Wahl hat, wer sich für den Vierradantrieb 4Matic entscheidet. Den gibt es zwar in beiden Karosserien zum Aufpreis, aber nur in Kombination mit den neuen V6-Motoren und ausschließlich zusammen mit Automatik-Getriebe.
Nicht bedient werden mit der neuen E-Klasse hingegen Coupé- und Cabrio-Fans, denen noch die Vorgänger-Serie W 124 ausgesprochen elegante Vertreter ihrer Art lieferte. Wer viersitzige Zweitürer mag, der muss bei Mercedes eine Klasse tiefer greifen: zum Beispiel zu dem auf der C-Klasse basierenden CLK oder auf das Cabriolet gleichen Baumusters.

Die Modellversionen

Mit den verschiedenen Modellvarianten hat sich Mercedes-Benz auf die veränderten Wünsche seiner Kunden eingestellt. Heute rangieren nämlich bei den Vorstellungen der Käufer Individualität und Flexibilität ganz oben. Diesen Wünschen wird Mercedes durch verschiedene »Lines« – Modellausstattungen – gerecht. Begonnen hat dieses Modellkonzept mit der C-Klasse.

Bei der neuen E-Klasse wird es konsequent fortgesetzt.
Die Lines der E-Klasse heißen »Classic«, »Elegance« und »Avantgarde«. Den Charakter der einzelnen Varianten prägen unterschiedliche Designelemente, Ausstattungsumfang und Technikdetails. Sie geben jeder von ihnen eine eigenständige Note, die verschiedene Käufergruppen anspricht.

Classic: Das Basismodell der E-Klasse ist ein komplett ausgestatteter Mercedes-Benz, der unaufdringliche Eleganz mit mercedestypischer Funktionalität verbindet und auf diese Weise die traditionellen Käufer einer Limousine der gehobenen Mittelklasse anspricht.

- Stahlscheibenräder mit Radzierblenden
- Grüne Colorglasscheiben
- Zierstäbe an Dach und Bordkante, Front- und Heckscheibe aus Eloxal Hämatit
- B-Säulenblenden und Fensterstege optisch auf das Eloxal abgestimmt und hochglänzend schwarz lackiert
- Stoßfänger mit aufgesetzter Schutzleiste in Kontrastfarbe
- Sichtbare Flächen der Stoßfängerverkleidung in Wagenfarbe
- Holzverkleidungen in Platane
- Sitzbezugstoff im Dessin »Welle« in den Farben Schwarz, Blau, Champignon oder Grau
- MB-Tex in den Farben Schwarz, Blau, Safran, Champignon oder Grau
- Schalthebel und Lenkrad schwarz geschäumt
- Niedrige Mittelkonsole mit offener Ablage

Elegance: Mit Chromblenden an den Oberseiten der Stoßfänger, den Türgriffen und den Seitenschutzleisten sowie Leichtmetallrädern sorgt diese Line für den vornehmen Auftritt. Stilvoll im Innenraum: Wurzelnussholz und farbiges Leder an Lenkrad und Schalthebel.

- Leichtmetall-Scheibenräder in 10-Loch-Design
- Dachzierstäbe in Wagenfarbe
- B-Säulenblenden und Fensterstäbe der Fondtüren optisch abgestimmt und hochglänzend schwarz lackiert
- Seitliche Schutzleisten in Kontrastfarbe mit Chromblende
- Türgriffe mit Chromauflage
- Stoßfänger in Wagenfarbe und Schutzleisten in Kontrastfarbe mit Chromleiste
- Holzverkleidungen in Wurzelnuss
- Sitzbezugstoff im Dessin »Presto« in den Farben Schwarz, Blau, Champignon oder Grau
- Lederausstattung in Schwarz, Blau, Safran, Champignon oder Grau
- Schalthebel und Lenkrad mit Lederbezug in der Farbe der Instrumententafel
- Pompadourtaschen an den Rückenlehnen der Vordersitze
- Hohe Armauflage mit zusätzlichem Ablagefach
- Fondraumbelüftung
- Sonnenblenden mit beleuchtetem Spiegel
- Innenspiegel automatisch abblendbar

Familienbild: Die drei Ausstattungs-Lines der neuen E-Klasse heißen Classic, Elegance und Avantgarde.

Avantgarde: Diese Modellversion hat ein betont innovatives und sportliches Erscheinungsbild. Wichtige Elemente sind unter anderem die spezielle Kühlermaske mit schwarzlackierten Lamellen, 16-Zoll-Leichtmetallräder und blaugetönte Colorglasscheiben.

- Leichtmetall-Scheibenräder im 5-Loch-Design (16 Zoll) mit Breitreifen 215/55 R 16
- Tiefergelegtes Fahrwerk
- Blaue Colorglasscheiben
- Dachzierstäbe in Wagenfarbe
- B-Säulenblenden und Fensterstege der Fondtüren in Wagenfarbe mit Farbverlaufsfolie
- Stoßfänger und Schutzleisten in Wagenfarbe mit Chromblende
- Fondraumbelüftung
- Pompadourtaschen an den Rückenlehnen der Vordersitze
- Exklusive Metallic-Lackierungen Violan und Amazonitgrün
- Türgriffe mit Chromauflage

- Kühlerschutzgitter mit hochglänzend schwarz lackierten Lamellen
- Xenon-Scheinwerfer
- Holzverkleidungen in Vogelaugenahorn
- Sitzbezugstoff im Dessin »Tiffany« in den Farben Schwarz/Grün, Schwarz/Rot, oder Schwarz/Grau
- Lederausstattung in Schwarz, Blau oder Grau
- Schalthebel und Lenkrad mit schwarzem Lederbezug
- Hohe Armauflage mit zusätzlichem Ablagefach
- Scheinwerferreinigungsanlage
- Dynamische Leuchtweitenregulierung

Das T-Modell

Mercedes und Kombi – das war lange Zeit kein Thema. Wer in den 50er Jahren seinen 170 S oder in den frühen 60er Jahren seinen 220er mit mehr Laderaum und Heckklappe versehen wollte, der musste sich an Spezialisten wie Lueg in Bochum, Miesen in Bonn oder an Binz & Co im württembergischen Lorch wenden. Erst 1966 nahm Mercedes-Benz die praktische Karosserievariante für die Heckflossen-Modelle 200/200 D, 230 und 230 S in das offizielle Verkaufsprogramm. Diese als "Universal" benannten Fünftürer wurden in kleiner Stückzahl in Belgien montiert.
Die 70er Jahre brachten schließlich die Wende: Endlich entstand der Mercedes-Kombi direkt bei Mercedes – im Werk Bremen. Auf der Basis der W 123-Reihe (Präsentation 1977) wurde der Kombi zum Erfolgswagen: Kombis waren nun nicht länger nur Nutzfahrzeuge für Handwerker, sie waren endlich gesellschaftsfähig. Und Mercedes-Benz hat mit seinem noblen T-Modell erheblich zum gewandelten Image beigetragen.
Kein Wunder, dass die Schwaben auch ihrer aktuellen E-Klasse schon kurz nach Vorstellung der Limousine ein entsprechendes T-Modell zugesellten: 1996 in Genf präsentiert, wurde das "Raumschiff" ab Mai 1996 ausgeliefert. Und "Raumschiff" trifft dabei den Nagel auf den Kopf. Denn im Gegensatz zum ersten T-Modell (W 123), aber auch gegenüber dem Vorgänger (W 124), beeindruckt der Neue mit einem Ladevolumen, das diesen Kombi in Sachen Platzangebot in die Frontreihe seiner Klasse einordnet. Knapp zwei Kubikmeter Ladevolumen (nach VDA-Messmethoden) sind es maximal. Dabei stehen maximal bis zu etwas über drei Meter Länge bei flach gelegtem Beifahrersitz zur Verfügung. Und mit 550 bis 580 Kilogramm können überdies ein bis zwei Zentner mehr Last geladen werden als in der Limousine.

»Vorgestern, gestern und heute«: So veränderten sich die Gesichter der T-Modelle. Vom T-Modell der Baureihe 123 über das T-Modell der Baureihe 124 bis zur heutigen Version.

Innovation unter dem Blech. In der neuen Mercedes E-Klasse kommen über 30 technische Neuentwicklungen zum Einsatz, die das Autofahren noch sicherer und komfortabler machen. Dank einzigartiger Karosseriestruktur und Rückhaltesysteme sind die neuen Mercedes-Limousinen die sichersten Automobile ihrer Klasse.

Technisch entsprechen die T-Modelle – abgesehen von Fahrwerks-Modifikationen zugunsten höherer Nutzlast und zur Anpassung an geänderte Achslast-Verhältnisse – den Limousinen. Allerdings stand und steht T-Interessenten nicht das gesamte Motoren-Spektrum der E-Reihe zur Verfügung. Bis zum März 1997 mussten T-Fahrer alternativ mit den beiden Vierzylindern, dem Fünfzylinder Turbodiesel und dem 4,2 Liter-V 8 vorlieb nehmen. Seit Einführung der V 6-Triebwerke stehen nunmehr auch Sechszylinder mit 2,8 Liter und 3,2 Liter Hubraum zur Wahl.
Darüber hinaus können die V-Motoren im Kombi mit Vierradantrieb – der 4Matic – geordert werden. Damit zählt die T-Preisliste 1997 insgesamt acht E-Klasse-Kombis auf.

So sitzen Sie richtig – Praxistipp

Der Fahrersitz eines Automobils ist ein Arbeitsplatz. Dem Fahrer wird eine gewisse Zwangshaltung vorgegeben, weil er ständig Kontakt mit den Pedalen und dem Lenkrad halten muss. Gleichzeitig müssen verschiedene Hebel und Schalter erreichbar sein.
Um entspannt und wirbelsäulenschonend Auto zu fahren, sollten Sie:

- Die Rückenlehne leicht nach hinten neigen (100 bis 120 Grad zur Sitzfläche).
- Die Kopfstützen sollten zwei bis drei Zentimeter oberhalb der Augen-Ohren-Linie abschließen.
- Setzen Sie sich so, dass der ganze Rücken Kontakt zur Rückenlehne hat.
- Greifen Sie das Lenkrad am oberen Rand. Bei angelehnten Schultern sollten die Arme nicht ganz gestreckt sein.
- Wenn Sie Kupplung oder Bremse bedienen, sollten die Beine nicht ganz gestreckt werden.
- Während der Fahrt sollten die Knie leicht angewinkelt sein.

Der Innenraum

Auch im Innenraum haben die Modelle der Mercedes E-Klasse einiges zu bieten. Die Gestaltung des Interieurs ist von fließend-weichen Formen geprägt. Die organische Formgebung wurde von außen nach innen übertragen und durch Farben und Materialien so ergänzt, dass ein Innenraum entstand, der Ruhe und Solidität ausstrahlt. Hochwertige Stoffe, feines Leder und in Handarbeit hergestellte Holzzierstäbe aus Platane, Wurzelnuss oder Vogelaugenahorn verstärken den eleganten Eindruck. Zugleich werden bei der E-Klasse zusätzliche Akzente gesetzt. So fällt die konsequent durchgehaltene Zweifarbigkeit des Innenraums auf. Im Bereich der Bordkante sind grundsätzlich dunkle Farbtöne gewählt. Dadurch werden beispielsweise Spiegelungen in der Frontscheibe vermieden. Darunter dominieren helle Partien. Diese Farbgestaltung unterstreicht das gesamte Formenkonzept nachhaltig. Auf diese Weise wird auch die stilistisch intelligente Form der Instrumententafel betont.

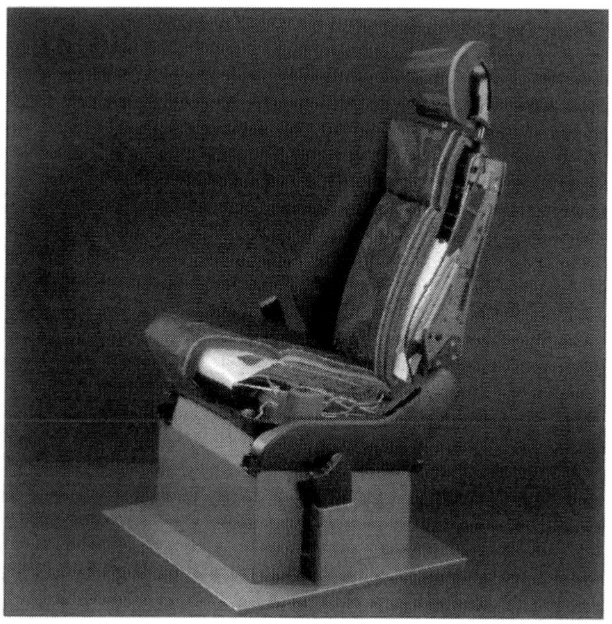

Am quergeschnittenen Multikomfortsitz sind die hellen aufblasbaren Luftpolster sehr schön zu erkennen.

Hoher Sitzkomfort

Im Innenraum eines Mercedes sollen sich Menschen unterschiedlicher Körpergröße wohlfühlen. Und das tun sie auch. Denn selbst wenn ein 1,99 Meter großer Mann seinen Fahrersitz in die richtige Position schiebt, bleibt im Fond noch genügend Platz für einen kleinen Mitfahrer. Denn während die Limousine in den Außenabmessungen nur 50 Millimeter zulegt, bietet sie im Innenraum deutlich mehr Bewegungsfreiheit als im Vorgängermodell:

- Die Ellenbogen- und Schulterbreite vergrößerte sich vorn um elf Millimeter. Im Fond stehen sogar 1450 Millimeter Schulterbreite zur Verfügung – 34 Millimeter mehr als bei der bisherigen E-Klasse.
- Der Abstand zwischen den Frontpassagieren und den Mitfahrern auf den Rücksitzen beträgt jetzt 840 Millimeter und vergrößerte sich damit um 33 Millimeter.

- Die Kniefreiheit der Fondpassagiere verbesserte sich um 44 Millimeter.
- Der effektive Kopfraum auf den Vordersitzen nahm um 22 Millimeter auf 997 Millimeter zu. Im Fondraum misst er 970 Millimeter, was gegenüber dem Vorgängermodell einem Plus von zwölf Millimetern entspricht.

Airbags – vier serienmäßig

Vier Airbags – allesamt mit ungiftiger Treibladung – schützen serienmäßig Fahrer und Beifahrer: Fullsize-Airbags für Fahrer und Beifahrer sowie Sidebags in den Vordertüren.
Limousine und T-Modell sind mit einer druckempfindlichen Sensormatte in der Schaumauflage des rechten Vordersitzes ausgerüstet, die automatisch erkennt, ob ein Beifahrer mit von der Partie ist oder nicht. Die elektrischen Leiterbahnen der Matte sind mit dem Steuergerät der Rückhaltesysteme verbunden. Wird der Beifahrersitz mit einem Gewicht von mehr als zwölf Kilogramm belastet, gibt die Sensormatte ein entsprechendes Signal an die Airbag-Elektronik, die dann je nach Kollision den rechten Airbag, den Gurtstraffer des Beifahrers oder den Sidebag beim Crash in bewährter Weise auslöst. Bleibt der Beifahrersitz leer, löst die Elektronik die Rückhaltesysteme nicht aus und hilft auf diese Weise, die Unfallkosten zu verringern. Das Gewichtslimit von zwölf Kilogramm ist notwendig, damit die Sensoren eine auf dem Sitz abgestellte Einkaufstasche oder einen Aktenkoffer nicht irrtümlich als Passagier identifizieren.

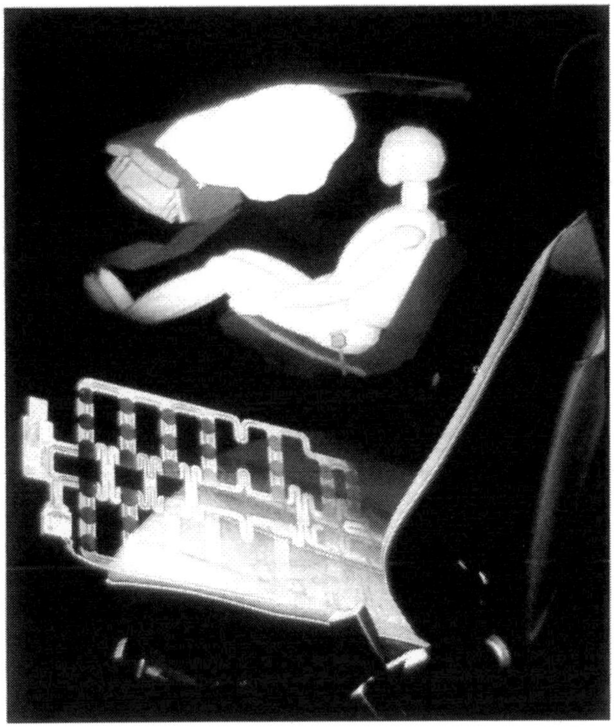

Wird der Beifahrersitz mit einem Gewicht von mehr als zwölf Kilogramm belastet, gibt die Sensormatte ein entsprechendes Signal an die Airbag-Elektronik.

Sidebag optimiert Seitenschutz

Noch perfekter wird der Flankenschutz durch einen Sidebag, den Mercedes-Benz in der E-Klasse serienmäßig einsetzt.
Der Sidebag befindet sich in den vorderen Türen, hat ein Volumen von 15 Litern und ist im aufgeblasenen Zustand etwa sieben Zentimeter dick.

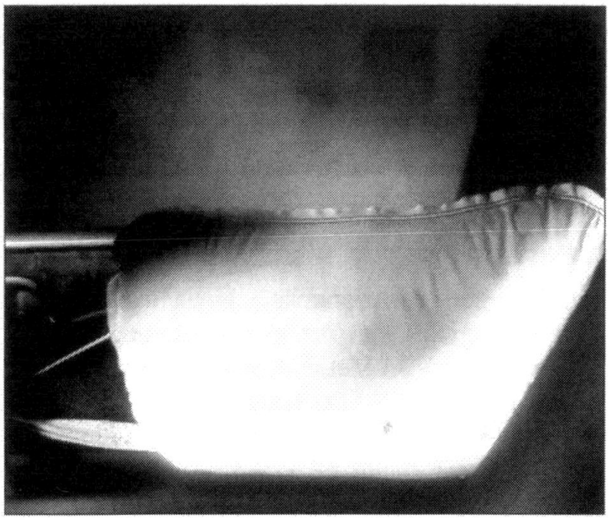

Schön, wenn Sie ihn nie zu sehen bekommen: Der Sidebag Ihres Mercedes E-Klasse.

Der Mercedes-Sidebag ist in Schnelligkeit kaum zu übertreffen. Nur sieben Millisekunden vergehen nach einem Unfall, bis der Sensor des seitlichen Luftpolsters entscheidet, ob er den Sidebag auslösen soll oder nicht. Löst der Mikrocomputer den Zündimpuls aus, hat der Sidebag bereits nach zwei weiteren Millisekunden die Stoffverkleidung der Tür aufgerissen. Und 13 Millisekunden später ist er voll zur Stelle, um Fahrer oder Beifahrer zu schützen. Dann sind seit dem Aufprall insgesamt nur 20 Millisekunden vergangen, bis sich der Luftsack zwischen Tür und Autoinsassen geschoben hat. Man braucht Hochgeschwindigkeitskameras, die pro Sekunde bis zu 4000 Fotos aufnehmen, um den Austritt des Sidebags sichtbar zu machen. Zum Vergleich: Der Frontairbag für Fahrer und Beifahrer kann sich »viel« mehr Zeit nehmen. Er ist erst nach 40 bis 60 Millisekunden aufgeblasen.

T-Modell mit vielen Variationsmöglichkeiten

Das Gepäckabteil des E-Klasse-T-Modells wurde genauso hochwertig ausgestattet wie der übrige Innenraum. Boden und Seitenteile wurden mit einem Velours-Teppichboden verkleidet. Auf der linken Seite sind das Ersatzrad, der Wagenheber und das Bordwerkzeug untergebracht. Warndreieck und Verbandtasche befinden sich hinter einer Klappe in der rechten Seitenwandverkleidung. Praktisch ist auch die 12-Volt-Steckdose in der linken Seitenverkleidung des Innenraums. Die Abdeckung der Steckdose dient als Kindersicherung. Eine Mulde im Laderaumboden dient als zusätzliches Staufach, das sich mit einer stabilen Abdeckung verschließen lässt. Hier findet auf Wunsch die ausklappbare dritte Sitzreihe für zwei zusätzliche Passagiere Platz, die sich ebenfalls mit Dreipunkt-Automatikgurten anschnallen können.

Ladevolumen 600 bis 1975 Liter

Dank der Innenraumvariabilität bietet das T-Modell der E-Klasse ein Ladevolumen von maximal 1975 Litern – nach der VDA-Messmethode bei dachhoher Beladung. Das sind 126 Liter mehr als beim Vorgängermodell. Gehen fünf Passagiere auf Reisen, dann steht ihnen ein Gepäckraum mit einem Fassungsvermögen von 600 Litern (bei Beladung bis zur Sichtkante der Heckscheibe) zu Verfügung – 70 Liter mehr als im bisherigen T-Modell. Der größte Quader, der im Laderaum Platz findet, hat ein Volumen von 1175 Litern und misst 1809 mal 951 mal 683 Millimeter (Länge/Breite/Höhe). Auch das ist deutlich mehr als beim Vorgängermodell (Quadervolumen 980 Liter).

Die Abmessungen der E-Klasse

Die Stufenheck-Version misst 4795 Millimeter (knapp 4,8 Meter) von Front- zu Heckstoßstange. In der Höhe bringt es die Limousine auf 1436 Millimeter. Die Breite zwischen den Reifenaufstandsflächen beträgt vorn 1542 Millimeter, hinten 1536 Millimeter. In der Gesamtbreite »schafft« die Limousine 1799 Millimeter. Das T-Modell ist noch mal 21 Millimeter länger als die Limousine. Auch in der Höhe hat das T-Modell 30 Millimeter mehr zu bieten.

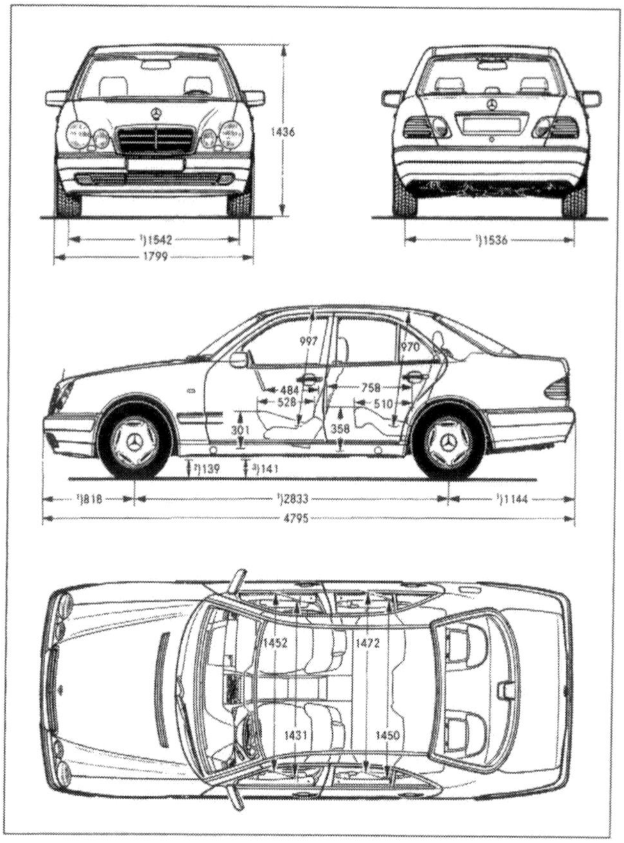

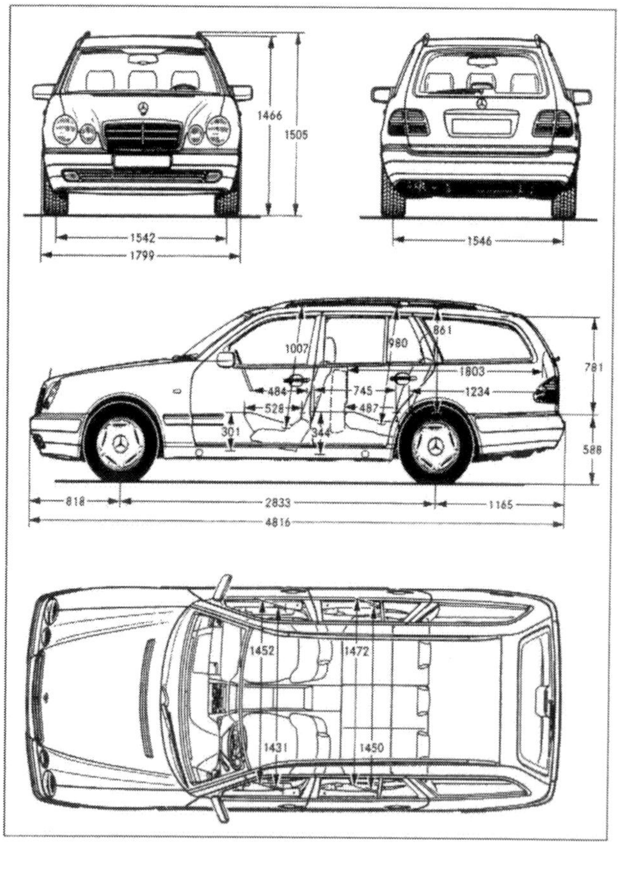

Die Motoren

Insgesamt nicht weniger als zehn Motor-Varianten stellen sich dem Käufer der neuen E-Klasse zur Wahl (wobei der fünfzylindrige 2,5 Liter-Diesel E 250 D ausschließlich für die Märkte Italien, Griechenland und Portugal bestimmt ist).

Zählt man die seit März 1997 an die Stelle der 2,8 Liter und 3,2 Liter großen Reihensechszylinder getretenen V 6-Aggregate hinzu, dann sind es sogar zwölf Motoren. Seit Juli 1998 gibt es bei der E-Klasse zwei Modelle mit Direkteinspritzung, den E 200 CDI und den E 220 CDI, wobei der E 220 ersetzt wird. Beide Motoren erhielten ab Juni 1999 mehr Leistung. Zusätzlich erschien der E 270 CDI und im August 1999 ersetzte der E 320 CDI den E 300 D.

Die Motoren im Einzelnen:

- Dieselmotoren:
  E 200 CDI, E 220 D u. E 220 CDI mit vier Zylindern;
  E 250 D, E 270 CDI u. E 290 TD mit fünf Zylindern;
  E 300 D u. E 320 CDI mit sechs Zylindern.
- Benzinmotoren:
  E 200 und E 230 mit vier Zylindern,
  E 280 und E 320 in Reihen- und V-Konfigurationen mit sechs Zylindern,
  E 420 und E 50 AMG mit acht Zylindern.

Was Mercedes-Benz in Sachen Motorenbau liefert, ist Hightech vom Feinsten: Dreiventil- und Vierventil-Zylinderköpfe sind genauso selbstverständlich, wie vollelektronische Motor-Managements. Variable Steuerzeiten ergänzen variable Saugrohr-Volumina. Schmieröl-Analysesysteme erleichtern die Motor-Überwachung und verlängern die Ölwechsel-Intervalle. Und Direkteinspritzung ziert in Kombination mit Turbo und Ladeluftkühlung den modernsten Mercedes-Diesel.

Die Vierzylinder-Diesel: E 220 D, E 200 CDI und E 220 CDI

Schon die kleinste Version der 1993 eingeführten neuen Diesel-Generation von Mercedes – der intern als OM 604 geführte 2,2 Liter-Vierzylinder – besticht mit allen Merkmalen modernster Motorentechnik. So waren die Schwaben die ersten, die den Vierventil-Vorkammerzylinderkopf beim Diesel in Serie nahmen. Die fast senkrecht hängenden Ventile werden von zwei obenliegenden Nockenwellen betätigt, wobei die von der Kurbelwelle via Kette angetriebene Auslass-Nockenwelle ihrerseits über Zahnräder die Einlasswelle betätigt. Für gutes Drehmoment sorgt ein Schwingrohr-Ansaugsystem mit relativ langen Einzelsaugrohren.

Bemerkenswert ist überdies das den Benzinern vergleichbare vollelektronisch gesteuerte Einspritzsystem (beim OM 604 mit Verteilereinspritzpumpe) in Kombination mit dem erstmals von Mercedes beim Diesel verwendeten CAN-Datenbus (CAN=Controller Area Network). Der CAN-Datenbus ermöglicht den permanenten Datenaustausch zwischen Motormanagement und elektronisch gesteuerten Fahrassistenten – etwa mit der Antriebsschlupfregelung ASR, dem Antiblockiersystem ABS, dem (elektronisch gesteuerten) Automatikgetriebe, aber auch mit dem elektronischen Fahrberechtigungssystem.

Wer die Leistungsdaten des Vierzylinder-Diesel betrachtet und sie mit dem Mercedes-Stand beim E-Klasse-Ahnen W 115 (/8) der 60er/70er Jahre vergleicht,

Der neue Vierzylinder-Dieselmotor mit Direkteinspritzung nach dem Common-Rail-Prinzip.

der hat allen Grund zum Staunen. Während sich der damalige 220 D zu gerade 44 kW/60 PS bei 4.200/min aufraffte, kommt der Neue mit gleichem Hubraum auf stattliche 70 kW/95 PS bei 5.000/min und der 220 CDI gar auf 92 kW/125 PS bzw. 105 kW/143 PS. Schon der E 200 CDI mit 75 kW/102 PS bzw. 85 kW/116 PS wartet mit beachtlicher Motorleistung auf.

Die Modelle E 200 CDI und E 220 CDI ersetzen seit Juni 1998 den Vierzylinder-Diesel mit Vorkammertechnik.

Seit Juni 1999 sind der E 200 CDI und 220 CDI in der Leistung nochmals modifiziert und im Drehmoment deutlich angehoben.

Common Rail: Mit Hochdruck in die Zukunft

Das Kürzel CDI im Modellschriftzug steht für Common-Rail-Direkt-Injektion und ist zum Synonym für die weltweit fortschrittlichste Diesel-Technologie geworden. Denn: Das CDI-Prinzip ermöglicht nicht nur eine deutliche Verringerung des Kraftstoffverbrauchs und der Abgas-Emissionen, es bietet auch einen besseren Fahr- und Geräuschkomfort als moderne Vorkammermotoren. Damit sind die Common-Rail-Triebwerke aus dem Hause Mercedes-Benz herkömmlichen Motoren mit direkten oder indirekten Einspritzsystemen deutlich überlegen.
Wie alle Mercedes-Diesel der E-Klasse verfügen auch die Vierzylinder-Dieselmotoren über einen Oxydationskatalysator und Abgasrückführung.

Die Fünfzylinder-Diesel: E 250 D, E 270 CDI und E 290 TD

Der dem deutschen Markt vorenthaltene OM 605 mit fünf Zylindern und 2,5 Liter Hubraum entspricht technisch – abgesehen von der Zylinderzahl – weitgehend dem Vierzylinder OM 604. Der größeren Pleuelzahl entsprechend ist die Fünfzylinder-Kurbelwelle sechsfach (statt nur fünffach) gelagert. Statt der Verteilereinspritzpumpe des Vierzylinders kommt eine elektronisch gesteuerte Reiheneinspritzpumpe zum Einsatz. Und bei Modellen mit Schaltgetriebe tut zugunsten besserer Laufkultur ein Zweimassenschwungrad Dienst.
Der zweite Fünfzylinder, der 290 TD – intern OM 602 – ist der erste Diesel-Direkteinspritzer in einem Personenwagen von Mercedes-Benz. Er verfügt über zwei Ventile pro Brennraum. Jeweils ein Einlass- und Auslassventil musste für die direkt in die Brennräume ragende Einspritzdüse Platz machen. Gegenüber dem herkömmlichen Vorkammer-System, bei dem der Treibstoff in einer kleinen Kammer oberhalb des Brennraums sozusagen zwischengelagert wird, ehe er im Brennraum durch Hochverdichtung zur Selbstentzündung gelangt, wartet der Direkteinspritzer mit deutlichen Verbrauchsvorteilen auf. Grund ist die bei diesem System effizientere Verbrennung, weil der Kraftstoff mit hohem Druck (bis zu 310 bar) direkt in den Brennraum gelangt, wo es unmittelbar zu einer Entzündung durch die hochverdichtete, heiße Luft kommt.
Die Verbrennungsluft wiederum wird beim OM 602 durch einen Abgas-Turbolader (alternativ KKK oder

Das neue 2,9-Liter-Turbodiesel-Triebwerk mit hohem Drehmoment. Man erkennt das Schwungrad, den Abgasturbolader und Teile der Abgasrückführung.

Der 2,9-Liter-Turbodiesel von der Ansaugseite her gesehen.

Der moderne 2,9-Liter-Turbodiesel mit Direkteinspritzung, Abgasturbolader und Ladeluftkühler.

Garrett) vorverdichtet, beschleunigt und in Drallkanälen des Zylinderkopfes verwirbelt. Zusätzlich kommt ein Ladeluftkühler, angeordnet vor dem Wasserkühler, zum Einsatz, der die Ansaugluft-Temperatur um rund 80 Grad Celsius senkt und dadurch die Dichte der den Brennräumen zugeführten Frischluft leistungsfördernd erhöht.
Der sehr kompakte Turbolader ist so abgestimmt, dass er seinen maximalen Absolutdruck, nämlich 1.950 Millibar, bereits bei nur 1.900/min erreicht. Das bei Turbomotoren früherer Machart lästige »Turboloch« im Anfahrbereich und bei plötzlichem Gasgeben ist beim OM 602 deshalb so gut wie zugeschüttet.
Die Steuerung von Diesel-Einspritzbeginn und -menge erfolgt durch einen elektronischen Rechner namens EDC (Electronic Diesel Control) mit rund 50 gespeicherten Kennfeldern und Kennlinien. Mehrere Motor-Sensoren melden dabei unter wechselnden Fahrsituationen Informationen an die EDC, die daraufhin, orientiert an ihren Kenndaten, optimale Treibstoff-Mengenwerte errechnet und Anweisung zu deren Einspritzung gibt.
EDC steuert darüber hinaus sowohl die Dieselmenge beim Motorenstart als auch die (möglichst niedrige und dabei ruckelfreie) Leerlaufdrehzahl sowie die Menge der zur Nachverbrennung in den Motor zurückgeführten Abgase. Dies alles erfolgt nach dem »just enough«-Prinzip: EDC führt den Brennräumen gerade so viel Diesel zu, wie für eine einwandfreie Funktion vonnöten ist – und keinen Tropfen mehr.

Kompakt und fürs Auge schön verkleidet – der Fünfzylindermotor des E 270 CDI.

Fünfzylinder erstmals mit CDI-Technik

Im Juni 1999 löste der neue E 270 CDI mit Reihen-Fünfzylinder den in der Zylinderzahl gleichen Vorgängermotor des Modells E 290 TURBODIESEL ab. Auch diese Fünfzylinder-Variante erzielt Bestwerte. Sie leistet 125 kW/170 PS bei 4.200/min – das sind stolze 31,5 Prozent mehr als das Vorgänger-Triebwerk mit fünf Zylindern – und entwickelt ein Drehmoment von 370 Newtonmetern zwischen 1.600/min und 2.800/min. Die Höchstgeschwindigkeit beträgt 225 km/h. Der Gesamtverbrauch (NEFZ) beträgt 6,9 Liter auf 100 Kilometer.

Die Sechszylinder-Diesel: E 300 D und 320 CDI

Für Komfort-orientierte Diesel-Kunden bietet Mercedes-Benz neben dem Turbo-Direkteinspritzer einen Sechszylinder-Diesel mit drei Liter Hubraum (OM 606), der in Sachen Laufkultur einen spür- und vor allem hörbaren Vorteil hat. So liegt das Innengeräusch beim E 300 D sogar noch unter dem der Benzin-(Reihen) Sechszylinder. Seine beiden Diesel-Kollegen unterbietet der Nobel-Diesel akustisch dramatisch.

Technisch entspricht der OM 606 weitgehend den mit kleinerer Zylinderzahl versehenen OM 604 (2,2 Liter-Vierzylinder) und vor allem OM 605 (2,5 Liter-Fünfzylinder): Vierventil-Zylinderkopf mit Vorkammer, elektronisch gesteuerte, direkt in den CAN-Datenbus integrierte Reiheneinspritzpumpe, Zweimassenschwungrad bei Modellen mit Schaltgetriebe. Die Kurbelwelle des Sechszylinders ist siebenfach gelagert. Und herausragende OM 606-Besonderheit ist die variable Sauganlage in Gestalt eines dreistufigen Register-Resonanzansaugrohres.
Dieses Register-Ansaugrohr wird in der Länge dreistufig automatisch an die Fahrbedingungen angepasst. Es ist möglichst lang, wenn es um kraftvollen Durchzug bei niedriger Drehzahl geht und relativ kurz, wenn Höchstleistung gefordert ist.

Wie beim 2,2 Liter- und 2,5 Liter-Diesel sorgt auch beim Dreiliter ein Oxidationskatalysator in Kombination mit Abgasrückführung für ökologisch mustergültige Abgas-Werte. Mercedes-Benz beziffert das Maß der Partikelemission bei seinen Vierventil-Dieselmodellen gegenüber vergleichbaren Zweiventilern als um ein Drittel geringer, die gasförmigen Schadstoffe sollen um bis zu 20 Prozent reduziert sein.

Das Kraftpaket des E 320 CDI entfaltet die Leistung eines Sportwagens.

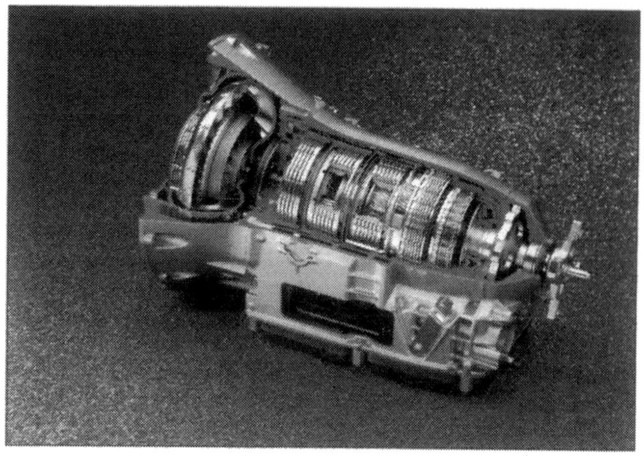

Das aufgeschnittene Automatikgetriebe mit fünf Fahrstufen zeigt die kompakte Bauweise.

Sechszylinder-CDI-Triebwerk

Im August 1999 kam der E 320 CDI als leistungsstärkste Variante der neuen Dieselmodelle mit Common-Rail-Einspritzung in der E-Klasse auf den Markt und ersetzt den E 300 D. Bei 4.200/min entwickelt der neue Sechszylinder 145 kW/197 PS und bietet damit gegenüber seinem Vorgänger ein Leistungsplus von 11,5 Prozent. Damit beschleunigt die Limousine in 8,3 Sekunden von Null auf 100 km/h. Die Höchstgeschwindigkeit beträgt 230 km/h. Trotz dieser beachtlichen Fahrleistungen konsumiert der E 320 CDI auf 100 Kilometer nur 7,8 Liter Diesel (NEFZ-Gesamtverbrauch).

Das Getriebe

Abhängig von der jeweiligen Motorisierung wird die Mercedes E-Klasse serienmäßig mit einem 5-Gang-Schaltgetriebe (seit 6/99 sogar mit einem 6-Gang-Schaltgetriebe) oder mit einer 4- bzw. 5-Stufen-Getriebeautomatik ausgerüstet.

Schaltgetriebe

Das Getriebe wird von einer so genannten Mittelschaltung bedient. Alle Gänge, auch der Rückwärtsgang, sind synchronisiert. Dadurch werden die sich unterschiedlich schnell drehenden Getriebeteile beim Gangwechsel auf Gleichlauf gebracht. Die Gänge lassen sich so leichter einlegen, und es kracht nicht beim Schalten. Beim neuen 6-Gang-Getriebe wird das Motordrehmoment noch besser ausgenutzt, was nicht zuletzt die Verbrauchswerte senkt.

Automatikgetriebe

Aber auch mit Vollsynchronisation, leichter Gangschaltung und leichter Kupplungsbetätigung bleibt Schalten handfeste Arbeit und für viele Autofahrer ein Schrecken. Deshalb gibt es auch bei Mercedes-Benz eine segensreiche Einrichtung, die den Autofahrer in punkto Gangwechsel entlastet: das Automatikgetriebe. Es entscheidet selbsttätig, wann mit welchem Gang gefahren wird. Dabei besteht in aller Regel die Auswahl zwischen vier Vorwärtsgängen. Und bei der vierten Generation von Automatikgetrieben, die bei Mercedes-Benz seit Frühjahr 1995 in Produktion ist, sind fünf grundsätzliche Fahrstufen das Maß aller Dinge. Die Topmodelle der neuen E-Klasse, der E 320 und der E 420, rollen serienmäßig mit der neuentwickelten, elektronisch gesteuerten Fünfgangautomatik von den Montagelinien.

Das Fahrwerk

Sportlich oder komfortabel? Auch bei der Entwicklung der neuen E-Klasse standen die Mercedes-Ingenieure vor diesem fahrwerkstechnischen Zielkonflikt. Doch sie fanden nicht nur den Kompromiss zwischen Fahrdynamik und Fahrkomfort, sondern erzielten auch auf dem Gebiet der Fahrsicherheit weitere Fortschritte. Diese Symbiose aus Sicherheit, Sportlichkeit und Komfort ist der Grund dafür, dass sich die Limousinen der neuen E-Klasse durch ein noch besseres Kurvenverhalten und ein noch leichteres Handling auszeichnen als die Vorgängermodelle.

Lenkung und Fahrsicherheit

Die Grundbausteine für Federung und Dämpfung blieben unverändert: Schraubenfedern vorn und hinten, Gasdruckstoßdämpfer und Drehstab-Stabilisatoren an

Vorder- und Hinterachse, auf die lediglich beim neuen E 200 und beim E 220 Diesel verzichtet wird. Zwar stehen bei den Limousinen der neuen E-Klasse nach wie vor große Federwege zur Verfügung, doch die Abstimmung der Federn fällt aufgrund einer veränderten Progression beim Ein- und Ausfedern insgesamt etwas straffer aus als bei der bisherigen E-Klasse. Auf diese Weise verringern sich die Wankbewegungen der Karosserie bei Kurvenfahrt oder auf unebener Fahrbahn, und das Eigenlenkverhalten bleibt über den gesamten Querbeschleunigungsbereich innerhalb enger, beherrschbarer Grenzen. Dieses hohe Maß an Fahrsicherheit und Fahrdynamik geht aber nicht zu Lasten des Komforts. Im Gegenteil: Durch den Einsatz neuartiger Gasdruckstoßdämpfer mit zweiteiligen Kolben, die Mercedes-Benz in der neuen E-Klasse erstmalig verwendet, ergänzen sich Federung und Dämpfung in idealer Weise. Die Dämpfer arbeiten nach einer degressiven Kennlinie und ermöglichen somit eine genauere Abstimmung der Dämpfungscharakteristik, mit der die Suche nach einem idealen Kompromiss zwischen Komfort und Dynamik noch leichter fällt.

Neue Fahrwerksmaße

Zahlreiche Neuentwicklungen und Modifikationen schaffen die Voraussetzungen für fahrdynamische Fortschritte. Zu den wichtigsten Grundvoraussetzungen zählen zweifellos der verlängerte Radstand und die breitere Spur. Beide Maßnahmen machen sich hinsichtlich Geradeauslauf, Wankbewegungen und Seitenempfindlichkeit positiv bemerkbar. Die Veränderungen gegenüber dem Vorgängermodell der Limousine betragen

- beim Radstand plus 33 mm auf insgesamt 2833 mm,
- bei der Spurweite vorn plus 34 mm auf insgesamt 1535 mm ,
- bei der Spurweite hinten plus 54 mm auf insgesamt 1534 mm.

Die Bremsen

Die Modelle der Mercedes E-Klasse verfügen über eine hydraulische Zweikreisbremsanlage. Gegenüber dem Vorgängermodell ist die neue E-Klasse an der Vorder- und Hinterachse mit größeren Bremsscheiben ausgerüstet.

Besonderes Augenmerk widmeten die Ingenieure den Hinterradbremsen, deren Scheibendurchmesser jetzt beim E 200, beim E 230 und bei den Diesellimousinen 278 Millimeter beträgt. Das sind 20 Millimeter mehr als bei den Vorgängermodellen. An der Vorderachse vergrößerte sich der Durchmesser der Bremsscheiben bei den Vierzylindern und den Dieselvarianten um vier Millimeter.

Vergrößert wurde auch die Stärke und Fläche der vorderen Bremsbeläge. Dadurch verlängert sich die Lebensdauer deutlich. Für die Vier-, Fünf- und Sechszylindermodelle hat Mercedes-Benz Schwimmsattelbremsen entwickelt, die an den Vorderrädern zum Einsatz kommen. An den Hinterrädern sorgen Festsattelbremsen für eine sichere und spurtreue Verzögerung. Wie bei allen Mercedes-Modellen üblich, sind auch die Limousinen der neuen E-Klasse serienmäßig mit einem elektronisch gesteuerten Antiblockier-Bremssystem ausgestattet.

Passive Sicherheit

Eine Forderung steht bei Mercedes-Benz seit jeher im Mittelpunkt: Jede Karosserie muss ein langes Autoleben lang unter härtesten Bedingungen rund um den Erdball allen Ansprüchen gerecht werden. Deshalb wird die Karosserie schon im Labor auf Herz und Nieren geprüft. Zum Testprogramm gehören dabei Dauerlauferprobungen für Karosseriekomponenten wie Türen, Hauben, Schlösser und Schiebedach. Auf Rüttelprüfständen werden in bis zu 70stündigen Testläufen Belastungen simuliert, wie sie normalerweise nur bei 200 000 Kilometern Fahrt über schlechte Straßen auftreten. Zusammen mit den Straßentests legen Mercedes-Prototypen und Vorserienmodelle auf diese Weise pro Jahr insgesamt etwa 25 Millionen Kilometer unter extremsten Straßen- und Klimabedingungen zurück.

Das alles folgt freilich keinem Selbstzweck. An erster Stelle steht die Insassensicherheit. Deshalb müssen jährlich auch weit über 100 Karosserien härteste Crashtests bestehen. Dabei werden nahezu alle Unfalltypen simuliert:

- Offset-Crashs mit 40 Prozent Überdeckung (laut Unfallstatistik die häufigste Art der Frontalkollision)
- Seitenkarambolagen
- Überschlagunfälle
- Kollisionen mit Bäumen, Straßenlaternen, Lastwagen oder Bussen.

Seitenaufprallschutz: Sicherheit von allen Seiten

Laut Statistik verursachen bei Unfällen die Seitenteile der Autos fast 25 Prozent aller schweren bis tödlichen Insassenverletzungen. Deshalb entwickelten die Mercedes-Benz-Ingenieure auch für den Seitencrash Testverfahren, die der Realität besonders nahe kommen und somit die Grundlagen für die konsequente Optimierung des Seitenaufprallschutzes in den Mercedes-Modellen liefern. In der neuen E-Klasse besteht dieser aus einem ganzen Paket von Schutzmaßnahmen:

- Zur Bodenanlage gehören drucksteife, teilweise

Auf dem Gebiet der Fahrzeugsicherheit markiert die neue Mercedes-Benz E-Klasse den höchsten Entwicklungsstand. Dank einer optimierten Karosseriestruktur mit großen Deformationszonen sind die neuen Limousinen die sichersten Automobile der Welt.. Mit einem neuen Crashtest-Verfahren simulieren die Ingenieure typische Fahrzeug/Fahrzeug-Kollisionen besonders wirklichkeitsgetreu. Der Aufprall erfolgt gegen eine deformierbare Barriere, deren Verformungs-Charakteristik der Frontpartie des Unfallgegners entspricht.

Sicherheitsanforderungen an die Karosserie

Technik-lexikon

Damit eine selbsttragende Karosserie sämtlichen Anforderungen an ein modernes Automobil gerecht wird, muss sie sechs Kriterien erfüllen:

Die Steifigkeit. Bei hohen Fahrgeschwindigkeiten werden Kräfte frei, denen das Chassis unter jeder Bedingung standhalten muss. Veränderungen der Struktur durch Verbiegungen und Verwindungen unter dem Einfluss der Fliehkräfte können sich auf das Fahrverhalten auswirken und somit die Sicherheit beeinträchtigen. Hauben und Türen dürfen während der Fahrt keinen starken elastischen Verformungen unterliegen, um die Passungen und damit die Dichtheit zu erhalten.

Die Deformierbarkeit. Bei einer Kollision muss möglichst viel Aufprallenergie in Verformungsarbeit umgewandelt werden. Das fängt die Wucht des Aufpralls ab. Die Struktur der betroffenen Karosserieteile sollte sich dabei auf definierte Weise verformen und gewährleisten, dass die Fahrgastzelle nicht schwer beschädigt wird.

Die Aerodynamik. Das Strömungsverhalten ist ein wichtiger Schlüssel zu guten Fahrleistungen und niedrigem Kraftstoffverbrauch. Durch eine gute Aerodynamik kann der Luftwiderstand reduziert und der Energieverbrauch bei gleicher Leistung gesenkt werden. Außerdem muss die aerodynamische Gestaltung der Karosserie gewährleisten, dass auch bei höheren Geschwindigkeiten ausreichend Abtrieb ein "Abheben" des Autos verhindert.

Die Haltbarkeit. Dabei ist die solide Konstruktion nur ein Schritt zur Dauerhaltbarkeit einer Karosserie. Ebenso wichtig sind ein wirksamer Korrosionsschutz und die Verwendung widerstandsfähiger Materialien. Nur so können Funktionsfähigkeit und Sicherheit auch über einen langen Zeitraum garantiert werden.

Die Reparaturfreundlichkeit. Dabei soll die problemlose Wiederinstandsetzung einzelner beschädigter Karosserieteile gewährleistet sein, ohne dabei die Stabilität zu gefährden und den Geldbeutel des Autobesitzers zu stark zu strapazieren.

Das Schwingungsverhalten. Akustische Schwingungen und Vibrationen von Fahrwerk, Motor oder Getriebe müssen kompensiert werden, so dass sie sich nicht auf die Insassen übertragen.

mehrwandige Querträger unter den vorderen Sitzen, Verstärkungselemente am Mitteltunnel und Schottwände an den Seitenschwellern.

- Fahrer- und Beifahrersitz zeichnen sich durch crasherprobte, querstabile Konstruktion aus.

- Unterhalb der Frontscheibe und der Instrumententafel befinden sich stabile Querträger.

- Die Seitenwand der neuen E-Klasse besteht aus einem Bauteil, dessen mittlere Dachsäulen dreischalig gestaltet und mit den Türschwellern verschweißt sind, um auf diese Weise eine stabile Verbindung zwischen Dachstruktur und Bodenanlage herzustellen.

- Unter der Fondsitzanlage und zwischen den C-Säulen befinden sich weitere Querträger, die im hinteren Bereich zu einer hohen Karosseriestabilität beitragen.

- Die verformungsstabilen Türen sind durch Rohre zusätzlich verstärkt.

- Hinter den großflächigen Türinnenverkleidungen absorbieren Schaumelemente einen Teil der Aufprallenergie und verringern das Risiko von Brustverletzungen. Nicht verformbare Aggregate wie Motoren der elektrischen Fensterheber oder die Lautsprecher befinden sich außerhalb der möglichen Kontaktzonen.

Der Offset-Crash

Stößt ein Auto mit einem entgegenkommenden Fahrzeug zusammen, dann geschieht das meist seitlich versetzt. Das ergaben Unfallanalysen bereits in den siebziger Jahren. Diese Zusammenstöße nennt man Offset-Karambolagen. Bei rund der Hälfte aller Frontalkollisionen stoßen die Fahrzeuge mit einer linksseitigen Frontüberdeckung von 30 bis 50 Prozent zusammen. Bei weiteren 25 Prozent der Karambolagen erfolgt der Aufprall auf der Beifahrerseite.

Logische Konsequenz: Das Gabelträgerkonzept

Für den häufigen Unfall einer Offsetkollision entwickelten die Mercedes-Benz-Ingenieure als wichtigs-

tes und wirksamstes Sicherheitskonzept die so genannte Gabelträgerkonstruktion. Gemeint sind stabile Längsträger auf beiden Seiten der vorderen Karosseriestruktur, die sich vor der Stirnwand in Richtung Mitteltunnel und Seitenschweller gabeln. Auf diese Weise verzweigen sich beim Unfall die Aufprallkräfte: Tunnel, Boden und Seitenwand werden gleichmäßig belastet, die Fahrgastzelle bleibt unbeschädigt. Ein Querverband vor den Längsträgern sorgt außerdem dafür, dass sich auch die beim Unfall nicht belastete Fahrzeugseite an der Energieaufnahme beteiligt.
Die Limousinen der neuen E-Klasse sind zusätzlich mit einem biegesteifen Querträger ausgerüstet, der seinen Platz im vordersten Bereich der Vorbaustruktur findet und die beiden Längsträger abstützt. Da die Längsträger bis weit nach vorn geführt wurden, steht ein noch größerer Deformationsweg zur Verfügung. Beim Offset-Aufprall wirkt der Querträger als Zugverband und aktiviert in jedem Fall beide Längsträger zur Energieumwandlung. Neu ist die Verbindung des Gabelträgers mit einem Querträger vor der Stirnwand. Bei einem Frontalaufprall gibt dieses Teil gezielt nach. Die Verformungen, die dadurch im mittleren Bereich der Stirnwand entstehen, sind für die Insassen ungefährlich.

Modellpflege

1984 Dezember.
Die Modellreihe W 124 löst das Modellprogramm W 123 ab. Zunächst werden drei Diesel-Limousinen und 4 Varianten mit Ottomotor vorgestellt. Die neue Baureihe stellt eine komplette Neuentwicklung dar. Herausragende Merkmale sind spürbare Verbesserungen in Bezug auf Verbrauch und Fahrqualitäten. Der Vierzylindermotor ist bereits von der Modellreihe 190/190 E bekannt. Eine komplette Neuentwicklung sind die Sechszylindermotoren 260 E/300 E. Ausgehend von dem bereits bekannten Vierzylinder Dieselmotor im Typ 190 D (W 201) wird in der Baureihe W 124 eine komplette Motorengeneration vorgestellt. Sie umfasst neben dem bekannten Vierzylinder einen neuen Fünfzylinder-Diesel mit 66 kW Leistung im 250 D sowie einen Sechszylinder-Diesel mit 80 kW im 300 D.

1985 Mai.
Nach und nach werden alle Motoren in RÜF- oder in Kat-Ausführung angeboten.

Dezember.
Die unter der Bezeichnung T-Modell laufenden Kombi-Modelle ergänzen das Limousinen-Angebot. Die Technik von Limousine und Kombi ist identisch. Gegenüber dem Vorgänger wurde der Laderaum deutlich vergrößert. Eine interessante Detaillösung ist die Heckklappe mit elektromotorischer Schließhilfe.

1986 September.
Alle Fahrzeuge mit Sechszylinder-Motoren erhalten serienmäßig ABS. Weiterhin wird in alle Fahrzeuge serienmäßig ein geregelter Katalysator eingebaut. Als Sonderausstattung ist für Dieseltriebwerke jetzt auch ein Drehzahlmesser lieferbar.

1987 Januar.
Auslieferungsbeginn der Fahrzeuge mit einem automatischen Sperrdifferenzial (ASD). Bei dieser Sonderausstattung wird das Hinterachsdifferenzial von einer Elektronik bedarfsgerecht gesteuert.

Mai
Die ersten 4Matic-Fahrzeuge werden ausgeliefert. Das ist ein automatisch schaltender Vierradantrieb. Für das richtige Zuschalten des Vierradantriebs, der Zentraldifferenzialsperre und der Hinterachsdifferenzialsperre sorgen eine Elektronik und eine aufwendige Hydraulik. Die elegante Coupé-Versionen 230 CE und 300 CE vervollständigen die Modellreihe W 124.

September.
Die Außentemperaturanzeige erhält eine neue Elektronik mit Geschwindigkeitssignal. Geänderter Frontwischerarm mit neuer Abdeckung und Wischerblattbefestigung. Der Airbag erhält ein neues Steuergerät mit eingebautem Energiespeicher und Spannungswandler. Die Gurtschlösser erhalten Kontaktschalter.

1988 September.
Die Typen 200 E und 200 TE ergänzen die Modellreihe W 124. Mit dem "Diesel'89" gelingt Mercedes Benz ein weiterer Schritt zur Minimierung der Partikel-Emission. Durch Verbesserung im Verbrennungsablauf konnte der Partikelausstoß der Dieselmotoren noch einmal um 40 Prozent gesenkt werden. Das Antiblockiersystem wird nun auch für die Modelle mit Vier- und Fünfzylindermotor serienmäßig geliefert. Der rechte Außenspiegel gehört zum Ausstattungsumfang. Beifahrerairbag und Gurtstraffer an beiden Vordersitzen.

1989 September.
Die mittlere Mercedes-Klasse, die Typenreihe W 124, wird um die Modelle 300 E-24, 300 CE-24 und 300 TE-24 erweitert. Sie werden von einem 24-Ventil-Motor mit verstellbarer Einlassnockenwelle angetrieben.

1990 Februar.
Die Antriebs-Schlupfregelung (ASR) ist für alle Modelle mit Sechszylindermotor als Sonderausstattung erhältlich.

Mai/Juni.
Der Tempomat ist als Sonderausstattung auch für Schaltgetriebe lieferbar. Ein Schalter am Kupplungspedal schaltet den Tempomat beim Auskuppeln ab. 90-Liter-Tank als Sonderausstattung (nicht beim T-Modell) möglich. Im Kombiinstrument entfällt die ungenaue Kraftstoffverbrauchsanzeige.

1991 Juni.
Der Typ 260 E 4Matic ist nicht mehr lieferbar. Ebenfalls nicht mehr geliefert werden die Modelle 200 TD und 300 D 4Matic. Die Dieselmotoren erhalten den Oxydationskatalysator serienmäßig. Fahrzeuge mit automatischem Getriebe werden nun ebenfalls mit mechanischer Drucksteuerklappe ausgerüstet. Alle Modelle erhalten ein neu gestaltetes Lenkrad mit 400 mm Durchmesser, das bislang schon in der S-Klasse verbaut wurde. Als Mehrausstattung sind Leichtmetallfelgen im 8-Loch-Design lieferbar.

1992 Juni.
Alle Modelle erhalten neue Motoren. 400 E mit 8-Zylinder-Motor lieferbar. Die vom 250 D Turbo her bekannte Antiruck-laufschaltung (ARA) setzt auch im 200 D ein.

1993 Juli.
Die Namensgebung der Modellreihe wird geändert. Alle Mercedes-Fahrzeuge vom Typ 124 heißen jetzt E-Klasse. Die Modelle mit Dieselmotor tragen rechts am Kofferraumdeckel den Schriftzug »Diesel«. Durch eine neue Motorhaube und Neugestaltung der Heckpartie ergibt sich ein einheitliches Erscheinungsbild mit C- und S-Klasse. Am einfachsten erkennt man die neuen Modelle am Stern. Er steht jetzt im lackierten Teil der Motorhaube und nicht mehr im Kühlergrill.

1994 Dezember.
Die E-Klasse bietet nunmehr 32 Varianten. Neuestes Modell ist das 200 E Coupé.

1995 Juni.
Die neue E-Klasse wird vorgestellt.

September.
Die E-Modellreihe wird durch den E 420 und den E 290 Turbo D ergänzt.

1996 Dezember.
Der E 280 4Matic (V6-Motor) mit permanentem Allradantrieb erscheint.

1997 März.
Der E 280 und der E 320, jeweils mit V6-Motor runden die Modellpalette ab.

Juni.
Der E 320 4Matic mit V6-Motor kommt auf den Markt.

September.
Produktionsbeginn des E 240 (V6) und des E 430 (V8).

1998 Juli.
Der 200 CDI und der 220 CDI als Direkteinspritzer kommen auf den Markt.

1999 Juni.
Erscheinen des E 270 CDI. Serienmäßig wird nun anstelle des 5-Gang-Schaltgetriebes ein 6-Gang-Getriebe eingebaut.

August.
Der E 320 CDI erscheint.

November.
Der E 430 4Matic mit V8-Motor kann geordert werden.

DIE AUSRÜST

TUNG

Eine gute Organisation und Vorbereitung sind auch beim Heimwerken fast schon die halbe Miete. Nur wenn der Arbeitsplatz geeignet ist, die Ausrüstung stimmt und das benötigte Material bei Bedarf auch wirklich zur Verfügung steht, haben Sie Spaß beim Do it yourself. Und Spaß ist die Grundvoraussetzung für eine erfolgreiche Pflege und Wartung Ihres Autos.

Der Arbeitsplatz

Als Hobbymechaniker brauchen Sie einen geeigneten Arbeitsplatz, damit Sie sich ganz aufs Schrauben konzentrieren können. Am besten eignet sich eine Garage mit Stromanschluss, die ausreichend breit und gut beleuchtet ist. Sie können aber durchaus auch im Freien zum Werkzeug greifen. Zu Ihrer eigenen Sicherheit sollten Sie dann auf eine ebene und befestigte Fläche Wert legen.

Die Mietwerkstatt

Mietwerkstätten sind in aller Regel eine gute Empfehlung für Selbstschrauber. Dort gibt es neben Hebebühnen und umfangreicher Werkzeugausstattung oft auch kompetente Hilfestellung mit Praxistipps bei Problemen am Fahrzeug und mit der Technik. Die meisten Mietwerkstätten bieten mehrere Arbeitsplätze. Mit freien Plätzen ist unter der Woche eher zu rechnen als am Wochenende, wenn alle Autobastler zum Werkzeug greifen. Die Preise für eine Werkstattstunde bewegen sich zwischen 15 und 20 Mark, Werkzeug inbegriffen. Die Adressen finden Sie in den Gelben Seiten. Achten Sie auch auf entsprechende Anzeigen im Autoteil der Tageszeitung und in Anzeigenblättern oder fragen Sie bei einer Tankstelle nach.

Werkstattbesuch gut vorbereiten

Die Eigenarbeit in der Mietwerkstatt lohnt sich freilich nur, wenn die Reparatur flott von der Hand geht. Führen Sie eine umfangreiche Arbeit zum ersten Mal selbst aus, kann die Summe der angesammelten Mietwerkstattstunden leicht teurer werden als der Arbeitspreis in der Fach- bzw. Vertragswerkstatt. Dazu kommt: Wenn Sie erst einmal angefangen haben, müssen Sie die Arbeit meist auch direkt zu Ende führen. Das zwingt Sie förmlich zu einer akribischen Vorbereitung der geplanten Aktion – Sie wollen ja nicht die Hälfte der gebuchten Zeit mit der Organisation fehlender Teile oder Hilfsmittel verbummeln.

Der Ersatzteilkauf

Die für Wartungs- oder Reparaturarbeiten benötigten Ersatzteile sollten Sie spätestens am Tag der Arbeit parat haben. Stellen Sie sich eine Liste der Ersatzteile zusammen, die Sie für Ihre Arbeit brauchen. Denken Sie dabei nicht nur an die direkt betroffenen Teile, sondern auch an Zubehör wie Dichtungen, Sicherungsringe und selbstsichernde Muttern. Fragen Sie zur Sicherheit den Fachmann im Ersatzteillager – er ist mit diesem Problem vertraut und sucht Ihnen die erforderlichen Teile heraus.
Reparaturen, deren Umfang Sie nicht genau abschätzen können, sollten Sie auf einen Termin legen, der Ihnen auch einen außerplanmäßigen Besuch beim Zubehör- oder Stützpunkthändler erlaubt. Rechnen Sie damit, dass selbst eine Werkstatt nicht immer alle Teile auf Lager hat und diese dann erst bestellen muss.

Das richtige Ersatzteil

Im Laufe der Produktionszeit haben sich manche Details am Mercedes E-Klasse geändert. Deshalb ent-

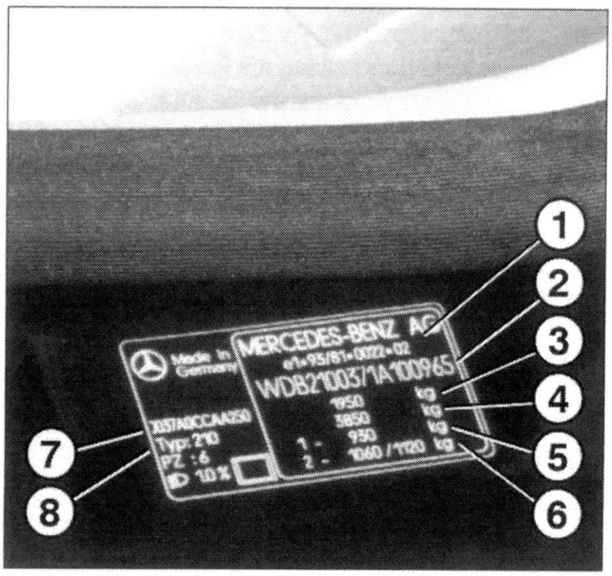

Das Typenschild im rechten Türausschnitt
❶ Nummer der EU-Betriebserlaubnis
❷ Fahrgestellnummer
❸ Zulässiges Gesamtgewicht
❹ Zulässiges Gesamtgewicht mit Anhänger
❺ Zulässige Achslast vorn
❻ Zulässige Achslast hinten
❼ Produktionsnummer
❽ Typbezeichnung

So arbeiten Sie effektiv

Praxistipp

- Säubern Sie zuerst den Arbeitsplatz. Schrauben und Teile von früheren Zerlegearbeiten sollten unbedingt weggeräumt werden, damit Sie nichts Falsches wieder einbauen.
- Abgenommene Teile legt man in der Ausbaureihenfolge ab. Das erleichtert den Zusammenbau.
- Kleinteile packen Sie am besten in kleine Schachteln oder Gläser. Oder Sie drehen nach dem Ausbau die Schrauben gleich wieder in das zugehörige Gewinde. So werden ganz sicher keine Schrauben verwechselt.
- Falls sich ein Wasserablauf in der Nähe befindet, sollten Sie ihn während der Arbeit abdecken, sonst verschwinden garantiert Kleinteile darin.
- Lesen Sie mitgelieferte Reparatur- oder Montageunterlagen vor Beginn der eigentlichen Arbeit durch. Und zwar konzentriert und gründlich. Deponieren Sie diese Unterlagen während der Arbeit in Reichweite.
- Bei umfangreichen Arbeiten sollten Sie eine Skizze anfertigen und sich zusätzlich die Reihenfolge der ausgebauten Teile aufschreiben. Das erleichtert bei Bedarf die Fehlersuche ganz erheblich.
- Zum Hinlegen, etwa bei Arbeiten in den Radkästen oder an den Stoßfängern, empfiehlt sich als Unterlage eine alte Decke gegen die Bodenkälte und darauf eine Plastikfolie, die gegen Öl und Feuchtigkeit unempfindlich ist.
- Bleiben nach der Arbeit Ölspuren auf dem Boden zurück, hilft fürs Erste ein scharfer Haushaltsreiniger oder Geschirrspülmittel. Besser sind spezielle Ölfleckentferner, wie sie der Autozubehörhandel anbietet.

scheidet oft das Baujahr, welches Ersatzteil für Ihren Wagen das Richtige ist. Sie erleichtern sich und dem Verkäufer die Arbeit, wenn Sie den Fahrzeugschein mitnehmen und die Daten des Typenschilds auf einem Zettel notiert haben. Mit diesen Informationen kann ein geschulter Ersatzteilverkäufer das für Ihr Fahrzeug passende Teil mühelos aus dem Katalog oder dem vom Hersteller zusammengestellten Microfiche ermitteln. Wenn Sie auf Nummer Sicher gehen wollen: Bringen Sie das ausgebaute Altteil gleich mit zum Händler.

Originalteile oder Fremdteile?

Alle Ersatzteile, die Sie im Reparaturfall für Ihren Mercedes benötigen, erhalten Sie bei einem Mercedes-Händler. Aber Sie müssen nicht ausschließlich dort einkaufen. Der Zubehörhandel hält ebenfalls ein breites Angebot bereit. Vergleichen Sie die Preise, wenn Service und Lieferfähigkeit gleich sind. Auf No-Name-Produkte sollten Sie beim Ersatzteilkauf verzichten. Die eingesparten Beträge sind gering und machen die fehlende Beratung beim Kauf von Verschleißteilen nicht wett.

Safety first

Bei sicherheitsrelevanten Ersatzteilen ist Sparsamkeit freilich am falschen Platz. Bremsbeläge, Bremsscheiben, Radlager, Antriebswellen und Gelenke sollten Sie grundsätzlich in Erstausrüster- oder Originalqualität kaufen. Die meisten Billig-Produkte entsprechen bei weitem nicht der vom Hersteller geforderten Mindestqualität. Was nutzen Ihnen preiswerte Bremsscheiben aus Osteuropa oder Asien, wenn sie nach dem Einbau eine Unruhe in der Vorderachse verursachen, die nur für teures Geld in der Werkstatt behoben werden kann? Mercedes sieht eine spezielle Mischung des Bremsbelagmaterials vor. Die Kennummer dafür steht in der "Allgemeinen Betriebserlaubnis" (ABE). Falls Ihr Fahrzeug nach einem ernsteren Unfall begutachtet wird und sich dabei eine nicht freigegebene Belagsmischung herausstellt, kann sich dies zu Ihren Ungunsten auswirken. Ihre Sicherheit und die Sicherheit anderer Verkehrsteilnehmer muss Ihnen daher ein paar Mark extra wert sein.

Austauschteile

Second hand lohnt sich bei einer Reihe von Ersatzteilen. Austauschteile haben die gleiche Qualität wie ein Neuteil, sind deutlich billiger und werden mit gleicher Garantie geliefert. Auch der Zubehörhandel bietet zahlreiche neuwertige Austauschteile an. Erneuerte Elektrik-Bauteile vertreibt die Firma Bosch über ihre Autoelektrik-Werkstätten. Aber auch der Autoverwerter ist in vielen Fällen eine gute Adresse - wenn Sie eine Reparatur besonders billig ausführen wollen und auf Äußerlichkeiten keinen großen Wert legen. Das gilt etwa für Karosserie-Bauteile wie Türen, Stoßfänger und Motorhauben. Gebrauchte Verschleißteile lohnen sich jedoch nur dann, wenn sie deutlich besser sind als die bisher im Wagen eingebauten. Bisweilen müssen Sie das gewünschte Ersatzteil selbst ausbauen. Fragen Sie auf jeden Fall nach dem Preis: Das gebrauchte Teil darf höchstens halb so teuer sein wie das Neuteil. Ein Verschleißteil darf nicht mehr als ein Viertel des Neupreises kosten.

Teile-Einkauf

Original-/Fremdteile	Austauschteile
Anlasser	Anlasser
Ölfilter	Bremsbacken (Handbremse)
Lichtmaschine	Kupplungsdruckplatte
Glühlampen	Schwungrad
Scheinwerfer	Antriebswellen
Keilriemen	Kurbelwelle mit Lagern
Stoßdämpfer	Zylinderkopf
Radbremszylinder	Lichtmaschine
Bremsschläuche	Scheibenbremssättel
Lack	Kupplungs-Mitnehmerscheibe
Motordichtungen	
Zündkabel	
Zündkerzen	
Zündkerzenstecker	
Gelenkwellen	
Hauptbremszylinder	
Bremsleitungen	
Kupplung	
Reparaturbleche	

Werkzeug-Grundausstattung

Nur vollständiges und gutes Werkzeug garantiert Ihnen das gewünschte Ergebnis. Überprüfen Sie daher Ihre Ausrüstung, bevor Sie mit der Arbeit beginnen.

- Schlechtes Werkzeug, das sich schon bei der ersten verrosteten Schraube verbiegt oder ausbricht, macht Ihnen jede Menge Ärger und verdirbt den Spaß an der Bastelei.
- Achten Sie beim Kauf Ihrer Werkzeug-Grundausstattung auf Qualität – gute Werkzeuge werden aus einwandfreiem Material hergestellt und arbeiten stets maßgenau.
- Wer nur gelegentlich schrauben möchte, dem genügt die folgende Grundausstattung:

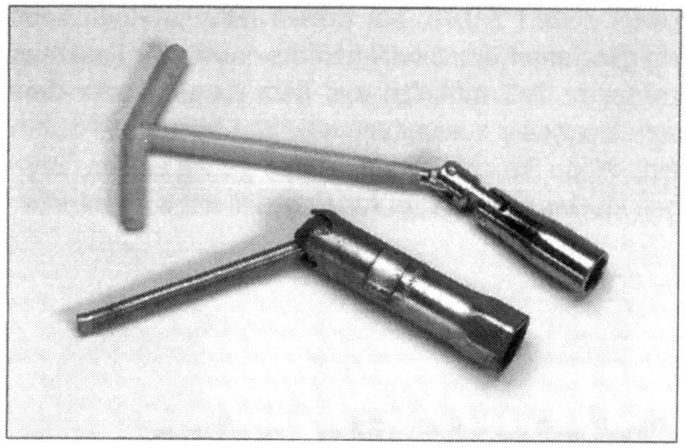

Zündkerzenschlüssel SW 16, ein spezieller Steckschlüssel mit Gummieinsatz.

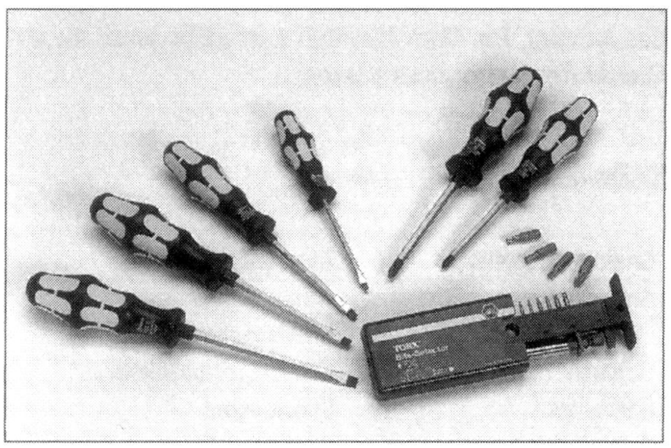

Ein Sortiment Schraubendreher mit rutschfestem Griff für Schlitz-, Kreuzschlitz- und Torxschrauben.

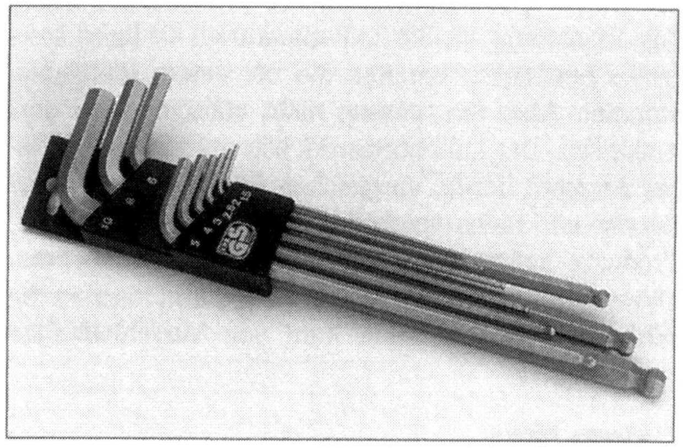

Innensechskantschlüssel (Inbusschlüssel) am Ring in den Größen 2-8 Millimeter.

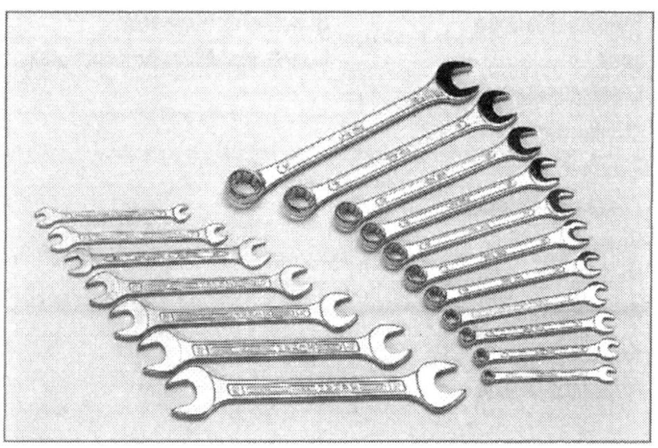

Ein Satz Gabel- und Ringschlüssel. Sinnvoll sind Doppelgabelschlüssel mit Maulweiten zwischen sechs und 19 Millimetern. Ring-/Gabelschlüssel SW 10, 13, 17 und 19 Millimeter sollten Sie in doppelter Ausführung anschaffen.

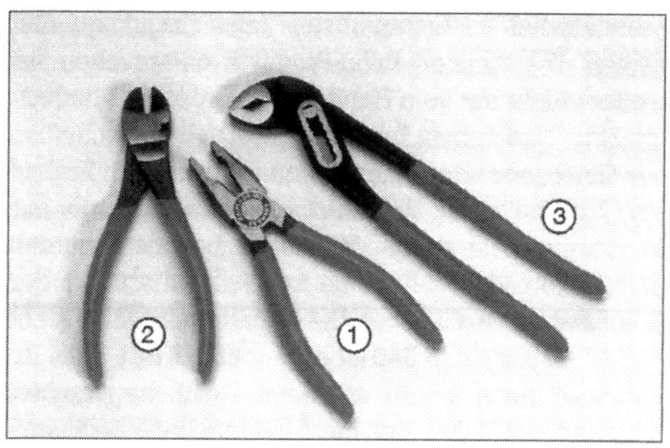

Kombizange ❶, Seitenschneider ❷ und Wasserpumpenzange ❸ (Länge mindestens 240 mm) biegen, halten, drehen und trennen so ziemlich alle Materialien an Ihrem Fahrzeug.

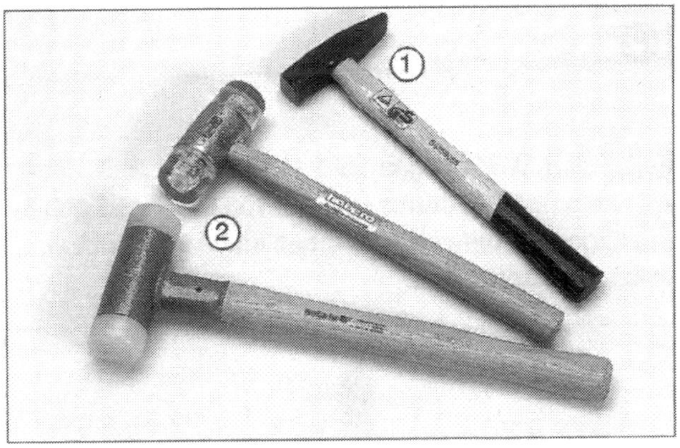

Der Schlosserhammer ❶ (empfohlenes Gewicht ca. 300 g) wird als Schlagwerkzeug benutzt. Empfindliche Bauteile wie Lager, gegossene oder gehärtete Teile werden mit einem Kunststoffhammer ❷ bearbeitet.

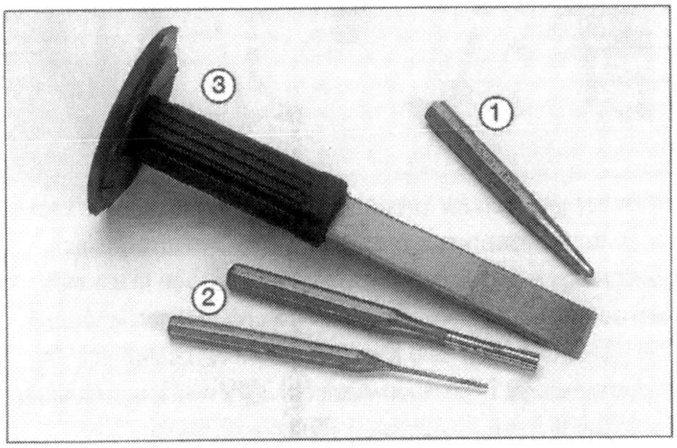

Körner ❶ für Bohrarbeiten an Metallen. Durchschlag ❷ (Durchmesser 3 und 6 mm) für Montagearbeiten an Fahrwerk, Motor und Bremsen. Flachmeißel ❸ (gehärtete Schneide) zum Lösen festgerosteter Schrauben.

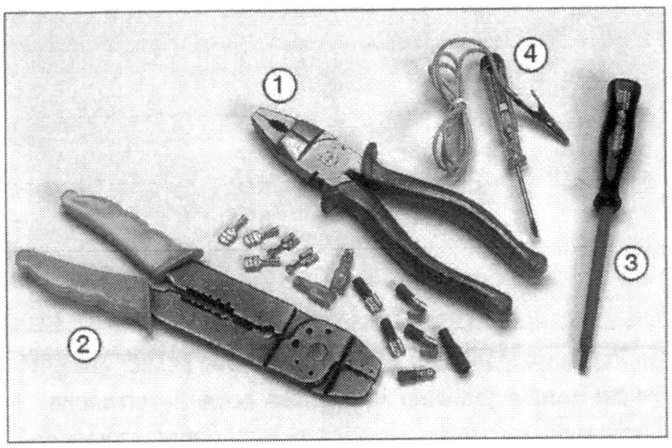

Für Arbeiten an der Elektrik sind zu empfehlen eine isolierte Kombizange ❶, eine Quetschzange ❷ für Steckeranschlüsse und Kabelverbindungen, ein isolierter Schraubendreher ❸ und eine Phasenprüflampe mit separatem Massekabel ❹.

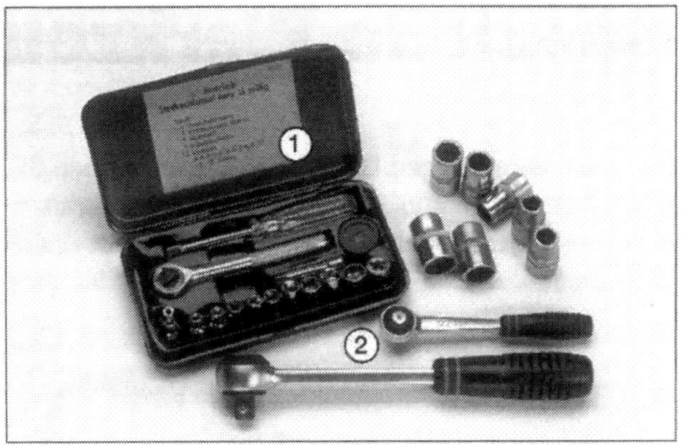

Für Arbeiten im Motorraum und unter dem Fahrzeug empfiehlt sich die Anschaffung eines Steckschlüsselsatzes ❶ mit den Einsätzen 10-32 Millimeter und einer Umschaltknarre ❷ mit 1/2-Zoll-Antrieb. Ein komplettes Set ist billiger als der Kauf der jeweils benötigten Einzeleinsätze. Für Arbeiten im Innenraum ist ebenfalls ein Steckschlüsselsatz sinnvoll, allerdings mit kleinerem 1/4-Zoll-Antrieb. Neben Kreuz-, Torx-, Schlitzschrauben und Kunststoffclips verbauen die Hersteller hier oft Schrauben mit SW 6 bis 13 Millimeter.

Praxistipp

Bordwerkzeug komplett?

Checken Sie das Bordwerkzeug Ihres Autos. Die beste Grundausstattung in der Garage nützt Ihnen nichts, wenn Ihnen bei einer Panne unterwegs die Werkzeuge fehlen. Wagenheber und Schraubendreher sollten Sie stets an Bord haben. Dazu kommt ein Radkreuz ❶, bei einem Wackelkontakt oder einer gelösten Kabelverbindung helfen Kombizange ❷, Ersatzkabel ❸ und Isolierband ❹. Ebenfalls sinnvoll: ein Lampenset ❺ und Ersatzsicherungen ❻, Abschleppseil oder -stange ❼, Starthilfekabel ❽ und Taschenlampe ❾.

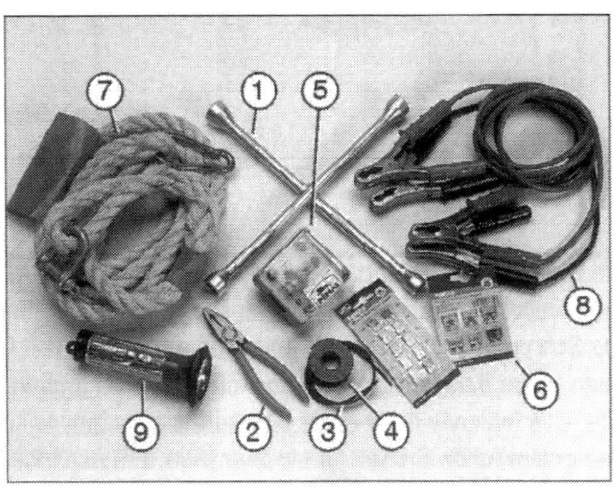

Spezielle Werkzeuge

Mit einer vernünftigen Grundausstattung können Sie viele Wartungen und Reparaturen selbst erledigen. Für einige Arbeiten brauchen Sie jedoch spezielles Werkzeug. Darüber hinaus bietet der Handel eine Reihe von Werkzeugen und Geräten an, mit denen Wartung und Reparatur leichter von der Hand gehen. Die folgende Auswahl gibt Ihnen einen Überblick sinnvoller Anschaffungen.

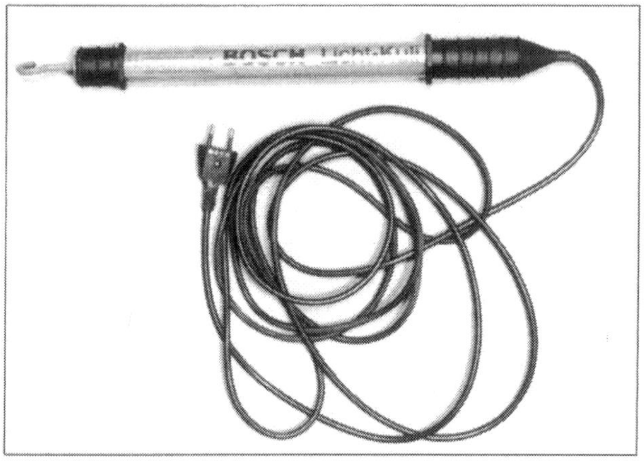

Eine Handstablampe ist fürs Schrauben unter dem Auto oder im Motorraum eine große Sichthilfe. Ebenso im Innenraum und in der oft nur spärlich beleuchteten Garage. Vorteil einer Handstablampe: Sie hat einen Blendschutz, das Anschlusskabel ist resistent gegen Öl, der Leuchtkörper ist mit schlagsicherem Kunststoffgehäuse geschützt. Außerdem ist die Lampe wasserdicht abgeschlossen.

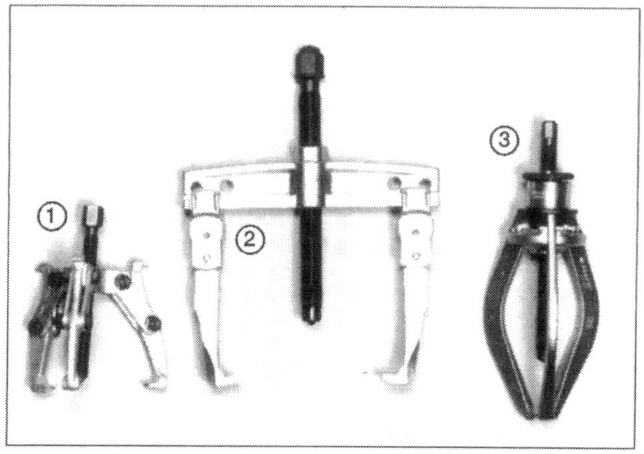

Abzieher gehören zur Grundausstattung jeder Autowerkstatt. Auch für Heimwerker lohnt sich die Anschaffung dieses Werkzeugs – zum Beispiel wenn Sie Radnaben lösen müssen oder Achsgelenke aus Ihrer Führung pressen wollen. Die Abbildung zeigt eine kleine Auswahl verschiedener Abziehertypen. ❶ Dreiklauen-Abzieher. ❷ Zweiklauenabzieher (gebräuchlichste Ausführung). ❸ Innenabzieher.

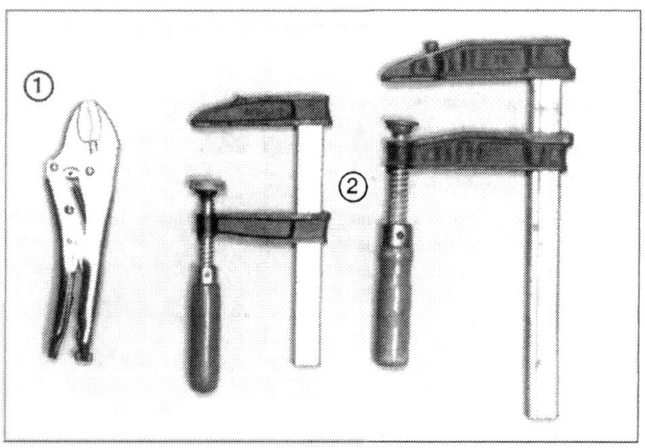

Eine Klemm- oder Gripzange ❶ kann in ihrer Maulweite mit einer Einstellschraube am Griffteil exakt eingestellt werden. Eine Schraubzwinge ❷ ersetzt Ihnen bei einer Reihe von Arbeiten – zum Beispiel beim provisorischen Fixieren größerer Teile – die fehlende dritte Hand. Schraubzwingen gibt es in allen erdenklichen Größen für ein paar Mark in Baumärkten und im Zubehörhandel.

Ein Rangierwagenheber ist für Reparaturen besser geeignet als der Bordwagenheber. Wählen Sie keine zu schwache Ausführung. Die Unterstellböcke im Hintergrund sichern das Fahrzeug, wenn Sie darunter arbeiten. Der Keil verhindert das Wegrollen, wenn Sie beispielsweise die Handbremse einstellen. Er sollte immer verwendet werden, wenn Sie Ihren Wagen aufbocken.

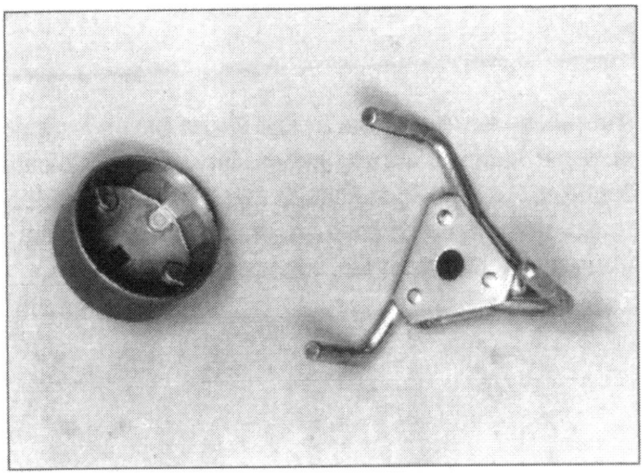

Für den Ölwechsel brauchen Sie einen Ölfilterschlüssel, den es je nach Preis in den verschiedensten Ausführungen gibt. Im Bild der fahrzeugspezifische Schlüssel (links) und ein Universalschlüssel (rechts).

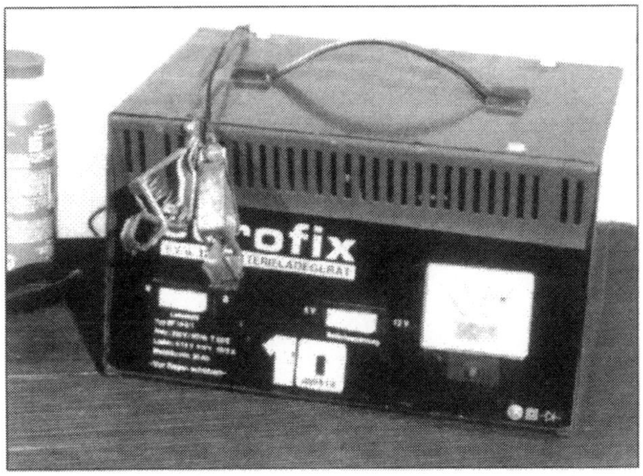

Ein Batterie-Ladegerät mit automatischer Ladestromanpassung ist besonders im Winter bei Kurzstreckenfahrzeugen wichtig, falls die stark beanspruchte Batterie von der Lichtmaschine nicht mehr voll geladen werden kann.

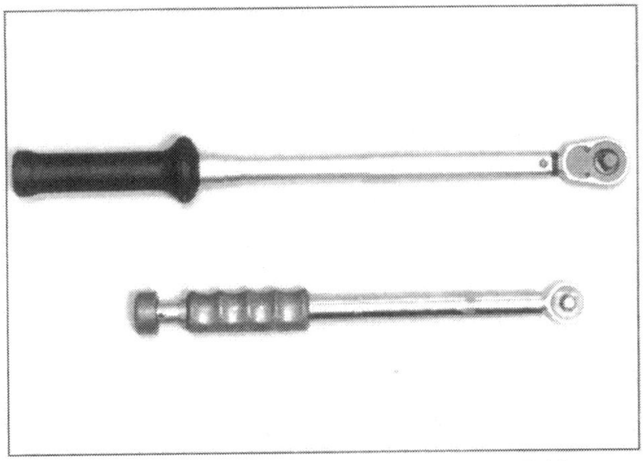

Ein Drehmomentschlüssel ist für fortgeschrittene Hobbymechaniker unentbehrlich. Ein Automatikschlüssel löst bei Erreichen des eingestellten Drehmoments vernehmlich aus.

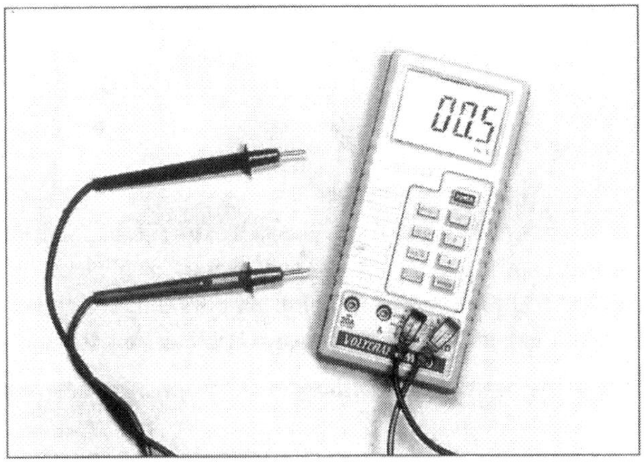

Für exakte Messwerte bei elektronischen Bauteilen ist das Multimeter zuständig. Ambitionierte Schrauber kommen ohne dieses Messgerät nicht aus.

Mit der Fühlerblattlehre messen Sie Abstände zum Beispiel beim Ventilspiel. Achten Sie beim Kauf darauf, dass die Stärken, die Sie benötigen, auch darin enthalten sind.

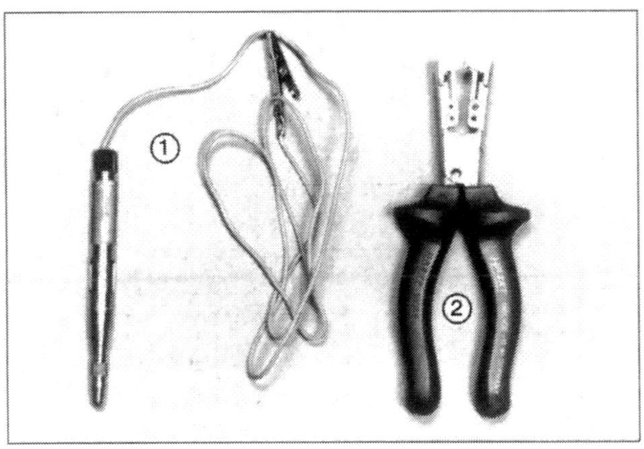

Durchgangsprüfer mit Krokodilklemme und Kontaktspitze ❶. Mit einer Abisolierzange ❷ ziehen Sie die Gummi-Isolierung der Kabel ab, ohne dass der Kupferdraht beschädigt wird.

Sicherheit geht vor

Es ist eine Selbstverständlichkeit, doch wir möchten es an dieser Stelle noch einmal ausdrücklich unterstreichen: Sicherheit hat beim Heimwerken absolute Priorität. Wagen Sie sich nur an Arbeiten, die Sie sich wirklich zutrauen können. Nehmen Sie handwerkliche Aufgaben, mit denen Sie in der Praxis bislang wenig oder gar keine Erfahrung haben, nicht auf die leichte Schulter. Fatale Folgen können mangelhaft ausgeführte Arbeiten natürlich auch im Straßenverkehr haben – übrigens nicht nur für Sie, sondern auch für Dritte.

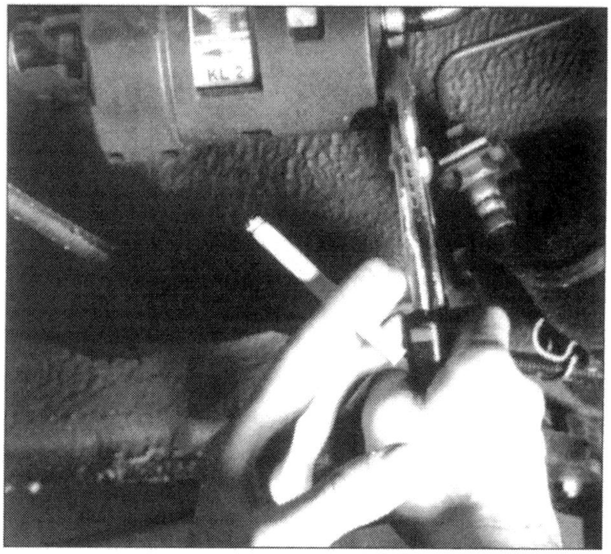

Rauchen und Kraftstofffilter ersetzen – warum nicht gleich russisches Roulette spielen? Also: Bei allen Wartungs- und Reparaturarbeiten bleibt der Glimmstengel in seiner Verpackung.

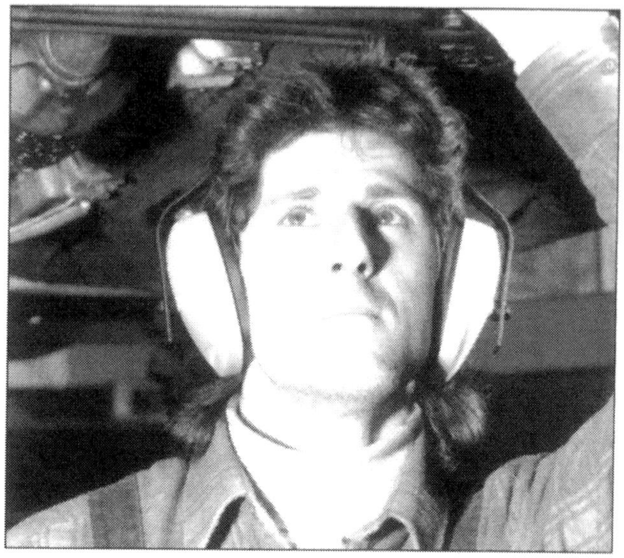

Micky-Maus sieht lustig aus. Aber Ihre Ohren werden es Ihnen danken, wenn Sie beim Blechtrennen oder bei Arbeiten mit laufendem Motor einen Ohrenschützer tragen.

Tragen Sie beim Bohren, Schleifen und Meißeln immer eine Schutzbrille. Der Augenschutz ist auch dann empfehlenswert, wenn Sie unter dem Fahrzeug an der Kraftstoffanlage arbeiten oder den Unterboden säubern. Bei Schweißarbeiten sollten Sie eine spezielle Schweißbrille aufsetzen.

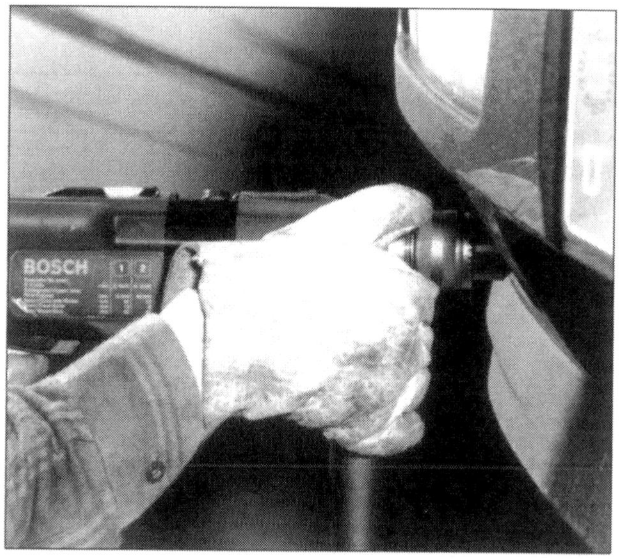

Arbeitshandschuhe schützen zwar vor Schmutz oder Schürfwunden am scharfen Blech. An der Bohrmaschine sind sie jedoch eher gefährlich. Wenn das Bohrfutter Ihren Handschuh zu fassen bekommt, gibt zuerst die Hand nach, was ihr meistens schlecht bekommt.

Vorsicht bei der Arbeit in einer schlecht belüfteten Montagegrube. Hier können sich Benzindämpfe und Auspuffgase sammeln. Bei laufendem Motor herrscht Lebensgefahr durch Vergiftung.

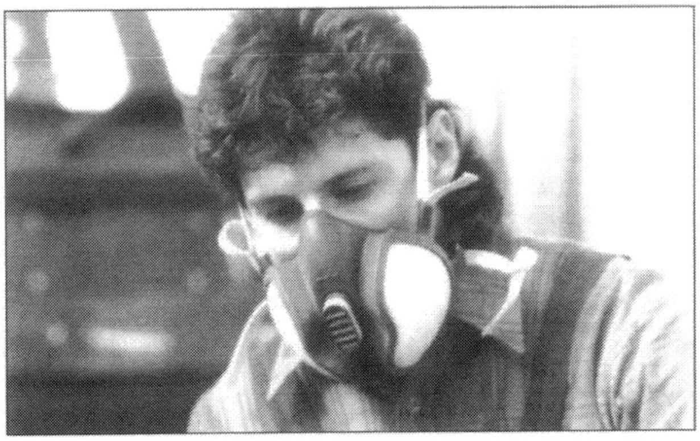

Wenn Sie größere Flächen an Ihrem Fahrzeug lackieren, sollten Sie eine spezielle Lackiererschutzmaske tragen. Sorgen Sie außerdem dafür, dass der Lackierraum ausreichend belüftet wird.

Sprühdosen, Altöl, Bremsflüssigkeit, Farbdosen oder alte Bremsbeläge geben Sie sauber getrennt an den Sondermüll-Annahmestellen Ihrer Stadt oder Gemeinde ab. Gebrauchte (Starter-)Batterien übernimmt der Händler.

Durchgebrannte Sicherungen müssen Sie immer durch neue Sicherungen desselben Typs und identischer Stromstärke (A = Ampere) ersetzen. Niemals Draht oder Büroklammern zum Überbrücken verwenden. Die Beschädigung der nachfolgenden Bauteile oder – viel schlimmer – ein Kabelbrand können die Folge sein.

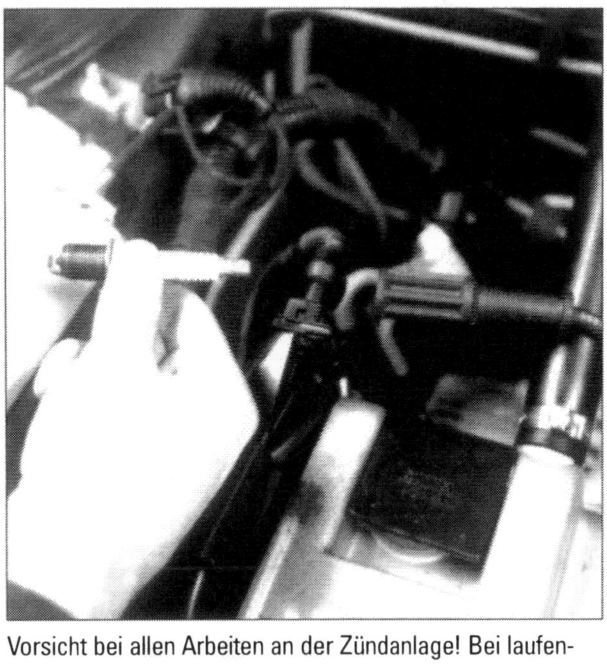

Vorsicht bei allen Arbeiten an der Zündanlage! Bei laufendem Motor steht die Anlage hochspannungsseitig (Primärstromkreis) mit bis zu 30.000 Volt unter Spannung. Führen Sie Prüfungen an der Zündung deshalb nur bei Motorstillstand durch. Oder richten Sie den Prüfaufbau so aus, dass Sie während des Motorlaufs nicht die Hand anlegen müssen.

So bocken Sie Ihr Fahrzeug richtig auf

Der Mercedes ist serienmäßig mit einem Spindelwagenheber ausgestattet.
Damit lässt er sich für die meisten Arbeiten hoch genug heben. Eine am Boden zwischengelegte Bohle vergrößert die Hubhöhe. Im übrigen sollten Sie immer ein kleines Brett unterlegen, damit sich der Wagenheberfuß nicht in den Untergrund drücken kann. Ein Wagenheber ist jedoch – wie der Name schon sagt – nur dazu da, das Fahrzeug anzuheben. Er ist keinesfalls eine ausreichende Abstützung für Arbeiten an der Wagenunterseite.

Mit Unterstellböcken auf Nummer Sicher

Lassen Sie es daher auch in der größten Eile nie an der Abstützung des aufgebockten Fahrzeugs fehlen. Sonst kann die eigenhändige Reparatur das Leben kosten. Auf Nummer Sicher gehen Sie mit Unterstellböcken, die der Zubehörhandel in verschiedenen Größen und Ausführungen anbietet. Ein Paar reicht für die meisten Reparaturen völlig aus. Besonders praktisch sind Dreibeinböcke mit klappbaren Füßen. Beachten Sie beim Kauf, dass die Unterstellböcke keine zu kleine Standfläche haben.

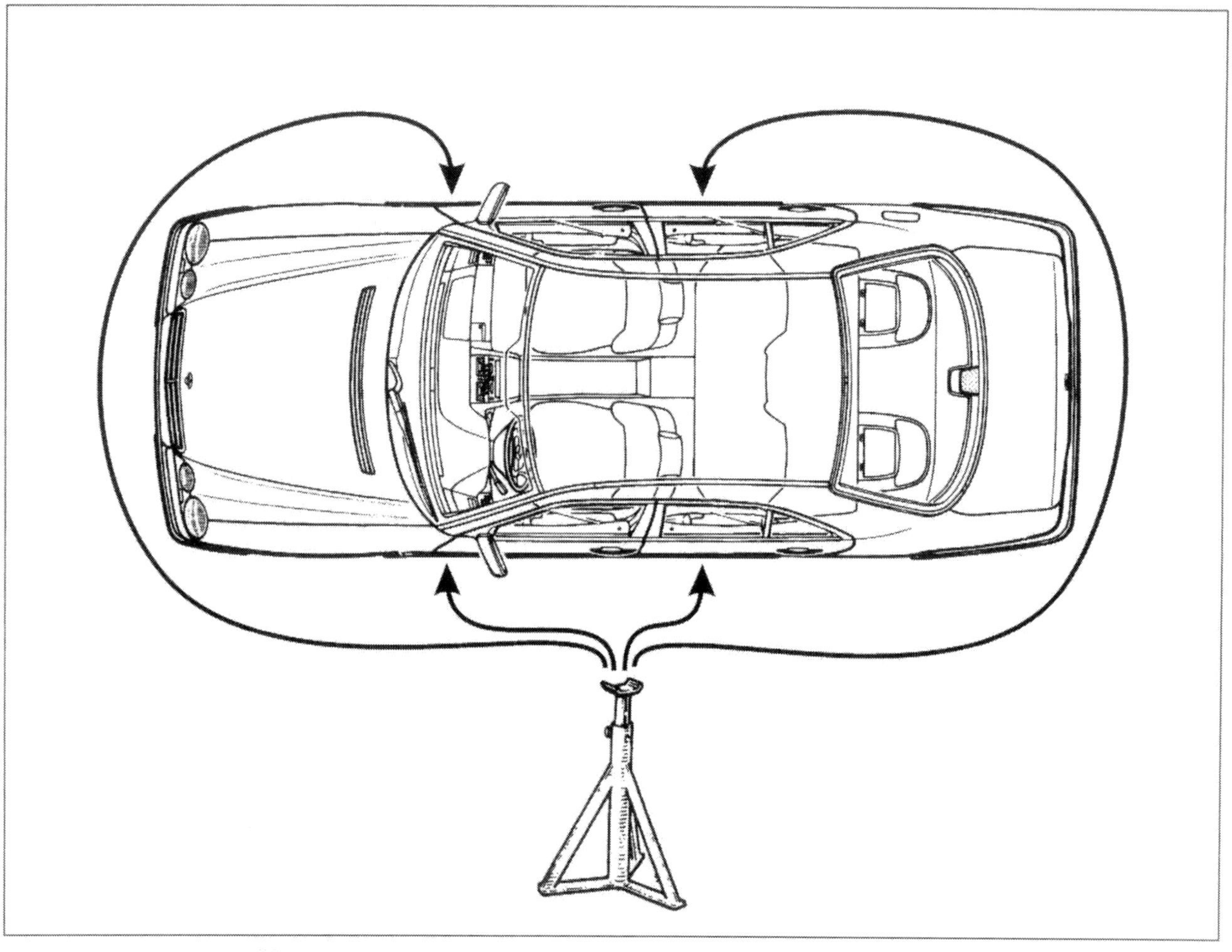

Ansatzpunkte für Unterstellböcke: Achten Sie darauf, dass die Auflage des Unterstellbocks genau zum mit einem Hartgummipuffer versehenen Fahrzeugboden ausgerichtet ist und den Unterboden nicht beschädigt. Ggf. zusätzliche Hartgummiunterlage oder geeignete Hartholzzwischenlage verwenden. Wichtig ist zudem, dass jeweils ein Bein des Dreibocks zum Karosserierand zeigt, sonst können die Böcke beim Wuchten unter dem Wagen seitlich wegkippen. Die Einsteckbolzen für die Höhenverstellung müssen bis zum Anschlag eingesteckt und mit einem Sicherungsstift gesichert sein.

Fahrzeug aufbocken

Arbeitsschritte

① Der Mercedes muss auf festem ebenem Untergrund stehen. Räumen Sie vor Arbeitsbeginn ggf. erst den Kofferraum aus.

② Handbremse anziehen und die Räder gegenüber der Anhebestelle mit Holzkeilen, notfalls mit geeigneten Steinen gegen Vor- und Zurückrollen sichern. Nur auf die angezogene Handbremse dürfen Sie sich nicht verlassen, da sie bei manchen Arbeiten gelöst werden muss.

③ Mit einem Schraubendreher die Plastikabdeckung aus der Wagenheberaufnahme im Türschweller hebeln.

Zum sicheren Anheben des Fahrzeugs bei einer Panne muss der Bordwagenheber bis zum Anschlag in die Aufnahme des Türschwellers eingeschoben werden.

④ Der Bordwagenheber ist unter dem Reserverad untergebracht. Um ihn in Betrieb zu nehmen, müssen Sie ihn mit der Kurbel zunächst von Hand soweit öffnen, bis die Bodenplatte Bodenkontakt hat und möglichst senkrecht unter dem Ansatzpunkt steht.

⑤ Setzen Sie den Wagenheber nur an den speziellen Aufnahmen des Türschwellers an. Dabei muss der Wagenheberausleger bis zum Anschlag in die Wagenheberaufnahme eingeschoben werden. Ein Rangierwagenheber sollte nur mit lastenverteilendem Kantholz bzw. einer Traverse etwa mittig am Türschweller angesetzt werden.

⑥ Wagenheber auf die Arbeitshöhe hochkurbeln. Der Unterstellbock darf nur an den mit Hartgummiauflagen versehenen Bodenverstärkungen angesetzt werden. Zwischen der Auflage des Bocks und den Fahrzeugboden sollten Sie ggf. zusätzlich einen Gummi oder Hartholzklotz legen, um Beschädigungen des Unterbodens zu vermeiden.

Dreibock und Rangierwagenheber müssen mit ihrer Auflage korrekt an der mit einem Hartgummipuffer versehenen Bodenversteifung angesetzt werden.

⑦ Der Dreibein-Unterstellbock steht am sichersten, wenn eines seiner Beine nach außen und zwei zur Wagenmitte hin zeigen. Achten Sie auf diese Stellung, wenn Sie Ihren Mercedes aufbocken. Sonst kann es passieren, dass beim Anheben des Wagens der auf der anderen Seite bereits angesetzte Unterstellbock seitlich weggedrückt wird.

Tipps für Schrauber

Eine unlösbare Verschraubung oder eine abgerissene Schraube haben schon manchen Hobbyschrauber von seinem Reparaturvorhaben wieder abgebracht. Die folgenden Arbeitstipps sollen dem Einsteiger helfen, ungewohnte Arbeiten durchzuführen. Rostige Schrauben ersetzt man am besten beim Zusammenbau durch neue. Damit ist die nötige Festigkeit gewährleistet.

Verrostete Verschraubungen lösen

Bevor der Schraubenschlüssel an einer festgerosteten Mutter bzw. Schraube angesetzt wird, sollten Sie die freiliegenden Gewindegänge des Gewindebolzens von Schmutz und Rost befreien. Andernfalls wird der Gewindebolzen beim Loswuchten abgedreht.

- Gewinde mit einer Drahtbürste säubern und anschließend mit Rostlöser besprühen.
- Bei Schnell-Rostlösern die Mutter sofort losdrehen.
- Bei anderen Rostlösern einige Zeit warten.

Praxistipp: Umgang mit selbstsichernden Muttern

Selbstsichernde Muttern klemmen satt auf dem Gewinde und können sich auch durch Vibrationen nicht lösen. Dazu besitzen sie eine Einlage aus Kunststoff oder ein enger geschnittenes Gewinde. Derartige Muttern sollten Sie grundsätzlich nur einmal verwenden, sonst ist die selbstsichernde Wirkung dahin.

Beschädigte Muttern lösen

Wenn Sie die Kanten einer Mutter bereits rund gedreht haben oder wenn Rost die Anlageflächen für den Schraubenschlüssel deformiert hat, hilft nur noch Gewalt.

- Als erste Möglichkeit kommt eine Gripzange in Betracht. Damit lässt sich die Mutter fest greifen und oft auch losdrehen.
- Hilft das nicht weiter, wird ein scharfer Meißel angesetzt und die Mutter aufgemeißelt.
- Eine gut zugängliche Mutter kann auch entlang des Gewindes mit einer Metallsäge aufgesägt werden. Werkstätten benutzen zum Lösen solcher Muttern einen so genannten Mutternsprenger. Auch eine Flex kann an gut zugängigen Stellen helfen.

Innensechskant- und Innenvielzahnschrauben lösen

Bei beiden Schraubenarten muss das Schraubenloch von jeglichem Schmutz gesäubert sein, ehe Sie das entsprechende Werkzeug ansetzen.

- Am besten eignen sich zum Lösen solcher Schrauben Steckeinsätze mit langem Sechskant bzw. Vielzahn.
- Im Gegensatz zu den gebräuchlichen Winkelschlüsseln (bei denen die Kraft immer schräg ansetzt) vertragen die Steckeinsätze auch einen Hammerschlag auf der Adapterseite mit dem Vierkant. Der Schlag mit dem Hammer auf das Werkzeug – oder im Notfall auch direkt auf den Schraubenkopf – lockert den Sitz der Schraube ein wenig und erleichtert das Lösen. Ein Hammer mit Kupfer- oder Kunststoffkopf beschädigt das Werkzeug nicht, bewirkt aber das Gleiche.

Praxistipp: Schraube fällt vom Werkzeug

Wollen Sie eine Schraube an einer schwer zugänglichen Stelle wieder eindrehen, verhindern Sie mit folgendem Trick, dass sie immer wieder vom Werkzeug abfällt: In den Schraubenschlitz etwas Kaugummi oder zähes Schmierfett ankleben oder die Schraube mit einem Klebebandstreifen am Werkzeug anheften.

Schlitz- und Kreuzschlitzschrauben lösen

Schon nach relativ kurzer Zeit können Schrauben so fest sitzen, dass sie sich nicht mehr einfach mit einem Schraubendreher herausdrehen lassen. Bei Kreuzschlitzschrauben kommt erschwerend hinzu, dass sich der Schraubendreher auch bei starkem Druck auf den Griff aus dem Kreuzschlitz herausdreht. Nach wenigen erfolglosen Versuchen ist der Kreuzschlitz vermurkst, und die Schraube ist praktisch unlösbar.

- Wenn sich eine Schraube nicht gleich losdrehen lässt, sollten Sie einen passenden, stabilen Schraubendreher ansetzen und mit einem kräftigen Hammerschlag auf das Griffende versuchen, die Schraubverbindung zu lösen.

- Meistens bricht die oft nur mit dem Kopf festkorrodierte Schraube los. Sie lässt sich dann in der Regel normal herausdrehen.
- Hilft das nichts, brauchen Sie einen Schlagschrauber. Bei jedem Hammerschlag auf die Griffoberseite des Schlagschraubers dreht dieser den Schraubendrehereinsatz unter Druck ein wenig weiter. Das löst praktisch jede Schraube.

Blechschrauben ausbohren

Lässt sich in einem Schraubenkopf kein Werkzeug mehr ansetzen, hilft nur noch Ausbohren.

- Erst entfernt man mit einem entsprechend großen Bohrer den Schraubenkopf. Eventuell mit einem kleineren Bohrer vorbohren.
- Das Gewindeteil einer Blechschraube lässt sich jetzt entweder durchstoßen oder mit einer Zange von der Rückseite her abnehmen.
- Andernfalls mit einem dünnen Bohrer das Gewindeteil ausbohren. Wenn Sie hierfür einen zu großen Bohrerdurchmesser wählen, wird das Loch für die Schraube so vergrößert, daß später nur eine dickere Blechschraube hält.

Lösen und Festdrehen von Stehbolzen

Da ein Stehbolzen (auch Gewindestange genannt) keine Anlagefläche für einen Schraubenschlüssel besitzt, müssen Sie diese erst schaffen.

- Auf dem freien Gewindeteil des Bolzens zwei Muttern fest gegeneinander festdrehen (kontern). An den so blockierten Muttern den Schraubenschlüssel ansetzen und den Bolzen lösen bzw. anziehen.

Abgerissene Schrauben ausbohren

Das Gegengewinde, in dem die abgerissene Schraube steckt, sollte möglichst wenig Schaden nehmen.

- Den Schraubenrest genau in der Mitte mit einem Körnerschlag versehen.
- Jetzt kann gebohrt werden: Bis zur Schraubengröße M 8 geht dies gleich mit dem so genannten Kernlochbohrer. Das ist der Durchmesser einer »rasierten« Schraube, also ohne Gewindeflanken. Bis zur Schraubengröße M 6 gilt die Faustregel: Gewindedurchmesser multipliziert mit 0,8. Beispiel: Verschraubung M 6 x 0,8 = Kernlochdurchmesser 4,8. Ab Schrauben der Größe M 8 sollten Sie mit einem dünneren Bohrer vorbohren.
- Die in den Gewindegängen verbliebenen Metallreste lassen sich bisweilen mit einer Reißnadel entfernen. Meistens muss jedoch das Gewinde nachgeschnitten werden.

Gewinde schneiden

In Leichtmetall eingeschnittene Gewinde reißen besonders leicht aus, da das Material eine wesentlich geringere Festigkeit hat als etwa Stahl. Hat das Metall noch genug Substanz, können Sie ein größeres Gewinde einschneiden. Andernfalls muss eine Gewindebuchse eingesetzt werden – eine Angelegenheit für die Werkstatt.

- Das Nach- oder Neuschneiden von Gewinden geht in drei Stufen vor sich. Die entsprechenden Gewindeschneider heißen daher Vorschneider (ein Ring am Schaft), Mittelschneider (zwei Ringe am Schaft) und Fertigschneider (ohne bzw. drei Ringe am Schaft).
- Die drei Gewindeschneider werden nacheinander unter ständigem Ölen in das vorgebohrte Kernloch hinein- und wieder herausgedreht.
- Um ein Abreißen des Gewindeschneiders zu vermeiden, muss beim Hineindrehen immer wieder abgesetzt und ein Stück zurückgedreht werden. Sonst werden die Metallspäne zu lang und klemmen.
- Nachdem das neue Gewinde gedreht ist, alle Späne aus dem Gewindloch und der Umgebung sorgsam entfernen und die Schneideeisen mit einem weichen Lappen reinigen. Neues Gewinde leicht einölen.

Technik-lexikon: Schraubengröße und Drehmoment

Schrauben und Muttern, die keinen speziellen Belastungen ausgesetzt sind, werden mit Standard-Drehmomenten angezogen. Die meisten Hobbymechaniker ziehen einfache Verschraubungen meist mit »Gefühl« an. Falls Sie Ihr Schraubgefühl einmal mit einem Drehmomentschlüssel kontrollieren wollen – für die gebräuchlichsten Schraubverbindungen gelten folgende Drehmomente:

Gewindedurchmesser (mm)	6	8	10	12	14
Drehmoment (Nm)*	10	25	49	85	135

*Die angegebenen Drehmomente gelten nicht für Sonderschrauben und für Schrauben, die in Leichtmetall eingedreht sind.

Tipps für den Werkstatt-Besuch

Auch Ihr Mercedes muss manchmal in die Werkstatt. Zur regelmäßigen Wartung zum Beispiel, wenn er noch mit einer Garantie ausgestattet ist. Auch eine Reparatur in der Werkstatt ist immer mal drin, wenn Ihnen die Zeit fürs Do it yourself fehlt, die nötige Erfahrung oder Spezialwerkzeug. Macht sich ein Mechaniker mit Ihrem Auto ans Werk, können Sie trotzdem dazu beitragen, dass Wartung oder Reparatur zu Ihrer Zufriedenheit ausfallen. Unsere Übersicht stellt eine Reihe von Tipps und Spielregeln zusammen, die Sie bei Ihrem Werkstatt-Besuch beachten sollten.

Vertragswerkstatt und freie Werkstatt

- Es steht Ihnen grundsätzlich frei, welche Werkstatt Sie mit Ihrem Fahrzeug aufsuchen. Neben der Vertragswerkstatt ist auch die freie Werkstatt oft eine gute Adresse. Dort ist man bei vielen Reparaturen ebenso kompetent, und Ölwechsel, neue Bremsbeläge, Bremsscheiben, Reifen und Stoßdämpfer sind oft billiger. In jedem Fall sollte die Werkstatt ein Meisterbetrieb sein und der Kfz-Innung angehören.

- Ein Wagen mit Garantie gehört zur Inspektion stets in die Vertragswerkstatt. Das gilt auch für die meisten Reparaturen. Einen Blech- oder Lackschaden etwa können Sie trotz Garantie zwar in Eigenregie beheben oder von einer freien Werkstatt erledigen lassen. Gibt's später jedoch Probleme mit der reparierten Stelle, sind Sie in diesem Fall eventuelle Garantie-Ansprüche los.

Reparaturauftrag nur schriftlich

- Stellen Sie eine Liste mit den Symptomen und Mängeln zusammen, die Ihnen am Fahrzeug aufgefallen sind. Sprechen Sie diese Liste in der Werkstatt mit dem Meister oder Kundendienstberater durch. Fragen Sie nach, wenn Ihnen in dem Gespräch etwas unklar ist. Demonstrieren Sie die Mängel direkt am Fahrzeug.

- Geben Sie präzise Reparaturaufträge. Bei Pauschalaufträgen wie »TÜV-fertig machen« oder »für den Urlaub herrichten« sind Unstimmigkeiten programmiert – etwa wenn Sie für Arbeiten bezahlen sollen, die nicht nötig gewesen wären.

- Erteilen Sie einen Reparaturauftrag stets schriftlich. Der Auftrag sollte die auszuführenden Arbeiten möglichst genau bezeichnen. Lassen Sie sich eine Auftragsbestätigung geben. Sollten bei der Reparatur weitere Mängel auffallen, so wird sich eine gute Werkstatt telefonisch bei Ihnen melden und zusätzliche Arbeiten vorher absprechen.

Nach den Kosten fragen

- Fragen Sie nach den voraussichtlichen Kosten für Arbeitslohn und Material, bevor Sie einen Reparaturauftrag erteilen. Setzen Sie für eventuell erforderliche Zusatzarbeiten eine Preisgrenze fest. Lassen sich Umfang und Aufwand einer Reparatur nicht genau bestimmen, sollten Sie eine Höchstgrenze für die Kosten festlegen.

- Fragen Sie nach den Kosten für die Fehlersuche. Wenn Ihr Auto zum Beispiel zuviel Sprit verbraucht oder schlecht anspringt, wenn der Motor stottert oder Sie merkwürdige Geräusche an den Rädern hören, ist die Suche nach den Ursachen dieser Symptome manchmal teurer als die eigentliche Reparatur. Legen Sie daher für die Fehlersuche ebenfalls ein Preislimit fest.

- Geben Sie der Werkstatt Ihre Telefonnummer, damit man Sie für Rückfragen erreichen kann, wenn die Reparatur umfangreicher oder teurer wird als ausgemacht. Halten Sie auch zusätzliche Absprachen schriftlich fest.

- Bitten Sie die Werkstatt bei umfangreichen Reparaturen um einen schriftlichen Kostenvoranschlag, der Ihnen zeigt, mit welchen Kosten Sie rechnen müssen. Den Kostenvoranschlag wird man Ihnen in der Regel nur dann berechnen, wenn Sie der Werkstatt anschließend keinen Reparaturauftrag erteilen. Die Werkstatt-Rechnung darf den Kostenvoranschlag bei unvorhergesehenen Arbeiten maximal 15-20 Prozent überschreiten.

Billigere Teile bei älterem Fahrzeug

- Bei einem älteren Fahrzeug lohnt es sich, nach speziellen Teile- und Service-Angeboten zu fragen. Vertragswerkstätten bieten oft im Preis reduzierte Originalteile an – Sie können hier bis zu 30 Prozent sparen.

- Ist der Tausch eines ganzen Aggregats fällig, muss nicht das Neuteil erste Wahl sein. Fragen Sie nach aufbereiteten und geprüften Austauschteilen – die sind billiger und bieten die gleiche Qualität. In Frage kommen Austauschteile wie Motor, Kupplung, Lichtmaschine, Anlasser und Wasserpumpe.

- Ein Ölwechsel in Werkstatt oder Tankstelle geht mitunter ins Geld, wenn man dort Ihrem Auto das teuerste Öl aus dem Angebot spendiert. Fragen Sie nach billigeren Ölsorten mit der gleichen Spezifikation – die eignen sich in der Regel ebenso gut.

Rechnung prüfen

- Gehen Sie nach der Reparatur zusammen mit dem Meister oder Kundendienstberater Ihre Werkstatt-Rechnung durch. Lassen Sie sich unverständliche Abkürzungen und Fachbegriffe erklären.

- Auf der Rechnung sollten Posten wie Arbeitslohn, Material und Mehrwertsteuer separat aufgeschlüsselt sein. Fehler in der Rechnung können Sie innerhalb sechs Wochen nach ihrer Ausstellung reklamieren.

Rechtzeitig reklamieren

- Mangelhafte Reparaturen sollten Sie so bald wie möglich reklamieren. Die Werkstatt muss für Ihre Arbeit sechs Monate geradestehen (Gewährleistung). Treten durch eine unsachgemäße Reparatur Schäden an Ihrem Fahrzeug auf, können Sie von der Werkstatt Schadensersatz verlangen.

- Wenn Sie bereits bei der Abholung Ihres Fahrzeugs Grund für eine Reklamation haben, kann die Werkstatt trotzdem darauf bestehen, dass Sie die Reparatur erst in voller Höhe bezahlen, bevor sie den Wagen herausgibt. Vermerken Sie in diesem Fall auf der Rechnung, dass Ihre Zahlung nur unter Vorbehalt erfolgt.

- Reklamationen sollten Sie in einem sachlichen Gespräch mit der Werkstatt vortragen. Lassen sich Unstimmigkeiten nicht ausräumen, helfen die Kfz-Schiedstellen der Kfz-Innung kostenlos weiter – vorausgesetzt, Ihre Werkstatt ist Mitglied der Innung. Adressen erhalten Sie zum Beispiel bei Ihrem Automobil-Club.

Inspektion und Garantie

Praxistipp

- Bei der Inspektion werden in erster Linie Zustand und Funktion von Baugruppen geprüft, und falls nötig ersetzt, die für die Zuverlässigkeit und Sicherheit Ihres Fahrzeugs wichtig sind.

- Schon nach einer Laufzeit von 20.000 Kilometern kann an Baugruppen wie der Bremsanlage, Radaufhängung, Reifen und Lenkung deutlicher Verschleiß auftreten, der vom Fahrer unbemerkt bleibt. Regelmäßige Wartung hält also nicht nur Ihren Wagen in Schuss, sie dient vor allem auch Ihrer eigenen Sicherheit.

- Mercedes empfiehlt alle 20.000 Kilometer den Kleinen Kundendienst, alle 60.000 Kilometer den Großen Kundendienst in der Vertragswerkstatt.

- Wenigfahrer mit geringer jährlicher Laufleistung sollten einmal im Jahr einen Kundendienstaufenthalt einplanen.

- Wenn Sie einen neuen Mercedes fahren: Halten Sie die Wartungsintervalle unbedingt ein und verzichten Sie aufs Do it yourself. Mercedes-Benz erfüllt berechtigte Garantieansprüche nur dann, wenn die Wartungsarbeiten rechtzeitig in einer Vertragswerkstatt erledigt wurden.

DIE WAGENPFLEGE

Jedes moderne Auto braucht Wartung und Pflege. Sonst verliert selbst der teuerste Untersatz in kurzer Zeit rapide an Wert. Natürlich können Sie Ihr Fahrzeug regelmäßig von einer Werkstatt oder Tankstelle pflegen und warten lassen. Aber schon für eine professionelle Wagenwäsche sind Sie schnell 150 Mark los.

Wartung

Reparatur

Ein gepflegtes Auto macht mehr Spaß als ein ungepflegtes. Es behält länger seinen Wert und bringt Ihnen beim Verkauf ein oder zwei Tausender zusätzlich ein. Außerdem hat ein gepflegt aussehendes Fahrzeug bei den Prüfern von TÜV und DEKRA von vornherein die besseren Chancen. Wenn die Wagenwäsche die Kür ist, die unter klarem Wasser den Lack in altem Glanz zurückzaubert, dann ist die Pflege des Innenraums die Pflicht. Die sollten Sie allerdings zuerst in Angriff nehmen. Heben Sie sich diese Arbeit bis zuletzt auf, verschmutzen die Staubwolken aus Polstern und Fußmatten die frisch gewaschene Außenseite.

Innenreinigung

Für die Innenraumpflege verwenden Sie am besten spezielle Autopflegemittel. Vergessen Sie Seifenlauge und Haushaltsreiniger: Scheiben, Polster und Kunststoffoberflächen sind durch Witterung, Staub, Schmutz und Feuchtigkeit extremen Belastungen ausgesetzt, denen spezielle Pflegesubstanzen einfach besser gewachsen sind. Diese Spezialreiniger sind nicht billig, aber in aller Regel ihr Geld wert.

Zur gründlichen Innenreinigung Ihres Fahrzeugs brauchen Sie:

- Lappen, möglichst nicht flusend, zum feuchten und trockenen Ab- und Auswischen.
- Kleider- oder Polsterbürste.
- Staubsauger mit verschiedenen Düsen (Handfeger und Kehrschaufel).
- Fensterleder.
- Feinporigen Kunststoffschwamm für die Kunststoffteile

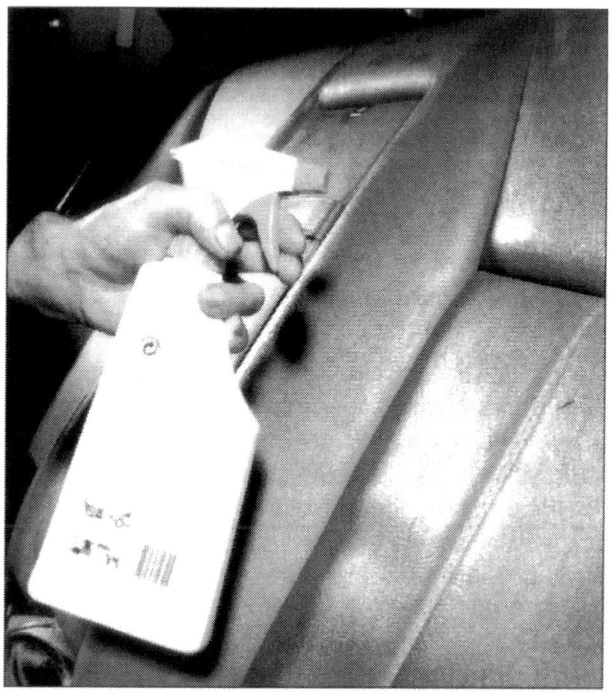

Ob hochwertiger Stoff oder – wie hier abgebildet – Leder. Selbst strapazierfähige Materialien brauchen Schutz und Pflege.

Technik-lexikon: Pflegemittel für den Innenraum

Plastikreiniger. Für Kunststoffflächen. Reinigt und frischt die Farben auf, sorgt für Glanz und wirkt antistatisch, so dass die Flächen gegen Schmutz- und Staubbefall lange Zeit geschützt sind.

Textilreiniger. Für Polster, Teppiche, Tür- und Innenverkleidungen. Lösen zuverlässig Staub und Schmutz. Dadurch werden die Polsterfarben aufgefrischt. Viele Reiniger entfernen zudem auch hartnäckige Flecken.

Glasreiniger (auch als Schaumreiniger). Geeignet für alle Glasflächen, lösen sie auch hartnäckige Verschmutzungen, zum Beispiel Insektenreste, Nikotin, Kunststoffausdünstungen und Ölablagerungen.

Gummipflegemittel (silikonhaltig). Für Tür-, Fenster- und Kofferraumdichtungen sowie Fußmatten. Halten das Gummi geschmeidig, verhindern Festfrieren und frischen die Farben auf.

Antibeschlagspray. Konserviert die Glasreinigung für einige Tage oder Wochen (je nach Wetterlage). Auf die Scheibe gesprüht, bildet sich nach kurzer Zeit ein Schaumbelag, den Sie mit einem trockenen Küchenpapier abreiben können. Antibeschlagtücher oder Fensterschwämme sind nur ein Notbehelf.

Arbeitsschritte

① Räumen Sie Ihren Wagen aus. Bei dieser Gelegenheit gleich Ascher leeren und auswischen.

② Die Fußmatten nach innen zusammenschlagen und herausnehmen, ausschütteln, ausklopfen und bei Bedarf staubsaugen.

③ Gummimatten feucht abwischen. Vorsicht: Die Unterseite trocknet im Fahrzeug nur schlecht. Eine feuchte Matte kann üblen Geruch und Stockflecken im Textilbelag verursachen. Daher Trockenzeit einkalkulieren.

④ Grobschmutz im Innenraum mit Staubsauger entfernen. Verwenden Sie für weiche Textilbeläge starre Düsenaufsätze, für harte Kunststoffe Borstenaufsätze. Bei glattem Gummibelag den Wagenboden feucht auswischen.

⑤ Sitzpolster abbürsten oder staubsaugen, die anderen Kunststoffoberflächen staubwischen. Das Heizungsgebläse pustet den Staub vor allem in die Ecken – hier leistet ein Pinsel gute Dienste.

⑥ Sicherheitsgurte trocken abbürsten. Bei starker Verschmutzung mit einer milden Seifenlösung reinigen.

⑦ Kunststoffteile und Armaturenbrett mit einem feuchten Leder abledern. Bei Grundreinigung: Auf keinen Fall mit Benzin oder anderen Lösungsmitteln arbeiten – Kunststoff kann Flecken bekommen, die nicht mehr entfernt werden können.

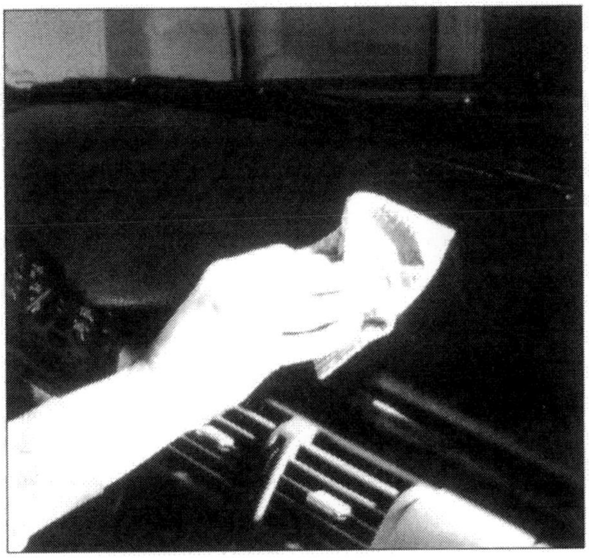

Der Kunststoffpfleger wird mit einem feuchten, sauberen Lappen verteilt. So erzielen Sie die größtmögliche Tiefenwirkung der Pflegesubstanzen. Kunststoffpfleger, der auf Scheiben, Lenkrad oder Instrumente gelangt, muss sofort mit Kunststoff- oder Glasreiniger entfernt werden.

⑧ Verwenden Sie Kunststoffreiniger. Die besprühten Stellen mit klarem Wasser nachwischen und mit einem Tuch trockenreiben. Bei häufigen Reinigungsintervallen reicht auch ein mildes, fettlösendes Reinigungsmittel, aufgelöst in einem Eimer Warmwasser.

Reinigen Sie den Dachhimmel stets komplett

⑨ Den Dachhimmel, meist ein mit Textilgewebe versehenes Formteil, nur bei starker Verschmutzung reinigen. Himmel mit Textilreiniger großflächig einsprühen. Mit Schwamm und Frottierhandtuch nachwischen.

⑩ Diese Behandlung bei Bedarf wiederholen. Vorsicht: Wenn Sie sich auf die verschmutzten Stellen beschränken, können hässliche Platten mit Rändern entstehen. Deshalb Dachhimmel immer komplett reinigen.

⑪ Sitzpolster und Textileinsätze in Seitenteilen und Innenverkleidungen mit Polsterschaumreiniger behandeln. Für Ledersitze nur spezielle Lederpflegemittel verwenden, die auch die Nähte flexibel und geschmeidig halten. Die Polster gründlich absaugen, solange sie noch feucht sind – der Schmutz löst sich so am besten.

⑫ Die Türdichtungen mit silikonhaltigem Gummipflegemittel einsprühen.

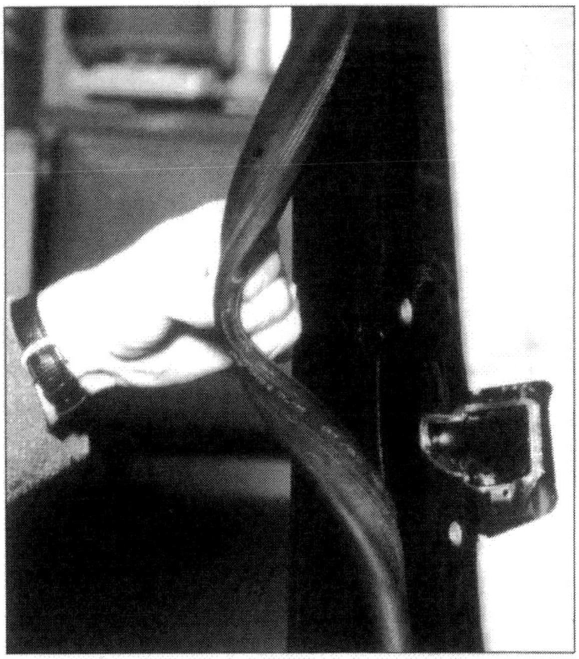

Nach den Dichtgummis der Türen sollten Sie nicht erst schauen, wenn sie schon porös sind. Regelmäßige Kontrolle und Pflege mit silikonhaltigen Substanzen verlängern ihre Lebensdauer entscheidend. Der Ersatz solcher Dichtungen kann teuer werden.

⑬ Die Innenseiten der Fenster rundum mit feuchtem Waschleder reinigen und Glasreiniger aufsprühen. Mit trockenem Krepppapier nachpolieren.

⑭ Wird im Auto viel geraucht, sind nach der Reinigung oft noch Schlieren und Graubelag sichtbar. Hier wirkt eine Lackpolitur wahre Wunder. Vorsicht: Tropft Politur auf unversiegelten Kunststoff, entsteht ein hässlicher und dauerhafter Fleck.

Außenwäsche

Die Wagenwäsche auf der Straße ist heute in vielen Städten und Gemeinden verboten. Das hat gute Gründe: Mit dem Schmutzwasser gelangen oft Ölrückstände und andere umweltschädigenden Substanzen in die Kanalisation. Eine saubere Sache ist dagegen die Wagenwäsche in einer automatischen Waschanlage. Die verwendeten Wassermengen sind in der Regel großzügig, die Wäsche ist also schonend. Ölabscheider und Wasseraufbereitungsanlagen sorgen für den Umweltschutz. Sie können meist zwischen mehreren Reinigungs- und Pflegeprogrammen wählen.

Praxistipp

So gehen Sie mit dem Hochdruckreiniger richtig um

- Wassertemperatur maximal 60 Grad. Zu heißes Wasser greift Gummi und Unterbodenschutz an.
- Druckregler auf maximal 30 bar einstellen.
- Abstand zum Auto 60 bis 80 Zentimeter. Bei geringerem Abstand und zu großem Druck Gefahr für den Lack Ihres Fahrzeugs.
- Bei der Motorwäsche kann Wasser die Motorelektronik lahm legen oder über den Ansaugtrakt in den Motor gelangen, ein kapitaler Schaden wäre die Folge.
- Reifen niemals mit Rundstrahldüsen reinigen. Gefahr für die Reifenflanken.
- Selbst bei relativ großem Spritzabstand und nur kurzer Einwirkzeit können Schäden auftreten, die auf den ersten Blick nicht erkennbar sind.

Fahrzeug auf Sauberkeit prüfen

Trotzdem sollten Sie nach dem Waschgang Ihr Fahrzeug auf Sauberkeit prüfen. Die Bürsten behandeln Radhäuser, Radläufe und die Unterkanten der Türschweller oft nachlässig. Auch bei Türrahmen und Ritzen ist bisweilen nachträgliche Handarbeit mit Schwamm und Putztuch angesagt. Im Winter, wenn streusalzhaltiges Wasser sich am Lack, an den Innenseiten der Kotflügel und am Unterboden festsetzt, sollten Sie öfter in der Waschanlage vorfahren. Ihr Auto ist zwar nach kurzer Zeit wieder schmutzig, der Rost hat jedoch keine Chance, sich an kritischen Stellen einzunisten.

Waschplatz und Selbstwaschanlage

Wenn Sie Ihren Wagen lieber selbst waschen, bietet sich ein Waschplatz an der Tankstelle an. Auch Selbstwaschanlagen sind eine gute Alternative. Dort stehen Ihnen vom Hochdruckreiniger bis zum Staubsauger alle Hilfsmittel zur Verfügung. Kontrollieren Sie jedoch vor Arbeitsbeginn den Zustand der Bürsten. Möglicherweise hat Ihr Vorgänger nach einer Fahrt über einen verschlammten Feldweg gerade seinen Unterboden oder seine Radkästen gereinigt und die Bürste mit grobem Dreck verschmutzt – ärgerliche Kratzer im Lack wären die Folge. Sie sollten Ihr Fahrzeug auch nicht in der prallen Sonne waschen. Das schadet dem Lack, da die kleinen Wassertropfen wie Linsen wirken und den Einbrenneffekt von Staubteilchen und Kalk beim Trocknen noch verstärken.

Praxistipp

Bremsen trockenfahren

Machen Sie nach jeder Wagenwäsche eine kurze Bremsprobe. Dabei verdampft die Feuchtigkeit, die während der Reinigung zwischen Bremsscheiben und Bremsklötze gelangt ist. Nach Fahrten durch Regen oder streusalzhaltiges Tauwasser sollten Sie die Bremsen trockenfahren, bevor Sie Ihr Fahrzeug für mehrere Tage abstellen. Es genügt, die letzten hundert Meter Wegstrecke öfter leicht zu bremsen. Mit der Bremsprobe vermeiden Sie, dass aufgrund der Feuchtigkeit oder einer Salzschicht auf den Bremsscheiben die Bremswirkung im Notfall etwas verzögert einsetzt.

Wenn Sie Ihr Auto selbst waschen, brauchen Sie:

- Jede Menge Wasser. Wird der Schmutz mit wenig Wasser abgewischt, schmirgeln feine Staub- und Sandkörnchen im Schwamm über den Lack und zerkratzen ihn mit mikroskopisch kleinen, spinnwebartigen Kratzern.
- Gartenschlauch, wenn möglich mit Sprühdüse aus Kunststoff. Steht kein Wasserschlauch zur Verfügung, brauchen Sie mindestens zwei Wassereimer für den Wassernachschub.
- Eine Schlauchbürste, bei der das durchfließende Wasser den Schmutz wegschwemmt. Arbeiten Sie mit Waschhandschuh oder Schwamm, sollten Sie die Schlauchmündung dicht an der bearbeiteten Fläche halten, damit sie gut mit Wasser versorgt wird.
- Waschhandschuh oder Schwamm sollten nach jedem zweiten oder dritten Waschstrich in den vollen Wassereimer getaucht und ausgedrückt werden, damit sich kein schmirgelnder Schmutz in den Schwammporen oder im Haarbesatz des Waschhandschuhs festsetzen kann.
- Eine langstielige Waschbürste, die sich besonders für die Felgen und Radkästen eignet.
- Einen großporigen Viskoseschwamm.
- Fliegenschwamm für Insektenrückstände.
- Großflächiges echtes Leder zum Trocknen des Wagens.
- Wassereimer für eine eventuelle Shampoowäsche oder um das Fensterleder auszuwaschen.

Arbeitsschritte

① Schließen Sie alle Türen und Fenster. Nassgespritzte Polster sind kein Vergnügen.

② Säubern Sie zuerst Radhaus, Felgen und Türschweller. Sie müssen sonst den Restschmutz zweimal wegspülen

③ Spritzen Sie den Unterboden gelegentlich mit Dampfstrahler oder Wasserschlauch ab. Im Winter sollten Sie die Unterseite bei jeder Wagenwäsche reinigen. Lassen Sie Ihr Fahrzeug ein oder zweimal im Jahr auf einer Hebebühne hochnehmen (Werkstatt oder Tankstelle) und prüfen Sie den Zustand des Unterbodenschutzes per Augenschein.

④ Die vorderen Stahlfelgen haben eine Reinigung oft bitter nötig, weil sich dort der Bremsstaub festsetzt. Felgen mit Felgenreiniger einsprühen. Die Einwirkzeit hängt ab von Verschmutzung und Produkt. Beachten Sie die Gebrauchsanweisung. Mit kleinem Schwamm den angelösten Schmutz wegwischen. Felgen mit kräftigem Wasserstrahl nachspülen.

Felgen bleiben länger fit, wenn auch sie bei der Autowäsche den pflegenden Schwamm zu spüren bekommen.

Technik-lexikon: Pflegemittel für die Außenwäsche

Autoshampoo. Hilft, ölige Rückstände auf dem Lack leichter zu entfernen.
Waschwachs. Hat ähnliche Eigenschaften wie Autoshampoo, schützt jedoch nach dem Trocknen den Lack gegen Umwelteinflüsse und verlängert so die Zeit bis zur nächsten Politur.
Felgenreiniger. Löst festgebackenen Bremsstaub.
Kunststoffpfleger. Speziell für Stoßfänger, die schon ausgebleicht sind. Enthält neben Pflegesubstanzen auch Farbstoffe. Wird mit sauberem Schwamm aufgetragen und verteilt. Nach kurzer Einwirkzeit überschüssige Flüssigkeit mit feuchtem Lappen abwischen.

Praxistipp: Alufelgen richtig pflegen

Alufelgen werden durch eine Lackierung vor Umwelteinflüssen geschützt. Wenn Sie gegen Bordsteine schrammen oder Rollsplitt die Außenseiten der Räder malträtieren, hilft der beste Lack nichts mehr. Schrammen und Kratzer an den Felgen sollten Sie umgehend ausbessern, da sie vor allem aggressivem Staub der Bremsbeläge ideale Angriffsflächen bieten – der grau-schwarze Abrieb frisst kleine Löcher ins Leichtmetall. Kleine Schrammen und Blindstellen lassen sich mit Alupolitur ausbessern.

⑤ Leichtmetallfelgen sollten regelmäßig mit Wasser und etwas Spülmittel gereinigt werden. Alufelgen sind sehr empfindlich gegen starke Reinigungsmittel – putzen Sie lieber zweimal im Monat, dann haben Sie länger Freude daran.

⑥ Zur Pflege filigraner Felgen lohnt sich die Anschaffung einiger Zahnbürsten. Ebenfalls sinnvoll: Sprühwachs zum Versiegeln. Bremsstaub und Schmutz können sich nicht durch die Wachsschicht fressen. Vorsicht: Das Wachs darf nicht auf Bremsscheiben oder -beläge gelangen.

Weichen Sie Ihr Auto gut ein

⑦ Wagen mit mäßigem Wasserdruck aus dem Schlauch abspritzen. In der Selbstwaschanlage mit Hochdruckreiniger: Programm »Spülen« wählen.

⑧ Wagen mit Schlauchbürste, Waschhandschuh oder Schwamm zuerst vom Dach bis zur Unterkante der Fenster waschen. Dann bewegt man sich rund um den Wagen.

⑨ Reinigungsschaum mit kreisenden Bewegungen und wenig Druck verteilen. Den Schaum kurz einwirken lassen.

⑩ Schmutzbrühe mit Gartenschlauch abspülen. In der Selbstwaschanlage: Programm »Spülen« wählen.

⑪ Im letzten Waschgang reinigen Sie die Räder mit Waschbürste und Schlauch.

⑫ Nach der Wäsche den Wagen sofort abledern. Getrocknetes Waschwasser bildet einen grauen Kalkbelag auf dem Lack.

Benutzen Sie zum Trocknen des Lacks ein spezielles Trockenleder. Damit können Sie schnell und effizient arbeiten. Vorteil: Das weiche Leder hinterlässt bei sorgfältigem Gebrauch keine Kratzspuren im Lack.

⑬ Leder vor Gebrauch ins Wasser tauchen, gut auswringen, flächig auf dem Lack ausbreiten und breit gespannt zu sich herziehen.

⑭ Vor jedem neuen Durchgang Leder ausspülen und auswringen. Schlecht zugängliche Ecken (etwa am Radkasten) mit Baumwolllappen oder altem Trockenleder trocknen. Schonen Sie Ihr gutes Leder, Schmutzrückstände würden es ruinieren.

Sorgen Sie für Durchblick

⑮ Zum Schluss sind die Außenseiten der Fensterscheiben an der Reihe. Gehen Sie vor wie bei der Reinigung der Innenseiten. Kontrollieren Sie dabei die Frontscheibe auf Steinschläge, Kratzer und Risse.

⑯ Die Wischlippe des Scheibenwischers mit Schwamm oder Trockenleder reinigen.

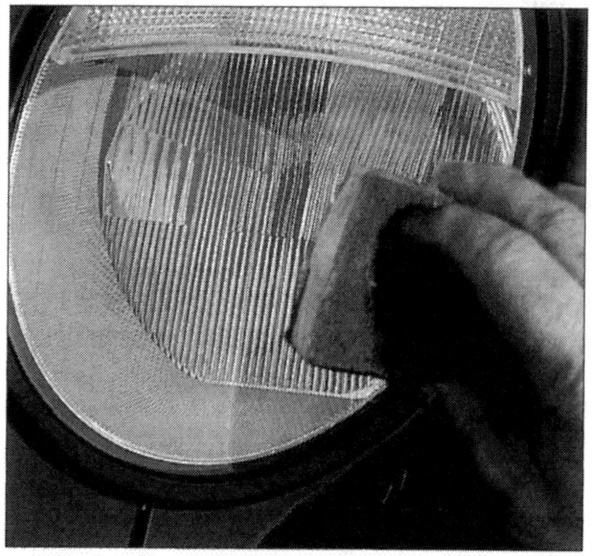

Seifen Sie den Scheinwerfer gründlich ab. Hier finden sich – vor allem nach langen Fahrten – oft Insektenreste. Sollte das Abseifen nicht genügen, müssen Sie der Verschmutzung mit Insektenreiniger zu Leibe rücken.

⑰ Kontrollieren Sie nach der Wäsche Lack, Scheinwerfergläser und Frontstoßfänger gründlich auf hartnäckigen Schmutz, der sich nicht gelöst hat. Insektenreste, Vogelkot, Blütenpollenrückstände und Teerspritzer wirken aggressiv und sollten umgehend mit Spezialreiniger entfernt werden.

⑱ Teerentferner sollten Sie nicht auf frischen oder frisch ausgebesserten Lacken anwenden – die enthaltenen Lösungsmittel können die Lackschichten angreifen.

Scheinwerfer reinigen

Praxistipp

Die Scheinwerfer sollten Sie häufiger waschen als die Karosserie Ihres Autos. Schmutzpartikel auf dem Glas sorgen für Ablenkung und Absorption der Lichtstrahlen. Die Folgen: geringere Sichtweite, starke Blendung. Schon nach einer halben Stunde Fahrt auf feuchter Straße sind die Scheinwerfer zu über 60 Prozent verschmutzt. Dadurch reduziert sich die Leuchtweite um etwa 35 Meter – eine Strecke die Ihnen im Notfall bei einer Vollbremsung fehlt.

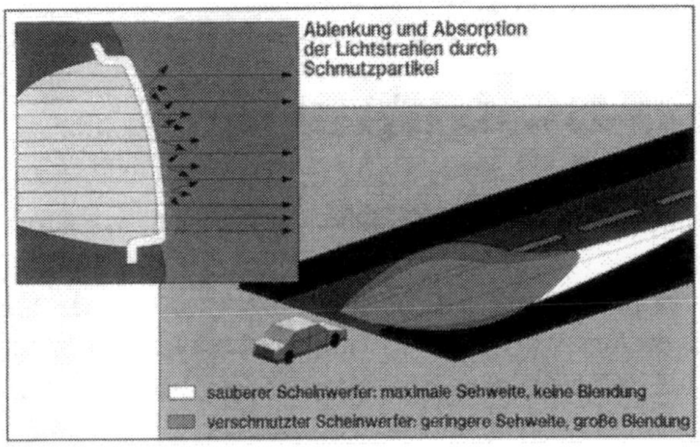

Motorwäsche

Im Motorraum Ihres Autos verbinden sich Öl und Staub mit der Zeit zu einem unansehnlichen Schmutzfilm, der sich über den Motor und andere Teile legt. Das ist in erster Linie ein ästhetisches Problem, das Sie mit Hilfe spezieller Reiniger lösen können. Wichtiger als die Schönheitspflege des Motors ist die Motorraumwäsche im Frühjahr.

Salzkrusten begünstigen Rost

Das im Winter auf die Straßen gestreute Salz dringt durch Ritzen und Schächte tief in den Motorraum und lagert sich an Kühler, Kanten und Kabeln ab. Diese Salzkrusten binden Feuchtigkeit und erleichtern die Rostbildung.

Die Motorwäsche dürfen Sie nur dort vornehmen, wo es einen Ölabscheider gibt. Am besten machen Sie sich in einer Selbstwaschanlage oder auf einem Waschplatz ans Werk.

Kontrollieren Sie nach der Motorwäsche, ob noch genug Schmierfett an Drosselklappengestänge bzw. Gaszug vorhanden ist. Bei Bedarf sollten Sie maßvoll nachfetten.

Arbeitsschritte

① Der Motor sollte möglichst kalt sein – auf einem warmen Motor verdampft der Motorreiniger rasch, kann also nicht einwirken und den Schmutz lösen.

② Motor abstellen und Zündung ausschalten.

③ Schützen Sie empfindliche Bauteile wie Zündung, Lichtmaschine und Kraftstoffsystem mit Lappen oder Plastiktüten. Bei unbedachtem Ausspritzen des Motorraums sind Störungen an Zündung und Bordelektrik programmiert.

④ Nehmen Sie sich zuerst die Innenseite der Motorhaube vor. Mit viel Wasser einweichen, dann mit Schwamm und Shampoo reinigen und wieder abspritzen. Vergessen Sie nicht die Kanten, dort befinden sich echte Schmutznester.

⑤ Den Kühler mit der Waschlanze und reichlich Wasser reinigen. Insektenreste mit einem eiweißlösenden Mittel (Geschirrspülmittel) einsprühen, einwirken lassen und von der Rückseite des Kühlers her abspülen. Vorsicht: Harte Bürsten können die weichen Kühlerlamellen beschädigen.

⑥ Den Motorraum an allen Falzen, Trägern und ungeschützten Stellen abduschen.

⑦ Stärker verschmutzte Teile an Motor und Motorraum mit einem Kaltreiniger einsprühen. Nach einer kurzen Einwirkzeit mit scharfem Wasserstrahl nachspülen.

Sprühen Sie den Motorreiniger auf die verschmutzten Stellen, lassen Sie ihn ein bis zwei Minuten einwirken. Spülen Sie den eingeweichten Schmutz mit der Sprühlanze (Programm »Spülen«) ab. Beim Gartenschlauch mit scharfem Strahl spritzen, sonst wird die Schmutzschicht nicht vollständig gelöst.

⑧ Um das Wasser wieder aus dem Motorraum herauszubekommen, benutzen Sie eine der an Selbstwaschanlagen meist vorhandenen Druckluftpistolen.

Motorschutzlack **Praxistipp**

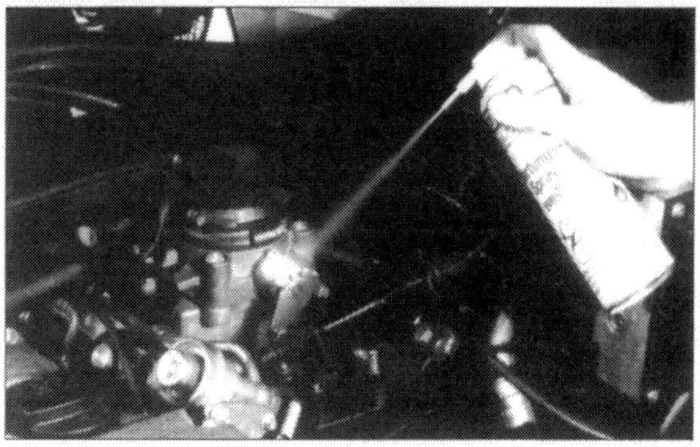

Damit sich der Schmutz im Motorraum nicht schnell wieder festsetzt, können Sie Motorblock und Peripherie mit einem besonders hitzefesten Motorschutzlack versiegeln. Für den restlichen Motorraum reicht ein Konservierungsspray oder Konservierungswachs.

Schmierdienst

Eine gelegentliche Schmierration hält manches auf Dauer leichtgängig, was sonst quietscht, klemmt, reißt oder rostet. Halten Sie sich an folgende Faustregel: An Scharnieren und Gelenken mit engen Durchgängen, in die kein Fett eindringen kann, ist Öl oder Schmierspray günstiger. Gegeneinander reibende Flächen werden besser gefettet oder mit einer Schmierpaste behandelt, da diese Gleitstoffe besser haften.

- Die Scharniere an **Türen und Heckklappe** sind gelegentlich für einen Spritzer Öl dankbar.
- Die **Türfeststeller** am unteren Türscharnier erhalten etwas Mehrzweckfett.
- Die **Schlossfallen an Türen, Kofferraumdeckel und Heckklappe** können mit Sprühfett behandelt werden.
- In den **Schlüsselschlitz der Schließzylinder** sollten Sie spätestens zu Beginn der kalten Jahreszeit etwas Rostlöser-Isolierspray sprühen. Es schmiert, verdrängt Feuchtigkeit und schützt vor Rost sowie Einfrieren im Winter. Am besten, aber etwas teurer ist ein spezielles Schlossöl, mit dem man zugefrorene Schlösser auftauen und lange Zeit vor dem Zufrieren schützen kann.
- An der Stelle des **Motorhaubenschlosses**, wo der **Seilzug** aus der Umhüllung kommt, etwas Fett aufstreichen und durch mehrmalige Hebelbewegung in die Zugumhüllung ziehen.
- Den **Schließbügel der Motorhaube** und die **Schlossfalle am Querblech der Karosserie** dünn mit Fett bestreichen oder Schmierspray auftragen.
- Die **Motorhaubenscharniere** erhalten etwas Öl oder Schmierspray.
- Die **Gleitschienen des Schiebedachs** werden hauchdünn mit Silikonspray behandelt.

Die Scheibenwaschanlage

Saubere Scheiben sind eine wichtige Voraussetzung für Ihre Sicherheit beim Fahren. Für die perfekte Sicht sorgt der bewährte Einarm-Hubscheibenwischer. Sein langer Arm erreicht 88 Prozent der Scheibenfläche und sorgt damit für eine noch bessere Durchsicht als beim Vorgängermodell, wo 86 Prozent der Scheibenfläche erreicht wurden. Neu ist auch die bereits in der S-Klasse eingesetzte geschwindigkeitsabhängige Intervallschaltung, deren Elektronik das jeweilige Fahrtempo berücksichtigt und beispielsweise bei langsamer Fahrt längere Intervallpausen zulässt als bei Autobahntempo.

Regensensor

Auf Wunsch lässt sich der Scheibenwischer mit einem neuartigen Regensensor kombinieren. Er hat seinen Platz an der Innenseite der Frontscheibe. Die beiden optoelektronischen Messsysteme des Sensors haben ein genaues Gespür für Niesel- oder Dauerregen und steuern die Intervallpausen des Scheibenwischers zwischen beliebig langer Pause und Dauerwischen – je nach Regenintensität. Mit dem Kombischalter für Scheibenwischer, Fernlicht und Blinker wird der Sensor aktiviert. Das manuelle Umschalten der Scheibenwischergeschwindigkeit entfällt – der Autofahrer kann sich noch besser auf das Verkehrsgeschehen konzentrieren. Die neue Mercedes-Benz E-Klasse ist das erste Serienautomobil, das mit einem solchen Regensensor ausgestattet ist.

Wischergummi nutzt ab

Um seine Funktion erfüllen zu können, muss sich das Wischerblatt fest auf die Scheiben pressen. Die Le-

bensdauer des Wischergummis ist jedoch begrenzt. Er wird mit der Zeit durch die Bewegungen des Wischers abgerubbelt, Ozon und UV-Strahlen machen das Material zusätzlich spröde. In der Frontscheibe verursachen zudem winzige Kratzer Scharten im Gummi, was die Waschwirkung auf Dauer beeinträchtigt. Das Wischergummi sollten Sie daher stets im Frühjahr und Herbst ersetzen.
Die meisten Arbeiten an der Scheibenwaschanlage können Sie selbst in die Hand nehmen – meist genügt dazu ein Schraubendreher. Wenn Sie feststellen, dass Leitungen oder Sicherungen am Wischermotor defekt sind, sollten Sie vor der Reparatur das Kapitel »Die Fahrzeugelektrik« lesen.

Scheibenwischer und Waschanlage prüfen

Arbeitsschritte | W | **ständige Wartung**

① Drücken Sie den Knopf des Kombischalters links hinter dem Lenkrad.

② Jetzt fördert die Wasserpumpe am Waschwasserbehälter, und die beheizbaren Spritzdüsen in der Motorhaube sprühen drei Wasserstrahlen auf die Frontscheibe.

③ Verdrehen Sie den Knopf, nimmt der Scheibenwischer seinen Betrieb auf. Lassen sich die letzten Putzstreifen einfach nicht entfernen, ist es Zeit, ein neues Wischerblatt zu montieren.

④ Der Austausch sollte etwa halbjährlich erfolgen.

Scheibenwaschwasser auffüllen

Arbeitsschritte | W | **ständige Wartung**

① Wenn die Kontrollleuchte im Armaturenbrett aufleuchtet, ist es Zeit, Waschwasser nachzufüllen.

② Um der Schlierenbildung entgegenzuwirken, sollten Sie dem Waschwasser stets etwas Reinigungsmittel zugeben. Mercedes bietet ein besonderes Konzentrat gegen Schlierenbildung an, Teilnummer 001 986 19 71 10 und 000 986 88 71.

Zusätzlich steht hinter der Bezeichnung ein »S« (Sommer) oder ein »W« (Winter). Das Konzentrat darf nicht mit anderen Zusatzmitteln vermischt werden.

③ Erst Zusatzmittel und dann Wasser einfüllen, damit sich die Flüssigkeiten im Behälter gut vermischen.

④ Spätestens beim Nachfüllen des Waschwassers sollten Sie die Windschutzscheibe gründlich reinigen.

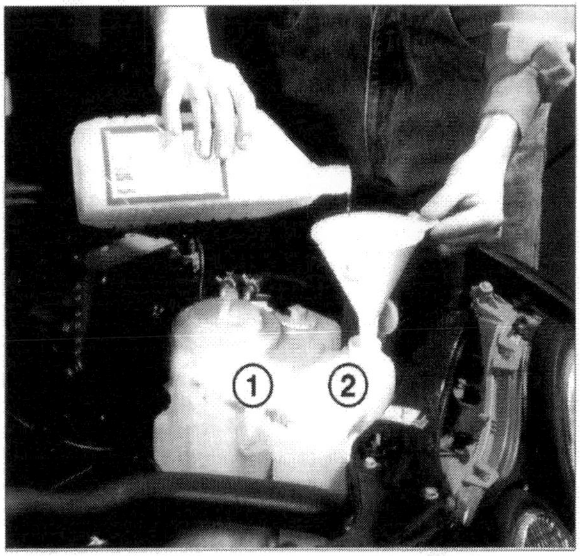

Der Waschwasserbehälter für die Scheiben- ❶ wie für die Scheinwerferwaschanlage ❷ befindet sich im Motorraum, ist jedoch je nach Motorisierung etwas unterschiedlich angeordnet.

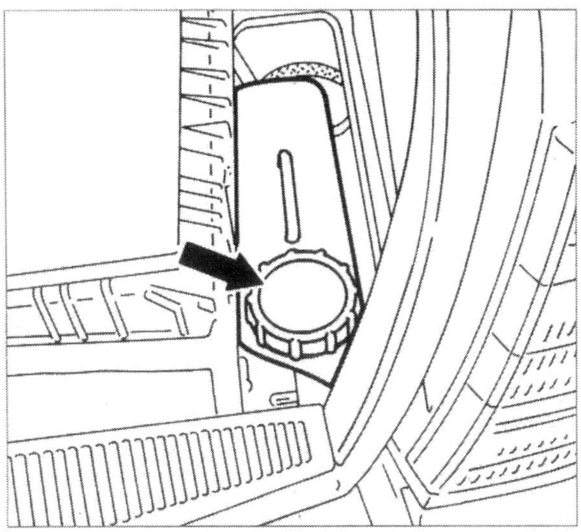

Beim T-Modell muss auch der Flüssigkeitsstand im Behälter für die Heckscheibenreinigung (Pfeil) geprüft werden.

Wischergummi wechseln

Arbeits-schritte

① Wischerarm abheben, nicht einrasten.

② **Frontscheibenwischer:** Kunststoffklammer am geriffelten Teil niederdrücken und Wischerblatt ❶ nach unten aus dem Haken am Wischerarm schieben.

Heckscheibenwischer (T-Modell): Wischerarm hochklappen, Wischerblatt waagerecht stellen. Rastzunge eindrücken und Wischerblatt nach unten aushängen.

③ Von der geschlossenen Seite des Wischergummis ❸ aus beide Stahlschienen mit schmalem Schraubendreher ❹ zurückschieben und vollständig aus dem Gummi herausziehen.

④ Wischgummi an den Haltebügeln ❷ des Wischerblattes aushängen.

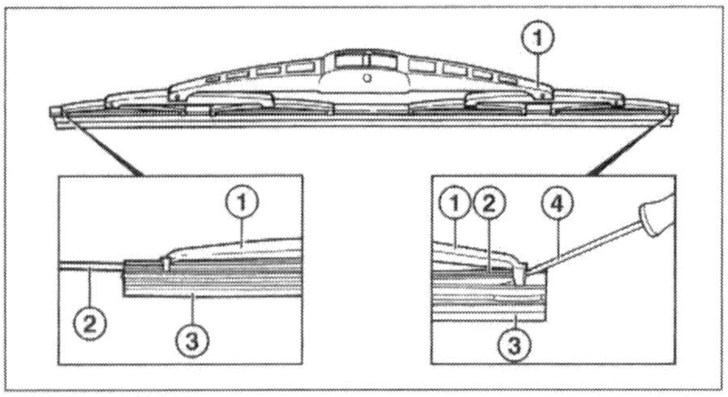

⑤ Zum Einbau neues Wischergummi ohne Halteschienen in die Klammern des Wischerblattes lose einlegen.

⑥ Beide Schienen von der offenen Profilseite aus so in den Wischergummi einführen, dass die Aussparungen der Schienen zum Gummi zeigen und in die Gumminasen der Rille einrasten. Die Wölbung der Schienen soll zur Scheibe zeigen.

⑦ Wischgummi an der geschlossenen Seite mit Seifenwasser einstreichen, damit es besser in die Haltebügel gleitet.

⑧ Beide Stahlschienen sowie das Gummi mit Kombizange zusammendrücken und in die Haltebügel des Wischerblattes einhängen.

⑨ Wischerblatt so ansetzen, dass es sich zwischen den beiden Führungsstiften am Wischerarm befindet. Achtung: Falls vorn ein neues Wischerblatt eingebaut wird, Kunststoffklammer am geriffelten Teil nach unten drücken.

⑩ Wischerblatt in den Haken des Wischerarms schieben, Kunststoffklammer zurückklappen und dadurch Wischerblatt arretieren.

⑪ Wischerarm zurückklappen und darauf achten, dass das Wischergummi überall an der Scheibe anliegt.

⑫ Scheibenwischer betätigen. Das Wischfeld muss freigewischt werden. Achtung: Die Gummilippe des Wischerblattes muss sich bei Änderung der Bewegungsrichtung umlegen. Geschieht das nicht, Wischerarm vorsichtig so verbiegen, dass das Wischerarmende parallel zur Scheibe liegt.

Die Wascherdüsen

Sobald die Zündung eingeschaltet wird, erhalten die dreistrahligen Spritzdüsen Strom. Die Düsen sind einfach in die Motorhaube eingerastet. Zieht man etwas an den elektrischen Leitungen, findet man die Steckverbindungen zur Düsenbeheizung.

Heizfunktion der Wascherdüse prüfen

Arbeits-schritte

① Eine Steckverbindung auftrennen und einen Amperemeter zwischenschalten.

② Wenn die Zündung eingeschaltet wird, müssen Sie rund 0,3 Ampere messen. Mit zunehmender Erwärmung der Düse nimmt der Stromfluss auf rund 0,1 Ampere ab. Dies liegt am Material der Heizwendel. Es besteht aus einem Kaltleiter-Material (lässt kalt mehr Strom fließen).

③ Eine verstopfte Düse reinigt man mit Druckluft. Meist genügt eine Ball- oder Fahrradpumpe, um den Fremdkörper aus der Düse zu blasen. Zuvor aber den Wasserschlauch an der Düse ausstecken. Verstopft die Düse immer wieder, einen Benzinfilter in die Leitung einbauen.

Wascherdüse einstellen

Arbeits-schritte

① Die Düsen sollten für klare Sicht nicht zu tief eingestellt

Praxistipp

Ratter- und Quietschgeräusche des Scheibenwischers

Diese haben ihre Ursache darin, dass der Winkel von Wischergummi zur Scheibe nicht stimmt. Der Wischergummi muss im rechten Winkel zur Scheibe stehen, damit er sich – je nach Wischrichtung – zur einen und zur anderen Seite neigen kann. Wenn der Winkel nicht stimmt, lässt sich das meist durch Schränken des Wischerarms beheben. Falls Sie keinen Erfolg mit der Richtigstellung haben, müssen Sie Ihr Fahrzeug in eine Werkstatt bringen. Da wird ein Werkzeug zum Messen und Einstellen der Wischwinkel benutzt, um Ihnen störungsfreien Betrieb der Wischer zu gewährleisten.

sein. Sonst verschmiert bei höherem Tempo erst die Scheibe, bevor das Wasser die gesamte Fensterfläche bestreicht.

② Düsen mit einer Nadel oder Büroklammer einstellen. Spitze vorsichtig in die Düsenöffnung stecken und die Düse in die gewünschte Spritzrichtung drehen.

Einstellung der Scheibenwaschdüsen:
Die Düsen werden extra etwas höher ausgerichtet – so trifft der Sprühstrahl auch bei höherem Tempo (mit entsprechendem Winddruck) noch das ganze Wischfeld.

Front-Scheibenwischerarm ausbauen

Arbeitsschritte

① Die Kunststoffklappe vor der Wischerachse hochklappen und Innensechskant herausdrehen.

Praxistipp

Immer eine freie Sicht

Damit Sie nicht immer wieder zum Einstellen der Wascherdüsen die Stecknadel im Heuhaufen suchen müssen, raten wir Ihnen, das »Einstellwerkzeug« seitlich in die Sonnenblende auf der Fahrerseite zu stecken. So hat die Nadel ihren festen Platz und ist immer zur Hand, wenn Sie die Düsen reinigen oder etwas nachjustieren wollen. Im Winter kann es schon mal vorkommen, dass die Düsenköpfe einfrieren. Auch hier hilft die Nadel. Träufeln Sie etwas Türschlossenteiser oder Spiritus auf die Nadelspitze und drücken Sie die Flüssigkeit direkt in die Düsenköpfe, genauso als wollten Sie eine Justierung vornehmen. Nach kurzer Zeit ist die Düse wieder frei.

② Den Wischerarm vom Getriebekopf abziehen und dabei den Wischerarm so halten, dass er nicht auf die Windschutzscheibe schlägt.

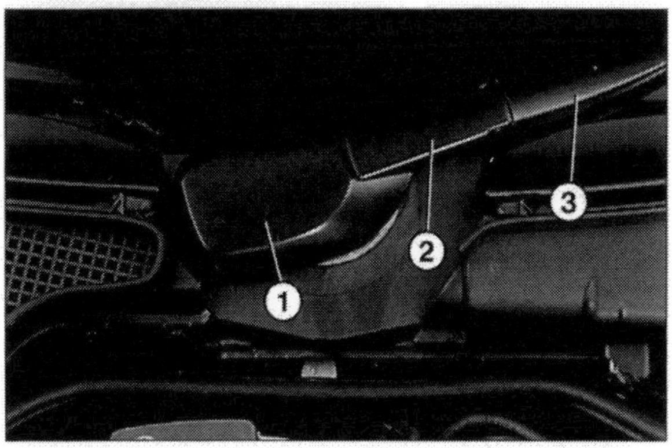

Zum Ausbau des Wischerarms ❸ die Abdeckung ❷ hochklappen und die darunter sitzende Schraube herausdrehen. Wischerarm dann vom Getriebekopf ❶ abheben.

Praxistipp

Blockierter Wischerarm

Erreicht bei starkem Schneetreiben der Wischerarm nicht mehr die Endstellung, steht der Wischermotor weiter unter Spannung. Da sich der Elektromotor durch das festhängende Wischerblatt nicht drehen kann, brennt er durch. Deshalb bei steckengebliebenem Wischer anhalten, Zündung ausschalten und Scheibe reinigen, damit der Wischer in seine Endstellung laufen kann.

Frontwischermotor aus- und einbauen

Arbeits-schritte

① Wischerarm abbauen.

② Abdeckgitter am Lufteintritt für Heizung links und rechts ausbauen.

Zum Abbau der Abdeckgitter am Lufteintritt zuerst die Windschutzscheibenabdeckung ❶ durch Lösen der Schraube ❷ und Abhebeln der Klips (dicke Pfeile) abbauen. Abdeckung jeweils zur Fahrzeugmitte hin (dicker Pfeil nach rechts bzw. links) abnehmen. Dann die unter der Abdeckung sichtbar gewordenen drei Schrauben herausdrehen. Nach Abhebeln weiterer Klemmhalterungen (links drei, rechts vier) können die beiden Abdeckgitter abgenommen werden.

③ Abdeckung des Wischergestänges abnehmen.

④ Mehrfachstecker vom Wischermotor abziehen.

⑤ Links und rechts vom Getriebekopf je eine Mutter und am Wischermotor eine Schraube herausdrehen.

⑥ Klammer für Gummilager des Wischergestänges mit Schraubendreher abhebeln.

⑦ Wischergestänge komplett mit Motor von den Lagerstellen abheben.

⑧ Vor Ausbau des Wischermotors muss die Stellung von Wischerarm und Gestänge zueinander genau markiert werden.

⑨ Mutter von Motorachse abschrauben und Motorkurbelarm vom Wischergetriebekopf abdrücken.

Vor Herausheben des kompletten Wischermotors mit Gestänge und Halterung den Mehrfachstecker (Pfeil) vorsichtig abziehen.

⑩ Wischermotor abbauen.

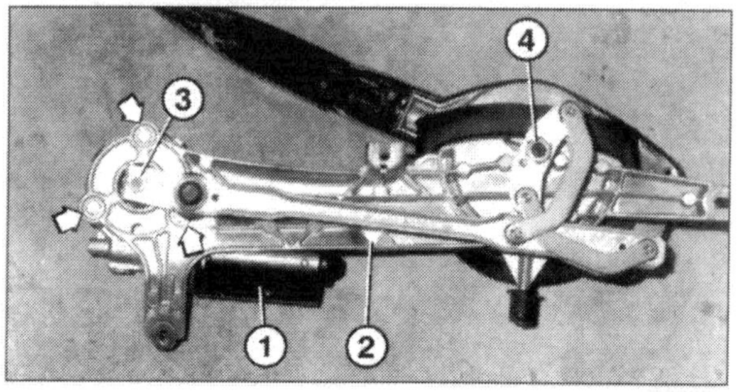

Zum Ausbau des Wischermotors ❶ von der Halterung ❷ die Mutter der Antriebskurbel ❸ und die drei Befestigungsschrauben (Pfeile) lösen. Wie die Abbildung zeigt, bilden Motorkurbel und Schubstange im der Grundeinstellung praktisch eine Linie. Wichtig bei einer Demontage des Wischergestänges ist auch die Grundstellung von Wischerblatt zu Wischergestänge. Sie ist durch die Achsmutter ❹ des Wischergetriebekopfes fixiert.

Einbau

Kontrollieren, dass sich der Wischermotor in Parkstellung befindet. Gegebenenfalls Mehrfachstecker anschließen, Wischermotor kurz laufen lassen und mit Wischerschalter abstellen. Dazu müssen Sie kurzfristig die Zündung einschalten. Anschließend die elektrische Verbindung wieder trennen.

① Wischermotor mit 5 Nm anschrauben.

② Wischergestänge auf den Kurbelarm des Motors aufsetzen.

③ Wischerarm mit Gestänge nach der beim Ausbau angebrachten Markierung ausrichten und mit Mutter an die Achse des Wischermotors aufschrauben.

④ Kurbelarm auf die Motorachse stecken und so ausrichten, dass der Kurbelarm mit dem Wischergestänge eine Linie bildet. Befestigungsmutter mit 20 Nm anziehen.

⑤ Wischeranlage in das Fahrzeug einsetzen und Mehrfachstecker aufsetzen.

⑥ Gummilager aufstecken und Schraube eindrehen.

⑦ Wischeranlage montieren.

⑧ Wischerarm auf Getriebekopf schieben, Innensechskantschraube eindrehen und Abdeckklappe zuklappen.

⑨ Abdeckung der Wischeranlage einsetzen. Abdeckung für Lufteintritt Heizung einbauen.

⑩ Motorhaube schließen und Wischeranlage auf korrekte Funktion prüfte.

Die elektrischen Klemmen des Scheibenwischermotors

Für die Funktion des Wischermotors ist es nützlich zu wissen, was sich an den Klemmen des Motors tut.

- Klemme 15R (Pin 4): Spannungsversorgung ab Zündschlossstellung »I« von Sicherung Nr. 3.
- Klemme 31 (Pin 2) ist die Masseverbindung des Motors.
- Klemme 31 b (Pin 6) ist die Steuerleitung. Sie signalisiert vom Wischermotor aus, ob sich das Wischerblatt gerade in Ruhestellung befindet oder ob es auf der Scheibe »unterwegs« ist.
- Klemme 53 (Pin 5) hat mehrere Funktionen: Erstens liefert sie Strom für die erste Wischergeschwindigkeit. Zweitens fließt über sie auch nach Abschalten des Wischers am Schalter noch so lange Strom, bis der Wischer sich in Ruhestellung befindet. Drittens wird diese Klemme sofort vom Wischerrelais auf Masse gelegt, wenn der Wischer in Ruhestellung gelaufen ist (Kombischalter ausgeschaltet). Das bremst den Wischermotor schlagartig ab, und er kann nicht über die Endstellung hinauslaufen.
- Klemme 53b (Pin 3) des Wischermotors wird mit Strom versorgt, wenn die zweite Wischergeschwindigkeit eingeschaltet ist.

Heckwischerarm ausbauen (T-Modell)

Arbeits-schritte

① Wischerblattendstellung für die Wiedermontage auf der Heckscheibe mit einem Streifen Abdeckband markieren.

② Abdeckkappe der Wischerantriebswelle zurückklappen.

③ Mutter der Achswelle etwa um zwei Umdrehungen lösen.

④ Wischerarm zurückklappen und durch vorsichtige seitliche Hebelbewegungen vom Achskonus abziehen.

⑤ Mutter abschrauben und abnehmen.

⑥ Wischerarm so von der Welle abziehen, dass die Wascherdüse nicht beschädigt wird.

Heckwischermotor aus- und einbauen (T-Modell)

Arbeits-schritte

① Heckwischerarm ausbauen, wie zuvor beschrieben.

② Heckklappe öffnen und Innenverkleidung ausbauen, siehe Kapitel »Die Karosserie«.

③ Mehrfachsteckverbindung abziehen.

④ Schlauchleitung abziehen.

⑤ Drei Schrauben der Wischermotorhalterung von der Heckklappe abschrauben und Wischermotor komplett mit Halterung abnehmen.

⑥ Gummitülle für Wischerachse in der Heckklappe auf Porosität oder Beschädigung prüfen, gegebenenfalls ersetzen.

Einbau

① Dichtungstülle des Heckklappendurchbruchs auf Verschleiß kontrollieren und ggf. auswechseln, sonst tritt Wasser ein.

② Wischermotor mit Halter montieren.

③ Schlauchleitung aufstecken und korrekten Sitz kontrollieren.

④ Mehrfachsteckverbindung anbringen.

⑤ Wischer kurz laufen lassen und mit Wischerschalter abschalten, damit er in Endstellung kommt.

⑥ Wischerarm montieren und zur Markierung auf der Scheibe ausrichten. Beim Ansetzen des Wischerarms darauf achten, dass die Waschdüse in der Wischerachse heil bleibt.

⑦ Achswellenmutter ansetzen und Wischerarm festschrauben. Abdeckung für Befestigungsmutter herunterklappen.

⑧ Heckwischer laufen lassen und Wischbereich überprüfen. Ggf. Wischerarm noch einmal lösen und auf der Achse umsetzen.

⑨ Innenverkleidung für Heckklappe einbauen, siehe Kapitel »Die Karosserie«.

Wischerblatt

Störungs-beistand

Störung	Ursache	Abhilfe
A Wasser und Schmutz werden gleichmäßig über das Wischfeld verteilt	**1** Scheibe durch Lackpflegemittel, ölhaltige Rückstände oder Insektenreste verschmutzt	Auf der Scheibe »Sidol«-Messingputzmittel auftragen, antrocknen lassen, dann mit einem sauberen Lappen abreiben
	2 Wischergummi verschlissen	Austauschen
	3 Wischerarm am Anlenkpunkt des Wischerblattes verdreht und nicht parallel zur Windschutzscheibe	Wischerarmende nachbiegen (in sich verdrehen)
B Im Wischfeld bleiben feine Wasserstreifen stehen	**1** Windschutzscheibe durch Lackpolitur oder Öl verschmutzt	Windschutzscheibe mit sauberem Putzlappen und einem Fett-Öl-Silikonentferner reinigen
	2 Siehe A2	
C Im Wischfeld bleiben feine Wassertropfen zurück	Neigungswinkel des Wischergummis zur Windschutzscheibe zu flach	Wischergummi austauschen
D Im Wischfeld bleibt ein breiter Wasserfilm zurück	Ungleiche Druckverteilung durch verbogene oder defekte Anpressfeder im Wischergummi	Wischerblatt austauschen
E Im Wischfeld bleiben einige Wasserfelder zurück	**1** Anpressdruck des Wischerarms zu gering	Anpressdruck überprüfen. Feder leicht einölen, ggf. Wischerarm ersetzen
	2 Scheibenwischerantrieb verschlissen	Kontrollieren, defekte Teile ersetzen
	3 Wischerarm lose auf seiner Achse	Festschrauben
	4 Wischerarm verbogen	Nachbiegen
	5 Wischerblatt verbogen	Austauschen
F Im Wischfeld bleiben am Rand Wasserfelder zurück	**1** Siehe E1	
	2 Siehe D	
G Wischerblatt rattert	**1** Zuviel Spiel in der Verbindung von Wischerarm und Wischerblatt bzw. dem Kunststoffverbindungsteil	Wischerblatt oder -arm auswechseln
	2 Wischerarm in sich verdreht	Wischerarm zurecht biegen

Scheibenwischer

Störungs-beistand

Störung	Ursache	Abhilfe
A Scheibenwischer läuft nicht	**1** Sicherung defekt	Austauschen
	2 Kombischalter defekt	Prüfen bzw. austauschen
	3 Wischermotor defekt	Prüfen bzw. austauschen
	4 Wischerantriebskurbel lose	Festziehen

Scheibenwischer

Störungsbeistand

Störung	Ursache	Abhilfe
	5 Kombirelais defekt	Prüfen ggf. ersetzen
	6 Kabel zum Wischerschalter unterbrochen	Leitungen überprüfen
B Scheibenwischer läuft nicht in Stufe II	**1** Klemme 53b des Wischermotors defekt	Motor auswechseln
	2 Siehe A3, 5 und 6	
C Scheibenwischer läuft nicht im Intervallbetrieb	Siehe A2, 3, 5 und 6	
D Scheibenwischer hat keine definierte Ruhestellung	**1** Kontakte 31b am Wischermotor schaltet nicht	Motor austauschen
	2 Siehe A6	
E Scheibenwischer bleiben nach dem Abschalten nicht oder nur kurz in Parkstellung stehen	**1** Siehe D1	

Die Lackpflege

Jeder Quadratzentimeter glänzender Lack schlägt der Fahrzeugalterung ein Schnippchen. Die Pflege des Lacks ist daher eine lohnende Arbeit. Der Lack eines neuen Autos braucht zunächst freilich nicht viel Aufmerksamkeit. Eine regelmäßige gründliche Wäsche und die Beseitigung von Steinschlägen, Teerflecken und Insektenresten reichen als Pflege völlig aus. Doch nach zwei, drei Jahren haben Sonne, Regen, Schmutz und häufige Wagenwäschen dem Lack so zugesetzt, dass er eine sanfte Grundreinigung nötig hat. Machen Sie die Tropfenprobe: Wenn die Wassertropfen auf dem sauberen Lack mit unscharfen Rändern zerfließen, ist es Zeit für die Lackpflege.

Wundermittel Lackreiniger

Welches Pflegemittel für Ihr Fahrzeug das richtige ist, hängt vom Zustand des Lacks ab. Für einen neuen und gut erhaltenen Lack genügt eine milde Politur. Sie glättet die durch Umwelteinflüsse und mechanische Einwirkungen aufgerauhte Lackschicht, indem sie die mikroskopisch kleinen Furchen in der oberen Lackschicht behutsam abschmirgelt. Außerdem enthält eine Politur Wachskomponenten, die das Blechkleid konservieren. Ein Lackreiniger ist für neue Lacke reines Gift – für alte und verwitterte Lacke jedoch genau das richtige.

Für Lackpflege ist es nie zu spät

Ein Lackreiniger funktioniert wie eine Politur, enthält jedoch gröbere Schleifmittel, die auch mit stärkeren Verschmutzungen fertig werden. Tatsächlich ist es für die Lackpflege fast nie zu spät. Bevor Sie Ihrem gealterten Fahrzeug eine Neulackierung spendieren, sollten Sie es mit einem Lackreiniger versuchen. Allerdings enthalten diese Wundermittel in der Regel keine konservierenden Komponenten. Sie müssen daher den aufbereiteten Lack in einem neuen Arbeitsgang mit einem Autowachs versiegeln.

Konservierung für den Lack

Es empfiehlt sich übrigens, die Konservierung bei neuen und aufbereiteten Lacken zwei- oder dreimal im Jahr zu erneuern. Das erhält den Glanz länger und verbessert den Langzeitschutz. Die meisten Polituren und Lackreiniger wirken ziemlich aggressiv. Arbeiten Sie deshalb nie unter direkter Sonneneinstrahlung. Die chemischen Verbindungen in der Politur können sonst förmlich in den Lack einbrennen.

Lack pflegen und konservieren

Arbeitsschritte

① Vor der Lackpolitur das Fahrzeug gründlich waschen und trocknen.

② Prüfen Sie zuerst an einer unauffälligen Stelle, ob der Autolack Ihre Politur verträgt. Vorsicht bei Lackreinigern: Tragen Sie nur eine dünne Schicht auf, zuviel Reiniger nimmt mehr Decklack ab als nötig. Gehen Sie lieber in mehreren Durchgängen vor.

③ Politur oder Lackreiniger mit Baumwoll- oder Synthesewatte (handballengroße Stücke) oder weichem Tuch (kein Kunstfaserlappen) auftragen. Mit sanftem Druck in kreisförmigen Bewegungen einreiben. Nehmen Sie sich immer nur eine kleine Fläche vor.

④ Nach kurzer Einwirkzeit bildet sich ein trockener weißer Belag, der mit einem Watteballen in kreisenden Bewegungen auspoliert wird. Vorsicht an Kanten bei verwittertem Lack: Nicht zu lange dieselbe Stelle bearbeiten, da man sonst schnell auf die Grundierung stößt.

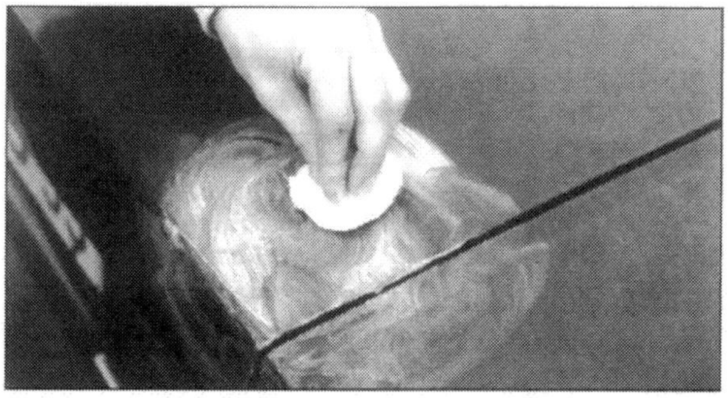

Polieren Sie nur kleine Flächen auf einmal. Sonst kommen Sie beim Auspolieren nicht nach.

Damit der Lack klar und schlierenfrei erscheint, reibt man den weißen Belag mit großen Watteballen unter Druck glänzend. Wird die Polierbewegung schwerer, müssen Sie den Watteballen wenden oder erneuern.

⑤ Nach einiger Zeit geht das Polieren schwerer, weil Wachs- und Pflegemittelpartikel die Bewegungen einbremsen. Dann Watteballen wenden oder erneuern.

⑥ Zum Abschluss den Lack mit sauberem Baumwolllappen abreiben, um noch vorhandenes Poliermittel und Watteflusen zu entfernen.

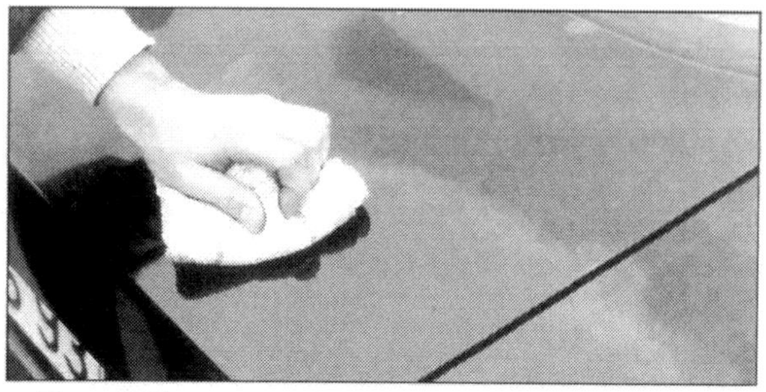

Reiben Sie die polierte Fläche zum Schluss mit einem sauberen Baumwollappen ab. Damit entfernen Sie eventuell noch vorhandenen Belag und die Watteflusen.

So konservieren Sie richtig

⑦ Autowachs mit Watte auftragen. Die Größe der zu bearbeitenden Fläche hängt vom verwendeten Produkt ab. Vorsicht: Konservierer haben einen hohen Lösemittelanteil. Sorgen Sie daher für ausreichende Belüftung.

⑧ Die Flüssigkeit mit Watteballen in kreisenden Bewegungen einreiben. Gleichmäßiges druckvolles Kreisen erzeugt bei guten Konservierern Tiefenglanz.

⑨ Die Watte darf nur mit wenig Widerstand über den Lack gleiten. Deshalb häufig die Watte wenden und rechtzeitig wechseln.

⑩ Weist der Lack nach dem Konservieren Streifen oder Wolken auf, liegt das meist an verschmierten Farbpartikeln, die eine vorhergehende Politur hinterlassen hat. An diesen Stellen nochmals mit einer Politur beginnen.

Wenn der Konservierer beim Auftragen fast vom Lack abperlt, ist die Oberflächenspannung des Lacks noch zu groß. Versuchen Sie es in diesem Fall vor der Konservierung mit einer milden Politur.

Lackschäden

Während der Fahrt verüben aufwirbelnde Steine immer wieder Anschläge auf die Karosserie Ihres Fahrzeugs. Bei hohem Tempo werden selbst winzige Sandkörner zu Geschossen, die wie Meteoriten im Lack einschlagen. Im Winter sind vor allem Frontpartie und Motorhaube gefährdet, wenn der Rollsplitt gegen das Blech prasselt. Steinschlagschäden sind jedoch kein Drama. Auch ein Parkrempler mit Kratzern und Schrammen bietet keinen Anlass zur Panik. Solche Stellen lassen sich ebenso wie Fremdlack mit Lackreiniger oder Schleifpolitur oft einfach auspolieren.

Reparaturset bei Steinschlag

Viele Hersteller bieten für Lackschäden durch Steinschlag (etwa in der Größe eines Stecknadelkopfes) Reparatursets an, die sich so leicht handhaben lassen wie eine Flasche Nagellack. Eine Alternative ist Tupflack, bei dem der Krater mit einem Pinsel in mehreren Lackschichten aufgefüllt wird. Bei normalen Lacken helfen auch Wachsstifte in Wagenfarbe – der aufgetragene Wachsfilm hält freilich nur einige Wagenwäschen lang und muss dann erneuert werden. Die Lackbezeichnung und den Code für die Farbe Ihres Wagens finden Sie auf einem Schild, das sich auf der Quertraverse unter der Motorhaube befindet.

Lackschäden rechtzeitig beseitigen

Macken im Lack sollten Sie nicht ignorieren. Der Rost kann den angrenzenden Lack unterwandern – bei ungünstigen Bedingungen wie Nässe und Wärme schon in wenigen Tagen. Deshalb gilt: Lackschäden möglichst schnell ausbessern. Hat sich der Rost über Monate oder Jahre ungehindert ausgebreitet, erkennen Sie das meist an unschönen Kratern oder Löchern im Karosserieblech. In diesem Fall helfen nur noch aufwendige Restaurierungsarbeiten. Die können wir Ihnen hier freilich ebenso wenig vorstellen wie die Behebung eines Blechschadens. Für solche Arbeiten empfehlen wir den Band 175 aus der Reihe »Jetzt helfe ich mir selbst«. Er informiert umfassend über alle Arbeiten rund um die Autokarosserie.

Mit dieser Grundausstattung bessern Sie Lackschäden aus:

- Abklebeband (Profimaterial verwenden).
- Zeitungen oder Folie zum Abkleben.
- Schleifklotz aus Holz oder Kork für flächiges Schleifen.
- Nass- und Trockenschleifpapier in verschiedenen Körnungen.
- Spachtel und Spachtelmasse, Härter. Spritzspachtel zum Ausgleich kleinerer Unebenheiten.
- Haftgrund, als Grundlage für den Lackaufbau.
- Decklack in der Farbe Ihres Fahrzeugs.
- Lackreiniger, Konservierer, Politur.

Steinschlagschäden ausbessern

Arbeitsschritte

① Stehen rund um den Lackkrater Ränder ab: Mit einer feinen Nadel abheben.

② Hat sich Rost gebildet, kratzen Sie ihn mit einem spitzen Taschenmesser vorsichtig heraus. Einen Tropfen Rostumwandler auf die Stelle tupfen und etwa eine Stunde einwirken lassen.

③ Die Schadstelle mit Waschbenzin oder Verdünnung reinigen, gründlich trocknen.

④ Etwas Haftgrund in den Sprühdosendeckel spritzen und mit Tupfpinsel oder Fingerkuppe dünn auftragen. Warten Sie, bis der Haftgrund getrocknet ist.

⑤ Mit Fingerkuppe oder kleinem Kunststoffmesser ein wenig Spachtel bündig zur umgebenden Lackfläche in den Krater drücken und trocknen lassen. Halten Sie Lappen und Verdünnung bereit, um Spachtelflecken auf dem Lack sofort abzuwischen.

⑥ Wenn Sie zuviel Spachtel eingebracht haben: Spannen Sie um ein Bleistiftende einen schmalen Streifen feines Schleifpapier, schleifen Sie den überschüssigen Spachtel bleistiftdrehend vorsichtig bei.

⑦ Ein wenig Lack in den Dosendeckel sprühen und eine Minute ablüften lassen. Den Lack sehr dünn mit Fingerkuppe oder spitzem Pinsel auftragen.

⑧ Wenn der Lack vollständig getrocknet ist (im Sommer nach etwa zwei, im Winter nach fünf Tagen), die ausgebesserte Stelle mit Politur, die Übergänge bei Bedarf mit Lackreiniger bearbeiten.

Kleinere Schrammen auspolieren

Arbeitsschritte

① Die Schadstelle mit Waschbenzin oder Verdünner reinigen.

② Polieren Sie die Fremdfarbe (falls vorhanden) mit Polierwatte, Schleifpolitur oder Lackreiniger in mehreren Arbeitsgängen aus dem Decklack. Halten Sie die Polierfläche möglichst klein.

③ Wenn die Ränder der Schramme noch rauh sind: Schleifen Sie diese Stellen mit einem kleinen Streifen feinstem Nassschleifpapier (mindestens Körnung 600) behutsam glatt. Dabei Schleifpapier immer wieder anfeuchten. Vorsicht: Schleifen Sie nicht die Decklackschicht durch.

④ Die Schadstelle mit einer milden Politur nachpolieren. Dabei werden Farbpartikel aus der unmittelbaren Lackumgebung in die Schramme hinein verteilt.

⑤ Zuletzt die bearbeitete Stelle mit Konservierer behandeln.

⑥ Wenn Sie auf gleichmäßigen Glanz Wert legen, anschließend das ganze Fahrzeug polieren.

Stärkere Schrammen ausbessern

Arbeitsschritte

① Bei tiefen Schrammen an Stoßfänger, Kotflügel oder Tür: Bauen Sie das Karosserieteil vor der Lackreparatur aus. Die Ausbesserung geht so leichter von der Hand.

② Schadensfläche mit Schleifpapier (Körnung 80 oder 100) eben schleifen. Ist Rost vorhanden, bis aufs blanke Blech schleifen, Rostumwandler auftragen und eine Stunde einwirken lassen.

③ Die Stelle mit Waschbenzin oder Verdünnung reinigen und entfetten, trocknen lassen.

④ Spachtel und Härter mischen. Die Spachtelmasse macht die Schadstelle zu dem angrenzenden Lack bündig. Vorsicht: Der Spachtel lässt sich nur einige Minuten verarbeiten, weil der Härter schnell abbindet. Deshalb nur kleine Mengen vorbereiten. Bei geringen Unebenheiten können Sie auch Spritzspachtel aufsprühen.

⑤ Die Spachtelmasse gleichmäßig und zügig in mehreren dünnen Schichten auftragen. Nach etwa einer Stunde ist die Schicht ausgehärtet.

⑥ Unebenheiten mit Trockenschleifpapier (Körnung 240) vorsichtig abschmirgeln. Für den Feinschliff Nassschleifpapier (Körnung 400) verwenden und Fläche mit wenig Druck beischleifen.

⑦ Sind dann noch Riefen vorhanden – mit Spritzspachtel ausgleichen, aushärten lassen und mit Nassschleifpapier (Körnung 600) nachschleifen.

⑧ Vor dem Lackieren Schleifstaub sorgfältig abwischen.

Lackieren wie die Profis

⑨ Die Schadstelle mit wasserfestem und dehnbarem Lackierer-Klebeband, einer Folie oder alten Zeitungen abkleben. Billiges Klebeband weicht schnell durch und lässt bald auch Farbe passieren. Vorsicht: Beim Lackieren entstehen giftige Dämpfe. Sorgen Sie deshalb für eine gute Belüftung des Arbeitsplatzes.

⑩ Haftgrund (Füller) als feinporige Grundlage für den Decklack sprühen. Sauber arbeiten – Unebenheiten und Lacknasen verschwinden nicht mit zunehmendem Lackauftrag, sondern vergrößern sich. Haftgrund trocknen lassen, mit Nassschleifpapier (Körnung 600) planschleifen. Schleifrückstände abwischen.

⑪ Decklack aus der Sprühdose gleichmäßig und zügig in mehreren Schichten auftragen. Der Abstand vom Sprühkopf zur Lackierfläche sollte etwa 20 bis 30 Zentimeter betragen. Erwärmen Sie die Sprühdose vor dem Lackieren kurz in heißem Wasser. Der Sprühstrahl entweicht dann unter höherem Druck, ist feiner und erzielt eine glattere Oberfläche.

⑫ Die Ränder des Klebebands an der Reparaturstelle lösen, umknicken und diese Stellen nachsprühen. Das macht den Übergang zum Originallack unscharf.

⑬ Wenn der Lack vollständig getrocknet ist (im Sommer nach etwa zwei, im Winter nach fünf Tagen), die ausgebesserte Stelle mit Politur, die Übergänge mit Lackreiniger bearbeiten. Wenn Sie auf gleichmäßigen Glanz Wert legen, anschließend das ganze Fahrzeug polieren.

Farben und Lacke entsorgen

Praxistipp

Farb- und Lösungsmittelreste sind Sondermüll, der in speziellen Deponien entsorgt werden muss. Das gilt auch für verschmutzte Lappen, Pinsel und Spraydosen. In vielen Städten und Gemeinden gibt's heute mobile Annahmestellen. Fragen Sie bei Ihrem Umweltamt nach den Abholterminen oder den Öffnungszeiten der Deponie.

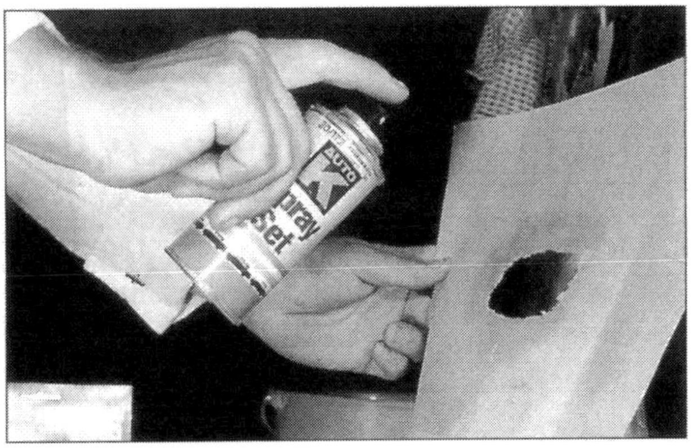

Wenn Sie mit der Spraydose lackieren: Schneiden Sie in ein großes Stück Pappe ein Loch in Größe der Schadensstelle. Der Sprühstrahl deckt dann nur die vorgesehene Fläche ab.

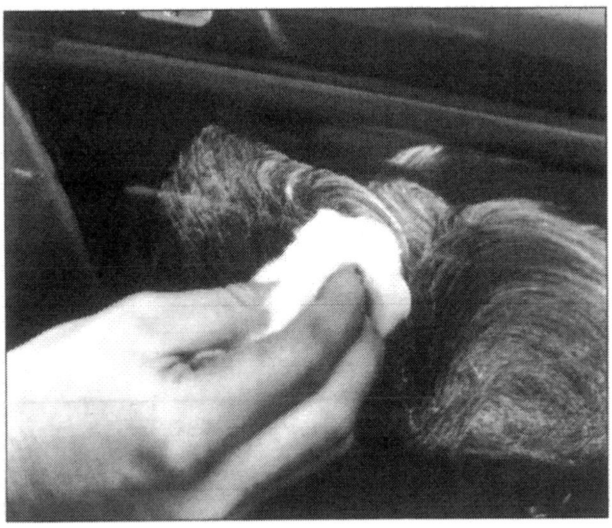

Kleine Kratzer oder Schrammen lassen sich mit Schleifpolitur oder Lackreiniger beseitigen, wenn noch ein Hauch Decklack vorhanden ist. Verwenden Sie nur hochwertiges Arbeitsmaterial aus dem Zubehörhandel.

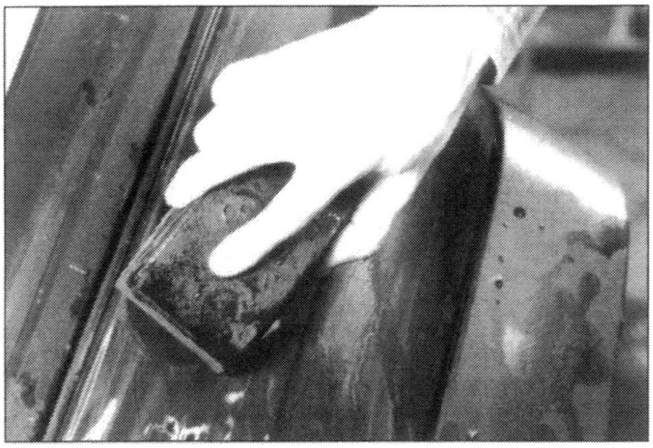

Schleifpapier um einen Schleifklotz wickeln. Die Schadensfläche durch gleichmäßige Bewegungen in eine Richtung glatt schleifen. Den Klotz immer wieder in Wasser tauchen, um den Schleifstaub herauszuschwemmen.

Wenn Sie zum ersten Mal mit Spachtel umgehen, sollten Sie erst üben, bevor Sie Ernst machen. Tragen Sie auf einem alten Stück Autoblech Spachtelmasse auf. So bekommen Sie das nötige Gefühl für den Umgang mit diesem Material.

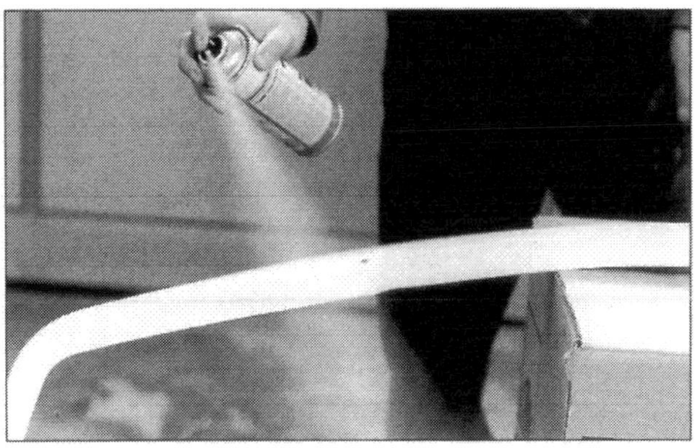

Halten Sie die Spraydose möglichst ruhig über der Lackierfläche. Führen Sie den Sprühstrahl am Lackierobjekt vorbei, nicht absetzen oder im Oval zurückführen - das vermeidet Lacknasen.

DIE MOTOREN

EN

E 220 CDI.

Wartung

Reparatur

Je nach persönlichen, zumal wirtschaftlichen Überlegungen, kann die Mercedes E-Klasse mit einer ganzen Anzahl Motoren unterschiedlicher Konstruktion und Leistung bestückt werden. Ausnahmslos sind alle Motoren der hinterradangetriebenen E-Klasse in Fahrzeuglängsrichtung eingebaut. Aus Platzgründen werden in diesem Handbuch nur die Dieselmotoren mit Hauptgewicht auf Vorkammermotoren behandelt.

Die Vierzylinder-Diesel

Schon die kleinste Version der 1993 eingeführten neuen Diesel-Generation von Mercedes – der intern als OM 604 geführte 2,2 Liter-Motor – besticht mit einem Vierventil-Vorkammerzylinderkopf, der beim Diesel erstmals von Mercedes in Serie gefertigt wurde. Die fast senkrecht hängenden Ventile werden von zwei obenliegenden Nockenwellen betätigt, wobei die von der Kurbelwelle über eine Duplex-Steuerkette angetriebene Auslass-Nockenwelle ihrerseits über Zahnräder die Einlass-Welle antreibt. Für gutes Drehmoment sorgt ein Schwingrohr-Ansaugsystem mit relativ langen Einzelsaugrohren.
Seit Juni 1998 hat Mercedes auch bei der E-Klasse serienmäßig Dieselmotoren mit der Kraftstoff-Direkteinspritzung nach dem Common-Rail-Prinzip eingeführt. Der E 200 CDI ist dabei das Einstiegsmodell mit einer stattlichen Leistung von 85 kW/115 PS. Der Leistungsschub ist dem Einsatz eines neuartigen Turboladers mit verstellbaren Leitschaufeln zu verdanken.

Blick in den Motorraum des CDI-Vierzylinders. Bis auf den unterschiedlichen Motorblock sind die Teile in den anders motorisierten Diesel-E-Klasse-Modellen ähnlich platziert. ❶ Kühlflüssigkeits-Ausgleichsbehälter, ❷ Ansauggeräuschdämpfer mit Luftfiltereinsatz, ❸ Ladeluftkanal vom Abgasturbolader, ❹ belüftete und gekühlte Kunststoffbox für verschiedene elektronische Steuergeräte und Relaismodule, ❺ Öleinfülldeckel, ❻ Lufteintrittsgitter für Innenraumbelüftung, ❼ Staubabdeckung des Motors, ❽ Staubabdeckung für Ansaugkrümmer und Anbauteile, ❾ Bremsflüssigkeitsbehälter mit Hauptbremszylinder und Bremskraftverstärker, ❿ Ölpeilstab, ⓫ Hupe, ⓬ Kühler, ⓭ Kühlwasserschlauch, ⓮ Drosselkappengehäuse mit Abgasrückführventil, ⓯ Scheibenwaschwasser-Vorratsbehälter, ⓰ Steuermodul der Bremsanlage, ⓱ Hydrauliköl-Vorratsbehälter der Servolenkung, ⓲ Sicherungs- und Relaiskasten.

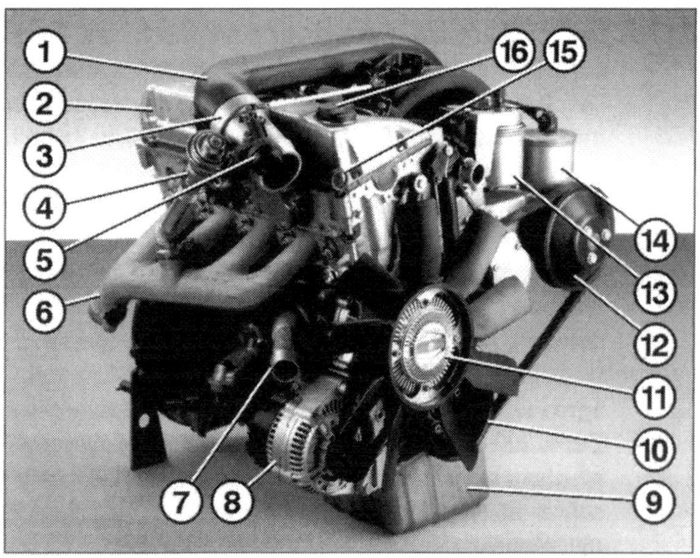

Der Vierzylinder-Dieselmotor mit Vorkammertechnik.
❶ Ansaugkanal, ❷ Zylinderkopfdeckel, ❸ Drucksteuerklappengehäuse mit Gasgestänge, ❹ Abgasrückführventil mit Kanal zum Auspuffkrümmer, ❺ Unterdruck-Steuerventil, ❻ Auspuffkrümmer, ❼ Kühlwasserstutzen für Rücklauf, ❽ Drehstrom-Generator, ❾ Ölwanne, ❿ Kurbelwellen-Keilriemenrad, ⓫ Kühlerlüfter mit Viskosekupplung, ⓬ Keilriemenscheibe der Hydraulikpumpe für die Servolenkung, ⓭ Kraftstofffilter, ⓮ Ölfilter, ⓯ Ölpeilstab, ⓰ Öleinfülldeckel.

Blick in den Motorraum des E 270 CDI. ❶ belüftete und gekühlte Kunststoffbox für verschiedene elektronische Steuergeräte und Relaismodule, ❷ Lufteintrittsgitter für Innenraumbelüftung, ❸ Drucksteuerklappengehäuse, ❹ Abdeckung für Einspritzdüsen und Glühkerzen, ❺ Getriebekopf des Scheibenwischers, ❻ Ölfilter, ❼ Ansaugluft-Verteiler mit Ansaugluftkanal und Ansaugkrümmer, ❽ Bremsflüssigkeitsbehälter mit Hauptbremszylinder und Bremskraftverstärker, ❾ Sicherungs- und Relaiskasten, ❿ Kühlflüssigkeits-Ausgleichsbehälter, ⓫ Ansauggeräuschdämpfer mit Luftfiltereinsatz, ⓬ Abgasrückführventil, ⓭ Ölpeilstab, ⓮ Öleinfülldeckel, ⓯ Kraftstofffilter, ⓰ Steuermodul der Bremsanlage, ⓱ Scheibenwaschwasser-Vorratsbehälter (vorne Scheinwerfer-, hinten Frontscheiben-Reinigungsanlage), ⓲ Hydrauliköl-Vorratsbehälter der Servolenkung.

Die Fünfzylinder-Diesel

Der 290 TD – intern OM 602 – ist der erste Diesel-Direkteinspritzer in einem Personenwagen von Mercedes-Benz. Er verfügt über zwei Ventile pro Brennraum. Jeweils ein Einlass- und Auslassventil musste für die direkt in die Brennräume ragende Einspritzdüse Platz machen. Gegenüber dem herkömmlichen Vorkammer-System, bei dem der Treibstoff in einer kleinen Kammer oberhalb des Brennraums sozusagen zwischengelagert wird, ehe er im Brennraum durch Hochverdichtung zur Selbstentzündung gelangt, wartet der Direkteinspritzer mit deutlichen Verbrauchsvorteilen auf. Grund ist die bei diesem System effizientere Verbrennung, weil der Kraftstoff mit hohem Druck (bis zu 310 bar) direkt in den Brennraum gelangt, wo es unmittelbar zu einer Entzündung durch die hochverdichtete, heiße Luft kommt. Technisch entspricht der Fünfzylinder weitgehend dem Vierzylinder OM 604. Der größeren Pleuelzahl entsprechend ist die Fünfzylinder-Kurbelwelle sechsfach (statt nur fünffach) gelagert.

Seit 1999 hat der E 270 CDI mit Reihen-Fünfzylinder den in der Zylinderzahl gleichen Vorgängermotor des Modells E 290 TD abgelöst. Die Direkteinspritzung basiert dabei auf dem schon bei den Vierzylindern eingeführten Common-Rail-Prinzip.

Der Turbomotor des E 290 TD. ❶ Ansaugbrücke zum Ansaugkrümmer, ❷ Zylinderkopfdeckel, ❸ Drucksteuerklappengehäuse mit Unterdruck-Steuerventil, ❹ Abgasrückführventil mit Kanal zum Auspuffkrümmer, ❺ Getriebe, ❻ Abgasturbolader, ❼ Kühlwasserstutzen für Rücklauf, ❽ Ladeluftkanal, ❾ Drehstrom-Generator, ❿ Kühlerlüfter mit Viskosekupplung, ⓫ Ladeluftkühler, ⓬ Keilriemenscheibe des Klimakompressors, ⓭ Ladeluftkanal, ⓮ Keilriemenscheibe der Hydraulikpumpe für die Servolenkung, ⓯ Vorratsbehälter für Hydrauliköl der Servolenkung, ⓰ Ansaugkrümmer.

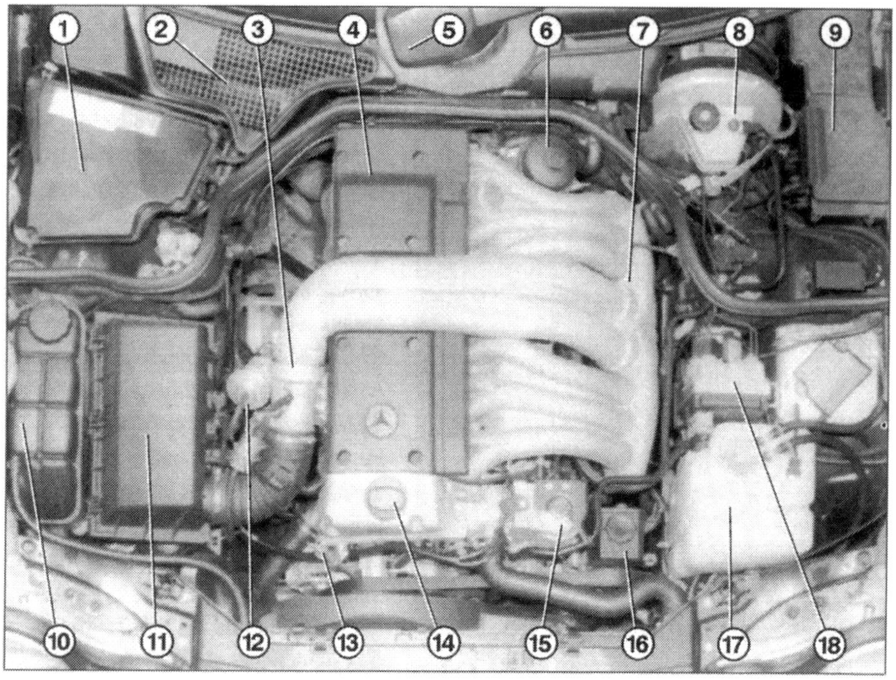

Blick in den Motorraum des E 300 D. ❶ belüftete und gekühlte Kunststoffbox für verschiedene elektronische Steuergeräte und Relaismodule, ❷ Lufteintrittsgitter für Innenraumbelüftung, ❸ Drucksteuerklappengehäuse, ❹ Abdeckung für Einspritzdüsen und Glühkerzen, ❺ Getriebekopf des Scheibenwischers, ❻ Ölfilter, ❼ Ansaugluft-Verteiler (Register-Ansaugsystem) mit Ansaugluftkanälen und Ansaugkrümmer, ❽ Bremsflüssigkeitsbehälter mit Hauptbremszylinder und Bremskraftverstärker, ❾ Sicherungs- und Relaiskasten, ❿ Kühlflüssigkeits-Ausgleichsbehälter, ⓫ Ansauggeräuschdämpfer mit Luftfiltereinsatz, ⓬ Abgasrückführventil, ⓭ Ölpeilstab, ⓮ Öleinfülldeckel, ⓯ Kraftstofffilter, ⓰ Hydrauliköl-Vorratsbehälter der Servolenkung, ⓱ Scheibenwaschwasser-Vorratsbehälter (vorne Scheinwerfer-, hinten Frontscheiben-Reinigungsanlage), ⓲ Steuermodul der Bremsanlage.

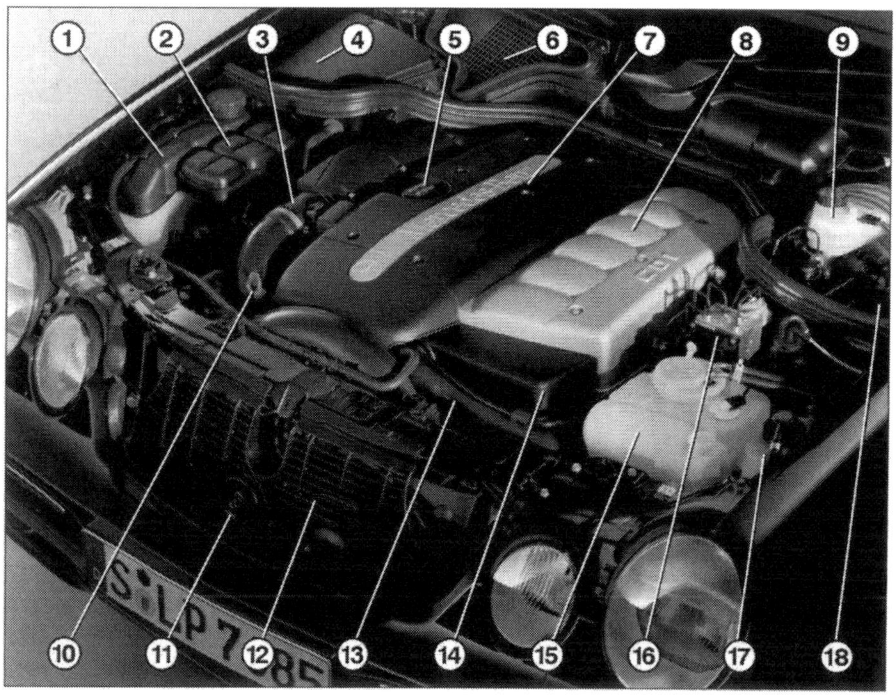

Der Motorraum des Sechszylinder-Diesels beim E 320 CDI. Über Sinn (Geräuschdämpfung) und Unsinn (Motorhaube unter der Motorhaube) der diversen Abdeckungen lässt sich sicher diskutieren – aufgeräumt und schön anzusehen ist der Motorraum auf jeden Fall. ❶ Kühlflüssigkeits-Ausgleichsbehälter, ❷ Ansauggeräuschdämpfer mit Luftfiltereinsatz, ❸ Ladeluftkanal vom Abgasturbolader, ❹ belüftete und gekühlte Kunststoffbox für verschiedene elektronische Steuergeräte und Relaismodule, ❺ Öleinfülldeckel, ❻ Lufteintrittsgitter für Innenraumbelüftung, ❼ Staubabdeckung des Motors, ❽ Staubabdeckung für Ansaugkrümmer und Anbauteile, ❾ Bremsflüssigkeitsbehälter mit Hauptbremszylinder und Bremskraftverstärker, ❿ Ölpeilstab, ⓫ Hupe, ⓬ Kühlerschutzgitter für dahinter sitzende Elektrolüfter (bei Klimaanlage), ⓭ Kühlwasserschlauch, ⓮ Abdeckung für Kraftstofffilter, ⓯ Scheibenwaschwasser-Vorratsbehälter (vorne Scheinwerfer-, hinten Frontscheiben-Reinigungsanlage), ⓰ Steuermodul der Bremsanlage, ⓱ Hydrauliköl-Vorratsbehälter der Servolenkung, ⓲ Sicherungs- und Relaiskasten.

Die Sechszylinder-Diesel

Neben dem Fünfzylinder-Turbo-Direkteinspritzer bietet Mercedes einen Sechszylinder-Diesel mit drei Liter Hubraum (OM 606) an. Technisch entspricht der OM 606 weitgehend den mit kleinerer Zylinderzahl versehenen OM 604 und OM 605 (2,5 Liter-Fünfzylinder): Vierventil-Zylinderkopf mit Vorkammer, elektronisch gesteuerte, direkt in den CAN-Datenbus integrierte Reiheneinspritzpumpe, Zweimassenschwungrad bei Modellen mit Schaltgetriebe. Die Kurbelwelle des Sechszylinders ist siebenfach gelagert. Und herausragende OM 606-Besonderheit ist die variable Ansaugseite des Motors in Gestalt eines dreistufigen Register-Resonanzansaugrohres.

Dieses Register-Ansaugrohr wird in der Länge dreistufig automatisch an die Fahrbedingungen angepasst. Es ist möglichst lang, wenn es um kraftvollen Durchzug bei niedriger Drehzahl geht und relativ kurz, wenn Höchstleistung gefordert ist.

Seit August 1999 ist der E 320 CDI als leistungsstärkste Variante der neuen Dieselmodelle mit Common-Rail-Einspritzung in der E-Klasse auf den Markt und ersetzt den E 300 D. Die Hubräume ergeben sich aus dem Baukastensystem, denn alle CDI-Triebwerke der E-Klasse weisen nicht nur den gleichen Zylinderabstand von 97 Millimetern auf sondern haben auch die gleichen Abmessungen von Bohrung und Hub, nämlich 88 x 88,34 Millimeter. Gemeinsam ist den CDI-Motoren der E-Klasse auch die Konstruktion des Zylinderkopfs mit vier Ventilen pro Zylinder, zentral angeordneten Injektoren und Aluminiumbauweise.

Mehrventiltechnik

Technik-lexikon

Die Leistung eines Motors hängt, abgesehen vom Hubraum und von der Motordrehzahl, auch davon ab, wie schnell das Kraftstoff-Luftgemisch in die Zylinder gelangt und die Abgase ausgestoßen werden können. Je größer das Volumen des Gemischs in den Verbrennungskammern bei jeder Zündung ist, um so größer ist die Leistung. Verglichen mit der herkömmlichen Zweiventiltechnik – je ein Einlass- und ein Auslassventil – bietet die Mehrventiltechnik ideale Voraussetzungen für die intensive Füllung der Zylinder.

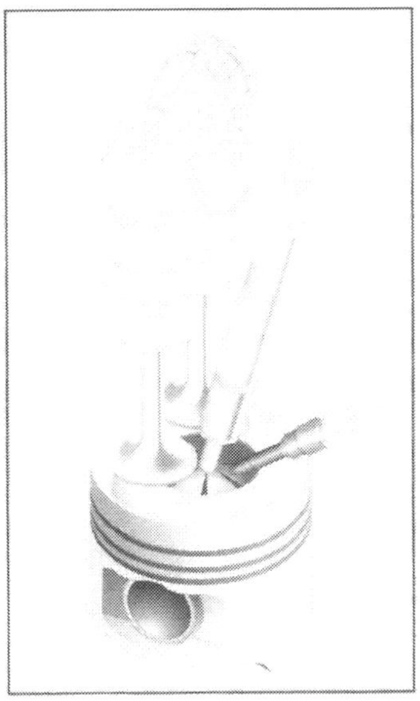

Vierventiltechnik.
Eines der Grundprobleme des Viertaktmotors ist es, die Zylinder während des Ansaugtakts mit der ausreichenden Menge Kraftstoff/Luft-Gemisch zu füllen. Das Problem vergrößert sich mit steigender Drehzahl, weil ja die Ventilöffnungszeiten dadurch immer kürzer werden. Um daraus resultierenden so genannten Füllungsverlusten zu begegnen, wählt man den Ventildurchmesser so groß wie möglich. Denn nur so kann mehr Gemisch einströmen. Diesem Bestreben setzt der Brennungsraumdurchmesser Grenzen. Hier fußt der Grundgedanke der Vierventiltechnik: Vier Ventilteller addieren sich zu einer insgesamt größeren Öffnungsfläche als zwei noch so große – jeweils auf die gleiche Brennraumgröße bezogen.

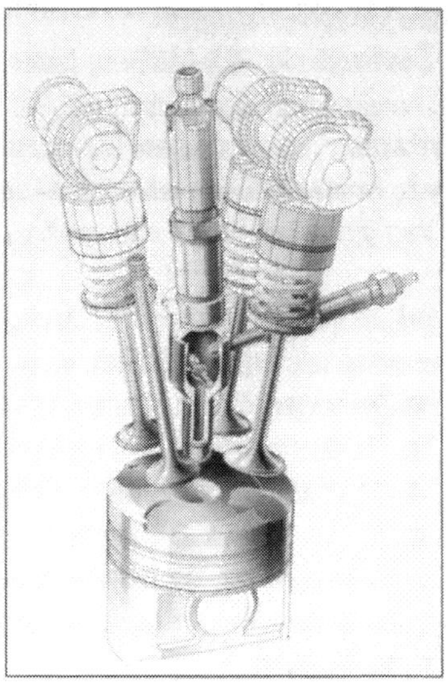

Weiche Verbrennung
Die Verbrennung in einem Vier-Ventil-Motor ist weicher als bei den Zwei-Ventil-Motoren. Da die Gesamtventiltellerfläche größer ist, die einzelnen Ventile jedoch kleiner in ihrem Ventiltellerdurchmesser sind, ist weniger Kraftaufwand zur Betätigung erforderlich. Außerdem ist der Geräuschpegel niedriger.

Technik-lexikon

Die Bauteile des Motors

Motorblock. Dieses schwerste und größte Einzelteil des Motors wird auch als Kurbelgehäuse bezeichnet. Er ist aus Grauguss gefertigt. Kühlmittelkanäle um die aufgereihten Zylinderbohrungen sorgen dafür, dass die entstehende Verbrennungswärme schnell abgeführt wird. Da die Zylinderbohrungen in der Mitte nur wenige Millimeter (ca. 10 mm) voneinander entfernt sind, konnte dort kein Wasserkanal mehr eingegossen werden. Die im oberen Zylinderbereich besonders wichtige Kühlung wird aber durch eingefräste Wasserschlitze (DB-Patent) sichergestellt.

Unten am Zylinderblock befinden sich die Lagerstellen für die Kurbelwelle. Durch Abschrauben der Lagerdeckel kann die Kurbelwelle ausgebaut werden. Mit zunehmender Laufleistung des Motors lässt der Kompressionsdruck nach, und der Ölverbrauch steigt. Schuld daran sind die Zylinderbohrungen, welche durch das ständige Auf und Ab der Kolben verschleißen. Die Bohrungen werden größer und unrund. Kratzer und Rattermarken in den Laufflächen sind weitere Verschleißzeichen.

Die neuen Fünf- und Sechszylinder-CDI-Motoren basieren jeweils auf dem Grauguss-Kurbelgehäuse ihrer Vorgänger. Wegen der erhöhten mechanischen Belastung durch das Direkteinspritz-Brennverfahren erhielten diese Bauteile zusätzliche Verrippungen, Stege und größere Wanddicken.

Zylinderkopf. Dieses Teil ist gewissermaßen der Deckel des Motors. Er ist aus einer Leichtmetall-Legierung gegossen. Ein Leichtmetall-Zylinderkopf kann sich bei Kühlungsmangel sowie bei unsachgemäßer Behandlung (Montagereihenfolge der Zylinderkopfschrauben nicht eingehalten oder Ausbau des heißen Zylinderkopfes) leichter verziehen als ein Graugusskopf, doch dafür ist er leichter und kann aufgenommene Verbrennungswärme schneller an das Kühlmittel abgeben.

In verschiedenen Kanälen strömen das Motorkühlmittel, das Motoröl, die Ansaugluft sowie die Auspuffgase. In Bohrungen stecken die Glühkerzen, die Einspritzdüsen, die Vorkammern, die Ventilführungen und die Tassenstößel. Die Nockenwelle(n) ist/sind oben im Zylinderkopf gelagert. Der Auspuffkrümmer und die langen Saugrohre aus Kunststoff sind außen am Zylinderkopf montiert. Links am Zylinderkopf sind verschiedene temperaturabhängige Schalter, Geber und Ventile eingeschraubt.

Weil die Verbrennungsluft von der einen Motorseite in die Brennräume strömt und die Abgase den Motor auf der gegenüberliegenden Seite wieder verlassen, spricht man von einem "Querstromkopf". Der Gasstrom wird am wenigsten umgelenkt. Die Ventilsitze aus Hartmetall sind ein ringförmiges Gegenstück zum Ventilteller. Sie helfen mit, den Brennraum bei geschlossenen Ventilen gut abzudichten, und sie verhindern, dass sich die Ventilteller in das weiche Leichtmetall eindrücken. Die Zylinderkopfdichtung zwischen den Metallflächen von Zylinderkopf und Zylinderblock verhindert, dass an dieser Stelle Luft und Kühlwasser in den Zylinder gelangen.

Der Aluminium-Zylinderkopf für die CDI-Triebwerke ist eine Neuentwicklung, die sich unter anderem durch zwei Spiral-Einlasskanäle auszeichnet. Einer von ihnen dient als Drall-, der zweite als Füllungskanal. Beide Kanäle sind auf die symmetrisch geformten Brennräume abgestimmt und versetzen die Luft bereits vor den Zylindern in eine schnelle Drallbewegung, die vor allem im Teillastbereich eine optimale Vermischung von Kraftstoff und Ansaugluft bewirkt. Für die gleichmäßige Verteilung des Kraftstoffes innerhalb der Brennräume sorgen die neuentwickelten Einspritzdüsen (Injektoren), die in der Mitte der Zylinder angeordnet sind.

Zylinder. Die Zylinder, in denen die Kolben auf und ab laufen, sind in das Graugussmaterial des Motorblocks eingearbeitet und bilden zusammen mit dem Zylinderkopf den Hubraum. Die Zylinderbohrungen sind im so genannten Kreuzschliff gehont (geschliffen). Die Wandungen dürfen nicht völlig glatt sein, weil sonst das zur Schmierung notwendige Öl nicht daran haften kann. Die Bohrungen der Zylinder sind um 0,02 mm weiter als die zugehörigen Kolben. Bis zu drei Mal können die Zylinderlaufbahnen bei Motorüberholungen ausgeschliffen werden – auf ein Zwischenmaß sowie auf ein erstes und ein zweites Übermaß.

Kolben. Nehmen den Verbrennungsdruck auf und geben ihn über die Pleuel an die Kurbelwelle weiter. Die aus Leichtmetall gegossenen Kolben besitzen eine Stahleinlage, welche die Wärmedehnung verringert. Im oberen Drittel jedes Kolbens sind drei Kolbenringe elastisch in entsprechende Nuten im Kolben eingebettet. Sie drücken federnd gegen die Zylinderwand. Die beiden oberen Kolbenringe (Verdichtungsringe) verhindern, dass Gas aus dem Verbrennungsraum ins Kurbelgehäuse entweicht. Der untere Ring (Ölabstreifring) führt überschüssiges Schmieröl von der Zylinderwand in die Ölwanne zurück.

Pleuel. Verbinden den Kolben mit der Kurbelwelle. Der

Die Bauteile des Motors

Technik-lexikon

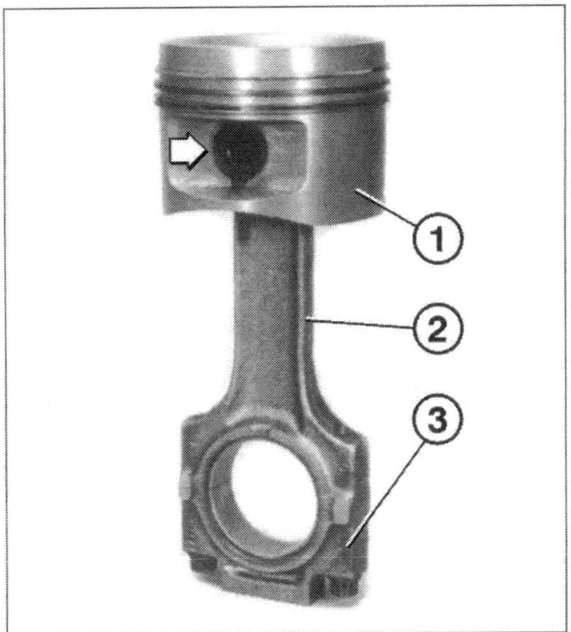

Die Abbildung zeigt den Kolben ❶ mit den drei Kolbenringen im oberen Drittel des so genannten Kolbenhemds, also der Seitenfläche des Kolbens. Der Kolben ist durch den Kolbenbolzen **(Pfeil)** mit dem Pleuel ❷ verbunden, das durch den Pleuellagerdeckel ❸ an der Kurbelwelle fixiert ist.

Pleuelkopf mit Bronzebuchsen im Pleuelauge umschließt den schwimmend gelagerten Kolbenbolzen. Der Pleuelschaft mit Pleuelfuß und Pleuellagerdeckel mit auswechselbaren Lagerschalen umschließen den Kurbelzapfen.

Kurbelwelle. Die Kurbelwelle muss die geradlinige Bewegung der in den Zylindern auf und ab laufenden Kolben in eine Drehbewegung umsetzen. Die zu den Kolben führenden Pleuel wirken deshalb versetzt zur Mittelachse der Kurbelwelle. Die einzelnen Kurbeln sind auch zueinander versetzt angeordnet, und zwar im Winkel von 90° beim Vierzylinder bzw. 72° beim Fünfzylinder. Für vibrationsarmen Lauf sitzen gegenüber den Kurbelzapfen Gegengewichte. Um unkontrollierte Schwingungen bzw. ein Durchbiegen der Kurbelwelle im Betrieb zu vermeiden, ist sie an mehreren Stellen im Motorblock gelagert. Jede Kurbel wird beidseitig durch ein Motorlager gestützt.

In Fahrtrichtung hinten sitzt auf der Kurbelwelle eine Scheibe mit dem Zahnkranz für das Ritzel des Anlassers. Das ist entweder das Schwungrad, auf das die Kupplung und damit die Verbindung zum Getriebe montiert wird, oder die Mitnehmerscheibe, an die der Drehmomentwandler der Getriebeautomatik geschraubt ist.

Am anderen Ende der Kurbelwelle sind die Kettenräder für Nockenwellen- und Ölpumpenantrieb sowie die Riemenscheibe für den Keilrippenriemen angeschraubt. Ebenfalls am vorderen Ende der Kurbelwelle ist der Schwingungsdämpfer befestigt – eine große, auf einer harten Gummieinlage gelagerte Metallscheibe.

Zweimassenschwungrad. Bei Fahrzeugen mit Schaltgetriebe ist das Schwungrad als Zweimassenschwungrad ausgebildet. Sinn dabei ist, die bei Motorlauf an der Kurbelwelle bestehenden Drehschwingungen – sie entstehen durch die nacheinander zündenden Zylinder – nicht an den Antrieb weiterzugeben. So werden die durch die Schwingungen entstehenden Geräusche vermieden.

Der Aufbau des Zweimassenschwungrades sieht folgendermaßen aus: Fest mit der Kurbelwelle ist der vordere Teil des Schwungrades verschraubt. Darauf ist ein Drehschwingungsdämpfer montiert, der aus einem ausgeklügelten Feder-/Dämpfersystem besteht. Der hintere Teil des Schwungrades ist an diesem Schwingungsdämpfer befestigt, hat also keinerlei starre Verbindung zum Vorderteil und damit zur Kurbelwelle.

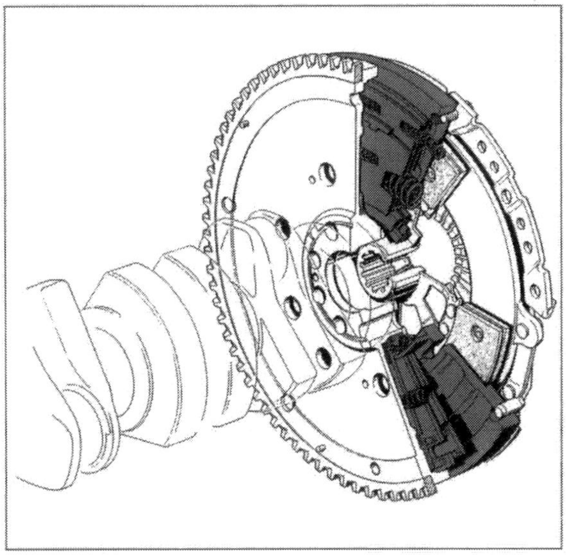

Das Zweimassenschwungrad als Schnittbild: Es besteht aus dem vorderen Teil (links im Bild) und dem Drehschwingungsdämpfer (rot dargestellt). Dahinter sind die Kupplungs-Mitnehmerscheibe und die am Zweimassenschwungrad festgeschraubte Kupplungs-Druckplatte angeordnet..

Technik-lexikon

Die Bauteile des Motors

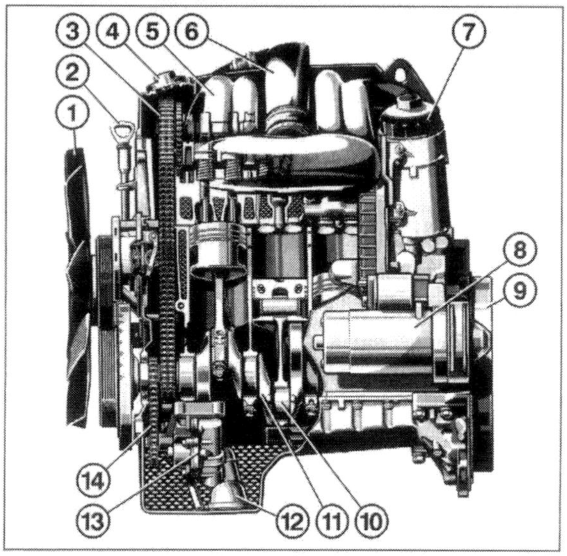

Der Motor-Längsschnitt zeigt den Vierzylinder-Dieselmotor mit Vorkammereinspritzung (OM 604).
❶ Kühlerlüfter mit Viskosekupplung, ❷ Ölpeilstab, ❸ Duplex-Steuerkette, ❹ Öleinfülldeckel, ❺ Ansaugkrümmer, ❻ Ansaugluftbrücke vom Drucksteuerklappengehäuse, ❼ Ölfilter , ❽ Anlasser, ❾ Zweimassen-Schwungrad, ❿ Pleuel mit Kolben, ⓫ Kurbelwelle, ⓬ Ansaugschnorchel der Ölpumpe, ⓭ Ölpumpe, ⓮ Antriebskette der Ölpumpe.

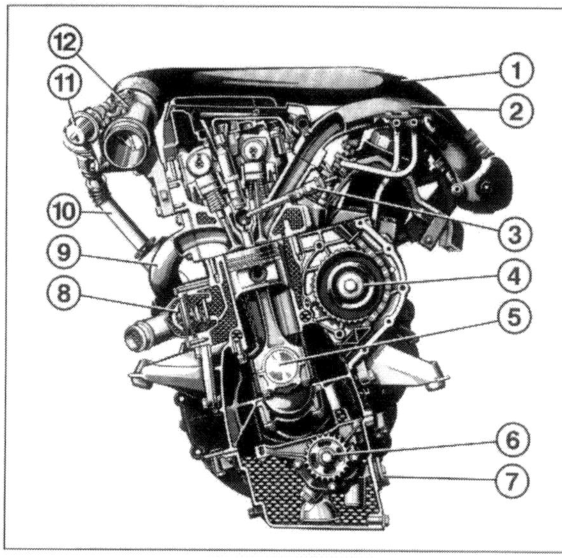

Der Motor-Querschnitt zeigt den Vierzylinder-Dieselmotor mit Vorkammereinspritzung (OM 604). ❶ Ansaugluftbrücke, ❷ Ansaugkrümmer, ❸ Glühkerze, ❹ Antriebskettenrad der Einspritzpumpe, ❺ Pleuelzapfen der Kurbelwelle, ❻ Antriebskettenrad der Ölpumpe, ❼ Ölstandsgeber, ❽ Thermostat des Kühlsystems, ❾ Auspuffkrümmer, ❿ Abgas-Rückführkanal, ⓫ Abgas-Rückführventil, ⓬ Drucksteuerklappengehäuse.

Fünfzylinder-CDI-Motor (OM 612) und Sechszylinder-CDI-Motor (OM 613). Diese beiden wunderschönen Phantomdarstellungen zeigen auf eindrucksvolle Weise die zuvor beschriebenen »Innereien« der CDI-Triebwerke.

Die Bauteile des Motors

Technik-lexikon

Ventile. Lassen Frischgas ein- und Abgas ausströmen.
Nockenwelle. Bei den Vierventilmotoren sind die beiden Nockenwellen in einem besonderen Nockenwellengehäuse gelagert. Die Nockenwellen übernehmen die Aufgabe, die Ventile in einer bestimmten Reihenfolge und für eine bestimmte Dauer zu öffnen. Die entsprechenden Öffnungs- und Schließzeiten werden in Winkelgrad der Kurbelwelle angegeben. Wie die Ventile von den Nockenwellen aus über die Tassenstößel geöffnet und geschlossen werden, zeigt die folgende Schnittzeichnung.
Der Antrieb der Nockenwellen erfolgt über eine Duplex-Steuerkette von der Kurbelwelle. Die beiden Nockenwellen sind über eine Verzahnung miteinander verbunden. Das Kettenrad vorn an der Nockenwelle hat doppelt so viele Zähne wie das Kettenrad unten an der Kurbelwelle. Dadurch dreht sich die Nockenwelle mit halber Kurbelwellendrehzahl. Entsprechend der Zylinderzahl sind die Nockenwellen unterschiedlich lang. Zur Gewichtsersparnis sind die Nockenwellen hohl. Über eine Nut vorn werden sie in Längsrichtung gehalten.

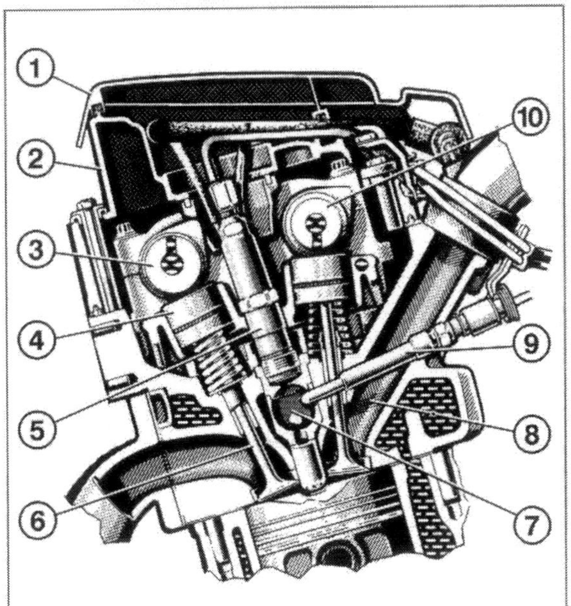

Die Schnittzeichnung zeigt das Zusammenspiel von Nockenwelle und Ventilen. ❶ Abdeckung der Zylinderkopfhaube, ❷ Zylinderkopfhaube, ❸ Auslassnockenwelle, ❹ Tassenstößel mit hydraulischem Ventilspielausgleich, ❺ Einspritzdüse, ❻ Auslassventil, ❼ Vorkammer mit Schusskanal zum Brennraum, ❽ Ansaugkanal, ❾ Glühkerze, ❿ Einlassnockenwelle.

Grundbegriffe zur Motortechnik

Technik-lexikon

Viertaktprinzip. Die vier Arbeitstakte des Kolbens. **Ansaugen** (1. Takt): Kolben geht nach unten zum Unteren Totpunkt (UT). Einlassventil öffnet, das Kraftstoff/Luft-Gemisch (Benziner) bzw. die Ansaugluft (Diesel) strömt in den Zylinder. **Verdichten** (2. Takt): Kolben bewegt sich von UT zum Oberen Totpunkt (OT). Einlassventil schließt. Der Kolben verdichtet das eingeströmte Gemisch (Benziner) bzw. die Ansaugluft (Diesel). **Verbrennen** (3. Takt): Kurz vor OT springt an der Zündkerze der Funke über bzw. der Dieselkraftstoff wird in die verdichtete und damit heiße Ansaugluft eingespritzt. Das Gemisch verbrennt und drückt den Kolben nach UT. Über das Pleuel wird die Kurbelwelle in Umdrehung versetzt. **Ausstoßen** (4. Takt): Der Kolben bewegt sich wieder nach oben. Auslassventil öffnet, die verbrannten Gase werden ins Auspuffsystem geschoben.
Hubraum. Der Raum, den die Kolben bei ihrer Bewegung von UT nach OT durchmessen. Wenn der Kolben seinen höchsten Punkt erreicht hat, bleibt noch der Brennraum, in dem sich das komprimierte Kraftstoff/Luft-Gemisch bzw. die Ansaugluft befindet. Hubraum und Brennraum bilden zusammen den Zylinderraum.
Verdichtungsverhältnis. Das Verhältnis des Zylinderraums zum Brennraum. Es gibt an, auf den wievielten Teil des Zylinderraums das Kraftstoff-/Luft-Gemisch bzw. die Ansaugluft verdichtet wird.

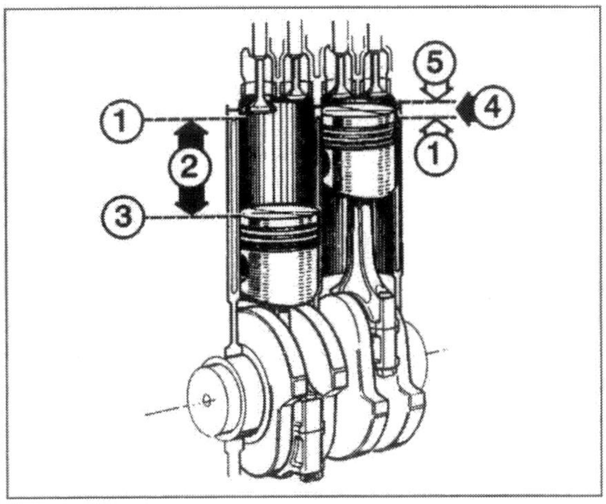

Der Hubraum ❷ erstreckt sich vom Oberen ❶ bis zum Unteren ❸ Totpunkt. Zwischen dem OT, der im rechten Zylinder gerade durch den Kolbenboden begrenzt wird, und der Wölbung des Zylinderkopfes ❺ ist der Brennraum ❹.

Do it yourself oder Werkstatt?

Praxistipp

Reparaturen und Einstellarbeiten am Motor sind in den allermeisten Fällen eine Sache für die Werkstatt. Das heißt: E-Klasse-Motorenräume sind für Selbsthelfer so gut wie tabu. Schließlich könnten bereits kleinste und womöglich inkompetente Eingriffe in das komplexe Motor-Management und den mit ihm verbundenen CAN-Datenbus zu dramatischen Folgeschäden, mindestens aber zu Funktionsstörungen führen.

Außerdem braucht man für Arbeiten in Eigenregie – vor allem am Motor – Fachwissen, Erfahrung und meist auch Spezialwerkzeuge. Eine falsch ausgetauschte Steuerkette zum Beispiel kann schwere Schäden an Kolben und Ventilen verursachen. Überlassen Sie Reparaturen an Zylinderkopfdichtung und Ventilen der Werkstatt, ebenso die Beseitigung eines Lagerschadens. Wenn Sie nicht sicher sind, ob Sie eine Arbeit an den Innereien des Motors fachgerecht durchführen können: Verzichten Sie aufs Do it yourself. Es bleibt Ihnen trotzdem noch eine Reihe von Prüf- und Wartungsarbeiten, die Sie in Eigenregie durchführen können.

Motor durchdrehen

Bei einer Reihe von Arbeiten am Motor kommt es darauf an, dass sich die Kolben in den verschiedenen Zylindern nacheinander am oberen Punkt der Zylinderlaufbahn befinden (OT = oberer Totpunkt). Zum Durchdrehen des Motors in die OT-Stellung gibt es verschiedene Möglichkeiten. Ehe Sie die Kurbelwelle durchdrehen, sollten Sie jedoch wissen, was dabei passiert:
Beim Viertaktmotor kommt der Kolben während der vier Arbeitstakte zweimal in den Oberen Totpunkt (OT): Einmal beim Zünden des Gemisches und zum zweiten Mal nach dem Ausstoßen der Altgase mit anschließend beginnendem Wiederansaugen der Luft. Üblicherweise wird bei verschiedenen Einstellarbeiten der OT während des Einspritzzeitpunktes von Zylinder 1 gebraucht. Dazu muss der Motor so in Laufrichtung weitergedreht werden, bis der am Motorblock angebrachte Zeiger mit der OT-Markierung auf Gradeinteilung der Kurbelwellenriemenscheibe übereinstimmt.

Arbeitsschritte

① Das Fahrzeug wie zu einem Radwechsel auf einer Seite hinten aufbocken, den 4. oder 5. Gang einlegen. Dreht man an dem freihängenden Hinterrad, wird auch der Motor durchgedreht. Den gleichen Effekt erzielen Sie, wenn Sie den Wagen bei eingelegtem 4. oder 5. Gang jeweils ein Stück vorschieben.

② Sie können den Motor auch mit einer Stecknuss (SW27) durchdrehen, die Sie an der Kurbelwellen-Keilriemenscheibe ansetzen. Der Motor dreht leichter, wenn Sie vorher die Zündkerzen herausschrauben. Vorsicht: Der Motor darf immer nur im Uhrzeigersinn durchgedreht werden.

Zum Durchdrehen des Motors wird an der Zentralschraube der Kurbelwellen-Riemenscheibe eine Stecknuss (SW27) mit Rätsche als Hebel angesetzt.

③ Zylinderkopfhaube abnehmen und Kurbelwelle so verdrehen, bis die Nocken von Ein- und Auslassnockenwelle an Zylinder 1 (ganz vorn) nach oben zeigen.

④ Damit die Sache genau wird, kann zum Schluss die Kurbelwelle ein Stückchen hin und her gedreht werden, bis die OT-Marke an der Riemenscheibe (schlechte Einsicht) mit dem Zeiger am Motorblock in Deckung steht.

Die Hydrostößel

Ein Einstellen des Ventilspiels ist bei den Motoren der E-Klasse nicht mehr notwendig. Der hydraulische Ventilspielausgleich sorgt dafür, dass der Ventiltrieb spielfrei arbeitet, die geschlossenen Ventile aber trotzdem fest auf dem Ventilsitz aufliegen und damit einwandfrei abdichten. Die Hydro-Tassenstößel sind direkt zwischen die Nocken der Nockenwelle und das Ventilschaftende eingesetzt. Besonderer Vorzug des hydraulischen Ventilspielausgleichs – der spielfreie Ventiltrieb arbeitet wesentlich geräuschärmer als der herkömmliche.

Ventilgeräusche bei Motorstart

Praxistipp

Damit beim Anlassen des Motors sofort Öl an den Hydrostößeln zur Verfügung steht, befindet sich im Zylinderkopf ein Ölrückhalteventil. Damit wird erreicht, dass die Ölgalerie bzw. der Ölkanal zu den Hydrostößeln und den Nockenwellenlagern gefüllt bleibt. Dennoch ist es normal, wenn der Motor nach einer längeren Standzeit gestartet wird, und es zu einem kurzen Klappergeräusch im Ventiltrieb kommt. Ursache hierfür ist, dass bei stehendem Motor Öl aus dem Hydrostößel gedrückt wird. Wird der Motor gestartet, wird der Hydrostößel sofort wieder mit Öl befüllt, und das Geräusch verschwindet, sobald der Druck im Hydrostößel wieder aufgebaut ist und er sich voll gegen den Nocken und das Ventilschaftende spreizen kann.

- Wenn Klappergeräusche aus dem Bereich Zylinderkopf auch bei betriebswarmem Motor nicht verstummen, deutet dies auf einen oder mehrere defekte Hydrostößel hin. Der betreffende Stößel kann nicht repariert, sondern muss ausgetauscht werden.
- Unbedenklich sind Ventilgeräusche, wenn sie innerhalb weniger Sekunden, jedoch maximal nach 10 Minuten wieder verschwinden. Ursachen hierfür können sein:

  Der Motor wird unmittelbar nach einem Ölwechsel gestartet.

  Der Motor ist länger als einen Tag nicht gelaufen.

  Der Motor wird nach dem Ersetzen eines Hydrostößels gestartet.
- Trifft keine dieser Möglichkeiten zu, müssen Sie die Ursache anhand des folgenden Störungsbeistandes ausfindig machen.

Funktion des hydraulischen Ventilspielausgleichs

Der Hydrostößel besteht in der Hauptsache aus zwei beweglichen Teilen – Kolben und Zylinder. Eine Feder drückt beide Teile so weit auseinander, dass zwischen den betreffenden Teilen der Ventilbetätigung kein Spiel besteht.

Bei geschlossenem Ventil gelangt Öl aus dem Schmierkreislauf des Motors durch eine so genannte Ölgalerie im Zylinderkopf über eine Nut im Hydrostößel in den Innenraum – das Ölreservoir – des Stößels. Nach Passieren eines kleinen Rückschlagventils im Stößelgehäuse gelangt der Schmierstoff in die noch drucklose Druckkammer und füllt diese aus.

Dreht sich nun die Nockenwelle und der Nocken drückt gegen den Kolben des Hydrostößels, steigt der Druck in der Druckkammer an. Dadurch verschließt das Rückschlagventil den Zulauf vom Vorratsraum. Da sich Flüssigkeit nicht komprimieren lässt, ist durch das auf diese Weise eingeschlossene Öl eine starre Verbindung zwischen Nockenwelle und Ventilschaft hergestellt. Das betreffende Ventil kann also durch die Kraft des Nockens spielfrei niedergedrückt werden.

Durch ein konstruktionsseitig genau bemessenes Einbauspiel zwischen Stößelgehäuse und -zylinder sowie den ansteigenden Druck in der Druckkammer (durch Anheben des Stößels vom Nocken) entweicht eine bestimmte Menge "Lecköl" aus der Druckkammer, die jedoch gleich zur Zwangsschmierung der Nockenbahn verwendet wird.

Nach dem Schließen des Ventils entsteht durch den Leckölverlust ein geringfügiges Ventilspiel, da der Druck in der Druckkammer vollständig abgebaut ist. Durch das entlastete Rückschlagventil kann jedoch aus dem Vorratsbehälter im Stößelzylinder sofort wieder Öl in die Druckkammer einströmen, so dass durch den Federdruck zwischen Stößelgehäuse und -zylinder der Stößelkolben angehoben und das Spiel im System beseitigt wird, bevor die nächste Ventilbetätigung erfolgt.

Mit fortschreitendem Verschleiß der Teile des Ventiltriebs kann sich durch den im Stößelgehäuse beweglichen Stößelzylinder die Druckkammer ausdehnen, so dass die einströmende Ölmenge der Druckkammer über der des abfließenden Lecköls liegt. Auf diese Weise ist das Ventilspiel über einen großen Zeitraum der Motorlebensdauer ausgeglichen.

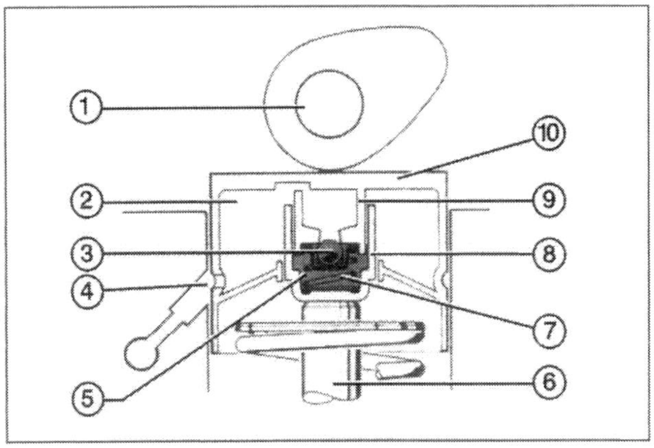

Der Hydrostößel im Schnitt. Das unter Hochdruck gesetzte Öl ist grau dargestellt. ❶ Nockenwelle, ❷ Ölvorratsraum, ❸ Rückschlagventil, ❹ Ölzulauf, ❺ Hochdruckraum, ❻ Ventilschaft, ❼ Druckfeder, ❽ Zylinder, ❾ Kolben, ❿ Hydrostößel.

Hydrostößel prüfen

Arbeitsschritte

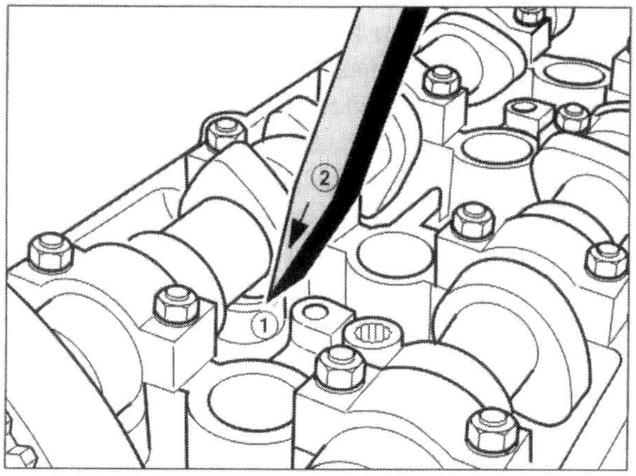

Zur Kontrolle des Hydrostößel drückt man den Tassenstößel ❶ mit einem Plastik- oder Holzkeil ❷ nach unten. Kein Metallwerkzeug benutzen, es könnte die Oberfläche zerkratzen.

① Zur Prüfung muss der Motor warm gefahren sein.

② Dann im Leerlauf laufen lassen, bis der Kühlerventilator einmal eingeschaltet hat.

③ Anschließend Motor etwa zwei Minuten lang mit etwas erhöhter Drehzahl (2500/min) laufen lassen.

④ Bleiben die Ventilgeräusche immer noch laut: Motor abschalten.

⑤ Zylinderkopfhaube abnehmen.

⑥ Motor durchdrehen, bis am zu prüfenden Zylinder die Nocken der Nockenwellen nach oben zeigen.

⑦ Mit einem Dorn (Vorsicht vor Kratzern!) bzw. besser Holz- oder Kunststoffstück den Stößel nach unten drücken.

⑧ Spüren Sie hierbei "Luft" bis zum Öffnungspunkt des Ventils oder sinkt einer der Tassenstößel auffallend schnell und widerstandslos ab, muss der Hydrostößel ersetzt werden. Dies sollten Sie jedoch der Werkstatt überlassen.

Praxistipp: Überdrehzahlen und Motorlebensdauer

Überdrehzahlen verkürzen die Lebensdauer Ihres Motors. Drehen Sie das Triebwerk zu hoch, gibt es ein unüberhörbares Brummen von sich, das durch Schwingungen der Kurbelwelle oder flatternde Teile des Ventiltriebs verursacht wird. Werden die Schwingungen zu stark, kann ein Ventilstößel brechen. Das Ventil fällt aus, der Zylinder gibt keine Leistung mehr ab. Sie merken das an der nachlassenden Motorleistung. Im schlimmsten Fall brechen die Ventilfedern - das Ventil kann auf den auf- und abrasenden Kolben fallen. In der Regel bedeutet dies den Totalschaden des Motors.

Störungsbeistand: Hydrostößel

Störung	Ursache	Abhilfe
A Klopfgeräusch im Leerlauf nach schneller Fahrt	**1** Ölstand zu niedrig	Öl nachfüllen
	2 Motoröl durch Alterung zersetzt	Öl und Ölfilter wechseln
B Zeitweilige Klickgeräusche	Verharzung, Verkohlung, Verklemmung durch Schmutz oder Abriebteile im Öl	Öl und Ölfilter wechseln
C Mäßiges Klopfgeräusch	**1** Undichter Sitz des Ventils im Hydrostößel	Hydrostößel ersetzen lassen
	2 Zylinderkopfdichtung schadhaft, Verbrennungsgase gelangen in den Ölkanal	Zylinderkopfdichtung ersetzen lassen
D Zeitweiliges Klopfgeräusch	Kurzzeitig klemmt kleinstes Schmutzteilchen im Ventilsitz des Hydrostößels, Ventilsitz ausgeschlagen	Bei häufigem Auftreten Hydrostößel ersetzen lassen
E Drehzahl-/ Leistungsverlust	Zu schneller Ölabfluss im Stößel, Kolben klemmt im Stößelgehäuse, Ventil undicht, Verschmutzung	Hydrostößel ersetzen lassen

Die Steuerkette

Die Nockenwelle bzw. die Nockenwellen werden von der Kurbelwelle über eine endlose Doppelrollen-Steuerkette (Duplex-Kette) angetrieben. Das Kettenrad der Nockenwelle hat doppelt so viele Zähne wie das Kettenrad auf der Kurbelwelle. Dadurch dreht die Nockenwelle, entsprechend der Arbeitsweise von Viertaktmotoren, mit halber Kurbelwellendrehzahl. Auf der Zugseite wird die wartungsfreie Steuerkette von Schienen geführt. Auf der anderen Seite läuft sie über eine lange Spannschiene, die vom Kettenspanner gegen die Kette gedrückt wird.

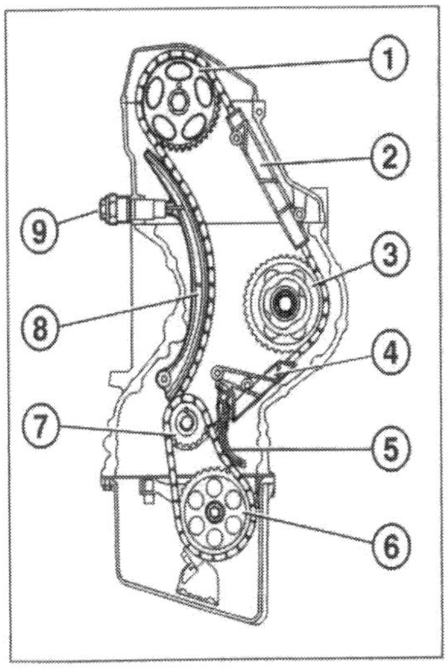

Der Verlauf der Steuerkette bei einem Motor mit einer Nockenwelle. ❶ Nockenwellenrad, ❷ Gleitschiene, ❸ Antriebszahnrad für Einspritzpumpe, ❹ Gleitschiene, ❺ Kettenspanner der Ölpumpen-Antriebskette, ❻ Antriebszahnrad der Ölpumpe, ❼ Kurbelwellenrad, ❽ Spannschiene der Steuerkette, ❾ hydraulischer Kettenspanner.

Verschleiß kontrollieren

Bei Laufgeräuschen der Steuerkette oder wenn die Zylinderkopfhaube ohnehin ausgebaut ist, sollte der Verschleißzustand der Kette beurteilt werden. Die Steuerkette wird bei Verschleiß immer länger. Diese Längung führt zu deutlichen Verschleißspuren am Nockenwellen-Kettenrad. In extremen Fällen brechen die Zähne ab, und die Steuerkette springt über, was zu einem kapitalen Motorschaden führt.
Wird Verschleiß der Kette rechtzeitig erkannt, genügt es, die Steuerkette und das Nockenwellenkettenrad zu ersetzen. Bei fortgeschrittenem Verschleiß müssen alle Teile des Kettentriebs erneuert werden. Dies ist allerdings eine Arbeit für die Werkstatt.

Der Kettenspanner

Der seitlich rechts in den Zylinderkopf eingeschraubte Kettenspanner drückt über die Spannschiene auf die Steuerkette. Seine Druckkraft setzt sich zusammen aus der Kraft der eingebauten Feder und dem Druck des

Eine verschlissene Steuerkette – hier beim Vierventiler-Diesel – macht sich meist durch rasselnde Geräusche besonders im Leerlauf bemerkbar. Genauen Aufschluss gibt jedoch auch dem Fachmann erst die freigelegte Steuerkette.

Motoröls, das ständig durch den Kettenspanner gepumpt wird. Das Öl im Spanner dämpft auch stoßartige Belastungen beim Schlagen der Kette.
Ein defekter Kettenspanner kann nicht repariert werden. Wenn Sie einen Schaden am Spanner feststellen, hilft nur der Einbau eines neuen Spanners. Vor dem Einbau muss der Kettenspanner erst mit Motoröl gefüllt werden damit er im eingebauten Zustand gleich kräftig unter Druck steht.

Der Kompressionsdruck

Wenn Sie wissen wollen, ob sich der Motor Ihres Mercedes noch in einem guten mechanischen Zustand befindet, sollten Sie den Kompressionsdruck in den einzelnen Zylindern prüfen. Bei der Verbrennung des Kraftstoff/Luft-Gemischs entstehen in den Brennräumen der Zylinder enorme Drücke: bei Benzinern bis zu 60 bar. Für Kolben und Kolbenringe, Zylinderwände sowie Ventilsitze und Ventilschaftdichtungen bedeutet das hohe Belastungen. Schadhafte Brennraumdichtungen führen zu erhöhtem Öl- und Kraftstoffverbrauch, schlechteren Abgaswerten mit entsprechender Rauchentwicklung, schwächerer Leistung und mangelhaftem Kaltstartverhalten des Motors. Wenn diese Symptome bereits auftreten, hilft Ihnen die Messung des Kompressionsdrucks bei der Ursachenforschung.

Richtwerte für den Kompressionsdruck

Die Werte für den Kompressionsdruck (Verdichtungsdruck) unterscheiden sich bei den einzelnen Motortypen. Bei betriebswarmem Motor beträgt der Kompres-

sionsdruck normalerweise 26 bis 32 bar. Als Mindestkompressionsdruck gelten 18 bar. Allerdings kommt es bei der Beurteilung des Motorzustands nicht allein auf die absolute Höhe des Kompressionsdrucks an. Die Werte sollten vielmehr in allen Zylindern gleich sein und nicht mehr als 3 bar voneinander abweichen. Bei einem älteren Motor sinkt der Kompressionsdruck. Gleichmäßig niedriger Druck in allen Zylindern ist dann normal. Erst wenn die Werte die Verschleißgrenze erreichen, sollten Sie sich auf Überholung oder Austausch Ihres Motors einstellen.
Wenn zwischen den Messwerten für die Zylinder Unterschiede von mehr als 3 bar bestehen, deutet das in der Regel auf eine dieser Ursachen hin:

- Verschleiß von Kolben oder Kolbenringen.
- Festsitzende Kolbenringe durch Verbrennungsrückstände im Zylinder.
- Unrunde Zylinder. Sind oft die Folge von Kolbenklemmern.
- Verbrennungs- oder Schmierölrückstände an Ventilschäften oder Ventilsitzen.
- Eingeschlagene Ventile.
- Verbrannte Ventile (bei zu kleinem Ventilspiel).

Kompressionsdruck messen

Sie können den Kompressionsdruck in Eigenregie messen, wenn Sie ein Kompressionsdruckgerät besitzen. Sie brauchen jedoch einen Helfer, der den Anlasser betätigt, während Sie den Prüfer bedienen. Zur exakten Ermittlung des Kompressionsdrucks muss der Ventiltrieb spielfrei arbeiten. Auch der Anlasser Ihres Fahrzeugs muss in Ordnung sein. In der Mietwerkstatt gibt's neben einem Kompressionsdruckgerät oft auch einen Druckverlusttester, mit dem auch die Werkstatt arbeitet. Damit kann das für den Druckabfall verantwortliche Bauteil ausfindig gemacht werden.

Arbeitsschritte

① Fahren Sie den Motor vor Arbeitsbeginn warm (Betriebstemperatur). Die Kolbenringe dichten bei warmem Öl besser ab.

② Motorhaube senkrecht stellen.

③ Ansaugrohrbrücke abbauen.

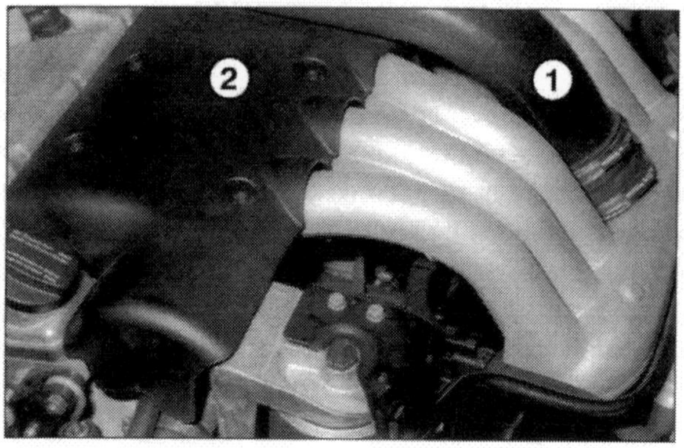

Um an die Einspritzdüsen heranzukommen, müssen Ansaugrohrbrücke ❶ und Einspritzdüsenabdeckung ❷ ausgebaut werden. Beim Vierzylinder und beim Sechszylinder sind die Vorarbeiten ganz ähnlich.

④ Einspritzdüsenabdeckung ausbauen.

⑤ Einspritzdüsen ausbauen.

⑥ Handbremse anziehen und Getriebe in Leerlaufstellung bringen.

⑦ Motor nicht mit dem Zündschlossschalter durchdrehen, da sonst Kraftstoff gefördert wird und das Steuergerät Schaden nehmen würde. Deshalb einen Druckschreiber mit Kontaktschalter verwenden, mit dem der Motor elektrisch verbunden wird.

⑧ Kompressionsdruckprüfer mit einem Anschlussstück in die Vorkammer einschrauben.

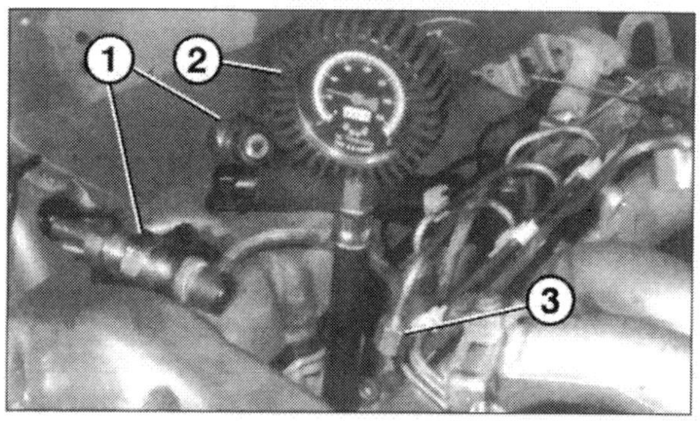

Zur Kompressionsdruckmessung muss der Motor warm sein. Alle Einspritzdüsen ❶ herausschrauben. Dazu die Leckölleitungen abziehen und die Einspritzleitungen ❸ abschrauben. Der Druckprüfer ❷ wird über ein selbstgefertigtes Anschlussstück in die Bohrungen der Düsenhalter eingeschraubt. Beim Vierventiler erst die Abdeckung auf der Zylinderkopfhaube und die Ansaugrohrbrücke ausbauen.

⑨ Abdeckung des Steuergerätekastens abbauen, Stecker der Steckverbindung Klemme 50 abziehen und mit Steuerleitung des Druckschreibers verbinden.

⑩ Deckel für Plusabgriff am linken Innenkotflügel im Motorraum abdrücken.

⑪ Stromzuführungskabel des Druckschreibers an den Plusabgriff (Klemme 30) anschließen.

⑫ Vom Helfer Gaspedal ganz durchtreten lassen und während der ganzen Prüfung mit dem Fuß festhalten.

⑬ Motor durch Drücken auf den Kontaktschalter des Druckschreibers mit Anlasser etwa fünf Sekunden durchdrehen lassen.

⑭ Druckschreiber für nächste Zylinderdruckprüfung weiterschalten.

⑮ Nacheinander sämtliche Zylinder prüfen und mit Sollwert vergleichen.

Praxistipp

So kommen Sie Fehlern auf die Spur

- Bei zu niedrigem Kompressionsdruck können Sie den Schaden am Motor lokalisieren, indem Sie mit einer Spritzkanne etwas Öl in die Bohrungen der Einspritzdüsen träufeln und anschließend den Kompressionsdruck nochmals prüfen.
- Bleibt der Wert zu niedrig, können Ventile, Ventilsitze, Ventilführungen, Zylinderkopf oder Zylinderkopfdichtung beschädigt sein.
- Erhalten Sie bessere Ergebnisse, liegt es an den Kolbenringen oder an den Zylindern. Das Öl dichtet kurzfristig Kolben und Zylinderwände besser ab, die komprimierte Luft kann dann, sofern der Fehler dort zu suchen war, nicht mehr entweichen.

Praxistipp

Kompressions-druckluft strömt aus

Wenn Kompressionsdruckluft an einer der folgenden Stellen ausströmt, hat dies meist folgende Ursachen:

- Ansaugkrümmer oder -geräuschdämpfer: defektes Einlassventil.
- Geöffneter Kühler oder Kühlmittel-Ausgleichsbehälter: defekte Zylinderkopfdichtung oder Riss im Zylinderkopf.
- Geöffneter Öleinfüllstutzen oder Rohr für den Ölpeilstab: verschlissene Zylinderwände, Kolbenlaufbahnen oder Kolbenringe.
- Blasgeräusche am Auspuff: undichtes Auslassventil.

Der Druckverlusttest

In der Werkstatt, aber auch in der Mietwerkstatt gibt's neben einem Kompressionsdruckgerät oft auch einen Druckverlusttester. Damit kann das für den Druckabfall verantwortliche Bauteil ausfindig gemacht werden. Geübte Fachleute können mit diesem Test recht genau sagen, woran der Motor krankt.
Zur Messung muss der Motor warm sein. Alle Einspritzdüsen, der Deckel des Ansauggeräuschdämpfers, der Öleinfülldeckel und der Verschlussdeckel des Kühlsystems werden abgenommen. Zur Prüfung muss der Kolben des zu messende Zylinders auf seinen Oberen Totpunkt gestellt werden. Das Prüfgerät selbst wird an die Öffnung der Einspritzdüse des jeweiligen Zylinders und an eine Druckluftanlage angeschlossen. Eine Manometerskala wird geeicht, bevor man die Luft in den Brennraum strömen lässt. Verliert der Brennraum Druck, wird dies vom Manometer in Prozent angezeigt. Der Gesamtruckverlust darf höchstens 25% betragen, wobei an den Ventilen und der Zylinderkopfdichtung 10% und an den Kolbenringen 20% entweichen dürfen. Durch Abhorchen kann man feststellen, ob die Luft über die Saugrohre, den Auspuffkrümmer, den Öleinfülldeckel, das Kühlsystem oder über die Vorkammer des benachbarten Zylinders entweicht.

Keilrippenriemen kontrollieren

Für jeden Motortyp gibt es einen speziellen, so genannten Keilrippenriemen. Dieser Keilrippenriemen (Poly-V-Keilriemen) ist an der Laufseite mit mehreren V-förmigen Rippen versehen, die in die Laufrillen der einzelnen Riemenscheiben greifen und so den Riemenschlupf verhindern. Je nach Ausstattung mit oder ohne Klimaanlage hat der Riemen unterschiedliche Längen und Laufschemata. Stellen Sie für alle Fälle einmal fest, welchen Riemen Ihr Fahrzeug benötigt. Die Spannung des Keilrippenriemens brauchen Sie in der Regel nicht zu kontrollieren: Er wird bei allen Motoren durch eine federbelastete Spannrolle automatisch auf Spannung gehalten. Bis zur Einführung der CDI-Motoren ist gegen unkontrollierte Schwingungen zusätzlich ein kleiner Schwingungsdämpfer am Spannhebel eingebaut. Der langlebige Keilrippenriemen sollte nach ca. 30.000 km auf seinen Zustand untersucht werden. Einen Ersatzriemen immer im Fahrzeug mitführen.

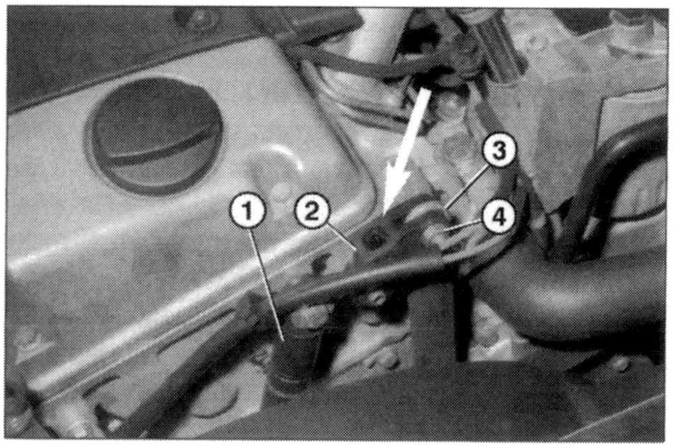

Die Spannvorrichtung des Keilrippenriemens, wie sie bei Motoren bis zur Einführung der CDI-Motoren eingebaut ist. Zum Entspannen des Riemens muss nach Lösen der Sicherungsmutter ❹ ein Montagehebel (z.B. Radschraubenschlüssel aus dem Bordwerkzeug) in die Bohrung (Pfeil) des Spannhebels ❷ gesteckt werden und gegen die Spannfeder ❸ geschwenkt werden, bis der Riemen entspannt und von den einzelnen Rollen abgenommen werden kann. Der Schwingungsdämpfer ❶ verhindert unkontrolliertes Flattern des Riemens.

Arbeitsschritte — W 30.000 km 24 Monate

① Zündung ausschalten.

② Riemen an gut sichtbarer Stelle (Pfeil) mit Kreide markieren

③ Motor mit Stecknuss SW 27 an der Kurbelwellen-Riemenscheibe in Motorrichtung jeweils ein Stück weiterdrehen, bis die Kreidemarkierung wieder sichtbar wird. Dabei Getriebe in Leerlaufstellung bringen, Feststellbremse anziehen. Motor nicht rückwärts drehen!

Nach Kennzeichnen des Keilrippenriemens mit Kreide (Pfeil), den Motor so lange an der Kurbelwellenriemenscheibe durchdrehen, bis die Markierung wieder am Anfang steht. Dabei den Keilrippenriemen auf beiden Riemenseiten auf Verschleiß kontrollieren.

④ Drehen Sie den Motor einige Male ganz durch. Nur so können Sie wirklich alle Flächen des Keilriemens sehen. Oft hat der Riemen nur einen einzigen, aber tiefen Riss, der bei der Kontrolle möglicherweise genau auf der Riemenscheibe liegt.

⑤ Kontrollieren Sie die Oberfläche des Riemens.

- Wenn Sie folgende Schäden feststellen, muss der Keilriemen ausgetauscht werden:
- Unregelmäßige Schleifspuren an den Riemenflanken.
- Poröse oder fransige Oberfläche.
- Risse im Riemen.
- Öl- oder Fettspuren.

Keilrippenriemen ersetzen

Arbeitsschritte

① Die Laufrichtung des Riemens an der Außenseite mit einem Filzstift anzeichnen. Auflegen eines gebrauchten Riemens in falscher Drehrichtung zerstört den Riemen bald. Beim Einbau auch darauf achten, dass die Rillen gut mit den Riemenscheibenrillen in Eingriff kommen.

② **Alle Motoren, außer CDI:** Mutter ❷ oben an der Federaufhängung abschrauben.

③ Einen Montagehebel oben in den Federspannhebel ❶ stecken und diesen so entlasten, dass seine Befestigungsschraube zurückgeschoben werden kann.

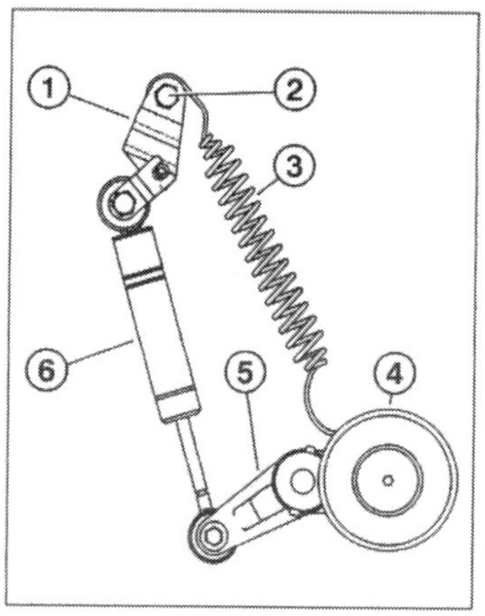

Die Spanneinrichtung des Keilrippenriemens, wie sie bis zur Einführung der CDI-Motoren eingebaut ist. ❶ Spannhebel mit Führungsbohrung für Montagehebel, ❷ Sicherungsmutter, ❸ Zugfeder, ❹ Spannrolle, ❺ Spannrollenhebel, ❻ Schwingungsdämpfer.

④ Federspannhebel loslassen.

⑤ Spannrolle ❹ etwas zurückdrücken und den Keilrippenriemen von den Rollen abnehmen.

⑥ **CDI:** Eine Torxnuss (E10) an der Spannrolle ansetzen und Spannrolle mit dem Schlüssel vom Riemenrücken wegschwenken (gegen den Uhrzeigersinn, siehe Bild), bis der Riemen entspannt ist und ihn dann abnehmen.

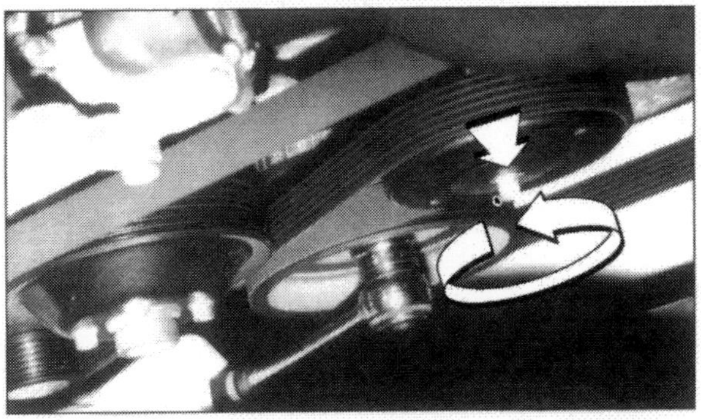

Um den Keilrippenriemen zum Abnehmen zu entspannen, die Spannrolle (Pfeil) durch Schwenken gegen den Uhrzeigersinn vom Riemenrücken wegdrücken, bis er "locker" von den einzelnen Riemenrollen abgenommen werden kann.

⑦ **Alle Motoren:** Riemen zwischen Lüfterflügel und Lüfterhaube durchfädeln und abnehmen. Man kann hierzu auch die Lüfterhaube vom Kühler lösen und dann zwischen Lüfterhaube und Kühler zum Keilrippenriemen durchgreifen.

⑧ Alle Riemenrollen auf Zustand kontrollieren und ebenfalls reinigen. Besonders die Umlenk- und die Spannrolle auf Spiel kontrollieren. Ggf. auswechseln.

⑨ Keilrippenriemen genau auf Verschleiß kontrollieren und reinigen.

Zum Auflegen des Keilrippenriemens auf die Spannrolle ❷ (hier ausgebaut) eine Riemenschlaufe (Pfeil) zwischen Kühlmittel- ❶ und Kurbelwellenriemenscheibe ❸ einfädeln. Zur Unterstützung die Kühlmittelriemenscheibe nach links drehen.

Praxistipp

Wenn der Keilriemen reißt

Leuchtet während der Fahrt die rote Ladekontrolle auf, deutet das auf einen gerissenen Keilriemen hin. Oft hört man auch einen harten Schlag gegen das Blech im Motorraum.

- **Auf keinen Fall weiterfahren, da die Kühlmittelpumpe nicht mehr angetrieben wird.** Andernfalls gerät die stillstehende Kühlflüssigkeit im Motorblock schnell ins Kochen und Sie riskieren einen Schaden am Motor. Auch Langsamfahrversuche sind sträflicher Leichtsinn. Lassen Sie den Wagen abschleppen. Sie können jedoch auch sofort einen neuen Keilriemen montieren – wenn Sie das für Ihren Motortyp richtige Teil rechtzeitig zum Bordwerkzeug in den Kofferraum gelegt haben.

⑩ Neuen Riemen rund um den Lüfterflügel führen.

⑪ Den Keilrippenriemen auf die einzelnen Riemenscheiben auflegen. Dabei auf den Riemenverlauf und die eingezeichnete Laufrichtung achten, falls der alte Riemen wieder eingebaut wird.

⑫ **Alle Motoren, außer CDI:** Riemen spannen. Dazu die Spannfeder mit einem Hebel so weit spannen, bis sich die Schraube vorn am Zylinderkopf wieder durch den Spannhebel stecken lässt. Mutter festdrehen.

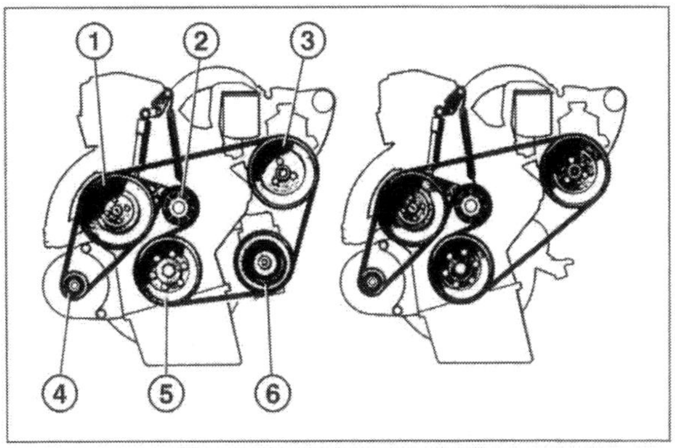

Die Zeichnung zeigt den Verlauf des Keilrippenriemens beim 220 D, 290 TD und 300 D. Bis zu sechs Riemenscheiben – bei den CDI-Motoren sogar bis zu sieben Riemenscheiben – können je nach Ausstattung eingebaut sein. ❶ Kühlmittelpumpe, ❷ Spannrolle, ❸ Hydraulikpumpe der Servolenkung, ❹ Drehstromgenerator, ❺ Kurbelwellenriemenscheibe, ❻ Klimakompressor.

⑬ **CDI:** Zum Einbau zuerst die Spannrolle mit dem Torxschlüssel spannen.

⑭ Die Spannrolle langsam entspannen, so dass sich die Rolle gegen den Riemenrücken legen kann.

⑮ **Alle Motoren:** Der Riemen ist jetzt einwandfrei gespannt. Durch die Spannrolle wird der Riemen immer unter richtiger Spannung gehalten.

⑯ Sitz des Riemens und der Rillen nochmals kontrollieren.

Nach Loslassen der Riemenspannrolle ❸ an der Außentorxschraube ❹ muss sich der Rollenarm ❷ mit seiner Markierung **B** im Arbeitsspielbereich **A** der Rollenspannvorrichtung ❶ befinden.

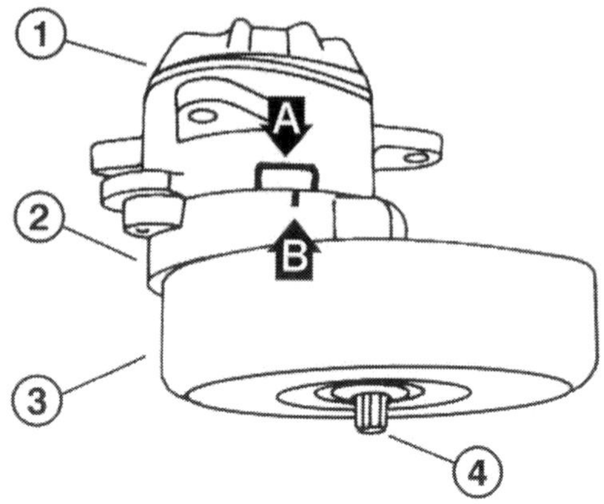

Die Zylinderkopfdichtung

Die Dichtung zwischen Motorblock und Zylinderkopf hat einen schweren Stand: Sie hat dafür zu sorgen, dass die Verbrennungsräume und die Kanäle für Kühlmittel und Öl voneinander getrennt bleiben. Dabei muss sie enormen Temperatur- und Druckschwankungen widerstehen. Häufigster Schaden im Bereich Zylinderkopf ist eine defekte Zylinderkopfdichtung. Dieser Defekt tritt meistens als Folge eines überhitzten Motors auf.

Zylinderkopfdichtung

Störungsbeistand

Erkennungsmerkmal	Ursache/Besonderheiten
A Kühlflüssigkeitsstand nimmt laufend ab.	Kühlmittel gelangt in sehr geringer Menge in die Brennräume. Die Erscheinung kann sich ohne Merkmale über längere Zeit hinziehen.
B Beträchtlicher Kühlmittelverlust. Der Wagen zieht bei warmgefahrenem Motor einen weißen Abgasschleier hinter sich her.	Kühlmittel dringt in erheblicher Menge in einen Verbrennungsraum, verdampft dort und entweicht als weiße Schwaden zum Auspuff hinaus.
C Aus dem geöffneten Ausgleichsbehälter steigen Luftblasen auf oder beim Öffnen des Verschlussdeckels sprudelt eine größere Menge Kühlmittel heraus.	Verbrennungsgase werden ins Kühlsystem gedrückt. Aus der Einfüllöffnung riecht es nach Abgasen.
D Buntschillernde Verfärbung an der Oberfläche des Kühlmittels.	Öl aus dem Schmierkreislauf gelangt ins Kühlsystem.
E Gräulich aussehende Emulsion am herausgezogenen Ölpeilstab oder Öl von Wasserbläschen durchsetzt.	Kühlflüssigkeit ist ins Schmieröl geraten. Achtung: Wasser im Motoröl kann einen Lagerschaden verursachen. Zylinderkopfdichtung sofort wechseln lassen. Wagen zur Reparatur abschleppen.

Klopfgeräusche aus dem Motorraum

Klopfgeräusche aus dem Motorraum sind bei einem kalten Motor kein Grund zur Sorge. Bei einem betriebswarmen Motor dagegen deuten sie fast immer auf einen Lagerschaden hin. Die häufigsten Defekte treten an den Gleitlagern der Pleuel auf. Die Hauptlager der Kurbelwelle sind viel seltener betroffen. Ein Lagerschaden macht in der Regel eine umfangreiche Motorreparatur notwendig. Wenn Sie ein defektes Pleuellager schon früh erkennen, genügt oft der Austausch der Lagerschalen.

So erkennen Sie einen Lagerschaden

- Motor im Stand auf mittlere Drehzahlen bringen, Gas zurücknehmen. Taucht mit abfallender Drehzahl ein leichtes Klopfgeräusch auf, etwa »nack-nack-nack-nack«? Hören Sie dieses leichte Klopfen auch bei zügigem Beschleunigen?
- Dann möglichst nicht mehr weiterfahren. Der Schaden kann sich verschlimmern und ist dann mit einfachen Mitteln nicht mehr zu reparieren.
- Hartes »klack-klack-klack-klack« beim Hochdrehen des Motors, das bei zurückgenommenem Gaspedal leiser oder unhörbar wird, weist auf einen kapitalen Lagerschaden hin.

Motorgeräusche

Störungsbeistand

Erkennungsmerkmal	Ursache/Besonderheiten
A Starkes Klingeln bei zügigem Beschleunigen.	Zündzeitpunkt zu früh bzw. elektronische Zündzeitpunktverstellung defekt, siehe Kapitel »Die Zündanlage«.
B Leichtes helles Klopfen oder Klickern im Leerlauf.	**1** Siehe »Störungsbeistand Hydrostößel«.
	2 Das Geräusch tritt regelmäßig am Ende des Kolbenhubes auf. Es ist besonders gut hörbar, wenn leicht Gas gegeben und wieder zurückgenommen wird: Kolbenbolzensitz in einem Kolben hat zuviel Spiel.
	3 Das Geräusch tritt unregelmäßig auf: So genanntes Kolbenkippen durch Verschleiß oder zu großes Einbauspiel.
C Drehzahlabhängiges stärkeres dunkles Klopfen im Leerlauf und während der Fahrt.	**1** Siehe »Störungsbeistand Hydrostößel«.
	2 Das Geräusch ist besonders gut hörbar, wenn leicht Gas gegeben und wieder zurückgenommen wird: Pleuellager eines Kolbens defekt.
D Drehzahlabhängiges dumpfes Klopfen.	**1** Das Geräusch tritt besonders deutlich im unteren Geschwindigkeitsbereich beim kräftigen Beschleunigen auf, aber auch im Stand, wenn Gas gegeben und wieder zurückgenommen wird: Hauptlager der Kurbelwelle defekt.
	2 Das Geräusch tritt unregelmäßig auf, besonders jedoch bei schnellen Drehzahländerungen: Kupplungs-Druckplatte läuft nicht zentrisch, Schwingungsdämpfer der Mitnehmerscheibe defekt oder Schwungscheibe am Kurbelwellenflansch lose.
E Motor schlägt zurück.	Zündzeitpunkt verstellt, Defekt im Hochspannungsteil der Zündanlage, Steuerzeiten falsch eingestellt, Ventil bleibt hängen oder Ventilsitz verbrannt.
F Unregelmäßiges Quietschen oder Kreischen.	Das Geräusch tritt besonders stark beim Beschleuni--gen auf: Loser und verschlissener Keilriemen rutscht durch.
G Pfeifen beim Durchtreten der Kupplung.	Ausrücklager der Kupplung verschlissen oder nicht geschmiert.

DAS SCHMIER-SYSTEM

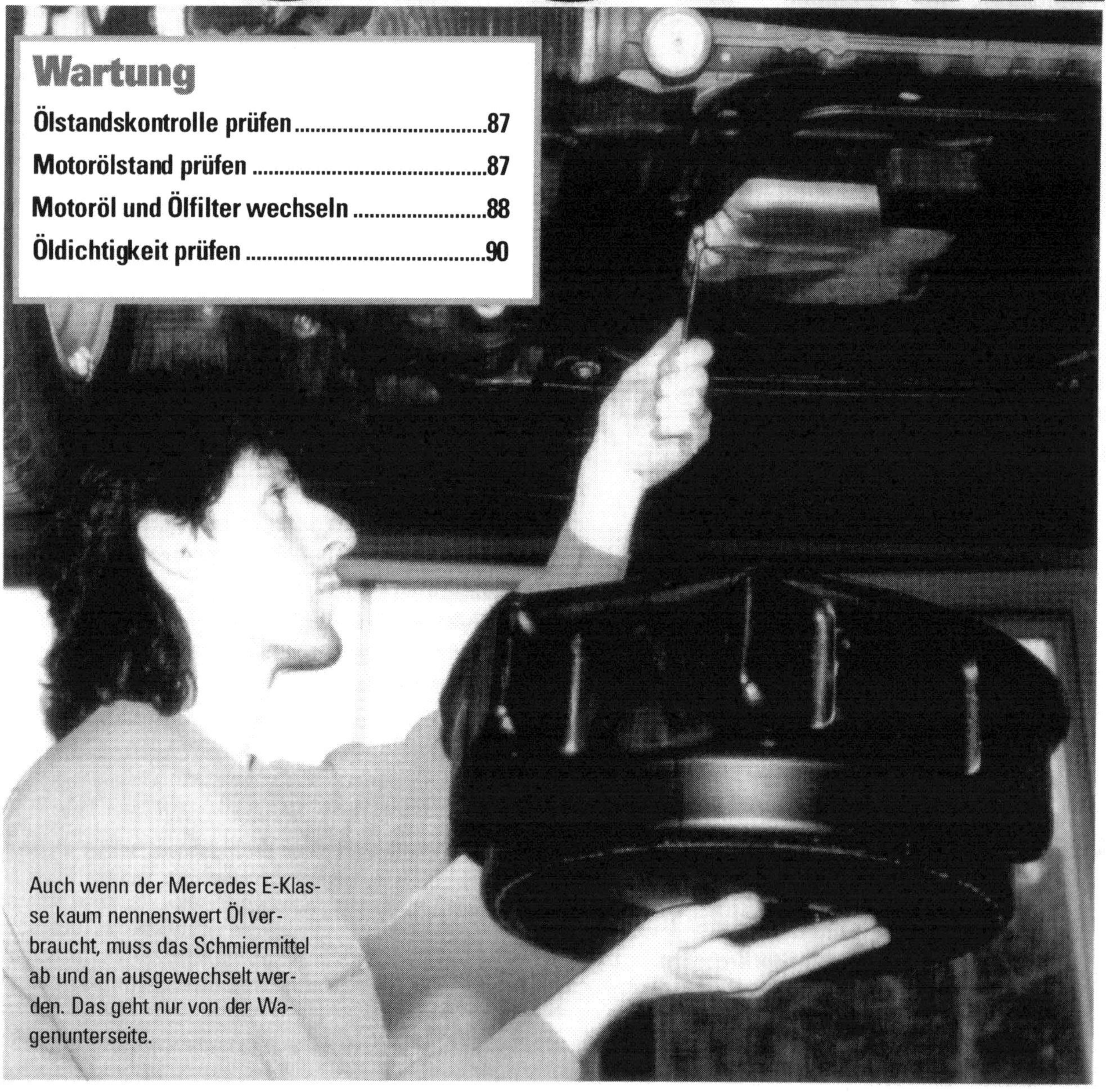

Wartung

Auch wenn der Mercedes E-Klasse kaum nennenswert Öl verbraucht, muss das Schmiermittel ab und an ausgewechselt werden. Das geht nur von der Wagenunterseite.

Alle Stellen im Motor, an denen Metalle aufeinandergleiten, müssen ständig mit Öl versorgt werden. Das sind zum Beispiel Kolben, Zylinderlaufbahnen sowie die Lager von Kurbelwelle und Nockenwelle. Ohne Schmierung wäre das Triebwerk schon nach wenigen Minuten ruiniert. Damit das Öl diese Aufgabe erfüllen kann, muss es im Motorblock von der Ölpumpe unter Druck durch ein System von Leitungen und feinen Bohrungen an die richtige Adresse gepumpt werden. Die Ölpumpe saugt den Schmiersaft durch einen siebbewehrten Schnorchel an und drückt ihn in den Hauptstromfilter. Dort werden Verunreinigungen wie Ruß, Metallabrieb und Staub herausgefiltert. Dieser Filter verrichtet seine Aufgabe aber nur so lange, bis er vom Schmutz zugesetzt ist.

Dann tritt ein Sicherheitsventil in Aktion. Es öffnet, der Filter wird umgangen, die Ölversorgung ist sichergestellt. Allerdings bewirkt ungefiltertes Motoröl höheren Verschleiß an den Lagerstellen. Vom Filter aus gelangt das schmierfähige Nass über Bohrungen im Zylinderblock zu den Kurbelwellen- bzw. Pleuellagern, den Lagern der Nebenwelle und den Lagerstellen des Ventiltriebs im Zylinderkopf. Dort austretendes Öl kann wegen der Schräglage des Motors an der tiefsten Stelle des Zylinderkopfes durch eine Bohrung schnell und ohne sich weiter zu erwärmen in die Ölwanne zurücklaufen. Die Zylinderwandungen und Kolbenbolzen werden übrigens von Spritzöl geschmiert, das an den Pleueln austritt. Die Kolbenböden werden von unten mit Öl besprüht, das aber hier nicht zur Schmierung, sondern zur Kühlung herangezogen wird.

Die Ölpumpe

Ganz unten in der Ölwanne sitzt wohl das wichtigste Zusatzaggregat des Motors: die Ölpumpe. Sie sorgt dafür, dass alle schmierbedürftigen Stellen – und das sind nicht wenige – mit dem nötigen Druck die richtige Menge des lebenswichtigen Schmiersaftes erhalten. Angetrieben wird sie über eine Kette von der Kurbelwelle. Die Pumpleistung der Zahnradpumpe ist je nach Motorgröße unterschiedlich, was durch verschieden breite Zahnräder erreicht wird. Die Ölpumpe ist mit einem Regelventil ausgestattet, das den Öldruck auf maximal 5 bar begrenzt. Der Ansaugschnorchel der Ölpumpe ragt in das Ölsammelbecken der Ölwanne. Von der Ölpumpe gelangt das Öl zum Ölfilter. Mehr als 30 Liter liefert so eine Ölpumpe in der Minute bei Vollgas – und das ohne Wartungsanspruch, denn sie schmiert sich selbst.

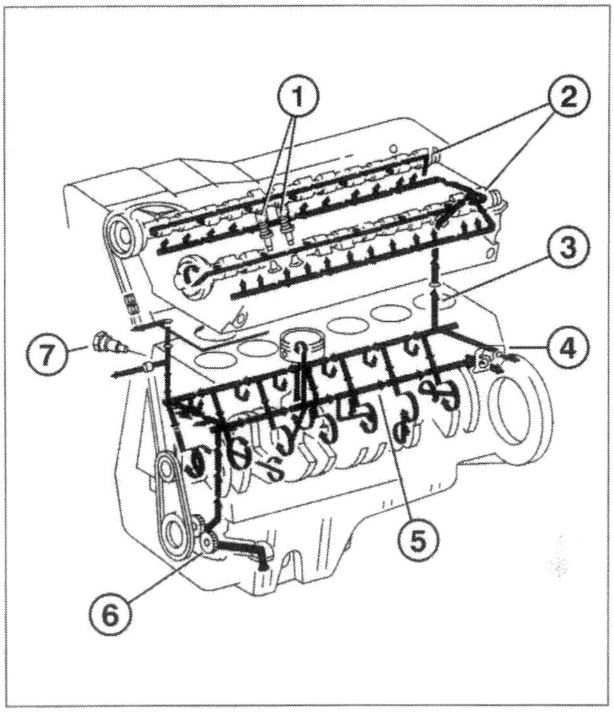

So ähnlich, wie hier für den Reihensechszylinder gezeigt, ist auch der Ölkreislauf bei den anderen Motoren aufgebaut. **Ölkreislauf:** ❶ hydraulische Ventilstößel, ❷ Ölkanäle zur Versorgung der Nockenwellen und deren Nockenbahnen, ❸ Hauptölkanal vom Motorblock zum Zylinderkopf, ❹ Anschlussflansch des Ölfilters, ❺ Hauptölkanal zum Ölfilter, ❻ Ölpumpe, ❼ Öldruck-Kettenspanner der Steuerkette

Die Öltemperatur

In modernen Motoren geht man davon aus, dass die Öltemperatur stets im zulässigen Bereich bleibt. Zu Vergleichszwecken interessant ist die Motoröltemperatur am Ölfilterflansch oder in der Ölwanne; dort ist der Schmiersaft am kühlsten. Dagegen können an den Kolbenringen Temperaturen von bis zu 300°C auftreten. Falls Sie nachträglich ein Ölthermometer eingebaut haben: 150°C in der Ölwanne gelten als höchstzulässige Temperatur. Voraussetzung ist dabei allerdings ein hochwertiges Motoröl.
Schädlich für den Motor ist auch eine zu niedrige Öltemperatur. Das Öl hat dann seine volle Schmierfähigkeit noch nicht erreicht. Deshalb sollten Sie nach Möglichkeit den Motor nach dem Kaltstart nicht hoch drehen lassen, bis das Öl etwa 60°C erreicht hat. Für den Mercedes gilt als Anhaltspunkt, dass das Motoröl gegenüber dem Kühlmittel etwa doppelt so lange braucht, bevor es seine Betriebstemperatur erreicht hat.

Der Öldruck

Damit die Schmierung bei jeder Belastung des Motors sichergestellt ist, muss der Öldruck stimmen. Bei zu kaltem und sehr zähflüssigem Öl kann ein zu hoher Druck entstehen. Dann öffnet ein Überdruckventil eine Umgehungsleitung (Bypass) und leitet das Öl direkt auf die Saugseite der Ölpumpe zurück. Der Ölkreislauf bleibt in diesem Fall erhalten.

Öldruck-Kontrollleuchte brennt?

Die Öldruck-Kontrollleuchte leuchtet allerdings nur bei zu geringem Öldruck auf. In diesem Fall werden unter Umständen die Motorteile nicht mehr richtig geschmiert. Das kommt zum Beispiel vor, wenn Sie bei zu geringem Ölstand mit hohem Tempo durch eine Kurve fahren. Die Ölpumpe saugt dann Luft anstatt Öl aus der Ölwanne. Der Öldruck fällt abrupt ab, was zu schweren Lagerschäden führen kann. Da bei richtigem Ölstand der Öldruck praktisch über viele Fahrzeug-Generationen immer gestimmt hat, wird in der E-Klasse jetzt auf eine Öldruckanzeige verzichtet. Die Ölstands-Kontrollanzeige muss dafür genauer im Auge behalten werden. Nur im Falle einer Störung wird üblicherweise der Öldruck kontrolliert: Im Leerlauf soll er 0,5 bis 2,0 bar betragen, bei Höchstdrehzahl 4,0 bis 6,0 bar. Natürlich beziehen sich diese Werte auf den betriebswarmen Motor, denn bei kaltem, zähflüssigem Öl ist der Druck schon im Leerlauf relativ hoch. Wer den Öldruck messen will, muss unten am Ölfiltergehäuse die Verschlussschraube ausbauen und dort den früher üblichen Öldruckgeber einbauen. Wer elektrisch beschlagen ist, kann auch eine Öldruckanzeige nachrüsten.

Mit einem Ohmmeter kann Folgendes gemessen werden:

Öldruck	bar	0	1,0	2,0	3,0
Widerstand	Ω	10	89	129	184

Praxistipp

Öldruckkontrollleuchte leuchtet auf

Wenn nach schnellen Autobahn- oder Passfahrten die Öldruckleuchte im Leerlauf flackert, ist das ein Indiz dafür, dass der Öldruck durch zu heißes und damit dünnflüssiges Öl unter den normalen Druck gesunken ist. Das ist jedoch unproblematisch, wenn die Kontrollleuchte beim Gasgeben wieder verlöscht.

Wenn die Öldruck-Kontrollleuchte ständig aufleuchtet

- Halten Sie sofort an, stellen Sie den Motor ab.
- Kontrollieren Sie zuerst den Ölstand.
- Fehlt Öl, langsam eine Tankstelle in der Nähe anfahren und auffüllen. Prüfen Sie, ob danach die Leuchte wirklich ausgeht.
- In allen anderen Fällen: Wagen in die nächste Werkstatt schleppen und Ursache feststellen lassen. So riskieren Sie keinen schweren Motorschaden.

Das Motoröl

Öl ist das Lebenselexier des Motors. Es vermindert die Reibung und den Verschleiß bei Kolben und Zylindern, Lagern und Ventiltrieb. Es dichtet die engen Räume zwischen Kolben, Kolbenringen und Zylinderwand so fein ab, dass der hohe Druck, der bei der Verbrennung entsteht, fast ohne Verluste auf die Kurbelwelle übertragen wird. Öl kühlt auch den Motor – zum Beispiel die Kolben in den Zylindern und die Lager von Kurbelwelle und Nockenwelle. Außerdem schützt es vor Rost, bindet Schmutzpartikel und einen Teil der Verbrennungsrückstände.

Multitalent Mehrbereichsöl

Die meisten Motoröle sind heute Mehrbereichsöle, die aus Rohöl hergestellt werden. Damit ein Mineralöl als Motoröl Karriere machen kann, braucht es Additive, spezielle Zusätze, die bis zu 20 Prozent seiner Chemie ausmachen. Sie schützen das Öl auch vor Oxidation und verhindern das Aufschäumen bei hohen Drehzahlen. Eines der wichtigsten Additive sind die VI-Verbesserer (VI = Viskositätsindex) – lange Molekülketten, die beim Erhitzen quellen und beim Abkühlen wieder schrumpfen. Sie bewirken, dass sich das Öl den Temperaturen im Motor anpasst und mehrere Viskositätsklassen überspannt. Diese VI-Verbesserer verschleißen jedoch bei hohen Temperaturen und verlieren ihre Wirkung. Außerdem setzen Wasser, Kraftstoff und Verbrennungsrückstände der Lebensdauer des Motoröls Grenzen. Ein dünnes Mineralöl hält die Drücke und Temperaturen im Triebwerk nicht gut aus. Ein rechtzeitiger Ölwechsel ist daher kein Luxus, sondern reine Notwendigkeit, wenn Ihr Motor reibungslos funktionieren soll.

Leichtlauföle

Auch Leichtlauföl (Synthetiköl) kommt nicht ohne Erdöl aus. Allerdings wird der Molekülaufbau des Rohöls in einem aufwendigen Verfahren (Cracken) aufgelöst und nach neuer Rezeptur mit speziellen Additiven neu zusammengesetzt. Synthetiköl ist im Prinzip nicht künstlicher als Mineralöl, aber durchweg teurer. Dafür versprechen die Hersteller einen geringeren Öl- und Kraftstoffverbrauch, eine größere Beständigkeit und langsamere Alterung. Das bedeutet theoretisch auch längere Ölwechselintervalle. Wenn Sie sich den Luxus dieses Spitzenöls leisten, sollten Sie sich trotzdem an die vorgesehenen Intervalle halten.

Begriffe und Normen rund ums Öl

Technik-lexikon

Viskosität. Das Maß für die Fließfähigkeit des Schmieröls. Im Winter muss ein Motoröl so dünnflüssig sein, dass es nach dem Kaltstart sofort alle Schmierstellen versorgt. Im Sommer dagegen ist dickflüssiges Öl gefragt, das auch bei hohen Temperaturen den Schmierfilm nicht abreißen lässt.

SAE-Klasse (Society of Automotive Engineers). Bezeichnet die Klasse der Viskosität, zum Beispiel SAE 15 W-40. Je kleiner die erste Zahl, um so dünner fließt das Öl bei Kälte (W = Winter). Ein Öl mit 0 W schmiert noch bei minus 30 Grad, bei 5 W steigt dieser Wert auf minus 25 Grad, bei 15 W auf minus 15 Grad. Je höher die zweite Zahl, um so besser widersteht das Öl hohen Temperaturen.

ACEA (Association des Constructeurs Européen d'Automobiles). 1996 eingeführte europäische Ölnorm. Löst die CCMC-Norm ab. Für Benziner gibt's die Gruppen A1 (spritsparendes Öl), A2 (gering belastetes Öl), A3 (Hochleistungs-Öl). Für Diesel gilt die Einteilung B1, B2 und B3.

CCMC (Comittée des Constructeurs d'Automobiles du Marché Commun). Die Spezifikation besteht aus den Buchstaben G (Benziner) und PD (Diesel) sowie einer Zahl. Je höher diese ist, um so besser ist die Qualität des Öls.

API (American Petroleum Institute). Die Spezifikation besteht aus den Buchstaben S (Benziner) und C (Diesel) sowie einem weiteren Buchstaben. Je höher dieser im Alphabet steht, um so besser ist die Qualität des Öls.

Welches Öl für den Mercedes?

Mercedes akzeptiert lediglich die Qualitätsprüfungen der Vereinigung der Automobilhersteller der Europäischen Gemeinschaft (CCMC) und gibt für seine Dieselmotoren ausdrücklich nur folgende Ölspezifikationen frei:
CCMC-D4, CCMC-D5 und CCMC-PD2.

API CE oder CF-4 Öle nach API jedoch nur, wenn Öle nach CCMC nicht zur Verfügung stehen. Egal, ob Sie das Motoröl teuer an der Tankstelle oder billig im Supermarkt kaufen, auf der Verpackung muss mindestens eine der geforderten Ölspezifikationen aufgedruckt sein.
Öle mit der Bezeichnung **CCMC-G4/G5 oder API SG** sind reine Benzinmotorenöle und somit für Ihren Diesel-Mercedes ungeeignet. Anders ist das bei Ölen mit Doppelbezeichnung, z. B. **CCMC-G4/PD2.** Diese Öle sind für beide Motorentypen geeignet.

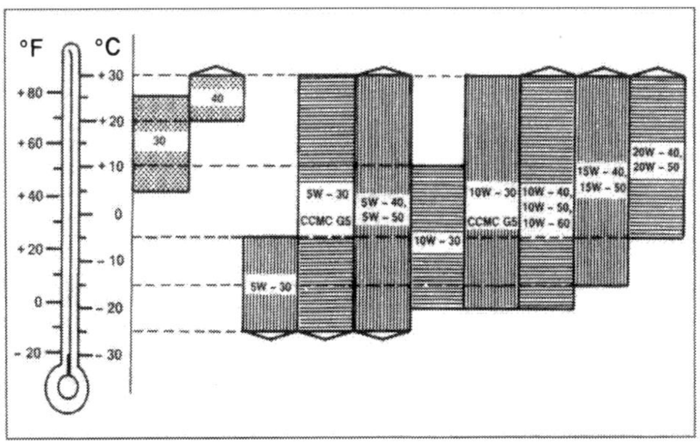

In mitteleuropäischen Breitengraden genügt das ganze Jahr über ein Öl der Viskositätsklasse 15 W-40 oder 10 W-40. Nur bei extrem hohen oder niedrigen Dauertemperaturen sollten Sie eine andere Viskosität wählen – fragen Sie dann Ihren Fachhändler.

Die Kurbelgehäuse-Entlüftung

Selbst völlig intakte Motoren blasen in der Minute 50 bis 70 Liter Verbrennungsgase an den Kolbenringen vorbei ins Kurbelgehäuse. Dieser Druck muss aus dem Motor entweichen können, damit die Dichtungen nicht zu stark beansprucht werden. Das geschieht über die Kurbelgehäuse-Entlüftung. Die giftigen Gase aus dem Motorinnern werden zum Schutz der Umwelt in den Ansaugtrakt des Motors zurückgeleitet und von dort aus zur vollständigen Verbrennung nochmals vom Motor angesaugt.

Ölverbrauch

Ein Teil des Motoröls verbrennt bei seiner Schmiertätigkeit. Ölverbrauch ist also völlig natürlich. Gut eingefahrene Motoren kommen mit 0,2 Liter Öl auf 1.000 km aus, bei Mercedes gilt als höchstzulässiger Wert ein Verbrauch von 1,5 Liter je 1.000 km, was aber tatsächlich als die Obergrenze des Vertretbaren anzusehen ist.
Wenn Sie den Ölverbrauch exakt messen wollen, muss der Wagen jeweils auf einer absolut waagrechten Stelle stehen und der Motor mindestens fünf Minuten stillstehen. Am einfachsten geht das vor dem ersten Start. Dann wird der Ölstand ganz genau angezeigt, da über Nacht das Gesamte Öl in die Ölwanne zurückgetropft ist.

Öldverbrauch zu hoch

Praxistipp

Wieviel Öl Ihr Mercedes verbraucht, hängt von folgenden Umständen ab:

- Ölverlust wird häufig mit Ölverbrauch verwechselt. Bevor also der Ölverbrauch kritisiert wird, müssen erst die »illegalen Ölquellen« beseitigt werden (Sichtprüfung des Motors, auch von unten).
- Wer Öl bis weit über die obere Peilstabmarke einfüllt, bewirkt automatisch höheren Ölverbrauch, denn der übrige Schmierstoff wird über die Kurbelgehäuse-Entlüftung hinausgeblasen.
- Mehrbereichsöl, das zu lange im Motor bleibt, hat einen höheren Nachfüllbedarf.
- Scharfe Fahrweise treibt nicht nur den Kraftstoffkonsum in die Höhe. Nach unseren Erfahrungen hängt auch der Ölverbrauch davon ab, ob bevorzugt in den höchsten Drehzahlen gefahren wird.
- Einlaufvorgang des neuen Motors ist noch nicht abgeschlossen (mindestens 5000 km).
- Defekt im Motor; z.B. Ventilschaftabdichtungen defekt, Spiel zwischen Ventilführung und Ventilschaft zu groß, Kolbenringe falsch eingebaut oder schadhaft, beschädigte Zylinderwand durch Kolbenfresser.

Die automatische Ölstandskontrolle

Ein spezieller Ölstandsgeber seitlich in der Ölwanne überwacht die Ölmenge des Motors. Dies befreit Sie aber nicht von der Ölstandskontrolle mit dem Peilstab – nur diese ist völlig zuverlässig.
Die Ölstandskontrolle im Kombiinstrument leuchtet dann auf, wenn sich der Ölstand im unteren Peilstabdrittel befindet. Damit es nicht zu Fehlanzeigen kommt, sorgt einmal eine Verzögerungsschaltung dafür, dass die Lampe nur dann aufleuchtet, wenn ca. 60 Sekunden lang Ölmangel gemeldet wird. Weiterhin muss für eine zuverlässige Anzeige das Öl dünnflüssig genug sein. Eine Bimetall-Schnappscheibe unten am Ölstandsgeber öffnet erst bei 60°C. Erst dann kann sich der Ölspiegel im becherförmigen Geber ändern. Sie verhindert auch Fehlanzeigen beispielsweise bei scharfer Kurvenfahrt.
Beim Einschalten der Zündung leuchtet die Kontrolllampe schwach auf (Lampenkontrolle) und verlöscht bei laufendem Motor. Wenn bei Ölmangel die Lampe aufleuchtet, genügt es, beim nächsten Tanken einen Liter Öl nachzufüllen.

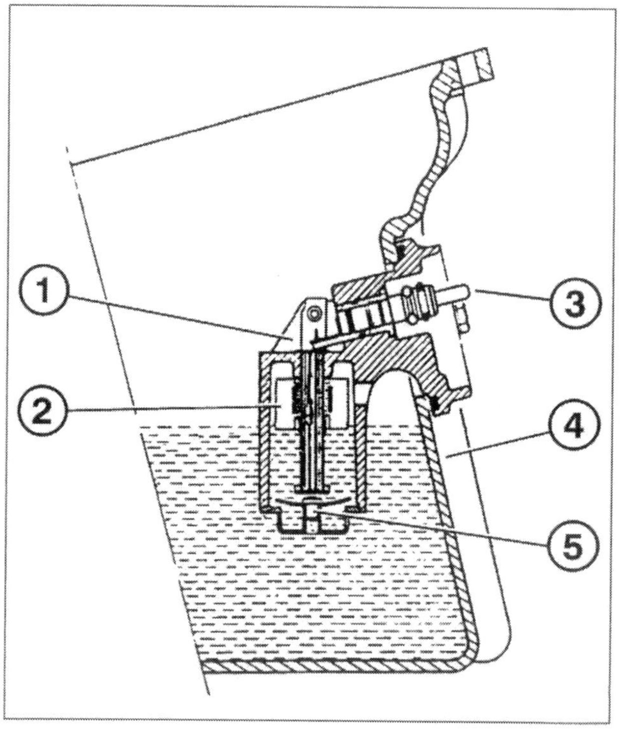

In die Ölwanne eingebaut, überwacht der Ölstandsgeber den korrekten Ölstand. ❶ Ölstandsgeber, ❷ Schwimmer mit Magnet, ❸ Steckkontakt, ❹ Ölwanne, ❺ Ablaufbohrung mit Bimetall-Schnappscheibe.

Ölstandskontrolle prüfen

Arbeitsschritte

① **Kontrollleuchte leuchtet bei richtigem Ölstand und laufendem Motor ständig auf**: Stecker vom Ölstandsgeber in der Ölwanne ausstecken.

② Mit einem Ohmmeter zwischen Steckanschluss am Geber und Masse prüfen.

③ Bei Unterbrechung (∞ Ω) den Geber ausbauen und erneuern.

④ Wird am Geber Durchgang (0 Ω) festgestellt, den Leitungsverlauf zum Kombiinstrument auf Unterbrechung prüfen.

⑤ Sind Geber und Leitungsverlauf in Ordnung, kann noch eine Unterbrechung im Kombiinstrument den Fehler verursachen.

⑥ **Kontrollleuchte leuchtet bei eingeschalteter Zündung nicht auf:** Vermutlich ist die Glühlampe durchgebrannt.

⑦ Kombiinstrument ausbauen und Lampe erneuern.

⑧ **Kontrollleuchte leuchtet bei laufendem Motor, einer Öltemperatur von mehr als 60°C und einem Ölstand unter der MIN-Marke nicht auf:** Kabel am Ölstandsgeber abziehen.

⑨ Widerstand zwischen Geberanschluss und Masse messen.

⑩ Bei den oben genannten Bedingungen müsste der Geber seinen Kontakt geöffnet haben. Es muss Unterbrechung (∞ Ω) gemessen werden.

⑪ Brennt die Lampe nicht, obwohl der Kontakt im Geber unterbrochen ist, muss die Lampe durchgebrannt sein.

⑫ Hat der Kontakt im Geber nicht geöffnet, den Geber ausbauen, prüfen und ggf. ersetzen.

Motorölstand prüfen

Zum Ölpeilstab sollten Sie nach jeder zweiten Tankung greifen. In der Einfahrzeit oder bei einem älteren Motor mit erhöhtem Ölverbrauch ist es sinnvoll, das Öl bei jedem Volltanken zu kontrollieren.

Arbeitsschritte — ständige Kontrolle

① Kontrollieren Sie das Öl vor dem Start bei kaltem Motor. Dazu Wagen auf waagrechtem Grund abstellen. Wenn der Motor warm ist: fünf Minuten warten, damit alles Öl in die Ölwanne abtropfen kann.

② Peilstab ziehen. Vorsicht bei betriebswarmem Motor: Die umliegenden Motorteile sind sehr heiß. Ölstab mit sauberem, flusenfreiem Lappen oder Papiertuch abwischen, bis zum Anschlag wieder in das Führungsrohr oder die Öffnung im Motorblock stecken, kurz warten und wieder herausziehen.

③ Liegt der Pegel an der Spitze des Stabes zwischen den beiden Markierungen, ist alles in Ordnung. Öl erst nachfüllen, wenn sich der Ölstand der »min«-Marke nähert. Die Ölmenge zwischen der »min«- und der »max«-Markierung liegt bei bis zu 2,0 l.

④ Benutzen Sie zum Nachfüllen einen sauberen Trichter.

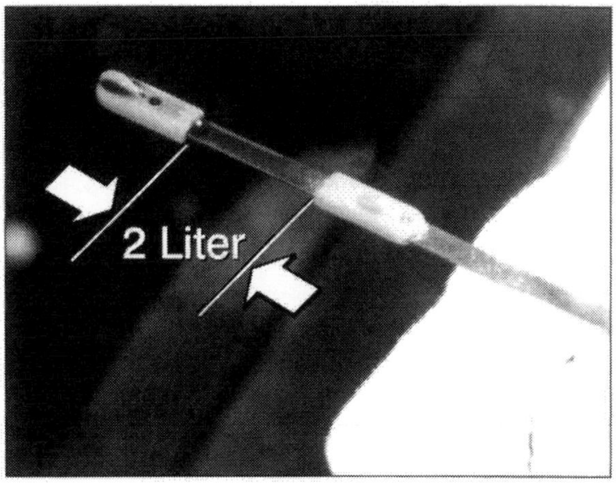

Die Differenzmenge am Peilstab beträgt bei allen Modellen 2 Liter.

⑤ Füllen Sie nur so viel Öl nach, dass sich der Pegel unterhalb der »max«-Marke (obere Markierung) bewegt. Überschüssiges Motoröl wird unter Umständen über die Kurbelgehäuseentlüftung angesaugt und verschmutzt den Luftfilter. Auch der Katalysator kann beschädigt werden.

ASSYST – Ölkontrolle während der Fahrt

Die Wartungsvorschriften von Mercedes sind das Ergebnis aufwendiger theoretischer und praktischer Tests. Demzufolge wurde in den Fahrzeugen ab 3/97 das neue Aktive Service-System ASSYST installiert, in dessen Mittelpunkt das Motorenöl steht. Es basiert auf langjährigen Untersuchungen über die Lebensdauer von Motorenölen. Dabei zeigte sich, dass der Schmierstoff bei Autos, die fast ausschließlich im Stadt- und Kurzstreckenverkehr unterwegs sind, oft schon nach 5000 Kilometern »erschöpft« ist, während bei einem hohen Anteil von Landstraßen- und Autobahnfahrten im Geschwindigkeitsbereich zwischen 80 und 150 Stundenkilometern Ölwechsel-Intervalle von bis zu 30 000 Kilometern möglich sind. Diese unterschiedlichen Einsatzbedingungen der Motoren berücksichtigt ASSYST. Ein Mikrocomputer ermittelt auf Basis verschiedener Sensorinformationen wie Ölstand, Öltemperatur, Kühlmitteltemperatur, Drehzahl, Geschwindigkeit und Motorlast die tatsächliche Beanspruchung des Motorenöls und berechnet einen bedarfsgerechten Wartungsplan für das Triebwerk. Einer der Indikatoren für die Ölalterung ist beispielsweise der Eisengehalt im Motorenöl, der im Kurzstreckenverkehr schon nach 5000 Kilometern drastisch ansteigt.

Um die verschiedenen Faktoren, die für die Standzeit des Motorenöls maßgebend sind, erfassen zu können, hat Mercedes-Benz einen speziellen Ölstandsensor entwickelt. Er warnt vor zu hohem oder zu niedrigem Ölstand und erkennt außerdem nachgefülltes Öl, für das er einen Bonus auf das Wechselintervall berechnet. Darüber hinaus spürt der Sensor betriebsgefährdende Veränderungen im Öl, wie übermäßigen Metallgehalt, Wasser- oder Kraftstoffverdünnungen, auf und warnt den Autofahrer. Am Anzeigendisplay im Kombiinstrument lässt sich bei abgestelltem Motor und eingeschalteter Zündung per Knopfdruck der Ölstand ablesen.

Dank dieser bedarfsgerechten Motorenwartung verlängert sich das Ölwechsel-Intervall auf bis zu 30 000 Kilometer – der bei Praxistests ermittelte Durchschnittswert lag bei 22 500 Kilometern.

Motoröl und Ölfilter wechseln

Ölwechsel in Eigenregie

Das Do it yourself lohnt sich nur, wenn Sie ein preiswertes Öl aus Zubehörhandel, Warenhaus oder Tankstelle verwenden. Ein konventioneller Ölwechsel, bei dem Sie das Öl ablassen und den Filter wechseln, erfordert Zeit, weil Sie das Fahrzeug dazu aufbocken müssen. Der Ölfilter ist übrigens auf den jeweiligen Motortyp abgestimmt. Sie müssen sich daher das richtigen Ersatzteil für Ihr Fahrzeug vor dem Ölwechsel besorgen.

SB-Ölwechsel

Schneller und sauberer geht's bei einem SB-Ölwechsel mit einem Absauggerät an der Tankstelle. Diese Methode hat jedoch Nachteile: Der Ölschlamm bleibt in der Ölwanne, und ohne einen Filtertausch ist der Ölwechsel nur eine halbe Sache. In der Werkstatt kostet der Ölwechsel am meisten, weil man dort in der Regel nur teure Ölsorten verwendet. Lassen Sie die Arbeit von der Tankstelle erledigen, müssen Sie das Öl zwar dort kaufen, können sich jedoch die Marke selbst aussuchen.

Arbeitsschritte — **15.000 km / 12 Monate**

① Fahrzeug warmfahren (Betriebstemperatur) und vor dem Ölwechsel etwa zehn Minuten abkühlen lassen. Altes Motoröl lässt sich am besten ablassen wenn das Öl warm ist. Achtung: Heißes Motoröl kann zu Verbrühungen führen: Beim Ausschrauben des Ablassstopfens fließt das Öl mit heftigem Strom heraus, dass man die Finger nicht schnell genug zurückziehen kann.

② Das Fahrzeug auf sichere Unterstellböcke aufsetzen. Oder mit den Vorderrädern auf eine Auffahrrampe fahren.

③ Flache Wanne, Schüssel oder einen aufgeschnittenen Plastik-Ölkanistern mit entsprechendem Fassungsvermögen unterstellen.

④ Ölfilterdeckel mit Steckschlüsseleinsatz oder Gabelschlüssel (SW36) abschrauben.

⑤ Ölfilterdeckel mit Filtereinsatz herausziehen.

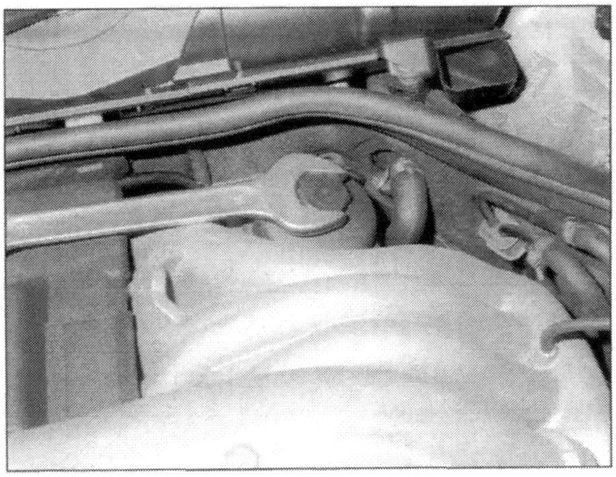

Um den Ölfilter wechseln zu können, müssen Sie zunächst mit einem Hazet-Ölfilterschlüssel, einer Nuss oder Gabelschlüssel SW 36 den Deckel des Ölfiltergehäuses gegen den Uhrzeigersinn lösen und abdrehen.

Fassen Sie den Ölfilter am Gehäusedeckel und legen Sie ihn in einem ölfesten Behälter zur fachgerechten Entsorgung ab. Ersetzen Sie den Filter ausschließlich mit einem Neuteil gleichen Typs.

⑥ Untere Motorraumabdeckung abschrauben.

⑦ Ablassstopfen ausschrauben. Das Öl vollständig in den Behälter laufen lassen. Wenn Sie den Wagen nur vorne hochgenommen haben: ablassen, damit das Altöl ganz ausläuft. Durch Öffnen der Einfüllverschraubung kann man das Ablaufen des Öls etwas beschleunigen.

⑧ Den Ablassstopfen gründlich reinigen und den Dichtring kontrollieren.

⑨ Ist die Ölwanne leer, den Ablassstopfen – ggf. mit neuem Dichtring – wieder einschrauben und mit einem Anzugsdrehmoment von 25 Nm anziehen.

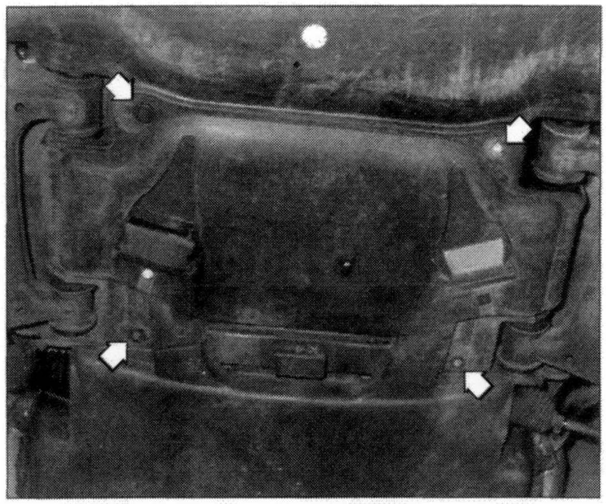

Um an die Ölablassschraube zu kommen, muss zuvor die untere Motorabdeckung demontiert werden. Dazu vorn und hinten je zwei Blechschrauben SW 8 (Pfeile) herausdrehen.

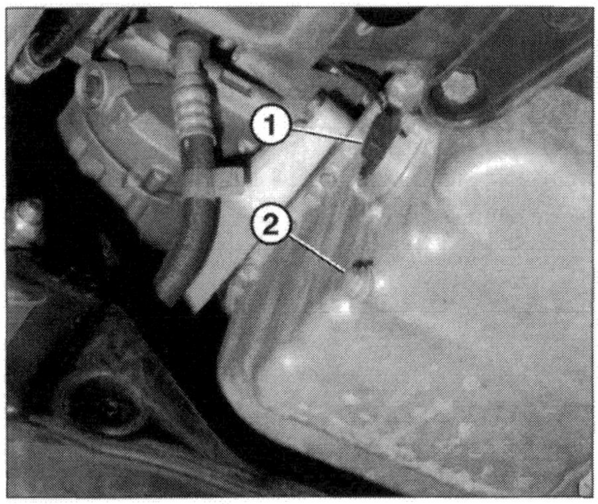

Nach Demontage der unteren Motorraumabdeckung ist die Ölablassschraube ❷ zugänglich. An der Ölwanne adaptiert ist auch der Sensor ❶ der Ölstandsanzeige und des ASSYST-Ölanalysesystems.

⑩ Fahrzeug ablassen.

⑪ Neuen Filtereinsatz in den Deckel einsetzen.

⑫ Schraubdeckel mit neuem Dichtring versehen, einschrauben und festziehen.

⑬ Öl einfüllen und Verschlussdeckel einsetzen. Dann Motor kurz laufen lassen. Bis die Ölpumpe den Ölfilter gefüllt hat, brennt die Öldruckkontrolle, da sich der Öldruck erst aufbauen muss.

Achten Sie beim Ölnachfüllen darauf, dass Sie den Motor nicht mit »überfüllen«. Zuviel Öl schadet genau so wie zu wenig Öl.

⑭ Zur Kontrolle Motor wieder abstellen und fünf Minuten warten, damit das Öl in die Ölwanne zurücklaufen kann. Dann Ölstand prüfen.

⑮ Öldichtheit an Ölfilter und Ablassschraube kontrollieren.

⑯ Motorraumabdeckung unten einbauen.

Soviel Öl brauchen Sie für den Ölwechsel

Motor	mit Ölfilterwechsel
E 220 D, E 250 D	6,5 l
E 300 D, E 290 TD, E 270 CDI	7,0 l
E 200 CDI, E 220 CDI	6,0 l
E 320 CDI	7,5 l

Öldichtigkeit prüfen

Ölschwitzflecken am Motor sind kein Grund zur Sorge. Motoröl kann sich bei starken Temperaturschwankungen durch die Poren von Dichtungen und Gehäusen arbeiten. Diese Form der Transpiration ist normal. Anders sieht die Sache aus, wenn Sie im Motorraum starke Ölspuren oder unter dem geparkten Wagen Ölflecken feststellen. Solchen Symptomen sollten Sie rasch nachgehen. Ein undichter Motor ist ein Indiz für einen technischen Mangel, der sich schnell verschlimmern kann. Am besten nehmen Sie Ihren Motor nach einer Motorwäsche und einer anschließenden Probefahrt in Augenschein.

Arbeitsschritte — 15.000 km / 12 Monate

① Motorabdeckung unten ausbauen.

② Betrachten Sie den Motor von oben und unten.

③ Geringfügig ölfeuchte Stellen sind nicht bedenklich, alle Motoren »schwitzen« gelegentlich etwas Schmiermittel aus.

④ Ölflecken unter dem geparkten Wagen und deutlichen Ölnässen sollten Sie aber auf den Grund gehen.

⑤ Motor mit einem Dampfstrahlgerät und Motorreiniger an der Tankstelle oder in einem Reinigungspark säubern.

⑥ Nach einer Probefahrt von wenigen Kilometern wird kontrolliert, wo Öl austritt.

Mögliche Leckstellen

- Abdichtungen der Kurbelwelle vorn und hinten
- Steuergehäusedeckel ganz vorn am Motor
- Verschlussschraube für den Kettenspanner der Steuerkette
- Zylinderkopfdeckeldichtung
- Zylinderkopfdichtung
- Ölfiltergehäuse
- Ölwannendichtung

Praxistipp

Pt Altöl richtig entsorgen

Sie können die Altölentsorgung dem Händler überlassen, bei dem Sie das Motoröl gekauft haben. Er muss das Altöl kostenlos zurücknehmen. Zum Nachweis die Quittung im Handschuhfach aufbewahren. Sie können das Altöl auch zusammen mit Ölfilter und ölverschmutzten Lappen bei der Altölsammelstelle abgeben. Adressen erfahren Sie bei der Gemeindeverwaltung oder bei Automobilclubs.

Schmiersystem

Störungs-beistand

Störung	Ursache	Abhilfe
A Bei Einschalten der Zündung bleibt Öldruck-Kontrollleuchte dunkel	**1** Kontrollleuchte defekt	Auswechseln
	2 Steckverbindung korrodiert bzw. Kabelverbindung unterbrochen	Überprüfen und reinigen, ggf. Kabel reparieren
	3 Öldruckschalter defekt	Kontrollieren, ggf. auswechseln
B Öldruck-Kontrollleuchte brennt nach Anspringen des warmen Motors im Leerlauf weiter, geht aber beim Gasgeben aus	Geringer Öldruck durch heißes und damit dünnflüssiges Öl	Motor durch Fahren in normalen Drehzahlbereichen abkühlen lassen
C Öldruck-Kontrollleuchte geht erst bei höheren Drehzahlen aus	Bypassventil in der Ölfilterhauptstromleitung klemmt	Öldruck überprüfen lassen, Ventil ggf. auswechseln lassen
D Öldruck-Kontrollleuchte brennt nach Anspringen des Motors und geht auch beim Gasgeben nicht aus	**1** Zu wenig Öl im Motor	Ölstand prüfen, ggf. Öl nachfüllen
	2 Ölansaugsieb in der Ölwanne zugesetzt bzw. Ölpumpe verschlissen	Überprüfen bzw. ersetzen lassen
	3 Siehe A2 und 3	Nur weiterfahren, wenn Ursache klar ist
E Ölverbrauch zu hoch	**1** Zylinder verschlissen	Überprüfen lassen
	2 Kolben und/oder Kolbenringe verschlissen	Überprüfen lassen
	3 Ventilführungen / Ventilführungsdichtringe verschlissen	Überprüfen lassen
	4 Kurbelwellendichtringe undicht	Überprüfen lassen
	5 Motor undicht	Überprüfen lassen

DAS KÜHL SYSTEM

Wartung

Reparatur

Größere Mengen Wasser sollten nur bei kaltem Motor nachgefüllt werden. Danach muss nach der Ursache für den Kühlflüssigkeitsverlust gesucht werden und die Frostfestigkeit der Kühlflüssigkeit durch Nachfüllen mit geeignetem Frostschutzmittel wiederhergestellt werden.

Das Kühlsystem sorgt für die richtige Betriebstemperatur des Motors. Es besteht aus einer Reihe von Aggregaten wie Kühler und Thermostat, Wasserleitungen und einem Netz aus kleinen, genau bemessenen Kanälen in Motorblock und Zylinder, in denen die Kühlflüssigkeit zirkuliert. So entsteht ein Wassermantel, der die Verbrennungswärme über die Schläuche des Kühlsystems an den Kühler abführt. Welche Wege das Kühlmittel im Kühlsystem nimmt, hängt von der Temperatur des Motors ab.

Der Kurzschlusskreislauf

Nach dem Kaltstart zirkuliert das Kühlmittel zunächst im kleinen Kühlkreislauf, der sich auf Motor und Hei-

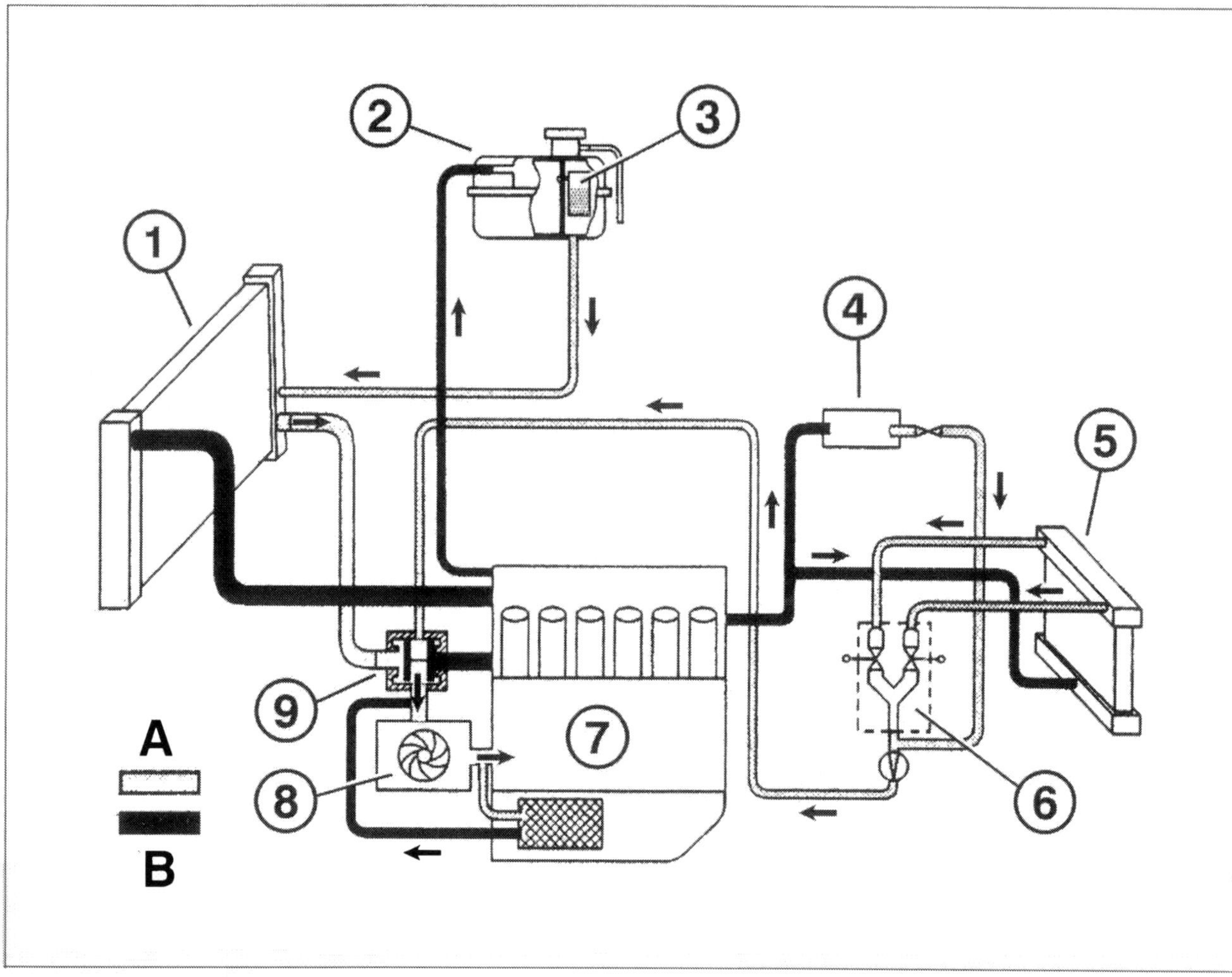

Das Schema des Kühlmittelkreislaufs.
❶ Kühler, ❷ Ausgleichsbehälter mit Verschlussdeckel, ❸ Silikonvorrat, ❹ Scheibenwaschwasserbehälter (kühlmittelbeheizt), ❺ Wärmetauscher der Fahrzeugheizung, ❻ Duoventil der Heizungsregelung, ❼ Motorblock, ❽ Kühlmittelpumpe, ❾ Thermostat, **A** Vorlauf, **B** Rücklauf.

zung beschränkt. In diesem so genannten Kurzschlusskreislauf hält der Thermostat den Durchfluss zum Kühler geschlossen. Das Kühlmittel gelangt auf direktem Weg zurück in den Motor. So erhitzt sich die Kühlflüssigkeit schneller und der Motor wird schneller warm. Der Kühler tritt erst in Aktion, wenn die Kühlflüssigkeit eine bestimmte Temperatur erreicht hat. Der Thermostat öffnet, dabei wird kaltes Wasser aus dem Kühler mit bereits erwärmtem Wasser aus dem kleinen Kühlkreislauf vorgemischt. Diese allmähliche Kaltwasserbeimischung verhindert den so genannten Kälteschock für den Motor.

Kühlung bei Betriebstemperatur

Solange die Wassertemperatur steigt, öffnet der Thermostat den Kaltwasserzufluss aus dem Kühler immer weiter und schließt gleichzeitig den Kurzschlusskreislauf. Bei Betriebstemperatur zirkuliert die Kühlflüssigkeit vom unteren Kühlwasserschlauch des linken Kühlwasserkastens zur Wasserpumpe, die sie in Motorblock, Ölkühler und Zylinderkopf drückt. Der größte Teil der Flüssigkeit läuft dann über den geöffneten Thermostat und den oberen Kühlwasserschlauch zurück zum rechten Wasserkasten des Kühlers, während ein Teil zum Wärmetauscher der Heizung fließt. Das im Kühler unten abfließende gekühlte Kühlmittel zieht heißes oben in den Kühler nach. Beim Zug durch die Kühlerlamellen nach unten wird es abgekühlt. Sinkt während der Fahrt die Wassertemperatur unter die vorgeschriebene Betriebstemperatur, sperrt der Thermostat den Kühlerdurchfluss erneut, bis sich das Kühlmittel wieder genügend erwärmt hat.

Überdruck und Kühlerventilator

Damit das Kühlmittel mehr Wärme aufnehmen kann, ist es unter Druck gesetzt. Dadurch, aber auch durch die Beigabe des Gefrierschutzmittels erhöht sich der Siedepunkt der Kühlflüssigkeit auf etwas 126°C. Die höhere Temperatur ermöglicht einen wirtschaftlicheren und damit kraftstoffsparenden Motorbetrieb. Der Überdruck im Kühlsystem beträgt etwa 1,4 bis 1,5 bar. Wenn bei einem heißen Motor der Druck diesen Wert übersteigt, tritt das Überdruckventil am Ausgleichsbehälter auf den Plan. Es öffnet und lässt zum Druckausgleich etwas Wasserdampf entweichen. Trotzdem kann es zum Beispiel bei Fahrten in der Stadt vorkommen, dass das Wasser zu heiß wird. Dann muss der Kühlerventilator den Kühler zusätzlich kühlen. Wie bereits erwähnt, besitzen die Motoren entweder einen Viskoselüfter oder, ausstattungsabhängig, einen elektrisch angetriebenen Kühlerventilator. Dieses kleine Windkraftwerk wird durch ein Bimetall bzw. einen Thermoschalter aktiviert, sobald die an ihm vorbeiströmende Kühlflüssigkeit eine bestimmte Temperatur überschreitet. Er schaltet den Ventilator wieder aus, wenn die Kühlmittel-Temperatur auf einen bestimmten Wert abgesunken ist.

Vorsicht: Der elektrische Kühlerventilator kann durch Stauwärme im Motorraum auch bei ausgeschalteter Zündung einschalten.

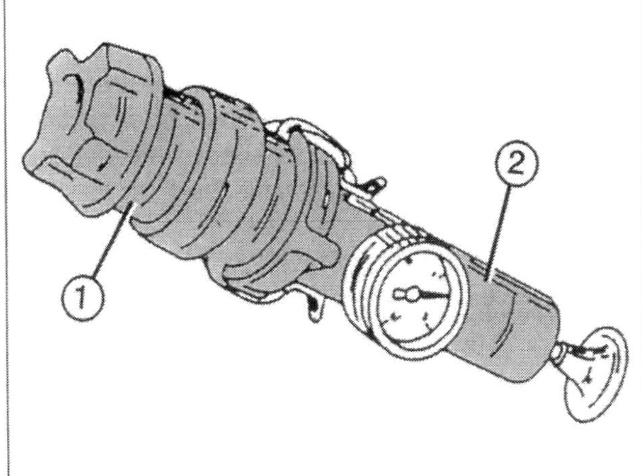

Abdrücken des Ausgleichsbehälters-Verschlussdeckels ❶ mit der Spezialpumpe ❷. Das Kühlsystem kann mit der gleichen Pumpe abgedrückt werden.

Die Teile des Kühlsystems — Technik-lexikon

Wasserpumpe. Eine so genannte Schleuderpumpe, die für den stetigen Kreislauf des Kühlmittels sorgt. Beim Vierzylinder sitzt die Wasserpumpe auf der gleichen Achse wie der Lüfterflügel im Steuergehäusedeckel. Beim Sechszylinder ist sie seitlich links am Motor mit 4 Schrauben befestigt.

Kühler. Alle Modelle sind mit einem Leichtmetall-Querstromkühler ausgestattet. Die beiden Kunststoff-Wasserkästen sind hierbei seitlich links und rechts angeordnet. Die Kästen sind durch ein Mittelteil aus Leichtmetall miteinander verbunden. Darin ist eine Vielzahl von dünnwandigen Röhrchen untergebracht. Kühllamellen um diese Röhrchen verbessern den Wärmeaustausch. Die Kühler wie auch ihre Lüfterhauben sind unterschiedlich groß. Bei Fahrzeugen mit Automatik-Getrieben ist im rechten Wasserkasten noch ein Getriebeölkühler eingebaut. Unten am rechten Wasserkasten des Kühlers befindet sich die Ablassschraube für das Kühlmittel.

Thermostat. Dieser temperaturabhängige Regler steuert den Strom des Kühlmittels.

Warmlaufphase bis ca. 85 Grad Celsius: Das Ventil am Thermostat versperrt den Weg zum Kühler und lässt das Kühlmittel gleich wieder zur Wasserpumpe strömen. Von dort gelangt es wieder in den Motor.

Normalbetrieb zwischen 85 bis 100 Grad Celsius: Der Durchfluss durch den Kühler wird teilweise freigegeben. Der direkte Weg zur Wasserpumpe bleibt mehr oder weniger weit geöffnet. So wird bewirkt, dass sich kalte Flüssigkeit vom Kühler etwas mit warmem Kühlmittel vermischt, bevor es in den Motor gepumpt wird. Ein Kälteschock für den Motor wird verhindert.

Maximale Kühlung ab ca. 100 Grad Celsius: Das Thermostatventil ist ganz geöffnet und das gesamte Kühlmittel durchströmt den Kühler.

Ausgleichsbehälter. Lässt bei zu hohen Druck durch ein Überdruckventil im Deckel Wasserdampf entweichen.

Kühlerventilator. Wird auch als Kühlerlüfter bezeichnet. Abhängig von eingebautem Motor sowie ausstattungsabhängig ist entweder eine Kühlerlüfter mit Viskosekupplung oder ein elektrisch betriebener Kühlerlüfter eingebaut.

Zusatz-Lüfter

Ist Ihr Fahrzeug mit Klimaanlage ausgestattet, sitzen vor dem Kühler zusätzlich zwei durch einen Keilriemen miteinander verbundene Lüfter, wobei der linke Lüfter mit einem Elektromotor versehen ist und so den rechten Lüfter mit antreibt.

Das Kühlmittel

Kühlflüssigkeit (Kühlmittel) besteht aus einer Mischung von Frost- und Korrosionsschutzmittel und Wasser. Mercedes befüllt die Kühlanlage seiner Motoren mit einem speziellen Kühlkonzentrat, dessen chemische Zusammensetzung speziell auf die Mercedes-Motoren abgestimmt ist. Die richtige Mischung von Wasser und Frostschutzmittel hängt von der Gesamtfüllmenge der Kühlanlage ab, die je nach Ausstattung bei den einzelnen Motortypen etwas unterschiedlich ist. Der Anteil des Frostschutzmittels soll 50 Prozent betragen – dies entspricht einem Frostschutz bis –37°C. Bei mehr als 50 Prozent verschlechtert sich die Wärmeaufnahmefähigkeit des Kühlmittels und damit die Wärmeabfuhr. Unter 40 Prozent Frostschutzanteil darf das Mischungsverhältnis allerdings nicht sinken, sonst ist die Kühl- und vor allem die Korrosionsschutzwirkung beeinträchtigt und bei Minusgraden beginnt das Kühlmittel zu gelieren. Wichtig: Muss Kühlmittel nachgefüllt werden, darf nicht nur Wasser verwendet werden, sondern stets anteilig auch das freigegebene Korrosions-/Frostschutzmittel. Außerdem ist nicht jedes Leitungswasser für den Kühler Ihres Motors geeignet. Fragen Sie deshalb ggf. die örtliche Mercedes-Benz-Vertragswerkstatt, ob das Leitungswasser die Qualitätsanforderungen erfüllt.

Bei Betriebstemperatur des Motors entdecken Sie nur durch kräftiges Kneten der Schläuche Verschleißspuren (oder Marderschäden) an den Kühlwasserschläuchen.

Kühlsystem auf Dichtheit prüfen

Arbeitsschritte | W | 15.000 km jährlich

① Sind die Wasserschläuche am Kühler, Motor und zur Heizanlage dicht?

② Den Zustand der Schläuche stellen Sie durch Kneten fest. Harte, spröde oder rissige Teile sollten Sie sofort austauschen.

③ Sitzen die Schlauch-Enden satt auf ihren Stutzen?

④ Sind die Spannschrauben der Schlauchschellen festgezogen? Sie können während der Fahrt und bei vollem Betriebsdruck im Kühlsystem nachgeben. Verrostete Schlauchschellen auswechseln.

Die Kühlmittelstandsanzeige

Diese Einrichtung mit Anzeige im Kombiinstrument befreit Sie nicht von der Kontrolle laut Wartungsplan, ist aber eine wertvolle Hilfe bei plötzlichem Kühlmittelverlust.

Bei eingeschalteter Zündung und Motorstillstand leuchtet die Kontrolllampe im Armaturenbrett zur Selbstkontrolle schwach auf. Stimmt der Kühlmittelstand, verlöscht die Lampe bei laufendem Motor. Leuchtet sie dagegen hell auf, fehlt Kühlmittel.

Die Kontrolleinrichtung wird vom Geber im Ausgleichsbehälter gesteuert. Sein Kontakt wird von einem Schwimmer betätigt. Fehlt Kühlmittel, wird der Kontakt geschlossen. Störungen können eine durchgebrannte Glühlampe, ein defekter Geber oder eine Leitungsunterbrechung verursachen.

- Bleibt die Kontrolllampe bei Einschalten der Zündung dunkel, ist sie wahrscheinlich durchgebrannt.
- Verlöscht die Lampe bei laufendem Motor trotz richtigem Kühlmittelstand nicht, so ist eher der Geber defekt. Dieser Verdacht wird bestätigt, wenn durch Abziehen des Leitungssteckers am Geber die Lampe verlöscht. Dann Geber ausbauen, Schwimmer auf Leichtgängigkeit prüfen und das Schalten des Kontaktes prüfen. Ggf. Geber ersetzen.

Praxistipp

Motor verliert Kühlmittel

- Wenn Ihr Motor während der Fahrt viel Kühlmittel verliert, dürfen Sie auf keinen Fall kaltes Wasser nachfüllen. Der heiße Motor erhält dann einen Kälteschock, bei dem sich der Zylinderkopf verziehen kann. Die Zylinderkopfdichtung schließt nicht mehr richtig und Kühlmittel kann in den Schmierkreislauf des Motors gelangen.
- Im schlimmsten Fall reißt durch einen Kälteschock der Motorblock. Warten Sie, bis der Motor abgekühlt ist, füllen Sie Wasser nach und lassen Sie in der nächsten Werkstatt die Ursache für den Kühlmittelverlust feststellen.

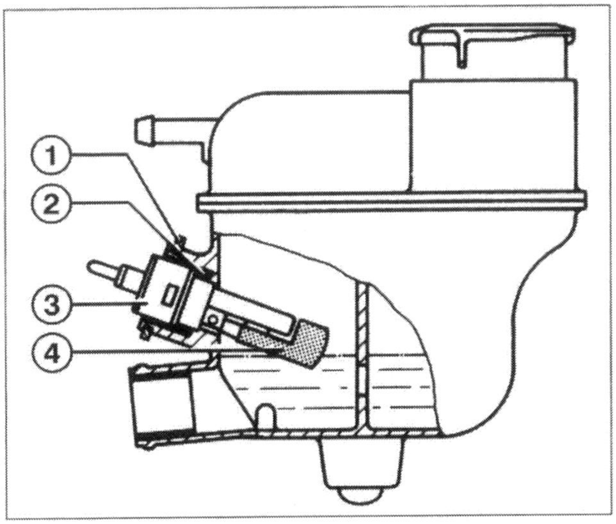

Der Kühlmittelstand im Ausgleichsbehälter wird durch einen Geber überwacht:
❶ Sicherungsring, ❷ Dichtung, ❸ Geber, ❹ Schwimmer mit Gelenk.

Stand der Kühlflüssigkeit prüfen und nachfüllen

Arbeitsschritte | ständige Wartung

① Stand des Kühlmittels am besten nur bei kaltem Motor kontrollieren – das Kühlsystem ist dann praktisch drucklos.

② Bei kaltem Motor soll der Pegel bis zum Trennfalz zwischen Behälterober- und -unterteil stehen. Dabei steht der Schwimmer der Kühlmittelstandsanzeige oben an. Vorsicht: Bei warmem Motor steht das Kühlmittel immer höher. Lassen Sie sich nicht durch einen zu hohen Stand täuschen.

Füllen Sie Kühlmittel bis zur Markierung (Pfeile) im Behälter auf.

③ Zum Nachfüllen den Verschlussdeckel öffnen. Legen Sie bei heißem Motor einen dicken Lappen über den Deckel und drehen Sie ihn langsam auf. Das baut den Druck im System allmählich ab. Wenn Sie den Deckel zu schnell öffnen, steht das Wasser nicht mehr unter Druck und sprudelt brühend heiß aus dem Behälter.

④ Ausgleichsbehälter nicht über die Trennfalz-Markierung nachfüllen. Das Kühlmittel dehnt sich bei Erwärmung aus, der Überschuss entweicht aus dem System.

⑤ Kleinere Mengen können Sie bei warmem ebenso wie bei kaltem Motor einfüllen.

Kühlflüssigkeit wechseln

Arbeitsschritte | 120.000 km alle 4 Jahre

① Am Verschlussdeckel des Ausgleichsbehälters den Druck aus dem Kühlsystem entweichen lassen. Dazu den Verschlussdeckel stufenweise öffnen. Vorsicht bei heißem Motor: Verbrühungsgefahr.

② Den Heizregler am Armaturenbrett auf »Heiß« stellen. Dadurch wird der Kühlkreis der Heizungsanlage geöffnet.

③ Motorabdeckung von der Motor-Unterseite abbauen.

④ Sauberes Auffanggefäß unter den Kühler bzw. Motor stellen und an der Unterseite des Kühlers die Ablassschraube öffnen und das Kühlmittel auslaufen lassen. Ein kleiner Schlauch (Innendurchmesser 12 mm) kann auf den kleinen Anschluss geschoben werden, um das Kühlmittel in den untergestellten Behälter laufen zu lassen.

⑤ Auf Ablassschraube rechts am Motorblock einen Schlauch (Innendurchmesser 14 mm) aufstecken und Schraube lösen.

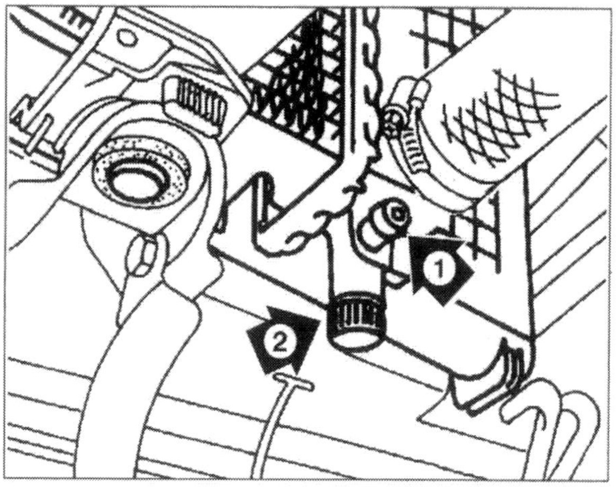

Die Ablassschraube am Kühler ❷. Darüber sitzt ein kleiner Anschluss ❶ zum Aufstecken eines kleinen Schlauchs.

⑥ Damit die Kühlflüssigkeit besser ablaufen kann, den Verschlussdeckel vom Ausgleichsbehälter nehmen. Kühlflüssigkeit ablassen und Auffanggefäß abdecken.

⑦ Zum Auffüllen der Kühlflüssigkeit die Ablassschraube an Motorblock und Kühler wieder schließen.

⑧ Kühlmittel langsam in den Einfüllstutzen des Ausgleichsbehälters füllen, bis es an die Markierung reicht.

⑨ Motor starten und mit erhöhter Drehzahl ca. zwei Minuten laufen lassen. Dabei in den Ausgleichsbehälter ständig Kühlmittel nachfüllen.

⑩ Verschlussdeckel aufschrauben.

⑪ Den Motor weiterhin laufen lassen, bis der Lüfter einschaltet, dann den Motor abstellen.

⑫ Bei Bedarf Kühlmittel bis zur Markierung nachgießen.

⑬ Motor warmfahren. Dabei wird das Kühlsystem über den Verschlussdeckel des Ausgleichsbehälters weiter entlüftet. Kontrollieren Sie bei kaltem Motor noch einmal den Flüssigkeitspegel. Eventuell müssen Sie etwas Wasser nachgießen.

⑭ Untere Motorraumabdeckung wieder montieren.

Frostschutz auffüllen

Auf Nummer Sicher gehen Sie beim Frostschutz, wenn Sie auch im Sommer stets eine 50%ige Mischung verwenden. Haben Sie jedoch öfters nur Wasser nachgefüllt, reicht die Konzentration des Frostschutzmittels für kältere Temperaturen nicht mehr aus. Dann muss der Schutz verstärkt werden – mit etwa 3/4 Liter Frostschutzmittel für einen um 10°C erweiterten Kälteschutz. Wollen Sie die Frostfestigkeit des Kühlmittels kontrollieren, brauchen Sie einen Hebemesser, eine Frostschutzspindel oder einen Aerometer. Damit wird das spezifische Gewicht (Kühlmitteldichte) der Flüssigkeit gemessen.

Vorsicht: Daimler-Benz erlaubt nur die Verwendung des hauseigenen Frostschutzmittels. Bei Schäden durch Verwendung anderer Frostschutzmittel erlischt die Garantie. Keinesfalls mehr als 55 Prozent Frostschutzmittel einfüllen, um den Gefrierschutz zu erhöhen, da sonst die Kühleigenschaften des Kühlmittels beeinträchtigt sind. Wenn Sie keine auf den eingefüllten Frostschutz abgestimmte Spindel besitzen, ziehen Sie vom ermittelten Wert eine Messtoleranz von 2 bis 3 Grad Celsius ab.

Arbeitsschritte

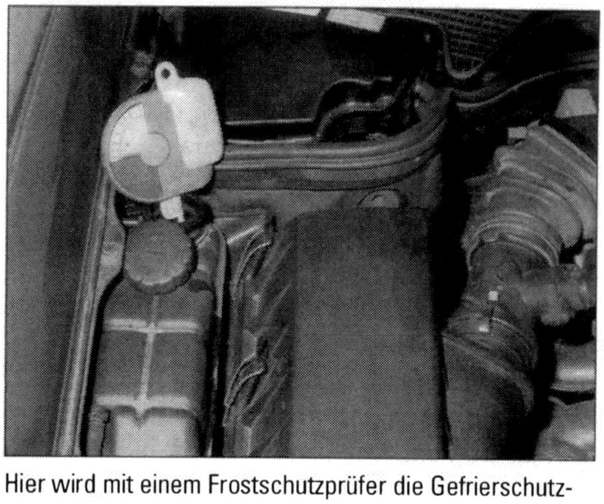

Hier wird mit einem Frostschutzprüfer die Gefrierschutzkonzentration geprüft.

① Untere Motorabdeckung abbauen.

② Sauberes Auffanggefäß unter den Kühler bzw. Motor stellen.

③ Mit einem Saugball aus dem Ausgleichsbehälter Kühlflüssigkeit absaugen oder Ablassschraube am Kühler öffnen und etwa 1-2 Liter Kühlmittel ablassen.

④ Die benötigte Menge Frostschutzmittel in den Ausgleichsbehälter gießen. Bei Bedarf die aufgefangene Kühlflüssigkeit nachfüllen.

Kühler-Frostschutz/Mischungsverhältnis

Motor	Füllmenge	Konzentrat	Wasser	Frostschutz bis
E 220 D	9,0 l	4,5 l	4,5 l	- 37 C
		5,0 l	4,0 l	- 45 C
E 250 D, E 290 TD	9,5 l	4,75 l	4,75 l	- 37 C
		5,3 l	4,2 l	- 45 C
E 300 D, E 200 CDI	10,0 l	5,0 l	5,0 l	- 37 C
		5,5 l	4,5 l	- 45 C
E 220 CDI	10,6 l	5,3 l	5,3 l	- 37 C
E 270 CDI		5,8 l	4,8 l	- 45 C
E 320 CDI	11,2 l	5,6 l	5,6 l	- 37 C
		6,2 l	5,0 l	- 45 C

Thermostat

Störungs-beistand

Erkennungsmerkmal	Ursache/Auswirkungen
A Motorbetriebstemperatur wird nur langsam erreicht, Heizwirkung ungenügend.	Thermostat-Ventilteller ist in »Offen«-Stellung blockiert (etwa durch Ablagerungen); der Zufluss zum Kühler bleibt ständig offen. Motor bleibt zu lange im Kaltlaufbetrieb. Es kommt jedoch kurzfristig zu keinen Schäden. Trotzdem Thermostat so bald wie möglich wechseln.
B Temperatur-Warnlampe brennt trotz richtigem Kühlmittelstand. Kühler und unterer Schlauch zum Kühler sind kalt.	Thermostat-Ventilteller ist in »Geschlossen«-Stellung blockiert (etwa durch eine defekte oder undichte Thermostatbüchse). Auf keinen Fall weiterfahren, sonst entstehen schwere Hitzeschäden am Motor.

Kühlsystem

Störungs-beistand

Störung	Ursache	Abhilfe
A Temperatur-Warnleuchte brennt	**1** Keilriemen bzw. Keilrippenriemen zu schwach gespannt oder gerissen	Riemenspannung kontrollieren oder Riemen ersetzen
	2 Zu wenig Flüssigkeit im Kühlsystem	Auffüllen, notfalls aus der Scheibenwaschanlage
	3 Kabel zur Warnlampe hat Masseschluss	Kabel am Temperaturgeber abziehen, Warnlampe muss verlöschen, sonst Masseschluss; Kabelverlauf kontrollieren
	4 Thermostat öffnet den Kaltwasserzufluss aus dem Kühler nicht (Kühler kalt)	Thermostat ausbauen und ohne ihn weiterfahren oder Wagen abschleppen lassen
	5 Elektrischer Kühlerventilator schaltet nicht ein	Stecker am Termoschalter und am Lüftermotor prüfen. Thermoschalter prüfen Lüftermotor prüfen (lassen)
	6 Überdruckventil im Verschlussdeckel des	Ventil prüfen (lassen), Deckeldichtung
	Ausgleichsbehälters defekt	kontrollieren, ggf. Verschlussdeckel ersetzen
	7 Geber der Temperaturanzeige hat Kurzschluss	Austauschen
	8 Kühler verstopft oder Lamellen zugesetzt	Kühler reinigen
B Schwache Heizleistung	Thermostat schließt nicht völlig, aufgeheizte Kühlflüssigkeit strömt zu früh durch den Kühler	Thermostat säubern, ggf. ersetzen

Der Thermostat

Dieser temperaturabhängige Regler steuert den Strom des Kühlmittels. Eine mit Wachs gefüllte Büchse und eine Feder sorgen dafür, dass sich die beiden Ventilplatten am Thermostat wunschgemäß bewegen.

- **Warmlaufphase bis ca. 87°C:** Das Hauptventil am Thermostat versperrt den Weg zum Kühler. Das Kurzschlussventil auf der anderen Seite lässt Kühlmittel gleich wieder zur Wasserpumpe strömen. Von dort gelangt es wieder in den Motor. Dieser so genannte »Kleine Kreislauf« dient dem möglichst schnellen Erwärmen von Motor und Heizung.

- **Normalbetrieb bei 87 – 102°C:** Der Durchfluss durch den Kühler wird teilweise freigegeben, und der direkte Weg zur Wasserpumpe bleibt mehr oder weniger weit geöffnet. So wird bewirkt, dass sich kalte Kühlflüssigkeit vom Kühler mit etwas warmer Kühlflüssigkeit vermischt, bevor sie in den Motor gepumpt wird. Ein »Kälteschock« für den Motor wird verhindert.

- **Maximaler Durchfluss ab ca. 102°C:** Das Hauptventil ist ganz geöffnet, das Kurzschlussventil ganz geschlossen. Die gesamte Kühlflüssigkeit durchströmt den Kühler.

Thermostat ausbauen und prüfen

Ein klemmender Thermostat kann schwere Hitzeschäden am Motor verursachen. Das Kühlmittel fängt an zu kochen, die Kühlwirkung lässt rapide nach. Tritt der Defekt während der Fahrt auf, dürfen Sie auf keinen Fall weiterfahren. Lassen Sie den Wagen zur Reparatur abschleppen. Ausbau und Montage des Thermostats sind kein Problem. Besorgen Sie sich vor Arbeitsbeginn neben einem Ersatzteil auch einen neuen Dichtring bzw. eine Dichtung für den Thermostatgehäusedeckel. Außerdem brauchen Sie ein Gefäß zum Auffangen des Kühlmittels. Den Thermostat sollten Sie nur bei kaltem Motor ausbauen. Sie können übrigens mit einem Einmachthermometer prüfen, ob das ausgebaute Bauteil wirklich defekt ist. Je nach Motorversion ist das Thermostatgehäuse etwas unterschiedlich am Motorblock angeordnet.

Arbeitsschritte

① Dazu Batterie-Massekabel (–) abklemmen.

② Kühlmittel ablassen und auffangen, wie in diesem Kapitel beschrieben.

③ Im Motorraum die vordere Motorabdeckung ausbauen.

④ Kühlerschlauch vom Stutzen am Thermostatgehäuse abdrücken. Vorher Schlauchschellen lösen.

⑤ Kleinen Schlauch zum Ausgleichsbehälter nach Lösen der Schlauchschelle abziehen.

⑥ Deckel am Thermostatgehäuse abschrauben und mit Thermostat herausnehmen.

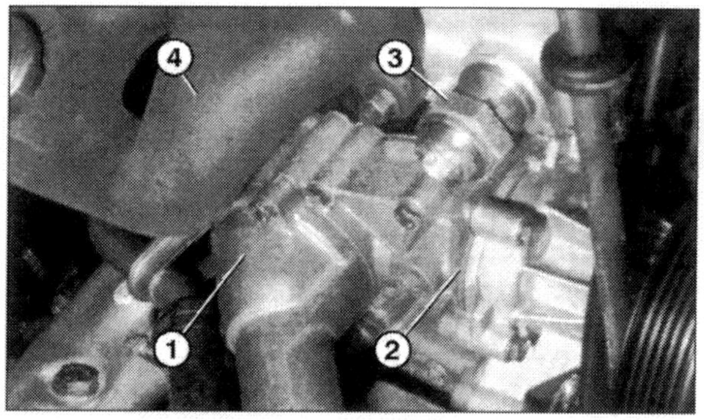

Der Thermostat sitzt auf der rechten Motorseite.
❶ Thermostatgehäuse, ❷ Wasserpumpe, ❸ Kettenspanner der Steuerkette, ❹ Auspuffkrümmer.

⑦ Thermostat im Wasserbad langsam erwärmen und Öffnungstemperaturen kontrollieren.

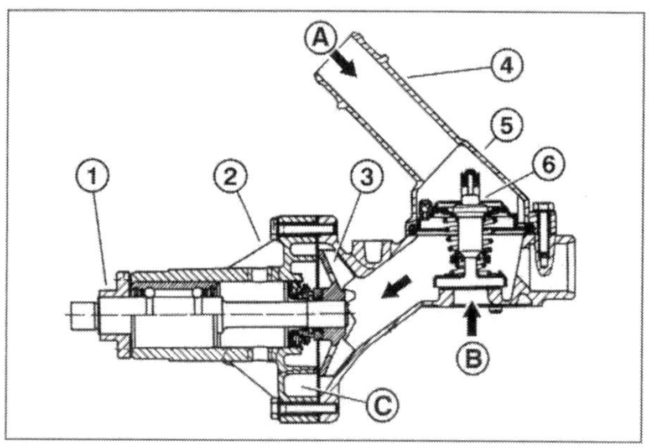

Seitlich rechts am Motor sind Wasserpumpe und Thermostat als Einheit am Motorblock montiert.
A vom Kühler, **B** vom Motor, **C** zum Motor, ❶ Flansch für Keilrippenriemenscheibe, ❷ Gehäuse der Wasserpumpe, ❸ Flügelrad der Pumpe, ❹ Anschlussstutzen für Kühlwasserschlauch, ❺ Thermostatgehäuse, ❻ Thermostat.

⑧ Prüfen, ob sich Regler beim Abkühlen wieder ganz schließt.

⑨ Bei fehlerhafter Funktion Thermostat austauschen. Beim Vier- und Sechszylinder muss der Thermostat komplett mit Deckel ersetzt werden, da beide Teile nicht getrennt werden können.

Mit einem Einmachthermometer kann kontrolliert werden, ob das Thermostatventil bei den aufgeführten Temperaturen von seinem Sitz abhebt. Bei gebrauchten Thermostaten ist eine Toleranz von ± 3°C zulässig.

⑩ Zum Einbau Dichtflächen an Gehäuse und Deckel reinigen.

⑪ Deckel mit Thermostat und neuem Dichtring aufsetzen. Schrauben mit 10 Nm festziehen.

⑫ Kühlmittelschläuche auf die Anschlussstutzen schieben. Auf korrekten Sitz achten und mit Schlauchschellen sichern.

⑬ Kühlmittel auffüllen.

⑭ Motor warmlaufen lassen und prüfen, ob der Kühler unten warm wird.

⑮ Kontrollieren, ob das Thermostatgehäuse dicht ist.

⑯ Batterie-Massekabel (–) anklemmen.

Der Kühlerventilator

Er soll – wenn das vom Fahrtwind nicht ausreichend besorgt werden kann – für einen stetigen Luftstrom durch die Kühlerlamellen sorgen. Der Luftstrom nimmt die vom Kühler abgegebene Wärme gewissermaßen »mit«. Je stärker der Luftstrom ist, desto besser ist die Wärmeabfuhr. Um Motorleistung zu sparen, ist je nach Motortyp und Ausstattung entweder ein Lüfter mit Viskosekupplung eingebaut oder aber es sitzt ein Elektroventilator direkt hinter den Kühlerlamellen, der ebenfalls nur bei Bedarf einschaltet.

Die Visko-Lüfterkupplung

Die mit einer Silikonölfüllung versehene Viskosekupplung sitzt in der Mitte des Lüfterflügels und wird von einem Bimetallstreifen gesteuert. Am Bimetallstreifen gibt ein Schaltstift ab einer Umgebungstemperatur von ca. 85°C den Weg des Öls in den Arbeitsraum frei. Dadurch schafft das zähe Silikonöl den Kraftschluss zwischen Keilrippenriemenscheibe und Lüfter – der Ventilator fördert verstärkt Kühlluft.

Bei kaltem Motor ist praktisch ausgekuppelt – das Silikonöl befindet sich im Vorratsraum – und es wird keine Motorleistung durch den Lüfter benötigt. Die Lüfterdrehzahl bleibt unter 1000/min. Die Lüfterdrehzahl ändert sich im unteren Drehzahlbereich wie die Motordrehzahl. Erst bei einer Motordrehzahl über 4500/min tritt ein Sicherheitsventil in Kraft, dass die Lüfterdrehzahl auf etwa 3300/min begrenzt.

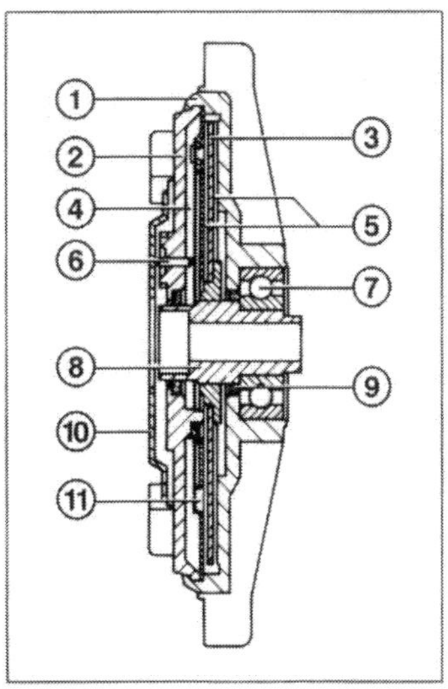

Die Viskokupplung im Querschnitt.

❶ Kupplungsgehäuse
❸ Gehäusedeckel
❸ Antriebsscheibe
❹ Vorratsraum
❺ Arbeitsraum
❻ Schaltstift
❼ Kugellager
❽ Lagerbuchse
❾ Dichtring
❿ Bimetall
⓫ Ventil

Visko-Lüfterkupplung prüfen

Arbeitsschritte

① Bei stehendem Motor kontrollieren, ob sich der Lüfter leicht durchdrehen lässt.

② Kontrollieren ob der Lüfter starkes axiales und radiales Spiel aufweist – leichtes Spiel ist ohne Belang.

③ Ist die Viskosekupplung ölfeucht, muss sie wie bei den zwei Punkten zuvor ersetzt werden.

④ Betriebswarmen Motor bei geschlossener Motorhaube mit ca. 3000/min drehen lassen.

⑤ Bei einer Kühlmitteltemperatur von 90 – 95°C muss die Lüfterkupplung greifen.

⑥ Man kann dies deutlich am Losbrausen des Lüfters hören. Sonst Lüfterkupplung ersetzen (lassen).

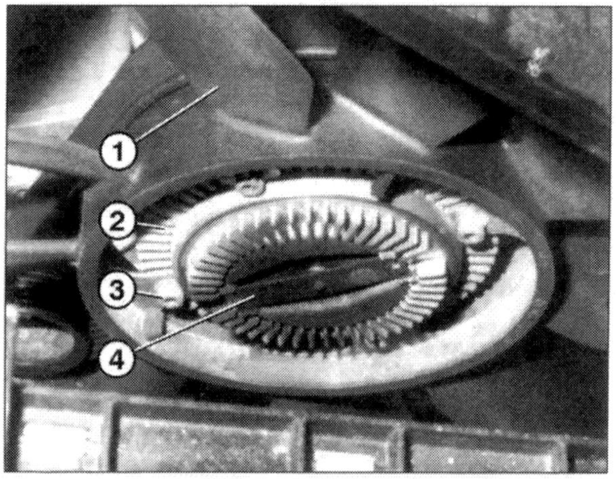

Bei ausgehängter Lüfterhaube ist die Viskokupplung gut zugänglich. ❶ Lüfterflügel, ❷ Kupplungsgehäuse, ❸ Befestigungsschrauben für Lüfterflügel, ❹ Bimetallstreifen für Visko-Kupplung.

Der elektrische Kühlerventilator

(ausstattungsabhängig nur Vierzylinder)

Das Kühlsystem des Vierzylinders verkraftet ohne weiteres einen längeren Motorleerlauf oder eine Passfahrt im Gebirge. Brennt plötzlich die Temperatur-Warnlampe des Kühlsystems, deutet das auf einen defekten Kühlerventilator hin. Sie müssen Ihre Fahrt deshalb aber nicht beenden. Lassen Sie den Motor abkühlen und fahren Sie mit zügigem Tempo in die nächste Werkstatt. Leerlauf und Schleichfahrt sollten Sie vermeiden, weil dabei kaum kühlende Luft durch die Lamellen des Kühlers strömt.

Vorsicht: Bei gerade abgestelltem und heißgefahrenem Motor niemals mit den Händen in die Nähe des Lüfters kommen! Der Ventilator kann auch bei ausgeschalteter Zündung unvermittelt loslaufen.

Kühlerventilator defekt?

Arbeits-schritte

① Kontrollieren Sie zur Sicherheit zuerst die Sicherung.

② Ziehen Sie am Thermoschalter in der Nähe des Thermostatgehäuses den Stecker ab.

③ Überbrücken Sie die Kabelstecker mit einem Stück Draht. So nehmen Sie den Thermoschalter aus dem Stromkreis heraus. Schaltet der Ventilator ein, ist der Thermoschalter defekt. Falls er nicht einschaltet, ist entweder das Zuführungskabel unterbrochen oder der Ventilator selbst defekt.

④ Klemmen Sie zur Weiterfahrt die Kabelbrücke gut fest. Damit das locker hängende Kabel kein Unheil anrichten kann, mit Klebeband fixieren. Den Doppelstecker zusätzlich kurzschlusssicher abkleben.

⑤ Wenn Sie eine Rast machen oder den Wagen abstellen, müssen Sie vorher den Verbindungsdraht an einer Klemme abschließen – sonst läuft Ihnen die Batterie leer.

Schläuche des Kühlsystems wechseln

Reißt während der Fahrt der Kühlwasserschlauch, können Sie die Leckstelle provisorisch mit Klebeband abdichten. Lösen Sie zur Sicherheit den Verschlussdeckel des Ausgleichsbehälters eine Umdrehung. Dann baut sich nicht der volle Betriebsdruck auf, und das Klebeband platzt nicht ab. Achten Sie während der Fahrt stets auf die Kühlmittel-Temperaturanzeige. Den schadhaften Schlauch sollten Sie schnell ersetzen. Kaufen Sie nur Originalschläuche in der richtigen Bogenform und dazu neue Schlauchschellen.

Arbeits-schritte

① Kühlmittel ablassen und in einem Gefäß auffangen.

② Schlauchschellen lösen, Schläuche abziehen.

③ Sind Klemmschellen montiert, diese zerschneiden und durch Schlauchschellen ersetzen.

④ Festsitzende Schlauch-Enden mit einem Schraubendreher lockern. Das Werkzeug zwischen Schlauch und Stutzen schieben und vorsichtig ringsum vom jeweiligen Anschlussstutzen hebeln.

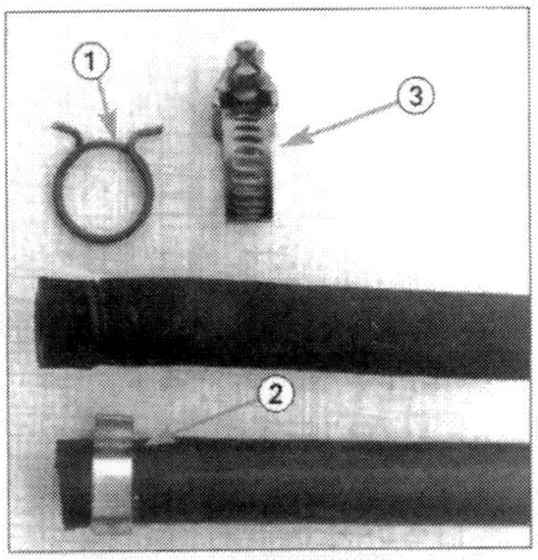

Quetsch-Schlauchschellen ❶ und ❷ sollten Sie nicht mehr verwenden. Kaufen Sie sich neue Schraub-Schlauchschellen ❸. Sie lassen sich besser anziehen und sind sicherer.

⑤ Neue Schläuche weit genug auf die Stutzen schieben, damit sie nicht wieder abrutschen können.

⑥ Schraubschellen nicht mit Gewalt anziehen. Das Gewinde wird sonst überdreht und die nächste Undichtigkeit ist programmiert.

⑦ Kühlanlage wieder auffüllen.

Kühler ausbauen

Ehe der Kühler ausgewechselt wird, sollte man ihn in einer Werkstatt abdrücken lassen. Kühlerwerkstätten sind in der Lage kleinere Leckstellen wieder zu flicken. Der Ausbau des Kühlers bei einem Fahrzeug mit automatischem Getriebe sollte der Werkstatt vorbehalten bleiben, da auch die Leitungen des in den Kühler integrierten Kühlers der Getriebeflüssigkeit abgeschlossen werden müssen. Probleme gibt es beim Nachfüllen etwaig ausgelaufener Flüssigkeit. Kühler und elektrisch angetriebener Ventilator werden zusammen ausgebaut. Das ist jedoch eine umfangreiche Arbeit, da verschiedene Teile ausgebaut werden müssen, um an den Kühler zu kommen.

Arbeitsschritte

① Batterie-Massekabel (–) abklemmen.

② Motorraumverkleidung unten ausbauen.

③ Kühlmittel ablassen.

④ Kühlmittelschläuche vom Kühler abziehen. Vorher Schlauchschelle öffnen und ganz zurückschieben.

⑤ Ansauglufthutze ausbauen.

⑥ Bei Fahrzeugen mit Klimaanlage: Lüftergitter vorn am vorderen Querträger abdrücken und herausnehmen. Dazu die beiden Clips mit Kreuzschlitzschraubendreher oder mit den Fingern um 90 Grad nach links (gegen den Uhrzeigersinn) drehen.

Der Kühler ist oben nur mit zwei Haltefedern (große Pfeile) elastisch im Querträger gelagert. Zum Ausbau des Schutzgitters vor den Zusatzventilatoren die Halteklipps (kleine Pfeile) um 90° gegen den Uhrzeigersinn verdrehen.

⑦ Haltefedern nach oben herausziehen.

⑧ Bei eingebauter Klimaanlage den vorderen Querträger abschrauben (fünf Schrauben). Motorhaubenzug am Querträger aushängen und Querträger herausnehmen.

⑨ Luftführung aus den Halterungen am Kühler aushängen.

⑩ Bei Klimaanlage: Kondensator vom Kühler abschrauben und mit angeschlossenen Leitungen mit Draht aufhängen.

⑪ Kühler nach oben herausheben.

⑫ Vor dem Einbau, der in umgekehrter Ausbaureihenfolge vor sich geht, die Kühlmittelschläuche auf Verschleiß kontrollieren.

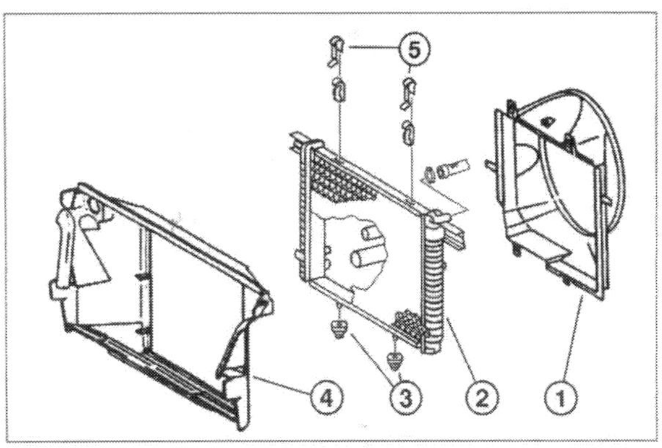

Der Kühler mit Anbauteilen. ❶ Lüfterhaube, ❷ Kühler, ❸ Gummilager, ❹ Luftführung, ❺ Sicherungs-Federklammern.

Der Luftfilter

Der Motor braucht saubere Luft zur Verbrennung. Schmutzpartikel und Staubteilchen auf den Zylinderlaufbahnen würden nach kurzer Zeit Motorschäden verursachen. Die angesaugte Luft muss deshalb erst den Luftfilter im sogenannten Ansauggeräuschdämpfer passieren. Auch dieses Bauteil spielt eine wichtige Rolle im Ansaugsystem, weil es Ansauggeräusche unterdrückt und den wirbelnden Luftstrom beruhigt. Der Luftfilter besteht aus einem Filtergehäuse, auch Ansauggeräuschdämpfer genannt, und einem Filtereinsatz, der wie eine Ziehharmonika gefaltet ist.

Luftfilter braucht regelmäßige Wartung

Eine Gummidichtung dichtet ihn zum Gehäuse hin ab. Auf ihrem Weg durch den Filter lagern sich die unerwünschten Schmutzpartikel im feinporigen Filterpapier ab, größere Staubteilchen fallen ins Filtergehäuse. Der Filter kann seine Aufgabe freilich nur erfüllen, wenn er regelmäßig gewartet wird. Ein verschmutzter Filtereinsatz lässt nämlich nicht mehr genügend Ansaugluft in den Motor. Das Gemisch wird fetter, die Leistung sinkt und der Kraftstoffverbrauch steigt.

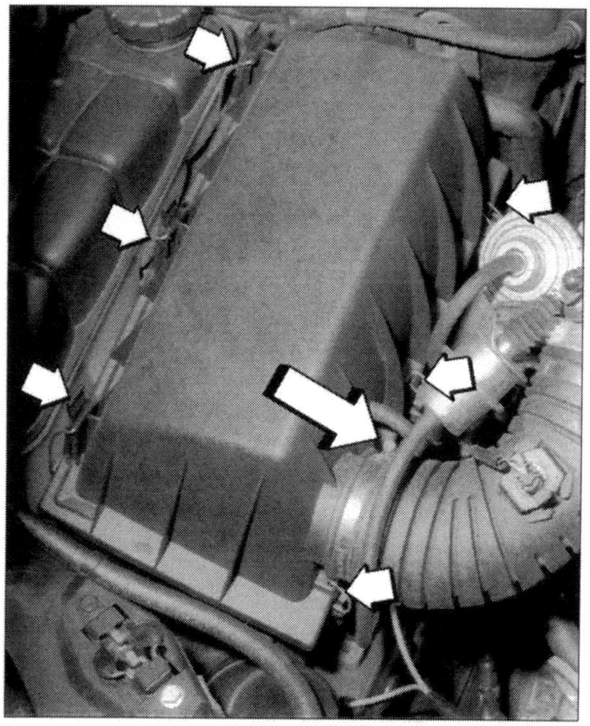

Zum Abnehmen des Ansauggeräuschdämpferoberteils die Klammerverschlüsse (Pfeile) ringsum öffnen. Zusätzlich noch die Schlauchschelle (großer Pfeil) am Ansaugrohrstutzen mit einem Schraubendreher lösen.

Luftfiltereinsatz reinigen und auswechseln

Das Filterelement sollten Sie mindestens einmal im Jahr reinigen, nach zwei Jahren wechseln. Filtereinsätze für Ihren Mercedes E-Klasse erhalten Sie beim Vertragshändler oder im Zubehörhandel. Sie brauchen übrigens nicht unbedingt ein Original-Ersatzteil – auch andere Hersteller bieten geeignete Einsätze an.

Arbeits-schritte | W | 60000 km 2 Jahre

① Oberteil des Ansauggeräuschdämpfers abnehmen. Dazu sechs Schnellverschlüsse öffnen und am Ansaugrohr zum Luftmassenmesser die Schlauchschelle mit einem Schraubendreher aufhebeln.

② Luftfiltereinsatz herausnehmen.

③ Filtergehäuse mit Lappen auswischen.

Nehmen Sie den Luftfiltereinsatz aus dem Ansauggeräuschdämpferunterteil und biegen ihn fächerartig auf. So können Sie den Verschmutzungsgrad besser beurteilen.

Beim Luftfilterwechsel muss auch Grobschmutz (Kreis) aus dem Unterteil des Luftfiltergehäuses entfernt werden. Stark verölte Schmutzreste deuten entweder auf einen sich ankündigenden Verschleißdefekt des Motors oder auf ein Überfüllen des Motorölstands hin.

Reinigung des Filtereinsatzes

① Papierfilter auf harter Unterlage ausklopfen. So entfernen Sie die gröberen Staubteilchen.

② Den feinen Staub mit Druckluft ausblasen. Luftstrahl seitlich an den Filterlamellen vorbeistreichen lassen.

- Nicht von außen nach innen blasen, sonst wird der Staub noch fester in die Filterporen gedrückt.
- Nie den Papierfilter in Flüssigkeiten reinigen. Das verstopft die Filterporen hoffnungslos, die Leistung des Motors lässt nach und die Abgaswerte verschlechtern sich dramatisch.

Nur wenn der Verschmutzungsgrad des Luftfiltereinsatzes noch nicht zu weit fortgeschritten ist, sollten Sie das Filterelement wie gezeigt gegen die Luftströmungsrichtung mit Druckluft ausblasen. Im Zweifel besser den Filtereinsatz auswechseln.

③ Wenn Sie den Filter tauschen: Achten Sie beim Einsetzen des neuen Filterelements darauf, dass die Dichtung sauber im Gehäuse-Unterteil sitzt.

④ Neuen Filtereinsatz in das Ansauggeräuschdämpferunterteil einlegen. Darauf achten, dass der Abdichtgummi ringsum bündig anliegt.

⑤ Dichtung am Ansauggeräuschdämpferoberteil auf Beschädigung prüfen, gegebenenfalls erneuern.

⑥ Gehäuseoberteil am Ansaugrohr ansetzen und auf das Gehäuseunterteil setzen, Ansaugrohr auf den Anschlussstutzen schieben und mit Schlauchschelle sichern.

Benetzen Sie den Dichtungsring am Ansaugrohr zum Luftmengenmesser mit Gummipfleger. Das Oberteil lässt sich leichter auf den Flansch schieben – außerdem macht es die Dichtung geschmeidiger und dichtet besser ab.

Ansauggeräuschdämpfer ausbauen

Arbeitsschritte

① Zuerst Ansaugrohr vom Ansauggeräuschdämpfer abziehen. Dazu Schlauchschelle lockern.

② Den Ansauggeräuschdämpfer komplett aus seiner Gummilagerung heben und aus dem Motorraum nehmen.

③ Beim Einsetzen des Ansauggeräuschdämpfers auf korrekten Sitz der Gehäusezapfen in den Gummilagern achten.

DIE DIESELEINSPRITZSYSTEME

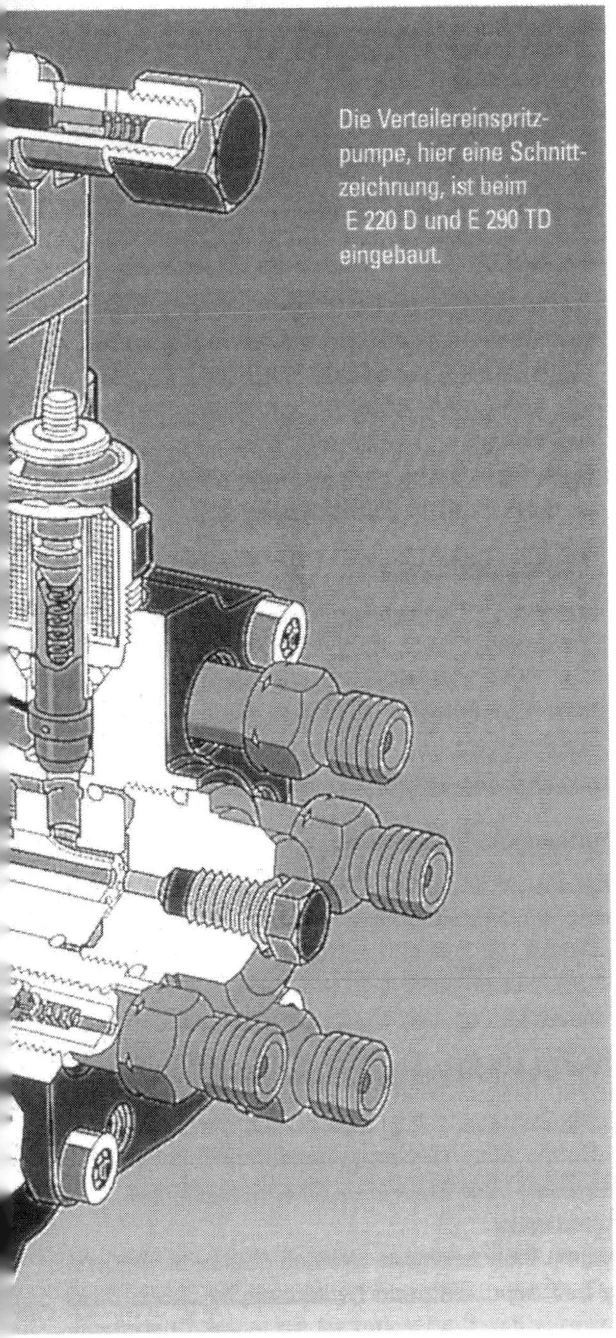

Die Verteilereinspritzpumpe, hier eine Schnittzeichnung, ist beim E 220 D und E 290 TD eingebaut.

Der lange anhaltende Erfolg der sparsamen Diesel-Pkw wäre nicht möglich gewesen ohne die ständige Verbesserung der Einspritzsysteme. Durch Weiterentwicklungen an Einspritzpumpe, Einspritzpumpen-Regelung sowie Einspritzdüsen und durch Verfeinerung des Verbrennungsverfahrens bis hin zum Direkteinspritzer wurde der Diesel immer »salonfähiger« und hat in punkto Laufkultur im Verhältnis zum Benziner einiges aufgeholt.

Das Dieselprinzip

Wie bei allen Hubkolbenmotoren laufen auch beim Diesel die Kolben in den Zylinder auf und ab. Doch auf ihrem Weg nach unten – dem Ansaugtakt – wird nur Luft angesaugt. Dies geschieht ohne die bremsende Wirkung einer Drosselklappe, so dass sehr viel Luft in die Zylinder gelangt. Bei der anschließenden Aufwärtsbewegung des Kolbens wird die Luft auf ca. 28 bar Überdruck verdichtet, wobei sie sich auf ca. 700°C erhitzt. In die glühend heiße Luft wird nun der Dieselkraftstoff fein zerstäubt mit etwa 145 bar (D, TD) bzw. bis zu 1350 bar beim CDI-Triebwerk eingespritzt. Die Kraftstofftröpfchen entzünden sich sofort von selbst – daher auch die Bezeichnung »Selbstzünder« für den Dieselmotor. Wann und wie viel eingespritzt wird, bestimmt die Einspritzpumpe, die ihrerseits noch vom angebauten Regler und vom Spritzversteller beeinflusst wird.

Das Verbrennungsverfahren

Die Wahl des Verbrennungsverfahrens bestimmt beim Dieselmotor ganz wesentlich dessen Eigenschaften. Bei Diesel-Motoren für Personenwagen war deshalb bis zur jetzigen Entwicklungsreife der Diesel-Direkteinspritzung der Arbeitsraum meist geteilt: In einer Kammer im Zylinderkopf lässt man die Verbrennung beginnen und lenkt die »Feuerfront« dann zum Brennraum im Kolben weiter. Die Motorenbauer mussten sich zwischen dem Vorkammer- oder dem Wirbelkammer-Verfahren entscheiden. Bei der Direkteinspritzung entzünden sich alle eingespritzten Kraftstofftröpfchen im heißen Brennraum schlagartig. Dabei kommt es zu einem harten Laufgeräusch und durch die unvermittelt ablaufende Entflammung zu hoher Beanspruchung der Motorlager.

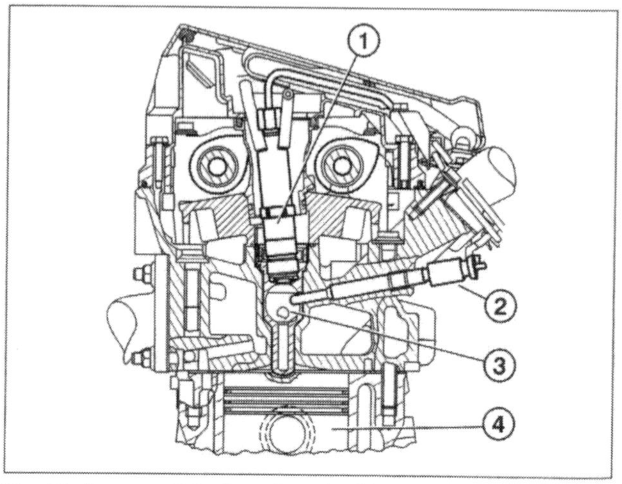

Das Vorkammer-Prinzip, wie es im Mercedes-Motor zur Anwendung kommt. ❶ Einspritzdüse, ❷ Glühkerze, ❸ Vorkammer mit Schusskanal, ❹ Kolben.

Einspritzung mit Wirbelkammertechnik

Bei Motoren mit Wirbelkammer ist der Brennraum geteilt. Die Wirbelkammer sitzt im Zylinder und ist über eine weite Öffnung – den so genannten Schusskanal – mit dem Brennraum verbunden. Strebt der Kolben beim Verdichtungshub aufwärts, wird die Luft in die Wirbelkammer gedrückt. Dort entsteht durch die Ausformung der Kammer ein Luftwirbel. Der eingespritzte Kraftstoff wird gut vermischt, und zunächst erfolgt die Verbrennung nur in der Wirbelkammer. Über den Schusskanal pflanzt sie sich fort. Motoren mit Wirbelkammern sind günstig im Verbrauch und eignen sich gut für Drehzahlen oberhalb 5000/min.

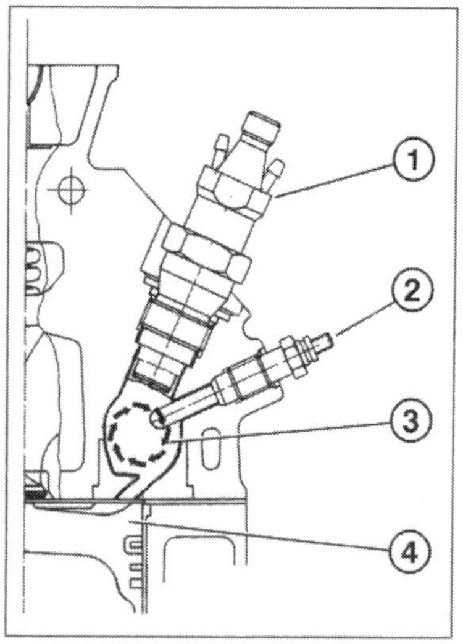

Schnitt durch einen Zylinderkopf mit Wirbelkammer.

❶ Einspritzdüse,

❷ Glühkerze,

❸ Wirbelkammer mit Schusskanal,

❹ Kolben.

Einspritzung mit Vorkammertechnik

Auch beim Vorkammer-Verfahren, wie es bei Mercedes-Motoren verwendet wird, ist der Arbeitsraum geteilt – die Vorkammer steckt oben im Zylinderkopf. Doch die Vorkammer ist im Gegensatz zur Wirbelkammer weit stärker vom restlichen Brennraum abgeteilt. Nur durch feine Bohrungen gelangt die Verbrennung aus der Vorkammer in den Zylinderraum.

Direkteinspritzung

Bei Motoren mit Direkteinspritzung in den Brennraum ist keine Kammer mehr vorhanden – der Brennraum ist einteilig. Direkteinspritzer waren zwar auf Anhieb rund 20% sparsamer im Verbrauch, doch besonders in der Kaltlaufphase und beim Beschleunigen sind herkömmliche Direkteinspritzer noch sehr laut.

Common-Rail-Technik

Mit der Entwicklung der Common-Rail-Technik erzielten die Mercedes-Ingenieure große Fortschritte auf dem Gebiet der Diesel-Direkteinspritzung. Denn: Das CDI-Prinzip ermöglicht nicht nur nochmals eine deutliche Verringerung des Kraftstoffverbrauchs und der Abgas-Emissionen, es bietet auch einen besseren Fahr- und Geräuschkomfort als moderne Vorkammermotoren. Damit sind die Common-Rail-Triebwerke aus dem Hause Mercedes-Benz herkömmlichen Motoren mit direkten oder indirekten Einspritzsystemen deutlich überlegen.
»Common Rail« bedeutet wörtlich übersetzt »gemeinsame Leitung«: Während herkömmliche Diesel-Direkteinspritzer den Kraftstoffdruck für jeden Einspritzvor-

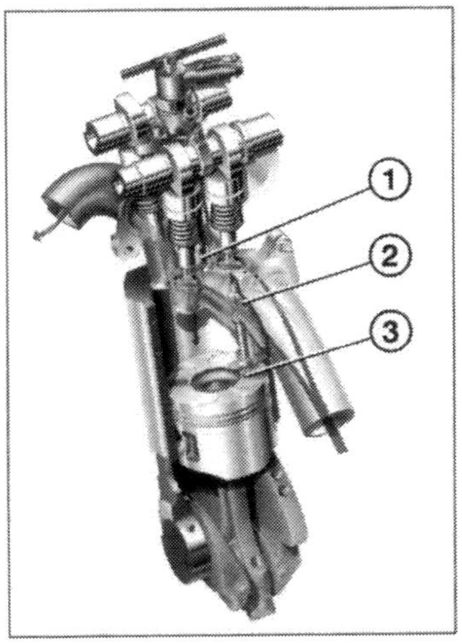

Direkteinspritzung nach dem CDI-Prinzip.

❶ Einspritzdüse,

❷ Schaltsaugrohr für optimale Luftverwirbelung,

❸ Kolben mit spezieller Verbrennungsmulde.

gang aufs Neue erzeugen, wird er bei den neuen CDI-Triebwerken unabhängig von der Einspritzfolge aufgebaut und steht in der Kraftstoffleitung permanent zur Verfügung. Die elektronische Motorsteuerung regelt den Einspritzdruck je nach Drehzahl und Last des Triebwerks. Sensordaten von Nocken- und Kurbelwelle dienen dem elektronischen Steuergerät des Motors als Basis für eine präzise und bedarfsgerechte Einstellung des jeweiligen Einspritzdrucks. Mit anderen Worten: Druckerzeugung und Einspritzung erfolgen unabhängig voneinander.

Die wichtigste Voraussetzung für diese Arbeitsteilung ist ein spezieller Speicher, in dem der hohe Einspritzdruck von immerhin bis zu 1350 bar konstant gehalten wird. Diese Aufgabe übernimmt die gemeinsame Kraftstoffleitung (Rail). Sie ist mit den Einspritzdüsen (Injektoren) verbunden, an deren Enden schnell schaltende Magnetventile die Regelung des Einspritz-Zeitpunkts und die Dosierung der Kraftstoffmenge übernehmen. Der Mikro-Computer steuert die Öffnungsdauer der Ventile – und damit die Menge des eingespritzten Kraftstoffs – variabel je nach Betriebszustand oder Leistungsbedarf. Schließt die Motorsteuerung die Magnetventile, ist die Kraftstoffeinspritzung sofort wieder beendet. Diese Technik ermöglicht eine bedarfsgerechte Einspritzung, die sich günstig auf Kraftstoffverbrauch und Abgas-Emissionen auswirkt.

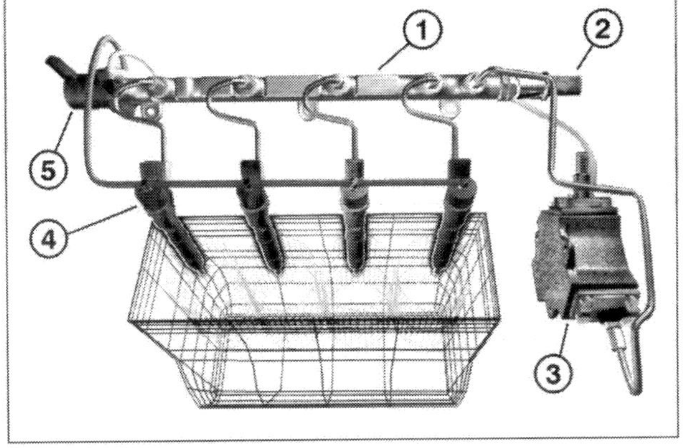

Das Schema zeigt den Aufbau der Direkteinspritzung nach dem CDI-Prinzip. ❶ Common Rail, ❷ Drucksensor, ❸ Hochdruckpumpe, ❹ Einspritzdüse (Injektor), ❺ Druckregelventil.

Die Einspritzpumpen

Von der Einspritzpumpe wird der richtige Einspritzzeitpunkt bestimmt, und die einzuspritzende Kraftstoffmenge wird von ihr dosiert. Weiterhin wird der erforderliche hohe Einspritzdruck (ca. 120 bar) aufgebaut. Man kann sagen, dass die Einspritzpumpe gewissermaßen das Herz der Einspritzanlage ist. Beim Vier- und Fünfzylindermotor kommt eine Verteiler-Einspritzpumpe zum Einsatz. Beim Sechszylindermotor ist eine Reihen-Einspritzpumpe eingebaut. Alle Einspritzpumpen sind seitlich links am Motor angeordnet und werden über die Steuerkette von der Kurbelwelle angetrieben. Dabei drehen sie sich mit halber Kurbelwellen-Drehzahl. Alle Einspritzpumpen werden elektronisch vom Steuergerät, einem Mikro-Computer, geregelt.

Die Verteiler-Einspritzpumpe

Beim E 220 D und E 290 TD ist eine Verteilereinspritzpumpe eingebaut. Ihre Aufgabe ist es, den Kraftstoff unter sehr hohem Druck und in der richtigen Menge in Abhängigkeit von der Last zum richtigen Zeitpunkt zu den Einspritzdüsen zu fördern. In der Pumpe ist auch die Kraftstoffpumpe sowie ein Temperaturgeber für den Kraftstoff untergebracht. Außen sitzen elektromagnetische Ventile – eines zum Abstellen des Motors und ein weiteres zum Verstellen des Förderbeginns. Um den hohen Einspritzdruck aufzubauen, wird eine Verteilerwelle mit sehr genauen Bohrungen von der Antriebswelle über Klauen angetrieben.

Funktion

Zum Füllen mit Diesel ist der Kanal der Verteilerwelle mit einem Zulaufkanal des Verteilerkopfes verbunden, somit werden die zwei Förderkolben vom Kraftstoffdruck (ca. 8 bar) auseinandergedrückt, bis die beiden Gleitschuhe die Klauen berühren. Während die Verteilerwelle sich weiterdreht, verschließt sie den Zulauf-

Die Verteiler-Einspritzpumpe EVE, wie sie im E 220 D und E 290 TD eingebaut wird.

kanal und öffnet den Hochdruckkanal. Im Verteilerkopf sind vier bzw. fünf Zulaufkanäle und entsprechende Hochdruckkanäle gebohrt. Sobald die Gleitrollen auf den Nockenring aufsetzen und die Förderkolben sich zur Mitte bewegen, beginnt die Hochdruckförderung. Ist der Düsenöffnungsdruck von ca. 120 bar erreicht, wird eingespritzt.
Die eingespritzte Kraftstoffmenge wird durch den Hub der Förderkolben bestimmt. Durch die axial verschobene Verteilerwelle wandern die Gleitschuhe z.B. nach innen, und der Raum für den Kraftstoff verkleinert sich. Das axiale Verstellen der Verteilerwelle wird von zwei Magnetventilen und der Rückstellfeder Mengenregelung bestimmt. Soll weniger Diesel gefördert werden, öffnet das Zulaufventil, und das Rücklaufventil schließt. Dadurch steigt der Mengenregeldruck und die Verteilerwelle wandert in Richtung »verringern«. Soll mehr Diesel gefördert werden, steuert man die Magnetventile umgekehrt an. Folglich baut sich der Mengenregeldruck ab, und die Feder drückt die Verteilerwelle in Richtung »erhöhen«. Am Anschlag wird die Volllastmenge an Kraftstoff gefördert.
Der Förderbeginn, also der Einspritzzeitpunkt wird durch die Stellung des Nockenringes gegenüber dem Verteilerkopf festgelegt. Dreht sich der Nockenring entgegen der Drehrichtung, verstellt sich der Förderbeginn in Richtung »früh«. Soll die Einspritzung später erfolgen, muss der Nockenring in Drehrichtung verstellt werden. Das Drehen des Nockenringes um die Verteilerwellenachse wird vom Verstellventil und der Rückstellfeder des Förderkolbens bestimmt. Zum Verstellen in Richtung »früh« wird das Verstellventil geöffnet. Der Förderbeginn des Regeldrucks steigt und der Förderbeginn-Verstellkolben bewegt sich nach links. Umgekehrt wird er durch die Feder nach rechts gedrückt, wenn das Verstellventil schließt und der Förderbeginn-Regeldruck abfällt.

Die Reihen-Einspritzpumpe

Die Einspritzanlage des E 300 D ist mit einer elektronisch geregelten Reihen-Einspritzpumpe ERE ausgestattet. ERE bedeutet: Elektronisch geregeltes Reihen-Einspritzsystem. Die Reihen-Einspritzpumpe hat für jeden Motorzylinder ein eigenes Pumpenelement, das der jeweiligen Einspritzdüse über eine dickwandige Stahlleitung (Einspritzleitung) den unter hohem Druck stehenden Kraftstoff zupumpt. Dabei ist es interessant zu wissen, dass der Kraftstoff nicht mehr absolut hart ist, sondern sich ähnlich wie Luft etwas verdichtet und auch federt. Dieses Verhalten macht die Einspritzerei nicht eben einfacher, denn es entstehen dynamische Probleme, die nach den Gesetzen der Akustik ablaufen.
Die beiden wichtigsten Bauteile des ERE-Systems sind die Reihen-Einspritzpumpe und die zusätzliche elektronische Einspritzmengenregelung.

Die Reihen-Einspritzpumpe ERE, wie sie im E 300 D eingebaut wird.

Funktion

Unten in der Einspritzpumpe läuft eine Nockenwelle. Von ihren Nocken werden die Pumpenelemente entsprechend der Zündfolge nacheinander betätigt. Jedes Pumpenelement besteht im Wesentlichen aus: Druckventil, Pumpenzylinder, Pumpenkolben, Kolben-Verdrehhülse und Kolbenfeder.
Solange der Pumpenkolben ganz unten steht, füllt sich der Pumpenraum über eine Zulaufleitung mit Kraftstoff. Wird dann der Kolben gegen die Kolbenfeder nach oben gedrückt, verschließt er Zulauf- und Steuerbohrung, und der Druck im Kraftstoff steigt. Schließlich öffnet das Druckventil oben im Pumpenelement,

und eine Druckwelle läuft mit Schallgeschwindigkeit durch die Einspritzleitung zur Einspritzdüse.
Wird der »Öffnungsdruck« von ca. 120 bar erreicht, hebt die Düsennadel unten in der Einspritzdüse ab, und der Kraftstoff sprüht durch die freigewordene Austrittsöffnung in die Vorkammer. Nun wird so lange Kraftstoff eingespritzt, bis der Kolben mit seiner untenliegenden Steuerkante die Steuerbohrung wieder freigibt. Jetzt bricht erst der Druck im Pumpenraum zusammen. Das Druckventil schließt, lässt aber kurz vorher noch eine kleine Kraftstoffmenge aus der Einspritzleitung zum Pumpenraum zurückfließen. Dadurch bricht auch der Druck in der Einspritzleitung und in der Einspritzdüse schlagartig zusammen. Die Düse schließt schnell und exakt. Außerdem werden Druckschwankungen vermieden, so dass es selbst bei hohen Drehzahlen nicht zu »Nachspritzern« kommen kann.
Da der Hub des Pumpenkolbens immer gleich groß ist, verwendet man zur Dosierung der Kraftstoffmenge folgenden Trick: Der Pumpenkolben hat eine schräg angeschliffenen Steuerkante, und der Kolben kann mit einer Hülse verdreht werden. Je nach Stellung des Kolbens bleiben die Steuerbohrung zum Pumpenraum und damit der Pumpenraum selbst unterschiedlich lange verschlossen. Den Weg, welchen der Kolben bei geschlossener Steuerbohrung zurücklegt, nennt man auch den Nutzhub. Je größer der Nutzhub, um so mehr Kraftstoff wird eingespritzt.

Das Schnittmodel der Reihen-Einspritzpumpe (ERE) zeigt die hier beschriebenen Funktionsteile. ❶ Anschlussnippel der Hochdruck-Einspritzleitung zur Einspritzdüse, ❷ Druckventil, ❸ Pumpenkolben, ❹ Mengenstellwerk (ERE), ❺ Regelstange (wird vom Mengenstellwerk hin- und hergeschoben), ❻ Verstellhebel zum Verstellen der Pumpenkolben, ❼ Klemmstück, ❽ Rollenstößel, ❾ Kolbenfeder, ❿ Kraftstoffpumpe, ⓫ elektrohydraulischer Absteller, ⓬ Nockenwelle.

Die Kolben-Verdrehhülsen aller Pumpenelemente sind über einen kurzen Verstellhebel mit der Regelstange der Einspritzpumpe verbunden. Bei der Herstellung der Pumpe werden die Verdrehhülsen der Kolben so eingestellt, dass alle Pumpenelemente gleich viel Kraftstoff fördern.
Die Regelstange ist also das entscheidende Bauteil der Einspritzpumpe, an welchem die Kraftstoffdosierung erfolgt. Je nach Stellung der Regelstange unterscheidet man folgende Fördermengen: Null-, Teil- oder Vollförderung. Doch die Regelstange der Einspritzpumpe ist nicht einfach mit dem Gaspedal verbunden – der Regler, ein elektronisch gesteuertes Mengenstellwerk (ERE) ist dazwischengeschaltet, das von einem elektronischen Steuergerät in Abhängigkeit von Gaspedalstellung, Motorbetriebszustand, Luftdruck, Ansaugluft-Temperatur und den abgelegten Kennfeldern im Steuergerät angesteuert wird.

Mengenstellwerk

Dieses Bauteil ersetzt den mechanischen Regler der Reihen-Einspritzpumpe. Es befindet sich hinten am Pumpengehäuse und bewegt eine Regelstange hin und her. Das Mengenstellwerk wird vom Steuergerät über eine Rechteckspannung mit ca. 190 Hz angesteuert. Je nach Motordrehzahl kann die Frequenz bis zu 300 Hz ansteigen. Dadurch ändert sich die Kraft des Stellmagnets. Dieser drückt über seinen Anker die Regelstange gegen die Kraft der Rückstellfeder in Richtung »Start« bzw. »Volllast«. Der Regelweg beträgt hierbei 19,5 mm.

Common Rail Direct Injection (CDI)

Herkömmliche Hochdruckeinspritzungen verfügen über getrennte Leitungen zu den einzelnen Zylindern. Dabei muss die Einspritzpumpe bei jedem Arbeitstakt des Motors den Druck für jeden Brennraum neu aufbauen. Bei den CDI-Motoren sitzt vorne am Motor eine Hochdruckpumpe, die den nötigen Einspritzdruck erzeugt. Sie wird wie die herkömmlichen Einspritzpumpen ebenfalls von der Steuerkette angetrieben.

Funktion

Bei der Common-Rail-Technik wird der von der Hochdruckpumpe erzeugte Kraftstoffdruck in einer gemeinsamen Leitung (Common Rail) gespeichert und an die Einspritzdüsen verteilt. Die wichtigste Voraussetzung für diese Arbeitsteilung ist ein spezieller Speicher, in dem der hohe Einspritzdruck von immerhin bis zu 1350 bar konstant gehalten wird. Diese Aufgabe über-

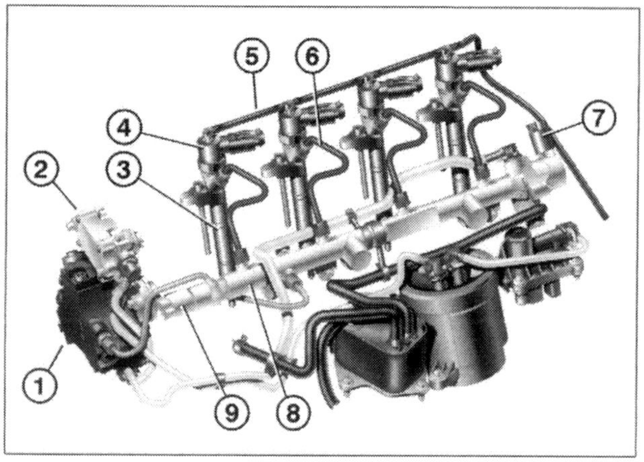

Die wichtigsten Teile der CDI-Dieseldirekteinspritzung. ❶ Hochdruckpumpe, ❷ Förderpumpe, ❸ Einspritzdüse (Injektor), ❹ Magnetschalter zur Einspritzdosierung, ❺ Lecköl-leitung, ❻ Hochdruckleitung, ❼ Kraftstoffdrucksensor, ❽ Common Rail (Druckspeicher), ❾ Kraftstoffdruckregelventil.

nimmt die gemeinsame Kraftstoffleitung (Rail). Sie ist mit den Einspritzdüsen (Injektoren) verbunden, an deren Enden schnell schaltende Magnetventile die Regelung des Einspritz-Zeitpunkts und die Dosierung der Kraftstoffmenge übernehmen. Der Mikro-Computer steuert die Öffnungsdauer der Ventile – und damit die Menge des eingespritzten Kraftstoffs – variabel je nach Betriebszustand oder Leistungsbedarf. Schließt die Motorsteuerung die Magnetventile, ist die Kraftstoffeinspritzung sofort wieder beendet.

Der hohe Einspritzdruck, der auch schon bei niedrigen Drehzahlen zur Verfügung steht, und die variable Steuerung des Einspritzvorgangs bewirken eine deutlich bessere Gemischaufbereitung in den Zylindern, was sich durch sehr geringen Kraftstoffverbrauch und niedrige Abgas-Emissionen bemerkbar macht.

Verminderte Verbrennungsgeräusche

Der hohe Brennraumdruck von bis zu 145 bar und die Geschwindigkeit, mit dem dieser Druck während des Verbrennungsvorgangs ansteigt, bewirken bei herkömmlichen Diesel-Direkteinspritzern normalerweise ein höheres Geräuschniveau als bei einem Vorkammermotor. Das zukunftsweisende CDI-System ermöglicht jedoch einen technischen Kunstgriff, der dieses Manko wettmacht – die Piloteinspritzung: Wenige Millisekunden vor der eigentlichen Kraftstoffeinspritzung strömt eine kleine Menge Diesel in den Zylinder, entzündet sich und sorgt auf diese Weise für eine Vorwärmung des Brennraums. Damit sind ideale Voraussetzungen für die Haupteinspritzung geschaffen: Der Kraftstoff entzündet sich schneller, so dass Druck und Temperatur nicht mehr so sprunghaft ansteigen. Dies wirkt sich nicht nur günstig auf die Verbrennungsgeräusche aus, dank der Piloteinspritzung und des niedrigeren Temperaturniveaus in den Zylindern vermindern sich auch die Stickoxid-Emissionen des Motors.

Darüber hinaus haben sich die Mercedes-Ingenieure eine Reihe zusätzlicher Maßnahmen einfallen lassen, die für einen guten Geräusch-Komfort sorgen. Dazu zählen die spezielle Abdeckung des Zylinderkopfs und des Ladeluftverteilers sowie Versteifungen an Ölwanne, Steuergehäusedeckel und Kurbelgehäuse. Das Ergebnis: Dank dieser Maßnahmen und dank der Piloteinspritzung liegt das Geräuschniveau der neuen CDI-Motoren sogar unter dem vergleichbarer Vorkammermotoren.

Die wichtigsten Teile des elektronischen Dieselsystems (EDS) bei D, TD und CDI

Steuergerät: Das Steuergerät ist im Aggregateraum rechts eingebaut. Es wird vom Überspannungsschutz daneben mit Spannung versorgt. Das Steuergerät erfasst die Eingangssignale und steuert entsprechend den Betriebsbedingungen die Ausgänge an. Dabei hat das Steuergerät folgende Aufgaben: Kraftstoffversorgung, Einspritzmengenregelung, Steuerung der Abgasrückführung, Steuerung des Tempomats bei Automatik, Diagnose, Überwachung der Ein- und Ausgänge, Fehlerspeicher und Ersatzwertbildung bei Signalausfall.

Eingangssignale kommen von folgenden Gebern: Positionsgeber an der Kurbelwelle (beim Anlasser), Positionsgeber am Anlasserzahnkranz (unten an Getriebeglocke), Regelweggeber, Sollwertgeber für Gaspedalstellung, Saugrohrdruckgeber, Temperaturgeber Ansaugluft, Temperaturgeber Kühlmittel, Temperaturgeber Kraftstoff (in der Pumpe), Bremslichtschalter, Geschwindigkeitssignal vom Steuergerät ABS, Schalter am Kupplungspedal und Startsperr- und Rückfahrlichtschalter bei Automatik.

Folgende Ausgänge werden angesteuert: Absteller, Mengenstellwerk, Umschaltventil ARF, Druckwandler Druckregelklappe, Umschaltventile für Modulierdruck und Schaltpunktanhebung bei Automatik, Dieselkon-

Das geöffnete Steuergerät – mit der Leistung eines Heimcomputers laufen hier alle Signale und Werte der verschiedenen Geber und Aggregate zusammen. Verarbeitet und ausgewertet durch fest eingegebene Kennfelder werden die Signale als Steuerbefehl an die Einspritzpumpe, elektronische Bauteile bzw. die Einspritzdüsen (CDI) weitergegeben.

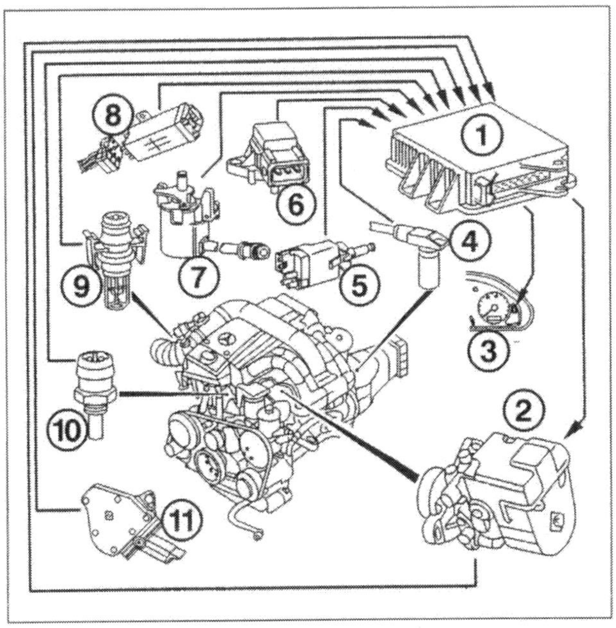

Ein- und Ausgangssignale am Steuergerät bei Motoren mit Verteiler-Einspritzpumpe EVE. ❶ Steuergerät, ❷ Einspritzpumpe, ❸ Dieselkontrollleuchte (EDC), ❹ Positionsgeber der Kurbelwelle, ❺ Bremslichtschalter, ❻ Ansaugluft-Temperaturgeber, ❼ Sollwertgeber, ❽ Überspannungs-Schutzrelais, ❾ Abgas-Rückführventil, ❿ Kühlmittel-Temperaturgeber, ⓫ Startsperr- und Rückfahrlichtschalter.

trollleuchte EDC im Kombiinstrument (Electronic Diesel Control), Klimaanlagensteuerung und Fehlerausgabe Prüfkupplung für Diagnose.

Fehlerspeicherung: Alle Ein-/Ausgänge werden bei Betrieb ständig geprüft. Liegen Fehler länger als ca. eine halbe Sekunde vor, werden sie gespeichert. Schwerwiegende Fehler, die länger als eine Sekunde anliegen, bringen die EDC-Kontrollleuchte im Kombiinstrument zum Aufleuchten. Manche Fehler werden vom Steuergerät selbständig gelöscht sobald sie nicht mehr vorhanden sind, bleiben jedoch im Fehlerspeicher erhalten. Leuchtet die EDC-Kontrollleuchte, müssen Sie in die Werkstatt fahren, damit dort der genaue Fehler ausgelesen und anschließend der Fehlerspeicher wieder gelöscht wird. Das Steuergerät bildet bei Ausfall von wichtigen Eingangssignalen einen Ersatzwert, damit weitergefahren werden kann. Dabei kann es zu Leistungsminderung, Drehzahlreduzierung, Motorlaufunruhe und Tempomatausfall (Automatik) kommen.

Auch die neuen Direkteinspritzer stehen unter der Regie eines leistungsfähigen Mikro-Computers, der per CAN-Datenbus (Controller Area Network) mit anderen Steuergeräten im Fahrzeug in Verbindung steht und permanent Daten austauscht. Die Motor-Elektronik ist ein zentrales Element des Common-Rail-Systems, denn nur mit ihrer Hilfe gelingt die kennfeldabhängige Einstellung des Einspritzdrucks und die zylinderindividuelle Regelung der Magnetventile an den Injektoren – beides sind wichtigste Voraussetzungen für die variable, bedarfsgerechte Steuerung des Motors.

Temperaturgeber Kühlmittel: Er ist vorn am Zylinderkopf eingeschraubt und meldet dem Steuergerät die Kühlmittel-Temperatur. Der Widerstand beträgt bei 80°C ca. 300 Ω und bei 20°C ca. 2,5 kΩ.

Temperaturgeber Kraftstoff: Er ist beim 220-Diesel in der Einspritzpumpe eingebaut und dort in der Spule des Positionsgebers Verteilerwelle eingegossen. Beim Fünfzylinder-Diesel ist er im Absteller eingebaut. Der Temperaturgeber Kraftstoff dient zur Erfassung der Kraftstoff-Temperatur für die Berechnung der Kraftstoffdichte. Weiterhin bildet er ein Ersatzsignal, wenn der Temperaturgeber Kühlmittel ausfällt.

Temperaturgeber Ansaugluft (D, TD): Das Signal hilft bei der Berechnung der Luftmasse und ist für die Einspritzmengenregelung, Rauchbegrenzung, Steuerung der Abgasrückführung und zur Ansaugdruckregelung erforderlich. Der Widerstand beträgt bei 20°C ca. 6 kΩ und bei 40°C ca. 2,6 kΩ.

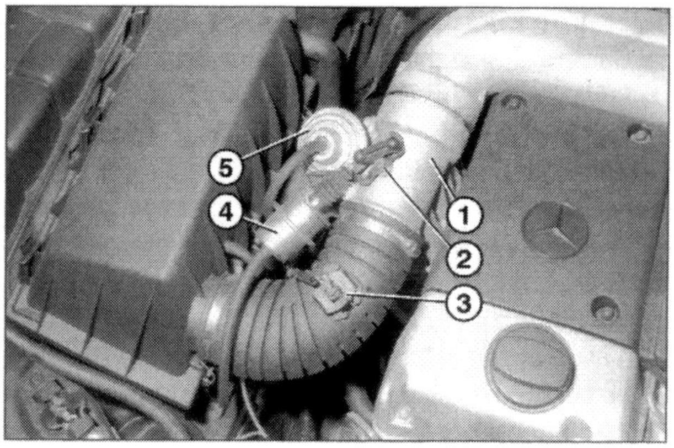

Gleich hinter dem Ansauggeräuschdämpfer mit dem Luftfilter sitzen die ersten Mess- und Steuerteile des Ansaugstroms. ❶ Druckregelklappengehäuse, ❷ Klappenwelle mit Hebel, ❸ Temperaturgeber der Ansaugluft, ❹ Unterdruckdose zur Betätigung der Druckregelklappe, ❺ Unterdruckdose der Abgasrückführung (ARF).

Luftmassenmesser (CDI): Die Information über die angesaugte Luftmenge benötigt das Steuergerät zur Zumessung der Einspritzmenge. Denn es wird nur so viel Kraftstoff eingespritzt, dass eine rauchfreie Verbrennung möglich ist. Wird diese Luftmenge reduziert (etwa durch verschmutzten Luftfilter oder Fahrten im Gebirge), erhält der Motor eine geringere Kraftstoffmenge eingespritzt = geringere Leistung. Gemessen wird – unabhängig von der Lufttemperatur – folgendermaßen: Ein beheiztes Plättchen (Heißfilm) im Ansaugluftstrom wird bei größerer vorbeiströmender Luftmasse stärker abgekühlt als bei geringerem Luftstrom. Der elektrische Widerstand des Plättchens verändert sich, und wir haben wieder einen elektrischen Wert, den das Steuergerät »lesen« kann.

Positionsgeber Kurbelwelle: Dient zur Erfassung von Motordrehzahl und Kurbelwellenstellung und ist an der Getriebeglocke über dem Anlasser angeordnet. Die vier bzw. fünf Segmente am Schwungrad erzeugen bei laufendem Motor im Positionsgeber eine Wechselspannung. Höhere Motordrehzahl entspricht höherer Spannung. Kommt die Segmentvorderkante am Geber vorbei, entsteht ein positiver Spannungssprung – an der Hinterkante ein negativer Spannungssprung.

Positionsgeber am Anlasserzahnkranz (unten an der Getriebeglocke): Er ist nur beim Fünfzylinder eingebaut und ermittelt die Motordrehzahl.

Sollwertgeber: Die Einspritzpumpe hat kein Gasgestänge zum Gaspedal mehr. Ein Sollwertgeber (auch Pedalwertgeber genannt) ist beim Sicherungskasten montiert und über einen Bowdenzug mit dem Gaspedal verbunden. Im Sollwertgeber sind ein Drehpotentiometer, ein Leerlaufkontakt und Rückstellfedern untergebracht. Bei Automatik ist neben dem Sollwertgeber noch ein Ventil zur Modulierdruck-Umschaltung des Getriebes eingebaut.

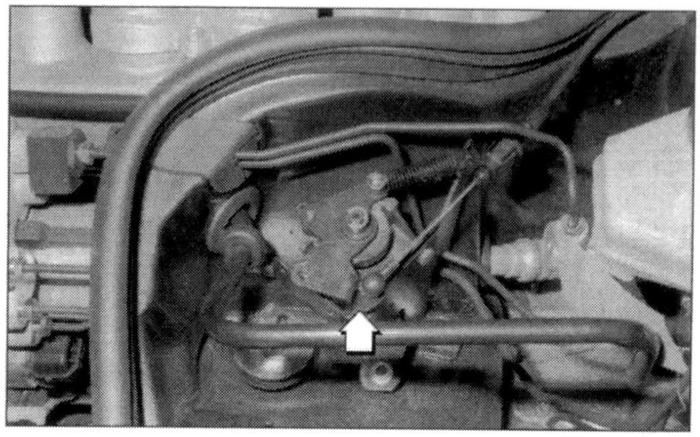

Je nach Gaspedalstellung gibt der Sollwertgeber (Pfeil) ein entsprechendes Signal an das Steuergerät zur Drehzahlregelung des Motors.

Bremslichtschalter: Beim Bremsen erhält das Steuergerät ein Signal, schaltet ggf. den Tempomat aus und liefert dem Steuergerät die Information, keine Volllast zuzulassen. Damit wird beispielsweise ein »Durchgehen« des Wagens bei defektem »Geber für Gaspedalstellung« vermieden. Dies gilt auch beim Betätigen des Kupplungspedals.

Schalter am Kupplungspedal: Beim Fünfzylinder-Diesel erhält das Steuergerät vom Schalter Kupplungspedal beim Betätigen des Kupplungspedals ein Signal und erkennt daran, dass ein Schaltvorgang eingeleitet wird, und die Ruckeldämpfung wird aktiv.

Saugrohrdruckgeber: Er ist seitlich links im Motorraum angeordnet und über eine Schlauchleitung mit dem Saugrohr verbunden. Der Saugrohrdruck wird für folgende Funktionen benötigt: Volllastmengenbegrenzung, Abgasrückführung (ARF) und Ansaugdruckregelung. Außerdem ist er beim E 290 TD zuständig für Informationen zur Ladedruckregelung.

Ladedruckregler (E 290 TD): Die Ladedruckregelung erfolgt durch ein elektro-pneumatisches Ventil. Die Funktion: Das Magnetventil für Ladedruckbegrenzung steuert auf pneumatischem Weg einen Bypass am Lader – das Ladedruckregelventil öffnet, der Ladedruck sinkt. Mehr dazu finden Sie im Abschnitt »Der Turbolader«.

Positionsgeber Verteilerwelle (Vierzylinder-Diesel): Er erfasst die Längsverschiebung der Verteilerwelle in

Bezug zur Antriebswelle und besteht aus einer Spule mit Kern. Der Kern ist in die hohle Verteilerwelle geschraubt. Er verändert die Induktivität der Spule in Abhängigkeit von seiner Längsverschiebung. Dies ist die wichtigste Steuergröße für Kraftstoffmengenregelung.

Positionsgeber Nockenring (Vierzylinder-Diesel): Auch dieser Geber besteht aus einer Spule mit Kern. Der Kern steckt im Verstellkolben. Die Spule ist fest im Gehäuse der Verteiler-Einspritzpumpe eingebaut. Da die Drehbewegung des Nockenringes vom Verstellkolben in eine Hin- und Herbewegung umgewandelt wird, stellt die Induktivität des Systems ein Maß für die Position des Nockenringes dar. Darüber wird der Förderbeginn erkannt.

Regelweggeber (Fünfzylinder-Diesel): Er muss für das Steuergerät die Stellung der Regelstange erfassen. Der Regelweggeber ist im Mengenstellwerk der Reihen-Einspritzpumpe eingebaut. Die Regelstange wird beim Einschalten der Zündung vom Mengenstellwerk in Startstellung gebracht (max. 19,5 mm Regelweg). Beim Bewegen ändert sich der Abstand zwischen Spule und Kurzschlussring und damit die Induktivität des Systems.

Verschiedene Betriebszustände

(E 220/300 Diesel)

Start: Unabhängig von der Gaspedalstellung, aber abhängig von Temperaturen bekommt der Motor seine Startmenge an Diesel zugeteilt. Erst ab 600/min (abhängig von der Kühlmitteltemperatur) kann vom Gaspedal aus die Drehzahl geregelt werden. Je höher die Kühlmitteltemperatur ist, desto kleiner ist die Startmenge.

Leerlauf: Der Positionsgeber Kurbelwelle gibt ein drehzahlabhängiges Wechselspannungssignal an das Steuergerät. Dieses erkennt die Motordrehzahl, führt anhand der gespeicherten Kennlinie einen Soll-/Ist-Vergleich durch und regelt über die Einspritzmenge die Motordrehzahl.

Rundlaufregelung: Deren Aufgabe ist es, Laufunruhen (Schütteln) zu verhindern. Dazu wird das Drehzahlsignal vom Positionsgeber Kurbelwelle genau auf Motordrehzahl-Unruhen untersucht. Bei erkannter Laufunruhe werden die Einspritzmengen für jeden einzelnen Zylinder so geändert, dass sich wieder ein gleichmäßiger Motorlauf einstellt. Die Leerlaufdrehzahl bleibt dabei aber konstant.

Volllastmenge: Neben der mechanisch vorgegeben maximalen Fördermenge der Einspritzpumpe wird die Kraftstoffmenge kurz begrenzt. Dadurch raucht das Fahrzeug beim Beschleunigen weniger. Auch bei defekten Bauteilen im Einspritzsystem (EDC-Leuchte brennt) wird die Volllastmenge begrenzt.

Schubabschaltung: Im Schiebebetrieb, welchen das Steuergerät aus verschiedenen Gebersignalen erkennt, wird kein Kraftstoff eingespritzt.

Kompressorsteuerung: Bei niedrigen Drehzahlen (unter ca. 1100/min) und mehr als 90% Motorlast wird der Kompressor der Klimaanlage kurze Zeit ausgeschaltet, damit beim Anfahren die gesamte Motorleistung zur Verfügung steht. Der Klimakompressor benötigt bis zu 9 kW.

Der Leerlauf

Der kalte Dieselmotor geht nach dem Anspringen sofort wieder aus oder dreht äußerst unrund, wenn seine

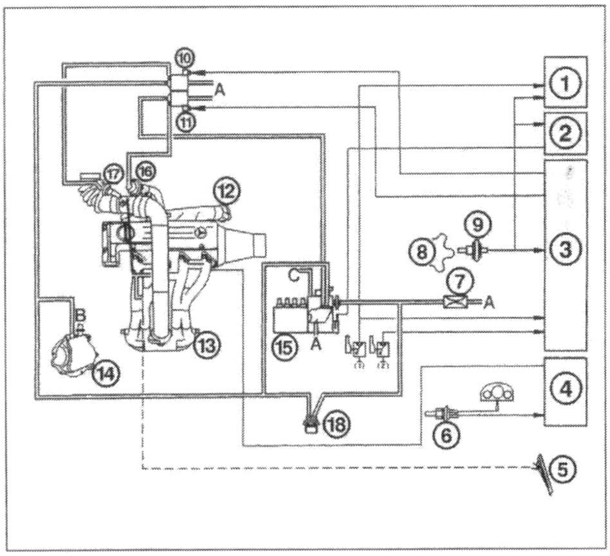

Die Schemazeichnung verdeutlicht das Zusammenspiel von Unterdruckdosen und Ventilen mit den einzelnen Steuerungsmodulen. A Belüftung, **B** Nebenverbraucher, **C** Motorabsteller, ❶ Steuermodul Klimakompressor-Abschaltung, ❷ Steuermodul Antiruckelaufschaltung (ARA), ❸ Steuermodul Abgasrückführung (ARF), ❹ Steuermodul Vorglühanlage, ❺ Gaspedal, ❻ Kühlmittel-Temperaturgeber, ❼ Drossel mit Filter, ❽ Motorschwungrad, ❾ Drehzahlgeber Starterzahnkranz, ❿ Umschaltventil der Drucksteuerklappe, ⓫ Umschaltventil der Abgasrückführung, ⓬ Auspuffkrümmer, ⓭ Ansaugrohr, ⓮ Unterdruckpumpe, ⓯ Einspritzpumpe, ⓰ Abgasrückführventil, ⓱ Drucksteuerklappengehäuse, ⓲ Thermoventil.

Leerlaufdrehzahl nicht erhöht wird. Früher musste der Fahrer mit einer kleinen Flügelschraube im Armaturenbrett die Leerlaufdrehzahl korrigieren. Heute übernimmt je nach Motor und Ausstattung (z.B. Schaltgetriebe oder Getriebeautomatik) eine pneumatische bzw. elektronische Leerlaufanhebung – das EDS – diese Aufgabe.

Die Pneumatische Leerlaufanhebung

Diese Einrichtung wirkt über eine Unterdruckdose auf den Leerlaufanschlag im Regler der Einspritzpumpe. Bei Kühlmitteltemperaturen unter ca. 30°C wird die Leerlaufdrehzahl um ca. 100/min erhöht. Das Schema auf Seite 115 zeigt, wie die Unterdruckdose am Reglergehäuse über ein Thermoventil angesteuert wird. Hat das Thermoventil in der Unterdruckleitung zur Unterdruckpumpe geöffnet, wirkt der Unterdruck in der Unterdruckdose, und die Leerlaufanhebung findet statt. Schließt das Ventil, wird die Unterdruckdose über eine Belüftungsleitung belüftet und die Drehzahlanhebung aufgehoben.

Pneumatische Leerlaufanhebung prüfen

Sollte eine Prüfung ergeben, dass die Unterdruckdose am Regler defekt ist, kann man diese nicht selbst austauschen, denn dazu muss man den Regler zerlegen und ihn anschließend neu einstellen. Zur Prüfung die Schema-Zeichnung Seite 115 zu Hilfe nehmen. Die Prüfung besteht aus einigen Blasproben in die abgezogenen Leitungen.

Arbeitsschritte

① Leitung zur Unterdruckdose ausstecken. Weder Durchblasen noch Ansaugen ist bei intakter Membran möglich.

② Bei einer Kühlmitteltemperatur unter 30°C muss das Ventil in der Unterdruckleitung Durchgang haben. Bei höherer Temperatur muss es geschlossen sein. Das Ventil sitzt seitlich links im Zylinderkopf.

③ Wird an die Leitung zur Unterdruckdose ein Unterdruck von 0,5 bar angelegt (kräftig ansaugen), muss die Leerlaufdrehzahl um 100/min ansteigen.

Elektronische Leerlaufregelung

Für die richtige Leerlaufdrehzahl erfasst der Drehzahlgeber am Starterzahnkranz die genaue Motordrehzahl und gibt das Drehzahlsignal an das elektronische Steuergerät weiter. Das Steuergerät führt ständig einen Soll-Ist-Vergleich durch und hält die Drehzahl unabhängig von der Motorbelastung (eingelegte Fahrstufe oder eingeschaltete Klimaanlage) konstant. Bei Kühlmitteltemperaturen unter +60°C wird die Leerlaufdrehzahl nach einer bestimmten Kennlinie angehoben. Dazu wird ein Stellmagnet, der auf den Regler der Einspritzpumpe einwirkt, durch eine getaktete Gleichspannung entsprechend angesteuert. Die Spannungsversorgung des Steuergerätes erfolgt über den Überspannungsschutz mit einer 10-Ampere-Sicherung.

Elektronische Leerlaufregelung prüfen

Bei falscher Leerlaufdrehzahl oder wenn der kalte Motor nach dem Start wieder ausgeht muss die elektronische Leerlaufdrehzahl-Regelung überprüft werden. Weiter gehende Prüfungen sollten Sie der Werkstatt (Hand-Held-Tester) überlassen.

Arbeitsschritte

① Zuerst sicherstellen, dass der Gaszug richtig eingestellt ist – bei entlastetem Gaspedal muss das Zugende spannungsfrei am Umlenkhebel im Motorraum anliegen.

② Warmen Motor im Leerlauf drehen lassen und Stecker am Stellmagnet für ca. 3 Sekunden abziehen. Beim Aufstecken muss sich die Drehzahl kurzfristig erhöhen.

③ Bleibt die Drehzahl gleich, am Stellmagnet kurz 12 Volt anlegen (maximal 3 Sekunden, sonst Spulenschaden). Erhöht sich die Drehzahl nicht, den Stellmagnet erneuern.

Antiruckel-Aufschaltung (ARA)

Bei Fahrzeugen mit Schaltgetriebe ist diese Einrichtung eingebaut. Ein Stellmagnet an der Einspritzpumpe verringert im richtigen Augenblick die Einspritzmenge und wirkt so der Ruckelneigung entgegen. Der Stellmagnet wird vom Steuergerät angesteuert. Dieses erkennt über den Drehzahlgeber am Anlasserzahnkranz Drehzahlschwankungen bzw. Ungleichförmigkeiten bei jeder einzelnen Motorumdrehung. Treten im elektrischen System Fehler auf, werden diese vom Steuergerät erkannt und für die Werkstattdiagnose im Fehlerspeicher gespeichert. Weiterhin kann das System in der Mercedes-Benz-Werkstatt über verschiedene Abgleichstecker optimiert werden. So kann gegen schlechte Beschleunigung und gegen Motorruckeln gezielt vorgegangen werden.

Register-Ansaugsystem

Beim Sechszylindermotor des E 300 Diesel verhilft eine aktive Lösung dem an sich schon drehmomentstarken Dreiliter zu besonders viel Kraft: Mit Hilfe zweier beweglicher Klappen kann im Saugrohr die Eigenfrequenz der angesaugten Luftsäulen variiert werden, was sich direkt auf die Drehmomentabgabe des Triebwerks auswirkt. Durch die beiden Klappen können bei diesem System drei verschiedene Saugrohrlängen entstehen. Die Klappen werden pneumatisch über Unterdruckdosen betätigt. Der Unterdruck gelangt über Elektroventile zur jeweiligen Unterdruckdose, wobei die Elektroventile über ein besonderes Steuergerät angesteuert werden.

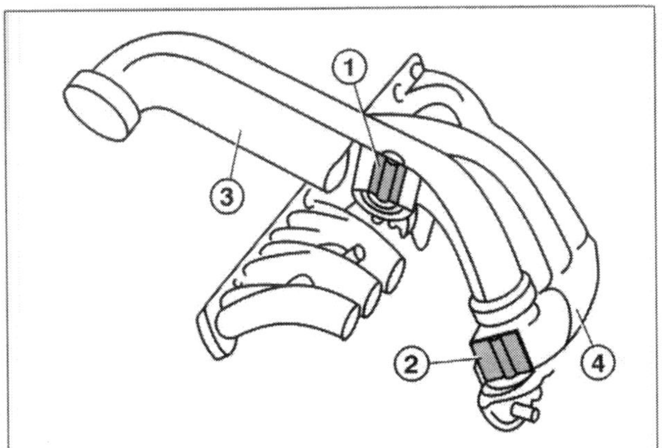

Das Register-Ansaugsystem des E 300 Diesel. Klappe ❶ sitzt in der Saugleitung ❸, Klappe ❷ im Saugrohr ❹.

Die Kolben erzeugen beim Ansaugen der Verbrennungsluft einen kräftigen Unterdruck, der bei offenen Einlassventilen den Luftinhalt im Ansaugsystem in Bewegung setzt. Schließen die Einlassventile plötzlich, »federt« die Luft zurück – im Saugrohr entsteht eine Schwingung. Deren Frequenz ist von Saugrohrlänge, Motordrehzahl und Motorsteuerzeiten abhängig. Befindet sich diese Schwingung in Resonanz, wird für den Motor ein gewisser Ladeeffekt erzielt. Durch die Klappen können die Resonanzbedingungen über einen größeren Drehzahlbereich aufrecht erhalten werden. Bis 2550/min sind beide Klappen geschlossen, die Luftsäule im Ansaugsystem kann bis zur Drucksteuerklappe auf der rechten Seite des Motors schwingen. Zwischen 2550 und 3350/min wird die Klappe »1« geöffnet, die Schwingung endet jetzt an Klappe »1«. Bei Drehzahlen über 3350/min werden die Klappen »1« und »2« geöffnet, die Schwingung reicht nur bis zum Ausgang der Zylinderschwingrohre.
Diese Schaltpunkte gelten jedoch nur bei Volllastbetrieb. Um bei Teillast niedrige Verbräuche und saubere Verbrennung zu erreichen, sind andere Kombinationen zwischen Luftsäulenfrequenz und Drehzahl notwendig. Deshalb aktiviert eine elektronische Steuerung zu den errechneten Zeitpunkten sowohl die Steuerklappen als auch die Abgasrückführung.

Die Einspritzdüsen

(nur Diesel und Turbodiesel)

Die Einspritzdüsen sind gewissermaßen die letzte Station der Einspritzung. Sie stecken oben im Zylinderkopf und haben die Aufgabe, den Kraftstoff in die Vorkammer einzuspritzen. Bei einem Druck von 115 bis 125 bar hebt die Düsennadel unten in der Einspritzdüse von ihrem Sitz ab und gibt die Austrittsöffnung für den Kraftstoff frei. Es handelt sich um so genannte Flächenzapfendüsen, d.h. der kleine Zapfen an der Düsennadel ist nicht ganz rund, sondern hat an einer Stelle seitlich eine kleine Fläche angeschliffen.
Eine kräftige Feder in der Einspritzdüse sorgt dafür, dass die Düsennadel nach dem Einspritzen auch wieder dicht schließt und der hohe Verbrennungsdruck nicht ins Kraftstoffsystem zurückschlägt. Die Kühlung und Schmierung der Düsennadel besorgt der Kraftstoff. Da beim Einspritzen nicht der gesamte herbeigepumpte Kraftstoff eingespritzt wird, besitzt jede Einspritzdüse zwei kleine Schlauchanschlüsse, durch die das so genannte Lecköl (nicht benötigter Kraftstoff) zurückfließt.

Schrägeinspritzung

Ein Schritt zur weiteren Minimierung der Partikelemission gelang Mercedes-Benz durch Verbessungen im Verbrennungsablauf. Dadurch konnte der Partikelausstoß der Dieselmotoren im Mittel nochmals um 40% verringert werden, ohne dass in den sonstigen Eigenschaften Kompromisse eingegangen werden mussten. Konstruktiv wurde dieses Ergebnis durch eine Vorkammer mit Schrägeinspritzung erreicht. Neben der Einspritzrichtung spielen Anordnung und Form des Kugelstiftes in der Vorkammer eine wichtige Rolle für die bessere Verbrennung. Durch die Stellung dieses besonders geformten Stiftes bekommt die Luft, die beim Komprimieren aus dem Zylinder in die Vorkammer strömt, einen genau definierten Drall. In die Strömungsrichtung wird in einem Winkel von 5° der Kraftstoff eingespritzt. Daran angepasst wurde auch die Anordnung der Glühkerze, die im Abwind des Luftstromes sitzt und so den Verbrennungsablauf nicht stört.

Der Turbolader

Die Leistung eines Verbrennungsmotor hängt im Wesentlichen vom Volumen des Kraftstoff/Luft-Gemischs ab, das er durch den Pumpeffekt seiner Kolben ansaugen kann. Um bei gleichem Hubraum zu mehr Motorleistung zu kommen, muss dem Motor Luft zugeführt werden. Beim E 290 TD und bei den CDI-Motoren wird diese Leistungssteigerung durch eine schon millionenfach bewährte Technik, der Aufladung durch einen Abgas-Turbolader, erreicht. Der Turbolader ist direkt an den Auspuffkrümmer angeflanscht und ist dort mit dem Abgasstrom des Auspuffkrümmers

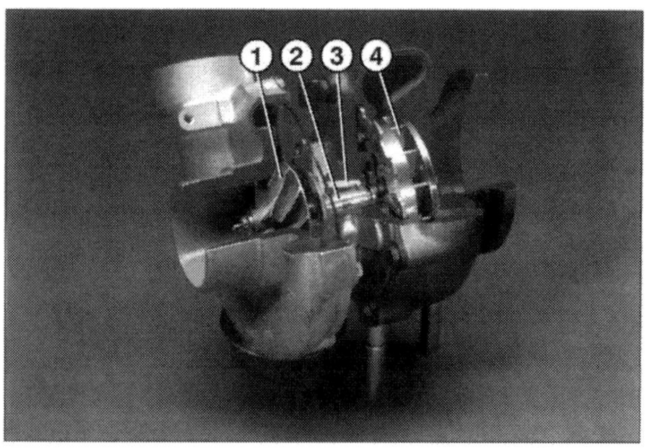

Das Schnittmodell zeigt den Turbolader des E 290 TD. Die Turbine des Turboladers ❶ wird vom Druck der ausströmenden Abgase angetrieben. Das Schaufelrad ❹ auf der Ansaugseite wird durch die durchgehende Welle ❷ mit derselben Drehzahl in eine hohe Umdrehungszahl versetzt, wodurch die Ansaugluft verdichtet werden kann. Es gelangt also deutlich mehr Luft in die Brennräume für höhere Leistung und sauberere Verbrennung ❸ Ölkanal.

sowie mit dem Hauptstrom des Ansaugluftsystems verbunden. Dazu ist das Gehäuse des Turboladers in zwei Räume geteilt, in denen sich je ein Turbinenrad dreht. Beide Turbinenräder sind auf eine gemeinsame Welle montiert und stehen so starr miteinander in Verbindung.

Auf der einen Seite nutzt die Abgasturbine die normalerweise nutzlos verpuffende Energie des Abgasstroms zum Antrieb der auf der anderen Seite der Welle sitzenden Verdichterturbine, die die Ansaugluft verdichtet und über das Drucksteuerklappengehäuse in die Zylinder drückt.

Der Ladedruckregler

Die beiden Turbinenräder können eine Höchstdrehzahl von weit über 100.000/min erreichen. Dabei würde ein Ladedruck von über 2 bar erreicht. Da dem Motor bei solcher Aufladung jedoch nur wenige Kilometer Laufleistung beschieden wären, ist am Turbolader ein so genannter Ladedruckregler angebracht, der eine unkontrollierte Aufladung verhindert.

Da sich jedoch erst bei einer Turbinendrehzahl von ca. 50 000/min ein geringer Ladedruck aufbaut, ist die Regelung des Turboladers durch den Ladedruckregler so ausgelegt, dass sich schon bei geringen Motordrehzahlen ein Ladedruck aufbaut und damit auch das allgemein bekannte Turboloch – ein schlagartiges Einsetzen der Ladewirkung – vermieden wird. So geht der Motor schon bei niedrigen Drehzahlen vom Ansaugbetrieb zum Aufladebetrieb über.

Übersteigt der Aufladebetrieb durch sportliche Fahrweise den Tarierüberdruck (0,9 bar) des Ladedruckreglers, wird die Membrane im Regler gegen den genau definierten Federdruck geöffnet. Dadurch wird nur ein geringer Teil des Abgasstroms über die Abgasturbine geleitet, während der weitaus größere Teil direkt in den Auspuff gelangt.

Um den genauen Ladedruck bei Fahrten in allen Höhenlagen zu gewährleisten, ist im Steuergerät ein Höhengeber integriert, der z.B. die Kraftstoffüberfettung bei Fahrten im Gebirge bei »dünnerer« Luft durch Anheben des Ladedrucks und damit verstärkter Luftzufuhr verhindert. Dadurch bleiben Motorleistung und Abgasverhalten beim Turbomotor bei allen üblicherweise vorkommenden Fahrbedingungen konstant.

Der VTG-Turbolader

Die Vierzylinder-CDI-Motoren sind mit einem so genannten VTG-Abgasturbolader mit variabler Turbinengeometrie ausgestattet. Beim VTG-Prinzip wird der Strömungsquerschnitt der Turbine in Abhängigkeit vom momentanen Motorbetriebspunkt verändert und auf diese Weise der jeweils optimale Ladedruck entwickelt. Den optimalen Ladedruck erzielt das System kennfeldabhängig vom Steuergerät durch die Ver-

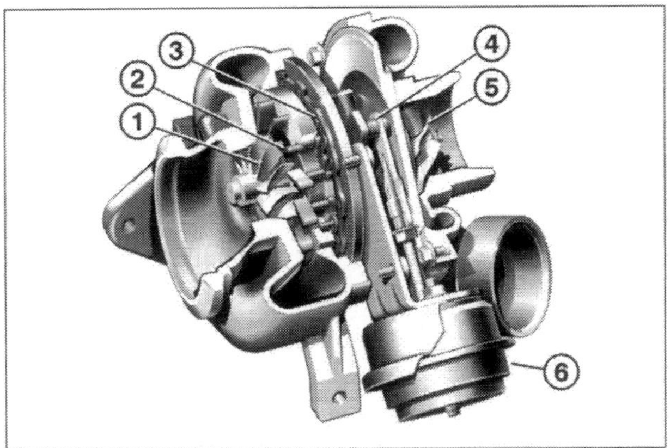

Der optimale Ladedruck wird im **VTG-Turbolader** je nach Motordrehzahl und Lastzu-stand durch die Verstellung der Leitschaufeln im Inneren des Turboladers erzielt.
❶ Turbinenrad auf der Abgasseite, ❷ verstellbare Leitschaufeln, ❸ Leitschaufel-Verstellring, ❹ Schub-/Zugstange mit Verstellhebel, ❺ Turbinenrad auf der Ansaugseite, ❻ Unterdruckdose.

stellung der Leitschaufeln im Inneren des Turboladers. Bei niedriger Motordrehzahl schließen die Leitschaufeln den Strömungsquerschnitt, und der Ladedruck steigt; bei hohen Motordrehzahlen wird der Querschnitt größer, und der Abgasgegendruck sinkt. Daraus ergibt sich eine ganze Reihe von Vorteilen:

- Durch die dynamische Verstellung werden die gesamte Abgasenergie bestmöglich genutzt und ein guter Wirkungsgrad über einen breiten Kennfeldbereich erzielt.
- Höherer Ladedruck im unteren Drehzahlbereich. Der Turbolader springt schneller an (das Turbinenrad kommt schneller auf Drehzahl), und das so genannte »Turboloch« bei niedrigen Motordrehzahlen wird weitgehend vermieden.
- Höheres Drehmoment durch bessere Zylinderfüllung.
- Besseres Volllast-Rauchverhalten durch früher einsetzenden Ladedruck.
- Verbesserter dynamischer Ladedruck.
- Verzicht auf ein Ladedruck-Regelventil (waste gate).
- Höhere Leistung durch höheren Ladedruck bei verringertem Abgasdruck und dadurch verbesserter Ladungswechsel.

Was der VTG-Turbolader leistet, zeigen die neuen Leistungs- und Drehmomentwerte der Vierzylindermotoren, die beim E 200 CDI um 10 kW/13 PS (rund 13 Prozent) und um 15 Newtonmeter (6,4 Prozent) über den bisherigen Daten liegen. Beim E 220 CDI erhöht der Einsatz des neuen VTG-Laders das Drehmoment um fünf Prozent, während die Leistung des Motors um 13 kW/18 PS (14 Prozent) steigt.

Praxistipp

Turbolader

- Was der Turbolader überhaupt nicht mag, ist sofortiges Abstellen des Motors nach längerer Vollgasfahrt. Bei dieser Behandlung kann es zum Verkoken des Laders kommen: Die Wellenlager neben den Turbinenrädern, besonders der Abgasturbine, heizen sich durch den plötzlichen Hitzestau so stark auf, dass alles Schmieröl im Lager verbrennt und festbackt. Kommt das öfter vor, ist der Lader bald hinüber. Deshalb nach längerem Volllastbetrieb den Motor vor dem Abstellen erst einige Zeit im Leerlauf drehen lassen.

- Motor niemals ohne Luftfilter laufen lassen, da selbst kleinste Fremdkörper den Turbolader beschädigen könnten (Geschwindigkeit des Turboradumfangs bis 500 m/s !). Bevor ein vermeintlich defekter Turbolader ausgetauscht wird, sollten Sie vorsichtshalber folgende Funktionen bzw. Fehlerquellen überprüfen: Zündung, Kraftstoffversorgung, Volllastanschlag, Kompression, Luftfilter und mögliche Undichtigkeiten im Ladeluftkreis sowie Auspuffsystem.

Der Ladeluftkühler

Der in den Ladeluftkreis zwischen Turbolader und Drucksteuerklappengehäuse eingebaute Ladeluftkühler ist mit in den Kühlkreislauf des Motors einbezogen. Die vom Verdichter des Turboladers komprimierte aber auf bis zu 110°C überdurchschnittlich aufgeheizte Ladeluft strömt anschließend durch den Ladeluftkühler, der sie um bis zu 70°C abkühlt. Der Effekt: Kühle Luft hat ein geringeres Volumen als warme, so dass der Motor noch größere Luftmengen verarbeiten kann und der Auflade-Effekt des Turboladers zusätz-

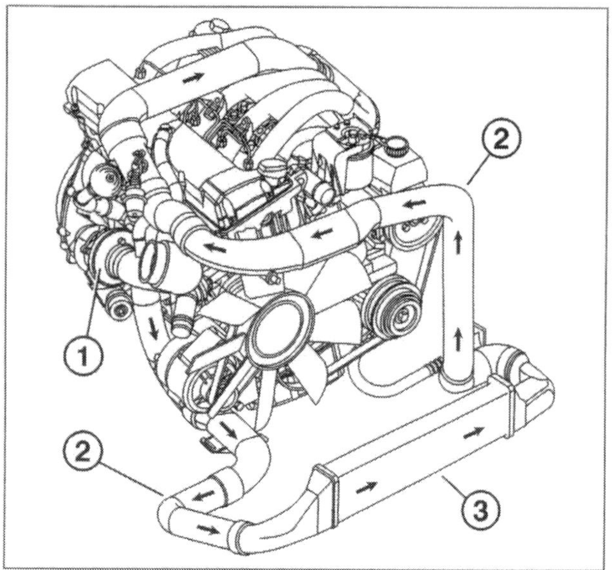

Die vom Turbolader ❶ komprimierte und aufgeheizte Ladeluft strömt im Ladeluftkreis ❷ anschließend durch den Ladeluftkühler ❸, der sie stark abkühlt und so zur Kraftstoffeinsparung beiträgt.

lich verstärkt wird. Im nachgeordneten Mischgehäuse verbinden sich Frischluft und Abgas miteinander – allerdings in einem vom Computer berechneten Verhältnis, das je nach Lastzustand des Motors optimal ist. Dazu ist das Mischgehäuse mit einem speziellen Abgasrückführventil und einer Drosselklappe ausgestattet, die von einem elektropneumatischen Wandler gesteuert werden. Die Luftdrosselung erhöht das Druckgefälle zwischen der Ansaug- und der Abgasseite und bewirkt auf diese Weise eine bedarfsgerechte Leistungssteigerung der Abgasrückführung.

Ladeluftkühler reinigen

Arbeitsschritte | W | **30000 km**

Da der Ladeluftkühler direkt über der Fahrbahn im Luftstrom sitzt, ist er recht schnell mit Insekten und

Abgasturbolader — Störungsbeistand

Störung	Ursache	Abhilfe
A Ungenügende Motorleistung	**1** Teile des Ansaugluft- oder Ladeluftkreises undicht	Überprüfen
	2 Luftfilter verstopft	Erneuern
	3 Ladedruckregler schließt nicht	Turbolader ersetzen lassen
	4 Tarierdruck des Ladedruckreglers verstellt	Turbolader ersetzen lassen
	5 Schubabschaltventil defekt	Schlauch vom Ladeluftkreis zum Ventil abklemmen. Ist der Ladedruck nun hoch genug, Schubabschaltventil ersetzen
	6 Einspritzzeitpunkt zu spät	Einstellen lassen
	7 Ladeluftkühler zugesetzt	Reinigen
B Motorklopfen schon bei niedrigen Drehzahlen	**1** Zu hoher Ladedruck durch verklemmten Ladedruckregler	Turbolader ersetzen lassen
	2 Eisbildung im Ansaugkrümmer (nach Kaltstart bei weniger als 0°C Außentemperatur)	Starkes Beschleunigen sofort nach dem Kaltstart vermeiden
	3 Siehe A 4	
C Turbolader verursacht Geräusche bzw. Vibrationen	**1** Ungenügende Schmierung der Wellenlager (evtl. durch Verkokung)	Motoröldruck prüfen lassen. Ölleitungen der Turboladers auf Durchgang kontrollieren lassen
	2 Dichtungen am Ansaug- bzw. Auspuffkrümmer undicht	Undichte Verbindungen festziehen, ggf. Dichtungen ersetzen
	3 Turbine hat Unwucht durch Fremdkörper	Turbolader ersetzen lassen

Dieser Störungsbeistand setzt voraus, dass das Einspritzsystem einwandfrei arbeitet.

Schmutzpartikeln zugesetzt. Dadurch verliert der Kühler seine Wirkung und die Leistung des Motors lässt vor allem im Ladebetrieb zu wünschen übrig. Deshalb sollten Sie besonders in der warmen Jahreszeit nach häufigen Fahrten durch abendliche Insektenschwärme den Ladeluftkühler reinigen. Dabei gehen Sie wie bei der Kühlerreinigung vor (siehe Kapitel »Das Kühlsystem«).

Motor abstellen

Der Dieselmotor kann einfach mit dem Zündschlüssel abgestellt werden. Dies ist gar nicht so selbstverständlich, denn es gibt bei einem »Selbstzünder« wie dem Dieselmotor keine Zündanlage, die man einfach ausschalten könnte. Früher wurden Dieselmotoren immer über einen besonderen Absteller oder einen Druckknopf abgestellt.

Das Abschaltventil (Verteilereinspritzpumpe)

Das Abschaltventil an der Einspritzpumpe dient zum Abstellen des Motors. Es besteht aus einem Magnetanker mit Dichtsitz und einer Rückstellfeder. Wenn an der Spule nicht 12 V Spannung vom Steuergerät EVE anliegen, drückt die Rückstellfeder den Magnetanker mit seiner Flachdichtung auf den Dichtungssitz, der Kraftstofffluss wird unterbrochen, und es wird kein Kraftstoff mehr eingespritzt. Das Ausschalten der Zündung wird vom Steuergerät an Klemme 15 erkannt. Durch eine Selbsthalteschaltung bleibt das Steuergerät EVE über den Überspannungsschutz weiter mit Klemme 30 verbunden. Das Abschaltventil wird vom Steuergerät geschlossen und so die Kraftstoffzufuhr unterbrochen. Anschließend prüft das Steuergerät, ob der Motor steht. Wenn ja, unterbricht nun der Überspannungsschutz die Spannungsversorgung der Einspritzanlage. Läuft der Motor weiter, wird er über die Mengenregulierung abgeschaltet und es wird auf ein defektes Abschaltventil geschlossen (Eintrag in den Fehlerspeicher).

Unterdruckabstellung (Reihen-Einspritzpumpe)

Beim Drehen des Zündschlüssels zum Abstellen des Motors wird ein elektrohydraulischer Absteller aktiviert, der mit dem Unterdruck der Unterdruckpumpe arbeitet. Das Ausschalten der Zündung wird vom Steuergerät an Klemme 15 erkannt. Durch eine Selbsthalteschaltung bleibt das Steuergerät über den Überspannungsschutz weiter mit Klemme 30 verbunden, bis der

Hier ist der durch Unterdruck gesteuerte Absteller gekennzeichnet (Pfeil), mit dem der Kraftstofffluss zum Abstellen des Motors unterbrochen wird.

Motor steht. Zum Abstellen wird die Spule vom Steuergerät stromlos geschaltet. Eine Rückstellfeder drückt den Magnetanker in der Spule zurück, und beide Kugelventile schalten um. Nun saugt die Kraftstoffpumpe den Kraftstoff von der Einspritzpumpe weg. Der abgesaugte Kraftstoff wird über den Kraftstoffhauptfilter, den elektrohydraulischen Absteller, den Kraftstoffvorfilter und den Kraftstoff-Wärmetauscher in den Tank zurückgepumpt. Dabei wird die Regelstange der Einspritzpumpe auf Nullförderung gestellt – der Motor geht aus.

Selbsthilfe bei der Einspritzanlage

Die meisten Arbeiten an der Einspritzanlage sind eine Sache der Werkstatt. Sie verfügt über spezielle typgebundene Prüfgeräte und das entsprechende Knowhow. Bei Fehlern im elektronischen Motormanagement zum Beispiel müssen eine Reihe von Tests nacheinander durchgeführt werden, um einen Defekt einwandfrei zu bestimmen. Nur so lassen sich Schäden an den elektronischen Bauteilen und Folgeschäden mit teueren Reparaturen verhindern. Das Steuergerät kann mit Heimwerkermitteln nicht kontrolliert werden. In der Praxis ist hier auch nur sehr selten mit Störungen zu rechnen. Geber, Schalter und Kabelverbindungen geben jedoch gelegentlich Anlass zu Beanstandungen. Sollte ein Defekt auftreten, empfiehlt sich folgende Vorgehensweise.

Arbeitsschritte

① Ist die jeweilige Sicherung bzw. das zuständige Relais für die Motorelektrik im Steckplatz des Sicherungskastens in Ordnung?

② Sicherstellen, dass die Vorglühanlage in Ordnung ist.

③ Kraftstoffversorgung prüfen.

④ Sichtprüfung an den Teilen der Einspritzanlage durchführen.

⑤ Wurde kein Fehler gefunden, kann die Einspritzanlage je nach Verdachtslage noch weiter durchgecheckt werden.

⑥ Brachte das keinen Erfolg, Fehlerspeicher des Steuergeräts im Rahmen einer Fahrzeugdiagnose auslesen lassen.

Praxistipp

Diagnose des Steuergeräts

Das Steuergerät ist bei allen Motorvarianten diagnosefähig. D.h. die im Fahrbetrieb auftretenden Störungen werden in einem Fehlerspeicher abgelegt, der erst nach Abklemmen der Batterie gelöscht wird. Beim EDS-Motorsteuerungssystem ist sogar noch ein Dauerfehlerspeicher eingebaut. Genial daran ist, dass auch diejenigen Fehler gespeichert werden, die nur kurzzeitig auftreten. Erfahrungsgemäß sind es genau jene Defekte, die extrem schwer auffindbar sind. Manche Fehler werden aber auch wieder gelöscht, wenn sie z.B. bei zehn Fahrten hintereinander nicht mehr aufgetreten sind. Ausgelesen werden die Fehler in der Mercedes-Werkstatt mit dem so genannten Hand-Held-Tester (kurz HHT). Hierbei werden zusätzlich zu den Fehlern noch sehr viele Umgebungsdaten mit ausgegeben.

Mittels Hand-Held-Tester (HHT) »durchschaut« der speziell geschulte Monteur die diversen elektronischen Systeme, ohne die heute auch beim Diesel »nichts mehr läuft«. Das ermöglicht eine schnelle und zielsichere Lokalisierung und Bewertung defekter Bauteile.

Sichtprüfung Einspritzanlage

Arbeitsschritte — 15000 km jährlich

① Luftschläuche auf Dichtheit prüfen. Alle Schläuche – vom dicken Ansaugluftschlauch bis zu den ganz dünnen Druck- und Unterdruckschläuchen – müssen geprüft werden. Undichtigkeiten lassen Nebenluft ins Ansaugsystem eindringen – Luft also, die das System nicht erfassen kann und die deshalb das Einspritzsystem und den Aufbau des Ladedrucks empfindlich stört.

② Sitz und Zustand des Unterdruckschlauchs am Bremskraftverstärker prüfen.

③ Sind die Schläuche der Motordurchlüftung in gutem Zustand? Oder sind sie verstopft, verschmutzt oder aufgequollen?

④ Sind an den Kraftstoffleitungen Undichtigkeiten zu erkennen? Sind alle Rücklaufleitungen auf den Einspritzdüsen richtig aufgesteckt?

⑤ Wurden die Kabelstecker öfter auseinandergezogen und wieder zusammengesteckt, kann das mangelnden Kontakt zur Folge haben. Sehen Sie sich die Stecker an den einzelnen Bauteilen der Einspritzung genau an. Die empfindlichen Steckerkontakte dürfen nicht nachgebogen oder blankgekratzt werden. Nur mit Kontaktspray besprühen.

Absteller defekt?

Der Absteller verriegelt zum Ausschalten des Motors die Kraftstoffzufuhr zu den Einspritzdüsen. Ist er defekt oder stromlos, geht nichts mehr. Der Absteller gerät z. B. in Verdacht, wenn der Motor trotz intakter Einspritzung und hinreichend vollem Tank beim Starten keinerlei Zündungen bringt.

Arbeitsschritte — 15000 km jährlich

① Als erstes prüfen, ob das Kabel zum Absteller intakt ist.

② Während ein Helfer am »Zünd-Schlüssel« dreht, hören Sie am Absteller, ob er beim Einschalten der »Zündung« klickt.

③ Tut er das nicht, ist die Stromversorgung oder der Absteller selbst defekt.

④ Stromzufuhr prüfen: »Zündung« einschalten und Prüflampe an den Kontakt des Abstellers halten.

⑤ Leuchtet sie nicht, ist das Kabel vom Steuergerät her defekt. Eine Sicherung ist nicht im Spiel.

⑥ Leuchtet sie, kann der Defekt am Absteller selbst liegen.

Nebenluft-Prüfung

An undichten Stellen im Ansaugsystem tritt so genannte Nebenluft ein oder wird gar im Überdruckbereich des Ladeluftkreises in Freie gedrückt. Das stört die Berechnungen des Steuergeräts und führt zu unkontrollierter, falscher Einspritzdosierung. Am deutlichsten erkennen Sie diese Störung im Leerlauf an schwankender Drehzahl.

Arbeitsschritte | 15000 km jährlich

① Unterdruckschläuche auf Risse und festen Sitz prüfen. Alle Schläuche kontrollieren, die an der Einspritzeinheit oder am Ansaugkrümmer angeschlossen sind.

② Motor warmfahren, anschließend im Leerlauf drehen lassen.

③ Sprühen Sie mit einer Startkraftstoff-Spraydose an den Flanschen der Saugrohre, die Flanschdichtungen der Ansaugkanäle sowie die Leitungen zu den unterdruckgesteuerten Aggregaten an. Wenn sich die Motordrehzahl beim Besprühen einer Stelle ändert, liegt dort die Undichtigkeit vor.

Einspritzdüsen schadhaft? (nur D und TD)

Störungen an den Einspritzdüsen haben meist beeindruckende Anzeichen: Der Motor läuft sehr hart, es entstehen lagerschadenähnliche Geräusche, der Motor nagelt laut, und teilweise verlassen eine Menge schwarzblaue Rauchschwaden das Auspuffrohr.
Bei solchen Anzeichen den Motor im Leerlauf drehen lassen und nacheinander die Einspritzleitungen oben an den Einspritzdüsen lösen. An dem Zylinder, an dem sich dadurch akustische Besserung zeigt, ist vermutlich die Einspritzdüse gestört.
Zu Störungen an den Einspritzdüsen kann es durch Schmutzkörnchen kommen. Oder nach langen Standzeiten des Motors kann die Düsennadel im Düsenkörper festgeklebt sein. Bei sehr lang gelaufenen Düsen ändert sich mit der Zeit der Abspritzdruck. Ergibt eine Prüfung in der Werkstatt, dass die Einspritzdüse schon vor 100 bar öffnet, muss sie ausgetauscht werden.

Einspritzdüsen ausbauen (nur D und TD)

Arbeitsschritte

① Querrohr für Ansaugluft und Abdeckung über den Einspritzdüsen ausbauen.

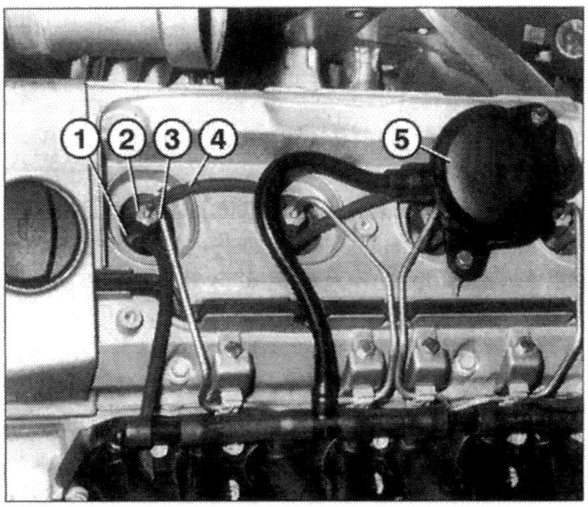

Ähnlich wie hier am Vierzylindermotor sind auch die Einspritzdüsen an den anderen Motoren montiert. ❶ Einspritzdüse, ❷ Überwurfmutter der Einspritzleitung, ❸ Einspritzleitung, ❹ Leckölleitung, ❺ Ölabscheider der Kurbelgehäuse-Entlüftung.

② Einspritzleitung an der auszubauenden Düse abschrauben.

③ Leckölleitungen abziehen.

④ Mit einem Rohrsteckschlüssel die Einspritzdüse am unteren Sechskant herausschrauben.

⑤ Auf das Düsenplättchen achten. Man erreicht es bei ausgebauter Düse – es liegt auf der Vorkammer. Laut

Werksempfehlung soll das Düsenplättchen immer erneuert werden, bevor die Einspritzdüse wieder eingebaut wird.

⑥ Düsen in richtiger Reihenfolge wieder in den Zylinderkopf einschrauben und mit 70 – 80 Nm festdrehen.

⑦ Die Einspritzleitungen werden mit 10 – 15 Nm an den Einspritzdüsen festgeschraubt.

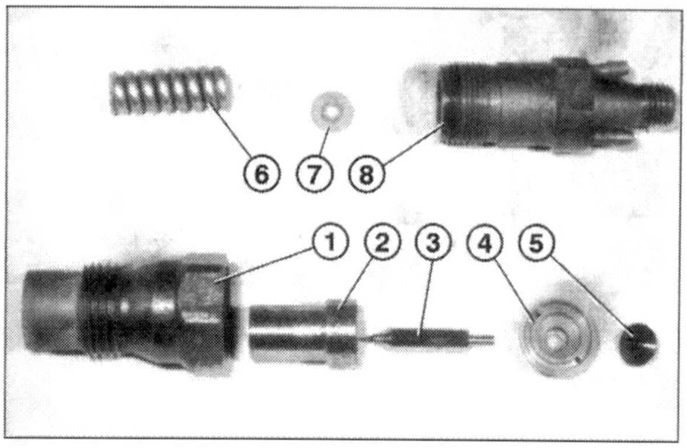

Einzelteile einer Einspritzdüse. ❶ Düsenunterteil, ❷ Düsenkörper, ❸ Düsennadel, ❹ Düsennadelhalter, ❺ Druckkolben, ❻ Druckfeder, ❼ Stahlscheibe zur Öffnungsdruck-Einstellung, ❽ Düsenoberteil.

⑤ Nach dem Zusammenbau der Düse in richtiger Reihenfolge diese wieder in den Zylinderkopf einschrauben und mit 70 – 80 Nm festdrehen.

Einspritzdüsen zerlegen (nur D und TD)

Wurde eine Einspritzdüse aus dem Zylinderkopf ausgebaut, so kann sie weiter zerlegt werden. Dabei kommt eine Einstellscheibe zum Vorschein. Mit diesen Scheiben werden alle Einspritzdüsen eines Motors auf den gleichen Abspritzdruck eingestellt, damit der Motor möglichst rund dreht. Dieses notwendige Einstellen erschwert die Selbsthilfe etwas: Düsenkörper und -nadel sind zwar handelsübliche Ersatzteile und ihr Austausch ist nicht so schwierig, doch die notwendige Druckeinstellung kann nur in der Werkstatt oder beim Bosch-Dienst vorgenommen werden. Nur in Notfällen kann man nach dem Austausch von Düsenkörper und -nadel für einige Kilometer auf die Druckeinstellung verzichten. Man baut die vorhandene Einstellscheibe wieder ein und hofft, dass der Druck so ungefähr hinkommt. In manchen Fällen genügt es auch, wenn man die Düsennadel reinigt.

Arbeitsschritte

① Zum Zerlegen der Einspritzdüse den oberen Sechskant in einen Schraubstock spannen, dabei auf die Anschlüsse der Lecköllleitungen achten. Mit einem Schraubenschlüssel die Düse auseinander schrauben.

② Teile nicht vertauschen!

③ Die Düsennadel und der Düsenkörper können vorsichtig mit einer Messingbürste von Verbrennungsrückständen saubergebürstet werden.

④ Gleitprüfung: Wenn man den Düsenkörper in einem Gefäß senkrecht unter gefilterten Dieselkraftstoff hält, muss die Düsennadel durch ihr Gewicht in den Düsenkörper gleiten.

Der Gaszug

Der Verbindungszug zwischen Gaspedal und Sollwertgeber ist sehr knickempfindlich. Ein Schaden ist programmiert, wenn Sie den Gaszug nicht sorgfältig verlegen (spitze Knicke) oder beim Einbau gar klemmen. Wenn sich das Gaspedal nur mit deutlichem Widerstand durchdrücken lässt, müssen Sie damit rechnen, dass der Zug bald reißt. Nach einer Motorwäsche sollten Sie den Gaszugs wieder schmieren. Die Feineinstellung des Gaszugs zum Sollwertgeber und die Einstellung des Steuerdruckzugs für das Automatikgetriebe sollten Sie der Werkstatt überlassen.

Gaszug einstellen

Arbeitsschritte

① Motorhaube öffnen. Gaszug am Kugelgelenk des Sollwertgebers auf Leichtgängigkeit prüfen. Beschädigte Teile ersetzen.

② Der Umlenkhebel muss spannungsfrei am Leerlaufanschlag anliegen. Andererseits darf kein Leerweg am Gaspedal vorhanden sein.

Gaszug und Sollwertgeber. ❶ Gaszug, ❷ Einstellmutter, ❸ Widerlager, ❹ Sicherungsklammer, ❺ Rückzugfeder, ❻ Anschlag für Sollwertgeberhebel, ❼ Sollwertgeberhebel, ❽ Gaszugnippel mit Kugelgelenk, ❾ Sollwertgeber.

③ Gas geben, bis der Umlenkhebel beim Sollwertgeber den Volllastanschlag erreicht. Volllastanschlag zum Einrasten zurückdrehen.

④ Einstellen bei Automatikgetriebe: Gaspedal bis zur Anlage am Kickdownschalter (nicht betätigen) drücken.

⑤ Einstellschraube am Zug drehen, bis der Umlenkhebel am Volllastanschlag anliegt.

⑥ Gaspedal los lassen. Mutter hinter dem Gaspedal drehen, bis der Umlenkhebel den Leerlaufanschlag erreicht.

Vollgaseinstellung am Gaspedal

Arbeitsschritte

① Vollgasanschlag ❶ unter dem Gaspedal durch Linksdrehung ausrasten und den Anschlagbolzen ❷ etwas herausziehen.

② Gaspedal langsam durchdrücken, bis der Umlenkhebel gerade den Vollgasanschlag erreicht.

③ In dieser Stellung Vollgasanschlag durch Rechtsdrehung einrasten.

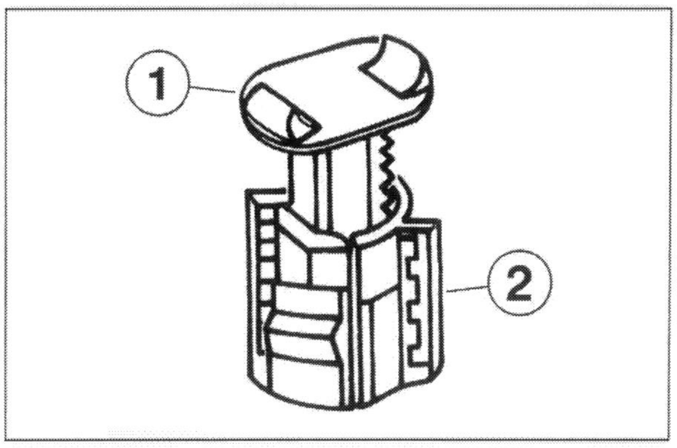

Gaszug ersetzen

Arbeitsschritte

① Kugelkopf am Umlenkhebel des Sollwertgebers abdrücken.

② Bowdenzug vom Halter lösen.

③ Abdeckung im Fahrerfußraum ausbauen.

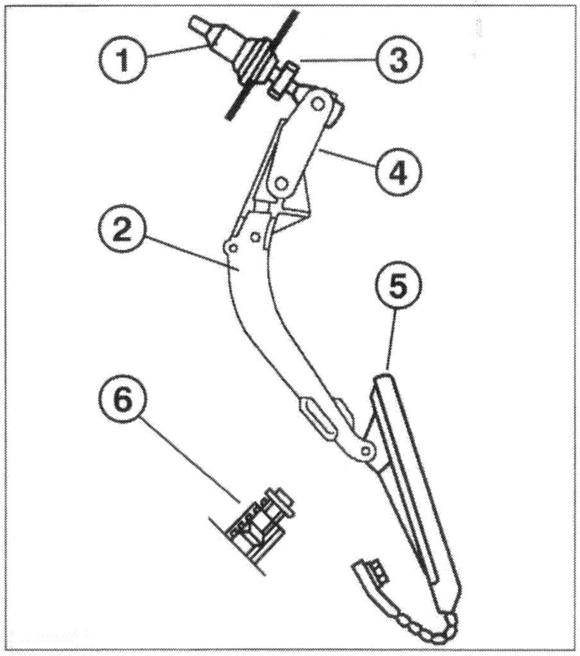

Die Teile am Gaspedal. ❶ Gummitülle, ❷ Pedalhebel, ❸ Einstellmutter, ❹ Spreizschloss, ❺ Gaspedal, ❻ Vollgasanschlag (bei Getriebeautomatik mit Kickdown-Schalter).

④ Bowdenzug am Gaspedal lösen. Dazu Feder aushängen und Halter mit Spreizschloss herausziehen.

⑤ Gaszug vom Fahrzeuginnenraum aus vorsichtig nach außen drücken. Dabei Gummitülle in der Stirnwand nicht herausdrücken.

⑥ Gaszug komplett vom Motorraum aus herausnehmen.

⑦ Vor dem Einbau die Gummitülle auf Beschädigungen kontrollieren und ggf. austauschen.

⑧ Gaszug und Hebelsegmente ggf. fetten.

⑨ Gaszug einstellen.

Diesel-Direkteinspritzung

Störungsbeistand

Störung	Ursache	Abhilfe
A Verminderte Leistung	**1** Geber für Saugrohr-Temperatur defekt	Prüfen
	2 Geber für Kraftstoff-Temperatur defekt	Prüfen
	3 Geber für Nadelhub defekt	Prüfen
	4 Nach leergefahrenem Kraftstofftank	Ggf. Fehlerspeicher löschen lassen
	5 Ventil für Einspritzbeginn undicht oder defekt	Prüfen
	6 Luftmassenmesser defekt	Prüfen lassen
	7 Abgas-Rückführung defekt	Prüfen, siehe Kapitel »Die Abgas-Entgiftung«
	8 Undichtigkeit im Ansaugtrakt	Prüfen und ggf. abdichten
	9 Ladedruck zu hoch	Turbolader und Ladedruckregelung prüfen lassen
	10 Absteller undicht oder klemmt	Prüfen
	11 Höhengeber defekt	Prüfen
	12 Förderbeginn stimmt nicht	Prüfen, ggf. einstellen
	13 Kraftstofffilter verstopft	Filter austauschen
	14 Geber für Motordrehzahl defekt	Prüfen
	15 Auspuffanlage defekt	Verengte oder beschädigte Teile ersetzen
	16 Gaspedalweg zu kurz	Evtl. zusätzlich eingelegte Bodenmatten zu hoch
B Motor läuft nicht bzw. bleibt stehen	**1** Spannungsversorgung für Steuergerät ungenügend oder unterbrochen	Relais für Überspannungsschutz prüfen
	2 Geber für Regelschieberweg defekt	Prüfen
	3 Siehe A 10	
	4 Mengensteller defekt	Prüfen

Diesel-Direkteinspritzung

Störungs-
beistand

Störung	Ursache	Abhilfe
C Motor springt nicht oder schlecht an	**1** Siehe A 14	
	2 Geber für Kühlmittel-Temperatur defekt	Prüfen
	3 Vorglühanlage defekt	Siehe Kapitel »Die Vorglühanlage«
	4 Eine oder mehrerer Einspritzdüsen defekt verschmutzt oder Abspritzdruck falsch	Prüfen und ggf. erneuern lassen
	5 Nach harten Frostnächten: Kraftstofffilter mit Paraffinkristallen verstopft	Fahrzeug einige Stunden in eine beheizte Garage stellen. Funktion der Kraftstoffvorwärmung kontrollieren (lassen)
	6 Kraftstoffversorgung ganz oder teilweise unzureichend. Prüfen, ob an den Einspritzdüsen Diesel ankommt.	Teile der Kraftstoffversorgung überprüfen
	7 Nach leergefahrenem Tank noch Luft im Kraftstoffsystem	Anlasser betätigen, bis sich die Anlage selbst entlüftet hat
	8 Leerlaufanhebung oder EDS defekt	Prüfen lassen
	9 Kompressionsdruck des Motors zu niedrig	Messen lassen
	10 Einspritzpumpe defekt	Austauschpumpe einbauen lassen
D Rauer Motorlauf oder Ruckeln	**1** Siehe A 3, 9,12 und 14	
	2 Siehe B 1	
	3 Gaszug falsch eingestellt bzw. schwergängig, geknickt	Überprüfen, Gaszug ggf. auswechseln
	4 Motorlager lose oder defekt	Festziehen bzw. erneuern
	5 Kraftstoff- oder Leckölleitung undicht (Geruch!)	Bei laufendem Motor undichte Stellen suchen
E Leerlaufdrehzahl zu hoch	Geber für Gaspedalstellung defekt oder falsch eingestellt	Prüfen, ggf. einstellen lassen
F Starker schwarzer, weißer oder blauer Auspuffrauch	**1** Motor nicht betriebswarm	Bei warmen Motor nochmals prüfen
	2 Zu viel Gas bei niedriger Drehzahl	Einzelne Gänge beim Fahren etwas höher ausdrehen
	3 Luftfilterstarkverschmutzt	Reinigen bzw. auswechseln
	4 Höchstdrehzahl verstellt	Prüfen lassen
	5 Einspritzdüsen tropfen	Prüfen lassen bzw. auswechseln
	6 Zu geringer Einspritzdruck	Messen lassen
	7 Siehe A 12	
	8 Siehe C 9 und 10	
G Kraftstoffverbrauch zu hoch	**1** Kraftstoffanlage undicht	Alle Schläuche, Leitungen, Filter und Einspritzpumpe auf Dichtheit prüfen
	2 Siehe A 12	
	3 C 8, 9 und 10	

DIE
KRAFTST
VERSORG

Die neue Mercedes E-Klasse mit Dieselmotor zeichnet sich durch noch sparsamere Verbrauchswerte aus. Wichtig ist der richtige Kraftstoff. Die E-Klasse-Dieselmotoren benötigen Dieselkraftstoff mit einer Cetanzahl von 45. Die Cetanzahl steht für die Zündwilligkeit des Kraftstoffes.

Wartung

Reparatur

Für viele Arbeiten an der Kraftstoffanlage muss man wissen, wie der Dieselkraftstoff vom Tank zur Einspritzpumpe fließt. Die Abbildungen (Seite 131/132) der so genannten Niederdruckseite der Einspritzanlage helfen hierbei weiter. Sie ist jedoch je nach Motor nur geringfügig verschieden.

Von der starken, selbst ansaugenden Kraftstoffpumpe wird der Kraftstoff aus dem Tank angesaugt. Dabei durchfließt er ein Siebfilter im Tank und ein Vor- und Feinfilter im Motorraum. Je nach Außentemperatur entscheidet der Thermostat der Diesel-Vorwärmung, ob der Kraftstoff noch über den Wärmetauscher geleitet wird, bevor er die Kraftstoffpumpe erreicht. Von der Pumpe geht's weiter zum Kraftstofffilter und von da zur Einspritzpumpe. Ein kleiner Teil Kraftstoff fließt vom dritten Anschluss am Filter bereits wieder zurück zum Tank. Durch eine Drossel in der Einspritzpumpe wird aber erreicht, dass dies wirklich nur ein kleiner Teil ist und die Einspritzpumpe nicht zu kurz kommt. Nicht der ganze Kraftstoff, der über die Einspritzleitungen zu den Düsen gepumpt wird, kommt zum Verbrauch. Die so genannte Leckölleitung führt den übrigen Kraftstoff zu den anderen Rücklaufleitungen.

Der Kraftstofftank

Der Kraftstofftank Ihres E-Klasse-Mercedes besteht aus Stahlblech und ist hinter dem Rücksitz angeordnet. Beim T-Modell ist er etwas weiter nach hinten versetzt und unter dem Gepäckraum platziert. Je nach Modell ist sein Fassungsvermögen etwas unterschiedlich. So fasst der Tank der Limousine 65 Liter und der Tank beim T-Modell 70 Liter Diesel, ca. 8 Liter davon sind Reserve.
An der Oberseite des Kraftstofftanks ist der Geber für die Kraftstoff-Vorratsanzeige angebracht. Die Kraftstoffvor- und -rücklaufleitung verlaufen unter dem Wagenboden nach vorn zum Motorraum. Sie sind aus druckfestem Material gefertigt und werksseitig mit Schellen (Klemm- bzw. Schraubschellen) gesichert.

Recht gut geschützt und doch leicht zugänglich ist der Kraftstofftank der E-Klasse-Limousine hinter dem Rücksitz platziert.

Bei der Kombiversion der Mercedes-E-Klasse ist der Kraftstofftank hinter der Hinterachse unter dem Laderaum montiert.

Ausgeklügeltes Belüftungssystem

Wichtig für den einwandfreien Kraftstoffnachschub ist die Belüftung des Tanks: In dem Maß, wie Kraftstoff verbraucht wird, muss Luft nachströmen können, sonst würde sich im Tank ein Unterdruck bilden, und der Kraftstofffluss würde stocken. Ferner muss der Tank belüftet werden, um dem Inhalt Gelegenheit zum Ausdehnen bei Erwärmung zu geben. Auch muss beim Betanken genug Luft aus dem Tank austreten können, damit der hineingeschüttete Kraftstoff nicht wieder zum Einfüllstutzen heraussprudelt. Die Tank-Be- und –Entlüftungsleitungen münden in den Einfüllstutzen des Tanks. Die Entlüftungsleitung des Kraftstofftanks führt freilich nicht einfach ins Freie. Sie ist vielmehr mit einem Ausgleichsbehälter verbunden, der die austretenden Kraftstoffdämpfe bindet und kondensiert. Der Behälter kann bei Ausdehnung des Kraftstoffs durch Wärme auch ein gewisses Kraftstoffvolumen aufnehmen.

Die Kraftstoffpumpe

Die Kraftstoffpumpe ist seitlich an die Einspritzpumpe angeflanscht und wird von einem Nocken auf der Einspritzpumpenwelle über einen Druckstößel aktiviert. Beim CDI wird die Hochdruckpumpe von einer ebenfalls von der Steuerkette angetriebenen Kraftstoff-Förderpumpe gespeist.

Der Kraftstoff-Wärmetauscher

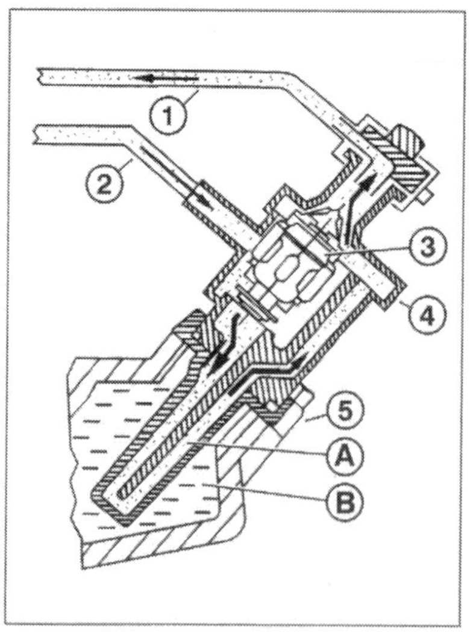

Schnitt durch den Kraftstoff-Wärmetauscher.
❶ Rücklauf des vorgewärmten Kraftstoffs,
❷ Zulauf des kalten Kraftstoffs,
❸ Thermostat,
❹ Thermostatgehäuse,
❺ Zylinderkopf,
A - Dieselkraftstoff,
B - Kühlmittel.

Er ist mit in den Kühlkreislauf integriert und seitlich in den Zylinderkopf geschraubt und soll die Betriebssicherheit des Mercedes-Diesels selbst bei Temperaturen weit unter –25°C garantieren. Hierzu wird der Kraftstoff abhängig von der Stellung des Thermostatreglers des Kühlsystems über den Wärmetauscher geleitet. Unter +18°C Kühlflüssigkeit fließt aller Kraftstoff über den Wärmetauscher, zwischen +18 und +30° C stellt sich ein Mischbetrieb ein, und bei höheren Temperaturen wird der Wärmetauscher nicht mehr vom Kraftstoff durchflossen.

Der Kraftstofffilter

Das Kraftstoffsystem des Dieselmotors ist sehr empfindlich gegen Kraftstoff-Verunreinigungen, besonders aber gegen Wasser. In den Kraftstoff gelangt das Wasser hauptsächlich durch Kondensierung im Fahrzeugtank oder im Erdtank unter der Zapfsäule. Flüssige und feste Fremdstoffe müssen also herausgefiltert werden, bevor der Kraftstoff die Einspritzpumpe erreicht. Das geschieht im Kraftstofffilter. Am Filterelement werden Schmutzkörnchen abgeschieden, damit sie nicht in die Pumpe gelangen können. Im Freiraum darunter kann sich Wasser – das ja schwerer ist als Kraftstoff – absetzen. Bei allen Diesel-Modellen soll der Kraftstofffilter alle 90.000 km ausgewechselt werden.

Kraftstoffversorgung

(bei Verteilereinspritzpumpe)

Die Kraftstoffpumpe in der Verteilereinspritzpumpe saugt den Kraftstoff über den Kraftstoff-Wärmetauscher und den Kraftstofffilter an. Zum Entlüften dient eine Drossel im Verteilerpumpengehäuse. Um einen störungsfreien Betrieb mit Winterdieselkraftstoff – in der Regel bis mindestens –25°C Außentemperatur – zu gewährleisten, muss der Dieselkraftstoff vorgewärmt werden. Die Kraftstoff-Vorwärmung besteht aus Kraftstoff-Wärmetauscher mit Thermostat am Zylinderkopf. Der Thermostat schaltet hierzu wie folgt: Volle Vorwärmung bis +18°C (Kraftstoff-Temperatur), Mischbetrieb von +18 bis +30°C (Kraftstoff-Temperatur). Der Kraftstofffilter besteht aus einem Metallgehäuse mit Papierfiltereinsatz (sehr kleine Porengröße). Ein Vorfilter ist seitlich angeordnet.
Die Kraftstoffpumpe ist eine so genannte Flügelzellenpumpe und in der Verteilerpumpe eingebaut. Das Pumpengehäuse steht exzentrisch zur Antriebswelle. Dadurch ist das Volumen hinter den vier Flügeln unterschiedlich. Am größten Volumen wird Kraftstoff durch den Einlassschlitz angesaugt. Der Kraftstoff ist zwischen zwei Pumpenflügeln eingeschlossen und wird bei sich weiterdrehender Pumpe in den Bereich des Auslassschlitzes befördert, wobei sich das Volumen verkleinert. Der Kraftstoff wird vom Flügel in den Auslassschlitz gedrückt. Dreht der Motor über 5000/min, wird der Förderdruck durch ein Druckregelventil mit Kolben und Feder auf ca. 8 bar begrenzt. Der Förderdruck muss möglichst hoch und konstant sein, damit die verschiedenen hydraulischen Pumpenbauteile richtig versorgt sind. Beim Starten entlüftet sich das Kraftstoffsystem durch die Förderleistung der Flügelzellenpumpe und die Entlüftungsdrossel selbsttätig. Anlasser ununterbrochen drehen lassen, bis der Motor startet, sonst klappt die Entlüfterei nicht!

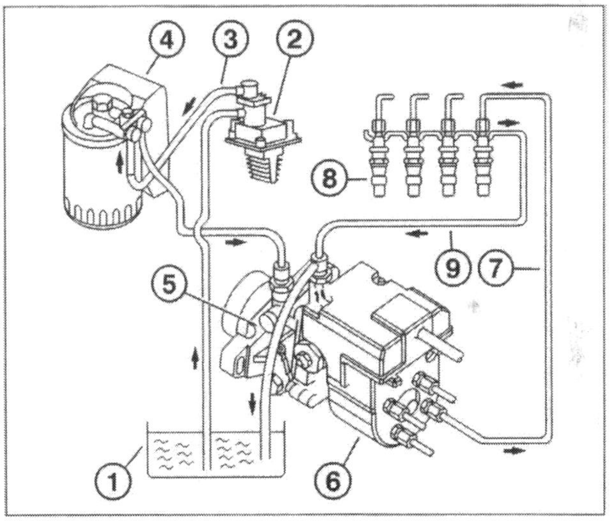

Die Kraftstoffversorgung bei eingebauter Verteilereinspritzpumpe. ❶ Kraftstofftank, ❷ Kraftstoff-Wärmetauscher, ❸ Rücklauf vorgewärmter Kraftstoff, ❹ Kraftstofffilter, ❺ Kraftstoffpumpe (nicht sichtbar), ❻ Verteilereinspritzpumpe (EVE), ❼ Hochdruck-Einspritzleitung Zylinder 1, ❽ Einspritzdüse, ❾ Leckölleitung.

Kraftstoffversorgung

(bei Reiheneinspritzpumpe)

Die Kraftstoffpumpe ist seitlich an der Reiheneinspritzpumpe angeflanscht. Sie saugt den Kraftstoff über den Kraftstoff-Wärmetauscher und den Kraftstofffilter an. Zum Entlüften dient eine Drossel mit

Umgang mit Kraftstoff

Gefahrenhinweis

Der Umgang mit Kraftstoff ist gefährlich. Nehmen Sie daher Wartungsarbeiten und Reparaturen an Teilen der Kraftstoffanlage nicht auf die leichte Schulter. Vor allem beim Entleeren des Kraftstoffbehälters müssen Sie mit äußerster Vorsicht vorgehen. Grundsätzlich müssen Sie beim Umgang mit Kraftstoff folgende Vorsichtsmaßnahmen beachten:

- Zuerst die Batterie abklemmen, Kabel gegen Berühren mit den Polen der Batterie sichern.
- Kraftstoffbehälter nur im Freien entleeren. Dazu brauchen Sie ein entsprechendes Abpumpgerät (z. B. kraftstofffeste Balgen-Schlauchpumpe). Auf keinen Fall den Kraftstoff durch die Öffnung des Gebers der Kraftstoff-Vorratsanzeige auskippen oder durch Ansaugen an einem Schlauch mit dem Mund entleeren – Vergiftungsgefahr durch die hochgiftigen Kraftstoffzusätze!
- CO_2-Pulver- oder Schaumlöscher der Brandklasse B muss in greifbarer Nähe sein.
- Den Kraftstoffbehälter nie über einer Grube entleeren. Die entweichenden Gase sind schwerer als Luft, würden für mehrere Stunden in der Grube bleiben. Folge: Gesundheitsschädigung durch Einatmen, akute Explosionsgefahr.
- Stellen Sie sicher, dass sich während der Arbeit mit Kraftstoff keine eingeschalteten elektrischen Geräte, offenen Flammen, Wärme- und Funkenquellen im Raum befinden.
- Kraftstoff darf nur in einen verschließbaren, klar beschrifteten Behälter umgefüllt werden. Dazu gibt's spezielle Behälter mit Flammschutz und Druckausgleichsverschluss.
- Im entleerten Kraftstofftank befinden sich Restgase. Auch die sind gefährlich. Alle Arbeiten deshalb mit besonderer Vorsicht ausführen.

Rückschlagventil im Saugraum der Einspritzpumpe. Die Kraftstoff-Vorwärmung besteht aus dem Kraftstoff-Wärmetauscher mit Thermostat am Zylinderkopf. Um einen störungsfreien Betrieb mit Winterdieselkraftstoff in der Regel bis mindestens –25°C Außentemperatur zu gewährleisten, muss der Dieselkraftstoff vorgewärmt werden. Der Thermostat schaltet hierzu wie folgt: Volle Vorwärmung bis +18°C (Kraftstoff-Temperatur), Mischbetrieb von +18 bis +30°C (Kraftstoff-Temperatur). Der Kraftstofffilter besteht aus einem Metallgehäuse mit Papierfiltereinsatz.

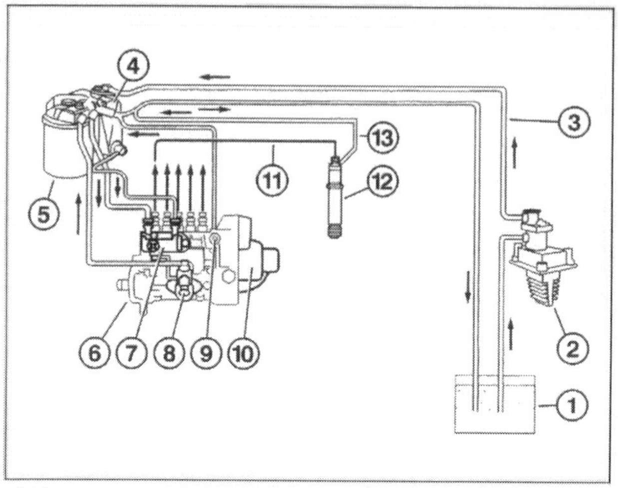

Die Kraftstoffversorgung bei eingebauter Reiheneinspritzpumpe. ❶ Kraftstofftank, ❷ Kraftstoff-Wärmetauscher, ❸ vorgewärmter Kraftstoff, ❹ Kraftstoffvorfilter, ❺ Kraftstoffhauptfilter, ❻ Einspritzpumpe, ❼ elektrohydraulischer Absteller(ERE), ❽ Kraftstoffpumpe, ❾ Überströmdrossel mit Rückschlagventil, ❿ Mengenstellwerk (ERE), ⓫ Hochdruck-Einspritzleitung, ⓬ Einspritzdüse, ⓭ Leckölleitung.

Kraftstoffanlage auf Dichtheit prüfen

Riecht es am Abstellplatz des Wagens nach Diesel, tritt dieser irgendwo aus einer Leitung oder an einem Bauteil der Kraftstoffanlage aus. Zur Suche einer Undichtigkeit sollte der Mercedes über Nacht an einem trockenen, sauberen Platz gestanden haben.

Arbeitsschritte | W | 30000 km

① Flecken unter den Wagenboden?

② Wenn nicht, Motor starten und einige Minuten laufen lassen.

③ Motor abstellen und auf dem Boden erneut kontrollieren.

④ Falls immer noch nichts sichtbar ist, sämtliche Leitungen und Teile der Kraftstoffanlage verfolgen und auf den charakteristischen Dieselgeruch achten.

Kraftstofffilter ersetzen

Arbeits-schritte | W | 90000 km alle 4 Jahre

① Unterdruckleitung zum Bremskraftverstärker am Halter aushängen.

② Filterpatrone mit einem Spannbandschlüssel (Ölfilterschlüssel) abschrauben bzw. die große Mutter oben aufdrehen.

③ Filterpatrone unten wegnehmen und alten Filter als Sondermüll entsorgen.

④ Neue Patrone ansetzen und Schraube mit neuem O-Ring und Dichtring montieren.

⑤ Schraube bzw. Patrone gefühlvoll festdrehen.

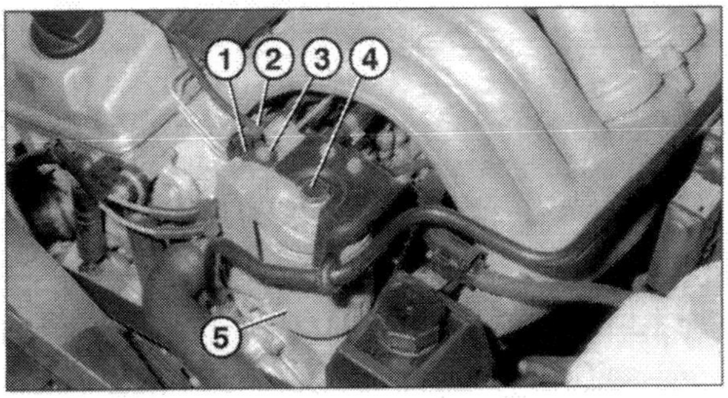

Der Kraftstofffilter. ❶ Kraftstoffvorfilter, ❷ Kraftstoffzulauf, ❸ Sicherungsblech für Vorfiltereinschub, ❹ zentrale Befestigungsschraube für Kraftstoffhauptfilter, ❺ Kraftstoffhauptfilter.

Kraftstoff-Vorfilter prüfen

Je nach Betriebsbedingung sollten Sie den Vorfilter alle 30.000 km auf Verschmutzung prüfen und ggf. reinigen. Sonst reicht es, wenn der Filter zusammen mit dem Feinfilter alle 90.000 km bzw. alle vier Jahre gewechselt wird.

Arbeits-schritte | W | 90000 km alle 4 Jahre

① Schraube am Vorfilter lösen.

② Halteblech für Kraftstoffleitung abnehmen und Leitung ausstecken.

③ Vorfilter aus dem Kraftstofffiltergehäuse ziehen.

Das empfindliche, engmaschige Sieb (Pfeil) des Kraftstoffvorfilters muss mit Dieselkraftstoff und einem nicht zu harten Waschpinsel gewissenhaft gereinigt werden und wenn möglich anschließend ausgeblasen werden. Ein stark zugesetzter Vorfilter sollte ersetzt werden.

④ Verschmutzten Filter auswaschen oder vorsichtig ausblasen.

Der Kraftstoff

Ihr Mercedes-Diesel benötigt Diesel-Kraftstoff mit einer CZ von mindestens 45. CZ steht für »Cetanzahl« und ist das Maß für die Zündwilligkeit des Kraftstoffes. Sie ist eine reine Verhältniszahl und wird wie folgt ermittelt: Dem sehr zündwilligen Kraftstoff Cetan wurde die Zahl 100 zugeordnet, einem überaus zündträgen Vergleichskraftstoff (Methylnaphthalin) die Ziffer 0. Die Cetanzahl gibt nun an, wie viel Volumenprozent Cetan sich in einem Gemisch mit dem Vergleichskraftstoff befinden müssen, das die gleiche Zündwilligkeit besitzt wie der zu messende Kraftstoff – in unserem Fall der Dieselkraftstoff. Ob die gleiche Zündwilligkeit vorliegt, wird in einem genormten Prüfdieselmotor ausprobiert. Weiterhin im Dieselkraftstoff enthalten:

- **Zündbeschleuniger:** Erhöht mit der Cetanzahl die Zündwilligkeit.
- **Oxidationsinhibitor:** Verbessert die Lagerstabilität.
- **Anti-Schaum:** Verhindert störende Schaumbildung beim Tanken.
- **Anti-Smoke:** Durch katalytische Wirkung vollständigere Verbrennung von Kohlenstoffpartikeln.
- **Detergent/Dispersant:** Vermindert Ablagerungen im Einspritzsystem.
- **Leitfähigkeitsverbesserer:** Zur Verhinderung von elektrostatischen Aufladungen.

- **Metalldeaktivatoren:** Zur Deaktivierung von Cu-Ionen, die als Oxidations-Katalysatoren wirken.
- **Fließverbesserer/Anti-Setting:** Verbessert die Fließfähigkeit bei Kälte (Filtrierfähigkeit, Wachsabsetzverhalten).
- **Aromastoffe:** Sollen spezifischen Geruch neutralisieren/überdecken.
- **Abbrennhilfen:** Reduzieren die Ruß-Abbrenntemperatur in Partikelfiltern.
- **Biozide:** Vermeiden Bakterien-Wachstum.
- **Verschleißschutz:** Verbessert die Schmierung der Kraftstoffpumpe.

So sparen Sie Kraftstoff

Praxistipp

Beschleunigen Sie stets zügig, schalten Sie jedoch möglichst früh in den nächsthöheren Gang. Ist die gewünschte Geschwindigkeit erreicht, wählen Sie den höchstmöglichen Gang und lassen den Wagen mit wenig Gas rollen. Der Motor soll nur beim Überholen oder beim Einspuren in den fließenden Verkehr hochdrehen. Außerdem sollten Sie auch beim kurzen Halt vor einer Eisenbahnschranke, Baustellenampel oder im Stau den Motor abstellen – bereits bei 5 bis 7 Sekunden Wartezeit sparen Sie Kraftstoff.

Dieselkraftstoff im Winter

Den Mercedes-Dieselfahrer braucht dieses Problem inzwischen nur noch am Rande zu interessieren, denn die Kraftstoffanlage ist mit einer Diesel-Vorwärmung ausgestattet. Die Anlage arbeitet nach unseren Erfahrungen so zuverlässig, dass selbst nach mehreren Frostnächten unter –30°C nicht mit dem Eindicken des Kraftstoffes zu rechnen ist. So genannte Fließverbesserer erhalten auch bei Minusgraden die Fließfähigkeit, so dass der Dieselfahrer mit dem Problem des Versulzens gar nicht in Berührung kommt. Außerdem ist der Dieselkraftstoff an den Tankstellen auf die Jahreszeiten »eingestellt«:

- **Sommer-Dieselkraftstoff** ist gewissermaßen »naturbelassen«. Er würde schon stocken, wenn das Thermometer unter –2°C fällt.
- **Übergangs-Diesel** wird im Frühjahr und im Herbst verkauft. Er soll Sicherheit schaffen, wenn die Quecksilbersäule unerwartet nach unten rutscht. Bestenfalls ist er noch bei –8° bis –10°C filtergängig.
- **Winter-Dieselkraftstoff** muss laut DIN-Norm bis mindestens –12°C brauchbar sein. Die Tankstellen bieten jedoch zumeist eine weit frostfestere Ware an: –15°C ist nahezu überall die Regel; meist sind die Kraftstoffe sogar bis –22°C kältesicher.

Diesel-Kraftstoffzusätze im Winter

Folgende Mittel eignen sich zusätzlich als Fließverbesserer im Winter:

- Beste und unproblematischste Möglichkeit ist die Zugabe eines Dieselkraftstoff-Zusatzmittels, z. B. Autol Desolite D/DW, LM Fließfit, Valvoline Winterfit oder Veedol Diesel Aktiv. Doch Vorsicht! Bei den bis –22°C frostfesten Kraftstoffen bringt das Beimengen von Fließverbesserern nur noch in Einzelfällen Vorteile.
- Zweite Möglichkeit ist das Beimengen von bleifreiem Normalbenzin – keinesfalls Super, denn es verschlechtert die Zündwilligkeit. Soll Sommerkraftstoff von 0° bis –15°C und herkömmlicher Winterkraftstoff von –15° bis –25°C einsatzfähig bleiben, so empfiehlt sich ein Zusatz von höchstens 30% Normalbenzin. Bezogen auf den randvollen 65-Liter-Tank wären das also maximal 19 Liter Benzin. Erreicht die Temperatur nicht die genannten Minus-Werte, gießen Sie entsprechend weniger zu. Mit diesem Gemisch läuft der Motor natürlich sehr unwirtschaftlich, und er springt auch schlechter an. Außerdem bekommt er einen ungewohnt harten Motorlauf. Entsprechend hoch ist auch der Verschleiß beim Betrieb mit diesem Kraftstoff-Gemisch. Tanken Sie deshalb, sobald es die Temperaturen erlauben, wieder Dieselkraftstoff dazu.

Benzin statt Diesel

Praxistipp

Die oft gestellte Frage, wieso im Dieselmotor kein Ottokraftstoff verwendet werden kann, lässt sich einfach beantworten: Die im vorigen Kapitel angesprochene Zündwilligkeit des Kraftstoffes soll im Ottomotor niedrig, im Dieselmotor dagegen hoch sein. **Kraftstoff** mit hoher Zündwilligkeit hätte im Ottomotor schädliches Klingeln und Klopfen zur Folge. Der Kraftstoff würde sich also schon während der Aufwärtsbewegung des Kolbens selbsttätig entzünden und nicht mehr lange auf das Startsignal der Zündkerze warten.

Kraftstoff ablassen

Der Tank besitzt keine Ablassschraube. Da die Kraftstoffsaugleitung und der Rücklauf nicht an der Tankunterseite sitzen, kann man nicht einfach eine Leitung abziehen und den Kraftstoff auslaufen lassen.

Arbeitsschritte

① Ist der Tank noch gut gefüllt, durch den Einfüllstutzen einen Schlauch so tief wie möglich in den Tank schieben.

② Obere Schlauchöffnung mit dem Finger dicht verschließen. Das Auffanggefäß muß unterhalb des Tankbodenniveaus stehen. Schlauch wieder ein Stück herausziehen und ins Gefäß halten. Reicht der Schlauch weit genug in den Kraftstoff, fließt er jetzt durch das Gefälle heraus. Ansaugen von Kraftstoff mit dem Mund gefährdet die Gesundheit.

③ Befindet sich zu wenig Kraftstoff im Tank, hilft diese Methode meist nicht mehr. Dann müssen Sie den Kraftstoff mit einer kraftstofffesten Handpumpe (Schlauch-Balgenpumpe) abpumpen.

Kraftstoffleitungen und -schläuche ausbauen

Die Leitungen sind aus besonders druckfestem Material gefertigt. Zudem sind sie an allen Verbindungsstellen mit Klemmschellen, Schraubschellen oder mit stabilen Verschraubungen gesichert.

Arbeitsschritte

① Sauberkeit ist oberstes Gebot bei Arbeiten an der Kraftstoffanlage. Zumindest den Bereich, in dem gearbeitet wird, vorher reinigen, damit kein Schmutz in die offenen Leitungen gelangen kann.

② Beim Losschrauben einer Kraftstoffleitung bzw. beim Trennen einer Schnellkupplung einen Lappen zum Auffangen von austretendem Diesel bereithalten.

③ Zum Lösen von Klemmschellen mit einer Zange die Blechschlaufe an ihrem Umfang plattdrücken. Dadurch weitet sich die Klemmschelle, und der Kraftstoffschlauch kann unter Drehbewegungen abgezogen werden.

④ Andere Möglichkeit: Blechschlaufe mit einem schmalen Schraubendreher weiten.

⑤ Danach kleinen Gabelschlüssel am Schlauchende ansetzen und damit abdrücken.

⑥ Beim Einbau sollten Sie statt der Klemmschellen solche zum Schrauben verwenden.

⑦ Schraubschellen (Schlauchbänder) können natürlich wiederverwendet werden. Beim Anziehen nicht zuviel Kraft anwenden, sonst rutscht die Verzahnung durch, und die Schraubschelle ist unbrauchbar.

Fehlersuche an der Kraftstoffpumpe

(nur D und TD)

Bei den Reiheneinspritzpumpen ist die Kraftstoffpumpe seitlich an die Einspritzpumpe angeflanscht. Von einem Nocken auf der Einspritzpumpenwelle wird über einen Druckstift der Pumpenkolben gedrückt. Eine Feder drückt ihn wieder zurück. Die beiden Pumpenventile öffnen und schließen im Wechsel, abhängig von der Bewegungsrichtung des Pumpenkolbens. Bei Modellen mit Verteilereinspritzpumpe (EVE) ist die Kraftstoffpumpe unsichtbar in der Einspritzpumpe verborgen. Alle Pumpen haben eine so große Förderleistung, dass sie auch nach leergefahrenem Tank wieder selbst ansaugen. Die früher bei Dieselfahrzeugen übliche Handpumpe gibt es schon lange nicht mehr.
Die Prüfung der Kraftstoffpumpe ist eine Arbeit für die Werkstatt. Wenn Sie einen Defekt an diesem Bauteil vermuten, sollten Sie sich auf folgende Fehlersuche beschränken. Die geförderte Kraftstoffmenge muss in der Rücklaufleitung gemessen werden.

Arbeitsschritte

① Kraftstoff-Rücklaufleitung im Motorraum abnehmen und in einen Messbecher hängen.

② **Verteilereinspritzpumpe:** Motor starten. Bei Leerlaufdrehzahl müssen 0,25 Liter in 15 Sekunden gefördert werden.

③ **Reiheneinspritzpumpe:** Zündschlüssel abziehen, damit

die Motorabstellung arbeitet und somit der Motor nicht anspringen kann.

④ Anlasser mit einem Hilfskabel für 30 Sekunden drehen lassen.

⑤ Bei guter Batterie muss die geförderte Menge mindestens 0,15 Liter betragen.

⑥ **Alle:** Wenn der Wert nicht erreicht wird, neue Kraftstoffpumpe einbauen (lassen).

Die Vorglühanlage

Früher konnte man den Dieselfahrer schon von weitem erkennen. Nach dem Einsteigen dauerte es meist einige Zeit, ehe der Motor losnagelte. Der Fahrer saß dabei mit ausdruckslosem Gesicht hinterm Lenkrad – die »Diesel-Gedenkminute«. Heute braucht Ihr Diesel-Mercedes dank der parallel geschalteten Stabglühkerzen nur noch wenige Sekunden Vorglühzeit. Beim laufendem Dieselmotor entzündet sich der Kraftstoff an der hoch verdichteten und somit sehr heißen Verbrennungsluft. Doch beim Kaltstart kommt die Selbstzündung von allein nicht in Schwung. Bei Motorstart wird die Selbst-Entzündungstemperatur nicht erreicht, weil sich die Luft schnell wieder an den kalten Teilen des Motors abkühlt. Die Glühkerzen, die seitlich in die Vorkammern ragen, sorgen hilfreich für das Entflammen der Kraftstoffteilchen.

Bauartbedingt muss beim Direkteinspritzer weit weniger vorgeglüht werden als bei einem herkömmlichen Dieselmotor mit Wirbelkammer. Er springt auch unter dem Gefrierpunkt noch sicher ohne diese Zusatzeinrichtung an. Wenn also vorgeglüht wird, so ist das überwiegend wegen der Verbesserung der Abgaswerte der Fall.

Funktion der Vorglühanlage

Die Vorglühanlage besteht im Wesentlichen aus drei Hauptteilen: den Stabglühkerzen, dem Vorglühzeitrelais und der Kontrollleuchte im Kombiinstrument.

Beim Einschalten der Zündung wird das Vorglühzeitrelais über Klemme 15 angesteuert. Ein Leistungsrelais schaltet den starken Strom von Klemme 30 (Plus) zu den Glühkerzen (über einen Sicherungsautomat abgesichert). Die Glühkerzen sind für eine Spannung von 11,5 Volt ausgelegt und parallel geschaltet. Beim Zündschlüsseldreh fließen durch jede Glühkerze ca. 30 Ampere. Eine Regelwicklung in der Glühkerze verringert den Strom nach etwa 10 Sekunden auf 8 bis 15 Ampere. So werden die Glühkerzen gegen Durchbrennen geschützt. Durch den starken Stromduchfluss erreichen die Glühkerzen nach rund 10 Sekunden 900°C und nach 30 Sekunden ihre Maximaltemperatur von 1180°C.

Das Vorglühzeitrelais bestimmt die Vorglühdauer. Hierzu besitzt es einen eingebauten Temperaturgeber, der die Umgebungstemperatur erfasst. Bei –30°C wird ca. 25 Sekunden, bei +20°C etwa 4 Sekunden und bei +40°C etwa 2 Sekunden vorgeglüht. Sobald ausreichend vorgeglüht ist, wird die Startbereitschaft des Motors durch Verlöschen der Kontrolllampe im Kombiinstrument angezeigt. Wird der Motor nach Verlöschen der Lampe nicht gestartet, sorgt eine Sicherheitsschaltung dafür, dass der Strom durch die Glühkerzen nach weiteren 20 bis 25 Sekunden abgeschaltet wird. Erfolgt ein Start nach dieser Zeit, schaltet sich die Vorglühanlage während des Anlasserdrehens wieder hinzu. Diese Ansteuerung erfolgt über Klemme 50.

Die Glühkerzen

Die Glühkerzen werden durch einen Mikroprozessor im Vorglühzeitrelais einzeln gesteuert. Zusätzlich werden die Glühkerzen während der Fahrt mit einem geringen Prüfstrom überwacht. Der Ausfall einer oder mehrerer Glühkerzen wird bei laufendem Motor durch das Aufleuchten der Vorglüh-Kontrollleuchte für etwa eine Minute angezeigt. Ist der Motor angesprungen, beginnt die Nachglühzeit – es wird bis zu 180 Sekunden weitergeglüht, sofern die Kühlmitteltemperatur nicht schon über 40°C gestiegen ist. Sinn des Nachglühens ist es, das harte Verbrennungsgeräusch der noch kalten Maschine zu mildern und die Abgaswerte in der Kaltlaufphase zu verbessern. Falls der Temperaturgeber hinten am Zylinderkopf defekt ist, wird grundsätzlich 30 Sekunden lang nachgeglüht.

Die Glühkerzen für Ihren Mercedes wurden von Bosch entwickelt. Es sind so genannte Schnellstart-Stabglühkerzen. Im Glührohr, das in die Vorkammer ragt, sind hintereinander die Heiz- und Regelwicklung angeordnet. Mit steigender Temperatur erhöht sich der Widerstand der Regelwicklung. Dadurch wird der Strom von 30 Ampere auf 8 – 15 Ampere heruntergeregelt. Bei den hohen Temperaturen, denen die Glühkerzen ständig ausgesetzt sind, kann eine Kerze schon einmal ausfallen. Besonders Störungen an den Einspritzdüsen, zu geringer Einspritzdruck oder falscher Förderbeginn können weitere Ursachen für den Ausfall von Glühkerzen sein. Die richtigen Glühkerzen für Ihren Diesel tragen abhängig von Baujahr und Motorleistung unterschiedliche Bezeichnungen (Heizelementlänge verschieden). Ersatzteilkauf nur mit Fahrzeugschein!

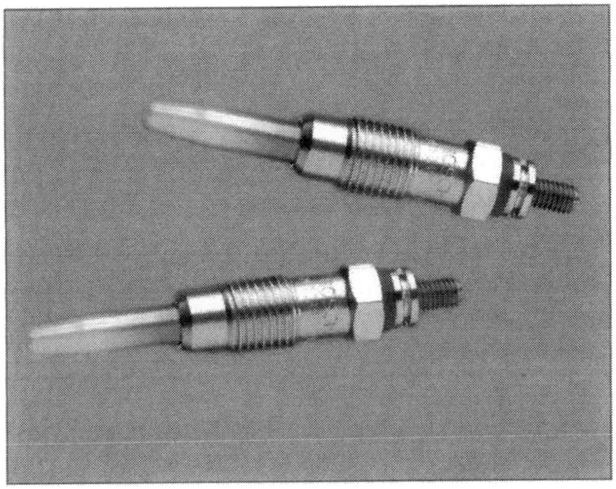

Bosch-Duraterm-Kerzen sorgen dafür, dass die beim Kaltstart von Dieselmotoren erforderliche Glühkerzentemperatur von 850 Grad Celsius schon in vier Sekunden erreicht ist.

Das Vorglühzeitrelais

Dieses Relais ist im Motorraum am linken Radlauf angeschraubt. Nach Abnehmen der Schutzkappe erreicht man die beiden Steckverbindungen. Das Vorglühzeitrelais hat folgende Aufgaben zu erfüllen:

- Das Leistungsrelais schaltet den Glühstrom ein und aus.
- Absichern des hohen Glühstromes durch einen Sicherungsautomat.
- Die Kontrolllampe wird ausgeschaltet, sobald der Motor startbereit ist.
- Eine Sicherheitsschaltung schaltet den Glühstrom aus, wenn die Zündung länger als 20 bis 50 Sekunden eingeschaltet bleibt (abhängig von der Umgebungstemperatur).
- Fehler in der Vorglühanlage werden dadurch angezeigt, dass die Kontrolllampe nach dem Einschalten der Zündung nicht aufleuchtet.

Selbstkontrolle

Folgende Fehler können vorliegen, wenn beim Einschalten der Zündung die Vorglüh-Kontrollleuchte im Kombiinstrument nicht aufleuchtet:

- Stromversorgung an Klemme 30 zum Vorglühzeitrelais unterbrochen.
- Leistungsrelais defekt.
- Unterbrechung einer oder mehrerer Leitungen zu den Glühkerzen.
- Eine oder mehrere Glühkerzen durchgebrannt.
- Kontrolllampe im Kombiinstrument oder Zuleitung dorthin unterbrochen.

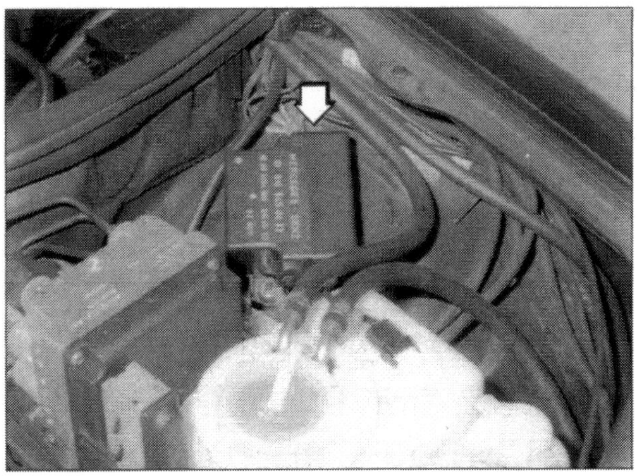

Das Vorglühzeitrelais (Pfeil) ist im Motorraum auf dem linken Radlauf montiert.

Praxistipp

Vorglühanlage defekt?

- Ein Defekt an der Vorglühanlage des CDI wird wohl erst bei tiefem Frost (unter –10°C) auffallen. Erst dann tut sich der Direkteinspritzer schwer mit dem Anspringen ohne Glühkerzenunterstützung. Um den Gefrierpunkt kann ein Defekt der Vorglühanlage nach dem Starten auffallen: Der Motor stößt dann blaue Wolken aus.

Fehlersuche an der Vorglühanlage

Startet der kalte Motor nicht oder nur sehr schlecht, oder leuchtet beim Einschalten der Zündung die Vorglüh-Kontrolllampe im Kombiinstrument nicht auf, müssen Sie den Fehler in der Vorglühanlage suchen und beheben. Systematisches Vorgehen und der Schaltplan erleichtern die Fehlersuche. Geprüft wird mit einer Prüflampe oder durch gezieltes Überbrücken bestimmter Leitungen. Die verschiedenen Prüfungen werden an den beiden Steckverbindungen am Vorglühzeitrelais vorgenommen, die nach dem Abnehmen der Abdeckung erreicht werden können.

Vorglüh-Kontrolllampe durchgebrannt?

Leuchtet die Kontrolllampe nicht auf, obwohl der Motor gut anspringt, kann die Lampe defekt sein.

Arbeits-schritte

① Kleineren Stecker am Vorglühzeitrelais ausstecken.

② Zündung einschalten.

③ Buchse 3 im Stecker mit Masse verbinden. Das Lämpchen im Kombiinstrument muss jetzt brennen.

④ Wenn nicht, Leitungsverlauf prüfen oder Lämpchen austauschen.

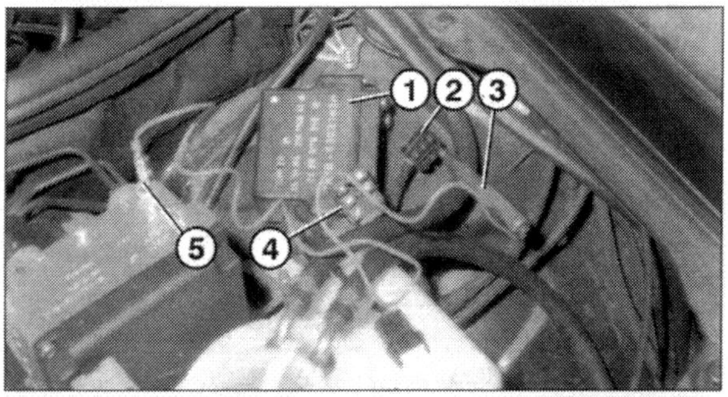

Hier wird die Vorglüh-Kontrolllampe auf Funktion geprüft. ❶ Vorglühzeitrelais, ❷ Mehrfachstecker zum Temperaturgeber und Kontrolllämpchen, ❸ Prüflampe, ❹ Mehrfachstecker für Glühkerzen, ❺ Klemme der Prüflampe an Masse.

Spannungs-Kontrolle am Vorglühzeitrelais

Lässt sich der Motor nicht starten und die Vorglüh-Kontrolllampe leuchtet nicht auf, zunächst die Stromversorgung am Vorglühzeitrelais prüfen.

Arbeits-schritte

① An der geschraubten roten Leitung muss ständig Strom anliegen (Klemme 30).

② Bei eingeschalteter Zündung muss an Klemme 15 Plusstrom vorhanden sein. An Buchse 1 in der kleineren Steckverbindung prüfen.

③ Während der Anlasser dreht, muss auch an Klemme 50 Strom nachgewiesen werden können (Buchse 2).

Stromversorgung der Glühkerzen o.k.?

Nach dem Einschalten der Zündung muss während der Vorglühzeit Strom zu allen Glühkerzen fließen.

Arbeits-schritte

① Größeren Stecker mit den Zuleitungen zu den Glühkerzen am Vorglühzeitrelais ausstecken.

② Prüflampe an Masse anklemmen.

③ Prüfspitze nacheinander an alle Anschlussstifte am Relais halten. Nach dem Einschalten der Zündung muss während der Vorglühzeit an jedem Anschluss Plusstrom vorhanden sein.

④ Während der Prüfung muss ein Helfer die Zündung immer wieder aus- und einschalten, damit der Vorglühvorgang immer wieder gestartet wird.

⑤ Kommt kein Strom aus dem Vorglühzeitrelais, obwohl die anderen Spannungen nachgewiesen wurden, muss es ausgetauscht werden.

Glühkerze durchgebrannt?

Leuchtet die Vorglüh-Kontrolllampe nicht auf, kann auch zumindest eine Glühkerze durchgebrannt sein. Springt der Motor trotzdem unwillig an, läuft er zunächst nicht auf allen Zylindern. Im nicht vorgeglühten Zylinder beginnt die Selbstzündung etwas später.

Arbeits-schritte

① Zum Ausfindigmachen der defekten Glühkerze den größeren Stecker mit den Zuleitungen zu den Glühkerzen am Vorglühzeitrelais ausstecken.

② Prüflampe mit der einen Seite an Plus anschließen (z. B. an der geschraubten roten Leitung).

③ Mit der Prüfspitze nacheinander die Anschlussbuchsen im Stecker abtasten.

④ Dort wo die Lampe nicht aufleuchtet, ist die Glühkerze defekt. Im Schaltplan können Sie nachvollziehen, welches Kabel zu welcher Glühkerze führt.

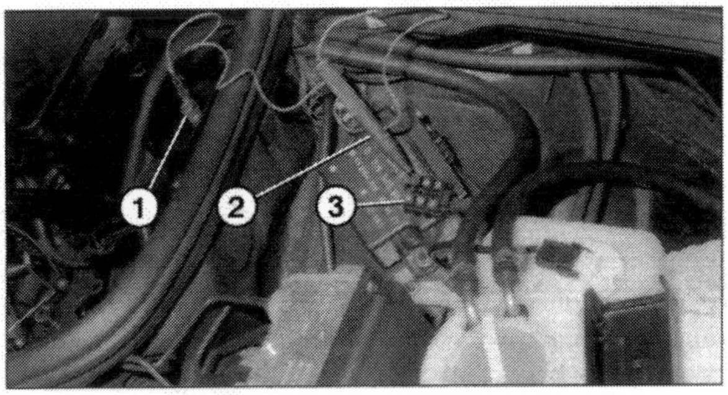

Um eine defekte Glühkerze zu lokalisieren, die Klemme der Prüflampe ❷ an den Pluspol ❶ anschließen und mit der Prüflampenspitze nacheinander die Anschlüsse im Mehrfachstecker ❸ abtasten.

Praxistipp

Defekte Glühkerze(n)?

- Hat man zum Lokalisieren einer durchgebrannten Glühkerze keine Prüflampe zur Hand, kann man die defekte Glühkerze auch durch Funkenprobe ermitteln. Zuleitungsstecker am Vorglühzeitrelais abziehen und mit einem Hilfskabel, dass mit Plus verbunden ist, nacheinander die Steckerbuchsen abtasten. Wo es nicht funkt, ist die Glühkerze durchgebrannt.
- Funktioniert die Vorglühanlage nicht, können Sie durch Anschleppen versuchen, den Motor zu starten. Der Motorstart kann allerdings einen Kilometer auf sich warten lassen. Versuchen Sie beim Anschleppen, die Motordrehzahl recht hoch zu bringen, z. B. im 2.Gang mit 40 km/h schleppen lassen (Vorsicht!).
- Ist das Vorglühzeitrelais unterwegs ausgefallen, können Sie alle Leitungen zu den Glühkerzen zusammenschließen und dann für 10-20 Sekunden mit dem Pluspol im Motorraum verbinden.

Glühkerzen ausbauen

Arbeitsschritte

① Um die schlecht zugänglichen Glühkerzen seitlich links in Zylinderkopf erreichen zu können, braucht man eine 3/8"-Rätsche mit Kreuzgelenk und diversen Verlängerungen.

② Rundstecker an der Glühkerze abziehen.

Die Glühkerzen sitzen etwas schwer zugänglich unter dem Saugrohr. Deshalb ist hier eine Rätsche mit Kugelgelenk und verschiedenen Verlängerungen unumgänglich. ❶ Glühkerze mit elektrischem Anschluss, ❷ Schnellverschluss der Kraftstoffleitung am Kraftstoff-Wärmetauscher, ❸ Kraftstoff-Wärmetauscher, ❹ Einspritzdüse.

③ Glühkerze herausdrehen.

④ Beim Einbau die Glühkerze mit 20 Nm festdrehen,

Glühkerzen prüfen

Die einzige wirklich zuverlässige Funktionsprüfung der Glühkerzen ist die Funktionsprüfung in ausgebautem Zustand.

Arbeitsschritte

① Ggf. Motorabdeckung ausbauen.

② Zuleitungskabel an den Glühkerzen abbauen.

③ Glühkerzen ausbauen und auf eine feuerfeste Unterlage legen.

⑦ Nacheinander alle Glühkerzen mit dicken Hilfskabeln (mindestens 2,5 mm²) und kräftigen Prüfklemmen direkt an eine Autobatterie anschließen.

⑧ Kontrollieren, welche Kerzen nur schwach (auch das gibt's) oder gar nicht glühen.

⑨ Defekte Glühkerzen ersetzen – wer vorbeugend auf Nummer Sicher gehen will, ersetzt bei einer defekten Kerze gleich den ganzen Satz.

Die Abgasentgiftung

Kraftstoff besteht im wesentlichen aus den Elementen Kohlenstoff und Wasserstoff. Bei der Verbrennung im Motor verbindet sich der Kohlenstoff mit dem Sauerstoff der Luft zu Kohlendioxid (CO_2), der Wasserstoff (H) vereinigt sich mit Sauerstoff (O_2) zu Wasser (H_2O). Aus einem Liter Kraftstoff entsteht rund 0,9 Liter Wasser, das durch die Verbrennungswärme unsichtbar aus dem Auspuff entweicht. Im Winter können Sie nach dem Kaltstart eines Fahrzeugs oft weiße Auspuffwolken beobachten – ein Hinweis auf kondensierendes Wasser.

Geregelter Dreiwege-Kat

Der geregelte Dreiwege-Katalysator ist die derzeit effektivste Technik zur Abgasreinigung bei Ottomotoren. Durch ihn werden schädliche Emissionen wie Kohlenmonoxid, unverbrannte Kohlenwasserstoffe und Stickoxide zu über 90 Prozent in ungiftige Sekundärverbindungen umgewandelt. In seiner ursprünglichen Definition steht das Wort Katalysator für einen Stoff, der eine chemische Reaktion beschleunigt oder überhaupt erst möglich macht. Der Stoff selbst wird dabei nicht verändert. Beim Katalysator für Ottomotoren übernehmen die Edelmetalle Rhodium und Platin, bei der neuen E-Klasse auch Palladium, die Rolle dieses Umwandelstoffes. Sie sind Bestandteile der Beschichtung der Keramikwaben im Kat-Gehäuse. Die Bezeichnung »Dreiwege-Katalysator« steht nicht etwa für drei verschiedene Wege, die sich Abgase durch den Katalysator suchen. Vielmehr ist damit die chemische Umwandlung der drei wesentlichen Schadstoffe Kohlenmonoxid (CO), Kohlenwasserstoffe (HC) und Stickoxide (NO_x) gemeint. Durch die Verbindung mit Sauerstoff (Oxidation) entstehen aus Kohlenmonoxid und Kohlenwasserstoffen die ungiftigen Verbindungen Kohlendioxid (CO_2) und Wasserdampf (H_2O). Für die Verminderung der Stickoxidemissionen benötigt der Katalysator Kohlenmonoxid als Hilfsmittel, das den Stickoxiden den Sauerstoff entzieht, so dass die Stickoxide zu Stickstoff (N) reagieren. Diese Prozesse laufen allerdings nur bei einem genau dosierten Verhältnis von einem Kilogramm Kraftstoff und etwa 14,6 Kilogramm Sauerstoff ab. Die Techniker bezeichnen diese Gemischzusammensetzung als »Lambda-1«.

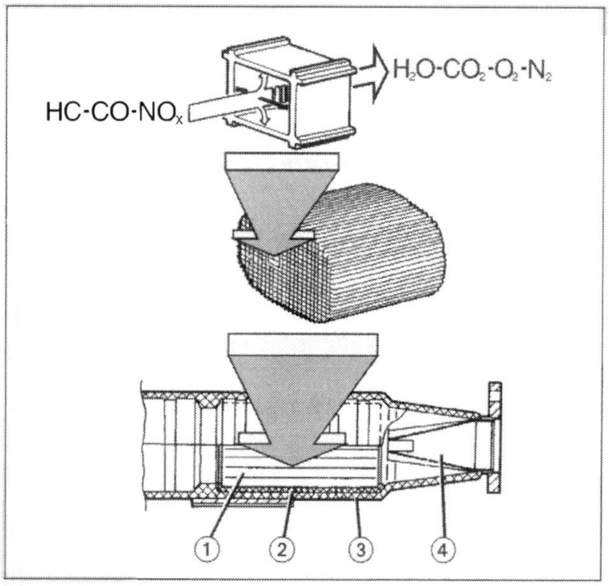

Schematische Darstellung der Oxidation im Katalysator: Der Katalysator besteht aus einer Wabenstruktur des Keramikträgers ❶, der in einem elastischen, schwingungsdämpfenden Metallgewebe ❷ eingebettet ist. Dieses Paket ist von einem hochtemperaturfesten Edelstahlgehäuse ❸ umgeben. Damit die einströmenden Auspuffgase die Katalysatorwaben gleichmäßig durchströmen, ist davor ein Trichtersieb ❹ angeordnet.

Die Dieselabgase

Die Kraftstoffverbrennung erfolgt im Dieselmotor wegen der hohen Verdichtung und des Luftüberschusses recht wirtschaftlich und – mit Einschränkungen – umweltfreundlich. Es werden sehr geringe Mengen an Kohlenmonoxid (CO) und Stickoxid (NO_X) im Abgas nachgewiesen. Auch wenn Dieselfahrzeuge mit der sehr günstigen CO-, HC- und NO_X-Emission im Vergleich zum Benziner als vorbildlich schadstoffarm gelten können, gibt es doch Vorbehalte. So werden die Rußemission (Partikel) und der Anteil von Schwefeldioxid (SO_2) kritisiert. Weiterhin gibt es eine Diskussion über die Frage, in welchem Maße Dieselabgase wegen der ringförmigen Kohlenstoffverbindungen (so genannte Aromate) krebsfördernd sind.

Der Oxidations-Katalysator

Im E-Klasse-Diesel ist serienmäßig ein Oxidations-Katalysator eingebaut. Das Kat-Gehäuse und die Rohre sind aus Edelstahl gefertigt. Die Edelmetallbeschichtung des Katalysators aktiviert im Abgas eine Nachoxidation, wobei Kohlenwasserstoffe (HC) und Kohlenmonoxid (CO) zu Kohlendioxid (CO_2) und Wasser (H_2O) umgewandelt werden. Durch diesen Vorgang wird

Begriffe rund ums Abgas

Technik-lexikon

Kohlenmonoxid (CO). Wird bei der Abgasuntersuchung gemessen. Exakte Steuerung der Einspritzmenge und der Zündverstellwerte sowie gleichmäßige Gemischverwirbelung im Verbrennungsraum sind Voraussetzung für einen niedrigen CO-Anteil. In geschlossenen Räumen giftig, verbindet sich in der Luft mit Sauerstoff zum ungefährlichen Kohlendioxid, das indes wesentlich am Treibhauseffekt beteiligt ist.

Kohlenwasserstoffe (HC). Werden an kalten Stellen und engen Winkeln im Brennraum teilweise nicht verbrannt. Ihr Anteil hängt ab von der Konstruktion des Motors (unveränderliche Größe); zu fettes oder zu mageres Gemisch erhöhen jedoch den Ausstoß. Zusammen mit Stickoxiden für Smog (schwer auflösbare Abgasnebelwolken) verantwortlich.

Stickoxide (NO_x). Ihr Anteil steigt bei hohen Verbrennungstemperaturen. Das ist z.B. bei Motoren der Fall, die für geringen CO- und HC-Ausstoß ausgelegt sind (reduziert Kraftstoffverbrauch). Können bei starker Konzentration Atmungsorgane reizen. In Verbindung mit Wasser bildet sich Salpetersäure (saurer Regen).

Schwefeldioxid (SO_2). Bildet sich in geringen Mengen nur bei Dieselmotoren. Ursache sind die im Dieselkraftstoff enthaltenen Schwefelanteile. Unter Einwirkung von Licht entsteht Schwefelsäure oder schwefelige Säure, die beide zum sauren Regen beitragen. Der Verkehr ist jedoch nur zu 3% für das Entstehen von schwefeligen Säuren verantwortlich.

Abgassonderuntersuchung (ASU). Für Fahrzeuge mit geregeltem Kat seit Dezember 1993 Pflicht. Am Neuwagen ist die ASU-Plakette drei Jahre gültig, dann sind Kontrollen im Zweijahres-Rhythmus fällig. ASU führen markengebundene und freie Werkstätten, Tankstellen, DEKRA und TÜV durch. Die Auspuffanlage muss intakt sein, ins Ansaugsystem darf keine Nebenluft eintreten. Lassen Sie Ihren Mercedes stets in der Werkstatt warten, gehört die ASU zum Service dazu.

auch der Partikelausstoß verringert. Die Rußpartikel können sich nicht mehr an Kohlenwasserstoffverbindungen anlagern und so ins Freie gelangen.

Für die Katalysatoren haben die Mercedes-Ingenieure eine neue Beschichtung aus Platin, Aluminiumoxid und Zeolith-Kristallen entwickelt, die neben der Oxidation von Kohlenwasserstoffen und Kohlenmonoxid zusätzlich eine Reduktion der Stickoxide bewirken.

Um diesen chemischen Prozess auch im Unterboden-Katalysator in Gang zu bringen, ist der motornahe Katalysator mit einem Bypass-Kanal ausgestattet, über den eine Restmenge an Kohlenwasserstoffen in den zweiten Abgasreiniger gelangt.

Abgasverbesserung beim elektronischen Dieselsystem (EDS)

Damit weniger Stickoxide, Kohlenwasserstoffe und Rußpartikel ausgestoßen werden, sind die Dieselmotoren zusätzlich zum Oxidations-Katalysator mit einer Abgasrückführung und einer Ansaugdruckregelung ausgerüstet.

Die Abgasrückführung tritt bei warmem Motor und Drehzahlen unter 3500/min in Aktion. Abhängig von den verschiedenen Gebersignalen bestimmt das Steuergerät aus den Kennfeldern die zurückgeführte Gasmenge. Dazu wird das Umschaltventil angesteuert, damit Saugrohrunterdruck zum Abgasrückführventil gelangen kann. Dadurch öffnet ein Ventil den Kanal vom Auspuffkrümmer zur Ansaugseite.

Um einen optimalen Motorbetrieb in Bezug auf Verbrauch, NO_X, HC und Partikelemission zu erhalten, wird der Saugrohrdruck im Teillastbereich (nicht bei Volllast oder Schub) durch eine Druckregelklappe auf der Ansaugseite vermindert. Dabei muss der Motor warm sein, die Ansaugluft zwischen 15 und 45°C lie-

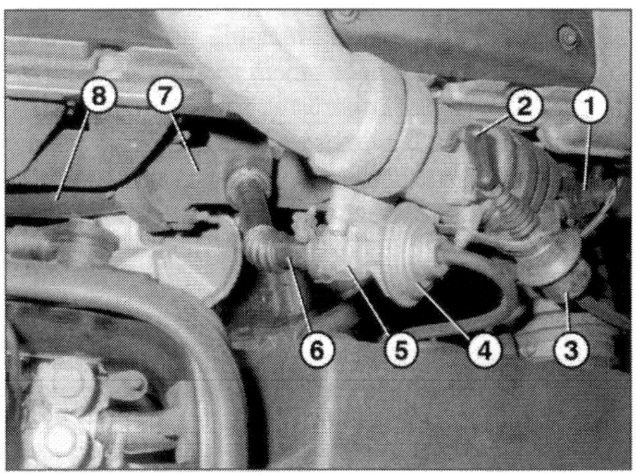

Die Teile des Abgas-Rückführsystems sitzen alle eng beieinander beim Auspuffkrümmer.
❶ Temperaturgeber der Ansaugluft, ❷ Klappenhebel der Druckregelklappe, ❸ Unterdruckdose zur Betätigung der Druckregelklappe, ❹ Unterdruckdose der Abgasrückführung (ARF), ❺ Regelventil der Abgasrückführung, ❻ Ansaugrohr aus dem Abgasstrom, ❼ Auspuffkrümmer, ❽ vorderes Auspuffrohr.

gen und die Drehzahl geringer als 3500/min sein. Im Steuergerät sind Kennlinien für den gewünschten Saugrohrunterdruck abgelegt. Diese Werte werden mit dem augenblicklichen Saugrohrunterdruck verglichen, der vom Saugrohrdruckgeber gemeldet wird. Bei Bedarf wird der Druckwandler elektrisch angesteuert, der dann die Unterdruckdose der Druckregelklappe mit Unterdruck ansteuert. Durch die Verstellung der Druckregelklappe wird der gewünschte Druck im Saugrohr erreicht.

Die Abgas-Rückführung (AGR)

Bei den hohen Brennraumtemperaturen im Dieselmotor steigt unweigerlich der Anteil der Stickoxide im Abgas. Eine Möglichkeit zum Absenken der Temperaturen in den Brennräumen ist die Einleitung von Abgasen. Aus dem Abgasstrom des Motors wird durch ein ventilgeregeltes System ein Teil abgezweigt. Die Menge wird je nach Motorbelastung dosiert und ins Saugrohr hinter der Drucksteuerklappe zurückgeleitet. Da das Abgas kaum noch verbrennungsfähige Anteile enthält, kann es nicht nochmals verbrannt werden. Es verringert aber den Zustrom frischer Verbrennungsluft und bewirkt so eine Absenkung der Temperaturen im Verbrennungsraum und damit eine Verringerung des Stickoxidanteils.

Neben der elektronisch gesteuerten Abgasrückführung, die zur Verringerung der Stickoxid-Emissionen beiträgt, sind die CDI-Motoren mit motornahen Katalysatoren und jeweils einem zweiten Abgasreiniger am Unterboden ausgerüstet. Diese Technik garantiert einen hohen Wirkungsgrad bei der Umwandlung der Abgas-Schadstoffe, so dass die Emissionen den Vorschriften der deutschen »D3«-Norm entsprechen, deren Limits bis zu 50 Prozent unter den Grenzwerten der EU-2-Abgasrichtlinie liegen.

Neu ist bei den CDI-Motoren die Integration des Kanals für die Abgasrückführung (AGR) in den Zylinderkopf. Während diese Verbindung bei den anderen Diesel-Triebwerken außen um den Motor herumgeführt wird, konstruierten die Mercedes-Ingenieure für den neuen Direkteinspritzer einen gegossenen Kanal, der das Abgas innerhalb des Zylinderkopfes – also auf direktem Wege – von der Auslass- zur Einlassseite führt. Das bietet drei Vorteile: Zum einen werden dadurch externe, schwingungsgefährdete Leitungen überflüssig, zum anderen ermöglicht die Integration der AGR-Leitung in den Zylinderkopf, dass ein Teil der Abgaswärme an das Kühlwasser abgegeben wird und sich der Motor schneller erwärmt. Gleichzeitig ermöglicht diese neue Technik die Kühlung der Abgase, wodurch eine noch bessere Verbrennung erzielt werden kann.

Praxistipp

Abgas-Untersuchung (AU)

- Seit 1993 müssen Diesel-Fahrzeuge drei Jahre nach der Erstzulassung und dann regelmäßig alle zwei Jahre zur Abgas-Untersuchung (kurz: AU). Dabei wird der Ruß-Anteil im Abgas gemessen. Die sogenannte Trübungsmessung mit dem Verbrennungstester gibt Aufschluss darüber, ob die Rauchentwicklung noch im zulässigen Rahmen ist. Hierzu wird der Motor viermal hintereinander auf Höchstdrehzahl hochgedreht – ein Vorgang, der manchem Besitzer kalte Schauer über den Rücken laufen lässt. Achten Sie unbedingt darauf, dass der Motor betriebswarm ist, damit er hierbei keinen Schaden erleidet. Starker Auspuffrauch bedeutet normalerweise entweder schlechte Motoreinstellung oder fortgeschrittener Einspritzdüsen- oder Motorverschleiß.

- Als Selbstpfleger können Sie schon einige Vorarbeit leisten, damit Ihr Mercedes Diesel die Prüfung besteht: Zum Prüfungsumfang gehört eine Sichtprüfung der Auspuffanlage, diese muss also intakt und dicht sein. Ein verschmutzter Luftfilter behindert das Ansaugen von Verbrennungsluft, deshalb ggf. den Filter auswechseln. So gerüstet können Sie die AU entweder in der Werkstatt oder zusammen mit der Haupt-Untersuchung beim DEKRA oder TÜV vornehmen lassen.

Die Auspuffanlage

Die Auspuffanlage hat die Aufgabe, die Schadstoffe im Abgas möglichst gering zu halten (Katalysatorbetrieb). Außerdem werden durch das Auspuffsystem die Geräusche, die bei der Verbrennung entstehen, auf ein Minimum reduziert. Die Abgasanlage der Mercedes E-Klasse besteht aus dem vorderen Abgasrohr mit Katalysator sowie dem hinteren Rohr mit Mittelschalldämpfer und Nachschalldämpfer. Bei einer Reparatur lassen sich die Teile einzeln auswechseln.

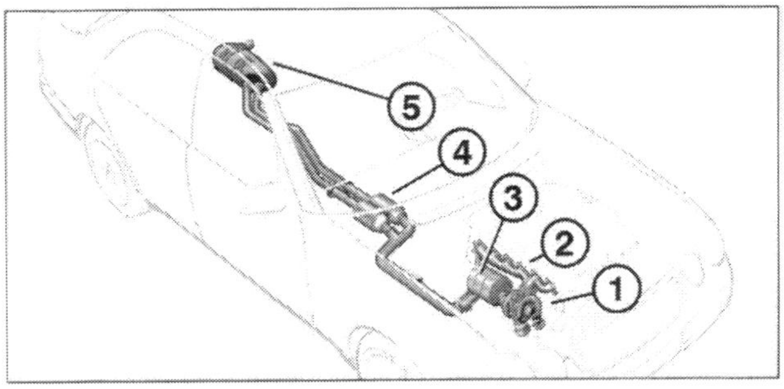

Die Auspuffanlage beim E 320 CDI. ❶ Abgasturbolader, ❷ Auspuffkrümmer, ❸ Oxidations-Katalysator, ❹ Mittelschalldämpfer, ❺ Nachschalldämpfer.

Lebensdauer des Auspuffs

Die Lebensdauer des Auspuffs hängt auch von den Einsatzbedingungen Ihres Fahrzeugs ab. Sind Sie überwiegend auf kurzen Strecken unterwegs, fallen wesentlich mehr Kondensat, Ruß und aggressive Säuren im Innern der Anlage an als beim Langstreckenbetrieb mit voll durchgewärmtem Motor.

- Das vordere Auspuffrohr mit angebautem Kat ist seltener als die anderen Teile vom Rost bedroht, weil dort die Verbrennungsgase noch mit Temperaturen zwischen 800 und 1000°C einströmen.
- Im hinteren Auspuffrohr und dem Nachschalldämpfer kühlen die Abgase zunehmend ab; am Endrohr sind sie nur noch 150–300°C heiß. Im letzten Nachschalldämpfer tritt daher das meiste Kondenswasser aus. Es vermischt sich mit Verbrennungsrückständen zu aggressiven Säuren und lässt das Auspuffblech von innen nach außen durchrosten.
- Die vorderen Teile der Auspuffanlage können bei Langstreckenfahrten unter Temperaturspannungen leiden, wenn bei Regen das heiße Blech ständig kalten Duschen ausgesetzt ist. Dann kann das Material reißen oder brechen.
- Spritz- und Salzwasser fördern den Rostfraß von außen. Steinschlag oder Aufsetzen auf hartem Untergrund wirken ebenso lebensverkürzend wie Schwingungen, die bei defekten oder fehlenden Aufhängegummis entstehen.

Tipps für die Arbeit an der Auspuffanlage

Auf rostigem Blech können Sie nicht mehr richtig schweißen. Der Erfolg von Reparaturen an einer durchgerosteten Auspuffanlage ist daher meist nur von kurzer Dauer. Auspuffkitt und Bandagen halten zwar recht lange, aber das Blech bricht dann bald neben der Reparaturstelle aus. Bei Auspuffanlagen mit mehr als einem Schalldämpfer kommt es häufig vor, dass nach dem Austausch des ersten wenige Monate später auch der zweite den Geist aufgibt. Werkstätten wechseln deshalb die Auspuffanlage in der Regel komplett aus. Das muss jedoch nicht immer sein. Prüfen Sie den Zustand der Anlage genau und entscheiden Sie erst dann, ob Sie einzelne Teile oder das ganze System austauschen.

Arbeitsschritte

① Der Wagen muss absolut rüttelsicher aufgebockt sein. Er soll schließlich nicht kippen, wenn Sie heftig an den Rohren drehen oder zerren.

② Wenn sich beim Demontieren eine Verschraubung nicht lösen lässt, sollten Sie diese durch Überdrehen abreißen. Beim Einbau grundsätzlich neue Schrauben und Muttern verwenden.

③ Haltegummis zur Sicherheit ebenfalls gleich austauschen.

④ Ist schon einmal ein Teil der Auspuffanlage ersetzt worden, lassen sich die Steckverbindungen der Rohrenden am besten in erhitztem Zustand trennen. Die Werkstatt nimmt dafür einen Schweißbrenner. Sie können aber auch einen Propangasbrenner für Heimwerker verwenden. Halten Sie bei dieser Arbeit unbedingt einen Feuerlöscher bereit. Wenn Sie das Gerät nicht haben: Versuchen Sie es mit Rostlösemitteln.

⑤ Die Rohre werden durch kräftige Drehbewegungen oder Hammerschläge getrennt.

⑥ Hilft das nicht, sägen Sie die Rohrverbindung des defekten Schalldämpfers knapp 10 Zentimeter hinter der Verbindungsstelle ab. Den Rest des Rohres mit der Metallsäge in Längsrichtung aufsägen und mit einem kräftigen Schraubendreher aufhebeln.

⑦ Die Verschraubungen der Auspuffanlage lassen sich beim nächsten Mal leichter lösen, wenn Sie die Gewinde beim Einbau mit hochhitzefestem Kupferfett bestreichen. Das gilt auch für die Rohrverbindungen.

Zustand der Auspuffanlage kontrollieren

Die Auspuffanlage ist mit dem Auspuffkrümmer durch Bolzen und Muttern fest verbunden. Am Fahrzeugboden hängt sie freischwingend in Gummistegschlaufen.

Arbeitsschritte 30000 km 24 Monate

① Gummistegschlaufen auf Brüchigkeit, Einrisse oder sonstige Schäden überprüfen, bei Bedarf ersetzen. Zur Kontrolle den Auspuff an den Gummischlaufen etwas nach unten ziehen.

Die Gummistegschlaufen (Pfeil) der Auspuffanlage sind recht robust, doch dürfen Sie bei der Kontrolle der Auspuffanlage nicht vernachlässigt werden. Verdreckte und verkrustete Gummistegschlaufen sollten Sie zur Kontrolle reinigen – darunter verbirgt sich oft eine verschlissene Aufhängung. Ist die Auspuffanlage einigermaßen korrekt vormontiert, fluchten die Aufhängungen mit den Gummistegschlaufen »fast von alleine«.

② Verschraubungen am Auspuffkrümmerflansch auf festen Sitz überprüfen.

③ Halten Sie mit einem Lappen in der Hand das Auspuffendrohr zu. Der Motor muss nach kurzer Zeit ausgehen. Hören Sie zischelnde Geräusche und läuft der Motor ungestört weiter, ist die Anlage an der Geräuschstelle undicht.

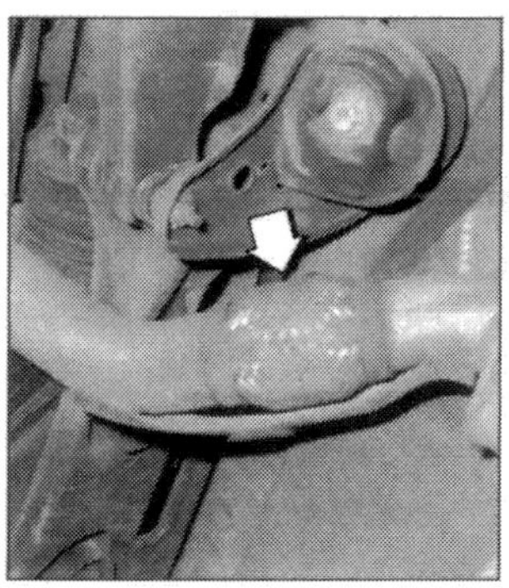

Auch der elastische Längenausgleich (Pfeil) vor dem hinteren Auspufftopf muss auf Verschleiß kontrolliert und ggf. komplett mit dem Auspufftopf ausgewechselt werden.

④ Ein sehr dumpfer Auspuffton und Knallen im Schiebebetrieb weisen auf einen durchgerosteten Auspuff hin.

⑤ Klopfen Sie den Schalldämpfer mit einem Hammer rundum gründlich ab, auch an den Stirnseiten. Dabei nicht zu zaghaft hämmern. Klingt es bei jedem Schlag hell, ist das Blech noch gesund. Wird das Klopfgeräusch an manchen Stellen dumpfer, ist die Außenhaut bereits geschwächt und wird bald durchbrechen.

Auspuffanlage auswechseln

Unsere Anleitung beschreibt den Ausbau der kompletten Auspuffanlage von vorne nach hinten. Die Sechszylindermotoren haben eine zweiflutige Abgasanlage mit Doppelrohren. Bei dieser Anlage verfahren Sie sinngemäß wie bei der im Folgenden beschriebenen einflutigen Anlage. Wenn Sie nur einzelne Teile auswechseln, brauchen Sie natürlich nur den für Ihre Reparatur zutreffenden Abschnitt zu berücksichtigen. Denken Sie beim Ersatzteilkauf daran, dass Sie selbstsichernde Muttern durch neue ersetzen müssen. Auch bei ausgebauten Dichtungen und altersschwachen Haltegummis sind Neuteile fällig. Beim Einbau von Teilen der Abgasanlage müssen Sie darauf achten, dass die Teile dicht zusammengefügt werden. Sonst kann es bei der Abgasuntersuchung (AU) zu Fehlmessungen kommen.

Arbeitsschritte

① Fahrzeug rüttelsicher aufbocken.

② Untere Motorraumverkleidung und ggf. Getriebeverkleidung abbauen.

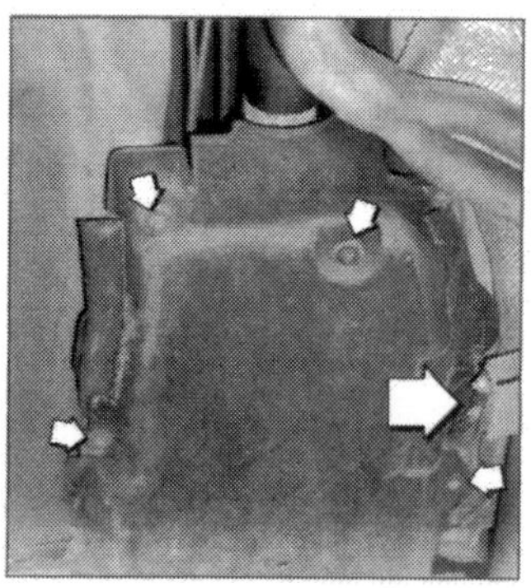

Falls auch die Auspuffhalterung (großer Pfeil) verschlissen oder durch einen Aufsetzer deformiert ist, muss die Getriebeabdeckung abgebaut werden (kleine Pfeile).

③ Vorderes Auspuffrohr am Flansch des Auspuffkrümmers abschrauben.

④ Vorderen Auspuffrohrhalter lösen (zwei Muttern).

⑤ Auspuffanlage an den Gummistegschlaufen aushängen. Zum Halten der Anlage ist hier ein Helfer sehr nützlich.

⑥ Komplette Auspuffanlage ablassen und vorsichtig absetzen, damit der Katalysator nicht beschädigt wird.

⑦ Vor dem Einbau den Flansch des Auspuffkrümmers mit Schmirgelleinen von Kohlerückständen reinigen.

⑧ Die Gewinde von Schrauben und Stehbolzen mit einer Drahtbürste reinigen und mit etwas Kriechöl einsprühen.

⑨ War die Anlage zerlegt, die Teile erst lose vormontieren.

⑩ Auspuffanlage erst unter dem Fahrzeug spannungsfrei in den Gummistegschlaufen ausrichten, bevor die Verbindungen endgültig festgezogen werden. Dabei darauf achten, dass der Abstand der Auspuffteile zu anderen Fahrzeugteilen mindestens 25 mm beträgt.

⑪ Alle Schrauben mit 20 Nm festziehen.

⑫ Machen Sie eine Probefahrt: Die Auspuffanlage darf nirgends anschlagen. Brumm- oder Dröhngeräusche deuten auf eine verspannt eingebaute Auspuffanlage hin.

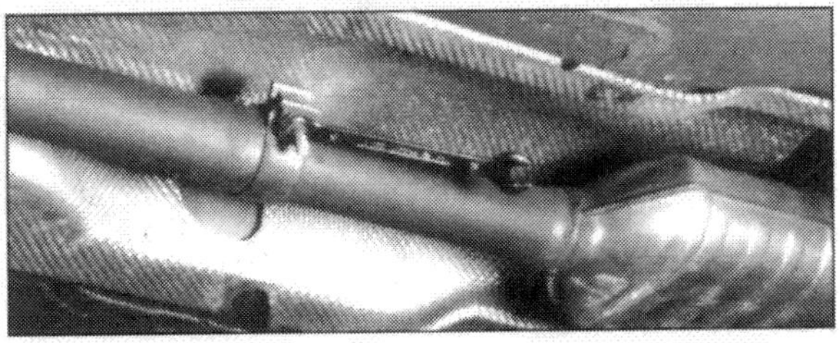

Nach Ausrichten der Anlage unter dem Fahrzeug die Klemmschelle zwischen vorderem und hinterem Auspuffteil festziehen.

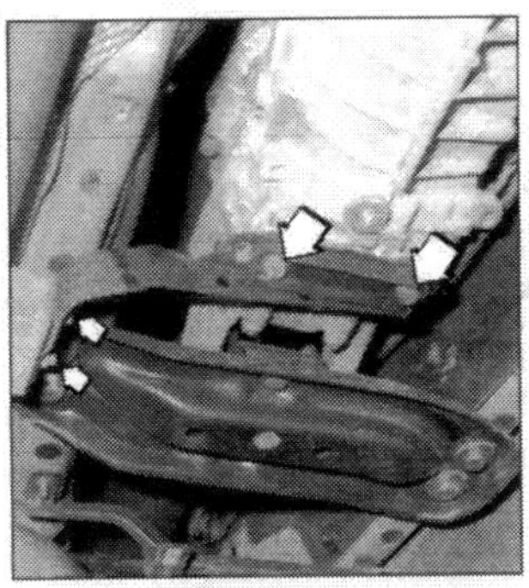

Die Halterung des vorderen Auspuffrohrs am Getriebe kann nach Abbau der Getriebeverkleidung auch zum Ausrichten der Auspuffanlage genutzt werden. Dazu die beiden Schrauben (große Pfeile) lösen und Halterung entsprechend verschieben. Die Auspuffschrauben (kleine Pfeile) erst nach Ausrichten der Anlage festziehen.

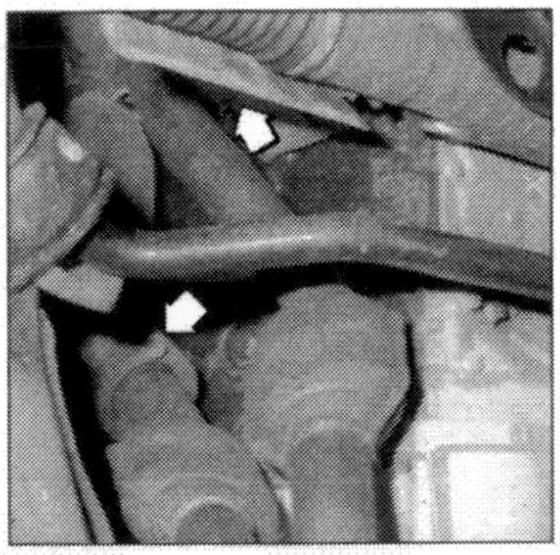

Nach Ausrichten der kompletten Auspuffanlage können zum Schluss der Montagearbeiten die Flanschschrauben (Pfeile – nur zwei sichtbar) am Auspuffkrümmer festgezogen werden. Dann Klemmschellen wieder lösen (Vorsicht an den heißen Rohren!) und Auspuffanlage erneut ausrichten.

Katalysator entsorgen

Gefahrenhinweis

Altkatalysatoren enthalten wertvolle Metalle, die recycelt werden können. Mercedes-Benz-Werkstätten nehmen alte Katalysatoren zurück und vergüten den Restwert beim Kauf eines neuen Katalysators. Niemals darf ein alter Katalysator von einem Laien geöffnet werden, da er hochgiftige Substanzen enthält!

Nachschalldämpfer erneuern

Arbeitsschritte

① Hinteren Teile der Auspuffanlage ausbauen.

② Ersatz-Nachschalldämpfer mit Steckverbindung genau über den defekten Dämpfer legen.

③ Sägestelle so anzeichnen, dass sich eine Einstecktiefe von 70 bis 80 mm ergibt.

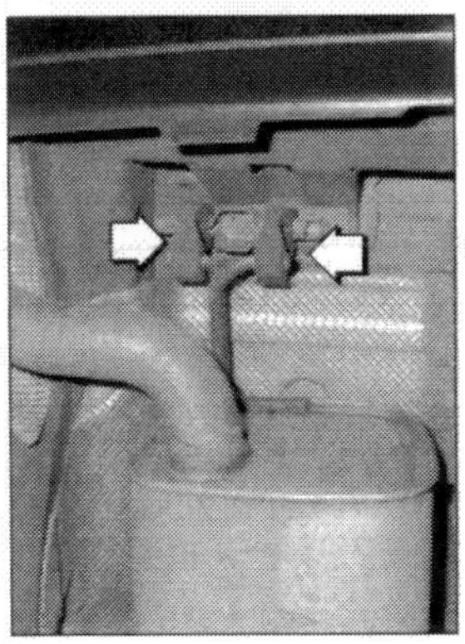

Bei der Verschleißkontrolle der Gummistegschlaufen (Pfeile) darf auch die Aufhängung am Nachschalldämpfer nicht vernachlässigt werden. Ist sie gerissen, hängt ein ganz erheblicher Teil der Auspuffanlage frei baumelnd an der vorderen Gummistegschlaufe.

DIE KRAFTÜ TRAGUN

Wartung

Reparatur

Das aufgeschnittene Fünfgang-Automatikgetriebe gewährt einen Blick auf das kompakte Innenleben vom Drehmomentwandler (links) über die Lamellenkupplungen und Planetenradsätze (Mitte) bis zur Abtriebswelle (rechts). Unten im Getriebe sitzt die hydraulische Steuerzentrale.

Das System der Kraftübertragung besteht aus Kupplung, Getriebe, Kardanwelle, Achsantrieb und Achswellen. Alle Akteure müssen perfekt zusammenarbeiten, um die vom Motor produzierte Leistung an die Antriebsräder zu übertragen. Dazu sind sie durch ein ausgeklügeltes System aus Gelenken, Wellen und Zahnrädern miteinander verbunden. Welche Kraft tatsächlich an den Rädern benötigt wird, hängt natürlich davon ab, was Sie Ihrem Fahrzeug während der Fahrt gerade abverlangen. Dazu kommt, dass der Motor nur in einem begrenzten Drehzahlband eine verwertbare Leistung anbietet. Damit Ihr Mercedes beim Beschleunigen und Bergfahren trotzdem genügend Zugkraft entwickelt, ist das Getriebe mit verschiedenen Gängen (Übersetzungen) versehen.

Übersetzungen für die Zugkraft

Beim Anfahren zum Beispiel wird an den Antriebsrädern ein großes Drehmoment benötigt, während der niedrig drehende Motor nur ein geringes Drehmoment zur Verfügung stellt. Legen Sie den ersten Gang ein, wird die Motordrehzahl durch die Übersetzung ins Langsamere vergrößert. Auf der schnellen Autobahnfahrt im fünften Gang verhält es sich genau umgekehrt. Dann ist eine Übersetzung ins Schnellere wirksam, die Motordrehzahl wird im Vergleich zur Drehzahl der Antriebsräder verkleinert. Das Getriebe passt also die Umdrehungen des Motors der gewünschten Geschwindigkeit an den Rädern an.

Kupplung unterbricht den Kraftfluss

Allerdings muss der direkte Kraftfluss vom Motor zum Getriebe auch unterbrochen werden können. Das ist dann erforderlich, wenn Sie das Fahrzeug starten, mit laufendem Motor an einer roten Ampel stehen oder die Gänge wechseln wollen. Bei Fahrzeugen mit Schaltgetriebe übernimmt die Kupplung diese Aufgabe. Sie ermöglicht auch ruckfreies Anfahren, indem sie die unterschiedlichen Drehzahlen von Kurbelwelle und Antriebswelle des Getriebes ausgleicht. Bei der Getriebeautomatik übernimmt ein Drehmomentwandler die Kupplungsarbeit. Vorteil des Automatikgetriebes: Der Motor lässt sich nicht mehr abwürgen, außerdem sorgt ruckfreies Schalten für entspannteres Fahren.

Die Kupplung

In allen E-Klasse-Modellen mit Schaltgetriebe arbeitet eine so genannte Einscheiben-Trockenkupplung, die hydraulisch über einen Kupplungsgeberzylinder und einen Kupplungsnehmerzylinder betätigt wird. Das Kupplungspedal lässt sich bei diesem System mit geringerem Kraftaufwand treten als bei einer herkömmlichen Seilzugkupplung. Der Pedalweg ist kürzer und das Pedalspiel der Kupplung stellt sich selbst nach.

Hydraulik arbeitet mit Bremsflüssigkeit

Zur Betätigung der Kupplung wird Bremsflüssigkeit verwendet. Sie befindet sich im gleichen Vorratsbehälter, der auch die Bremsflüssigkeit enthält. Der Behälter ist in zwei Kammern unterteilt – eine für das Bremssystem, die andere für das hydraulische Kupplungssystem. Beide Systeme arbeiten getrennt. Bei einem Leck in der Kupplungsanlage wird das Bremssystem daher nicht beeinträchtigt.

Die wichtigsten Teile der Kupplung

Motorschwungscheibe. Ist fest mit der Kurbelwelle verbunden Beim allen Motoren wird ein so genanntes Doppelmassenschwungrad eingebaut.

Kupplungsscheibe (Mitnehmerscheibe). Sitzt auf der Eingangswelle des Getriebes. Auf beiden Seiten sind Beläge aufgenietet.

Kupplungsdruckplatte. Presst die Kupplungsscheibe mittels Tellerfeder gegen die Schwungscheibe. Ist mit der Schwungscheibe fest verschraubt.

Ausrücklager. Beim Tritt aufs Kupplungspedal wird das Ausrücklager durch hydraulischen Druck gegen die Tellerfeder der Kupplung gedrückt. Durch diese willkürliche Unterbrechung des Antriebs kann sich die Mitnehmerscheibe frei mit der Kupplungswelle mitdrehen, d.h. der Antrieb zum Getriebe ist unterbrochen.

Kupplungsgeberzylinder. Sitzt hinter dem Kupplungspedal und ist durch eine Stößelstange mit dem Pedal verbunden. Durch Treten des Kupplungspedals und damit Hineinschieben des mit dem Stößel verbundenen Kolbens im Geberzylinder entsteht Druck, welcher sich durch den am Zylinder angeschlossenen Schlauch zum Kupplungsnehmerzylinder fortpflanzt und dessen Kolben im Nehmerzylinder entsprechend verschiebt.

Kupplungsnehmerzylinder. Ist seitlich horizontal am Getriebe angeordnet und überträgt die Bewegung des Kupplungspedals über eine Druckstange auf die Ausrückgabel der Kupplung.

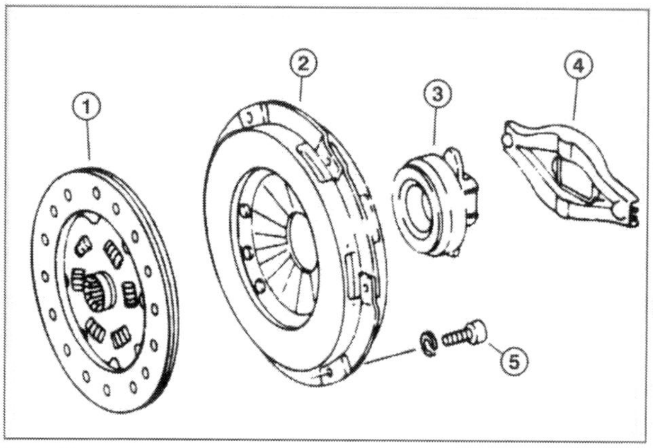

Die Teile der Kupplung.
❶ Mitnehmerscheibe, ❷ Druckplatte, ❸ Ausrücklager, ❹ Ausrückgabel, ❺ Befestigungsschraube der Druckplatte.

Verschleiß der Kupplung

Bei jedem Ein- und Auskuppeln wird durch den leichten Schleifvorgang etwas Reibbelag von der Kupplungsscheibe abgeschliffen. Die Kupplungsscheibe ist also ein Verschleißteil, doch sie hat eine mittlere Le-

So funktioniert die Kupplung

Technik-lexikon

Kupplungsspiel. Solange das Kupplungspedal nicht gedrückt wird, sorgt das Kupplungsspiel dafür, dass das Ausrücklager nicht ständig unter Druck steht. Das Kupplungsspiel wird kleiner bei abnutzenden Belägen (Pedalspiel wird größer).

Auskuppeln. Durch den Tritt auf das Kupplungspedal wird im Kupplungsgeberzylinder Druck aufgebaut. Dieser gelangt zum Kupplungsnehmerzylinder an der Getriebeglocke und bewegt dort über eine Druckstange die Ausrückgabel. Daran ist das Ausrücklager befestigt, welches mit großer Kraft in Richtung Druckplatte bewegt wird. Dort drückt es gegen die Spitzen der Tellerfeder und übernimmt deren Anpresskraft. Die ringförmigen Reibflächen der Druckplatte werden so entlastet. Die Mitnehmerscheibe kann im Raum zwischen den Reibflächen von Druckplatte und Schwungscheibe frei drehen.

Einkuppeln. Wird das Kupplungspedal wieder entlastet, schließt die Tellerfeder den Zwischenraum und klemmt die Mitnehmerscheibe kräftig ein.

bensdauer von über 100 000 Kilometern. Der Verschleiß hängt im wesentlichen von der Belastung – z.B. Hängerbetrieb – und der Fahrweise ab. Die Kupplung ist wartungsfrei, da sie sich selbst nachstellt.

Die Kupplungsmörder

Praxistipp

Anfahren mit hoher Motordrehzahl (Kavalierstart) oder im 2. Gang bewirkt einen starken Verschleiß der Kupplungsbeläge.

Wenn Sie während der Fahrt den Fuß nicht neben dem Kupplungspedal abstellen, sondern ihn darauf ausruhen lassen, schleift die Kupplung ständig leicht. Das halten die besten Beläge nicht lange aus. Ebenso wenig die Unsitte, das Fahrzeug an einer Steigung mit Kupplungs- und Gaspedal in der Waage zu halten.

Wenn Sie stets mit eingelegtem 1. Gang und durchgetretenem Kupplungspedal an der roten Ampel warten, ist dies ebenfalls ein Verschleißfaktor. In diesem Fall wird das Ausrücklager stark beansprucht. Kuppeln Sie lieber aus, solange die Ampel Rot zeigt, und legen Sie den 1. Gang erst ein, wenn die Ampel auf Gelb schaltet.

Kupplung prüfen

Eine schleifende Kupplung macht sich zuerst bemerkbar, wenn Sie Ihr Fahrzeug im höchsten Gang beschleunigen. Der Motor dreht hoch, ohne dass die Fahrgeschwindigkeit zunimmt. Die folgende Prüfmethode zeigt Ihnen, ob die Kupplung noch gut funktioniert. Diesen Test sollten Sie jedoch nur gelegentlich durchführen. Außerdem muss dafür die Handbremse in Ordnung sein.

Arbeitsschritte

① Handbremse anziehen und Motor starten.

② Legen Sie den 3. Gang ein; dann langsam einkuppeln und Gas geben.

③ Bei einwandfreier Kupplung wird der Motor abgewürgt.

④ Dreht der Motor durch, ist die Nachstellautomatik am Ende ihres Nachstellspiels angelangt. In diesem Fall ist ein Kupplungstausch fällig.

Rutschende Kupplung

Eine durchrutschende Kupplung bemerkt man erst beim Fahren im höchsten Gang – wobei die vom Motor geforderte Leistung am größten ist –, wenn bei Belastung der Motor »durchdreht«, also auffallend schneller dreht, als es der Fahrgeschwindigkeit entspricht. Beim Anfahren fällt das Nachlassen der Kupplungsgriffigkeit weniger auf. Folgeschäden können sein, dass neben der Mitnehmerscheibe auch die Reibflächen von Druckplatte und Schwungrad stark verschlissen werden. Meist muss dann beim Austausch der Mitnehmerscheibe noch eine neue Druckplatte montiert werden. Vorbeugend sollten Sie deshalb Ihre Kupplung prüfen (lassen).

Trennt die Kupplung richtig?

Wenn kratzende oder krachende Geräusche den Schaltvorgang untermalen, trennt meistens die Kupplung nicht mehr richtig. Machen Sie folgende Probe mit dem nicht synchronisierten Rückwärtsgang – so schließen Sie eine mögliche Ursache dieser Geräusche durch ein defektes Getriebe aus.

Arbeitsschritte

① Motor im Leerlauf drehen lassen.

② Kupplungspedal voll durchtreten, etwa drei Sekunden warten, dann Rückwärtsgang einlegen. Wenn Sie jetzt das kratzende Geräusch hören, läuft die Mitnehmerscheibe nicht ganz frei – die Kupplung trennt nicht sauber.

Rupfende Kupplung

Bei rupfender Kupplung setzt sich der Wagen gewissermaßen stotternd in Bewegung. Die Übertragung der Motordrehzahl auf die Antriebsräder erfolgt nicht gleichmäßig weich. Für diesen Effekt können unterschiedlich Ursachen verantwortlich sein:

- Motor- und Getriebelagerung ist defekt oder hat sich gelockert. Der Antriebsblock (Motor und Getriebe) gerät beim Einkuppeln ins Schwingen.
- Der Kupplungsbelag auf der Mitnehmerscheibe ist verbrannt und verhärtet. Das ist meist die Folge übermäßiger Belastung.
- Die Druckplatte hat sich verzogen und weist an ihrer Reibfläche wellige Verwerfungen in geringer Höhe auf.
- Die Schwungscheibe hat auf ihrer Reibfläche wellige Aufwerfungen – ebenfalls in geringer Höhe.

Kupplungsverschleiß prüfen

Da der Kupplungsverschleiß durch die selbstnachstellende Kupplungshydraulik nicht am größer werdenden Spiel des Kupplungspedals erkennbar ist, prüft die Werkstatt im Rahmen der Wartungsarbeiten den Kupplungsverschleiß mit einer speziellen Kontrolllehre. Dazu hat die Druckstange des Nehmerzylinders vom Zylinderkolben zur Ausrückgabel verschiedene Durchmesser. Je nachdem, wie weit die Stange infolge des Belagverschleißes schon herausgewandert ist, lässt sich die Lehre immer weiter einschieben. Die Lehre kann leicht selbst angefertigt werden, siehe folgende Abbildung.

Arbeitsschritte 60000 km

① Fahrzeug aufbocken und untere Motorraumverkleidung ausbauen.

② Kontrolllehre vor dem Kupplungsnehmerzylinder bis zum Anschlag einschieben.

③ Verschwinden die Kerben am Rand der Lehre nicht mehr, hat der Belagverschleiß ein bedenkliches Ausmaß erreicht. Von dem ursprünglich rund 3,8 mm starken Belag sind dann nur noch ca. 2 mm übrig – die Kupplung wird bald zu schleifen beginnen.

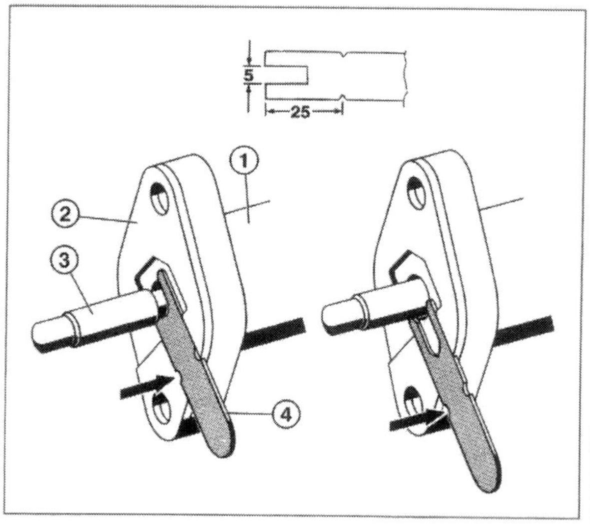

So wird der Kupplungsverschleiß geprüft. Die Lehre aus einem 0,6 bis 0,8 mm dicken und 15 mm breiten Blechstreifen anfertigen.
❶ Kupplungsnehmerzylinder, ❷ Zylinderflansch, ❸ Druckstange zur Ausrückgabel, ❹ Prüflehre
In der linken Darstellung verschwinden die Kerben (Pfeil) der Prüflehre hinter dem Flansch des Kupplungsnehmerzylinders – die Mitnehmerscheibe ist in Ordnung.

Sichtprüfung der Kupplungshydraulik

Wenn die Kupplung richtig trennt, ist auch die Kupplungshydraulik in Ordnung. Trennt sie dagegen schlecht oder fällt das Pedal ohne Widerstand durch, kann es sein, dass durch eine Leckstelle Luft in die hydraulische Anlage geraten ist. In diesem Fall sollten Sie die undichte Stelle ausfindig machen und reparieren (lassen).

Arbeitsschritte | 30000 km 24 Monate

① Werfen Sie einen Blick auf Geberzylinder (hinter dem Kupplungspedal) und Nehmerzylinder (am Getriebe) – sind Spuren von Bremsflüssigkeit vorhanden?

Ölfeuchtigkeit am Nehmerzylinder (Pfeil) der Kupplung ist ein eindeutiges Zeichen für einen Defekt in der Kupplungshydraulik. Der Tausch des Nehmerzylinders sollte dann nicht mehr lange hinausgezögert werden.

② Wenn Sie Ölschmutz am Nehmerzylinder feststellen, den Bereich gründlich reinigen, um später die Herkunft des Öls besser bestimmen zu können. Achten Sie dann nach den nächsten Fahrten darauf, wo die Hydraulikflüssigkeit austritt.

③ Ölfeuchte Kupplungszylinder sind undicht und müssen ausgetauscht werden.

Kupplungsbetätigung entlüften

Für richtiges Arbeiten der Kupplung muss der Bremsflüssigkeitsbehälter ausreichend gefüllt sein. Sinkt der Stand der Bremsflüssigkeit immer wieder bis zu dem Niveau ab, wo der Schlauch zur Kupplungsbetätigung mündet, muss das System auf Dichtheit überprüft werden. Alle Schlauchleitungen vom Vorratsbehälter bis zum Kupplungsnehmerzylinder am Getriebe müssen dicht sein. Feuchtdunkle Stellen deuten auf Verluste hin.

Trennt die Kupplung nicht und lässt sich das Pedal widerstandslos bewegen, ist Luft im Kupplungssystem. Dann muss die Kupplungsbetätigung entlüftet werden. Die Werkstatt verwendet hierzu ein Entlüftungsgerät, mit dem bei geöffnetem Entlüftungsventil am Kupplungsnehmerzylinder (am Getriebe) so lange Bremsflüssigkeit eingepumpt wird, bis alle Luftblasen nach oben in den Vorratsbehälter gedrückt worden sind.

Doch auch im Do it yourself lässt sich die Kupplungsbetätigung, und zwar mit Hilfe des Bremssystems, entlüften. Dabei wird ein Schlauch in ein Bremsentlüftungsventil an der Vorderachse gesteckt. Der durchsichtige Schlauch muss so lang sein, dass er vom Entlüftungsventil der Bremsen bis zum Ventil am Kupplungsnehmerzylinder reicht.

Arbeitsschritte

① Wagen vorn aufbocken.

② Untere Motorraumabdeckung abbauen.

③ Bremsflüssigkeitsbehälter bis »MAX« füllen.

④ Schlauch auf das Entlüftungsventil einer vorderen Bremse stecken.

⑤ Entlüftungsventil öffnen und so lange Bremsflüssigkeit durch das Betätigen des Bremspedals (Helfer) herauspumpen, bis der ganze Schlauch gefüllt ist. Beim Pumpen das Ventil schließen, bevor man das Bremspedal entlastet.

⑥ Schlauchende auf das Entlüftungsventil am Kupplungsnehmerzylinder stecken und das Ventil öffnen.

⑦ Nun den Helfer weiter pumpen lassen. Das Entlüftungsventil am Kupplungsnehmerzylinder bleibt stets geöffnet.

⑧ Den Pumpvorgang so oft wiederholen, bis die Bremsflüssigkeit alle Luftblasen nach oben aus dem Kupplungssystem gedrückt hat.

⑨ Entlüftungsventile wieder zudrehen, Schlauch entfernen und Staubkappen aufstecken.

Kupplungsreparatur

Die ebenso einfache wie zweckmäßige Konstruktion der Kupplung hat fürs »Do it yourself« den Nachteil, dass ein Verschleißteil wie die Mitnehmerscheibe nicht ohne weiteres zugänglich ist. Dafür muss zum Beispiel das Getriebe vom Motor getrennt und nach unten ausgebaut werden. Das ist jedoch eine Arbeit, die viel Know-how und Spezialwerkzeuge erfordert. Den Austausch von Kupplungsteilen sollten Sie deshalb der Werkstatt überlassen.

Kupplung

Störungsbeistand

Störung	Ursache	Abhilfe
A Kupplung rutscht	**1** Kupplungsbeläge abgenutzt	Mitnehmerscheibe ersetzen lassen
	2 Anpressdruck der Kupplung zu gering	Kupplungsdruckplatte ersetzen lassen
	3 Kupplungsbelag verölt	Mitnehmerscheibe und defekte Getriebe- oder Kurbelwellendichtung ersetzen lassen
	4 Kupplung wurde überhitzt	Defekte Teile ersetzen lassen
	5 Kolbenmanschette im Nehmerzylinder defekt	Nehmerzylinder überholen bzw. ersetzen lassen
B Kupplung trennt schlecht oder gar nicht	**1** Luft in der Kupplungshydraulik	Leckstelle ausfindig machen, abdichten, hydraulische Anlage entlüften
	2 Kolbenmanschette im Nehmer- oder Geberzylinder undicht	Nehmer- oder Geberzylinder ersetzen lassen
	3 Kupplungsscheibe hat Schlag	Kupplungsscheibe ersetzen lassen
	4 Mitnehmerscheibe verzogen und hat Schlag oder Belag gebrochen	Kupplungsscheibe ersetzen lassen
	5 Kupplungsscheibe klemmt auf Getriebewelle	Kerbverzahnung muss gereinigt und geschmiert und gangbar gemacht werden
	6 Belag nach sehr langer Standzeit an Schwungscheibe festgerostet	Anfahren, wie unter »Fahren mit defekter Kupplung« beschrieben. Kupplungspedal dauernd durchgetreten halten. Gaspedal ruckartig durchtreten und loslassen, um die Kupplung loszubrechen. Andernfalls wechseln lassen
C Kupplungspedal fällt ohne Widerstand durch	Siehe B 1	
D Kupplung trennt nicht und rutscht gleichzeitig durch	Kupplungsdruckplatte defekt	Auswechseln lassen
E Kupplung rupft	**1** Siehe A1	
	2 Motor- oder Getriebeaufhängung locker oder defekt	Motor- oder Getriebeaufhängung festziehen oder ersetzen
	3 Unebenheiten auf der Anlagefläche von Schwungscheibe oder Druckplatte	Defektes Teil ersetzen lassen
	4 Falsche Beläge	Mitnehmerscheibe ersetzen lassen
F Kupplungsgeräusche	**1** Unwucht der Kupplungsdruckplatte bzw. Mitnehmerscheibe	Defektes Teil ersetzen lassen
	2 Torsions-Dämpferfeder defekt	Mitnehmerscheibe ersetzen lassen
	3 Ausrücklager defekt	Ausrücklager ersetzen lassen
	4 Nietverbindungen in der Kupplung locker	Kupplungsdruckplatte ersetzen lassen

Praxistipp: Fahren mit defekter Kupplung

Fällt unterwegs die Kupplungsanlage aus, die Kupplung zum Beispiel nicht mehr aus- oder einkuppelt, bedeutet dies nicht unbedingt das Ende der Fahrt. Ein nahes Ziel oder die nächste Werkstatt erreichen Sie auch ohne Betätigung der Kupplung. Bei feinfühligem Umgang mit Gaspedal und Schalthebel können Sie sogar hoch- und herunterschalten.

Gang herausnehmen. Gas wegnehmen und Schalthebel in Richtung Leerlauf drücken. Bei schiebendem Wagen eventuell ein klein wenig Gas geben, falls der Gang »klemmt«.

Anfahren. 1. Gang einlegen und Anlasser betätigen. Der Wagen ruckelt los und setzt sich mit anspringendem Motor in Bewegung. Wer während der Fahrt nicht schalten will, fährt auf diese Weise in der Ebene im 2. Gang an.

Hochschalten. Motor im 1. Gang nur knapp über Leerlaufdrehzahl beschleunigen (ca. 1000/min). Das Gas etwas zurücknehmen und den Schalthebel in Leerlauf-Stellung ziehen. Wenn der Gang klemmt, ein wenig Gas geben. Dann Gaspedal loslassen und den Schalthebel gefühlvoll in die Stellung für den 2. Gang drücken. Bei angeglichener Drehzahl von Motor und Getriebe rutscht der Gang fast von selbst hinein.

- Wenn Sie mit dem Schalten zu lange gewartet haben, müssen Sie ein wenig Gas geben, damit sich der Gang ohne knirschende Zahnräder einlegen lässt.
- Hat es nicht geklappt, halten Sie nochmals an und versuchen das Ganze von neuem.
- In die weiteren Gänge schalten Sie auf die gleiche Weise hoch. Am leichtesten geht dies in niedrigen Geschwindigkeiten: In den 3. Gang bei 30 km/h, in den 4. bei 40 km/h und in den 5. bei 50 km/h.

Herunterschalten. Geht am besten bei niedrigen Drehzahlen und Geschwindigkeiten.

- Zuerst mit dem Fuß vom Gas gehen und Gang herausnehmen.
- Dann behutsam Gas geben, um die Motordrehzahl anzuheben. Gleichzeitig den Schalthebel in Richtung des niedrigeren Gangs drücken. Bei richtiger Motordrehzahl rutscht der Gang fast ohne Nachdruck hinein.

Das Schaltgetriebe

Die Mercedes E-Klasse Modelle mit Schaltgetriebe sind serienmäßig mit einem Fünfganggetriebe ausgestattet. Bei modernen Schaltgetrieben der Marke Mercedes-Benz kommen ausnahmslos schräg verzahnte Zahnräder zum Einsatz – sie sind ständig miteinander im Eingriff und für ihre ausgesprochen lange Lebensdauer bekannt. Wenn das Getriebe trotzdem einmal defekt ist, müssen Sie die Reparatur der Werkstatt überlassen. Das Zerlegen der Wellen und Zahnräder erfordert Spezialwerkzeuge und viel Know-how. Selbst Fachwerkstätten schicken reparaturbedürftige Getriebe in der Regel zu einem Spezialbetrieb.

Praxistipp: Schaltschwierigkeiten

Schaltprobleme können ihre Ursache im Getriebe selbst oder aber auch an einem verschlissenen Schaltmechanismus haben.

- Lassen Sie sich am besten von einem erfahrenen Werkstattmann beraten. Zur Fehlerbeseitigung muss das Getriebe ausgebaut, zerlegt und repariert oder ggf. sogar getauscht werden.
- Lässt sich das Getriebe schon am Neuwagen schlecht schalten, könnte ein Montagefehler die Ursache sein. Dies muss dann schon in der Garantiezeit reklamiert werden.
- Vielleicht ist eine Schaltstange nicht richtig eingestellt, oder ihre Befestigung vorn am Getriebe oder hinten am Schaltmechanismus des Schalthebels ist verschlissen.
- Der Schaltmechanismus am Fuß des Schalthebels muss immer gut geschmiert sein.

Lässt sich der Schalthebel in einer Ebene auffallend leicht bewegen, ist wahrscheinlich die entsprechende Schaltstange lose.

Schaltung einstellen

Wenn die Schaltung Probleme bereitet, kann sie mit Hilfe eines Helfers ohne großen Aufwand eingestellt werden. Kontrollieren Sie vor Arbeitsbeginn, ob die Teile der Schaltbetätigung nicht verbogen und die Lagerbuchsen nicht verschlissen sind. Die Werkstatt benutzt zur Einstellung eine spezielle Einstellehre, die an der Getriebe-Schaltwelle angesetzt wird.

So funktioniert das Schaltgetriebe

Technik-lexikon

Die Motorleistung gelangt über die Kupplung zur Hauptwelle im Getriebe. Auf dieser Welle sitzen die Zahnräder für die Vorwärtsgänge und ein Zahnrad für den Rückwärtsgang. Die Zahnräder stehen mit Zahnrädern auf einer Nebenwelle im Eingriff. Das Rückwärtsgang-Zahnrad greift in ein Zwischenrad, das die Drehrichtung umkehrt.

Zahnräder und Wellen

Ist kein Gang eingelegt, können die Zahnräder frei umlaufen. Wird geschaltet, verbindet sich jeweils ein Zahnradpaar mit der Welle, und die Motorkraft gelangt entsprechend übersetzt an den Getriebeausgang. Das Verhältnis der Zähnezahlen des jeweiligen Zahnradpaares ergibt die betreffende Übersetzungsstufe.. Alle Gänge (auch der Rückwärtsgang) sind synchronisiert. Die unterschiedlich schnell drehenden Getriebeteile werden durch die Synchronisation beim Gangwechsel auf Gleichlauf gebracht. Die Gänge lassen sich so leichter einlegen, und es kracht beim Schalten nicht. Reibelemente zwischen den drehenden Teilen besorgen die Anpassung. Sie bremsen die schnelleren Teile ab. Diese Anpassung dauert einen Sekundenbruchteil, deshalb den Schalthebel möglichst nicht schnell durchreißen, sondern eher gemütlich schalten.

Zwischengas ist beim vollsynchronisierten Getriebe normalerweise nicht notwendig. Nur bei kaltem, sehr steifem Getriebeöl kann Zwischengas beim Herunterschalten nützen.

Vorwärtsgänge und Rückwärtsgang

Die ersten drei Gänge übersetzen die Drehzahl ins Langsamere. Der vierte Gang ist der so genannte direkte Gang, der die Motordrehzahl etwa im Verhältnis 1:1 überträgt. Im fünften Gang ist die Drehzahl der Abtriebswelle größer als die Motordrehzahl. Ein Auto muss natürlich auch rückwärts fahren können. Dazu sitzt auf jeder Antriebswelle ein zusätzliches Zahnrad, das den Drehsinn der Antriebsräder umkehrt. Mit dem Schalthebel wählen Sie den gewünschten Gang – eine Schaltstange überträgt die Bewegung des Schalthebels auf ein Schaltsegment am Getriebe.

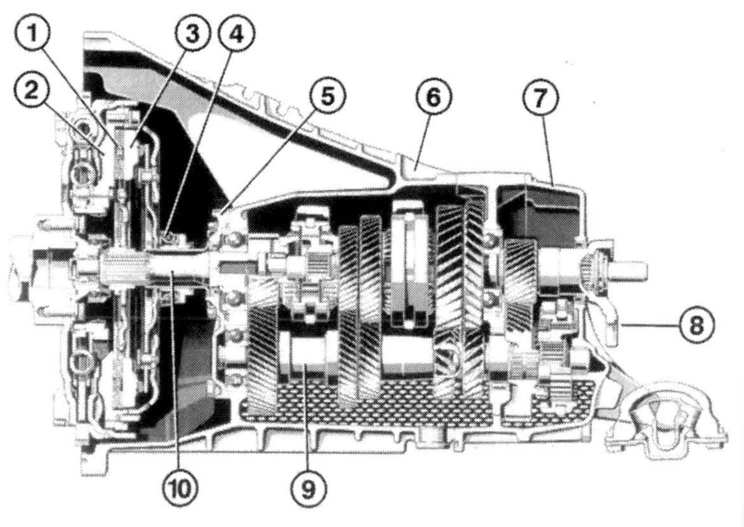

Schnitt durch das Fünfgang-Schaltgetriebe.

1. Mitnehmerscheibe
2. Doppelmassen-Schwungrad
3. Kupplungsdruckplatte
4. Drucklager
5. vorderer Getriebedeckel
6. Getriebegehäuse
7. hinterer Getriebedeckel
8. Gelenkwellenflansch
9. Nebenwelle
10. Hauptwelle

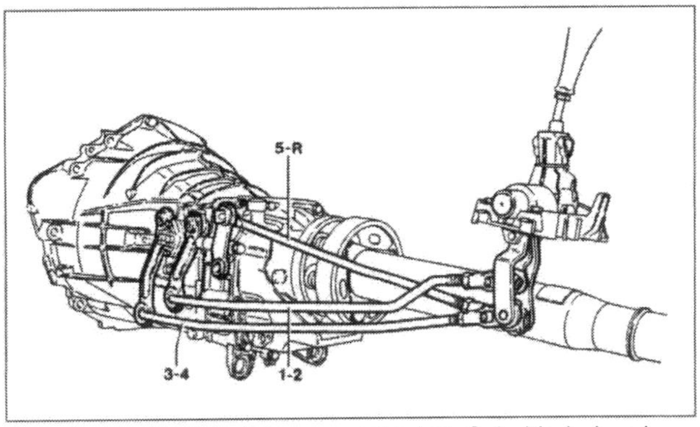

Anordnung der Schaltstangen zwischen Schalthebel und 5-Gang-Getriebe.

Arbeitsschritte

① Ganghebel im Leerlaufstellung bringen.

② Fahrzeug aufbocken und untere Motorraumabdeckung ausbauen.

③ Umlenkhebel am Fuß des Ganghebels ausrichten. Dazu einen Bohrer (5,9 mm) durch die Löcher im Schaltmechanismus und in den Umlenkhebeln stecken.

Die Werkstatt benutzt zum Ausrichten der Schaltstangen einen speziellen Fixierbolzen mit 5,9 mm Durchmesser. Es geht jedoch auch mit einem entsprechenden passenden Bohrer (Pfeil).

④ Die Länge der jeweiligen Schaltstange stimmt, wenn sie ohne Verschieben auf die Umlenkhebel am Schaltmechanismus passt.

⑤ Falls nicht, Sicherungsschrauben an den Schalthebelstangen am Getriebe lösen.

⑥ Schalthebel am Getriebe in Leerlaufstellung bringen und Sicherungsschrauben in dieser Stellung wieder festziehen.

⑦ Bohrer wieder herausziehen und die Schaltbarkeit des Getriebes bei laufendem Motor prüfen.

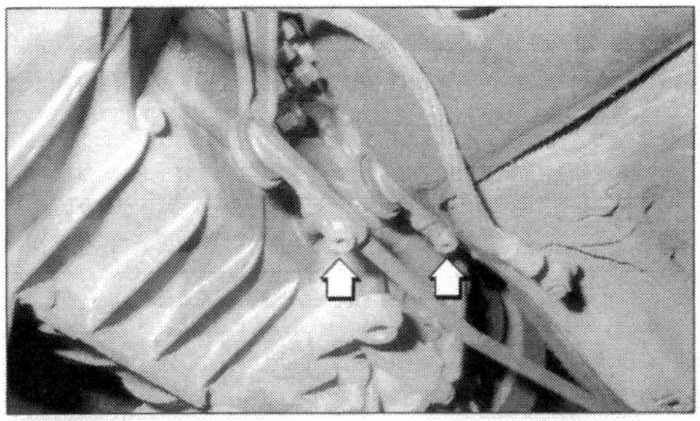

Zur Schaltstangeneinstellung diese Sicherungsschrauben (Pfeile) lösen und die Schaltstangen entsprechend verschieben.

Getriebeölstand kontrollieren

Im Getriebe wird – anders als im Motor – das Schmiermittel nicht verbraucht. Tatsächlich sehen die Wartungspläne einen Wechsel des Getriebeöls nicht vor. Getriebeöl kann jedoch durch undichte Stellen ins Freie gelangen. Zeigt das Getriebegehäuse von außen keine öldurchtränkte Schmutzkruste, ist dieser Wartungspunkt schon erledigt. Wenn Sie wissen wollen, ob der Ölstand noch stimmt, beachten Sie folgende Punkte.

Arbeitsschritte — 120000 km alle 4 Jahre

① Fahrzeug waagrecht auf Böcke setzen oder Hebebühne benutzen.

② Um an den Stopfen für die Ölstandskontrolle heranzukommen, Motorabdeckung ausbauen.

③ Den Stopfen am Getriebe mit einem 17-mm-Innensechskantschlüssel herausdrehen. Dieser dient zur Kontrolle des Ölstands und zum Einfüllen des Getriebeöls.

④ Läuft bereits Getriebeöl heraus, stimmt der Ölstand. Ansonsten Finger in das Gewindeloch stecken und fühlen, ob der Ölstand bis etwa 5 Millimeter an die Öffnung heranreicht.

⑤ Wollen Sie bei der Kontrolle des Getriebeölstands ganz sicher gehen, biegen Sie ein Stück Draht rechtwinklig ab und prüfen damit den Ölstand von der Unterkante der Einfüllöffnung aus.

⑥ Bei größerem Ölmangel (mehr als 5 mm von Unterkante Einfüllöffnung) das vorgeschriebene ATF-Getriebeöl mit Hilfe von Trichter und Schlauch oder einer Ölspritzkanne einfüllen, bis es aus der Einfüllbohrung läuft.

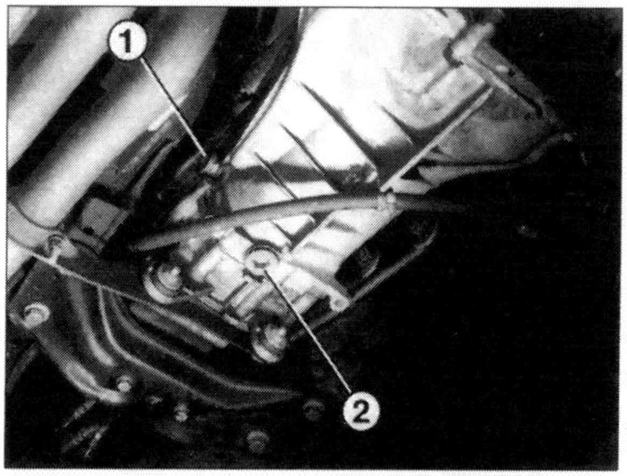

Ölablass- ❷ und Ölstandskontrollschraube ❶ am Schaltgetriebe.

Schaltgetriebe auf Öldichtheit prüfen

Arbeitsschritte | 30000 km alle 2 Jahre

Folgende Leckstellen sind möglich:

- Trennstelle zwischen Motorblock und Getriebe
- Gelenkwelle am Getriebe
- Öleinfüllschraube
- Ablassschraube

① Getriebegehäuse mit Kaltreiniger reinigen.

② Mögliche Leckstelle mit Kalk oder Talkumpuder bestäuben.

③ Probefahrt durchführen. Damit das Öl besonders dünnflüssig wird, auf einer Schnellstraße etwa 30 Kilometer weit fahren.

④ Anschließend Fahrzeug aufbocken und Getriebe mit einer Lampe nach der Leckstelle absuchen.

⑤ Leckstelle umgehend beseitigen.

Das Automatikgetriebe

Auch mit Vollsynchronisation, leichter Gangschaltung und leichter Kupplungsbetätigung bleibt Schalten handfeste Arbeit und für viele Autofahrer ein Schrecken. Deshalb gibt es auch bei Mercedes-Benz eine segensreiche Einrichtung, die den Autofahrer in punkto Gangwechsel entlastet: das Automatikgetriebe. Es entscheidet selbsttätig, wann mit welchem Gang gefahren wird. Dabei besteht in aller Regel die Auswahl zwischen vier Vorwärtsgängen. Und bei der vierten Generation von Automatikgetrieben, die bei Mercedes-Benz seit Frühjahr 1995 in Produktion ist, sind fünf grundsätzliche Fahrstufen das Maß aller Dinge. Die CDI-E-Klasse rollt serienmäßig mit der neuentwickelten, elektronisch gesteuerten Fünfgangautomatik von den Montagelinien.

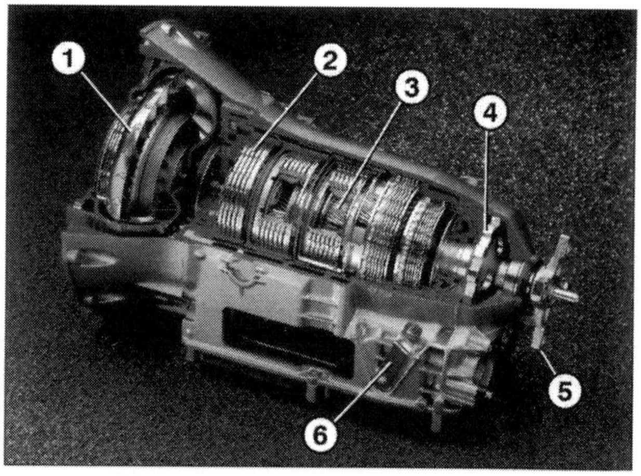

Das kompakte Fünfgang-Automatikgetriebe im Schnitt. ❶ Drehmomentwandler, ❷ Lamellenkupplung, ❸ Planetenradsatz, ❹ Parksperrenrad, ❺ Gelenkwellenflansch, ❻ Umlenkhebel vom Vorwahlhebel in der Mittelkonsole.

Für die fünf Vorwärtsgänge der neuen Automatik-Getriebegeneration werden nur noch drei Planetenebenen und sechs Lastschaltelemente benötigt. Bisher waren für die gleiche Anzahl Vorwärtsgänge vier Planetenebenen und sieben Lastschaltelemente im Einsatz. Wie bei Planetengetrieben üblich, werden die einzelnen Gangstufen durch feste Kopplung an sich freidrehender Elemente erreicht. Anstelle der bisher zu diesem Zweck verwendeten Lamellenkupplungen und Bandbremsen verwenden die Mercedes-Ingenieure in der neuen Getriebegeneration nur noch Lamellenkupplungen und Lamellenbremsen. Der Vorteil: Durch die Steuerkupplung lassen sich diese Lastschaltelemente in ihrer Schaltqualität über die gesamte Getriebelebensdauer auf optimalem Niveau halten. Die Verringerung der Planetenradsätze ermöglicht eine besonders kompakte Bauform: Weder Fünfganggetriebe anderer Hersteller noch Viergangautomaten sind in dieser Drehmomentklasse auch nur annähernd so kurz wie die neue Mercedes-Schaltbox. Sie misst in der Länge nur 600 mm und ist damit um rund 150 mm kürzer als vergleichbare andere Automatikgetriebe. Nur das bisherige Mercedes-Viergangautomatikgetriebe ist etwa gleich kompakt – allerdings mit einem Gang weniger und ohne Wandlerüberbrückungskupplung. Auch beim Gewichtsvergleich schneidet das neue Fünfgangautomatik-Getriebe gut ab. Mit 80 Kilogramm bringt es rund ein Drittel weniger Gewicht auf die Waage als andere Getriebe dieser Art. Gewichtsreduzierend wirkt sich zum Beispiel die für Mercedes-Getriebe typische Blechbauweise aus, die schwere Guss- und Schmiedeteile ersetzt.

Das zerlegte Fünfgang-Automatikgetriebe weist im Vergleich zu älteren Getriebeautomaten eine deutliche Verringerung der Teilezahl auf.

Dank seiner modernen Konstruktion besteht das Automatikgetriebe nur noch aus 630 Einzelteilen. Das sind 45 Prozent weniger als bei vergleichbaren Getrieben mit fünf Fahrstufen.

So funktioniert das Automatikgetriebe

Kernstück der Getriebeautomatik sind die so genannten Planetenradsätze. Sie bestehen aus einem Zahnrad, um das drei weitere Zahnräder umlaufen. Über diese Anordnung ist ein Ringrad (Sonnenrad) mit Innenverzahnung gestülpt. Das Geniale an diesen Getrieben ist die Art, diese Radsätze zu schalten. Die Übersetzungsänderung erfolgt lediglich durch Festhalten oder Loslassen von Teilen des Planetenradsatzes. Geschaltet wird also ohne Unterbrechung des Kraftflusses vom Motor zu den Rädern. Das Halten und Lösen besorgen hydraulisch gesteuerte Lamellenkupplungen und -bremsen. Um ein mehrstufiges Getriebe zu erhalten, sind drei Planetenradsätze hintereinander geschaltet. So entsteht eine Dreigang-Getriebeautomatik mit Rückwärtsgang.

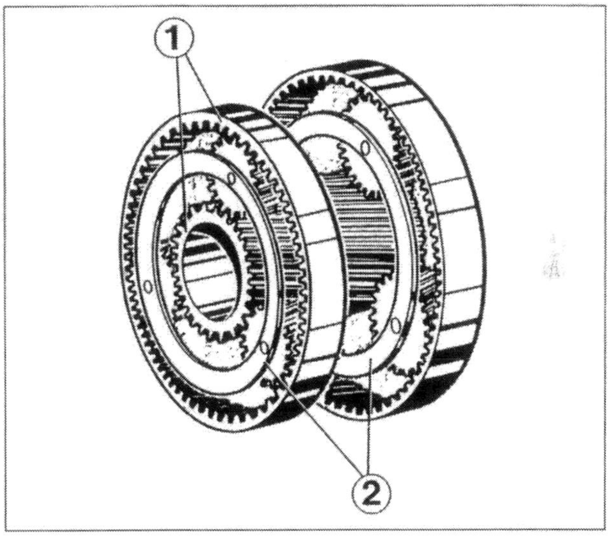

Bei einem Planetengetriebe sind alle Zahnräder ständig im Eingriff. Die verschiedenen Übersetzungsstufen werden ohne Zugkraftunterbrechung durch Antreiben oder Festhalten des Sonnenrades, der Planetenräder oder des Ringrades erreicht. ❶ angetriebene Teile, ❷ festgehaltene Teile.

Der Drehmomentwandler

Bei der Getriebeautomatik befindet sich zwischen dem Dreigang-Planetengetriebe und dem Motor ein hydraulischer Drehmomentwandler, der mittels einer Wandlerflüssigkeit das eingeleitete Motor-Drehmoment ans Getriebe weitergibt. Dazu treibt der Motor im Drehmomentwandler ein Pumpenrad an – die ATF-Flüssigkeit (**A**utomatic **T**ransmission **F**luid) wird über ein so genanntes Leitrad gegen das mit dem Getriebe verbundene Turbinenrad gedrückt, das sich dann in Bewegung setzt. Zwischen dem Pumpenrad und dem Turbinenrad besteht immer eine gewisse Drehzahldifferenz. Sie ist beim Anfahren am größten und nimmt mit zunehmender Geschwindigkeit immer mehr ab. Es herrscht also immer ein gewisser Schlupf.

Stellungen des Wählhebels

Technik-lexikon

P (Parken). In dieser Position wird die Abtriebswelle im Getriebe blockiert. Dazu greift eine Klaue in ein mit Nocken versehenes Rad. Die Räder lassen sich in dieser Stellung nicht drehen und bleiben blockiert. Wenn Sie Ihren Mercedes parken, müssen Sie den Wählhebel auf »P« stellen – allerdings nur bei stehendem Fahrzeug.
R (Rückwärtsgang). Um diesen Gang einzulegen, muss der Wagen stehen und der Motor im Leerlauf drehen. Wird während der Vorwärtsfahrt irrtümlich der Rückwärtsgang eingelegt, verhindert oberhalb einer bestimmten Geschwindigkeit ein Sicherheits-Steuerventil das Einrücken der Rückwärtsgang-Kupplung.
N (Neutral). In dieser Position besteht zwischen Motor und Antriebsrädern keine Verbindung. Im Gegensatz zur »P«Stellung sind die Antriebsräder nicht blockiert, da alle Kupplungen gelöst sind und kein Radsatz festgehalten wird.
D (Drive). In dieser Stellung wird auf die Vorwärtskupplung ein hydraulischer Druck ausgeübt. Dadurch wird das Drehmoment des Motors auf die Antriebsräder gebracht. Der Wagen bewegt sich dabei mit »Kriech«-Geschwindigkeit vorwärts. Dies kann durch leichtes Bremsen verhindert werden. Beim Beschleunigen besteht normaler Fahrbetrieb mit allen Fahrstufen.
2 (2. Gang). Diese Stellung ist für Gefälle und Steigungen oder Anfahren bei Schnee und Eis vorbehalten. Das Getriebe bleibt beim Beschleunigen im 2. Gang. Nehmen Sie Gas weg, setzt der Motorbremseffekt ein.
1 (1. Gang). Braucht nur bei extremem Gefälle oder Steigung eingelegt werden. Das Getriebe bleibt auch beim Beschleunigen im 1. Gang. Beim Gaswegnehmen setzt der volle Motorbremseffekt ein.
Wählhebelsperre: Zum Einlegen von »R«, »2« (außer von Stellung »1« in »2«) und »P« sowie zum Verlassen von »P« muss erst der seitliche Sperrknopf am Wählhebel gedrückt werden. Der Motor kann nur in Wählhebelstellung »P« oder »N« angelassen werden. Bei eingelegter »R«-, »D«-, »1«- oder »2«-Position verhindert ein Sicherheitsschalter am Getriebe den Startvorgang.
Zwei Rückwärtsgänge: Zusätzlich kann der Fahrer über einen Schalter an der Mittelkonsole ein spezielles Winterfahrprogramm wählen. Es unterscheidet sich in wesentlichen Punkten vom Standard-Grundprogramm. So wird mit Blick auf ein harmonisches Anfahren bei Glatteis oder Schnee grundsätzlich im zweiten Gang angefahren. Für eine ebenso gefühlvolle Rückwärtsfahrt wird ein zweiter, lang übersetzter Rückwärtsgang eingelegt. Alle Gangwechsel erfolgen im »W«-Programm bei abgesenkten Motordrehzahlen. Wesentliche reaktive Schaltbeeinflussungen wie die Bergerkennung bleiben erhalten. Mehr auf Fahrdynamik ausgerichtete Programmeingriffe wie die dynamische Vollgasrückschaltung (Kick-fast) oder die schnelle Gaswegnahme (Fast-off) hingegen legt der Getrieberechner im Winterprogramm auf Eis.

Bei ausgebauter Mittelkonsole erreichbar (mit Automatik): ❶ Lämpchen zur Beleuchtung der Schaltkulisse; ❷ Abdeckung; ❸ Parksperrenverriegelung; ❹ Schaltmechanismus.

Vorsicht beim Abschleppen

Praxistipp

Springt Ihr Mercedes einmal nicht an, hilft Anschieben oder Anschleppen nicht weiter. Der hydraulische Drehmomentwandler kann bei stehendem Motor keine Verbindung zum Motor herstellen. Versuchen Sie es daher zunächst mit Starthilfekabeln. Wollen Sie Ihren Wagen abschleppen lassen, dann nur in Vorwärtsrichtung bei Wählhebelstellung »N«. Dabei nicht schneller als 50 km/h fahren und höchstens 50 km weit schleppen – sonst reicht die Getriebeschmierung wegen Überhitzung nicht aus.

Automatikgetriebe prüfen

Bei der Funktionsprüfung und besonders bei notwendigen Reparaturen sind selbst dem erfahrenen Schrauber enge Grenzen gesetzt. Schnell wird hier Spezialgerät und gezielte Erfahrung nötig. So übernehmen auch in der Vertragswerksatt nur geschulte Fachleute Einstell- und Reparaturarbeiten. Hier ein paar eher einfache Prüfungen, durch die zumindest Defekte besser eingekreist werden können:

- Der ATF-Stand ist bei Störungen immer als Erstes zu kontrollieren.
- Auf einer Probefahrt können die Schaltpunkte überprüft werden. Dazu hat die Werkstatt genaue Tabellen.
- Die Einstellung des Steuerzugs zwischen Getriebe und Gasgestänge ist eine wichtige Voraussetzung für eine fehlerfreie Arbeitsweise.
- Druckmessungen von Arbeits-, Regler- und Modulierdruck sind Werkstattsache. Manche Druckwerte können eingestellt werden.
- Zur Beurteilung der Schaltvorgänge muss die Leerlaufdrehzahl exakt stimmen.

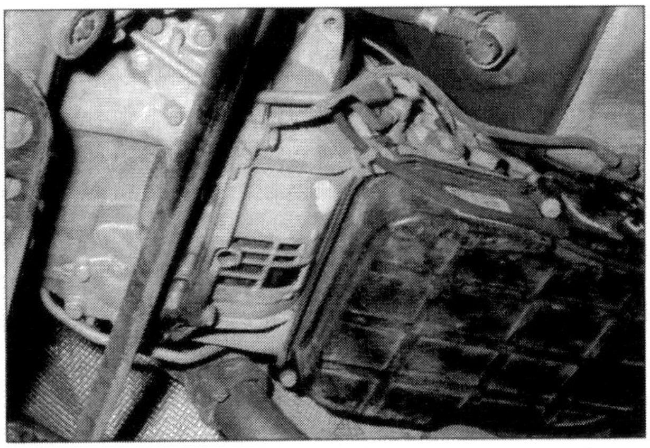

Bei ATF-Verlust im Automatikgetriebe lohnt sich auch ein Blick unter das Fahrzeug. Ist es hier am Getriebe ölfeucht, ist die Ursache schon gefunden.

Beurteilen der Schaltvorgänge

Achten Sie während der Fahrt gelegentlich darauf, ob das Automatikgetriebe noch richtig funktioniert. Die Art, wie die Schaltvorgänge erfolgen, gibt Aufschluss über den Zustand des Automatikgetriebes.

Arbeitsschritte

Hochschalten. Bei teilweise durchgetretenem Gaspedal ist der Gangwechsel kaum wahrnehmbar; bei Vollgas oder Kickdown werden die Übergänge zwar etwas deutlicher, doch muss der höhere Gang stets geschmeidig fassen. Kurzes Hochdrehen des Motors beim Gangwechsel deutet auf Fehler hin, die genauer untersucht werden müssen.

Herunterschalten. Das Herunterschalten darf bei niederen Geschwindigkeiten (Fuß vom Gas) kaum spürbar sein. Ein Stoß ist beim Zurückschalten mit Teil- oder Vollgas normal. Das Zurückschalten ohne Gas mit dem Wählhebel dauert eine bis zwei Sekunden. Wird bei zwangsweisen Zurückschalten mit dem Wählhebel zugleich Gas gegeben, erfolgt der Gangwechsel ohne Verzögerung.

Ölstand im Automatikgetriebe kontrollieren

Der Ölstand im Automatikgetriebe muss normalerweise nur nach dem Ölwechsel oder bei Verdacht auf Undichtigkeiten geprüft werden. Der vorgeschriebene Ölstand ist für die einwandfreie Funktion des automatischen Getriebes äußerst wichtig. Darum sollten Sie die Prüfung mit großer Sorgfalt durchführen:

- **Bei zu niedrigem Ölstand** werden die Kupplungen nicht kraftschlüssig und rutschen durch, weil die Ölpumpe Luft ansaugt. Die dadurch entstehende Schaumbildung verursacht vorzeitigen Verschleiß der Getriebeteile. Außerdem zersetzt sich das Öl, verharzt und bildet Ölschlamm.
- **Bei zu hohem Ölstand** wird das Öl durch die sich drehenden Teile zu stark aufgewirbelt und dadurch stark erhitzt. Dies hat die gleiche Wirkung, wie wenn bei zu niedrigem Ölstand Luft angesaugt wird.

Das ATF-Einfüllrohr befindet sich im Motorraum. Hier wird auch der Ölstand durch einen Peilstab geprüft.

Arbeitsschritte — W 30000 km 12 Monate

① Feststellbremse anziehen und Wählhebel in »P« schalten.

② Motor starten und ein bis zwei Minuten im Leerlauf drehen lassen.

③ Verschluss am Peilstab lösen, Peilstab herausziehen und mit einem fusselfreien (!) Lappen abwischen.

④ Zur Messung den Peilstab so einsetzen, dass die Markierungen zum Fahrzeugheck stehen. Das verhindert ein Verwischen beim Herausziehen.

⑤ Bei betriebswarmem Getriebe (ca. 80°C) muss sich der ATF-Stand zwischen der »MIN« und »MAX« Marke befinden.

Bei automatischem Getriebe finden Sie den Peilstab ❶ für den ATF-Stand hinten rechts am Zylinderkopf. Vor dem Herausziehen den Verschlussbügel ❷ hochklappen.

⑥ Bei einer Getriebetemperatur von ca. 25°C darf der Ölstand nur bis etwa 12 mm unter die »MIN« Marke reichen.

⑦ Prüfen Sie die Beschaffenheit des Getriebeöls nach Farbe und Geruch – beides gibt Aufschluss über den Zustand des Getriebes.

⑧ Falls nötig, ATF nachfüllen. Es darf keineswegs zuviel ATF ins Getriebe gefüllt werden. Die Differenzmenge zwischen den Markierungen beträgt 0,3 Liter. Zuviel eingefüllte ATF wieder absaugen oder ablassen.

Beschaffenheit der ATF-Flüssigkeit

Praxistipp

- **Sauber und rot.** Die Beschaffenheit des Öls ist in Ordnung.
- **Verbrannt und dunkel gefärbt.** Kupplungen sind verbrannt. Das Getriebe muss ausgewechselt, die Ölkühlerleitungen sowie der Ölkühler müssen durchgespült werden.
- **Feste Rückstände im Öl (Metallabrieb).** Getriebe erneuern bzw. auswechseln lassen.
- **Verharztes und klebriges Öl.** Getriebe war oft überhitzt – ausbauen und überholen lassen.

Automatikgetriebe

Störungsbeistand

Störung	Ursache	Abhilfe
A Verzögerter Einschaltstoß bei manueller Gangvorwahl.	**1** ATF-Stand stimmt nicht.	Getriebeölstandskontrolle durchführen.
	2 Mehrfachstecker sitzen nicht korrekt oder sind oxidiert.	Alle Steckverbindungen kontrollieren.
	3 ATF verunreinigt.	ATF wechseln.
	4 Gestörte Kupplungs- oder Bremsband-Funktion bzw. falscher Steuerdruck.	Druckprüfung durchführen lassen.
	5 Schaltzug beschädigt, klemmt oder falsch eingestellt.	Einstellen (lassen).
B Harter Einschaltstoß bei Vorwärts- oder Rückwärtsgang-Vorwahl.	**1** Siehe A1 und A2	
	2 Leerlaufdrehzahl zu hoch.	Leerlaufdrehzahl einstellen lassen.
	3 Unterdrucksystem undicht.	»Falschluft«-Prüfung durchführen.
	4 Achswellengelenke oder Motorlager ausgeschlagen.	Kontrollieren und ggf. erneuern (lassen).
C Schaltzeitpunkte unkorrekt.	**1** Siehe A1, 3 und 4.	
	2 Steuergerät hat Defekt.	Überprüfen und ggf. austauschen lassen.
D Fahrzeug fährt in der 2. oder 3. Fahrstufe an.	**1** Siehe A1, 4 und 5.	
	2 Siehe C2.	
	3 Druckprobleme durch innere Undichtigkeiten.	Druckprüfung durchführen und Getriebe überholen lassen.

Automatikgetriebe

Störungs-beistand

Störung	Ursache	Abhilfe
E Getriebe schaltet direkt von der 1. in die 3., 4. oder 5. Fahrstufe.	**1** Siehe A1 und 4.	
	2 Bremsband der entsprechenden Fahrstufe verschlissen.	Erneuern lassen.
F Kein Zurückschalten bei Kickdown.	**1** Siehe A1, 4 und 5.	
	2 Siehe C2.	
G Motor dreht beim Zurückschalten zwischen den Fahrstufen hoch.	**1** Siehe A1, 4 und 5.	
	2 Siehe C2.	
	3 Siehe E2.	
H Keine Motorbremswirkung.	**1** Siehe A1 – 5.	
	2 Siehe C2.	
	3 Siehe E 2.	
I Parksperre hält nicht in Wählhebelposition »P«	Siehe A5.	
J Motor kann in »N« oder »P« nicht gestartet werden.	**1** Siehe A2 und 5.	
	2 Magnetschalter defekt.	Kontrollieren und ggf. auswechseln lassen.
	3 Bremsfunktionsschalter defekt.	Kontrollieren und ggf. auswechseln.
K Motor kann in allen Wählhebelpositionen gestartet werden.	**1** Siehe A5.	
	2 Schalter der Startsperre defekt oder Kabel hat Masseschluss.	Überprüfen und ggf. austauschen lassen.
L Kein Antrieb in allen Wählhebelpositionen.	**1** Siehe A1 und 5.	
	2 Innere Undichtigkeiten.	Druckprüfung durchführen und Getriebe überholen lassen.
	3 Kupplungen oder Bremsband verschlissen.	Getriebe überholen lassen.
	4 Drehmomentwandler defekt.	Austauschen lassen.
M Kein Antrieb im Rückwärtsgang bzw. Schlupf und Rattern (Vorwärtsgänge in Ordnung).	**1** Siehe A1 und 5.	
	2 Rückwärtsgang-Kupplung verschlissen.	Überprüfen lassen.
N Kein Antrieb in Wählhebelposition »D«, »1« und »2« (Rückwärtsgang in Ordnung).	**1** Siehe A1, 4 und 5.	
	2 Siehe L3.	
O Kein Hochschalten in Wählhebelstellung »D«.	**1** Siehe A1 und 3 – 5.	
	2 Siehe C2.	
P Schlürfgeräusche oder plötzliche Kraftschlussunterbrechung beim Anfahren.	Siehe A1, 4 und 5.	
Q Getriebe wird zu heiß.	**1** Siehe A1, 3 und 4.	
	2 Siehe B2.	
	3 Zuglast (bei Hängerbetrieb) zu hoch.	Siehe Kfz-Schein.
	4 Ölkühler oder/und Ölleitungen verengt oder verstopft.	Reinigen oder auswechseln lassen.

Die Gelenkwelle

Nach dem Getriebe folgt die Gelenkwelle. Sie leitet die Motorkraft zum Hinterachsantrieb (Differenzial) weiter. Die Welle verläuft in der Fahrzeugmitte in einem im Wagenboden ausgebildeten Tunnel. Sie ist zweiteilig und besitzt dort, wo die Teile verbunden sind, ein Zwischenlager. Damit die Welle keine lästigen Brummgeräusche erzeugt, ist sie ausgewuchtet. An den Enden ist die Welle über elastische Gelenkscheiben am Getriebe bzw. am Hinterachsantrieb angeflanscht.

Gelenkwelle ausbauen

Arbeitsschritte

① Wagen anheben und sichern.

② Motorabdeckung unten ausbauen.

③ Damit die Gelenkwelle nach dem Einbau nicht unrund läuft, die Einbaulage wie folgt kennzeichnen:

- Am Hinterachsgetriebe den Flansch zu Gelenkwelle markieren.
- Am Getriebe Gelenkwelle, Schwingungstilger (runde Metallscheibe) und die Gelenkscheibe zueinander kennzeichnen.

④ Hinteren Teil der Auspuffanlage ausbauen.

Bevor die Gelenkwelle ❶ losgeschraubt wird, sämtliche Teile kennzeichnen (Pfeile). ❷ Drehzahlfühler am Hinterachsdifferenzial.

⑤ Schrauben am Mittellager etwas lösen, nachdem zuvor die Lage gekennzeichnet wurde.

⑥ Querbrücke vom Mitteltunnel abschrauben.

⑦ Abschirmbleche über dem Auspuff abbauen.

⑧ Klemmmutter SW 41/42 am Schiebestück der Gelenkwelle lösen.

⑨ Gelenkwelle vom Getriebeflansch so abschrauben, dass die Gelenkscheibe auf der Welle verbleibt (Schraubenkopf SW 15, Mutter SW 17).

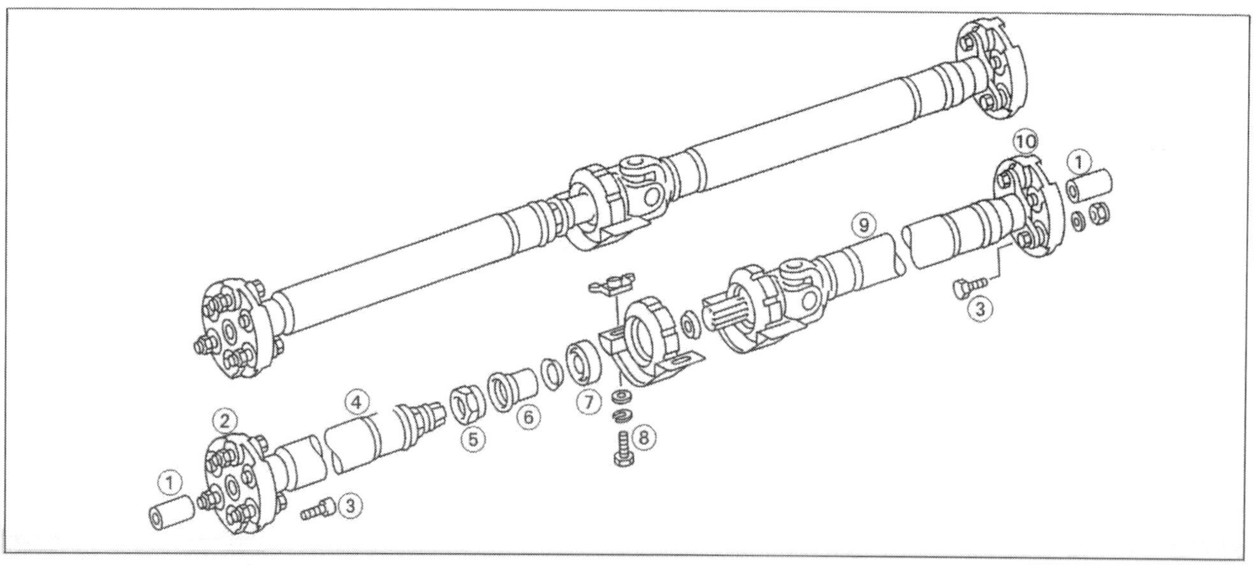

Teile der Gelenkwelle: ❶ Zentrierhülse; ❷ Gelenkscheibe vorn; ❸ Schraube 45 Nm; ❹ Wellenteil vorn; ❺ Klemmutter; ❻ Gummimanschette; ❼ Lager; ❽ Schraube 25 Nm; ❾ Wellenteil hinten; ❿ Gelenkscheibe hinten.

⑩ Gelenkwelle vom Flansch am Hinterachsantrieb lösen (drei Schrauben SW 15, Muttern SW 17). Die Gelenkscheibe bleibt an der Welle montiert.

⑪ Welle durch leichtes Klopfen vorn Flansch lösen, falls diese etwas anklebt.

⑫ Welle etwas zusammenschieben und von den Flanschen abnehmen.

⑬ Hinteren Wellenteil nach unten hängen lassen.

⑭ Mittellager losschrauben.

⑮ Gelenkwelle nach hinten aus dem Mitteltunnel herausnehmen.

⑯ Zentrierhülsen aus der Mitte der Flansche loshebeln.

⑰ Beim Einbau die Zentrierhülsen mit viel Mehrzweckfett einsetzen (Hohlräume füllen).

⑱ Welle zuerst am Getriebeflansch lose vormontieren (Markierungen beachten). Neue Muttern verwenden.

⑲ Mittellager lose vormontieren.

⑳ Unter Beachtung der Markierungen Welle am hinteren Flansch festschrauben. Die neuen selbstsichernden Muttern werden mit 45 Nm angezogen.

㉑ Welle vorn festschrauben (25 Nm).

㉒ Zwischenlager mit 25 Nm anziehen. Das Fahrzeug muss dabei mit den Hinterrädern auf dem Boden stehen. Bei entlasteter Hinterachse nur festschrauben, wenn vorher Markierungen angebracht wurden.

㉓ Klemmmutter SW 41/42 mit 30 – 40 Nm festschrauben.

Verdrehen der Klemmutter mit Gabelschlüssel SW 41. Anziehmoment 30–40 Nm, sonst kommt es zu Dröhngeräuschen.

Geräusche der Gelenkwelle

Praxistipp

- **Vibrationen und Brummgeräusche** deuten auf Störungen im Rundlauf der Welle: Fehlende Wuchtbleche lassen darauf schließen, dass die Wuchtung nicht mehr stimmt. Beide Wellenhälften werden zusammen feingewuchtet. Trennen der Teile ohne Kennzeichnung der Einbaulage zueinander macht die Wuchtung unwirksam.

- **Unrunder Lauf** kann auch von gerissenen und spröden Gelenkscheiben herrühren. Lose Hülsen in den Gelenkscheiben deuten auf deren Verschleiß hin. Auch die Bohrungen im Getriebe- und Hinterachsflansch dürfen nicht ausgeweitet sein.

- **Pfeifgeräusche** können von einem verschlissenen bzw. defekten Mittellager herrühren.

- **Rassel- und Schabgeräusche** haben meist ihre Ursache in zu großem Spiel am Schiebestück (Verbindung der Wellenhälften), oder die Zentrierhülsen vorn oder hinten laufen trocken.

Das Hinterachs-differenzial

Es lenkt die Antriebskraft über Kegel- und Tellerrad gewissermaßen rechtwinklig um die Ecke und über zwei Achswellen zu den Hinterädern. Dabei passt der Achsantrieb durch seine Übersetzung die Drehzahl der Getriebe-Abtriebswelle der erforderlichen Raddrehzahl an und gleicht bei Kurvenfahrt die unterschiedlichen Radwege des inneren und äußeren Rades durch sein Kegelradgetriebe (Differenzial) aus.

Funktion des Differenzialgetriebes

Geradeausfahrt. Beide Hinterräder rollen mit der Drehzahl des Achsantriebsrades. Das Ausgleichsgetriebe dreht im gleichen Tempo, die Kegelräder stehen still.

Kurvenfahrt. Das kurvenäußere Rad muss einen längeren Weg zurücklegen als das innere. Die unterschiedlichen Radumdrehungen müssen also ausgeglichen werden, da sonst der Wagen ruckartig mit durchdrehenden Hinterrädern durch die Kurven fahren würde. Jetzt treten die Kegelräder in Aktion: Die schnellere Drehung des äußeren Kegelrades wirkt über die beiden Übertragungskegelräder auf das Kegelrad auf der Kurveninnenseite ein. Dieses dreht sich dann langsamer.

Ölstand im Differenzial kontrollieren

Auch das Differential kann Öl durch Undichtigkeit verlieren. Finden Sie ständig Ölspuren auf Ihrem Abstellplatz, sollten Sie unbedingt den Ölstand kontrollieren, denn läuft das Getriebe erst einmal »trocken«, und macht gar durch Geräusche auf sich aufmerksam, bleibt meist nur der Tausch.

Arbeitsschritte | 30000 km

① Fahrzeug auf Hebebühne nehmen bzw. aufbocken.

② Kontroll- und Einfüllschraube mit Innensechskantschlüssel (SW 14) herausdrehen.

③ Die Ölfüllung muss bis an die Unterkante der Öffnung reichen.

④ Sonst Öl (Hypoid-Getriebeöl SAE 90) einfüllen und nach der Ursache für den Ölverlust forschen.

Ölablass- ❷ und Ölstandskontrollschraube ❶ am Hinterachsdifferenzial. Weiterhin gezeigt: ❸ Drehzahlfühler; ❹ Verschraubung der Hinterachswelle.

Die Hinterachswellen

Zum Hinterachsantrieb gehören auch die Hinterachswellen. Sie übertragen die Antriebskraft auf die Räder. Entsprechend den Federbewegungen der Radaufhängung müssen die Hinterachswellen Längenunterschiede ausgleichen und die Federbewegung des Rades mitmachen.

Geräusche der Hinterachswellen

Die Gleichlaufgelenke an den Antriebswellen sind zwar sehr robust, doch kann eingedrungener Schmutz zum vorzeitigen Verschleiß eines Gelenks führen. Defekte Gelenke knacken beim Anfahren oder beim Rückwärtsfahren. Selbst beim Hin- und Herschieben des Wagens können die Knackgeräusche hörbar werden. Bei fortgeschrittenem Verschleiß steigert sich das Knacken zu einem regelrechten Schlagen.
Zeigen sich solche Zeichen, ist es gar nicht einfach herauszufinden, von welchem der vier Gelenke die Geräusche stammen. Deshalb beide Wellen ausbauen und von Hand prüfen, ob sich die Gelenke geschmeidig und ruckfrei bewegen lassen.
Nach dem Ausbau einer Hinterachswelle können die Gummimanschetten und das innere Gleichlaufgelenk ersetzt werden. Der Austausch des äußeren Gelenks ist nicht möglich – dann muss die Hinterachswelle ersetzt werden.

Manschetten der Antriebswellen prüfen

Gelegentlich sollten Sie die Gummimanschetten an den Gelenken der Hinterachswellen prüfen, denn eindringender Schmutz und Feuchtigkeit zerstören die Gelenke schnell.

Arbeitsschritte | 30000 km jährlich

① Zur Prüfung die Hinterräder nacheinander anheben und am Rad drehen, während man unter dem Fahrzeug prüft.

② Ringsum dürfen an den Manschetten keine Risse oder spröde Stellen vorhanden sein.

③ Die Spannbänder müssen fest sitzen.

④ Dunkle Fettspuren sind ein Alarmzeichen.

⑤ Eine beschädigte Manschette schnellstens ersetzen. Dazu muss die Hinterachswelle ausgebaut werden.

Hinterachswelle aus- und einbauen

Arbeits-schritte

① Radkappe bzw. Leichtmetallrad abnehmen.

② Zwölfkantmutter (SW 30) in der Radmitte losschrauben. Dazu von Helfer Fußbremse treten lassen.

③ Auf der linken Seite hinteren Teil der Auspuffanlage ausbauen.

Da die Radnabenmutter mit sehr hohem Drehmoment festgezogen ist, empfiehlt es sich beim Lösen und Festziehen der Mutter einen Helfer die Fußbremse treten zu lassen.

④ Am Hinterachsantrieb (Differenzial) die Innenvielzahnschrauben herausdrehen. Vor dem Einstecken des Werkzeugs (Hazet-Nr. XZN 990 lg-10) den Schraubenkopf mit einem kleinen Schraubendreher von Verschmutzungen reinigen, damit das Werkzeug möglichst weit eingesteckt werden kann.

⑤ Losgeschraubte Hinterachswelle zusammenschieben und nach oben vom Flansch wegschwenken. Bei etwas angehobener Radführung (Welle waagrecht) geht das Abnehmen am besten.

⑥ Außen die Achswelle aus dem Hinterachsflansch ziehen bzw. mit leichtem Schlagen nachhelfen. Sitzt die Achswelle sehr fest, muss sie mit einem Ausdrücker demontiert werden.

⑦ Fahrzeug möglichst nicht auf die Räder stellen, da bei ausgebauter Achswelle durch die fehlende axiale Vorspannung die Wälzkörper des Radlagers beschädigt werden können.

⑧ Die Anlagefläche der Welle am inneren Verbindungsflansch muss zum Einbau sauber sein. Eventuell vorhandene Sicherungsmittelreste aus der Verzahnung der Radnabe entfernen.

⑨ Neue Innenvielzahnschrauben mit Unterlegblechen einsetzen und einschrauben. Bei Gewindedurchmesser 10 mm über Kreuz mit 70 Nm, bei Gewindedurchmesser 12 mm mit 100 Nm anziehen.

Vor Wiedereinbau der Achswelle müssen die Verbindungsflansche von Welle und Differenzialgetriebe gereinigt werden.

Verzahnung vor dem Wiedereinbau mit einer Drahtbürste säubern und leicht einfetten.

⑩ Fahrzeug ablassen und neue Zwölfkantbundmutter anschrauben. Bei der Limousine mit 220 Nm, beim T-Modell mit 320 Nm festziehen.

⑪ Zum Sichern der Mutter den Bund in die Aussparungen auf der Welle quetschen.

Hinterachswelle zerlegen und Manschetten wechseln

Arbeitsschritte

① Hinterachswelle ausbauen.

② Großes Schlauchband der inneren Manschette lösen.

③ Blechdeckel mit einem Durchschlag vom Gelenk losschlagen und abnehmen. Auf die gleiche Weise die Kappe der Manschette von der anderen Seite des Gelenks entfernen.

④ Manschette zurückschieben und das Fett vom Gelenk abwischen.

Bei ausgebauter Antriebswelle müssen Sie die Gummimanschette gründlich auf Verschleiß kontrollieren und ggf. ersetzen. Sie ersparen sich spätere Mehrarbeit. Die Spannbänder mit einem Schraubendreher lösen und gegen neue aus dem Reparatursatz tauschen.

⑤ Sprengring abnehmen.

⑥ Welle in einen Schraubstock spannen und das Gelenk mit einem Durchschlag von der Welle lösen. Dazu gleichmäßig verteilt auf den Gelenk-Innenring schlagen.

⑦ Wenn erforderlich, können nun die Manschetten und das Gelenk getauscht werden. Die entsprechenden Reparatursätze enthalten neue Schlauchbänder, einen neuen Sprengring und die erforderliche Menge des speziellen Fließfettes, mit dem das Gelenk beim Zusammenbau großzügig eingeschmiert wird (100 g pro Gelenk).

⑧ Bevor die Blechringe wieder über den Außenring des Gelenks montiert werden, deren Innenrand mit einem dauerelastischen Dichtmittel bestreichen.

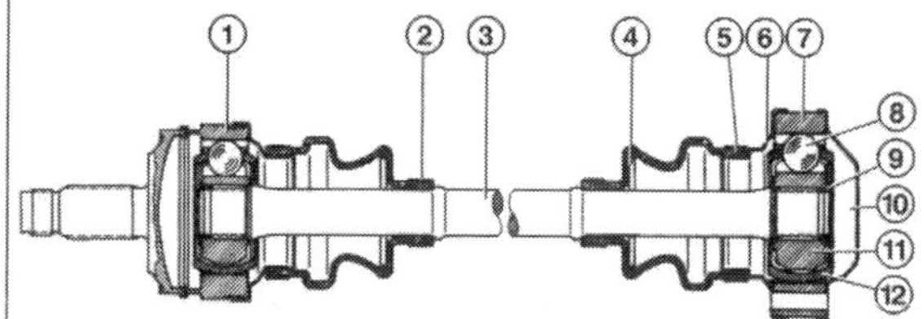

Schnitt durch die Hinterachs-Antriebswelle. ❶ Gelenkring radseitig, ❷ Spannband der Gelenkmanschette, ❸ Hinterachswelle, ❹ Gelenkmanschette, ❺ Spannband der Gelenkmanschette, ❻ Manschettenkappe, ❼ Gelenkring getriebeseitig, ❽ Gelenkkugel, ❾ Sicherungsring, ❿ Abschlussdeckel, ⓫ Gelenknabe, ⓬ Gelenkkugelkäfig.

Die 4Matic

(Nur bei bestimmten Benzin-Modellen)

Vierradantrieb gab es bereits für die »alte« E-Klasse. Für die Modelle der neuen Reihe scheuten die Mercedes-Techniker nicht den Aufwand einer völligen Neuentwicklung, die in Verbindung mit den im März 1997 eingeführten V6-Motoren und zusammen mit der elektronisch gesteuerten Fünfgang-Automatik angeboten wird. Oberstes Entwicklungsziel gegenüber der sehr komplexen und älteren 4Matic war ein einfacherer Aufbau.

So erfolgt der Allradantrieb bei der neuen 4Matic permanent über einen rein mechanischen Antriebsstrang mit konstanter Antriebskraftverteilung von 65 Prozent an die Hinterachse und 35 Prozent an die Vorderräder. Die Aufgabe von Sperrdifferenzialen übernimmt ein elektronisches Traktionssystem (ETS), das Überschuss-Drehmomente an einzelnen Rädern durch gezielte Bremseingriffe reduziert und zugleich das Antriebsmoment an den anderen Rädern erhöht.

Dazu kommt die bereits in anderen Mercedes-Modellen bewährte elektronische Schlupfregelung (ESP), die bei der 4Matic naturgemäß auf alle vier Räder stabilisierend Einfluss nimmt, wenn Sensoren kritische Fahrzustände – etwa bei Kurvenfahrt oder beim Beschleunigen auf schlüpfriger Fahrbahn – realisieren.

Integriert in diese umfassende Regellogistik ist überdies der so genannte Brake-Assist (BAS), der seit 1997 Zug um Zug bei allen Mercedes-Reihen in Serie ging. Dabei handelt es sich um eine Vollbremsunterstützung in Notbrems-Situationen. Schreckhaftes Bremspedaltreten wird von einem elektronischen Steuergerät an der Betätigungsgeschwindigkeit des Pedals erkannt und so lange in eine Optimalbremsung umgesetzt, wie der Fahrerfuß das Pedal genau definiert drückt (siehe auch Kapitel »Die Bremsanlage«).

4Matic, ETS, ESP und BAS – Fehlersuche und -behebung sind in jedem Fall Expertensache, sie bleiben an der Steuerelektronik geschulten Spezialisten vorbehalten. Selbst simple Ölwechsel bei Verteilergetriebe und Vorderachs-Differenzial sind nicht mehr nötig. In beiden Aggregaten tun lebenslange Schmierflüssigkeiten Dienst.

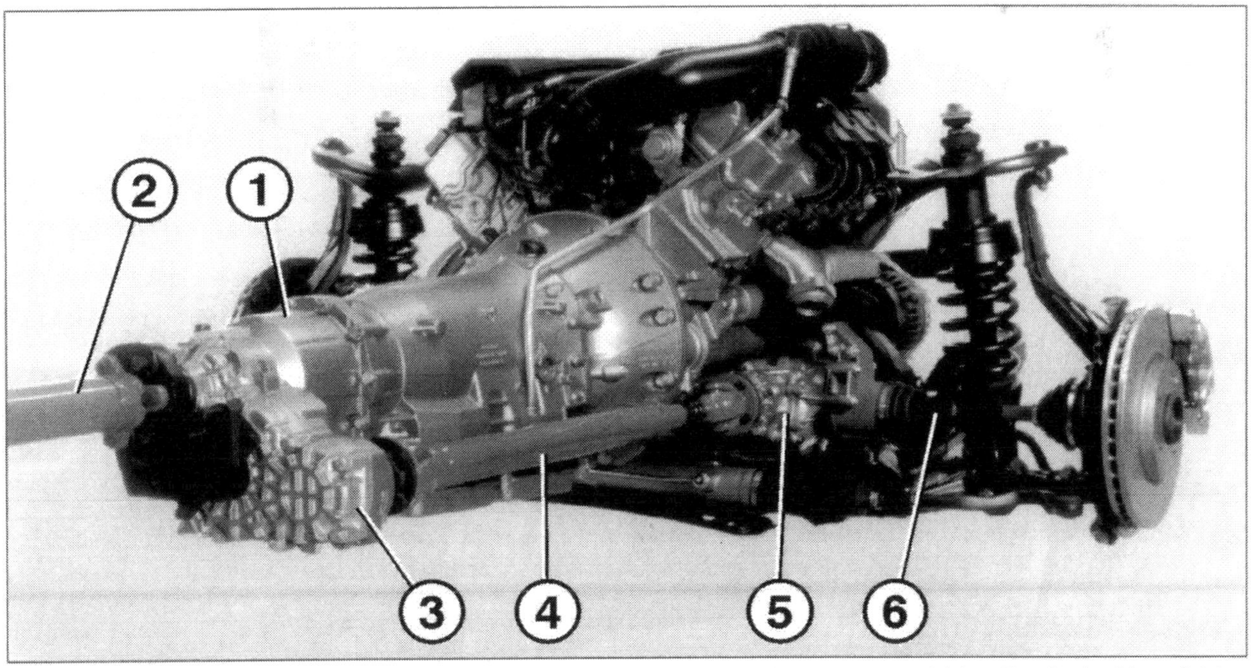

Das neue Allradsystem für die E-Klasse ist über ein einstufiges Verteilergetriebe permanent aktiviert. Den Drehzahlausgleich zwischen den Achsen übernimmt ein Zentral-Differenzial in Doppel-Planetenbauweise. Es verteilt das Antriebsmoment im Verhältnis 35 : 65 auf die Vorder- und Hinterachse. Der Antrieb zur Vorderachse erfolgt über ein geräuschoptimiertes Stirnradgetriebe, das zugleich auch als Ölpumpe funktioniert und die Schmierstoffversorgung im Verteilergetriebe sicherstellt.
❶ Verteilergetriebe, ❷ Gelenkwelle zum Hinterachsdifferenzial, ❸ Stirnradgetriebe für Vorderradantrieb, ❹ Gelenkwelle zum Vorderachsdifferenzial, ❺ Vorderachsdifferenzial, ❻ Vorderradantriebswelle.

DAS FAHRWERK

Wartung

Reparatur

Das Fahrwerk ist zuständig für Fahreigenschaften und Fahrkomfort Ihres Mercedes E-Klasse. Es hat vor allem die Aufgabe, die Räder bei ihrer Bewegung präzise zu führen. Nur dann bleibt das Auto sicher beherrschbar. Dieser Job ist freilich nicht einfach. Denn die Räder müssen sich bei der Fahrt nicht nur drehen, sondern auch Auf- und Abwärtsbewegungen durchführen –

schließlich ist keine Fahrbahn völlig eben. Auch beim Bremsen, Beschleunigen und bei der Fahrt durch eine Kurve entstehen erhebliche Kräfte, mit denen das Fahrwerk fertig werden muss. Das geht jedoch nur, wenn seine Komponenten optimal aufeinander abgestimmt sind. Zum Fahrwerk gehören die Federung und Dämpfung, die Radaufhängung an Vorder- und Hinterachse, die Lenkung sowie die Räder und Reifen. Die Bremsen, ebenfalls Teil des Fahrwerks, stellen wir Ihnen in einem eigenen Kapitel vor.

Auslegung des Fahrwerks

Sportlich oder komfortabel? Auch bei der Entwicklung der neuen E-Klasse standen den Mercedes-Ingenieuren vor diesem fahrwerkstechnischen Zielkonflikt. Doch sie fanden nicht nur den Kompromiss zwischen Fahrdynamik und Fahrkomfort, sondern erzielten auch auf dem Gebiet der Fahrsicherheit weitere Fortschritte. Diese Symbiose aus Sicherheit, Sportlichkeit und Komfort ist der Grund dafür, dass sich die Limousinen der neuen E-Klasse durch ein noch besseres Kurvenverhalten und ein noch leichteres Handling auszeichnen als die Vorgängermodelle.
Die richtige Radaufhängung ist eine Wissenschaft für sich. Bei jeder Fahrt zum Beispiel über eine Bodenwelle oder durch eine schnelle Kurve verändert sich die ausgeklügelte Geometrie der Räder, die in genau definierten Winkeln zur Fahrzeugachse stehen. Allerdings dürfen die Reifen nie den Kontakt zur Fahrbahn verlieren, weil sie dann keine Brems- und Lenkkräfte mehr übertragen können. Damit die Räder auf dem Boden bleiben, tritt die Federung in Aktion. Sie nimmt Stöße auf und folgt den Unebenheiten der Straße. Das unerwünschte Nachschwingen der Federn verhindern die Stoßdämpfer.

Lenkung und Fahrsicherheit

Die Grundbausteine für Federung und Dämpfung blieben unverändert: Schraubenfedern vorn und hinten, Gasdruckstoßdämpfer und Drehstab-Stabilisatoren an Vorder- und Hinterachse, auf die lediglich beim E 200 verzichtet wird. Zwar stehen bei den Limousinen der neuen E-Klasse nach wie vor große Federwege zur Verfügung, doch die Abstimmung der Federn fällt aufgrund einer veränderten Progression beim Ein- und Ausfedern insgesamt etwas straffer aus als bei der bisherigen E-Klasse. Auf diese Weise verringern sich die Wankbewegungen der Karosserie bei Kurvenfahrt oder auf unebener Fahrbahn, und das Eigenlenkverhalten bleibt über den gesamten Querbeschleunigungsbereich innerhalb enger, beherrschbarer Grenzen. Dieses hohe Maß an Fahrsicherheit und Fahrdynamik geht aber nicht zu Lasten des Komforts. Im Gegenteil: Durch den Einsatz neuartiger Gasdruckstoßdämpfer mit zweiteiligen Kolben, die Mercedes-Benz in der neuen E-Klasse erstmalig verwendet, ergänzen sich Federung und Dämpfung in idealer Weise. Die Dämpfer arbeiten nach einer degressiven Kennlinie und ermöglichen somit eine genauere Abstimmung der Dämpfungscharakteristik, mit der die Suche nach einem idealen Kompromiss zwischen Komfort und Dynamik noch leichter fällt.

Neue Fahrwerksmaße

Zahlreiche Neuentwicklungen und Modifikationen schaffen die Voraussetzungen für fahrdynamische Fortschritte. Zu den wichtigsten Grundvoraussetzungen zählen zweifellos der verlängerte Radstand und die breitere Spur. Beide Maßnahmen machen sich hinsichtlich Geradeauslauf, Wankbewegungen und Seitenempfindlichkeit positiv bemerkbar. Die Veränderungen gegenüber dem E-Klasse-Vorgängermodell der Limousine betragen

- beim Radstand plus 33 mm auf insgesamt 2833 mm,
- bei der Spurweite vorn plus 34 mm auf insgesamt 1535 mm,
- bei der Spurweite hinten plus 54 mm auf insgesamt 1534 mm.

Die Vorderachse des Mercedes

Die Vorderräder des Mercedes sind einzeln an der Karosserie aufgehängt.

Doppelquerlenkerachse. Sie ersetzt die Dämpferbeinkonstruktion des Vorgängermodells und findet sich auch in den Spitzenlimousinen der S-Klasse und in der C-Klasse. Bei dieser Konstruktion sind Stoßdämpfer und Schraubenfeder getrennt voneinander positioniert. Denn dank der doppelten Querlenker werden die Stoßdämpfer von ihren Aufgaben bei der Führung der Vorderräder entlastet und können sich somit voll und ganz auf ihre eigentliche Aufgabe bei der Schwingungsdämpfung konzentrieren.

Querlenker. Für die Radführung stehen jeweils zwei Querlenker zur Verfügung: Der obere Dreiecklenker ist über großvolumige Gummigleitlager direkt mit der Karosserie verbunden. Der tiefliegende untere Dreiecklenker ist am Achsträger befestigt.

Schubkugelgelenke. Schraubenfeder und Dämpfer stützen sich über so genannte Schubkugelgelenke an der Karosserie ab. Diese Lager sind bei niedrigen Dämpferkräften weich und verhärten sich bedarfsgerecht bei einem Anstieg der Dämpfungskräfte.

Stoßdämpfer. Die weit außenliegende Position des Stoßdämpfers bewirkt ein feinfühliges Ansprechverhalten, wenn das Rad auf und abschwingt. In der Praxis macht sich die Trennung von Dämpfer und Feder deutlich bemerkbar. Beispielsweise beim Geradeauslauf oder bei Seitenwind: Die neue E-Klasse fährt nicht jeder Spurrille nach und lässt sich auch bei einer plötzlichen Windböe nur wenig vom Kurs abbringen.

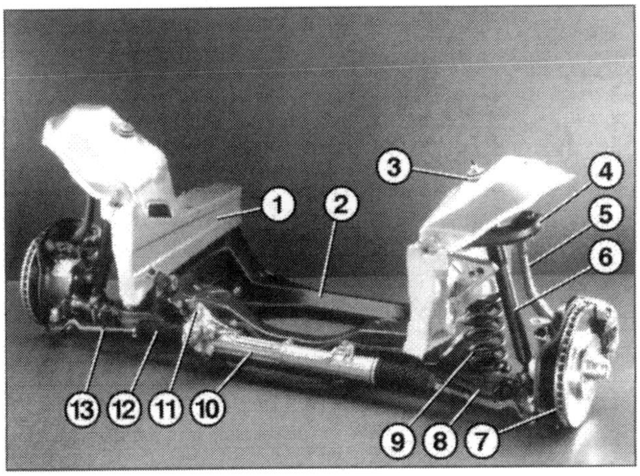

An der **Vorderachse** der neuen E-Klasse setzt Mercedes-Benz eine moderne Doppellenker-Achse ein, die Abrollkomfort, Radführung und Eigenlenkverhalten noch weiter verbessert. ❶ Längsträger der Karosserie, ❷ Vorderachsträger, ❸ Stoßdämpferdom, ❹ oberer Querlenker, ❺ Achsschenkel, ❻ Stoßdämpfer, ❼ Bremsscheibe mit Bremssattel, ❽ unterer Querlenker, ❾ Schraubenfeder, ❿ Zahnstangengehäuse der Lenkung, ⓫ Lenkspindel mit Ritzel, ⓬ Lenkmanschette, ⓭ Spurstange links.

Die computerberechneten Gummielemente der »DQ«-Vorderachse lassen Richtungsänderungen der Räder in genau definierten Bereichen zu und verbessern somit die Fahrstabilität beim Bremsen oder bei Kurvenfahrten nachhaltig. Überdies bleiben Sturz und Vorspur beim Einfedern weitgehend unverändert, was sich günstig auf den Rollwiderstand und den Reifenverschleiß auswirkt. Im Zusammenspiel mit der Achsgeometrie ist die »Elastokinematik« der Doppelquerlenkerachse der Garant für ein neutrales bis leicht untersteuerndes Eigenlenkverhalten, das aus Gründen der Fahrsicherheit ein unumstößliches Prinzip der Fahrwerksauslegung bei Mercedes-Benz ist.

Integralträger. Im Unterschied zu den anderen Mercedes-Limousinen sind die unteren Dreieckslenker und das Lenkgetriebe der E-Klasse an einem rahmenförmigen Vorderachsträger befestigt. Dieser so genannte Integralträger ist wiederum mit den vorderen Längsträgern der Karosserie verschraubt und erleichtert bei der Fahrzeugmontage den Einbau von Motor und Vorderachse. Außerdem verbessert er den Insassenschutz bei einem Frontalaufprall und trägt zur Entkopplung von Fahrwerk und Karosserie bei. Somit werden noch weniger Abrollgeräusche und Schwingungen in den Innenraum übertragen. An den Vorderachsträger sind auch die Motorlager und die Lenkung montiert.

Zahnstangenlenkung. Neu ist die Ausrichtung der unteren Querlenker nach vorne. Ihre ursprüngliche Einbaulage geben die unteren Lenker zugunsten einer weiteren Neuentwicklung auf, der servounterstützten Zahnstangenlenkung. Sie tritt an die Stelle der bisher verwendeten Kugelumlauflenkung, die nicht mehr in das zukünftige Leichtbaukonzept von Mercedes-Benz

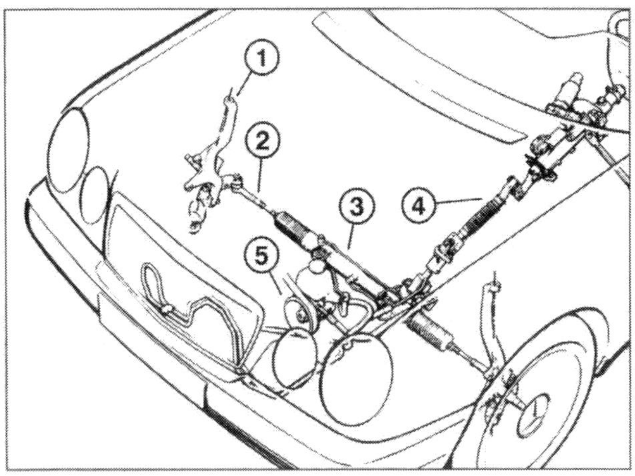

Die neuentwickelte Lenkung kommt unter anderem ohne Lenkstockhebel, Lenkzwischenhebel, Verstärkungsplatte und Halterung aus. Die Spurstangen sind ohne Umlenkpunkte mit dem Lenkgetriebe verbunden. Die Konstruktion sorgt so für korrektes und präzises Lenkverhalten. ❶ Achsschenkel, ❷ Spurstange rechts, ❸ Zahnstangengehäuse, ❹ Lenkspindel (zweigeteilt), ❺ Servo-Hydraulikpumpe.

Begriffe der Lenkgeometrie

Technik-lexikon

Vorspur. Die Vorderräder stehen vorn enger zusammen als hinten (rollen aufeinander zu). Das gleicht die Reibung zwischen Rad und Straße aus, die das linke Rad nach links und das rechte nach rechts drücken will. Die Vorspur verhindert Flattern der Räder und Radieren der Reifen. Bei der Fahrt durch eine Kurve schwenkt das kurveninnere Rad zur Unterstützung der Lenkbewegung und der Lenkkräfte stärker ein als das kurvenäußere – die Vorspur geht in Nachspur über (Räder stehen hinten enger zusammen als vorn).

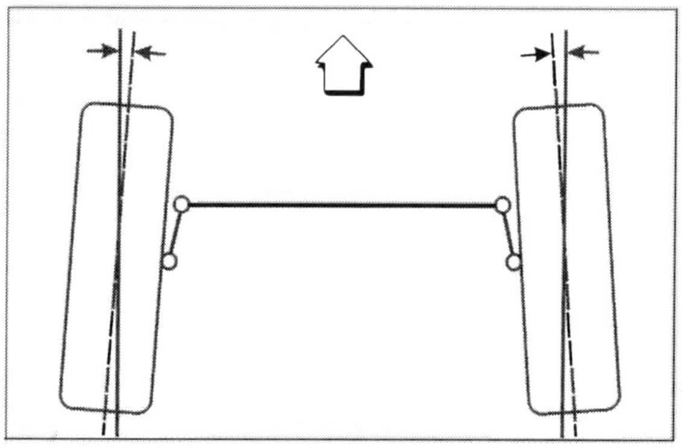

Schematische Darstellung der Vorspur.

Sturz. Die Neigung des Rades zu einer Senkrechten. Vermindert Fahrbahnstöße auf die Teile der Lenkung, reduziert Lenkkräfte und Reibung der Räder auf der Fahrbahn.

Spreizung. Die Neigung der Lenkungsdrehachse zu einer Senkrechten. Denkt man sich eine Linie dieser Achse zum Boden und misst den Abstand zur Mittellinie durch das Rad (Mittelpunkt der Reifenaufstandsfläche), erhält man den Lenkrollradius. Dieser soll möglichst klein sein, um die Störkräfte in der Lenkung zu verringern. Die Spreizung bewirkt außerdem zusammen mit dem Nachlauf, dass sich bei eingeschlagenen Rädern das Fahrzeug etwas anhebt. Lässt man das Lenkrad los, stellen sich die Räder selbst in die Mittelstellung zurück (Rückstellmoment).

Nachlauf. Abstand (in Fahrtrichtung) zwischen der gedachten Verlängerungslinie der Lenkdrehachse zum Boden und dem Mittelpunkt der Reifenaufstandsfläche. Durch den Nachlauf werden die Räder gezogen (und nicht geschoben). Sie neigen deshalb dazu, sich von selbst geradeaus zu stellen und diese Stellung beizubehalten.

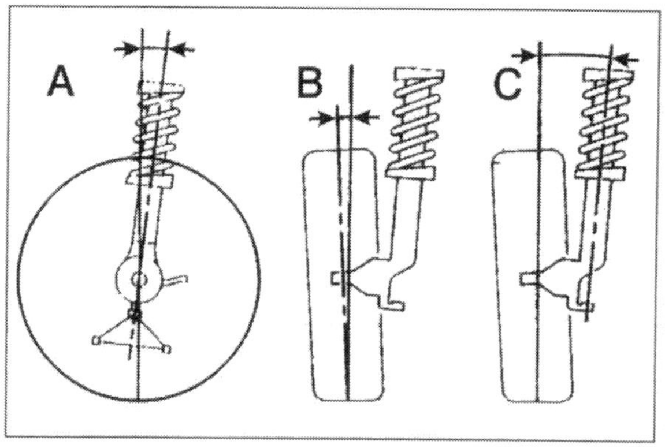

Die Radeinstellung: **A** Nachlauf **B** Radsturz **C** Spreizung

passt. Denn die Zahnstangenlenkung bringt gegenüber dem bisherigen System rund sechs Kilogramm weniger auf die Waage und leistet somit einen wichtigen Beitrag zur Gewichtseinsparung.

Neuentwickelte Lenkung

Die neuentwickelte Zahnstangenlenkung kommt unter anderem ohne Lenkstockhebel, Lenkzwischenhebel, Verstärkungsplatte und Halterung aus. Stattdessen sind die Spurstangen ohne Umlenkpunkte mit der Zahnstange verbunden. Dadurch verringern sich nicht nur Montageaufwand und Gewicht. Die Konstruktion sorgt auch für korrektes und präzises Lenkverhalten. Eine elastische Befestigung des Lenkgetriebes am Integralträger verhindert überdies die Übertragung von Fahrbahnstößen auf das Lenkrad, so dass die Zahnstangenlenkung neben ihren anderen Vorzügen auch ein hohes Maß an Komfort bietet. Weil das Lenkgetriebe am Integralträger eine etwas nach innen gerückte Position einnimmt, entwickelten die Mercedes-Ingenieure eine Lenksäule mit zwei Kreuzgelenken. Sie gleichen die leichte Achsverschiebung zwischen Lenkgetriebe und Lenksäule aus und dienen auch der Schwingungsdämpfung, die von einem im ersten Kreuzgelenk integrierten Torsionsdämpfer übernommen wird. Das zweite Kreuzgelenk ist als Gelenkschwinge gestaltet und ermöglicht somit die individuelle Längs- und Höheneinstellung der Lenksäule, die in der neuen E-Klasse auf elektrischem Wege möglich ist.

Die Hinterachse des Mercedes

Jedes Hinterrad wird durch fünf unabhängige, aber wohl überlegt im Raum angeordnete Lenker geführt. Diese Lenker lassen nur solche Radbewegungen zu, welche die Fahreigenschaften nicht verschlechtern. Bei der Anordnung der fünf Lenker hat der Konstrukteur vielfältige Eingriffsmöglichkeiten, um den besten Kompromiss zwischen guten Fahreigenschaften und angenehmem Fahrkomfort zu bestimmen. Dies ist gar nicht so einfach, denn wird die Federung zu weich gewählt, verschlechtert sich das Fahrverhalten durch Mitlenkeffekte der Räder. Umgekehrt beklagen sich die Insassen, wenn die Federung zu hart ist.

Die Hinterachsteile sind alle an einem breiten Achsträger befestigt, welcher über vier großvolumige Gummilager mit dem Fahrzeugboden verbunden ist. In der Mitte ist der Hinterachsantrieb angeschraubt. Alle fünf Lenker (Federlenker, Zugstrebe, Schubstrebe, Sturzstrebe und Spurstange) sind außen und innen elastisch mit dem Achsträger bzw. der Radaufhängung verbunden.

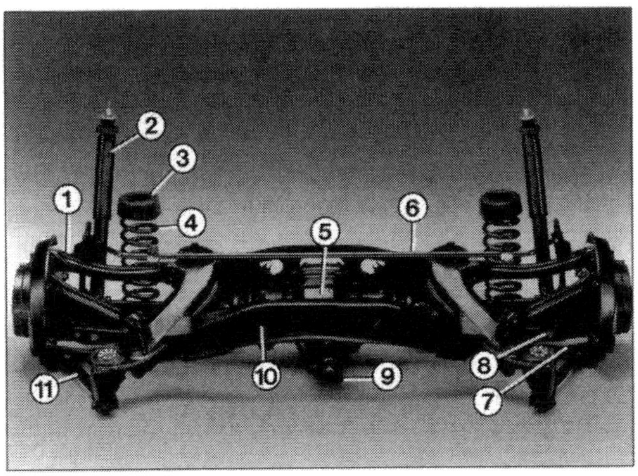

Die Hinderachse: ❶ Sturzstrebe; ❷ Stoßdämpfer; ❸ Federlager oben; ❹ Feder; ❺ Hinterachsdifferenzial; ❻ Drehstab; ❼ Spurstrebe; ❽ Federlenker; ❾ Gelenkwellenflansch; ❿ Hinterachsträger; ⓫ Schubstrebe.

Nachfolgend kurz die Vorteile der Raumlenker-Hinterachse:

- Zusammen mit der »DQ«-Vorderachse entsteht ein Fahrverhalten, das weitestgehend von Seitenführungs-, Brems- oder Antriebskräften unabhängig ist.
- Obwohl der Federweg recht groß ist, entstehen über den halben Federweg fast keine Lenkfehler durch Spurweiten- oder Vorspuränderungen. Die Folge ist ausgezeichneter Geradeauslauf.
- Der negative Sturz sorgt für eine gute Seitenführung. Er wird über den gesamten Federweg niemals positiv.
- Die durch Bremsen oder Beschleunigen entstehenden Momente am Fahrzeugheck werden zu 60 Prozent abgefangen. Dadurch hebt sich das Heck beim Bremsen kaum an und taucht beim Beschleunigen nicht ein.
- Durch die dreifache Gummiisolation zwischen Rad und Karosserie sind im Innenraum kaum Abrollgeräusche zu vernehmen.
- Wenig Reaktionen bei Lastwechsel. Beispielsweise wird durch plötzliches Gaswegnehmen in der Kurve eine Verkleinerung des gefahrenen Kurvenradius verhindert.
- Die Radstellung kann durch verstellbare Lenker eingestellt werden.

Das Fahrwerk des T-Modells

Doppelquerlenkerachse vorn und Raumlenkerachse hinten – so lautet auch beim T-Modell das Rezept. Das bewährte Fahrwerkskonzept wurde lediglich an das höhere Gewicht und an die höhere Zuladekapzität der Kombilimousine angepasst.

Federung und Dämpfung haben die Mercedes-Ingenieure beim T-Modell neu abgestimmt und dabei die höheren Gewichte dieser Modellvariante berücksichtigt. An dem guten Fahrkomfort und der vorbildlichen Fahrdynamik ändert sich dadurch nichts.
Die Hinterachse des T-Modells besteht im Bereich Achsträgers aus einem Stahlblech mit höherer Materialstärke. Die Hinterachsübersetzungen sind ebenfalls neu angestimmt.
Höhere Tragfähigkeit werden beim T-Modell serienmäßig durch Breitreifen der Größe 205/65 R 15 (Limousine: 195/65 R 15) und Felgen im Format 7 I x 15 (Limousine: 6,5 J x 15) erreicht. Die Avantgarde-Line und das Topmodell E 420 sind mit Reifen der Größe 215/55 R 16 und Felgen 7,5 J x 16 ausgestattet.

Die Bremsscheiben an der Hinterachse des T-Modells haben einen Durchmesser von 290 mm und sind damit zwölf Millimeter größer als bei der Limousine. Die Scheibendicke beträgt zwölf Millimeter (Limousine: neun Millimeter).

Die Niveauregulierung

Diese Einrichtung hält das Fahrzeugheck unabhängig von der Belastung stets auf gleicher Höhe. Bei voll belastetem Fahrzeug oder mit vollem Kofferraum und mit Wohnwagen bleibt so der übliche Fahrkomfort erhalten, was wiederum der Fahrsicherheit zugute kommt. Bei Fahrzeugen mit Niveauregulierung ist die Öldruckpumpe direkt hinter der Pumpe für die Servolenkung angeordnet. Man spricht auch von einer Tandempumpe, weil beide Pumpen von einer Welle angetrieben werden. Die Pumpe saugt Hydrauliköl vom Ölbehälter an und kann bei entsprechendem Widerstand einen Öldruck von bis zu 200 bar erzeugen. Das unter Druck gesetzte Hydrauliköl fließt von der Pumpe zum Niveauregler an der Hinterachse. Dieser ist mit dem Drehstab der Hinterradaufhängung verbunden und erkennt so den Belastungszustand des Fahrzeugs. Entsprechend öffnet oder verschließt er dem Öldruck verschiedene Wege. Der Niveauregler kann folgende Stellungen einnehmen:

- **Füllen:** Wird das Fahrzeug stark beladen, wandert der Hebel am Regler nach oben und leitet das Öl in die Federspeicher. Das Heck hebt sich, bis der Hebel wieder in Mittelstellung steht. Ist das Fahrzeug so stark beladen, dass die Stellung nicht mehr erreicht wird, begrenzt ein Sicherheitsventil den Druck in den Federspeichern auf ca. 150 bar.

- **Leeren:** Hier steht der Hebel am Regler ganz unten. Wird das Heck entlastet, kann Öldruck aus den Federspeichern zum Ölbehälter entweichen – das Heck senkt sich. In den Federspeichern bleibt aber ein Restdruck von ca. 30 bar bestehen, damit die Dämpferwirkung erhalten bleibt.

- **Mittelstellung:** Das Hydrauliköl strömt jetzt praktisch drucklos von der Pumpe über den Niveauregler zum Ölbehälter.

Niveauregulierung prüfen

Arbeitsschritte | W 30000 km

① Ölstand im Vorratsbehälter prüfen – er sitzt links im Motorraum und versorgt auch die Servolenkung. Bei normal belastetem Fahrzeug muss der Ölstand zwischen »MIN« und »MAX« stehen.

② Zum Nachfüllen Hydrauliköl von der Mercedes-Werkstatt nehmen. Dabei auf die am Ölbehälter angegebene Ölsorte achten: Zentralhydrauliköl (Teile-Nr. 000 989 20 03/10 für Einliter-Dose).

③ Bei ständigem Ölverlust folgende Teile nachsehen: Vorratsbehälter, Pumpe, Niveauregler, Federspeicher und Anschlüsse an den Dämpfern. Bei laufendem Motor lässt sich eine Leckstelle bisweilen besser finden.

Radeinstellung prüfen

Die richtige Stellung der Vorderräder entscheidet darüber, ob Ihr Mercedes auf ebener Strecke und in Kurven ruhig und sicher auf der Straße liegt. Eine harte Berührung des Bordsteins kann die Geometrie der Vorderradaufhängung jedoch empfindlich stören. Auch verschlissene Gelenke und Gummilager oder unsachgemäße Reparaturen können sich negativ auf das Fahrverhalten auswirken. Die Vermessung der Radstellung ist freilich eine Sache der Werkstatt, die dazu einen speziellen Achsmessstand verwendet. Einer fehlerhaften Lenkgeometrie können Sie beim Fahren aber selbst auf die Schliche kommen. Dazu müssen beide Vorderreifen dieselbe Reifensorte, Profiltiefe und den vorgeschriebenen Luftdruck aufweisen.

Arbeitsschritte

① Stehen die Lenkradspeichen bei Geradeausfahrt symmetrisch? Ein schiefsitzendes Lenkrad ist ein Zeichen für falsche Einstellung der Spur.

② Stehen die Vorderräder in Geradeausstellung symmetrisch zueinander?

③ Läuft der Mercedes auf ebener Fahrbahn und losgelassenem Lenkrad geradeaus? Oder zieht er zur Seite?

④ Stellt sich die Lenkung nach Kurven von selbst geradeaus?

⑤ Ist das Reifenprofil gleichmäßig abgenutzt? Oder zeigen die Außenkanten stärkere Verschleißspuren als innen?

Zustand der Stoßdämpfer prüfen

Nach zwei verschlissenen Reifensätzen besitzen die Stoßdämpfer in der Regel nur noch die Hälfte ihrer ursprünglichen Wirkung. Sie sind dann reif für den Austausch. Die nachlassende Wirkung der Dämpfer gleichen die meisten Fahrer unbewußt durch verändertes Fahrverhalten aus. Lassen Sie das Bauteil zur exakten Diagnose einmal im Jahr auf dem Prüfstand eines Automobilclubs oder von TÜV und Dekra kontrollieren. Die Schaukelmethode, bei der man den Wagen am betreffenden Kotflügel aufschaukelt und plötzlich loslässt, ersetzt keine Prüfung. Damit können Sie nur einen total ausgefallenen Stoßdämpfer feststellen. Es gibt jedoch einige Anzeichen, die auf eine nachlassende Wirkung der Stoßdämpfer hinweisen. Achten Sie auf die folgenden Punkte.

Arbeitsschritte | W | 30000 km jährlich

① Flattert die Lenkung? In diesem Fall haben die Räder keinen ständigen Kontakt zum Boden.

② Schwingt die Karosserie bei der Fahrt über Fahrbahnunebenheiten nach?

③ Wirkt das Fahrzeug in Kurven schwammig? Dann werden die kurveninneren Räder nicht genügend auf den Boden gedrückt, die äußeren nicht stark genug entlastet.

④ Nutzen die Reifen ungleichmäßig ab?

⑤ Haben Sie am Stoßdämpfer starke Ölspuren bis unter den Federteller des Federbeins festgestellt? Geringe Leckverluste sind normal.

⑥ Vernehmen Sie Poltergeräusche während der Fahrt, deutet dies ebenfalls auf einen verschlissenen Stoßdämpfer hin. Versuchen Sie, die Richtung der Poltergeräusch zu lokalisieren.

So arbeitet der Stoßdämpfer — Technik-lexikon

Im Mercedes E-Klasse sind Gasdruckstoßdämpfer mit zweiteiligem Kolben eingebaut. Sie bieten eine Reihe von Vorteilen. Der wichtigste ist ihre lange Lebensdauer. Denn aufgrund der ständigen Auf- und Abbewegung von Stange und Kolben im Innern der Dämpfer bilden sich bei einfachen Stoßdämpfern Blasen in der Hydraulikflüssigkeit, die dazu führen, dass die Räder auf unebener Straße springen. Bei den Mercedes-Stoßdämpfern unterdrückt der Gasdruck diese Blasenbildung selbst bei hoher Beanspruchung.

Do it yourself an Fahrwerk und Lenkung — Gefahrenhinweis

- Arbeiten an Fahrwerk und Lenkung setzen Erfahrung und oft auch spezielle Werkstattgeräte voraus. Wenn Sie sich nicht sicher sind, ob Sie die betreffende Reparatur selbst ausführen können oder wenn Sie diese Werkzeuge nicht besitzen – überlassen Sie die Arbeit der Werkstatt. Mit fehlerhaften Reparaturen gefährden Sie sich und andere. Beschädigte Teile der Radaufhängung dürfen Sie nicht richten oder schweißen – sie müssen grundsätzlich erneuert werden.

- Bei Arbeiten an der Niveauregulierung vor dem Lösen von Leitungen die Verbindungsstange zum Niveauregler abschrauben und den Hebel zum Druckabbau auf »Leeren« stellen, sonst besteht Verletzungsgefahr durch Drucköl!

Manschetten und Spiel der Spurstangenköpfe prüfen

Das Spurstangengelenk sitzt rechts und links zwischen Spurstange und Spurstangenhebel des Achsschenkels. Selbstschmierender Kunststoff umhüllt den stählernen Kugelkopf, eine Manschette schützt ihn vor Schmutz und Feuchtigkeit. Spurstangenköpfe mit defekter Manschette oder Spiel müssen Sie umgehend ersetzen.

Manschetten und Spiel der Achsgelenke kontrollieren

Die Kugelgelenke der Achsgelenke (rechts und links zwischen Querlenker und Radlagergehäuse) sitzen in einer Fett-Dauerfüllung in Kunststoffschalen. Manschetten aus Kunststoff schützen sie vor Nässe und Schmutz. Die Gelenke sind wartungsfrei. Eine beschädigte Manschette bedeutet allerdings das vorzeitige Aus fürs Gelenk – eindringender Schmutz wirkt wie Schmirgelsand, Feuchtigkeit lässt es mit der Zeit festrosten.

Arbeits-schritte | W 30000 km jährlich

① Kontrollieren Sie die Manschetten der Spurstangengelenke auf Risse.

② Prüfen Sie, ob das Gelenk Spiel hat. Fahren Sie den Wagen dazu am besten über eine Grube.

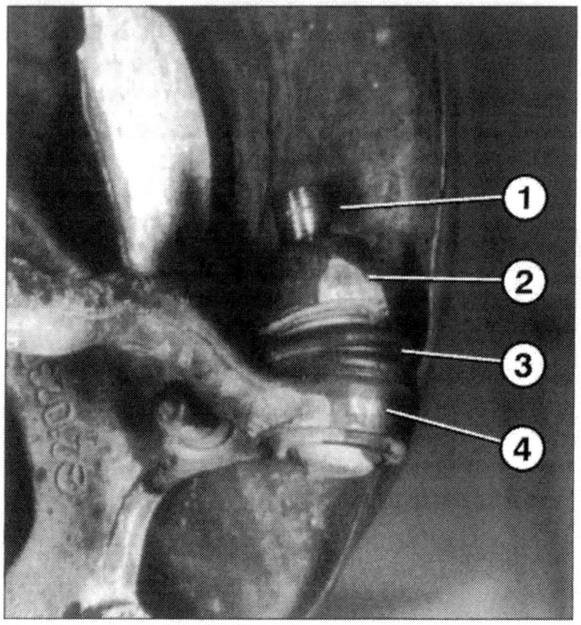

Der Spurstangenkopf ❹ ist mit einer selbstsichernden Mutter ❶ (in der Abb. schon abgeschraubt) am Achsschenkel ❷ gesichert. Die Manschette ❸ muss regelmäßig auf Verschleiß kontrolliert werden.

③ Lenkung nach einer Seite einschlagen, das Spurstangengelenk mit einer Hand fassen und von einem Helfer das Lenkrad hin- und herdrehen lassen (Motor anlassen, um das Einschlagen zu erleichtern). Stellen Sie Spiel fest, müssen Sie das Gelenk erneuern lassen.

④ Fahrzeug vorn aufbocken und die Spurstange mit einer Hand fassen. Bei kräftigem Auf- und Abbewegen der Spurstange darf man kein Spiel am Gelenk feststellen. Andernfalls das Gelenk erneuern lassen.

⑤ Die gleichen Kontrollen können Sie auch am inneren Gelenk durchführen. Dazu müssen Sie aber die Manschette von der Zahnstange lösen. Spiel an den inneren Gelenken bedeutet stets die Erneuerung der kompletten Spurstange.

Arbeits-schritte | W 30000 km jährlich

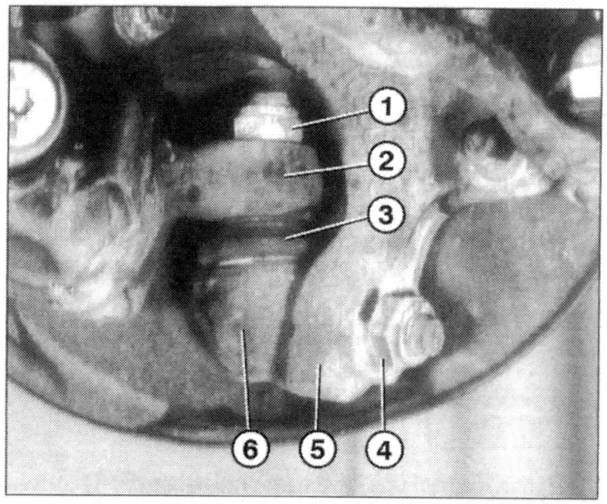

Das Kugelgelenk ❻ des unteren Querlenkers ❷ ist ein wichtiges Führungsteil der Vorderachse. Es ist mit einer selbstsichernden Mutter ❹ und ❶ jeweils am Achsschenkel ❺ und Querlenker ❷ befestigt. Eine nicht rechtzeitig entdeckte Beschädigung der Staubmanschette ❸ bedeutet das frühzeitige Aus für das ansonsten wartungsfreie Gelenk.

① Lenkung nach einer Seite voll einschlagen.

② Kappen der Achsgelenke rechts und links auf Beschädigungen kontrollieren. Dabei die Kappen zusammendrücken – so entdecken Sie auch versteckte Risse.

③ Eine schadhafte Staubkappe kann nicht einzeln ersetzt werden, das gesamte Gelenk muss komplett ausgetauscht werden.

Radlagerspiel prüfen

Die Radnaben der Räder laufen vorn auf Schrägrollenlagern und hinten auf zweireihigen Kugellagern, die – mit Dauerfett montiert – für weitaus mehr als 100 000 km gut sind. Defekte Lager machen durch Laufgeräusch auf sich aufmerksam, die meist bei Kurvenfahrt lauter werden. Heimtückischerweise kann nicht immer genau lokalisiert werden, welches Lager einer Achse laut ist. Deshalb möglichst beide ersetzen.

Arbeitsschritte | W 30000 km jährlich

① Fassen Sie nacheinander die fest am Boden stehenden Räder oben und versuchen Sie, diese quer zum Wagen zu bewegen.

② Bei einwandfreien Lagern darf praktisch keine »Luft« vorhanden sein.

③ Ist Spiel spürbar, von Helfer die Fußbremse kräftig treten lassen und nochmals am Rad rütteln: Ist kein Spiel mehr vorhanden, liegt es am Radlager. Trotzdem noch Spiel: Die Radaufhängung muss kontrolliert werden.

④ Defekte hintere Radlager müssen ausgetauscht werden. Eine Nachstellmöglichkeit gibt es dort nicht.

Radlagerspiel vorn einstellen

Arbeitsschritte | W 30000 km

① Fahrzeug aufbocken und entsprechendes Vorderrad abnehmen.

② Nabenkappe mit einem Meißel ringsum gleichmäßig lösen und abnehmen.

③ Vorderrad wieder mit drei Schrauben montieren.

④ Klemmmutter am Radlager so weit festdrehen, bis gerade kein Lagerspiel mehr spürbar ist. Rad dabei drehen. In der Mercedes-Werkstatt wird das Einstellen mit einer Messuhr kontrolliert. Dabei darf sich die Radnabe um 0,01 – 0,02 mm axial verschieben lassen.

⑤ Bevor die Nabenkappe wieder aufgedrückt wird, prüfen, ob sie genug Hochtemperaturfett enthält. Sie sollte etwa bis zum Bördelrand gefüllt sein. Eine 150-g-Tube ist unter der Teile-Nr. 001 989 2351/10 erhältlich.

⑥ Nabenkappe mit einem passenden Rohrstück aufdrücken bzw. -schlagen.

⑦ Vorderrad montieren und Fahrzeug ablassen. Radschrauben festziehen (110 Nm).

Einstellung der Vorderradlager:
❶ Klemmutter; ❷ Nabenkappe; ❸ Achsstummel.

Stoßdämpfer vorne ausbauen

Arbeitsschritte

① Im Motorraum Abdeckung (nur bei rechtem Stoßdämpfer) und weitere Teile vor der oberen Stoßdämpferbefestigung abbauen.

② Obere Befestigung des Stoßdämpfers lösen. Damit die Kolbenstange nicht mitdreht, mit Schlüssel gegenhalten. Die Werkstatt verwendet hier einen Rohrsteckschlüssel SW 17 mit oben angeschweißtem Hebel, in dem ein weiteres Rohr zum Gegenhalten der Kolbenstange steckt. Diesen Schlüssel ggf. selbst anfertigen.

③ Oben Teller und Gummilager abnehmen.

④ Fahrzeug vorne anheben und Rad abnehmen.

⑤ Schraube am unteren Querlenker lösen.

Nach Lösen der Kontermutter mittels zweier Gabelschlüssel kann die obere Stoßdämpferbefestigung abgeschraubt werden. Damit die Kolbenstange nicht mitdreht, mit einem passenden Gabelschlüssel gegenhalten.

⑥ Stoßdämpfer abnehmen.

⑦ Beim Einbau, der in umgekehrter Ausbaureihenfolge vor sich geht, neue, selbstsichernde Muttern verwenden.

⑧ Untere Verschraubung am Querlenker mit 55 Nm festziehen.

⑨ Oben die erste Mutter soweit aufschrauben, bis sie an der Abstandshülse anliegt, dann mit 15 Nm festschrauben.

⑩ Obere Mutter mit 30 Nm kontern, dabei mit Gabelschlüssel SW 17 gegenhalten.

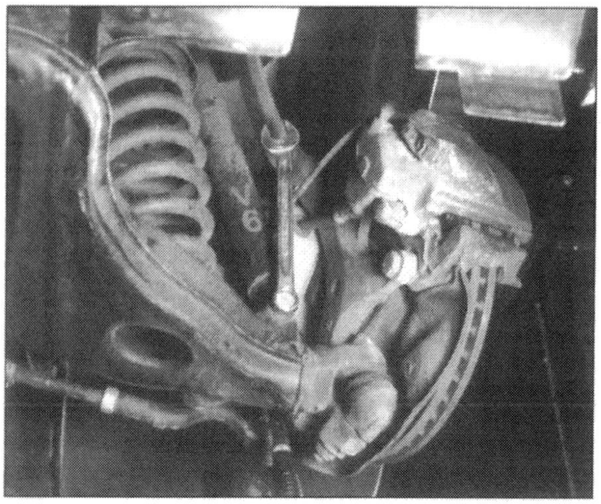

Verwenden Sie nur für Ihr Fahrzeug freigegebene Stoßdämpfer mit der entsprechenden Kennung, wie hier im Bild »V6«. Die untere Verschraubung am Querlenker muss mit 55 Nm festgezogen werden.

Ausgebaute Stoßdämpfer prüfen

Arbeitsschritte

① Von der Kolbenstange Schutzhülse, Gummis und Abstandshülse abnehmen.

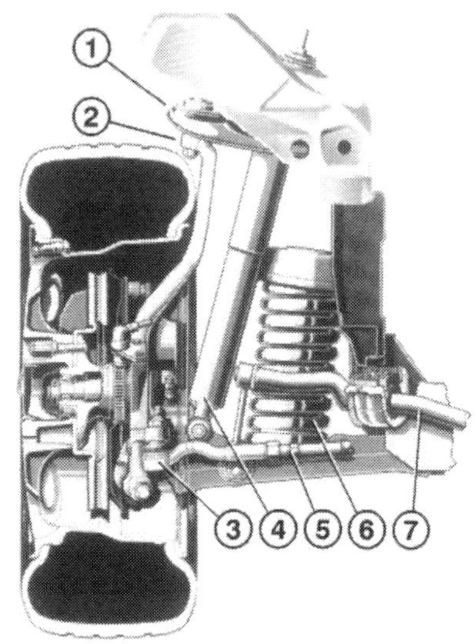

Die Vorderradaufhängung im Schnitt. Die Kinematik dieses Konstruktionsprinzips bietet gute Voraussetzungen für komfortables Abrollen, präzise Radführung und Lenkung. ❶ oberer Querlenker, ❷ Achsschenkel mit oberem Kugelgelenk, ❸ Spurstangenkopf mit Kugelgelenk, ❹ Stoßdämpfer, ❺ Spurstange, ❻ Schraubenfeder, ❼ Querstabilisator.

② Die Kolbenstange auf Riefen und Verbiegen kontrollieren. Eine verbogene Kolbenstange klemmt beim Einschieben.

③ Im Stoßdämpfer sind Gas- und Ölraum durch einen Trennkolben voneinander getrennt. Ölvorrat wie folgt prüfen: Kolbenstange bis zur Anlage am Trennkolben einschieben und den Weg an der Kolbenstange messen. Neue Stoßdämpfer haben hier 0 – 2 mm Luft – die Austauschgrenze liegt bei 20 mm.

④ Kolbenstange in Einbaulage des Stoßdämpfers eindrücken und loslassen. Dabei dürfen keine Klopf- oder Zischgeräusche hörbar sein.

⑤ Stoßdämpfer können einzeln ersetzt werden – die Farbkennung muss jedoch unbedingt gleich sein. Bei älteren Stoßdämpfern ist der paarweise Wechsel sinnvoller.

Schraubenfeder vorn ausbauen

Für diese Arbeit brauchen Sie unbedingt eine Spannvorrichtung. Die Schraubenfeder steht unter einem enormen Druck – etwa vierfache Vorspannung. Das bedeutet für Sie größte Verletzungsgefahr. Die Länge der Federn ist bei allen Modellen gleich, je nach Fahrzeugtyp und -ausstattung werden die Schraubenfedern jedoch mit unterschiedlich hohen Gummilagern eingebaut – beim Ersatzteilkauf unbedingt darauf achten.

Arbeitsschritte

① Fahrzeug aufbocken.

② Handelsüblichen Federspanner an drei Seiten der Schraubenfeder so ansetzen, dass möglichst viele Federwindungen überbrückt werden.

③ Feder zusammendrücken bis sie aus den Federtellern herausgenommen werden kann.

④ Falls die Feder ausgewechselt werden soll, Feder langsam entspannen und die Gummilager abnehmen.

⑤ Vor dem Einbau Gummilager auf Verschleiß prüfen und ggf. ersetzen. Zur leichteren Wiedermontage das Gummilager mit Geschirrspülmittel bestreichen.

⑥ Federteller am Querlenker reinigen. Ebenso die Kunststoffeinlage oben an der Karosserie.

⑦ Gespannte Feder so in den unteren Federteller einsetzen, dass das Ende der Federwindung am Anschlag des Federtellers sitzt.

⑧ Feder langsam entspannen.

⑨ Korrekten Sitz der Feder in den Federtellern kontrollieren und Fahrzeug absenken.

Stoßdämpfer hinten ausbauen

(ohne Niveauregulierung)

Hier gilt das Gleiche, wie für die vorderen Stoßdämpfer – im Reparaturfall ist der paarweise Tausch sinnvoller.

Arbeitsschritte

① Kofferraum-Seitenverkleidung ausbauen.

② Zuerst obere Befestigung des Stoßdämpfers lösen. Beim Lösen darf sich die Kolbenstange nicht drehen, gegenhalten. Mercedes verwendet einen langen Rohrsteckschlüssel SW 17 mit oben angeschweißten Hebeln, in welchem ein weiteres Rohr zum Gegenhalten der Kolbenstange steckt. Diesen Schlüssel ggf. selbst anfertigen.

Nach Ausbau der Seitenverkleidung wird die obere Stoßdämpferbefestigung gelöst. Zum Gegenhalten der Kolbenstange einen passenden Schlüssel verwenden.

③ Oben Teller und Gummilager abnehmen.

④ Fahrzeug anheben, sichern und Rad abnehmen. Hinweis: Das Fahrzeug muss entweder auf den Rädern stehen oder die jeweilige Radaufhängung muss abgestützt werden.

⑤ Schraube am Querlenker lösen. Dazu vorher die Verkleidung abnehmen.

⑥ Radaufhängung auf stabilen Unterbau (z.B. Rangierwagenheber) etwas absenken und Stoßdämpfer herausnehmen.

⑦ Beim Einbauen in umgekehrter Folge neue selbstsichernde Muttern verwenden.

⑧ Stoßdämpferteile oben aufsetzen. Stoßdämpfer so einsetzen, dass seine Farbkennzeichnung lesbar ist.

⑨ Untere Verschraubung mit 55 Nm andrehen.

⑩ Oben die erste Mutter so weit aufschrauben, bis sie an der Abstandshülse anliegt, dann mit 15 Nm festschrauben.

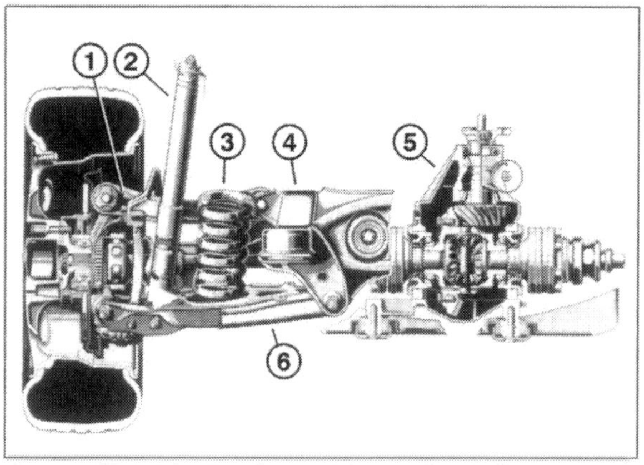

Schnittzeichnung durch die Hinterachse mit Achsantrieb. ❶ Oberer Querlenker, ❷ Stoßdämpfer, ❸ Schraubenfeder, ❹ Achsträger, ❺ Hinterachsgetriebe (Differenzial), ❻ unterer Querlenker.

⑪ Obere Mutter mit 30 Nm kontern, dabei mit Gabelschlüssel SW 17 gegenhalten.

⑫ Rad montieren und mit 110 Nm festschrauben.

Schraubenfeder hinten ausbauen

Für diese Arbeit brauchen Sie unbedingt eine Spannvorrichtung. Die Schraubenfeder steht unter einem enormen Druck – etwa vierfache Vorspannung. Das bedeutet für Sie größte Verletzungsgefahr. Soll eine neue Feder eingebaut werden, müssen Sie beim Ersatzteilkauf auf die richtige Federkennung achten. Das Gleiche gilt für die Gummilager, die je nach Modell in unterschiedlichen Stärken verbaut werden.

Arbeitsschritte

① Fahrzeug hinten aufbocken.

② Querlenkerabdeckung abbauen (zwei Schrauben).

③ Kabel der Bremsbelag-Verschleißanzeige vom Querlenker abhebeln.

④ Werkstattwagenheber außen am Querlenker ansetzen und Querlenker soweit andrücken, bis die Hinterachswelle annähernd waagerecht steht. Dabei auf sicheren Stand des Fahrzeugs achten!

⑤ Handelsüblichen Federspanner an drei Seiten der

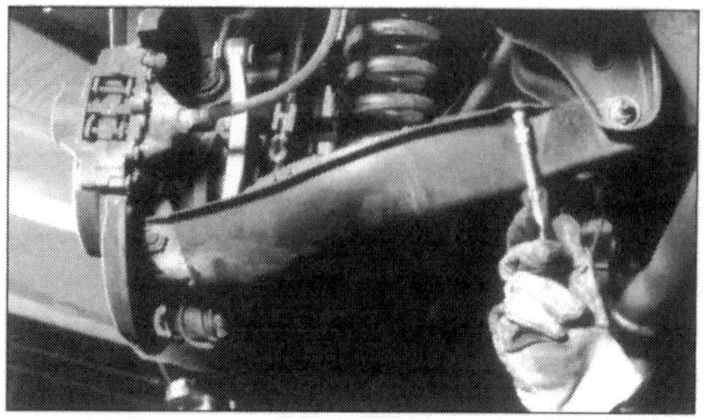

Zum Ausbau der Querlenkerverkleidung lediglich zwei Schrauben lösen.

Schraubenfeder so ansetzen, dass möglichst viele Federwindungen überbrückt werden.

⑥ Feder zusammendrücken bis sie aus den Federtellern herausgenommen werden kann.

⑦ Selbstsichernde Mutter am Querlenker abschrauben, mit Scheibe abnehmen.

⑧ Querlenker ablassen und Schraubenfeder mit Gummilager herausnehmen.

⑨ Falls die Feder ausgewechselt werden soll, Feder langsam entspannen und die Gummilager abnehmen.

⑩ Vor dem Einbau Gummilager auf Verschleiß prüfen und ggf. ersetzen. Zur leichteren Wiedermontage das Gummilager mit Geschirrspülmittel bestreichen.

⑪ Federteller am Querlenker reinigen. Ebenso die obere Federauflage.

⑫ Gespannte Feder so in den unteren Federteller einsetzen, dass das Ende der Federwindung am Anschlag des Federtellers sitzt.

⑬ Schraube mit neuer selbstsichernder Mutter und Unterlegscheibe am Querlenker anbringen und lose beidrehen.

⑭ Querlenker mit Werkstattwagenheber wieder anheben, bis die Antriebswelle waagrecht steht.

⑮ Mutter am Querlenker mit 70 Nm festziehen.

⑯ Feder entspannen und Federspanner abnehmen. Dabei auf korrekten Sitz der Feder in den Federtellern kontrollieren.

⑰ Restliche Montagearbeiten erledigen und Fahrzeug absenken.

Die Lenkung

Die Lenkung besteht aus dem Lenkrad, der Lenkspindel, dem Lenkgetriebe und den Spurstangen. Das Lenkrad ist auf der geteilten Lenkspindel aufgeschraubt, die zum Lenkgetriebe führt. Über eine Verzahnung wird im Lenkgetriebe eine Zahnstange hin- und herbewegt.

Die Zahnstange ist an jedem Ende über ein Kugelgelenk mit den Spurstangen verbunden. Diese übertragen die Lenkkräfte über Spurstangengelenke und Achsschenkel auf die Vorderräder.
Als Zusatzausstattung ist eine elektrische Längs- und Höhenverstellung der Lenksäule zum Einrichten des Lenkrads verfügbar.

Servolenkung

Die Servolenkung ist eine hydraulische Lenkhilfe. Sie sorgt dafür, daß der Kraftaufwand beim Einschlagen der Lenkung möglichst gering gehalten wird. Die Lenkhilfe besteht aus der Ölpumpe, dem Vorratsbehälter und den Öldruckleitungen. Angetrieben wird die Ölpumpe vom Motor über den Keilrippenriemen. Die Pumpe saugt das Hydrauliköl aus dem Vorratsbehälter an und fördert es mit hohem Druck zum Lenkgetriebe. Dort sorgt eine Regeleinheit für die erforderliche Lenkunterstützung. Je nach Modell oder Ausstattung wird die Bedienung der Lenkung durch eine geschwindigkeitsabhängige Lenkhilfe (Parameterlenkung) erleichtert. Bei stehendem oder langsam fahrendem Fahrzeug wird die Lenkunterstützung durch eine elektronische Regelung verstärkt, der Kraftaufwand beim Einschlagen der Lenkung ist gering. Bis zu einer Geschwindigkeit von 100 km/h nimmt die Lenkunterstützung kontinuierlich ab, oberhalb dieser Geschwindigkeit ist die Lenkkraftunterstützung wie bei der herkömmlichen Lenkung. Durch die bei hohen Geschwindigkeiten abgesenkte Lenkunterstützung werden ein besserer Fahrbahnkontakt und hohe Lenkpräzision erreicht. Die elektronische Steuerung der Parameterlenkung ist im Steuergerät des jeweiligen Traktionssystems (ETS, ASR, ESO) enthalten.
Die Zahnstangenlenkung muss von Anschlag zu Anschlag leichtgängig und spielfrei sein. Sie ist wartungsfrei. Allerdings müssen regelmäßig die Abdichtmanschetten auf einwandfreien Zustand und außerdem der Füllstand der Vorratsbehälters der Servolenkung geprüft werden.

Praxistipp

Servolenkung und Selbsthilfe

Reparaturen an der Servolenkung sind eine Sache der Werkstatt. Sie verfügt über spezielle typengebundene Prüfgeräte mit genauen Codeabfragen für das Steuergerät und das entsprechende Know-how. Nur so lassen sich Schäden an den elektronischen Bauteilen und Folgeschäden mit teueren Reparaturen verhindern. Reparaturen an der Servolenkung müssen Sie deshalb unbedingt der Werkstatt überlassen. Bei fehlerhafter Instandsetzung kann die Servounterstützung beim Lenken ausfallen.

Lenkungsspiel prüfen

Spiel in der Lenkung kann nachgestellt werden, wenn es nicht durch einen Defekt verursacht wird. Die Einstellung sollten Sie jedoch der Werkstatt überlassen – sie hat dazu das entsprechende Messgerät.

Arbeitsschritte | W | 30000 km

① Die Räder geradeaus stellen.

② Greifen Sie durchs geöffnete Fenster und drehen Sie das Lenkrad kurz hin und her.

③ Das Vorderrad muss sich sofort mitbewegen. Achten Sie auf die Felge, denn der elastische Reifen kann einen Teil des Einschlags schlucken, ehe er sich bewegt.

④ Hat die Lenkung um die Geradeausstellung kein Spiel, klemmt aber bei stärkerem Einschlag, ist die Zahnstange der Lenkung verschlissen. Das Lenkgetriebe muss dann ausgetauscht werden.

Ölstand der Servolenkung prüfen

Die Verschraubung des Behälters ist mit einem Messstab versehen. Prüfen Sie den Flüssigkeitsstand in diesem Behälter ebenso oft wie das Motoröl.

Arbeitsschritte | W | ständige Kontrolle

① Verschlussdeckel öffnen und mit Peilstab herausziehen.

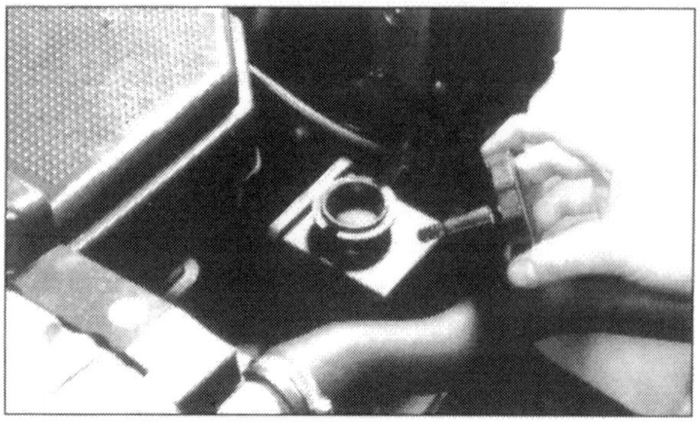

Bei kaltem Hydrauliköl (ca. 20°C) muss der Flüssigkeitsstand zwischen den beiden Markierungen am Peilstab liegen.

② Der Ölstand sollte bei kaltem Öl (Umgebungstemperatur ca. 20°C) zwischen der »MIN«- und der »MAX«-Markierung am Peilstab liegen.

③ Falls erforderlich, Mercedes-Benz-Lenkgetriebeöl (Lenkgetriebeöl 000 969 88 03) nachfüllen. Nur neues Öl nachfüllen, da bereits kleinste Verunreinigungen zu Störungen an der hydraulischen Anlage führen können.

④ Deckel mit Peilstab einsetzen und anschrauben.

⑤ Anschließend bei laufendem Motor das Lenkrad mehrmals von Anschlag zu Anschlag bewegen. Dadurch entlüftet sich die Anlage.

Dichtigkeit der Servolenkung prüfen

Arbeitsschritte — 30000 km

① Lenkung von einem Helfer in beide Einschläge drehen lassen bis sie anschlägt und kurz in dieser Einschlagstellung lassen.

② Dadurch wird der höchstmögliche Druck in der Anlage aufgebaut – Leckstellen lassen in diesem Moment die Flüssigkeit heraustreten.

③ Von der Unterseite des Fahrzeuges die Umgebung des Lenkritzels kontrollieren.

④ Die Servopumpe überprüfen und alle Schlauchanschlüsse kontrollieren. Auslaufende Hydraulikflüssigkeit an diesen Stellen weist auf Leckstellen hin.

Manschetten der Lenkzahnstange kontrollieren

Die aus dem Zahnstangengehäuse austretende Zahnstange ist links und rechts durch eine Gummimanschette geschützt. Dringen durch einen rissigen oder beschädigten Faltenbalg Schmutz und Feuchtigkeit ein, verbinden sie sich mit dem Fett des Lenkgetriebes zu einer Schleifpaste, die ständig am Lenkritzel nagt. Eine verschlissene Manschette sollten Sie daher sofort ersetzen.

Arbeitsschritte — 30000 km jährlich

① Leuchten Sie mit einer Taschenlampe den Faltenbalg ab.

② Schlagen Sie die Lenkung voll nach rechts und links ein; ziehen Sie dann den Faltenbalg Stück um Stück auseinander, um Risse in den Falten zu erkennen.

③ Die Spannbänder müssen fest auf der Manschette sitzen.

Spurstangenköpfe auswechseln

Die Spurstangenköpfe sind jeweils links und rechts an die Spurstange angeschraubt. Das hat den Vorteil, dass Sie bei einem Defekt an diesen Teilen nicht die komplette Spurstange austauschen müssen.

Arbeitsschritte

① Wagen vorne aufbocken und Rad abmontieren.

② Selbstsichernde Mutter des Spurstangenkopfs am Lenkhebel des Achsschenkels lösen und bis ans Ende des Gewindes bündig aufdrehen.

③ Spurstangenkopf mit einem Klauenabzieher nach unten aus dem Lenkhebel drücken, dann Mutter entfernen.

④ Klemmmutter am Spurstangenkopf lösen und das Endstück von der Spurstange abschrauben. Markieren Sie

Zum Abdrücken eines Spurstangenkugelgelenks von der Spurstange muss ein solcher Konusabdrücker verwendet werden. Ehe der Abdrücker angesetzt wird, muss die Sicherungsmutter bis zum Ende des Gewindes geschraubt werden.

die Stellung des Spurstangenkopfs an der Spurstange (Umdrehungen beim Ausbau zählen). So sparen Sie sich beim Einbau die Einstellung der Spur.

Lösen Sie die Kontermutter der Spurstange mit einem Gabelschlüssel SW 21 und halten Sie mit einem Gabelschlüssel SW 13 an den Abflachungen der Spurstange dagegen. Ein verdrecktes und verkrustetes Gewinde vorher reinigen und mit Rostlöser behandeln.

⑤ Vor dem Einbau Konus des Spurstangenkopfs und Auge der Spurstange reinigen.

⑥ Spurstangenkopf am Lenkhebel des Achsschenkels und Konterung der Spurstange mit 60 Nm festziehen.

⑦ Ggf. Spur prüfen lassen.

Manschetten der Spurstangen wechseln

Arbeitsschritte

① Spurstangenköpfe ausbauen. Beim Ausdrehen die Umdrehungen zählen und notieren, damit die Endstücke beim Wiedereinbau gleichweit eingeschraubt werden können – sonst ist die Spur verstellt.

② Beide Spannbänder der Manschette öffnen. Dazu die Klemmsicherung mit Zange spreizen und abnehmen.

③ Manschette abziehen.

④ Zum Einbau Spurstange reinigen und leicht einfetten.

⑤ Manschette über die Spurstange schieben und darauf achten, dass sie richtig in den Nuten von Spurstange und Zahnstangengehäuse sitzt und nicht verdreht ist. Sonst dichtet sie nicht richtig ab.

Zum Öffnen der Spannbänder die Klemmsicherung (Pfeile) mit einer Zange spreizen und abnehmen. Beim Einbau neue Spannbänder verwenden.

⑥ Manschette mit neuem Spannband sichern.

⑦ Spurstangenendstücke montieren und mit neuer selbstsichernder Mutter mit 60 Nm festziehen.

⑧ Spur und Lenkradstellung kontrollieren und bei Bedarf einstellen lassen.

Lenkung

Störungsbeistand

Störung	Ursache	Abhilfe
A Lenkung ist schwergängig	**1** Ungleichmäßiger Reifendruck	Korrigieren
	2 Niedriger Flüssigkeitsstand im Vorratsbehälter	Flüssigkeit nachfüllen
	3 Spurstangenkugelgelenke oder Schwenkgelenke der Vorderradaufhängung festgefressen	Entsprechende Kugelgelenke erneuern
	4 Radeinstellung der Vorderräder stimmt nicht	Einstellen lassen
	5 Lenkung nicht korrekt eingestellt	Einstellen lassen
	6 Lenksäulenlager festgefressen	Kontrollieren lassen
B Lenkung ist zu leichtgängig	**1** Siehe A5	
	2 Spurstangengelenke lose oder ausgeschlagen	Gelenke überprüfen und ggf erneuern lassen
	3 Vorderradlager beschädigt oder haben zu viel Spiel	Lager erneuern
	4 Lenkung ausgeschlagen	Kontrollieren und ggf erneuern lassen
C Lenkrad zittert beim Fahren	**1** Siehe A1, 2	
	2 Siehe B 2, 3 und 4	
	3 Räder nicht einwandfrei ausgewuchtet	Räder auswuchten lassen
	4 Schraubenfedern der Radaufhängung ermüdet oder gebrochen	Erneuern lassen
D Wagen zieht nach einer Seite	**1** Siehe A1, 4	
	2 Siehe B 3	
	3 Radbolzen lose	Befestigen
	4 Siehe B 2, 3 und 4	
	5 Siehe C3, 4	
	6 Bremsen ziehen einseitig	Ursache feststellen lassen
	7 Vorderradgeometrie gestört	Fahrzeug vermessen lassen
E Lenkrad kehrt nicht in Geradeausstellung zurück	Siehe A1 - A6	
F Schlagende Geräusche in der Lenksäule	**1** Siehe A6	
	2 Siehe B2	
G Ausfall der Servounterstützung	**1** Zu niedriger Füllstand	Vorratsbehälter auffüllen (lassen)
	2 Luft in der Lenkanlage	Entlüften und nach Ursache forschen (lassen)
	3 Störung in der Servopumpe	Fehler suchen lassen, das Teil evtl austauschen
	4 Hydraulikleitungen geknickt, beschädigt oder unterbrochen	Ersetzen lassen
	5 Systemdruck zu gering	Druck prüfen lassen
H Verlust der Lenkungsflüssigkeit	Undichtigkeit an Lenkgetriebe, Schlauch- und Leitungsanschlüssen oder schlechte Zahnstangenabdichtung	Anschlüsse überprüfen, Befestigungen nachziehen, in der Werkstatt kontrollieren lassen

Lenkrad und Airbag

Gefahrenhinweis

Schon bei Transport und Lagerung des Airbags sind strenge Vorschriften zu beachten, ebenso für den Arbeitsplatz, an dem Ein- und Ausbau der Einheit vorgenommen werden. Überdies unterliegt der Gasgenerator, der mit seiner Festbrennstoff-Füllung im Fall eines Crashs für das blitzschnelle Aufblasen des Prallsacks sorgt, den Bestimmungen des Sprengstoffgesetzes. Der Hersteller lässt daher schon beim serienmäßigen Einbau nur speziell geschulte Fachkräfte ans Werk; in den Werkstätten werden Mechaniker für Airbag-Arbeiten extra qualifiziert. Wir raten Ihnen daher dringend von Arbeiten an einem Lenkrad mit Airbag und am Beifahrer-Airbag ab. Das gilt auch für Schönheitsreparaturen, bei denen Sie zum Beispiel ein Lenkrad mit Holz- oder Lederbezug nachrüsten. Der Umgang mit dem Airbag ist in jedem Fall ein Job für die Werkstatt.

Dieser Schnitt am Airbag-Lenkrad lässt den Aufbau des Sicherheitssystems erkennen:

❶ Lenkrad,

❷ Anschlussstecker,

❸ Zündpille mit tablettenförmigem Fest-Treibstoff,

❹ zusammengefalteter Airbag.

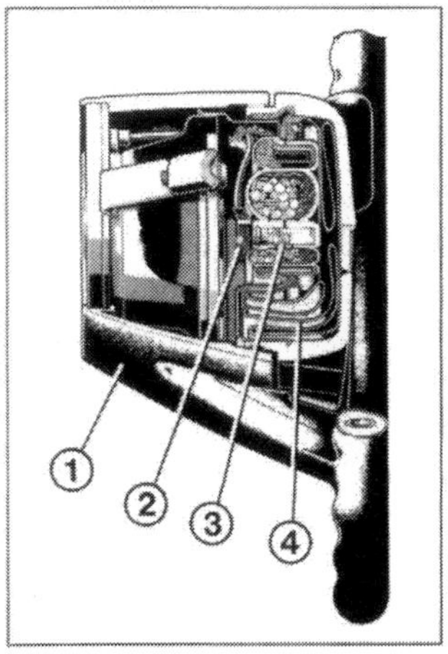

Fahrzeugvermessung

Praxistipp

Optimale Fahreigenschaften und geringster Reifenverschleiß sind nur dann zu erzielen, wenn die Stellung der Räder einwandfrei ist. Die Fahrzeugvermessung kann ohne eine entsprechende optische Messanlage nicht durchgeführt werden. Daher muss eine zur Fahrzeug- bzw. Achsvermessung die Werkstatt aufgesucht werden. Sie ist erforderlich:

- Nach größeren Karosseriereparaturen.
- Nach Reparaturen an Vorder- und Hinterachse.
- Bei erhöhter und ungleichmäßiger Reifenabnutzung.
- Bei mangelhafter Straßenlage.

Reifen und Felgen

Reifenunterbau, Gummimischung und das ausgefeilte Reifenprofil machen moderne Reifen zu echten Hightech-Produkten, die einen wichtigen Beitrag zur passiven Sicherheit Ihres Autos leisten. Sie tragen das Gewicht eines Fahrzeugs, fangen kleinere Stöße der Fahrbahn ab und übertragen die Kräfte, die bei Antrieb, Bremsen und Kurvenfahrt entstehen. Die Reifen an den Vorderrädern bringen es durchschnittlich auf eine Laufleistung von 15 000 bis 35 000 Kilometer, die Pneus der Hinterräder auf 30 000 bis 50 000 Kilometer. Aber auch wenn Sie Ihr Fahrzeug nur selten bewegen – spätestens nach sieben, acht Jahren sind die Reifen am Ende, weil sich die Mischung des Gummis mit der Zeit auflöst.

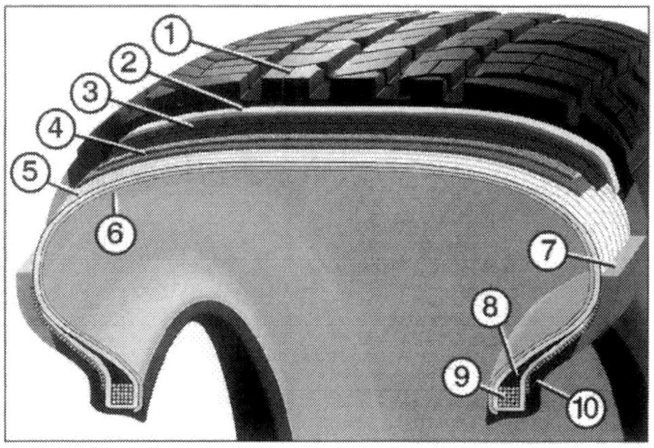

Das Innenleben eines Reifens ist vielschichtig: ❶ Laufstreifen mit Profil. ❷ Base: Senkt den Rollwiderstand. ❸ Nylonspurbandagen erhöhen die Hochgeschwindigkeitstauglichkeit. ❹ Stahlcord-Gürtellagen: Steigern die Fahrstabilität. ❺ Karkasse: Form- und Festigkeitsträger des Reifens. ❻ Innenseele: Gasdichte Innenschicht ersetzt den Schlauch. ❼ Seitenteil: Schützt Karkasse vor Beschädigungen. ❽ Kernprofil: Unterstützt Lenk- und Fahrpräzision. ❾ Kern: Sorgt für festen Sitz auf den Felgen. ❿ Wulstverstärker: Für präzises Lenkverhalten und hohe Fahrstabilität.

Die Felgen für den Mercedes E-Klasse

Die Modelle der Mercedes-Benz E-Klasse sind je nach Ausstattung mit Reifen und Felgen unterschiedlicher Größe ausgerüstet. Alle Felgen sind als so genannte Hump-Felgen ausgelegt. Der Hump ist ein in die Felgenschulter eingepresster Wulst, der auch bei extrem scharfer Kurvenfahrt nicht zulässt, dass der schlauchlose Reifen von der Felge gedrückt wird.

Reifen und Felgen

Modell	Reifengröße	Felgengröße
E 220 D	195/65 R15 91T	6½J x 15 H2 ET37
	195/65 R15 91T M+S	
	205/65 R15 94T	7J x 15 H2 ET37
	205/65 R15 94T M+S	
	215/55 R16 93T	7½J x 16 H2 ET41
	215/55 R16 93T M+S	
E 290 TD	195/65 R15 91T M+S	6½J x 15 H2 ET37
E 300 D	205/65 R15 94H	7J x 15 H2 ET37
	205/65 R15 94T M+S	
	215/55 R16 93H	7½J x 16 H2 ET41
	215/55 R16 93T M+S	
E 200 CDI	195/65 R15 91T M+S*	6½J x 15 H2 ET37
	205/65 R15 94H	7J x 15 H2 ET37
	205/65 R15 94H M+S	
	215/55 R16 93H	7½J x 16 H2 ET41

Modell	Reifengröße	Felgengröße
	215/55 R16 93H M+S	
	235/45 R17 93W	8J x 18 H2 ET37
	235/45 R17 93H M+S	
E 220 CDI	195/65 R15 91T M+S	6½J x 15 H2 ET37
	205/65 R15 94V	7J x 15 H2 ET37
	205/65 R15 94H M+S	
	215/55 R16 93V	7½J x 16 H2 ET41
	215/55 R16 93H M+S	
	235/45 R17 93W	8J x 18 H2 ET37
	235/45 R17 93H M+S	
E 270 CDI	215/55 R16 93V	7½J x 16 H2 ET41
E 320 CDI	215/55 R16 93H M+S	
	235/45 R17 93W	8J x 18 H2 ET37
	235/45 R17 93H M+S	

Die Daten auf der Flanke des Reifens.
Die DOT-Nummer ist ab dem Jahr 2000 vierstellig. Die ersten beiden geben die Woche, die letzten beiden Zahlen das Jahr an.

Wichtige Reifendaten

Auf der Flanke eines Reifens befindet sich eine Reihe von Ziffern und Buchstaben, mit denen die Hersteller die vorgeschriebenen Reifendaten verschlüsseln. Den Autofahrer interessiert freilich vor allem das Format des Reifens. 205/65 R 15 bedeutet zum Beispiel, dass der Reifenquerschnitt eine Breite von 205 Millimetern aufweist. Die zweite Zahl bestimmt das Verhältnis von Höhe und Breite des Reifens. Im Beispiel beträgt es 65 Prozent. Je kleiner dieses Verhältnis, um so flacher und breiter ist der Reifen. »R« steht für die Radialbauart von Gürtelreifen, die Zahl hinter diesem Buchstaben bestimmt den Durchmesser der Felge in Zoll.

Höchstgeschwindigkeit

Ein anderer Buchstabe steht für die zulässige Höchstgeschwindigkeit des Reifens. Ein Reifen mit dem Kennbuchstaben »S« ist für eine Top-Speed bis 180 km/h, mit »T« bis 190 km/h zugelassen. Eine Höchstgeschwindigkeit bis 210 km/h gilt für Reifen mit dem Kennbuchstaben »H«. Wenn Sie mit einem herkömmlichen M+S-Reifen durch den Winter fahren, müssen Sie früher vom Gas gehen: Die Pneus mit dem Kürzel »Q« sind nur für 160 km/h zugelassen.

Reifenalter und ECE-Prüfnummer

Das Datum der Herstellung verrät die dreistellige »DOT«-Nummer. Ab dem Produktionsjahr 1990 steht hinter dieser Zahl ein kleines Dreieck. Die Nummer 187 besagt zum Beispiel, daß der Reifen in der 18. Woche des Jahres 1997 produziert wurde. Neureifen, die nach dem 1. Oktober 1998 hergestellt wurden,

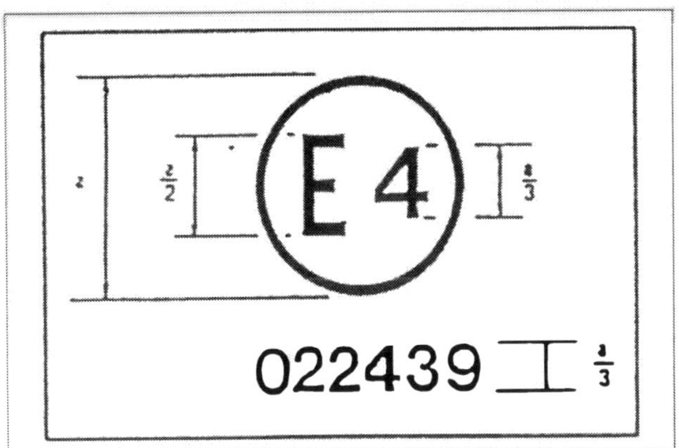

Die Prüfnummer ist erkennbar an einem großen E und der Nummer des Herkunftslandes, zum Beispiel 1 für Deutschland und 4 für Niederlande.

Die Felgen

Technik-lexikon

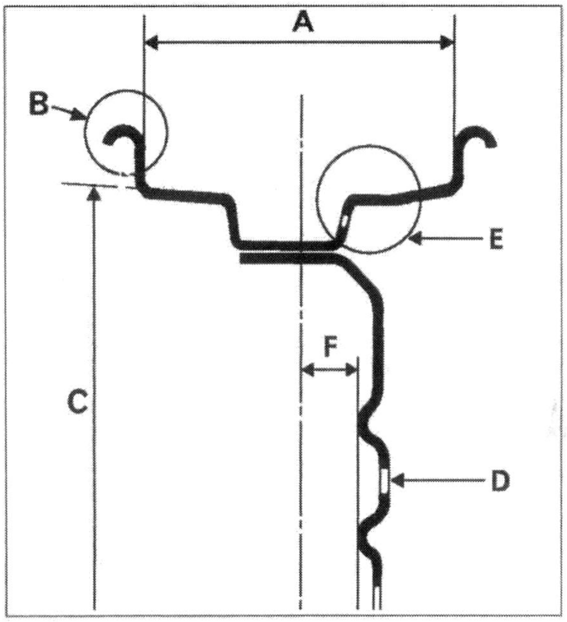

Bemaßung an einer Felge: A Maulweite in Zoll, **B** Profil des Felgenhorns, **C** Felgendurchmesser in Zoll, **D** Lochzahl, **E** Kombinationshump, **F** Einpresstiefe in mm.

Die Größe einer Felge gibt man nach Normvorschrift stets in Zoll an. Die Bezeichnung 7½J x 15 zum Beispiel bezeichnet eine Tiefbettfelge (x) mit einer Breite von siebeneinhalb Zoll und einem Durchmesser von 15 Zoll. Der Buchstabe »J« steht für die Form des Felgenhorns. Das Besondere der Tiefbettfelge: Damit die Reifen besser sitzen, befindet sich an einer Schulter der Felge eine rundumlaufende Erhöhung (Hump). Sie verhindert, dass bei schneller Fahrt durch eine Kurve der Reifenwulst durch die Seitenkräfte von der Schulter der Felge ins Tiefbett gedrückt wird.

müssen eine ECE-Prüfnummer auf der Reifenflanke ragen. Diese Nummer besagt, daß der Pneu ein typgeprüftes Bauteil entsprechend dem Qualitäts-Standard der Economic Commission of Europe (ECE) ist. Sind nach dem 1. Oktober 1998 produzierte Neureifen ohne Prüfnummer an Ihrem Fahrzeug montiert, erlischt die Allgemeine Betriebserlaubnis.

Winterreifen -Spezialisten für Schnee und Eis

Winterreifen rollen auf Schnee und Eis sicherer als

Sommerreifen. Sie werden aus einer speziellen Gummimischung mit einem hohen Anteil Naturkautschuk hergestellt, die bei Temperaturen unter sieben Grad auf trockener und nasser Straße besser haftet. Voraussetzung für die gute Übertragung der Motor- und Bremskräfte auf die Straße ist jedoch ein Profil von mindestens vier Millimetern – weniger Profil ist nicht erlaubt und disqualifiziert den Reifen für den Wintereinsatz. Bestücken Sie in jedem Fall alle vier Räder mit Winterreifen – eine Kombination von Sommer- und Winterreifen kann gefährlich werden.

Winterreifen auf Felgen montieren

Für einen Winterreifen genügt durchaus eine schmale Ausführung. Investieren Sie das gesparte Geld für breitere Pneus lieber in einen zweiten Satz passender Felgen – das Ummontieren der Reifen im Frühjahr und Herbst kommt auf die Dauer viel teurer. Manche Händler und Werkstätten lagern Ihre Winterreifen gegen eine geringe Gebühr bis zum nächsten Tausch. Die Räder müssen übrigens nach jeder Montage neu ausgewuchtet werden. Erhöhen Sie den Luftdruck um 0,2 bar. Wenn die Höchstgeschwindigkeit der Winterreifen unter der Ihres Fahrzeugs liegt, sollten Sie sich zur Erinnerung einen entsprechenden Aufkleber ins Blickfeld (nicht an die Windschutzscheibe!) kleben.

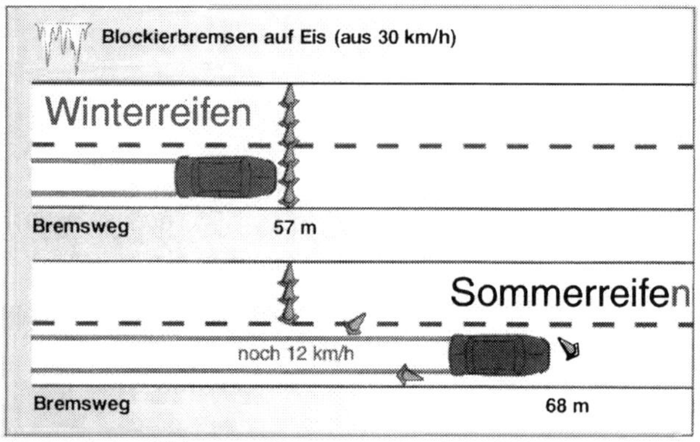

Bremswegvergleich Sommer- und Winterreifen ohne ABS.

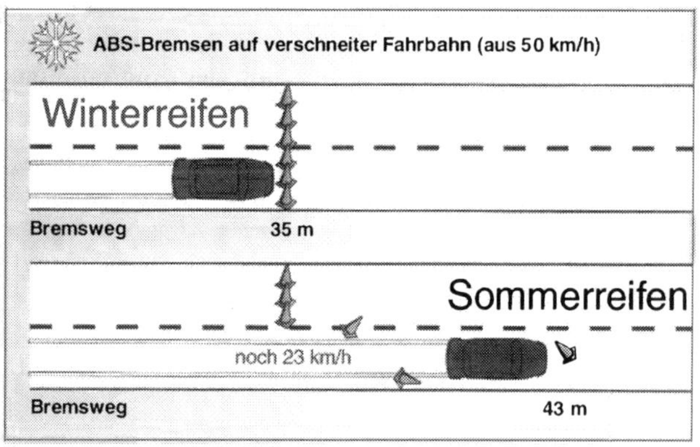

Bremswegvergleich Sommer- und Winterreifen mit ABS.

Praxistipp

So lagern Sie Reifen richtig

Nach dem Ummontieren der Sommer- oder Winterreifen sollten Sie die alten Reifen richtig lagern. Dazu eignet sich am besten ein trockener, kühler und dunkler Raum. Halten Sie Benzin, Öl, Fett und Chemikalien von den Reifen fern – sie sind Gift fürs Gummi.

- Markieren Sie zunächst Laufrichtung und Position der Reifen (VR = vorne rechts, VL = vorne links, HR = hinten rechts, HL = hinten links).
- Reifen abnehmen, mit Wasser reinigen und gut trocknen. Entfernen Sie Rollsplitt und andere Fremdkörper aus den Profilrillen.
- Reifen mit Felgen stapelt man liegend, am besten auf einer alten Holzpalette.
- Reifen ohne Felgen sollten Sie senkrecht stellen. Drehen Sie die Pneus von Zeit zu Zeit.

Praxistipp

So halten die Reifen länger

- Fahren Sie höchstens mit der Geschwindigkeit, für die Ihre Reifen zugelassen sind. Das gilt vor allem für M+S-Reifen der Kategorie »Q« (160 km/h). Zu hohes Tempo bewirkt mehr Abrieb, im schlimmsten Fall den Reifenkollaps.
- Vermeiden Sie Höchstgeschwindigkeit, wenn Ihr Auto schwer beladen ist. Machen Sie die Wärmeprobe: Ist der Reifen handwarm, steht es gut um ihn. Ein heißer Gummi ist ein Alarmzeichen, das auf zu niedrigen Luftdruck oder einen beschädigten Unterbau hinweist. In diesem Fall: Reifen abmontieren, beim Fachmann prüfen lassen.
- Wenn Sie häufiger auf der Autobahn mit hohem Tempo unterwegs sind: Montieren Sie Reifen, deren Geschwindigkeitsindex eine Klasse höher ist als im Fahrzeugschein verlangt (zum Beispiel »V« statt »H«).
- Achten Sie darauf, dass Sie beim Einparken mit der Reifenflanke nicht am Bordstein schrammen. Über Bordsteine und Schwellen nur langsam und immer im rechten Winkel rollen.

Reifendruck prüfen

Den Luftdruck sollten Sie stets bei kalten Reifen messen. Denn während der Fahrt erwärmt sich der Reifen, der Reifendruck steigt. Sie erhalten daher falsche Werte, wenn Sie direkt nach einer Autobahnfahrt zum Luftdruckprüfer greifen.

Prüfen Sie den Reifendruck regelmäßig alle drei bis vier Wochen.

- Bei einem Markenreifen ist ein Druckverlust von 1,5 Prozent im Monat normal. Verliert der Reifen mehr Luft, sollten Sie sich ihn genauer ansehen.

Schutzkappen für Ventile nicht vergessen

- Die Reifenventile sollten Sie stets mit den Schutzkappen verschließen – gelangt Schmutz ins Ventil, kann die Ventilnadel klemmen und es schließt nicht mehr dicht.

- Der Reifendruck sollte keinesfalls unter die in der Tabelle auf der Tankdeckelinnenseite aufgeführten Werte sinken.

- Ein um 0,2 bis 0,3 bar höherer Luftdruck hat dagegen Vorteile: Die Lenkung arbeitet feinfühligerer, die Reifen halten länger und sogar der Kraftstoffverbrauch sinkt ein wenig. Nachteil: Das Fahrzeug federt nicht mehr so komfortabel wie beim normalen Luftdruck.

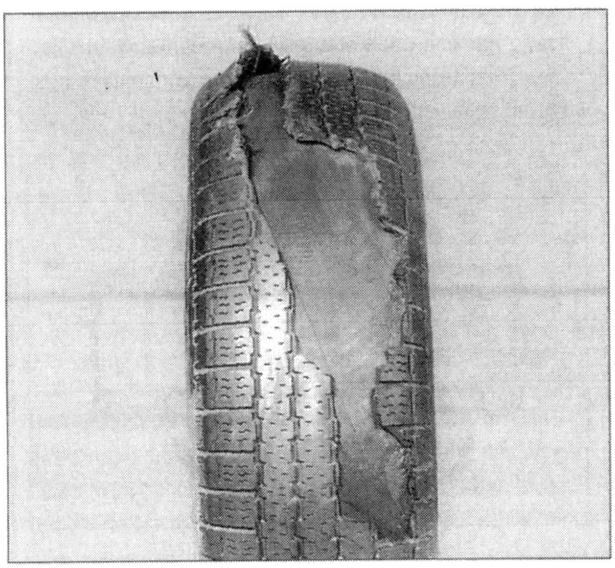

Technik-lexikon

Reifenbilder

Reifen mit derartigem Reifenverschleiß bedeutet, dass der Reifendruck längere Zeit zu niedrig war.

Reifen mit einem solchen Verschleißbild bedeuten, dass der Reifen längere Zeit mit einem zu hohem Druck oder häufig mit Höchstgescheindigkeit gefahren wurde.

Ein schlecht (oder gar nicht) gewarteter Reifen kann sich zum Risikofaktor für Fahrer und Auto entwickeln. Fahren Sie einen Reifen mit zu geringem Luftdruck häufig unter sehr hoher Last, kann dies zu teilweisen Ablösungen der Reifenfläche führen.

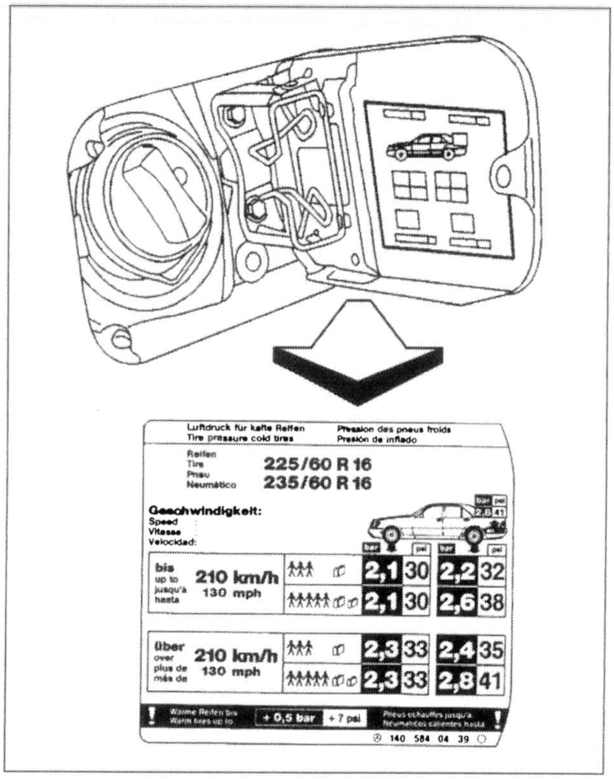

Der richtige Reifenfülldruck für Ihr E-Klasse-Modell steht auf einem Aufkleber an der Innenseite des Tankdeckels.

Reifendruck

Technik-lexikon

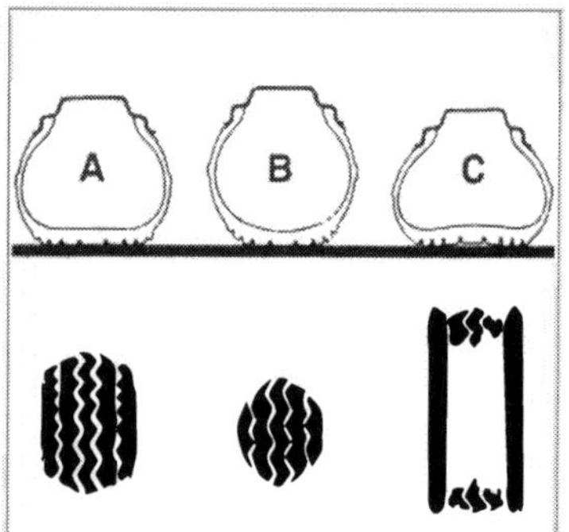

Der Reifendruck bestimmt Form und Größe der Reifenaufstandsfläche – und damit die Lebensdauer des Reifens (Profilverschleiß), den Kraftstoffverbrauch und das Fahrverhalten (Reifen walken und reagieren dann ungenau und mit Verzögerung auf Lenkbefehle).

A Bei richtigem Luftdruck liegt die gesamte Reifenlauffläche auf der Fahrbahn auf.

B Ist der Druck zu hoch, hat der Reifen nur in der Mitte der Lauffläche Kontakt zur Fahrbahn.

C Bei zu niedrigem Luftdruck läuft das Rad auf den Reifenschultern.

Räder richtig tauschen

Praxistipp

- Wenn sich unter der Kofferraumabdeckung das neue Ersatzrad befindet, können Sie Geld sparen. Voraussetzung ist, dass das gleiche Fabrikat mit demselben Profil noch lieferbar ist. Dann kaufen Sie einen entsprechenden Reifen dazu und haben bereits eine Achse neu bereift.
- Sie können den Kauf neuer Reifen auch hinausschieben, indem Sie die Räder jeweils einer Fahrzeugseite (gleiche Laufrichtung! – also nicht über Kreuz!) gegeneinander austauschen. Der Abrieb der Reifen erfolgt so gleichmäßiger.
- Nachteil dieser Methode: Beim Ersatz der Reifen sind vier Exemplare auf einmal fällig. Außerdem können Sie beim Wechsel in kurzen Kilometerabständen im Reifenprofil mögliche Fehler der Radaufhängung, Lenkung und Stoßdämpfer nicht mehr deutlich erkennen.
- Achten Sie beim Tausch der Reifen in jedem Fall darauf, dass Sie auf jeder Achse Reifen des gleichen Fabrikats, mit gleichem Profil und Alter montieren.
- Eine andere Tausch-Variante berücksichtigt, dass die Vorderräder schneller abnutzen als die hinteren Pneus. Haben die vorderen Reifen die Mindestprofiltiefe von 1,6 mm erreicht, können Sie die Hinterräder auch an der Vorderachse montieren (gleiche Laufrichtung), wenn noch genügend Profil vorhanden ist. Sie brauchen in diesem Fall also nur zwei neue Reifen für die Hinterachse.
- Grundsätzlich gilt, dass Sie die Reifen mit dem besseren Profil an der Hinterachse montieren sollten, da diese die Fahrzeugstabilität entscheidend bestimmt. Bei einem Reifenschaden vorne lässt sich ein Fahrzeug nämlich noch steuern, während bei einem Reifenschaden hinten das Fahrzeug unvermeidlich ausbricht und ins Schleudern gerät.

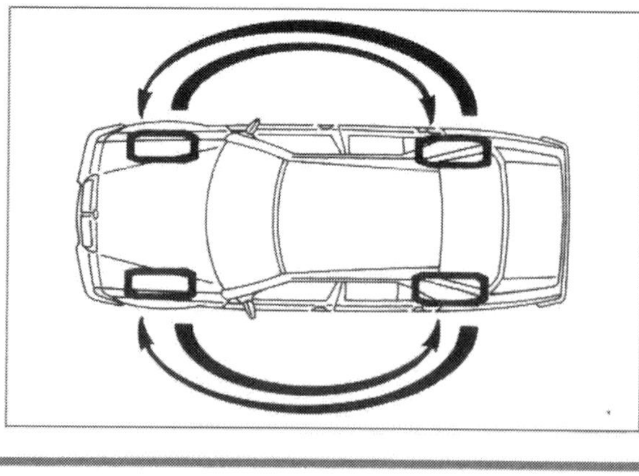

Radwechsel

Unterwegs ist der Radwechsel nicht ganz problemlos. Die Radschrauben können festgerostet sein oder sie wurden beim letzten Radwechsel in der Werkstatt mit einem Schlagschrauber »angeknallt« (statt mit den vorgeschriebenen 110 Nm festgezogen). Dann sind die Schrauben möglicherweise nicht einmal mehr mit dem stabilen Radschraubenschlüssel z. B. aus dem Bordwerkzeug zu lösen. Hilfe ist dann von einem Radkreuz mit aufgestecktem Rohrstück (als Verlängerung) zu erwarten.

Arbeits-schritte

① Feststellbremse kräftig treten.

② Unterwegs Warnblinkanlage einschalten und Warndreieck aufstellen.

③ 1. Gang einlegen oder Wählhebel in Stellung »P« bringen.

④ Räder der anderen Wagenseite mit Steinen, Keilen oder großen Holzstücken gegen Abrollen unterkeilen.

⑤ Bei Stahlfelge die Rad-Vollblende oben mit Schraubendreher loshebeln und abnehmen.

⑥ Radschrauben eine Umdrehung lösen.

⑦ Mit Schraubendreher Spreizclips der Schutzkappe am jeweiligen Wagenheber-Einsteckrohr unten am Schweller ausbauen. Schutzkappe abnehmen.

Erst wenn Sie noch einmal kontrolliert haben, ob das Fahrzeug gut gegen Wegrollen gesichert und der Wagenheber weit genug in seine Aufnahme geschoben ist, sollten Sie das Fahrzeug anheben.

⑧ Wagenheber dort möglichst weit einstecken. Ersatzrad bereitlegen.

⑨ Fahrzeug hochkurbeln und die Radschrauben vollends herausdrehen.

⑩ Rad abnehmen.

⑪ Wer sich das anschließende Aufsetzen des neuen Rades erleichtern will, schraubt den Zentrierbolzen aus dem Bordwerkzeug in die oberste Gewindebohrung.

⑫ Reserverad aufstecken. Dabei das Rad nicht kippen lassen, sonst wird besonders bei Leichtmetallfelgen der Schutzlack beschädigt.

⑬ Schrauben über Kreuz gleichmäßig anziehen. Dabei das Rad hin- und herdrehen, damit es sich einwandfrei auf der Radnabe zentriert.

⑭ Wagen ablassen, Schrauben nachziehen (110 Nm).

⑮ Radvollblende aufdrücken. Dabei die Blende zuerst am Reifenventil »einhängen«, mit dem Fuß festhalten und anschließend an der gegenüberliegenden Seite festdrücken.

⑯ Am besten klappt dieser Balanceakt, wenn das Reifenventil unten am Rad steht.

⑰ Nach ca. 200 km Radschrauben nochmals nachziehen (110 Nm).

Die Radschrauben in der gezeigten Reihenfolge mit 110 Nm festschrauben. Besser als der abgebildete Drehmomentenschlüssel ist ein so genannter »Abknicker«.

Zustand der Reifen kontrollieren

Die Vorderräder lenken das Fahrzeug und müssen die Hauptbelastung beim Bremsen aushalten. Sie sind daher auch früher verschlissen als die hinteren Pneus. Den Zustand der Reifen kontrollieren Sie am besten bei aufgebocktem Wagen.

Arbeitsschritte | W | 15000 km jährlich

① Drehen Sie jedes Rad einmal komplett durch. Entfernen Sie Steinchen und andere Fremdkörper vorsichtig mit einem kleinen Schraubendreher aus den Profillamellen. Sitzt in der Reifendecke eine Glasscherbe oder ein Nagel, kann an dieser Stelle Luft entweichen.

② Achten Sie auf Unregelmäßigkeiten wie Einstiche, Schnitte, Risse und herausgebrochene Profilstücke. Bei einem beschädigten Gummi dringt leicht Feuchtigkeit ins Reifeninnere. Sie können jedoch von außen nicht erkennen, ob der stabilisierende Stahlgürtel schon vom Rost angefressen ist. Lassen Sie den Reifen zur Sicherheit vom Fachmann prüfen. Das gilt übrigens auch bei auffälligem Reifenabrieb.

③ Das Reifenprofil muss über die gesamte Lauffläche mindestens 1,6 Millimeter tief sein. Bei dieser Marke wird auf der Lauffläche an mehreren Stellen ein Profilstandsanzeiger sichtbar. Die Buchstaben »twi« (tread wear indicator) auf der Reifenflanke zeigen, wo sich diese Anzeiger befinden. Das Fahrverhalten wird mit abnehmendem Profil schlechter, vor allem auf nasser Fahrbahn. Tauschen Sie Sommerreifen zur Sicherheit bereits bei einer Profiltiefe von zwei Millimetern, Winterreifen bei vier Millimetern.

④ Kontrollieren Sie, ob alle Reifen gleichmäßig abgefahren sind.

⑤ Sehen Sie sich die Seitenwände (Reifenflanken) der Reifen genau an. Beulen deuten auf eine Beschädigung des Reifenunterbaus hin.

Radunwuchten

Unwuchtige Räder spürt man durch Vibrationen im Lenkrad oder Schütteln im Vorderwagen. Beides tritt bei bestimmten Geschwindigkeiten besonders stark auf. Ursache: Ungleichmäßige Gewichtsverteilung am Rad. Deshalb müssen die Räder statisch und dynamisch ausgewuchtet werden. Dazu gibt es zwei Methoden:

- Das Rad wird am Wagen ab- und an einer Auswuchtmaschine angeschraubt. Dort läuft es zur Probe, Unwuchten werden dabei angezeigt und können durch Anbringen von Bleigewichten ausgeglichen werden.

- Zum Ausschalten letzter Unwuchten wird bisweilen Feinwuchten empfohlen. Die am Wagen anmontierten Vorderräder werden durch einen Elektromotor mit Reibrad in die notwendige schnelle Drehung versetzt und die Restunwucht angezeigt. Das gleicht man wieder durch Bleigewichte aus. Mercedes hält diese Methode für unnötig, weil die Räder sehr gut zentriert sind.

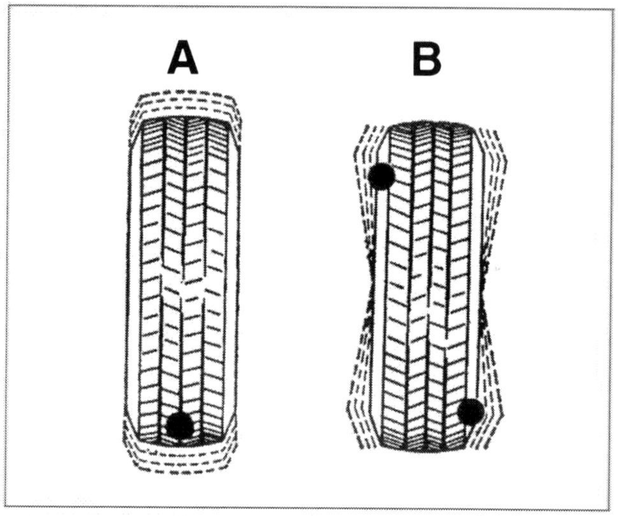

A: Statistische Unwucht. Das freihängende drehende Rad pendelt stets an derselben Stelle nach unten aus. Das Rad hüpft bei der Fahrt – die Stoßdämpfer verschleissen schneller.

B: Dynamische Unwucht. Liegt schräg zur Radachse. Bei schnellem Lauf flattert und wackelt das Rad.

Radunwuchten

Praxistipp

- Beim Auftreten von Radunwuchten sollten Sie zuallererst die Felgen reinigen, besonders an der Innenseite. Vielleicht ist damit die Ursache für die Unwucht schon gefunden.

- Feinwuchten ist höchstens an den Vorderrädern des Mercedes anzuraten. Dort sind selbst kleinste Unwuchten am Lenkrad zu spüren. An den Hinterrädern ist das Auswuchten am Fahrzeug eher gefährlich. Das Differenzial wird möglicherweise beschädigt. Deshalb die Räder mit dem Fahrzeugmotor antreiben!

- Eine ganz einfache Arbeit ist das Auswuchten übrigens nicht. Man soll mit recht wenig Gewichten auskommen, was evtl. mehrfaches Umsetzen erforderlich macht. Reifen mit mehr als ca. 1 mm Höhenschlag und ca. 1,6 mm Seitenschlag sind kaum mehr sauber auszuwuchten. Das gilt auch für Reifen mit gebrochener Karkasse, z.B. wegen schnellem Überfahren eines Bordsteins oder Gegenstandes.

Reifen

Störungsbeistand

Störung	Ursache	Abhilfe
A Reifenverschleiß ungewöhnlich hoch	**1** Ungleichmäßiger Reifendruck	Korrigieren
	2 Radeinstellung der Vorderräder stimmt nicht	Einstellen lassen
	3 Spurstangengelenke lose oder ausgeschlagen	Gelenke überprüfen und ggf. erneuern
	4 Vorderradlager beschädigt oder haben zu viel Spiel	Lager erneuern lassen
	5 Räder sind nicht einwandfrei ausgewuchtet	Räder auswuchten lassen
	6 Schraubenfedern der Radaufhängung ermüdet oder gebrochen	Erneuern lassen
B Außenseite der Vorderräder abgefahren	Flotte Fahrweise in Kurven	Reifen auf den Felgen drehen lassen oder gegen Hinterräder austauschen
C Außenseiten stärker abgefahren als Profilmitte	Reifen mit zu niedrigem Luftdruck gefahren	Luftdruck korrigieren, evtl. Reifen wechseln
D Schräges Profil, Reifen einseitig abgefahren	Siehe A 2	
E Starke Abnutzung in der Profilmitte (vor allem an Hinterrädern)	Häufiges Fahren mit Höchstgeschwindigkeit. Reifen bauchen durch die Fliehkraft aus, nutzen daher in der Mitte stärker ab	Reifen wechseln, auf richtigen Kennbuchstaben für Geschwindigkeit achten
F Gleichmäßige Auswaschungen	Vermutlich Stoßdämpfer defekt	Prüfen lassen
G Ungleiche Abnutzung (an mehreren Stellen)	Unwucht im Rad	Auswuchten lassen
H Stelle mit starker Abnutzung	Bremsung mit blockiertem Rad (Bremsplatte)	Evtl. wechseln

DIE BREMS-ANLA

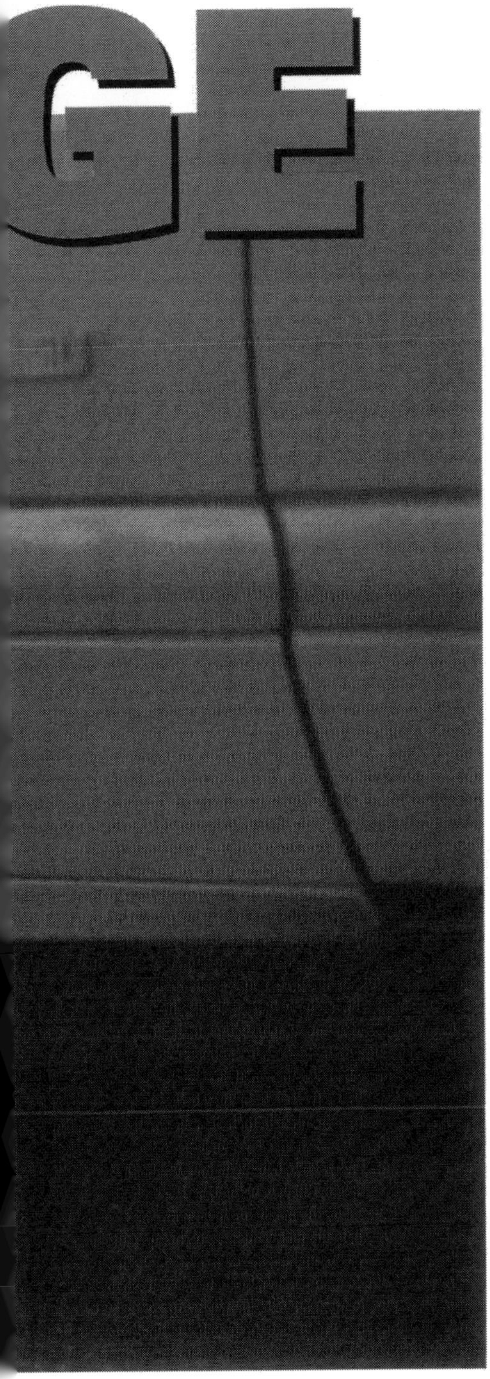

Wartung

Reparatur

Die Straßenverkehrs-Zulassungsordnung (StVZO) schreibt vor, daß ein Pkw stets mit zwei Bremsanlagen ausgestattet ist, die unabhängig voneinander arbeiten (Betriebs- und Feststellbremse). Sinn dieser Vorschrift: Fällt ein System aus, kann das andere das Fahrzeug immer noch abbremsen. Das hydraulische Bremssystem bei den Modellen der Mercedes E-Klasse besteht aus dem Hauptbremszylinder, dem Bremskraftverstärker und den Scheibenbremsen für die Vorder- und Hinterräder. Das Bremssystem ist in zwei Kreise aufgeteilt. Ein Bremskreis wirkt auf die vorderen Räder, der andere auf die hinteren. Bei Ausfall eines Bremskreises, zum Beispiel durch Undichtigkeit im Bremssystem, kann das Fahrzeug über den anderen Bremskreis zum Stehen gebracht werden. Der Druck für beide Bremskreise wird im Tandem-Hauptbremszylinder über das Bremspedal aufgebaut.

Die Bremsen der Mercedes E-Klasse

Die Modelle der Mercedes E-Klasse verfügen über eine hydraulische Zweikreisbremsanlage. Gegenüber dem Vorgängermodell ist die neue E-Klasse an der Vorder- und Hinterachse mit größeren Bremsscheiben ausgerüstet.
Besonderes Augenmerk widmeten die Ingenieure den Hinterradbremsen, deren Scheibendurchmesser jetzt beim 278 Millimeter beträgt. Das sind 20 Millimeter mehr als bei den Vorgängermodellen. An der Vorderachse vergrößerte sich der Durchmesser der Bremsscheiben um vier Millimeter.
Vergrößert wurde auch die Stärke und Fläche der vorderen Bremsbeläge. Dadurch verlängert sich die Lebensdauer deutlich. An den Vorderrädern kommen Faustsattelbremsen zum Einsatz kommen. An den Hinterrädern sorgen Festsattelbremsen für eine sichere und spurtreue Verzögerung.
Wie bei allen Mercedes-Modellen üblich, sind auch die Limousinen der neuen E-Klasse serienmäßig mit einem elektronisch gesteuerten Antiblockier-Bremssystem ausgestattet.

Die wichtigsten Teile der Bremsanlage

Zweikreisbremsanlage. Das Bremssystem ist in zwei Kreise aufgeteilt. Ein Bremskreis wirkt auf die vorderen Räder, der andere auf die hinteren.
Tandem-Hauptbremszylinder. Wandelt die mechanische Kraft des Bremspedals in hydraulische Kraft um. Sorgt für schnellen Druckabbau im System beim Lösen der Bremsen.
Bremsflüssigkeitsbehälter. Befindet sich über dem Hauptbremszylinder und versorgt das gesamte Bremssystem mit Bremsflüssigkeit.
Bremskraftverstärker. Speichert einen Teil des vom Motor erzeugten Ansaugunterdrucks.
Die Fußfeststellbremse. Sie wird über Seilzüge betätigt und wirkt auf die Hinterräder. Da sich die Scheibenbremse als Feststellbremse nicht gut eignet, befinden sich an den Hinterrädern zusätzlich zwei Trommelbremsen, die in den Bremsscheiben integriert sind. Die Trommelbremsen werden ausschließlich über den Fußhebel der Feststellbremse betätigt.
Scheibenbremse. Zusammen mit dem Rad dreht sich eine Stahlscheibe frei im Luftstrom. So genannte Bremssättel umfassen sattelförmig die Scheiben. Beim Tritt auf das Bremspedal drücken Kolben die Bremsbeläge gegen die Scheiben – es wird gebremst.
Bremssattel. Sitzt wie ein Sattel auf der Bremsscheibe.

Die Bremsflüssigkeit

Diese gelbliche – übrigens giftige und gegen Autolack aggressive – Flüssigkeit greift die Metall- und Gummiteile nicht an. Sie bleibt selbst bei – 40°C noch ausreichend dünnflüssig, und sie hat trotz ihrer Dünnflüssigkeit den extrem hohen Siedepunkt von ca. 260°C.
Ihr Nachteil: Sie nimmt gern Wasser auf, sie ist »hygroskopisch«. Und das Wasser kann tatsächlich – z.B. über die Luftfeuchtigkeit – in die Bremsflüssigkeit gelangen: Über den Vorratsbehälter sowie durch mikroskopische Undichtigkeiten an den Bremsschläuchen und Gummimanschetten. Solche Wasseraufnahme führt nicht nur zu Korrosion an den Metallteilen der Anlage, sondern bewirkt ein rapides Absinken des Siedepunkts. Bei nur 2,5% Wassergehalt liegt der Siedepunkt nur noch bei 150°C. Das ist bei starker Belastung der Bremsen gefährlich, weil sie sich dann sehr stark aufheizen. In der Nähe der erhitzten Bremsen können sich Dampfblasen in der Hydraulikflüssigkeit bilden. Die lassen sich zusammenpressen – das Bremspedal kann tief durchgetreten werden; manchmal tritt man sogar ins Leere! In diesem Fall kann bisweilen noch schnelles Pumpen mit dem Bremspedal helfen. Besonders gefährlich ist dieser Effekt nach dem Abstellen des Wagens nach starker Bremsbeanspruchung. Mangels Fahrtwind heizt sich die Bremsenumgebung noch stärker auf; die höchste Temperatur herrscht nach etwa 15 Minuten Standzeit. Erst nach etwa einer halben Stunde ist wieder die normale Bremsflüssigkeitstemperatur erreicht.
Vorbeugend schreibt der Wartungsplan daher den Wechsel der Bremsflüssigkeit (Mindestanforderung Spezifikation DOT 4) alle zwei Jahre vor. Nur die von Mercedes freigegebene Bremsflüssigkeit ist dabei für das Bremssystem Ihres Mercedes zulässig.

Das Antiblockierbremssystem

Technik-lexikon

ABS-Steuergerät. Verarbeitet ständig die Drehzahl-Informationen der Radsensoren und vergleicht sie mit den programmierten Werten. Signalisieren unterschiedliche Drehzahlfrequenzen drohende Blockiergefahr an einem oder mehreren Rädern, aktiviert das Steuergerät die Hydraulikeinheit – der Bremsdruck für das betreffende Rad wird reduziert, bis es wieder frei läuft und erneut gebremst werden kann. Je nach Fahrbahnzustand erfolgt dieses Wechselspiel während des gesamten Bremsvorgangs im Millisekundentakt.

Hydraulikeinheit. Hauptteil des ABS-Bremssystems. Im Motorraum vorn links montiert. Umfasst die Elektropumpe sowie den Ventilblock mit Magnetventilen. Beim Tritt aufs Bremspedal drückt der Hauptbremszylinder die Bremsflüssigkeit über den Ventilblock zu den Rädern. Dabei regelt der Ventilblock den Bremsdruck in den Bremsleitungen, die jeweils ein Vorderrad mit dem diagonal gegenüberliegenden Hinterrad verbinden. Tritt das ABS in Aktion, erteilt das Steuergerät den Befehl »Bremsdruck reduzieren«. Die Bremsflüssigkeit fließt direkt vom Ventilblock in den Ausgleichsbehälter zurück. Wird der Bremsdruck dann wieder verstärkt, strömt die Bremsflüssigkeit aus dem Ausgleichsbehälter durch die Hydraulikpumpe direkt in den entsprechenden Bremskreis. Wenn die Pumpe läuft, merken Sie das übrigens am Bremspedal: Es beginnt leicht zu pulsieren.

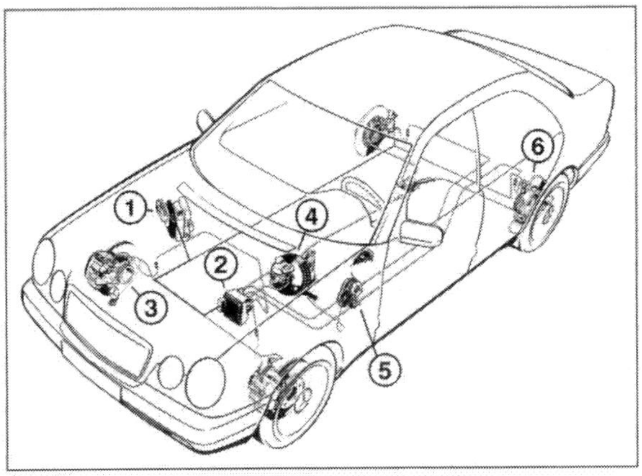

Die Übersicht zeigt die einzelnen ABS-Bauteile.
❶ Steuergerät, ❷ Hydraulikeinheit, ❸ Vorderradbremse mit Raddrehzahlsensor, ❹ Hauptbremszylinder mit Bremskraftverstärker, ❺ Feststellbremseinrichtung, ❻ Hinterradbremse mit Raddrehzahlsensor.

Drehzahlgeber an den Rädern. Jeweils am Rad mit geringem Abstand zu einer Zahnscheibe (Impulsrad) montiert, die fest mit der Radnabe verbunden ist. Das Impulsrad dreht sich mit seinen zahnförmigen Erhebungen je nach Radumdrehung (Geschwindigkeit) schneller oder langsamer am Geber vorbei. Jeder Zahn des Impulsrades induziert so einen kurzen Spannungsanstieg. Dadurch wird im Geber eine Wechselspannung erzeugt, die entsprechend der Raddrehzahl ihre Frequenz ändert. Die Sensoren messen also die jeweilige Rad-Drehzahl und leiten sie als elektrische Signale an das Steuergerät.

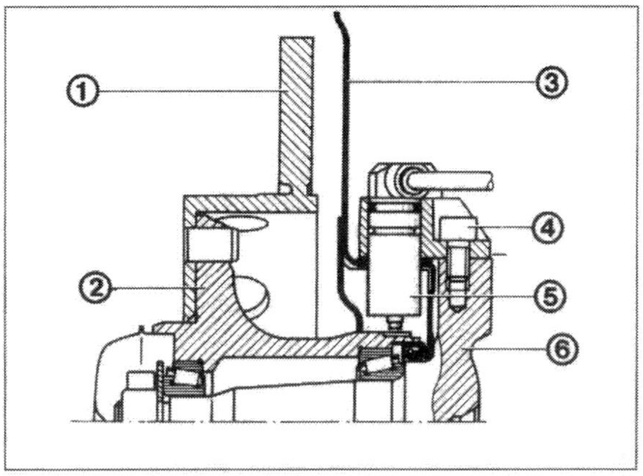

So sind die vorderen Drehzahlgeber eingebaut:
❶ Bremsscheibe, ❷ Vorderradnabe, ❸ Abdeckblech, ❹ Innensechskantschraube (25 Nm), ❺ Drehzahlgeber, ❻ Achsschenkel.

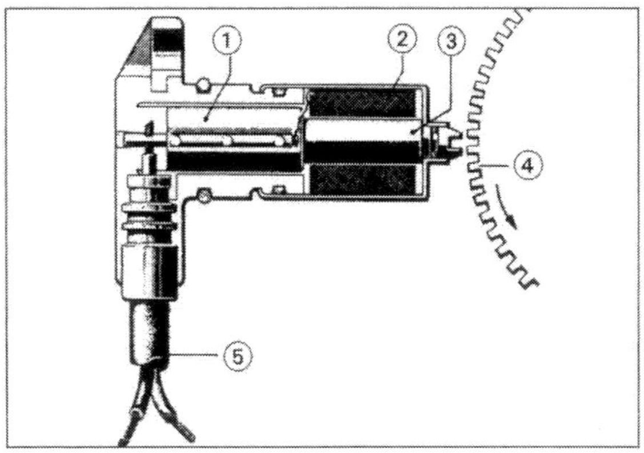

So wird die Drehzahl gemessen: Dreht der Motor ❹ am Magnetkern ❸ des Drehzahlgebers ❶ vorbei, entsteht in der Spule ❷ eine Wechselspannung. Ihre Frequenz ist von der Rotor- bzw. Raddrehzahl abhängig. Über ein Koaxialkabel ❺ wird die Spannung zum Steuergerät geführt.

Das Antiblockierbremssystem

Technik-lexikon

Relais. Die Funktion von Magnetventilen und Elektropumpe überwacht jeweils ein Relais. Sie sind unter dem ABS-Steuergerät auf einem Halter installiert.

Störungen am ABS-Bremssystem. Die Kontrollleuchte des ABS-Bremssystems leuchtet mit dem Einschalten der Zündung auf und verlöscht, wenn der Motor läuft, spätestens jedoch nach 2 Sekunden. Leuchtet Sie während der Fahrt, liegt eine Störung im ABS-System vor. Sie können dann aber trotzdem weiterfahren – die Bremse funktioniert eben wie bei einem Wagen ohne ABS. Zur Beseitigung des Defekts müssen Sie freilich eine Mercedes-Werkstatt aufsuchen. Dort fragt man die im Steuergerät gespeicherten System-Störungen mit einem speziellen Gerät ab.

Die Antischlupfregelung ASR

Mit der elektronischen Antischlupfregelung werden beim Anfahren durchdrehende Räder abgebremst und das Antriebsmoment auf »greifende« Räder umgelenkt.

Das elektronische System kontrolliert den Schlupf der zum Durchdrehen neigenden Räder und baut sofort den richtigen Bremsdruck an den betroffenen Rädern auf. Damit wird immer die maximal übertragbare Antriebskraft der greifenden Räder genutzt, im Extremfall sogar nur die eines einzelnen Rades.

Das selbsttätig arbeitende ASR nutzt viele Bauteile des ABS-Systems. Die elektronische Antriebsschlupfregelung wird beim Anfahren wirksam und schaltet sich bei einer Geschwindigkeit von 40 Stundenkilometern automatisch ab. Besonders vorteilhaft: Sie beeinflusst weder das Fahrverhalten negativ noch beeinträchtigt sie den Lenkkomfort beim Anfahren.

Elektronisches Gaspedal

Die ASR sorgt bei Bedarf zusätzlich für eine Reduzierung der Motorleistung. Dazu ist die Motorregelung um das Elektronische Gaspedal (E-Gas) ergänzt. Beim E-Gas betätigt ein elektronisches Steuergerät elektromotorisch die Drosselklappe.

Führt das Durchdrehen eines Hinterrades zum automatischen Abbremsen und kommt zudem das zweite Rad an die Schlupfgrenze, erkennt das elektronisch geregelte System ein für die momentanen Verhältnisse zu hohes Motor-Antriebsmoment. Über die elektronische Steuerung wird nun innerhalb von wenigen Millisekunden die Drosselklappenstellung verändert, um weniger Gas zu geben, selbst dann, wenn der Fahrer im Extremfall Vollgas gibt. Durch die Gas-Zurücknahme wird das Motor-Antriebsmoment verringert, beide Antriebsräder können wieder Antriebskräfte übertragen. Ist der Motor noch kalt, wird zusätzlich der Zündwinkel verstellt. Die Funktionsanzeige im Steuerinstrument informiert über den ASR-Regelbetrieb und signalisiert dem Fahrer, dass ein Rad die Schlupfgrenze erreicht hat.

Der Bremsassistent BAS (Brake-Assist)

Als weltweit erster Autohersteller hat Mercedes-Benz ein elektronisch gesteuertes System zur Verkürzung des Bremswegs in Notsituationen entwickelt. Der Name: Brake-Assist. Seit Juni 1997 ist er serienmäßig eingebaut.

Weil viele Fahrer in Notfallsituationen oft zögerlich oder nicht energisch genug bremsen, wird der Bremsweg länger als nötig. Der Brake-Assist erkennt anhand der Art und Weise, wie schnell das Bremspedal betätigt wird, eine Notfallsituation. Binnen Sekundenbruchteilen baut sich die Bremskraftver-

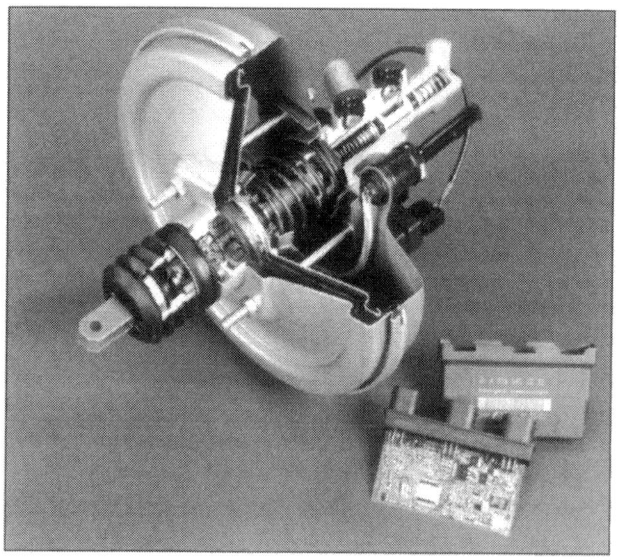

Beim modernen Bremssystem mit Brake-Assist ist auch der Hauptbremszylinder mit Bremskraftverstärker mit elektronischen Bauteilen versehen und in die Steuerelektronik des Bremssystems einbezogen.

stärkung auf und verkürzt so den Anhalteweg des Fahrzeugs zum Beispiel aus Tempo 100 um bis zu 45 Prozent.

Das elektronisches Stabilitätsprogramm ESP

Das Elektronische Stabilitätsprogramm baut auf dem ABS/ASR-System auf und verringert das Schleuderrisiko, selbst wenn gerade nicht Gas gegeben oder gebremst wird. In schnell durchfahrenen Kurven oder bei abrupten Ausweichmanövern erkennt ESP, ob das

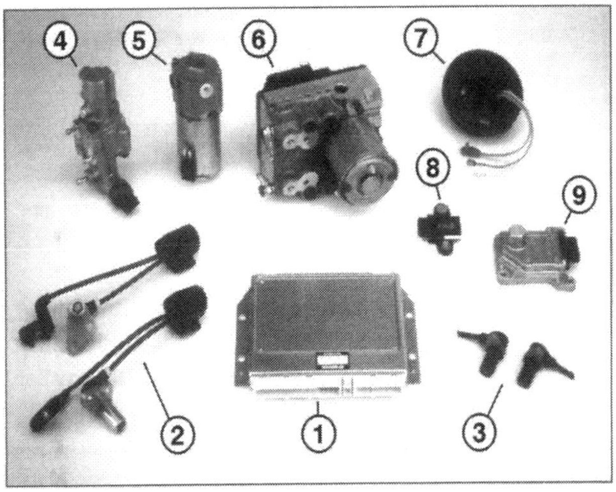

Komponenten der Fahrdynamik-Regelung (ESP) von Mercedes-Benz.
❶ Steuergerät
❷ Raddrehzahlsensoren der Vorderachse
❸ Raddrehzahlsensoren der Hinterachse
❹ Ladekolbeneinheit mit Drucksensor
❺ Vorladepumpe
❻ Hydraulikeinheit
❼ Lenkradwinkelsensor
❽ Querbeschleunigungssensor
❾ Giergeschwindigkeitssensor

Fahrzeug auszubrechen droht. Dazu erfasst es über Sensoren den Lenkwinkel und die anhand der Fahrzeuggeschwindigkeit zugehörige Drehgeschwindigkeit des Fahrzeugs um die Hochachse. Unstabile Fahrzustände werden sofort erkannt. Durch Bremseingriff an einzelnen Rädern und Regulierung der Motorleistung wird dann das Fahrzeug bestmöglich auf dem gewünschten Kurs gehalten. Droht es beispielsweise in einer Kurve über die Vorderräder nach außen zu rutschen, bremst das kurveninnere Hinterrad gezielt ab und stabilisiert das Fahrzeug. Droht in einer zu schnell angefahrenen Kurve das Heck auszubrechen, erfolgt ein Bremseingriff am kurvenäußeren Vorderrad.

Der ESP-Regelbetrieb ist am Aufleuchten der Funktionsanzeige im Kombiinstrument erkennbar. Die Fahrweise sollte dann den Straßenverhältnissen angepasst werden, sonst besteht Unfallgefahr.

Umgang mit ABS/ASR/BAS/ESP

Bei einem Defekt (zum Beispiel Kabelbruch) oder bei zu niedriger Betriebsspannung (Batteriespannung unter 10,5 Volt) schaltet eine Sicherheitsschaltung im elektronischen Steuergerät ab. Dies wird durch das Leuchten der gelben ABS-Kontrolllampe im Armaturenbrett angezeigt. ASR und – wo vorhanden – ESP sind dann ebenfalls deaktiviert. Die herkömmliche Bremsanlage bleibt jedoch in Betrieb. Das Fahrzeug verhält sich beim Bremsen so, als ob keine ABS-Anlage eingebaut wäre.

Leuchtet die BAS-/ASR beziehungsweise BAS-/ESP-Kontrollleuchte während der Fahrt auf, liegt eine Störung an diesen Systemen vor.

Leuchtet die ABS-Kontrolllampe während der Fahrt auf, folgende Punkte beachten:

- Fahrzeug anhalten, Motor abstellen und wieder starten.

- Batteriespannung prüfen. Wenn die Spannung unter 10,5 Volt liegt, Batterie laden.

Leuchtet die ABS-Kontrolllampe zu Beginn der Fahrt auf und erlischt nach einiger Zeit wieder, bedeutet das, dass die Batteriespannung zunächst nur gering war, bis sie sich während der Fahrt durch Ladung über den Generator wieder erhöht hat.

- Prüfen, ob Batterieklemmen richtig festgezogen sind und Kontakt haben.

- Fahrzeug aufbocken, Räder abnehmen, elektrische Leitungen zu den Drehzahlprüfern auf äußere Beschädigungen prüfen. Weitere Prüfungen sollten der Werkstatt überlassen bleiben. Die Elektronik hat eine Selbstdiagnose, auftretende Fehler werden automatisch abgespeichert.

Bremsen prüfen

Arbeitsschritte | 15000 km jährlich

① Zuerst eine Vollbremsung bei Schrittgeschwindigkeit.

② Am Gummiabrieb auf der Straße sehen Sie bei gleich langen Spuren, dass die Bremsen gleichmäßig ziehen. Das geht auch mit Antiblockiersystem, denn ABS regelt unter ca. 8 km/h nicht.

③ Gleiche Prüfung mit der Feststellbremse. Beim Treten des Pedals gleichzeitig Entriegelungsknopf gezogen halten.

④ Für die Bremsenprüfung bei höheren Geschwindigkeiten brauchen Sie eine ebene Strecke.

⑤ Nun aus etwa 50 km/h bei losgelassenem Lenkrad, aber mit griffbereiten Händen zuerst sanft und dann scharf bis zum Stillstand abbremsen.

⑥ Bei vollem Pedaldruck spüren Sie die Regelschwingungen des ABS-Systems – das ist normal.

⑦ Zieht der Wagen beim Bremsen nach links, ist eine der rechten Bremsen nicht in Ordnung. Das Auto zieht in Richtung des stärker gebremsten Rades. Ursachen siehe Störungsbeistand in diesem Kapitel.

⑧ Lassen Sie den Mercedes ein schwaches Gefälle hinunterrollen, um festzustellen, ob die Räder leichtgängig sind.

⑨ Nach der Probefahrt machen Sie die Handprobe: Ist eine Felge auf der einen Wagenseite wärmer als auf der anderen Seite? Ursachen können ein verklemmter Bremssattel oder eine schwergängige Feststellbremse sein.

⑩ Bei aufgebocktem Wagen prüfen, welches Rad schwergängig ist.

⑪ Zündung einschalten und auf ebenem Boden Feststellbremse lösen. Jetzt nacheinander beide Kontakte am Bremsflüssigkeitsbehälter betätigen, dazu auf Gummikappen drücken. Die Warnleuchte muss dabei aufleuchten.

⑫ Ein Bremsentest auf dem Rollenprüfstand empfiehlt sich alle 30 000 km. Fahrvorschriften für BAS, ASR und ETS sollten bekannt sein.

Gefahrenhinweis

Wartung der Bremsen – im Zweifel in die Werkstatt

- Im Straßenverkehr entscheiden die Bremsen über Ihre Sicherheit und die anderer Verkehrsteilnehmer. Deshalb ist eine regelmäßige Kontrolle der Bremsanlage Ihre beste Lebensversicherung.
- Scheuen Sie sich nicht, die Räder abzunehmen und den Zustand der Bremsbeläge zu prüfen. Die Wartungen an der Bremsanlage sind kein Hexenwerk. Auch die meisten Arbeiten an den Bremsen sind nicht anspruchsvoller als die Demontage eines Kotflügels oder Stoßfängers.
- Trotzdem sollten Sie sich nur ans Schrauben machen, wenn Sie sich Ihrer Sache wirklich sicher sind. Überlassen Sie Arbeiten an der Bremse im Zweifelsfall lieber einer Fachwerkstatt.
- Reparaturen an der ABS-Einheit oder an den Leitungen sind fürs Do it yourself tabu. Diese Arbeiten gehören ebenso wie die Prüfung des ABS in die Hände des (Fach-)Mechanikers.

Die Feststellbremse

Mit der Feststellbremse sichern Sie Ihr Fahrzeug im Stand gegen eine unbeabsichtigte Fortbewegung. Die Fußfeststellbremse wird über Seilzüge betätigt und wirkt auf die Hinterräder. Da sich die Scheibenbremse als Feststellbremse nicht gut eignet, befinden sich an den Hinterrädern zusätzlich zwei Trommelbremsen. Dazu ist die Bremsscheibe so geformt, dass sie auf der Innenseite noch Platz für eine herkömmliche Trommelbremse bietet. Wenn das Pedal im Fahrerfußraum getreten wird, spannt sich das vordere Bremsseil. Dieses führt zum automatischen Seilzug-Ausgleich. Von dort verläuft je ein Bremsseil zur jeweiligen Hinterradbremse. Die Bremsbacken werden durch einen Spreizhebel auseinanderbewegt und gegen die Bremstrommel gepresst.

Wirkung der Feststellbremse prüfen

Arbeitsschritte | 15000 km jährlich

① Lassen Sie Ihr Fahrzeug auf einer Straße mit leichtem Gefälle im Leerlauf rollen. Drücken Sie die Feststellbremse leicht – die Bremse sollte bereits wirken (Wagen darf nicht schneller werden).

② Treten Sie die Feststellbremse weiter leicht durch bis die Hinterräder blockieren.

③ Kann das Pedal um fünf Rasten eingetreten werden, ohne dass sich eine ausreichende Bremswirkung zeigt, muss zumindest eine Einstellung erfolgen.

④ Ein längerer Leerweg des Fußhebels weist auf abgenutzte Bremsbeläge hin. Wenn Sie beim Parken die Feststellbremse regelmäßig kräftig anziehen, kann ein langer Leerweg des Hebels auch bedeuten, dass die Seilzüge gedehnt sind.

Stand der Bremsflüssigkeit prüfen

Obwohl nur ein Bremsflüssigkeitsbehälter vorhanden ist, kann bei einem undichten Bremskreis nicht die gesamte Bremsflüssigkeit auslaufen, denn der Behälter ist durch eine Zwischenwand in zwei Kammern geteilt. Zu niedriger Bremsflüssigkeitsstand wird beim Mercedes zwar auch durch die Bremsenkontrollleuchte am Armaturenbrett angezeigt, doch die Sichtkontrolle sollten Sie nicht auslassen.

Arbeitsschritte | ständige Kontrolle

① Motorhaube öffnen und den Bremsflüssigkeits-Vorratsbehälter evtl. mit einem Lappen reinigen.

② Im durchscheinenden Flüssigkeitsbehälter muss der Bremsflüssigkeitsstand zwischen den Markierungen »MIN« und »MAX« stehen. Dann ist alles in Ordnung. Nicht nachfüllen, solange die »MIN«-Marke nicht unterschritten ist.

③ Nur von Mercedes freigegebene Bremsflüssigkeit der Spezifikation DOT 4 einfüllen.

④ Sinkt die Bremsflüssigkeit jedoch innerhalb kurzer Zeit stark ab, ist das ein Zeichen für Bremsflüssigkeitsverlust.

⑤ Die Leckstelle muss dann sofort ausfindig gemacht werden. Überlassen Sie die Überprüfung der Anlage sicherheitshalber einer Werkstatt.

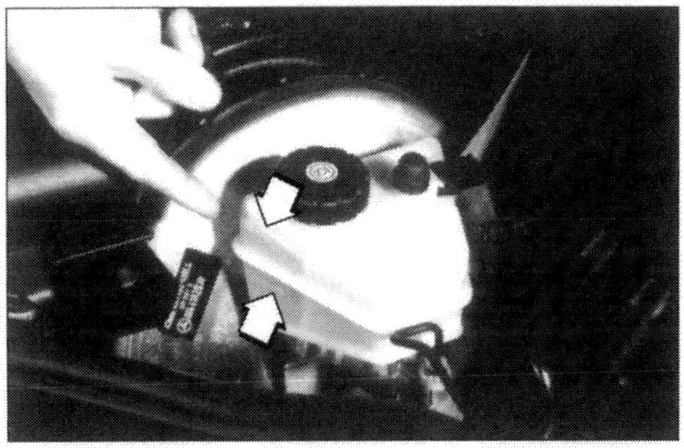

Der Füllstand im Ausgleichsbehälter der Bremsanlage muss zwischen der »Max«- und der »Min«-Marke liegen.

Bremsanlage auf Undichtigkeiten und Beschädigungen prüfen

Zur Kontrolle muss die Wagenunterseite trocken sein, damit Sie undichte Stellen erkennen können. Bremsflüssigkeit kriecht auch unter Schmutz. Feuchtdunkle Stellen oder schwarzer Schmutz lassen eine Undichtigkeit vermuten.

Arbeitsschritte | 15000 km jährlich

① Kontrollieren Sie sämtliche Anschluss- und Verbindungsstellen; auch die Bremssättel und den Hauptbremszylinder.

② Bremsschläuche mit der Hand hin- und herbiegen, um Beschädigungen festzustellen. Die Bremsschläuche dürfen weder feucht noch aufgequollen, rissig oder angescheuert sein. Sonst auswechseln (lassen). Schläuche dürfen nicht verdreht sein.

③ Die Bremsleitungen sind zum Schutz gegen Rost mit

einer Kunststoffschicht überzogen. Wird diese Schutzschicht beschädigt, kann es zu Rostansatz kommen. Deshalb die Leitungen nie mit Schraubendreher, Schmirgelleinen oder Drahtbürste säubern.

④ Reinigen Sie die Bremsleitungen mit einem Kaltreiniger und einem alten Lappen.

⑤ Ist die Schutzschicht beschädigt, auf die blanken Stellen Rostschutzgrundierung streichen.

⑥ Leitungen mit Rostnarben und solche, die plattgedrückt sind, müssen ersetzt werden.

⑦ Sind Schutzkappen auf sämtlichen Entlüftungsventilen? Sie sitzen jeweils oben an den Bremssätteln.

⑧ Die Bremsdruckprobe können Sie provisorisch selbst machen: Treten Sie voll aufs Bremspedal.

⑨ Es darf auch nach einigen Minuten der vollen Belastung nicht nachgeben, sonst ist eine Manschette im Hauptbremszylinder defekt.

⑩ Durch die undichte Manschette sinkt der Flüssigkeitsstand im Behälter nicht, sondern die unter Druck gesetzte Flüssigkeit mogelt sich an einem Kolben des Hauptbremszylinders vorbei auf die drucklose Seite.

⑪ Undichte Stellen an den Kolbenmanschetten lassen sich allerdings nur bei einer genauen Druckprüfung in der Werkstatt ermitteln.

Wichtig bei der Kontrolle der Bremsschläuche (Pfeil) auf Verschleiß ist auch die Kontrolle, ob sie nicht in sich verdreht und damit verspannt montiert sind.

Praxistipp

Bremsflüssigkeitsstand

- Sind die Scheibenbremsbeläge schon etwas abgenutzt, tendiert der Flüssigkeitsspiegel im Vorratsbehälter eher zur unteren Markierung; sind sie neu, steht er weiter oben. Das ist völlig normal, denn die bei abgenutzten Belägen schon etwas weiter herausgetretenen Kolben der Scheibenbremse hinterlassen in den Zylindern der Bremssättel ein größeres Volumen, das sich mit Bremsflüssigkeit füllt. Erfahrene Monteure machen sich diesen Umstand zu Nutze – die Bremsbelagdicke wird über den Stand der Bremsflüssigkeit bewertet. Allerdings darf dann zwischendurch nicht nachgefüllt worden sein.
- Kritisch wird es, wenn die Bremsflüssigkeit in einem Behälterteil unter »MIN« abgesunken ist. Da sie nicht verdunstet oder verbraucht wird, muss sie durch ein Leck ausgetreten sein. Also schleunigst nach der Ursache suchen, bevor Sie irgendwann ins Leere treten. Nachfüllen ist Augenwischerei!
- Bei einem Defekt in der Kupplungshydraulik bei Fahrzeugen mit Schaltgetriebe kann der Pegel im Bremsflüssigkeitsbehälter erheblich absinken. Grund: Die Kupplungshydraulik deckt ihren Flüssigkeitsvorrat aus dem Bremsflüssigkeitsbehälter. Der Abzweig zur Kupplungshydraulik sitzt jedoch recht weit oben im Behälter, so dass bei einem Leck im Bereich Kupplung niemals die Bremswirkung gefährdet ist.

Bremskraftverstärker prüfen

Arbeitsschritte | 15000 km jährlich

① Motor abstellen, das Bremspedal mehrmals durchtreten und in seiner tiefsten Stellung halten.

② Motor starten. Das Pedal muss dann noch ein Stück nachgeben. Senkt sich das Pedal nicht, liegt das meist an einer der folgenden Ursachen:

- **Unterdruckschlauch vom Ansaugrohr zum Bremskraftverstärker undicht.** In diesem Fall müssen sie den Schlauch ersetzen.

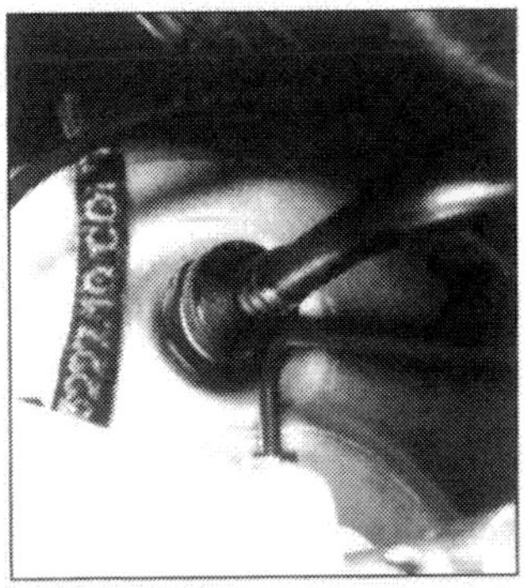

Der Bremskraftverstärker wird mit dem Unterdruck der Motoransaugseite gespeist und verliert seine bremsverstärkende Wirkung teilweise, wenn die im Bild gezeigte Unterdruckleitung undicht ist. Entweicht Luft, wenn Sie die Leitung leicht hin- und her bewegen, ist das Gummistück am Verstärker porös und sollte baldmöglichst erneuert werden.

- **Rückschlagventil im Unterdruckschlauch defekt.** Nehmen Sie zur Kontrolle des Ventils den Unterdruckschlauch am Bremskraftverstärker ab. Durchblasen muss, Ansaugen darf nicht möglich sein.
- **Gummiring zwischen Hauptbremszylinder und Bremskraftverstärker verschlissen.** Zum Austausch muss der Hauptbremszylinder demontiert werden.
- **Luftfilter am Druckstößel des Bremskraftverstärkers zugesetzt.** Den Filter mit einem Drahthaken von der Druckstange abziehen. Neuen Filter bis zum Mittelpunkt aufschneiden und um den Druckstößel in seinen Sitz drücken. Achten Sie darauf, dass der Filter um den Stößel geschlossen ist, sonst kann ungefilterte Luft in den Bremskraftverstärker gelangen.

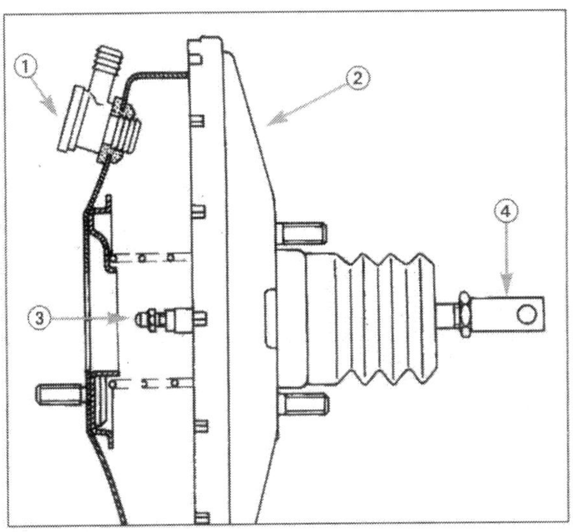

Bauteile eines Bremskraftverstärkers:
❶ Rückschlagventil mit Gummidichtung ❷ Membrangehäuse ❸ Stößelstange zum Hauptbremszylinder ❹ Stößelstange zum Bremspedal.

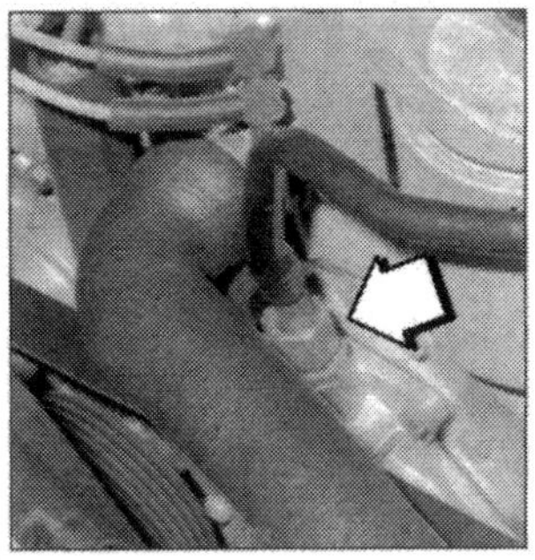

Zur Kontrolle, ob die Unterdruckpumpe arbeitet, muss bei abgeschraubtem Unterdruckanschluss (Pfeil) bei laufendem Motor geprüft werden, ab Unterdruck an der Anschlussöffnung der Pumpe anliegt.

- **Membran des Verstärkers defekt.** Eine Reparatur ist nicht möglich. Sie müssen den Bremskraftverstärker komplett ersetzen.

Praxistipp

Bremspedal und Bremsbelag

Der Leerweg des Bremspedals soll höchstens ein Drittel des gesamten Pedalwegs betragen. Lässt sich das Pedal weiter nach unten drücken (mit der Hand prüfen), sollten Sie sofort die Scheibenbremsen untersuchen – die Bremsbeläge können stark abgefahren oder verklemmt sein. Vielleicht ist auch die Bremszange im Bremssattel festgerostet. Die Prüfung des Pedalwegs ersetzt jedoch keine Kontrolle der Bremsbeläge: Der Bremskolben schiebt den abnutzenden Belag beim Bremsen so weit nach, dass er nach dem Loslassen des Pedals immer die gleiche Grundstellung zur Bremsscheibe hat. Der Pedalweg bleibt also fast gleich, solange die Beläge nicht auf das Mindestmaß geschrumpft sind. Wird der Pedalweg durch Pumpen geringer, ist möglicherweise Luft im System – dann muss die Anlage entlüftet und nach der Ursache gesucht werden.

Bremsbelagdicke kontrollieren

Für denjenigen, der die Bremsanlage an seinem Fahrzeug selbst wartet, ist diese Arbeit mit die wichtigste. Die Bremsklötze der Vorderachse verschleißen bei Automatik-Fahrzeugen schneller. Im Kombi-Instrument ist eine Bremsbelag-Verschleißanzeige platziert. Diese leuchtet beim Bremsen auf, wenn der bremskolbenseitige Bremsbelag einer Vorderradbremse weniger als 3,5 mm dick ist. Von dem neu ca. 14 mm dicken Belag ist dann so viel abgeschliffen, dass alle vier vorderen Bremsklötze erneuert werden müssen. Bei ASR sind auch hinten Belagfühler eingebaut. Die hinteren Bremsklötze immer dann prüfen, wenn vorne neue eingebaut werden.

Arbeitsschritte – 15000 km jährlich

① Jeweiliges Rad abmontieren.

② **Vorn:** Mindestbelagstärke 2,0 mm. Bei mehr als 2,0 mm Unterschied zwischen den beiden Belägen, Faustsattel überholen bzw. Gleitlager der Beläge prüfen.

③ **Hinten** sind 2,0 mm Restbelag die Austauschgrenze. Neue Bremsbeläge sind 11,0 mm dick.

④ Bremsbeläge austauschen, wenn sie fettig sind.

⑤ Achtung! Erneuert man die Bremsbeläge nicht spätestens bei 2,0 mm Belagrest, wandern die Bremskolben zu weit nach außen und die Bremssättel können beschädigt werden.

Die innenbelüftete Vorderradbremse.
❶ Bremsträger, ❷ Faustsattel, ❸ Entlüftungsventil mit Staubkappe, ❹ innerer Bremsbelag, ❺ Anschluss für Bremsbelag-Verschleißanzeige.

Zustand der Bremsscheiben kontrollieren

Für diese Wartung müssen Sie die Räder abnehmen. An der Vorderachse sind innenbelüftete Bremsscheiben installiert, die durch ihre Belüftungsaussparungen die Reibungswärme besonders gut abführen. An der Hinterachse sind massive Bremsscheiben (ohne Belüftungsschlitze) montiert. Kontrollieren Sie den Zustand der Bremsscheiben stets gemeinsam mit den Bremsbelägen, spätestens jedoch nach dem Austausch der Beläge – rissige oder riefige Scheibenflächen würden bei schlechter Bremswirkung die Bremsbeläge vorzeitig abnutzen lassen.

Arbeitsschritte – 15000 km jährlich

① Ein bläuliche Verfärbung der Scheibe ist normal.

② Achten Sie auf Riefen und Rillen in den Scheiben. Sie entstehen durch Schmutz oder zu stark abgefahrene Beläge. Sind die Rillen tiefer als 0,5 mm, ist ein Wechsel der Scheiben fällig. Belüftete Bremsscheiben mit Haarrissen bis zu 25 mm Länge brauchen nicht erneuert zu werden. Bei aufklaffenden Rissen Bremsscheiben erneuern.

③ Prüfen Sie den Rundlauf der Bremsscheibe – sie sollte bei leicht zurückgedrücktem Kolben nicht an den Belägen streifen.

④ Die Stärke der Scheiben an verschiedenen Stellen prüfen. Messen Sie am besten mit einer Schieblehre, indem Sie zwei Münzen auf die Bremsscheibe legen – so erhalten Sie auch bei eingelaufenen Bremsscheiben genaue Werte. Nicht vergessen: Die Stärke der Münzen vom Messergebnis abziehen!

⑤ Die Bremsscheiben dürfen nicht nachgearbeitet werden.

⑥ Verschlissene Scheiben müssen immer paarweise ausgetauscht werden.

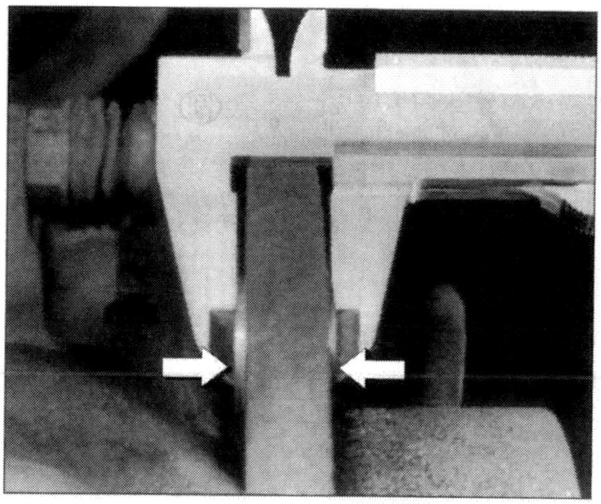

So messen Sie die Stärke der Bremsscheibe mit zwei Münzen. Vergessen Sie nicht, die Dicke der Münzen abzuziehen. Dann stimmt das Ergebnis.

Die Maße der Bremsscheiben

	vorn Vierzylinder	Fünfzylinder	Sechzylinder	hinten Vierzylinder	Fünfzylinder	Sechszylinder
Dicke (neu)	25,0 mm	28,0 mm	28,0 mm	9,00 mm	10,0 mm	12,0 mm
Austauschgrenze	22,5 mm	25,4 mm	25,4 mm	7,3 mm	8,3 mm	9,8 mm
Max. Seitenschlag	0,12 mm	0,12 mm	0,12 mm	0,15 mm	0,15 mm	0,15 mm

Wichtige Arbeitstipps für Arbeiten an der Bremsanlage

Praxistipp

- Wenn Sie das Hydrauliksystem der Bremsanlage irgendwo öffnen, tropft ständig Bremsflüssigkeit aus. Behindertes Arbeiten und unnötiges Nachfüllen sind die Folge. Dies können Sie wie folgt verhindern: Vor der entsprechenden Arbeit immer zuerst die Entlüftungsschraube der jeweiligen Radbremse öffnen. Nun das Bremspedal durchtreten und in dieser Stellung halten. Verwenden Sie zum Niederhalten eine Holzlatte, deren Länge Sie zuvor bestimmt haben und die Sie zwischen Pedal und Fahrersitz klemmen. Die Kolben im Hauptbremszylinder verschließen nun die Nachlauf-Bohrungen, so dass Bremsflüssigkeit nicht mehr nachfließen kann.

- Zu Überholungsarbeiten an den Bremssätteln oder den Bremskolben darf zum Schmieren keinesfalls Öl oder Fett verwendet werden. Die Bremsflüssigkeit darf damit nicht in Berührung kommen. Außerdem wird Schmierfett bei Erwärmung dünnflüssig, so dass es zwischen die Reibfläche der Bremse fließen kann. Es werden meist Spezialschmierstoffe erforderlich, die aber entsprechenden Reparatursätzen beigepackt sind. Zum Einbau eines Bremskolbens wird beispielsweise als Schmiermittel Bremszylinderpaste (von ATE) verwendet. Dieses Schmiermittel wird auch auf die Innenseite neuer Staubschutz-Manschetten aufgetragen.

- Ein Bremssattel, welcher nach der Überholung gänzlich von Bremsflüssigkeit entleert war, kann beim Entlüften große Schwierigkeiten bereiten. Trotz Pedalpumpen strömt einfach keine Bremsflüssigkeit nach. Behelfen Sie sich so: Nach dem Anbau eines Bremssattels das obere Ende des Bremsschlauches noch nicht an die Bremsleitung schrauben. Nun durch die geöffnete Entlüfterschraube solange Bremsflüssigkeit einpumpen, bis diese oben am Bremsschlauch austritt. Anschließend den Bremsschlauch und das Entlüftungsventil festdrehen. Bremsanlage entlüften! Zum Einpumpen der Bremsflüssigkeit verwenden Sie ein neues Plastikfläschchen, das mit Bremsflüssigkeit gefüllt wird und über einen durchsichtigen Schlauch mit dem Entlüftungsventil verbindet. Dann das Fläschchen umgekehrt hochhalten und die Bremsflüssigkeit ohne Luftblasen in den Bremssattel pumpen.

- Vorsicht mit Bremsflüssigkeit! Lacke werden angegriffen, und sie ist sehr giftig. Nicht mit Mund oder offenen Wunden in Berührung bringen.

- Bremsflüssigkeit, die Sie einmal aus dem System abgelassen haben, dürfen Sie später nicht mehr einfüllen. Verwenden Sie auch keine Bremsflüssigkeit aus einem Behälter, der längere Zeit offen gestanden hat. Gebrauchte Bremsflüssigkeit ist Sondermüll – kümmern Sie sich um eine fachgerechte Entsorgung.

- Nach Arbeiten an der Bremshydraulik grundsätzlich eine Bremsdruckprüfung durchführen: Dazu Bremspedal mehrere Male kräftig betätigen. Dann bei laufendem Motor das Bremspedal nochmals kräftig drücken (200-300 N). Der Druck muss gehalten werden, d. h. das Bremspedal bleibt »hart«.

- Gummiteile der Bremsanlage, die mit Öl in Berührung kamen, grundsätzlich erneuern!

- Achtung! Bremspedal mehrmals durchtreten, bis sich der normale Pedalweg einstellt. Wird das nicht gemacht, bleibt die Bremswirkung bei der ersten Bremsung nach dem Austausch aus! Neue Bremsbeläge müssen vorsichtig eingebremst werden! Dazu das Fahrzeug aus ca. 80 km/h auf ca. 40 km/h bei geringem Pedaldruck mehrmals abbremsen.

Bremsbeläge vorn wechseln

Nur wenn Sie Original-Bremsklötze oder entsprechende Marken-Bremsklötze (z. B. von ATE) einbauen, bleibt der gewohnte Bremsweg erhalten, die Lebensdauer normal und es kommt kaum zu nervtötendem Quietschen. Bremsbeläge können unterschiedlich hart hergestellt werden. So sind z. B. Taxibeläge eher hart, weil Lebensdauer mehr gefragt ist als optimale Verzögerung aus höchsten Geschwindigkeiten bei geringem Pedaldruck. Beläge für den Motorsport sind umgekehrt, eher weicher. Mercedes hat nach vielen Versuchsreihen die Belagbeschaffenheit bezüglich Lebensdauer, Bremskomfort usw. entsprechend für Ihren Wagen festgelegt. Bei jedem Bremsklotztausch folgendes beachten:

- Es müssen stets alle vier Bremsklötze einer Achse ersetzt werden, damit die Bremswirkung gleichmäßig bleibt.
- Die Bremsscheiben werden auf Verschleiß und Zustand geprüft. Sie dürfen keine Risse oder tiefen Rillen haben (siehe »Bremsscheiben erneuern«).
- Die Staubkappen und die Gängigkeit der Bremskolben in den Bremssätteln prüfen.
- Wenn die Bremsklötze ausgebaut sind, keinesfalls auf das Bremspedal treten, sonst wandern die Bremskolben aus ihren Bohrungen.

Arbeitsschritte

① Wagen aufbocken und sichern. Vorderrad abmontieren.

② Bremssattel von Hand nach außen ziehen und dadurch den Bremskolben etwas zurückdrücken.

③ Mit einem Schraubendreher die Verrastungen des Plastikdeckels über der Steckverbindung zum Belagfühler anheben. Den Deckel aufklappen und die Steckverbindung lösen.

④ Halteklammer mit Schraubendreher außen vom Bremssattel abdrücken.

⑤ Abdeckkappen für Führungsbolzen mit Schraubendreher abdrücken.

⑥ Am oberen und unteren Gleitlager des Bremssattels die Führungsbolzen herausdrehen. Dabei mit einem Gabel-

Zum Lösen und Ausschrauben der Führungsbolzen aus den Gleitlagern wird ein Innensechskantschlüssel benötigt. Die beiden Führungsbolzen der Gleitlager erneuern oder mit Schraubensicherungsmittel montieren.

schlüssel am Sechskant an der Gummimanschette gegenhalten.

⑦ Bremssattel abnehmen und mit einem Draht aufhängen, damit der Bremsschlauch nicht gezogen wird.

⑧ Inneren Bremsbelag vom Bremskolben abhebeln. Der Belag ist mit einer Halteklammer am Kolben befestigt.

Der innere Bremsbelag ist mit einer Federklammerung im Bremskolben des Faustsattels gesichert (Pfeil). So gibt er beim Loslassen des Bremspedals die Bremsscheibe wieder zuverlässig frei.

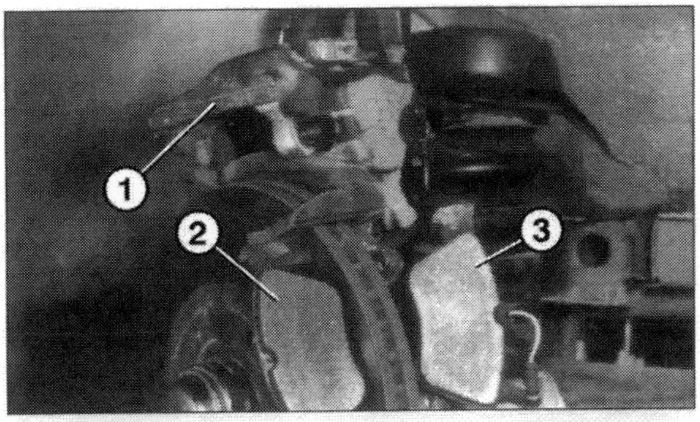

Hier ist der Austausch der vorderen Bremsklötze gezeigt. Der Faustsattel ❶ ist ausgebaut und mit Draht gesichert. Die Bremsklötze sind vom Bremsträger ausgebaut. Der äußere ❷ und innere Bremsklotz ❸ sind gleich. Der innere Bremsklotz ist jedoch mit einem Bremsbelagfühler ausgestattet.. Ersetzen Sie die verschlissenen Bremsbeläge nur durch Original- oder vom Hersteller freigegebene Produkte.

⑨ Fühler vom inneren Bremsklotz lösen.

⑩ Äußeren Bremsbelag nach außen aus dem Träger herausnehmen.

⑪ Vor dem Einbau der Bremsschächte mit Weichmetall-Drahtbürste reinigen oder mit einem Lappen und Spiritus abwischen. Keine mineralölhaltigen Lösungsmittel oder scharfkantige Werkzeuge verwenden. Bremsstaubablagerungen und Korrosion an den Schächten können zu ungleichmäßigem Bremsbelagverschleiß führen.

Nach längerer Fahrzeit sind Bremsenschächte und Belagführungen mit Bremsstaub regelrecht verstopft. Für einwandfreie Funktion vor dem Einbau neuer Beläge den Bremsträger und Bremssattel mit einer Drahtbürste säubern.

⑫ Staubkappe des Bremskolbens auf Beschädigungen prüfen. Ggf. ersetzen, denn eindringender Schmutz führt sehr schnell zum Klemmen des Bremskolbens.

Der Kolben im Faustsattel der Vorderradbremse wird hier mit einer Schraubzwinge zurückgedrückt. Zum Schutz des Kolbens gegen Verkanten ist ein Stück Holz zwischengelegt. Dies kann aber auch ein alter Bremsbelag sein.

⑬ Bremskolben mit Rücksetzvorrichtung zurückdrücken. Das geht auch mit einem Hammerstiel oder einer Schraubzwinge, dabei jedoch darauf achten, dass der Kolben nicht verkantet wird und dass weder Kolbenoberfläche noch Staubkappe beschädigt werden.

⑭ Beim Zurückdrücken der Kolben wird Bremsflüssigkeit aus den Bremszylindern in den Ausgleichsbehälter gedrückt. Flüssigkeit im Behälter beachten, eventuell Bremsflüssigkeit absaugen.

⑮ Bremsklötze einsetzen.

⑯ Verschleißfühler einsetzen.

⑰ Bremssattel einsetzen und mit neuen selbstsichernden Führungsbolzen festschrauben (35 Nm).

⑱ Abdeckkappen für Führungsbolzen aufdrücken.

⑲ Kabel zum Fühler wieder einstecken. Auf Verlegung des Kabels achten und den Verschlussdeckel schließen.

⑳ Haltefeder im Bremssattel einsetzen. Nach dem Einsetzen in die beiden Bohrungen muss die Haltefeder unter den Bremsträger gedrückt werden. Bei fehlerhafter Montage kann der Verschleiß des äußeren Belags nicht nachgestellt werden, so dass sich der Pedalweg vergrößert.

㉑ Vorderrad vormontieren, Wagen ablassen und Vorderrad anziehen (110 Nm).

㉒ Bremsklötze auf der anderen Wagenseite ersetzen.

㉓ Bremspedal im Stand mehrmals kräftig niedertreten, damit sich die Bremsbeläge an die Bremsscheibe anlegen.

㉔ Stand der Bremsflüssigkeit prüfen.

Scheibenbremsbeläge hinten wechseln

Arbeitsschritte

① Wagen aufbocken und sichern. Hinterrad abnehmen.

② Falls vorhanden, Steckverbindung der Bremsbelag-Verschleißfühler abziehen.

③ Haltestifte mit einem Durchschlag aus dem Bremssattel treiben und die Feder abnehmen.

Nach Entfernen der Haltebolzens lässt sich bereits die Feder abnehmen.

④ Eine Rohrzange zwischen der Bremsbelag-Trägerplatte und Bremssattel ansetzen und den Bremsklotz zurückdrücken.

⑤ Mit einem Montiereisen oder einem kräftigen Schraubendreher zwischen Bremsbelag und Bremsscheibe durch vorsichtiges Hebeln den alten Belag vollends zurückdrücken.

⑥ Lassen Sie zum Zurückdrücken des einen Bremsklotzes immer den gegenüberliegenden eingebaut. Beachten Sie, dass dabei der Bremsflüssigkeitsbehälter nicht überläuft.

⑦ Ist der Bremsklotz so weit zurückgedrückt, dass ein neuer, dickerer montiert werden könnte, Bremsklotz ausbauen.

⑧ Den Schacht von altem Belagabrieb reinigen. Darauf achten, dass dabei die Manschetten um den Bremskolben nicht beschädigt wird.

⑨ Den neuen Bremsklotz mit den Spezialschmiermitteln von Mercedes leicht einfetten und in seinen Schacht am Bremssattel schieben.

Bremsbeläge mit Zange oder Schraubendreher herausziehen. Bei festgerosteten Bremsbelägen verwendet die Werkstatt eine spezielle Ausziehvorrichtung. Besorgen Sie sich die Ersatzbremsbeläge möglichst beim Mercedes-Händler. So bekommen Sie die Kleinteile wie Haltebolzen und Sicherungsfedern immer mitgeliefert. Bei im freien Handel erhältlichen Bremsbelag-Sets fehlen diese Teile oftmals.

⑩ Den zweiten Bremsklotz auf die gleiche Weise austauschen.

⑪ Feder ansetzen und die Haltestifte wieder montieren. Mit dem Durchschlag die Stifte gefühlvoll bis zum Anschlag in den Bremssattel klopfen.

⑫ Rad montieren. Wagen ablassen und Rad mit 110 Nm festziehen. Bremsklötze der anderen Hinterradbremse ersetzen.

⑬ Stand der Bremsflüssigkeit prüfen.

Bremssattel ausbauen

Arbeitsschritte

① Fahrzeug aufbocken, sichern und Rad abmontieren.

② **Vorn:** Kabel zur Belagverschleiß-Anzeige unter dem Deckel die Steckverbindung lösen.

③ Entlüftungsventil öffnen, Bremspedal einmal niedertreten und in dieser Stellung fixieren (siehe »Arbeitstipps«).

④ Verbindung des Bremsschlauches zur Bremsleitung an der Karosserie lösen.

⑤ Raddrehzahlgeber abschrauben.

⑥ Die beiden Sechskantschrauben zum Achsschenkel herausdrehen und Faustsattel mit Bremsträger abnehmen.

⑦ Zum Einbau eines Bremsträgers müssen stets neue selbstsichernde Schrauben verwendet werden.

⑧ Vorn werden die Schrauben zwischen Bremsträger und Achsschenkel mit 115 Nm angezogen. Hinten zieht man die Schrauben zum Achsschenkel mit 50 Nm (70 Nm bei ASR) an.

Zum Festziehen der Bremsträgerschrauben am Achsschenkel ist ein Drehmomentschlüssel unerlässlich.

⑨ Lassen sich die Schrauben schwer eindrehen, Kleberreste mit Gewindebohrer entfernen (vorn: M12; hinten: M 10).

⑩ Muss man den Bremssattel nur deshalb ausbauen, weil man z. B. eine Bremsscheibe ersetzen will, braucht der Bremsschlauch nicht gelöst zu werden. Dann einfach nur die Schrauben zum Achsschenkel lösen. Den Bremssattel nicht am Bremsschlauch hängen lassen, sondern ihn mit einem Drahtstück festbinden.

⑪ Wurde ein Bremsschlauch gelöst, das Hydrauliksystem also geöffnet, muss nach dem Zusammenbau die Bremsanlage entlüftet werden.

Bremsscheibe ausbauen

Arbeitsschritte

① Zum Ausbau einer Bremsscheibe Fahrzeug aufbocken und sichern.

② Rad abmontieren.

③ Bremssattel abbauen und mit Draht so befestigen, dass der Bremsschlauch nicht auf Zug belastet wird.

④ Innensechskantschraube zur Befestigung der Bremsscheibe losdrehen.

⑤ Feststellbremse lösen, wenn die hintere Bremsscheibe abgenommen werden soll.

⑥ Bremsscheibe abnehmen. Festsitzende Bremsscheibe durch leichte Schläge mit einem Kunststoffhammer lösen.

⑦ Festen Sitz des Brems-Abdeckblechs am Radnabengehäuse prüfen, gegebenenfalls Schrauben nachziehen.

⑧ Neue Bremsscheibe ansetzen und mit der Innensechskantschraube festschrauben. Auf den richtigen Sitz der Passstifte achten.

⑨ Hinten den Sitz am Hinterachswellenflansch mit hitzebeständigem Kupferfett leicht einreiben.

⑩ Neue Bremsscheiben nach dem Einbau mit Verdünnung abreiben, um die ölige Schutzschicht zu entfernen.

⑪ Bremssattel mit neuen selbstsichernden Schrauben einbauen (Anzugsdrehmoment vorn 115 Nm; hinten 50 Nm).

⑫ Weiter in umgekehrter Ausbaufolge. Radschrauben mit 110 Nm festziehen.

⑬ Wurden hinten neue Bremsscheiben eingebaut, Einstellung der Feststellbremse überprüfen.

Bremsschlauch ausbauen

Arbeitsschritte

① Zuerst die Überwurfmutter der betreffenden Bremsleitung losdrehen. Dabei darauf achten, dass sich die Leitung nicht verdreht. Am Bremsschlauch gegenhalten.

② Ist ein Bremsschlauch mit einem Blechhalter an der Karosserie befestigt, dann ist er mit einem Blechbügel gegen Hin- und Herrutschen gesichert. Beim Zusammenbau darf dieser so genannte Schlauchhalter nicht vergessen werden.

③ Beim Einbau den Schlauch immer zuerst am Bremssattel festschrauben, 18 Nm.

④ Dann die Verschraubung Bremsleitung/Bremsschlauch anziehen, 15 Nm.

⑤ Der Bremsschlauch darf nicht in sich verdreht sein. Zur Kontrolle dient der Farbstreifen bzw. Gummianguss entlang dem Schlauch.

⑥ An der Vorderradbremse Bremsschlauch am Achsschenkel in den Schlauchhalter einklemmen. Dort sind auch die elektrischen Kabel für die Bremsbelag-Verschleißanzeige befestigt.

⑦ Bremsanlage entlüften.

⑧ Nach Beenden der Montagearbeiten unbedingt kontrollieren, ob der Bremsschlauch bei Federbewegungen und maximalen Lenkeinschlägen irgendwo scheuern kann. Die Kontrolle nach einer längeren Fahrtstrecke wiederholen.

Bremsleitungen ausbauen

Die starren Bremsleitungen aus Metall sollten Sie besser von einer Werkstatt verlegen lassen, da zur fachgerechten Montage einige Erfahrung nötig ist.

Arbeitsschritte

① Überwurfmutter der Bremsleitung losdrehen. Hierzu Gegenverschraubung – z. B. an einem Bremsschlauch – festhalten.

② Ist die Mutter auf der Leitung angerostet, wodurch sich diese mitdreht, muss die Leitung in jedem Fall erneuert werden. Die dünnwandigen Rohre knicken schnell ab.

③ Zum Lösen der Leitungsanschlüsse kann folgender Trick weiterhelfen, wenn das betreffende Leitungsstück ohnehin ausgewechselt werden soll:

④ Bremsleitung nahe der Verschraubung abzwicken und dann die Schraube mit einer Sechskant-Stecknuss losdrehen.

⑤ Muss eine neue Bremsleitung noch etwas zurechtgebogen werden, darf dies nur in einem großen Radius geschehen. Andernfalls knickt das dünne Rohr ab.

⑥ Innenseite des Bogens beim Biegen mit dem Daumen unterstützen. So können Sie sich langsam den Radius entlang arbeiten.

⑦ Evtl. vorhandene Schutzschläuche bzw. -tüllen nicht vergessen.

⑧ Bremsleitungen in ihren Abstandshaltern verlegen.

⑨ Anzugsdrehmoment: Bremsleitung an Bremsschlauch 15 Nm, Bremsleitung an Hauptbremszylinder, Verteiler ca. 15 Nm.

⑩ Bremsanlage entlüften.

Bremsanlage entlüften

Können Sie nach einer Reparatur das Bremspedal bis zum Bodenblech durchtreten oder lässt sich das Pedal federnd immer weiter treten? Ist der Pedalweg viel zu lang und wird er durch mehrfaches Pumpen mit dem Bremspedal kürzer? Dann befindet sich Luft im Bremssystem. Entlüftet werden muss immer nach einer Reparatur an der Bremshydraulik. Ist Bremsflüssigkeit ausgelaufen, tritt dadurch immer Luft ins Bremssystem. Fahrzeuge mit ESP müssen in der Werkstatt entlüftet werden. Dort »fährt« man mit dem ESP-Steuergerät ein Entlüftungs-Programm.
Das Entlüften macht die Werkstatt mit einem Entlüftungsgerät, doch klappt es auch mit der althergebrachten Methode.

Arbeitsschritte

① Stand der Bremsflüssigkeit am Behälter kennzeichnen.

② Bremsflüssigkeitsbehälter im Motorraum mit frischer Bremsflüssigkeit füllen und während des Entlüftens ständig darauf achten, dass rechtzeitig vor der Entleerung des Behälters nachgegossen wird. Sonst wird erneut Luft angesaugt, und mit der Arbeit muss wieder von vorn begonnen werden.

③ Staubkappe vom Entlüftungsventil der rechten Hinterradbremse abziehen.

④ Entlüfterventil reinigen, sauberen durchsichtigen Schlauch über das Entlüftungsventil stecken und das andere Ende in ein halb mit Bremsflüssigkeit gefülltes Gefäß halten.

⑤ Entlüftungsventil etwas aufdrehen.

⑥ Bremspedal von einem Helfer durchtreten lassen.

⑦ Entlüftungsventil wieder etwas zudrehen, wenn der Helfer das Pedal wieder zurückkommen lässt. So wird keine Luft über das Gewinde des Entlüftungsventils angesaugt. Das Bremspedal langsam herauskommen lassen, damit Bremsflüssigkeit nachströmen kann.

⑧ Beim erneuten Niedertreten des Bremspedals das Ventil wieder öffnen. Vorgang so lange wiederholen, bis keine Luftblasen mehr durch den Schlauch kommen. Entlüftungsventil schließen und Staubkappe aufstecken.

⑨ An den anderen Radbremsen gleich vorgehen. In folgender Reihenfolge weiter entlüften: Linke Hinterradbremse, rechte Vorderradbremse und zuletzt linke Vorderradbremse.

⑩ War das Bremssystem stark entleert, also viel Luft im System, das gesamte Entlüften nochmals wiederholen.

⑪ Bremsflüssigkeitsbehälter bis zur »angebrachten« Markierung auffüllen, mindestens aber »MIN«-Marke.

⑬ Kontrollieren Sie die Funktion der Bremsen bei einer (vorsichtigen) Probefahrt.

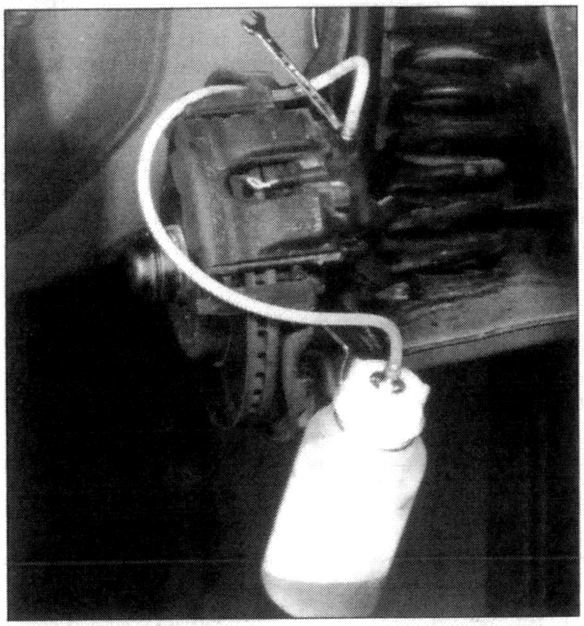

Hier wird das Entlüften an einer Vorderradbremse gezeigt. Kunststoffschlauch auf das Entlüftungsventil stecken. Das andere Schlauchende im Gefäß muss in die Bremsflüssigkeit eintauchen, damit keine Luftblasen zurückströmen können.

Bremsflüssigkeit wechseln

Der Wechsel der Bremsflüssigkeit ist alle zwei Jahre fällig. Die Werkstatt erledigt diesen Wartungspunkt mit einem speziellen Befüllgerät. Bei eingebautem ESP haben Sie sogar keine andere Wahl. Sie können sich aber auch selbst ans Werk machen – die Arbeit ist die gleiche wie beim Entlüften. Sie benötigen zwei Liter frische Bremsflüssigkeit (auf Spezifikation achten).

Arbeitsschritte — W — 60000 km alle 2 Jahre

① Bremsflüssigkeit aus dem Vorratsbehälter mit einem Saugheber einer Pipette oder einer sauberen Injektionsspritze entfernen.

② Die Arbeitsschritte an den einzelnen Entlüftungsventilen sind die gleichen wie beim Entlüften. Sie müssen natürlich regelmäßig Bremsflüssigkeit in den Ausgleichsbehälter einfüllen – bei jedem Ventil sind dies 500 cm^3. Diese Menge brauchen Sie, damit sich die neue Bremsflüssigkeit nicht mit der alten vermischt.

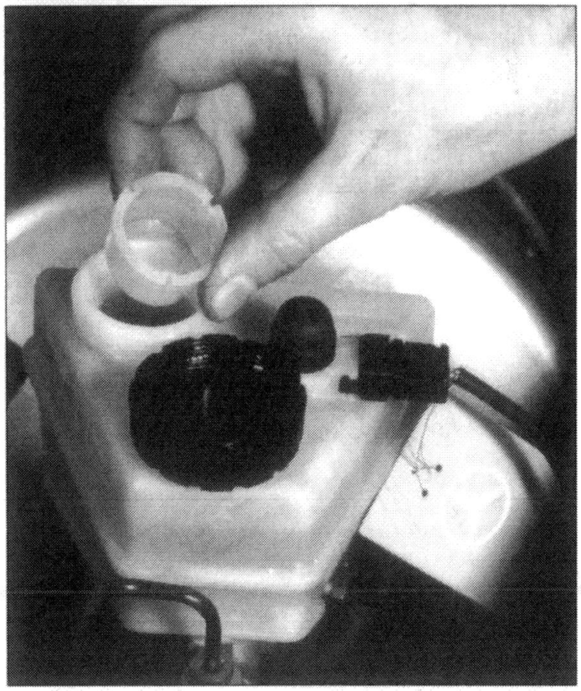

Vor dem Befüllen des Bremsflüssigkeits-Vorratsbehälters immer zuerst das Feinsieb auf Verunreinigungen kontrollieren und während des Entlüftens das Befüllen nur bei eingesetztem Feinsieb vornehmen.

Feststellbremse einstellen

Kann das Pedal der Feststellbremse um mehr als fünf Rasten hineingetreten werden, ohne dass sich eine ausreichende Bremswirkung zeigt, muss die Einstellung erfolgen. Eingestellt wird an den Stellrädern der Bremsbacken-Nachstellvorrichtungen, die sich innerhalb der Bremstrommeln befinden.

Arbeitsschritte

① Den Wagen am besten so anheben, dass beide Hinterräder abgehoben haben. Fahrzeug sichern!

② An beiden Hinterrädern je eine Radschraube herausschrauben. Leichtmetallräder müssen abmontiert werden.

③ Radschraubenlöcher so stellen, dass sie 45° nach hinten oben stehen. Jetzt können Sie mit einem Schraubendreher (4 bis 5 mm breit) die Stellräder erreichen.

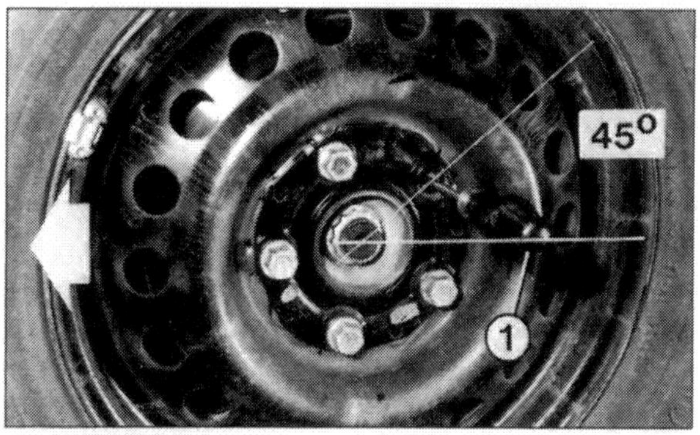

So erreichen Sie die Verstellmutter am Spreizschloss bei montiertem Rad ❶. Eine Radschraube herausdrehen. Der Pfeil zeigt in Fahrtrichtung.

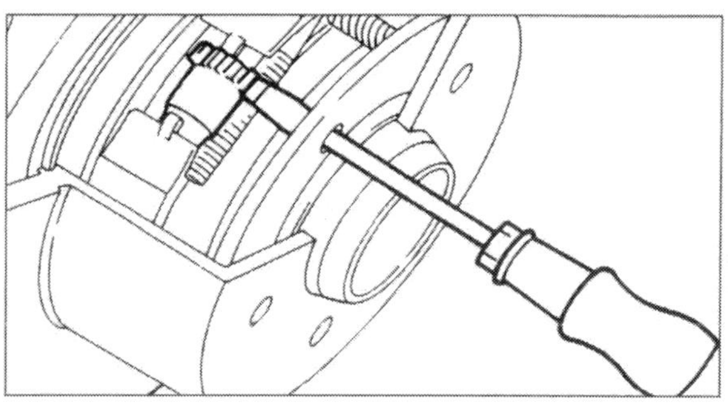

Greifen Sie mit einem Schraubendreher durch das Schraubenloch in das Stellrad der Nachstellvorrichtung und verdrehen Sie es so, bis sich die Bremsscheibe nicht mehr dreht. Anschließend das Stellrad zurückdrehen, bis sich die Bremsscheibe frei drehen lässt.

④ Feststellbremse lösen und Stellräder so verdrehen, dass sich das Hinterrad gerade nicht mehr drehen lässt. Dann wieder um 5 bis 6 Zähne lösen. Zum Lösen müssen Sie auf der linken Fahrzeugseite von oben nach unten und auf der rechten Seite von unten nach oben hebeln.

⑤ Bremspedal mehrmals kräftig treten und den Weg beachten.

⑥ Lösen der Hinterräder kontrollieren und Einstellung ggf. wiederholen.

Bremsbacken ausbauen

Ist die Bremse zu heiß geworden und sind dadurch die Bremsbacken verbrannt, müssen unbedingt alle Federn an den Bremsbacken und die Bremsbacken selbst erneuert werden.

Arbeitsschritte

① Fahrzeug anheben, sichern und Hinterrad ausbauen.

② Bremsscheibe ausbauen.

③ Sitzkissen der Rückbank herausnehmen.

④ In der Mitte Abdeckblech über dem automatischen Seilzugausgleich ausbauen.

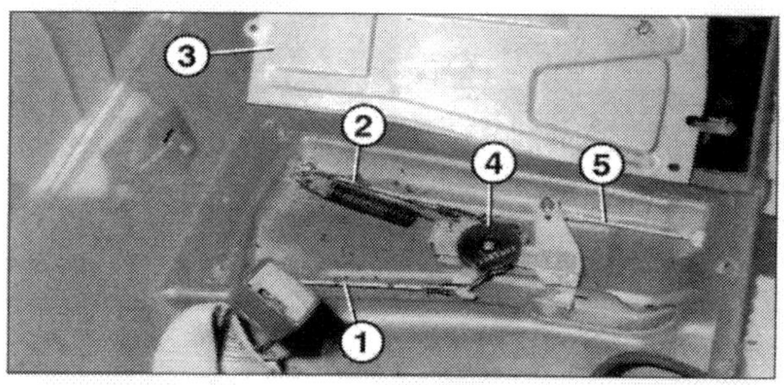

Automatischer Seilzugausgleich ❹ unter der Rücksitzbank. ❶ Seilzug zum rechten Hinterrad, ❷ Seilzug zum linken Hinterrad, ❸ Abdeckblech, ❺ Seilzug vom Feststellbremsen-Pedal.

⑤ Seilzugausgleich vorspannen: Innensechskantschlüssel in der Mitte einsetzen und ca. ½ Umdrehung nach rechts drehen. Dabei gleichzeitig nach hinten drücken, bis der Rastenexzenter mit seiner Nase in die Feder einrastet. Später wird diese Raste wieder mit einem Schraubendreher gelöst.

Hinterradbremse bei ausgebauter Bremsscheibe: ❶ Niederhaltefeder für Bremsbacke ❷, ❸ Verstellmutter am Spreizschloss, mit Schraubendreher von außen verdrehbar, ❹ Abdeckblech, ❺ Bremsbacke, ❻ Hinterachswellenflansch.

⑥ Durch die großen Bohrungen im Hinterachswellenflansch die beiden Niederhaltefedern und die untere Rückzugfeder der Bremsbacken aushängen.

⑦ Bremsbacken aushängen, weit auseinanderziehen und abnehmen.

⑧ Rückzugfeder aus der Nachstellvorrichtung aushängen und Bremsbacken auseinandernehmen.

⑨ Vor dem Einbau, der in umgekehrter Reihenfolge vor sich geht, sämtliche Gleit- und Lagerstellen sowie das Gewinde der Nachstellvorrichtung mit Kupferfett einreiben.

⑩ Einstellvorrichtung ganz zurückstellen.

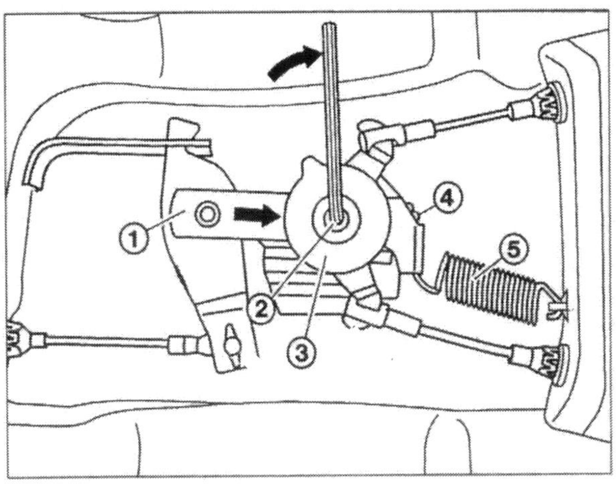

❶ Seilzugausgleich, ❷ Rastenbolzen, ❸ Rastenexzenter, ❹ Feder, ❺ Rückzugfeder, Pfeile – Vorspannen. Zum Lösen Feder ausrasten.

⑪ Treten beim Zusammenbau Unsicherheiten bezüglich der Einbaulage auf, Bremsscheibe der anderen Wagenseite abnehmen und vergleichen.

⑫ Seilzug-Ausgleich entspannen, wie beschrieben.

⑬ Feststellbremse einstellen.

Bremsseil ersetzen

Zum Erneuern der Bremsseile oder der Bremsbacken muss der automatische Seilzug-Ausgleich vorgespannt und anschließend wieder entspannt werden. Wenn das Bremsseil in seiner Umhüllung festgerostet oder sehr schwergängig ist, kann dies die Ursache für ungleiches Ziehen der Feststellbremse sein. Bei hohem Fahrzeugalter gleich beide hinteren Bremsseile ersetzen.

Arbeitsschritte

① Fahrzeug anheben, sichern und Hinterrad ausbauen.

② Bremsscheibe ausbauen.

③ Sitzkissen hinten herausnehmen.

④ Abdeckblech über dem automatischen Seilzugausgleich ausbauen.

⑤ Seilzugausgleich vorspannen: Innensechskantschlüssel in der Mitte einsetzen und ca. ½ Umdrehung nach rechts drehen. Dabei gleichzeitig nach hinten drücken, bis der Rastenexzenter mit seiner Nase in die Feder einrastet. Später wird diese Raste wieder mit einem Schraubendreher gelöst.

⑥ Rückzugfeder aushängen.

⑦ Vorderes Bremsseil vom Hebel lösen und Hebel aushängen.

⑧ Hintere Bremsseile am Hebel aushängen, ausclipsen und zur Fahrzeugunterseite durchschieben.

⑨ Hintere Bremsseile vom Spreizhebel zwischen den Bremsbacken aushängen. Dazu Bolzen ausbauen.

⑩ Selbstsichernde Schraube innen am Radträger abschrauben. Seilzug abnehmen.

⑪ Nach dem Einbau automatischen Seilzugausgleich entspannen und die Feststellbremse einstellen.

Bremsen

Störungs-beistand

Störung	Ursache	Abhilfe
A Bremsen ziehen einseitig. Das Fahrzeug bricht aus	**1** Reifendruck ungleichmäßig	Korrigieren bei kalten Reifen
	2 Reifenprofil ungleichmäßig abgefahren	Radeinstellung prüfen lassen. Evtl. Reifen wechseln
	3 Beläge verschmiert, »verglast« oder ungleichmäßig abgenutzt	Bremsklötze erneuern, Bremssättel überprüfen
	4 Bremsklötze einseitig abgenutzt	Gängigkeit der Bremskolben prüfen
	5 Unterschiedliche Bremsklötze eingebaut	Achsweise gleiche Bremsklötze einbauen
	6 Bremsklötze klemmen in ihrem Sitz	Vorn den Bremsträger, hinten die Schächte im Bremssattel reinigen
	7 Bremsscheiben stark riefig oder zu dünn	Bremsscheiben ersetzen
	8 Bremsschläuche gequollen	Bremsschläuche ersetzen
B Bremsen quietschen	**1** Falsche Bremsbeläge	Original-Beläge oder Markenfabrikat einbauen
	2 Bremskolben schwergängig	Bremssättel überprüfen lassen, ggf. ersetzen
	3 Klemmende Bremsklötze	Sitz reinigen und leicht mit Spezialschmiermittel (von Mercedes) fetten
	4 Verdrehte Bremskolben (nur hinten)	Stellung prüfen lassen
	5 Gleitbolzen festgerostet (nur vorn)	Gängig machen oder ersetzen
	6 Bremsscheibe hat Seitenschlag	Erneuern
C Bremsen rattern	**1** Bremsscheiben verschlissen	Austauschen
	2 Bremssattel lose	Mit neuen Schrauben befestigen
D Schlechte Bremswirkung bei normalem Bremspedalweg	**1** Bremsklötze abgenutzt	Austauschen
	2 Siehe B 2	
	3 Siehe C 1	
E Schlechte Bremswirkung trotz hohem Pedaldruck aber langer Pedalweg	Ein Bremskreis ausgefallen a) Bremssystem undicht b) Bremsflüssigkeit im Behälter c) Hauptbremszylinder schadhaft	Bremsentest und eine Dichtheitsprüfung durchführen lassen. Schadhafte Teile ersetzen lassen
F Schlechte Bremswirkung und kurzer Pedalweg	**1** Bremskraftverstärker schadhaft	Prüfen, ggf. ersetzen
	2 Unterdruckschlauch zum Bremskraftverstärker undicht oder lose	Anschlüsse nachziehen, Schlauch auf Durchscheuerungen untersuchen
	3 Rückschlagventil defekt	Prüfen, ggf. ersetzen
	4 Hauptbremszylinder schadhaft	Austauschen

Bremsen

Störungs-beistand

Störung	Ursache	Abhilfe
G Pedalweg zu groß, Pedal lässt sich weich und federnd durchtreten	**1** Luft im Bremssystem	Bremsanlage entlüften
	2 Bremssystem undicht	Dichtheitsprüfung durchführen lassen
	3 Siehe F 4	
	4 Bei starker Bremsbelastung Dampfblasenbildung (Bremsflüssigkeit zu alt)	Bremsflüssigkeit austauschen
	5 Abgenützte Bremsklötze hinten, Trägerplatten liegen an Kreuzfeder an	Bremsklötze ersetzen
	6 Belüftungslöcher im Deckel des Bremsflüssigkeitsbehälter verstopft (falls vorhanden)	Reinigen
H Eine Radbremse wird beim Rollenlassen heiß	**1** Ausgleichsbohrungen im Hauptbremszylinder verstopft	Überholen lassen
	2 Feststellbremse löst nicht	Einstellen, Bremsseil bzw. Bremsbacken prüfen
	3 Siehe A 6	
	4 Siehe B 2	
I Feststellbremse wirkt einseitig oder nur schwach	**1** Bremsbeläge teilweise abgeschliffen, Pedalweg zu lang	Feststellbremse einstellen
	2 Bremsbeläge verölt oder abgenutzt	Hintere Bremsscheibe ausbauen und Beläge prüfen
	3 Spreizhebel beschädigt	Bremsscheibe ausbauen und kontrollieren
	4 Bremsseil festgerostet	Ersetzen
J Kontrollleuchten ABS, ASR, ETS ESP verlöschen nicht	System gestört	Systemdiagnose durchführen lassen

DIE FAHRZE ELEKTR

Wartung

Reparatur

Batterie, Generator und Anlasser sind zusammen für den Start des Motors verantwortlich. Damit jedes Bauteil seine Aufgabe erfüllen kann, ist es auf das andere angewiesen. Ohne Batterie kommt der Anlasser nicht in Schwung, ohne Anlasser bleiben der Motor stumm und die Lichtmaschine arbeitslos. Und ohne Lichtmaschine kann die Batterie verbrauchte Energien nicht erneuern. Aber auch während der Fahrt braucht Ihr Mercedes Strom. Systeme wie Motorsteuerung und Benzineinspritzung müssen schließlich mit Energie versorgt werden, damit sie ihre Arbeit verrichten können. Doch so wichtig die Autoelektrik auch ist – manchem Fahrer fällt zu diesem Thema eine unangenehme Geschichte ein.

Grundbegriffe der Elektrik

Technik-lexikon

Elektrischer Strom kann nur in einem geschlossenen Stromkreis fließen. Der besteht aus Erzeuger (z. B. Batterie), Verbraucher (z. B. Glühlampe, Anlasser) und den Leitungen (Kabel), mit denen Erzeuger und Verbraucher verbunden sind. Die Grundbegriffe der Elektrik veranschaulicht folgendes Beispiel. Stellen Sie sich eine Wasserleitung vor, durch die unter einem bestimmten Druck eine bestimmte Menge Wasser fließt. Dieses System lässt sich mit einem Stromkreis vergleichen.

Spannung. Sie entspricht dem Druck in der Wasserleitung. Wird in Volt (V) gemessen.

Strom. Entspricht der Wassermenge, die in einer bestimmten Zeit durch die Leitung fließt. Maßeinheit ist Ampere (A).

Leistung. Das Produkt aus Spannung und Strom gibt an, welche elektrische Arbeit ein Stromerzeuger an einen Verbraucher abgibt. Wird in Watt (W) angegeben.

Widerstand. Vergleichbar mit dem Absperrhahn der Wasserleitung. Ist er ganz geöffnet, fließt das Wasser ungehindert (Widerstand 0). Dreht man den Hahn zu, erhöht sich der Widerstand, bis das Wasser nicht mehr fließen kann (Widerstand ∞). Maßeinheit ist Ohm (Ω).

Kabel. Entsprechen der Wasserleitung. Die Dicke der Leitung (Querschnitt) hängt vom Verbraucher ab. Ein Kontrolllämpchen kommt mit einer Kabelstärke von 0,5 mm^2 aus, der Anlasser braucht dagegen eine 16-mm^2-Leitung. Ein zu dünnes Kabel heizt sich auf – die Spannung fällt ab. Dann kommen zum Beispiel am Scheinwerfer nicht 12 Volt, sondern nur 10 oder 9,5 Volt an – das Licht wird trübe.

Keine Angst vor der Elektrik

Die beginnt meist damit, dass der Strom im Motorraum produziert wird. Die Arbeitsbedingungen sind dort nicht gerade ideal. Mal ist es zu kalt, mal zu warm, oft ist es feucht und manchmal richtig nass. Und weil viele Stromverbraucher an exponierten Stellen sitzen, sind Störungen programmiert. Aber auch Batterie und Lichtmaschine, die Stromerzeuger, sorgen bisweilen für Ärger.
Verlieren Sie jedoch nicht gleich den Mut, wenn Sie einen Schalter drücken und nichts geschieht. Oft sitzt nur ein Kabel lose, oder ein Kontakt ist korrodiert. Viele Störungen an der Elektrik lassen sich mit einfachen Mitteln beheben. Auch dann, wenn man kein Elektrik-Profi ist.

Die Batterie

Bei allen E-Klasse befindet sich die Batterie auf der rechten Fahrzeugseite unter der Rücksitzbank. Nach Abheben der Rücksitzbank (Limousine) bzw. Vorklappen des rechten Rücksitzes (T-Modell) ist die Batterie unter einer zusätzlichen Abdeckung zugänglich. Im Motorraum befindet sich ein Prüfanschluss für die Batterieleistung. Er ist mit einem + gekennzeichnet.

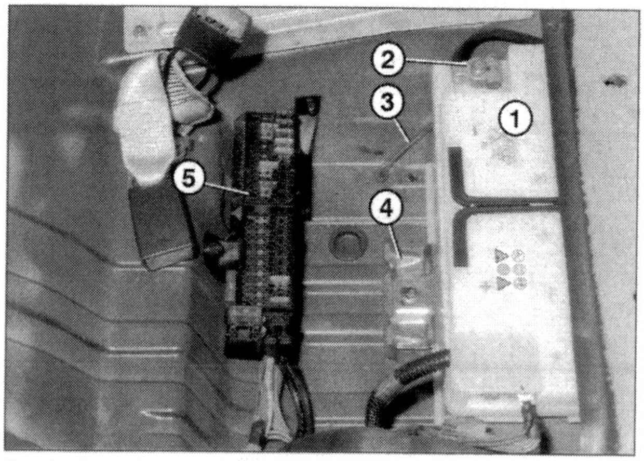

So ähnlich wie hier in der Limousine ist auch die Batterie beim T-Modelle auf der rechten Fahrzeugseite unter der Rücksitzbank platziert. ❶ Batterie, ❷ Masseklemme (–), ❸ Entgasungsleitung, ❹ Halterung für Batteriefuß, ❺ Sicherungskasten.

Sechs in Reihe geschaltete Zellen bilden das Herz einer 12-Volt-Auto-Batterie. Eine Zelle besteht aus einer Kombination positiver und negativer Platten, die in einer Art chemischem Teamwork eine Spannung von etwa zwei Volt produzieren. Die Platten setzen sich zusammen aus Hartblei-Gittern, die jeweils mit einer aktiven Masse gefüllt sind. Die positive Platte enthält Bleidioxid, die negative Platte reines Blei. Dazwischen sitzt ein Separator. Er trennt die beiden Platten voneinander, lässt den Elektrolyt jedoch durch mikroskopisch kleine Poren passieren. Der Elektrolyt ist eine leitfähige Flüssigkeit, die zu etwa 37 Prozent aus konzentrierter Schwefelsäure und 63 Prozent destilliertem Wasser besteht.

Praxistipp

»Batterieverordnung«

Für Kauf und Entsorgung von Starterbatterie gelten seit dem 1. Oktober 1998 die Vorschriften der »Batterieverordnung«. Das Regelwerk richtet sich an Händler und Werkstätten ebenso wie an Endverbraucher. Sie müssen jetzt zum Beispiel eine ausgediente Batterie bei einem Händler oder einer Werkstatt abgeben; dort ist man verpflichtet, die Alt-Akkus unentgeltlich abzunehmen. Eine besondere Regel gilt für den Neukauf einer Starterbatterie. Unsere Übersicht fasst die wichtigsten Punkte zusammen.

- Kaufen Sie bei einem Händler oder einer Werkstatt eine neue Starterbatterie, wird zusätzlich zum Verkaufspreis ein Pfand in Höhe von 15 Mark fällig. Als Beleg für das Pfand erhalten Sie eine Quittung oder Pfandmarke.
- Diese Regelung enthält eine wichtige Ausnahme: Die Zahlung eines Pfandgelds entfällt, wenn Sie beim Kauf eine alte Batterie zurückgeben.
- Haben Sie dem Händler oder der Werkstatt für die alte Batterie bereits Pfand gezahlt, erhalten Sie Ihr Geld gegen Vorlage der Quittung zurück.
- Ihr Pfand können Sie jedoch grundsätzlich nur dort einlösen, wo Sie die neue Batterie gekauft haben. Dazu dem Händler oder der Werkstatt die Quittung (Pfandmarke) vorlegen und die alte Batterie.
- Die zurückgegebene Starterbatterie muss freilich nicht mit der Batterie identisch sein, für die Sie das Pfandgeld bezahlt haben. Sie können gegen Vorlage der Quittung auch jede andere Starterbatterie abgeben.
- Geben Sie beim Kauf der neuen Batterie eine alte zurück, für die Sie noch kein Pfand entrichtet haben, ist es egal, wo Sie diesen Akku gekauft haben. Ein Pfand für die neue Batterie entfällt auch in diesem Fall.

Technik-lexikon

Die Batterie – Begriffe und Normen

Kennzeichnung. Befindet sich auf dem Gehäuse der Batterie, bezeichnet ihre Eigenschaften. Beispiel: »12V 74Ah 350A« (12V = Nennspannung; 74Ah = Nennkapazität; 350A = Kälteprüfstrom).

Nennspannung. Die allgemeine Spannungsabgabe (Maßeinheit »V«). Beträgt bei allen Mercedes E-Klasse Modellen 12 Volt. Die tatsächliche Spannung hängt vom Ladezustand der Batterie ab. Sie kann größer oder kleiner sein als die Nennspannung.

Nennkapazität. Eine Batterienorm. Steht für das Speichervermögen einer Batterie (Maßeinheit »Ah«). Die Kapazität, die eine vollgeladene Batterie bei einer Temperatur von 27 Grad in 20 Stunden abgeben kann, ohne dass dabei die Spannung unter 10,5 Volt absinkt (Entladeschlussspannung). Das Standlicht Ihres Mercedes nimmt zum Beispiel 25 Watt auf. Bei der Bordspannung von 12 Volt gibt die Batterie einen Strom von 2,08 Ampere ab, nach der Formel »Strom (A) = Leistung (W)/Spannung (V)«. Mit einer 74Ah-Batterie könnten Sie Ihren Mercedes also theoretisch ca. 35 Stunden mit eingeschaltetem Standlicht parken. In der Praxis verhält sich das jedoch anders: Nach etwa 24 Stunden ist das Licht aus und die Batterie leer.

Kapazität. Die entnehmbare Strommenge in Amperestunden (Ah). Sie hängt vor allem ab vom Entladestrom, der Temperatur, dem Ladezustand und dem Allgemeinzustand (Alter) der Batterie.

Kälteprüfstrom. Steht für die Startfähigkeit einer Batterie bei Kälte (Maßeinheit »A«). Ein definierter Entladestrom, der einer 12-Volt-Batterie bei -18 Grad entnommen werden kann, ohne dass die Spannung innerhalb von 30 Sekunden unter 9 Volt, innerhalb von 150 Sekunden unter 6 Volt absinkt.

Selbstentladung. Chemische Vorgänge im Inneren der Batterie führen zur Entladung, auch wenn kein Verbraucher angeschlossen ist. Eine geladene Starterbatterie verliert täglich etwa 0,5 Prozent ihrer Ladung. Hohe Temperaturen, Beschädigungen und Verschmutzungen des Batteriedeckels beschleunigen die Selbstentladung.

Energiespeicher:
Die Innereien einer 12 Volt-Batterie.

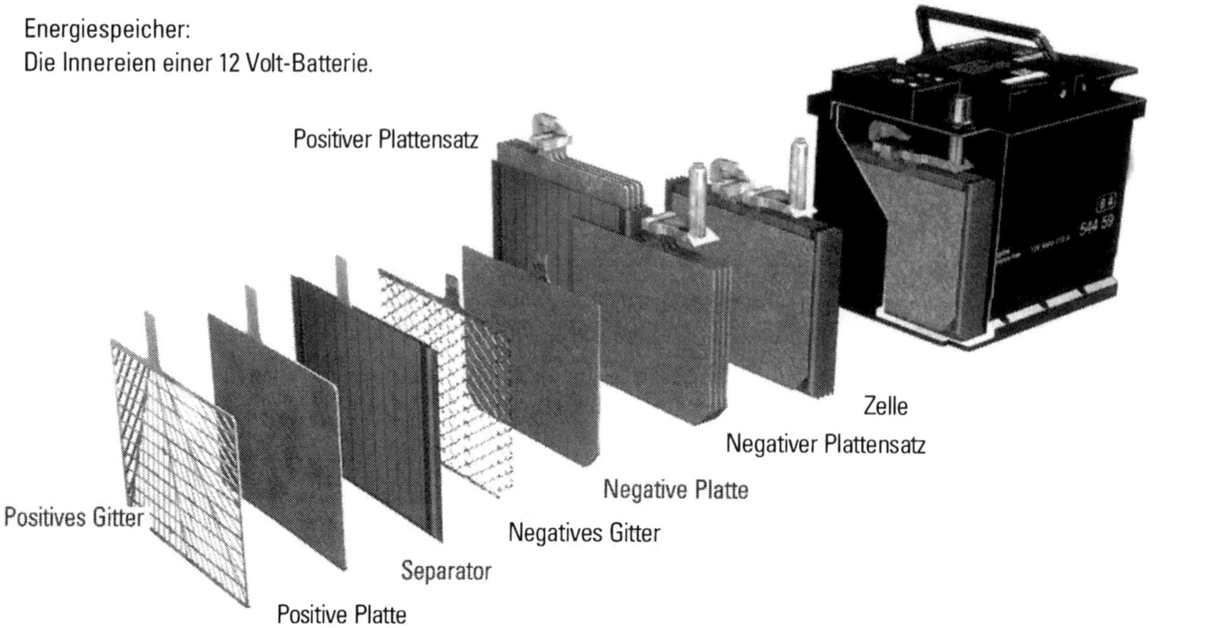

Batterie ist der Energiespeicher

Im Inneren der Batterie laufen also chemische Prozesse ab, durch die sie Energie aufnimmt und speichert. Bei der Stromabgabe wird diese chemische Energie in elektrische Energie umgewandelt. Die wichtigste Aufgabe der Batterie ist es, dem Anlasser die nötige Power für den Start des Motors zu liefern. Das ist freilich nicht wenig. Je nach Motor und Anlassertyp benötigt dieses Teil im Augenblick des Starts bis zu 5000 Watt. Das liegt auch an den Reibungsverlusten – zum Durchdrehen des warmen Motors braucht der Anlasser nur ein Fünftel dieser Leistung. Sein Strombedarf wächst jedoch bei niedrigen Temperaturen, weil dann die Schmierstoffe zäher werden. Der Mercedes ist mit einem so genannten Schub-Schraubtrieb-Anlasser ausgestattet.

Der Anlasser

- Beim Drehen des Zündschlüssels in Richtung »Start« liefert die Klemme 50 am Zündschloss über ein Kabel Spannung an den Magnetschalter, der oben auf dem so genannten Schub-Schraubtrieb-Anlasser sitzt.
- Eine Einrückgabel schiebt das Zahnritzel des Anlassers auf einem Steilgewinde der Ankerwelle in den Zahnkranz des Motorschwungrads (Schubweg).
- Das Ritzel greift ein, dann schaltet der Magnetschalter über die Hauptkontakte den vollen Batteriestrom ein. Das Ritzel schraubt sich in den Zahnkranz und stellt so den Kraftschluss her (Schraubweg) – der Anlasser dreht den Motor durch.
- Ist der Motor angesprungen und wird der Zündschlüssel losgelassen, bricht das magnetische Feld in der Haltewicklung des Magnetschalters zusammen. Die Einrückgabel wird durch eine Rückzugfe-

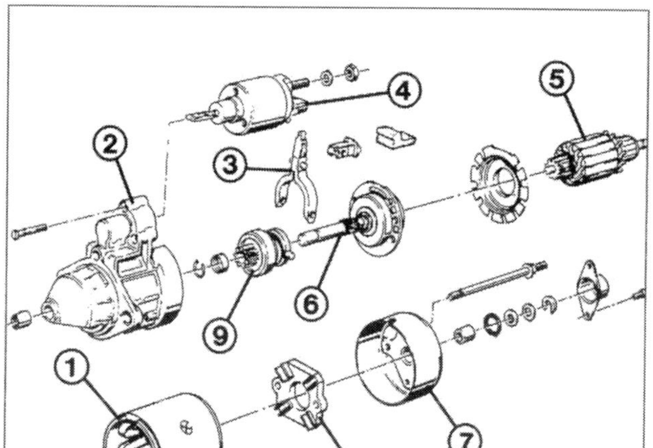

Die Teile des Anlassers:
❶ Gehäuse mit Wickelung, ❷ Lagergehäuse, ❸ Einrückhebel, ❹ Magnetschalter, ❺ Anker, ❻ Planetengetriebe, ❼ Gehäusedeckel, ❽ Bürstenhalter, ❾ Ritzelgehäuse.

der in die Ruhestellung gezogen. Das Ritzel spurt aus und die Stromzufuhr zum Anlasser wird unterbrochen.

Der Generator

Der Generator (Lichtmaschine) ist das Kraftwerk Ihres Fahrzeugs. Er versorgt bei laufendem Motor alle elektrischen Aggregate mit Strom und lädt die Batterie immer wieder aufs Neue. Je nach Modell und Ausstattung können Drehstromgeneratoren mit unterschiedlichen Leistungen eingebaut sein.
Die Leistung steht auf dem Typschild am Generator. Der Drehstromgenerator wird vom Motor über einen Keilrippenriemen angetrieben. Eine Drehstrom-Lichtmaschine produziert stets Wechselstrom. Da die Batterie mit Gleichstrom geladen werden muss, besorgen Halbleiter-Dioden die Gleichrichtung des Wechselstroms. Diese Dioden sind sehr empfindlich gegen hohe Spannungen.

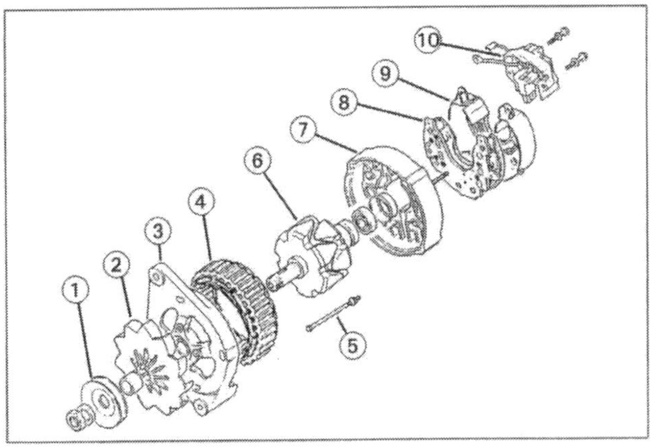

Die Teile einer Lichtmaschine:
❶ Keilriemenscheibe ❷ Lüfter ❸ Antriebslagerschild ❹ Ständerwicklung ❺ Verbindungsschraube ❻ Läufer mit Schleifringen ❼ Schleifring-Lagerschild ❽ Gleichrichter mit Diode ❾ Plastikabdeckung ❿ Regler mit Bürstenhalter.

Wassergekühlter Generator mit hoher Leistung

Eine Detailänderung betrifft auch den Generator. Als erste Dieselmotoren erhalten die CDI-Triebwerke der E-Klasse eine flüssigkeitsgekühlte Lichtmaschine. Sie arbeitet – durch einen Flüssigkeitsmantel geräuschgedämmt – mit über 14.000/min und gibt ihre Abwärme an das Kühlmittel ab, um so die Heizleistung zusammen mit einem elektrischen Zuheizer deutlich zu erhöhen.

Der Spannungsregler

Je schneller die Lichtmaschine dreht, um so höher steigt die Spannung – wie bei einem Fahrraddynamo. Ein solches Auf und Ab ertragen die Stromverbraucher im Auto nicht lange. Ein Regler begrenzt daher die Spannung und verhindert zugleich ein Überladen der Batterie. Der Regler ist an der Lichtmaschine angeschraubt – er reguliert die Betriebsspannung je nach Temperatur von Batterie und Umgebung auf Werte zwischen 13,8 und 14,5 Volt. Der Generator ist praktisch wartungsfrei, da es nichts zu schmieren gibt. Selbst die Schleifkohlen sind ohne weiteres für 100000 Kilometer gut. Reparaturen an der Lichtmaschine müssen Sie dem Bosch-Dienst bzw. der Werkstatt überlassen.

Säurestand der Batterie kontrollieren, Kontakte pflegen

Die Batterie befindet sich auf der rechten Fahrzeugseite unter der Rücksitzbank. Sie ist weitgehend wartungsfrei. Trotzdem sollten Sie regelmäßig den Stand der Flüssigkeit kontrollieren. Die Batterieflüssigkeit besteht aus Schwefelsäure, die mit destilliertem Wasser verdünnt ist. Sehr hohe Temperaturen oder ein defekter Lichtmaschinen-Spannungsregler können jedoch zu einem Wasserverlust in der Batterie führen. Auch eine Selbstentladung (lange Standzeiten) oder eine Tiefentladung durch einen nicht ausgeschalteten starken Stromverbraucher (z. B. Kühlbox im Zigarettenanzünder) kommen als Ursache in Frage.
Füllen Sie nur destilliertes Wasser nach – Leitungswasser enthält ebenso wie abgekochtes Wasser leitfähige Salze und andere mineralische Stoffe, die der Batterie schaden.
Vorsicht: Batteriesäure ist ätzend. Gelangt die Flüssigkeit in Augen, auf Haut oder die Kleidung, mit viel Wasser abspülen. Bei Bedarf einen Arzt aufsuchen.
Wenn Ihr Fahrzeug mit einer wartungsfreien Batterie ausgestattet ist (keine sichtbare Öffnung an der Oberseite), brauchen Sie den Akku nicht zu warten. Wartungsfreie Batterien sind mit einer speziellen Gelflüssigkeit gefüllt – daher entfällt auch die Prüfung von Säurestand oder Säuredichte. Versuchen Sie daher nicht, den Akku mit Gewalt zu öffnen.

Arbeits-schritte | 15000 km jährlich

① Die Batteriesäure muss mindestens bis zur MIN-Markierung am Gehäuse reichen (Oberkanten der Platten müssen gut bedeckt sein).

② Bei zu niedrigem Säurestand Verschlussstopfen herausdrehen oder mit Schraubendreher heraushebeln.

③ Bei einer geladenen Batterie bis zum oberen Strich (15 mm über den Oberkanten der Platten) mit destilliertem Wasser auffüllen.

④ In eine stark entladene Batterie nur so viel Wasser füllen, dass die Platten gerade bedeckt sind – beim Aufladen steigt der Säurestand erheblich. Erst nach dem Laden bis zur oberen Marke nachfüllen.

⑤ Den Akku nicht überfüllen – die Säure tritt sonst an den Verschlussstopfen oder an der seitlichen Entlüftungsbohrung aus. Das verursacht Korrosion und Säurekristalle an der Oberfläche der Batterie und ihrem Standplatz.

Kontakte pflegen

① Oxidkristalle an den Batterieklemmen mit warmem Sodawasser abwaschen oder mit »Neutralon« von Varta behandeln.

② Köpfe der Batteriepole und Kabelklemmen mit Säureschutzfett (Bosch »Ft 40v1«) einstreichen. Vorsicht: Kein Fett auf die Kontaktflächen von Pol und Batterieklemme bringen.

③ Die Oberfläche der Batterie sollte stets trocken sein, da sich sonst zwischen den einzelnen Zellen Kriechströme entwickeln können – die Batterie würde sich selbst entladen.

Ladezustand der Batterie prüfen

Wirkt die Batterie trotz richtigem Säurestand kraftlos, sollten Sie den Ladezustand kontrollieren. Dazu verwenden Sie am besten einen Säureheber (Aräometer). Die Skala des Geräts zeigt die Dichte der Elektrolyte in der Batterie an. Sie können zur Messung aber auch ein genau anzeigendes Multimeter verwenden (Anzeige-Genauigkeit ± 0,02 Volt). Die Werte der Ruhespannung geben Aufschluss über den Ladezustand der Batterie.

Arbeits-schritte | 20000 km 12 Monate

Säuremessung

① Führen Sie die Messung erst durch, wenn die letzte Aufladung mindestens sechs Stunden zurückliegt.

② Batterie-Verschlussstopfen herausdrehen bzw. -hebeln.

③ Halten Sie das Messgerät senkrecht. Dann soviel Batteriesäure ansaugen, bis die Messspindel frei schwimmt.

Säuregewicht (kg/l)	1,28	1,2	1,12
Zustand der Batterie	voll geladen	halb geladen	entladen

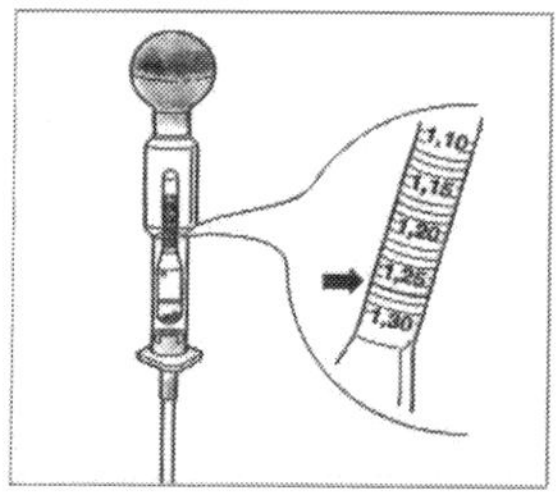

An der Skala des Säurehebers können Sie die Säuredichte ablesen.

Spannungsmessung

① Liegt die letzte Batterieladung weniger als sechs Stunden zurück, das Abblendlicht für etwa 30 Sekunden einschalten, damit durch die Ladung entstandene Spannungsspitzen abgebaut werden.

② Nach vier bis fünf Minuten Wartezeit die Batteriespannung zwischen den Polen prüfen. Schließen Sie das rote Kabel Ihres Multimeters am Pluspol und das schwarze am Minuspol der Batterie an. Bei der Messung müssen alle Verbraucher ausgeschaltet sein.

Spannung (V)	12,66 (und mehr)	12,48	12,3
Zustand der Batterie	100 % geladen	75 % geladen	50 % entladen

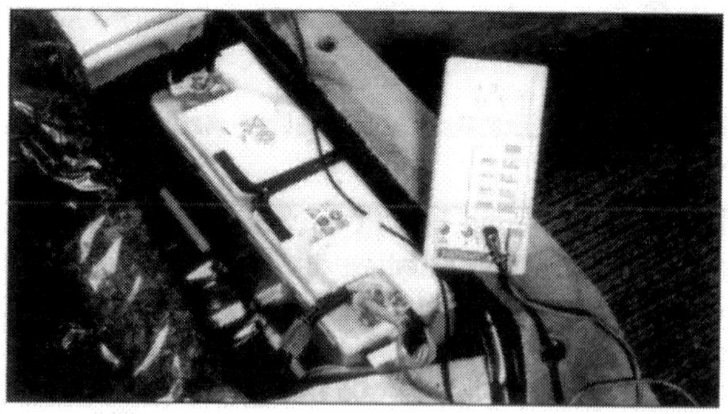

Mit dem Multimeter lässt sich die Batteriespannung exakt messen. Bei einer Ruhespannung unter 12,5 Volt sollte die Batterie geladen werden.

Spannung, Strom und Widerstand messen

Technik-lexikon

Wenn Sie wissen wollen, ob die verschiedenen elektrischen Systeme Ihres Mercedes in Ordnung sind, brauchen Sie nicht gleich einen Elektriker. Im Handel gibt es eine Reihe von Prüfgeräten, mit denen Sie sich selbst über den Zustand der elektrischen Anlage informieren können.

Prüflampe (mit Nadelkontakt). Damit testen Sie, ob Spannung in einem Stromkreis anliegt. Je heller die Lampe leuchtet, desto mehr Spannung ist vorhanden. Mit der Nadel der Lampe die Isolierung des zu prüfenden Kabels durchstechen. Die Klemme am Kabel der Lampe wird am blanken Metall angeclipst (Masse). Vorsicht: Die Prüflampe nimmt viel Leistung auf und eignet sich daher nicht für Messungen an elektronischen Bauteilen (z. B. Steuergerät). Hier müssen Sie einen Spannungsprüfer mit Leuchtdioden verwenden.

Spannungsprüfer mit Leuchtdioden. Je nach Ausführung zeigt dieses Gerät Gleich- und Wechselspannungen zwischen sechs und rund 700 Volt an. Die Spannungsanzeige erfolgt optisch über die Leuchtdioden. Einfache Geräte gibt's im Handel ab etwa 10 Mark.

Multimeter (Vielfach-Messinstrument). Damit lassen sich Spannung, Strom (Gleich-/Wechselstrom) und Widerstand messen. Geeignete Geräte mit digitaler Anzeige gibt's bereits ab etwa 20 Mark. Die Stromversorgung des Multimeters erfolgt in der Regel durch eine Batterie (Eigenstromquelle).

Spannung messen. Um mit einem Multimeter zum Beispiel die Ruhespannung der Batterie zu messen, müssen Sie das mit » – « gekennzeichnete Kabel an den Minuspol der Batterie oder Masse anklemmen. Das » + «-Kabel des Messgeräts an den Pluspol der Batterie oder die zu messende Leitung klemmen. Zeigt das Instrument etwa nur 10,4 Volt an, deutet das auf einen Kurzschluss in einer Batteriezelle hin. Prüfen Sie einmal die Spannung der Batterie, während der Anlasser betätigt wird – ein Messergebnis von weniger als 8 Volt bedeutet, dass es um den Akku nicht mehr gut steht.

Strom messen. Dazu müssen Sie den Stromkreis auftrennen und das Messgerät dazwischen schalten. Bei einer Reihe von Messungen in Ihrem Fahrzeug genügt es, wenn Sie einen Steckkontakt abziehen und dann das Messgerät zwischen Stecker und Kontaktzunge schalten. Vorsicht: Achten Sie stets auf den Messbereich Ihres Multimeters. In Verbrauchern wie z.B. dem Anlasser fließen sehr hohe Ströme, die Ihr Gerät bei einer Messung beschädigen könnten.

Widerstand messen. Mit dem Multimeter prüfen Sie, ob eine Leitung oder ein Schalter Durchgang hat. Fließt der Strom ungehindert, zeigt das Gerät den Messwert 0. Ist der Stromweg jedoch an einer Stelle unterbrochen, erhalten Sie den Messwert unendlich (∞). Außerdem können Sie feststellen, welchen Innenwiderstand ein bestimmtes Bauteil hat.

Für eine Widerstandsmessung an einem Kabel muss dieses an beiden Anschlussenden abgezogen und jeweils eine Messspitze an einem Ende des zu messenden Kabels angeschlossen werden. Bei einstellbaren Messbereichen immer mit dem größten einstellbaren Widerstandsbereich Ihres Messgerätes beginnen.

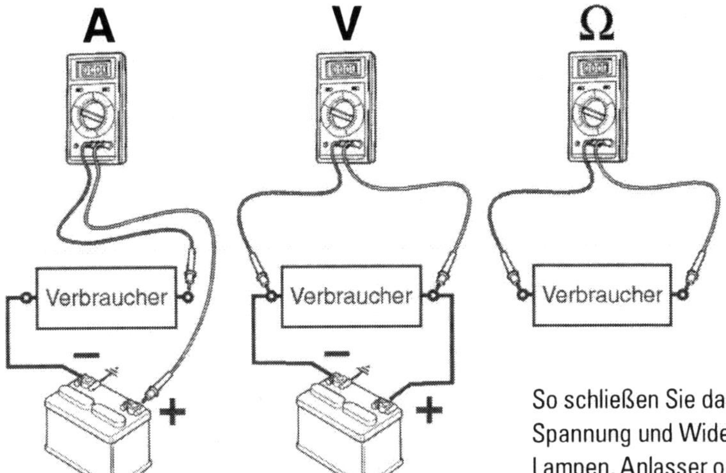

So schließen Sie das Multimeter zur Messung von Strom, Spannung und Widerstand an. Verbraucher sind zum Beispiel Lampen, Anlasser oder Radio.

Kapazitätsmessung der Batterie

Praxistipp

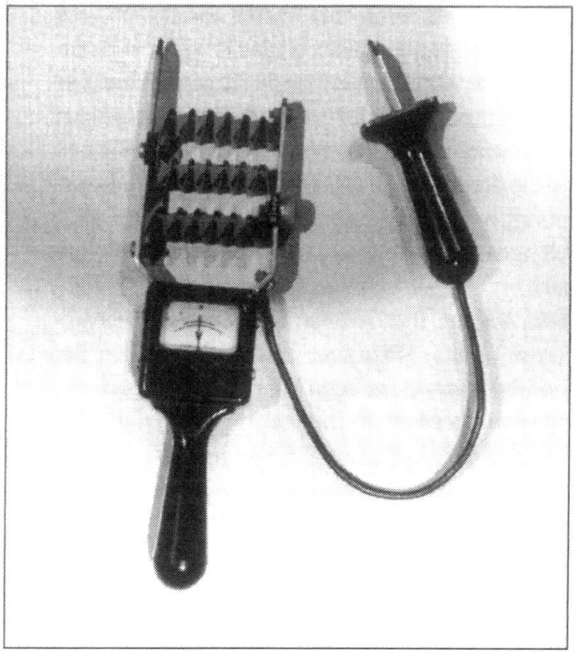

Mit einem Batterietester kann der Batteriezustand durch Messen der Batteriekapazität (A) festgestellt werden. Dabei darf die Messung allerdings nur maximal 10 Sekunden dauern, da sonst die Batterie zu sehr belastet wird.

Motor mit Starthilfekabeln starten

Verwenden Sie zur Überbrückung von einer vollen zu einer leeren Batterie spezielle Elektronik-Starthilfekabel. Damit schützen Sie die elektronischen Bauteile Ihres Mercedes vor gefährlichen Spannungsspitzen.

Arbeitsschritte

① Hilfsfahrzeug dicht an den Mercedes fahren, damit die Batterien bzw. Plus- und Minuspol im Motorraum durch die Starthilfekabel verbunden werden können

② Schalten Sie in Ihrem Fahrzeug alle Stromverbraucher ab.

③ Die Pluspole mit dem Starthilfekabel verbinden, zuerst die leere, dann die volle Batterie anklemmen.

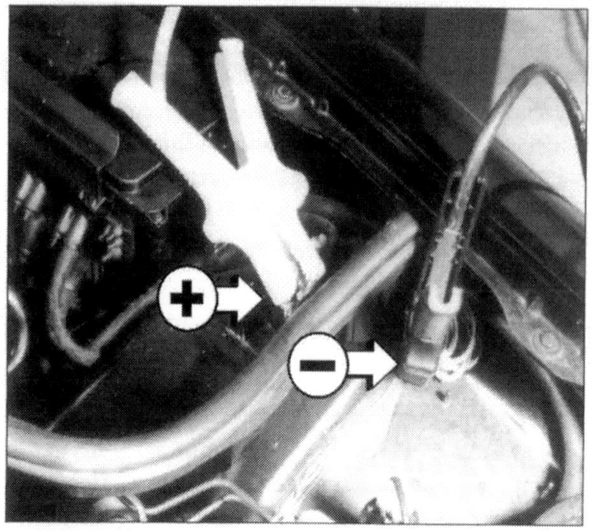

Um Ihren Mercedes wegen einer leeren Batterie wieder flott zu machen, brauchen Sie die Starthilfekabel nicht unbedingt direkt an der Batterie anzuschließen – im Motorraum geht dies viel einfacher und auch ohne Spannungsverlust.

④ Das andere Kabel zuerst am Minuspol der Fremdbatterie und dann am Minuspol der entladenen Batterie (oder an den entsprechenden Plus- bzw. Minuspol im Motorraum) anschließen.

⑤ Motor des Hilfswagens starten und mit erhöhter Drehzahl laufen lassen, damit die Lichtmaschine viel Spannung liefert.

⑥ Starten Sie Ihr Fahrzeug. Wenn der Motor nicht gleich anspringt, sollten Sie nach weiteren Versuchen immer wieder eine Pause einlegen, damit der Anlasser abkühlen kann. Dabei den Motor des Hilfsfahrzeugs weiterlaufen lassen – die leere Batterie im Mercedes wird dadurch schon nachgeladen.

⑦ Zum Abnehmen der Starthilfekabel zuerst den Minuspol der eigenen Batterie, dann den der Fremdbatterie abklemmen. Anschließend Kabel von den Pluspolen abnehmen, erst Vollbatterie, dann Leerbatterie.

⑧ Nach dem Start eine Zeitlang mit höheren Drehzahlen fahren, damit die Lichtmaschine die Batterie aufladen kann.

Wagen anschleppen – Praxistipp

Diese Methode eignet sich nicht bei einer defekten Zündanlage. Arbeiten Sie nur mit einem erfahrenen Helfer zusammen. Denken Sie daran, dass der Bremskraftverstärker bei stehendem Motor nicht arbeitet.

- Zündung einschalten, 2. Gang einlegen und Kupplung treten.
- Der Zugwagen muss langsam anfahren.
- Bei etwa 15 km/h die Kupplung langsam kommen lassen. Bleiben Sie stets bremsbereit (Fuß über der Feststellbremse).
- Ist der Motor angesprungen, Kupplung treten und Gas geben.
- Dem Schleppfahrer ein Hupsignal geben, beide Fahrzeuge sanft abbremsen.

Wagen anschieben – Praxistipp

Das klappt am besten, wenn Motor und Anlasser in Ordnung sind. Verzichten Sie aufs Anschieben, wenn der Motor wegen einer defekten Zündanlage nicht startet – unverbrannte Gemischanteile können nachgezündet werden und die Temperatur im Katalysator auf gefährliche Höhen treiben.

- Zündung einschalten und 1. Gang einlegen. In höheren Gängen wird die Lichtmaschine für kräftige Stromlieferung zu langsam durchgedreht.
- Kupplung durchtreten, Wagen anschieben lassen, bis er in Schwung ist.
- Kupplung schnell kommen lassen – der Motor wird abrupt durchgedreht und müsste anspringen. Dann sofort Kupplung treten und Gas geben.

Batterie und Lichtmaschine – Störungsbeistand

Störung	Ursache	Abhilfe
A Rote Ladekontrolle brennt nicht beim Einschalten der Zündung	**1** Batterie leer	Mit Starthilfekabeln starten oder Wagen anschleppen
	2 Batteriekabel gebrochen, Kabelklemmen lose oder oxidiert	Batteriekabel und -klemmen kontrollieren
	3 Kontrollleuchte defekt	Ersetzen
	4 Kabelweg zwischen Zündschloss, Kontrolllampe und Lichtmaschine unterbrochen	Stromweg mit Prüflampe kontrollieren
	5 Schleifkohlen abgenutzt	Regler austauschen
	6 Spannungsregler defekt	Regler austauschen
	7 Lichtmaschine schadhaft	Lichtmaschine überholen lassen oder austauschen
	8 Feuchtigkeit bildet einen isolierenden Schmierfilm zwischen den Schleifringen und Kohlen (z. B. nach Motorwäsche)	Lichtmaschine mit Druckluft ausblasen oder Schleifringe und Kohlen sauberreiben
B Ladekontrolle brennt oder glimmt bei laufendem Motor	**1** Keilrippenriemen lose bzw. ohne Spannung	Keilriemenspannung kontrollieren
	2 Mangelnder Kontakt an Kabelanschlüssen der Lichtmaschine oder unterbrochene Kabel	Kabelanschlüsse und Kabel prüfen
	3 Siehe A5 bis 7	
C Batterieoberfläche feucht	**1** Zuviel eingefülltes destilliertes Wasser	Ausgasen lassen. Keine Säure absaugen
	2 Batterieverschlüsse verstopft	Entlüftungslöcher säubern
	3 Siehe A6	
D Batterie gast stark	Siehe A6	

Batterie laden

Eine ausgebaute Batterie sollten Sie einmal im Monat mit einem Heimwerker-Ladegerät nachladen. Völlig leere Batterien können bei Frost einfrieren und platzen – randvoll geladen, vertragen sie Kälte recht gut. Das gilt übrigens auch für einen Akku im vorübergehend stillgelegten Fahrzeug. Befindet sich die Batterie noch an Bord, brauchen Sie zum Laden die Kabel nicht abzunehmen.

Arbeitsschritte

① Pluskabel des Ladegeräts am Batterie-Pluspol, Minuskabel am Minuspol anklemmen.

② Der Ladestrom sollte zunächst etwa 10% der Batteriekapazität betragen (z.B. ca. 8 A beim 74Ah-Akku) und sich während der Ladung automatisch verringern.

③ Beim Laden der Batterie wird das destillierte Wasser teilweise zersetzt. Es bilden sich Gasblasen aus Wasserstoff und Sauerstoff – das hochexplosive Knallgas. Es entweicht durch die Entlüftungsbohrungen in der Abdeckung.

④ Stellen Sie daher sicher, dass Ihr Arbeitsplatz gut durchlüftet wird. Das gilt vor allem, wenn Sie mit hohem Strom laden. Vorsicht: Funken beim Ab- oder Anklemmen des Laders oder der Batteriekabel können das Knallgas entzünden. Beachten Sie unbedingt die Sicherheitsvorschriften.

⑤ Die Batterie ist voll geladen, wenn sich die Säuredichte bei zwei Messungen im Abstand von jeweils einer Stunde nicht verändert. Prüfen Sie nach dem Laden den Säurestand der Batterie. Bei Bedarf destilliertes Wasser nachfüllen.

Die Batterie laden Sie am besten mit einem solchen Ladegerät.

Batterie ausbauen

Bevor Sie die Batterie abklemmen, sollten Sie sicherstellen, daß der Diebstahlcode des Radios vorliegt. Sonst herrscht später Sendepause in Ihrem Gerät. Außerdem werden alle im Steuergerät gespeicherten Werte gelöscht.

Arbeitsschritte

① Limousine-Modell: Rücksitzbank ausbauen. T-Modell: Rücksitzbank nach vorn klappen.

② Nehmen Sie **zuerst das Minuskabel** der Batterie ab, damit beim weiteren Hantieren kein Kurzschluss entstehen kann. Mutter an der Klemme des Minuskabels lösen, Klemme vom Batteriepol abnehmen.

③ Pluskabel-Klemme lösen und abnehmen.

④ Gasungsleitung (falls vorhanden) an der Batterie abziehen.

⑤ Schraube der Halteleiste am Batteriefuß losdrehen und abnehmen.

⑥ Batterie herausheben.

⑦ Achten Sie beim Einbau darauf, dass die Batterie stabil sitzt (Rütteln während der Fahrt kann Schäden an den Bleiplatten verursachen).

⑧ Zuerst das Pluskabel anschließen, dann das Minuskabel. Die Kabelklemmen können Sie nicht vertauschen, da die Batteriepole unterschiedlich dick sind.

⑨ Wichtig: Gasungsleitung (falls vorhanden) an der Batterie aufschieben.

⑩ Pole gegen Sulfatieren mit Polfett oder Vaseline einfetten.

⑪ Den Diebstahlcode des Radios eingeben.

Zum Ausbau der Batterie grundsätzlich zuerst das Minuskabel und dann das Pluskabel abnehmen. Anschließend muss nur noch die Fußleistenklemme mit Nuss und Verlängerung gelöst werden.

Defekten Verbraucher ermitteln

Liefert die am Vortag intakte Batterie keinen Strom, hat vielleicht ein defekter Verbraucher im Bordnetz den Akku über Nacht leergesaugt. Das überprüfen Sie zunächst mit einer Strommessung. Wenn nötig, ermitteln Sie dann den betreffenden Verbraucher.

Arbeitsschritte

① Batterie-Minuskabel abnehmen, Kabel des Multimeters zwischen Minuspol und Batteriekabel anschließen. Zeigt das Gerät einen Stromfluss an, der mehr als 20 Milli-Ampere beträgt, ist ein Verbraucher defekt. Achten Sie darauf, dass alle Verbraucher ausgeschaltet sind.

② Massekabel anschließen, Sicherungskasten öffnen und eine Sicherung herausnehmen. An die Kontakte das Multimeter anschließen. Fließt kein Strom, ist der betreffende Stromkreis in Ordnung. Auch ein geringer Stromfluss ist kein Alarmsignal. Geräte wie Bordcomputer, Uhren, Radios und Alarmanlagen benötigen nämlich für ihre Speicher ständig Energie von der Batterie. Der Stromfluss ist freilich viel geringer als bei einem defekten Verbraucher.

③ Wiederholen Sie die Messungen, bis das Gerät einen höheren Stromfluss anzeigt. Der Sicherungstabelle können Sie entnehmen, welche Verbraucher zu diesem Stromkreis gehören.

④ Die Verbraucher der Reihe nach ausbauen und jeweils den Strom messen. Wenn das Multimeter keinen Strom mehr anzeigt, haben Sie den Übeltäter ermittelt.

Spannungsregler prüfen

Arbeitsschritte

① Multimeter zwischen Klemme » + « (rotes Kabel) der Lichtmaschine und Masse anklemmen.

② Motor zwei Minuten mit 3000 bis 4000/min drehen lassen, damit die Lichtmaschine betriebswarm wird (ca. 80°C).

③ Schalten Sie Standlicht, Radio oder Frischluftgebläse ein. Das entspricht einer Strombelastung von 3 bis 7 Ampere. Die Regulierspannung muss jetzt zwischen 13,0 und 14,6 Volt liegen.

④ Messen Sie eine höhere Spannung, ist der Regler defekt und muss ausgetauscht werden. Ist die Spannung zu niedrig, deutet das auf abgenutzte Schleifkohlen hin. In diesem Fall Lichtmaschine ausbauen und zum Überholen in die Autoelektrik-Werkstatt bringen.

Lichtmaschine ausbauen

Arbeitsschritte

① Batterie-Massekabel abklemmen.

② Keilrippenriemen entspannen und an der Lichtmaschine abnehmen. Bei V8- und V6-Motoren Viskolüfter ausbauen. Generatorhalter vom Motorblock abschrauben, dabei Schraube links neben dem Riemenrad für Keilrippenriemen zuletzt herausdrehen.

③ Von der Fahrzeugunterseite geht der Ausbau am einfachsten – deshalb Fahrzeug aufbocken.

④ Untere Motorraumabdeckung ausbauen.

⑤ Abdeckkappe hinten auf der Lichtmaschine abnehmen, darunter die Kabelanschlüsse abschrauben.

⑥ Massekabel nicht vergessen.

⑦ Obere und untere Halteschraube der Lichtmaschine lösen, Schrauben herausziehen. Anzugsdrehmoment 42 Nm.

⑧ Lichtmaschine nach unten abnehmen.

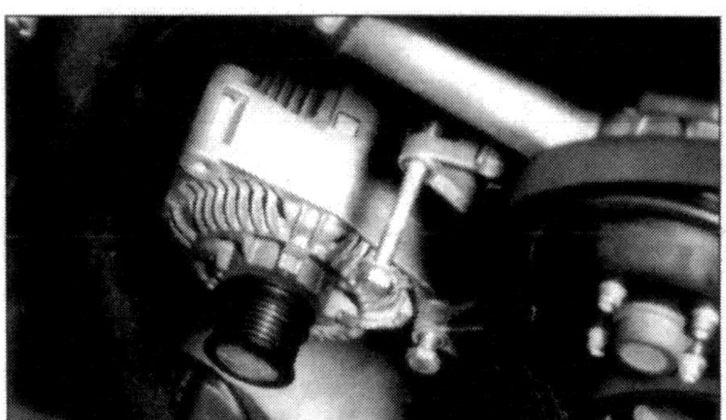

Die Lichtmaschine kann nach Lösen der Haltebolzen am besten nach unten aus dem Motorraum genommen werden.

Fahren mit defekter Lichtmaschine

Praxistipp

Wenn die Lichtmaschine oder der Regler streikt, können Sie trotzdem weiterfahren. Die Batterie übernimmt dann die Stromversorgung. Je nach Ladezustand und Kapazität reicht die Energie für etwa fünf Stunden – allerdings nur, wenn Sie bei der Fahrt keine überflüssigen Verbraucher einschalten.

- Mehrfachstecker an der Lichtmaschine abziehen, damit sich die Batterie nicht über den defekten Generator oder Spannungsregler entladen kann.
- Die Fahrt nicht unnötig unterbrechen. Der Anlasser braucht besonders viel Strom. Wenn möglich, den Wagen anrollen lassen.
- Heizbare Heckscheibe, Gebläse und Radio nicht einschalten.
- Scheibenwischer und Scheibenwaschanlage nur bei Bedarf in Betrieb nehmen.
- Bei Dunkelheit möglichst ohne Fernlicht und Nebelscheinwerfer fahren.

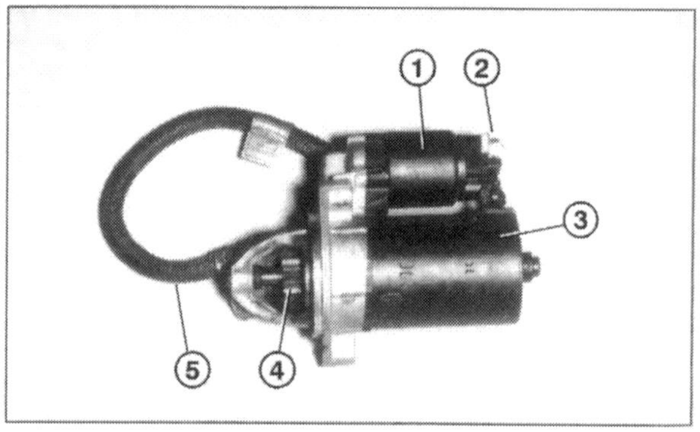

Der ausgebaute Anlasser. ❶ Magnetschalter, ❷ elektrische Anschlüsse von der Batterie (Klemme 30) und vom Zündschloss (Klemme 50), ❸ Anlassergehäuse mit Wicklung and Ankerwelle, ❹ Antriebsritzel, ❺ Anschlusskabel.

⑧ Beim Einbau auf die korrekte Verlegung der Anlasserleitungen achten.

Anlasser ausbauen

Streikt der Anlasser, sind daran meist mehrere Teile beteiligt. Der Magnetschalter oder die Schleifkohlen zum Beispiel können klemmen oder stark abgenutzt sein. Auch ein Verschleiß der Lagerung ist möglich. Auf die Reparatur eines defekten Anlassers müssen Sie verzichten. Den Anlasser gibt es je nach Typ jedoch auch als Austauschteil.

Arbeitsschritte

① Batterie-Massekabel abklemmen.

② Den Ausbau von unten durchführen, dazu Fahrzeug auf Grube fahren oder anheben und sichern.

③ Untere Motorraumabdeckung ausbauen.

④ Sämtliche Kabel am Anlasser abschrauben.

⑤ Kabelhalter und Clips der Leitungen lösen.

⑥ Halteschrauben des Anlassers lösen (Anzugsdrehmoment 42 Nm).

⑦ Anlasser nach unten abnehmen.

Die Beleuchtung

Die etwas ovalen Scheinwerfer der Mercedes E-Klasse sind nicht nur das neue Gesicht, sie haben auch technisch einiges zu bieten. Das Vier-Augen-Gesicht ermöglicht die Trennung von Abblend- und Fernlicht. Die beiden größeren Scheinwerfer der neuen E-Klasse beherbergen Abblendlicht und Blinkleuchten, die kleineren innenliegenden Scheinwerfer sind dem Fern- und dem Stand-/Parklicht vorbehalten. Die Nebelscheinwerfer finden in der Stoßfängerverkleidung ihren Platz.

Der Anlasser

Störungsbeistand

Störung	Ursache	Abhilfe
A Beim Drehen des Zündschlüssels in Startstellung dreht der Anlasser zu langsam oder gar nicht	**1** Kontrolllampen brennen schwach oder verlöschen a) Batterie entladen	Mit Starthilfekabeln starten, Auto anschieben/anschleppen
	b) Kabelanschlüsse lose oder oxidiert	Kabel befestigen, Anschlüsse säubern
	c) Anlasser hat Masseschluss	Anlasser überholen lassen oder austauschen
	2 Kontrolllampen brennen hell, Klicken aus Richtung Anlasser	
	a) Kohlebürsten bzw. deren Anschlüsse im Anlasser gelöst	Anlasser überholen lassen
	b) Kontakte im Magnetschalter verschmort	Anlasser überholen lassen oder austauschen
	c) Anlasserwicklung schadhaft	Anlasser überholen lassen oder austauschen
	3 Kontrolllämpchen brennen hell, keinerlei Geräusche	
	a) Anschluss der Klemme 50 (rot-schwarzes Kabel) am Magnetschalter lose	Anschluss überprüfen
	b) Klemme-50-Leitung vom Zündschloss zum Magnetschalter unterbrochen	Leitung mit Prüflampe kontrollieren
B Anlasser läuft, ohne den Motor durchzudrehen	**1** Ritzel verschmutzt	Ritzel reinigen
	2 Einrückvorrichtung klemmt	Anlasser überholen lassen
	3 Verzahnung des Ritzels oder der Motorschwungscheibe beschädigt	Wagen bei eingelegtem Gang ein Stück vorschieben. Erneut starten. Beschädigte Teile ersetzen lassen
C Magnetschalter schaltet in schneller Folge ein und aus, Anlasser läuft nicht an	**1** Batterie stark entladen, beim Einschalten des Magnetschalters fällt die Spannung ab und er schaltet wieder ab	Batterie laden
D Anlasser läuft weiter, obwohl der Zündschlüssel losgelassen wurde	**1** Magnetschalter hängt oder schaltet nicht ab	Zündung sofort abschalten, notfalls Batterie abklemmen. Magnetschalter reparieren oder Anlasser austauschen
	2 Zünd-/Anlassschalter defekt	Schalter ersetzen

Für das Scheinwerfersystem der neuen E-Klasse entwickelten die Hella-Lichtspezialisten eine Kunststoff-Streuscheiben-Baugruppe, die erstmals austauschbar ist. Gegenüber der Ausführung aus Glas trägt sie zur Reduzierung des Fahrzeuggewichts um etwa 1,5 Kilogramm bei.

Spezialglas für die Streuscheibe

Der Gesetzgeber schreibt für das Abblendlicht eine spezielle Lichtverteilung vor – mit einer asymmetrischen Hell-Dunkel-Grenze, bei der sich das Lichtmaximum auf der rechten Seite der Fahrbahn konzentriert. Damit diese Vorgaben eingehalten werden, ist die Kunststoff-Streuscheibe auf der Innenseite mit Zylinderlinsen, Prismen und Parallelflächen ausgestattet, die das vom Reflektor kommende Licht in die gewünschte Richtung verteilen.

Mit einem solchen Ersatzlampenset sind Sie für den Ernstfall gut gerüstet. Es beinhaltet nicht nur die gängigsten Ersatzlampen, sondern auch Ersatzsicherungen. Solcherart gerüstet können Sie sogar Geld sparen, wenn Sie bei einer polizeilichen Lichtkontrolle die defekte Lampe an Ort und Stelle auswechseln können.

Ständige Kontrolle der Beleuchtung

Lassen Sie die Einstellung der Scheinwerfer an Ihrem Mercedes regelmäßig prüfen – zum Beispiel bei den im Herbst stattfindenden Aktionen von ADAC, TÜV und Dekra. Außerdem sollten Sie vor jeder Fahrt die Beleuchtung Ihres Fahrzeugs kontrollieren.

Alle Lichter müssen funktionieren

Dazu Zündung einschalten und nacheinander Standlicht, Abblendlicht, Fernlicht und Nebelscheinwerfer einschalten. Am Heck des Wagens müssen Rücklichter, Kennzeichenleuchten und Nebelschlussleuchten einwandfrei funktionieren. Legen Sie sich einen kleinen Vorrat mit den wichtigsten Lampen und Leuchten für unterwegs an.

Diese Ersatzlampen sollten Sie an Bord haben:

- Halogenlampe H7, 55 Watt (Abblendlicht, Fernlicht).
- Halogenlampe H1, 55 Watt (Nebellicht).
- Halogenlampe H, 6 Watt (Standlicht, Parklicht).
- Kugellampe P oder PY, 21 Watt (Blinklicht vorn und hinten, mit weißem oder gelbem Glaskolben).
- Kugellampe P, 21 Watt (Rückfahrlicht, Nebelschlusslicht).
- Kugellampe P, 21/4 Watt (Bremslicht, Standlicht, Parklicht).
- Kugellampe R, 5 Watt (Rücklicht, Parklicht).
- Soffittenlampe C, 5 Watt (Kennzeichenbeleuchtung).
- Soffittenlampe C, 10 Watt (Innenraum, Kofferraum)
- LEDs (Außenspiegel und dritte Bremsleuchte).

Sonderausstattung: Xenon-Scheinwerfer für Abblendlicht

Die neueste und derzeit beste Lichttechnik: Xenon-Scheinwerfer mit Gasentladungslampen, in deren Quarzglaskörper das Leuchtgas Xenon und Spuren verschiedener Metallsalze als Lichtquelle dienen. Ein elektronisches Schaltgerät lässt diese Mischung mit einem kurzzeitigen Spannungsimpuls von bis zu 28 000 Volt aufleuchten, so dass sich zwischen den Elektroden der Lampe ein Lichtbogen bildet. Er ersetzt die Glühwendel der bisherigen Lampen.
Vorteile: Bei nur 35 Watt Stromverbrauch ist der Xenon-Scheinwerfer doppelt so lichtstark wie eine herkömmliche Halogen-Glühlampe mit 55 Watt. Auch die Lebensdauer ist höher. Ein Auswechseln der Gasentladungslampen ist zwar möglich, doch meist nicht notwendig. Xenon-Lichter leuchten ein ganzes Autoleben lang. Einen Lampenwechsel sollten Sie jedoch nur von einer Werkstatt ausführen lassen.
Als weiterer Vorteil kommt die angenehme Farbtemperatur des Xenon-Lichts hinzu, dessen Farbe fast so natürlich ist wie das Tageslicht. Dank dieser Vorzüge ist eine weitaus bessere und hellere Ausleuchtung der Fahrbahn und der Seitenränder gewährleistet. Das macht sich vor allem bei Kurvenfahrt und an Einmündungen positiv bemerkbar.

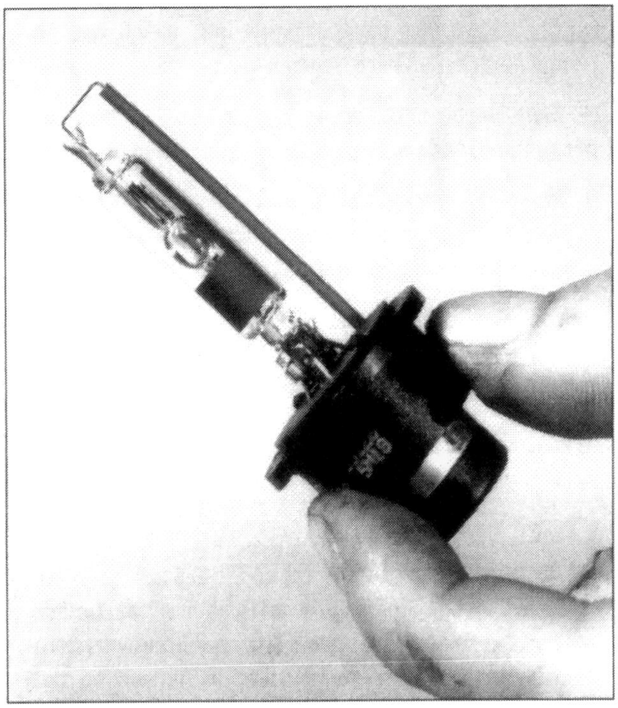

Eine Xenonlampe hält ein Autoleben lang. Der Wechsel der Lampe sollte jedoch dem Werkstattmann vorbehalten bleiben, denn wegen der Hochspannungsanschlüsse und auch wegen der Explosionsgefahr ist der Tausch in Eigenregie problematisch.

Die Leuchtweiten-regelung

Technik-lexikon

In Deutschland ist für Neuwagen eine Leuchtweitenregelung gesetzlich vorgeschrieben. Sie soll verhindern, dass der Gegenverkehr bei beladenem Fahrzeug geblendet wird.

- **Halogenlicht:** Bei der E-Klasse mit normalem Halogenlicht kann die Leuchtweite über einen dreistufigen Drehregler im Armaturenbrett verstellt werden. Dazu befindet sich an jedem Scheinwerfer ein Stellelement, das bei Betätigen des Drehreglers pneumatisch durch Unterdruck von der Motoransaugseite angesteuert wird. Mit dem Drehregler wird der Unterdruck zu den Stellelementen der Leuchteneinheit zwischen 0,4 bar (Stellung»0«) und 0,05 bar (Stellung »3«) geregelt und so der Hub der Stellelemente entsprechend verändert.

- **Xenon-Licht:** Da die Blendgefahr für den Gegenverkehr besonders durch das helle Xenon-Licht groß ist, werden die Scheinwerfer je nach Fahrzeugbeladung automatisch in der Höhe verstellt.

Von Sensoren an der Vorder- und Hinterachse wird jede Fahrzeugniveauränderung erfasst und an ein Steuergerät für Leuchtweitenregulierung gemeldet. Es befindet sich unter der Rückbank. Die aktuelle Scheinwerferstellung wird vom Steuergerät durch Potentiometer in den Scheinwerfer-Verstellmotoren erfasst. Das Steuergerät verstellt die Scheinwerfer aber erst dann, wenn sich das Fahrzeugniveau über eine bestimmte Zeitspanne ändert.

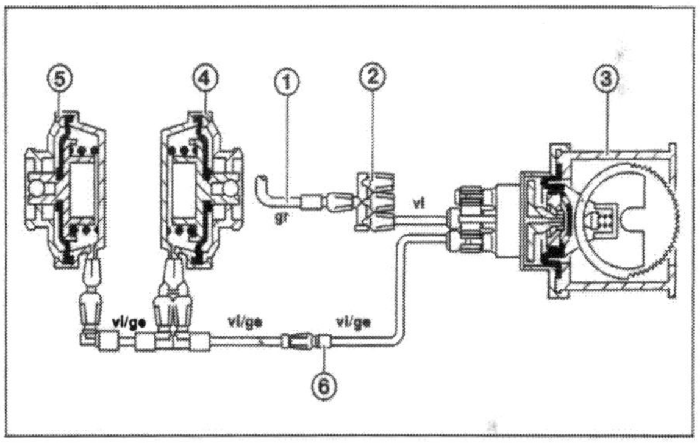

Schema der Leuchtweitenregulierung: ❶ Unterdruck vom Saugrohr oder Unterdruckverteiler, ❷ Verteiler, ❸ Unterdruckregeler neben Lichtschalter, ❹ Stellelement rechts, ❺ Stellelement links, ❻ Steckverbindung.

Das Lampenkontrollgerät

Die Glühlampen der Außenbeleuchtung für Abblendlicht, Standlicht, Schlusslichter und Bremslicht werden von dieser hilfreichen Einrichtung überwacht. Fällt eine der Lampen aus, brennt die Kontrollleuchte, bis das Licht ausgeschaltet wird. Bei defektem Bremslicht brennt die Kontrolle bis zum Ausschalten der Zündung. Das Lampenkontrollgerät erkennt einen Fehler im jeweiligen Stromkreis, wenn darin der Stromfluss zu gering wird. Bei höherem Stromfluss, wenn z. B. ein Anhänger eingesteckt ist, führt das nicht zu Fehlanzeigen.

Scheinwerferlampen wechseln

Alle Glühlampen in den Scheinwerfern werden vom Motorraum her ausgebaut. Zum Auswechseln der Lampen sicherstellen, dass der betreffende Lichtschalter ausgeschaltet ist. Der Wechsel einer Lampe fürs Standlicht verändert die Justierung des Scheinwerfers nicht. Bei allen anderen Lampen sollten Sie nach einem Tausch die Einstellung des betreffenden Scheinwerfers kontrollieren (lassen). Fassen Sie intakte Glühlampen nicht mit den Fingern am Glaskolben an – selbst geringe Spuren von Handschweiß verdampfen auf der brennenden Birne und trüben den Reflektor. Verwenden Sie zum Einsetzen einer Lampe ein sauberes Tuch.

Arbeitsschritte

① Je nach Bauart des Scheinwerfers entweder Verschlussdeckel von Abblend- oder Fernlicht gegen den Uhrzeigersinn drehen und abnehmen oder Abdeckung hinter dem betreffenden Scheinwerfer nach Umklappen der beiden Verschlussbügel abnehmen. Falls Ihr Fahrzeug mit einer Scheinwerfer-Reinigungsanlage ausgerüstet ist, beim linken Scheinwerfer vorher den Waschwasser-Vorratsbehälter abnehmen.

② **Abblend- und Fernlicht:** Kabelstecker von der Glühlampe abziehen.

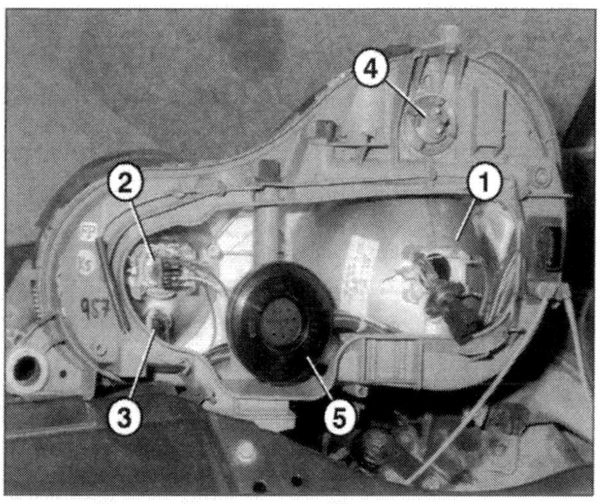

Die Scheinwerferrückseite bei abgenommener Abdeckung. Zur besseren Übersicht ist der Scheinwerfer ausgebaut. ❶ Abblendlicht, ❷ Fernlicht, ❸ Standlicht, ❹ Blinklicht, ❺ Stellglied der Leuchtweitenregulierung.

③ Drahtbügel, der die Glühlampe hält, aushängen und Lampe nach hinten herausziehen.

④ Beim Einsetzen der neuen Lampe darauf achten, dass der Lampensockel in die Aussparung am Reflektor passt.

⑤ **Stand- und Parklicht:** Lampenhalter mit Glühlampe herausziehen. Glühlampe aus dem Halter herausziehen und ersetzen. Lampenhalter einsetzen.

Nebelscheinwerferlampe wechseln

Arbeitsschritte

① Unterhalb des Stoßfängers auf Höhe des Nebelscheinwerfers die Abdeckung öffnen. Dazu zwei Drehverschlüsse entsprechend so verdrehen, dass die Abdeckung nach unten geklappt werden kann.

② Klammerverschluss am Lampenhaus drücken und Abdeckung abnehmen.

③ Halteklammer der Lampe aus den Haken aushängen und Stecker von der Lampe abziehen.

④ Glühlampe herausnehmen.

⑤ Neue Glühlampe so einsetzen, dass der Lampensockel korrekt in die entsprechenden Aussparungen der Lampenfassung zu sitzen kommen.

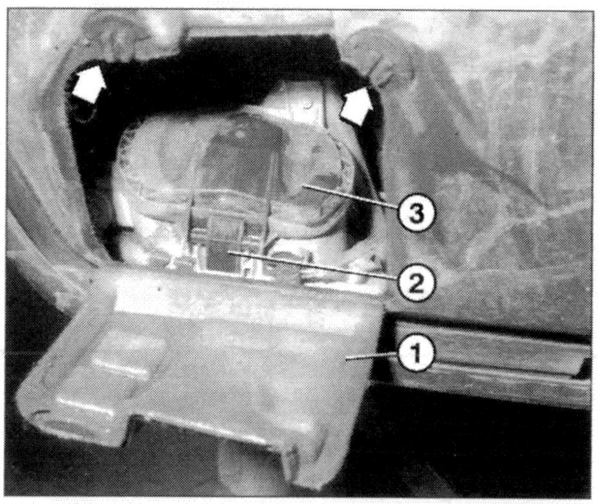

Nach Öffnen der beiden Drehverschlüsse ist die Rückseite der Nebelleuchte zugänglich. ❶ Abdeckung, ❷ Klammerverschluss, ❸ Abdeckung des Lampenhauses.

Praxistipp

Glühlampen rechtzeitig wechseln

Eine schwach leuchtende Glühlampe deutet darauf hin, dass der Kolben zu stark geschwärzt ist. Das ist zum Beispiel öfter bei der Kennzeichenbeleuchtung der Fall. Dann die Lampe rechtzeitig wechseln. Fällt eine Lampe nach einer längeren Betriebszeit aus, sollten Sie auch die intakte Lampe auf der anderen Seite des Fahrzeugs wechseln – sie versagt erfahrungsgemäß kurze Zeit später ebenfalls.

Scheinwerfer ausbauen

Aufgrund der Hochspannung sind Arbeiten an der gesamten Xenon-Lichtanlage einschließlich des Lampenwechsels nur von Fachkräften auszuführen. Deshalb hier nur die Ausbaubeschreibung für Scheinwerfer mit Halogenlicht.

Arbeitsschritte

① Motorhaube öffnen und links und rechts neben dem Fernscheinwerfer je eine Schraube herausschrauben.

Nach Lösen der Befestigungsschrauben (Pfeile) kann die Abdeckblende ❷ des Scheinwerfers ❶ mit Dichtung ❸ abgenommen und an der Verbindung zum Kotflügel ausgehängt werden. Bei eingebauter Scheinwerfer-Reinigungsanlage muss zusätzlich die Schlauchverbindung ❹ zum Sprüh-Stellglied abgebaut werden. Zum Einbau die Teile gründlich reinigen.

② Abdeckung der Scheinwerfer-Reinigungsanlage (falls eingebaut) vorsichtig heraushebeln (Schraubendreher mit Lappen umwickelt, Kunststoffteil o.ä.).

③ Scheinwerferblende an der Verbindung zum Kotflügel aushängen und mit Dichtung abheben.

④ Oben und unten sowie auf der Fernscheinwerferseite je eine Schraube am Scheinwerferhalter herausdrehen.

⑤ Unterdruckleitung für Leuchtweitenregulierung abziehen.

⑥ Elektrische Steckverbindungen abziehen.

⑦ Scheinwerfer nach vorne abnehmen.

⑧ Die Streuscheibe am Scheinwerfer kann einzeln ersetzt werden. Dazu Gummidichtung abnehmen und Haltezungen um Scheinwerfer ausrasten. Beim Zusammenbau müssen diese hörbar einrasten. Dichtung an Streuscheibe mit erneuern.

⑨ Bei ausgebauter Streuscheibe kann auch der Scheinwerfer-Reflektor ausgetauscht werden.

⑩ Nach dem Einbau den Scheinwerfer einstellen lassen.

Scheinwerfer provisorisch einstellen

Für die exakte Einstellung der Scheinwerfer ist ein spezielles Messgerät erforderlich. Überlassen Sie diese Arbeit daher der Werkstatt. Manche Tankstellen bieten übrigens ebenfalls eine fachgerechte Justierung an. Sie können die Scheinwerfer jedoch auch provisorisch prüfen und einstellen, wenn Sie zum Beispiel am Wochenende eine Glühlampe oder einen kompletten Scheinwerfer ausgetauscht haben. Denken Sie jedoch daran, dass dies nur eine Notlösung sein kann. Lassen Sie den Scheinwerfer bei der nächsten Gelegenheit vom Fachmann einstellen.

So bereiten Sie Ihr Fahrzeug auf die provisorische Einstellung vor:

- Der Tank sollte gefüllt sein. Sonst Kofferraum mit Gewicht belasten (bei zur Hälfte gefülltem Tank mit ca. 30 Kilogramm).
- Ein Helfer sollte hinter dem Steuer sitzen (oder Fahrzeug zusätzlich mit 75 Kilogramm belasten).

- Der Reifendruck sollte stimmen.
- Stellen Sie Ihr Fahrzeug gegenüber der Einstellwand ab. Der Abstand zwischen Front und Wand muss exakt fünf Meter betragen.
- Drücken Sie den Vorderwagen kräftig nach unten, damit die Vorderradaufhängung in Ruhelage kommt.

Arbeitsschritte

① Abstand zwischen Boden und Mittelpunkt der beiden Scheinwerfer ausmessen. Das Maß an der Wand markieren und durch eine Linie verbinden (»S1«).

② Fünf Zentimeter darunter eine parallele Linie »E« an der Wand anzeichnen. Das ist die Neigung des Abblendlichts auf fünf Meter Entfernung.

③ Durch das Heckfenster nach vorn peilen und von einem Helfer genau in Fahrzeugmitte die senkrechte Linie »M« einzeichnen lassen.

④ Den Abstand zwischen Fahrzeugmitte und dem Mittelpunkt des Scheinwerfers messen (rechts und links). Diese Werte auf die Hilfslinie »S1« (rechts und links vom Schnittpunkt der Linien »M« und »S1«) übertragen und mit einem Einstellkreuz (S2) markieren.

⑤ Genau fünf Zentimeter unter diesen Kreuzen müssen die Abknickpunkte des Abblendlichts auf der Einstelllinie »E« justiert werden.

⑥ Wenn Ihr Fahrzeug mit Nebelscheinwerfern ausgestattet ist (Option), müssen Sie für die Einstellung nach dem gleichen Verfahren wie oben eine Hilfslinie mit Einstellkreuzen (Mitte der Nebelscheinwerfer) herstellen.

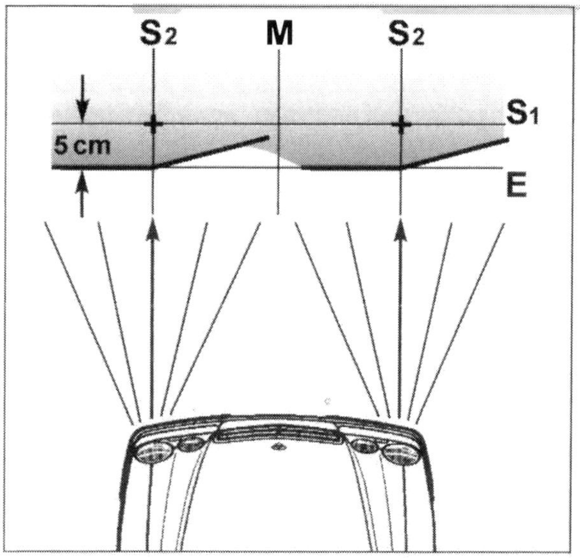

Scheinwerfer einstellen

Arbeitsschritte

① Der Drehknopf der Leuchtweitenregelung muss in Position »0« stehen.

② Die Einstellschrauben verstellen Sie vom Motorraum aus.

③ Zündung und Abblendlicht einschalten.

④ Zuerst an der Höhen-Einstellschraube (sitzt zur Fahrzeugaußenseite) so lange drehen, bis der Strahl des Abblendlichts mit seiner waagrechten Hell/Dunkelgrenze mit der Einstelllinie »E« übereinstimmt.

⑤ Seiteneinstellung mit der Einstellschraube an der Innenseite des Scheinwerfers so ausrichten, bis der Abknickpunkt im Abblend-Lichtbild genau auf das Einstellkreuz ausgerichtet ist. Dabei darf ein Streuanteil von 15 Prozent über der Linie liegen.

⑥ Bei dieser Einstellung wird das Fernlicht automatisch richtig justiert.

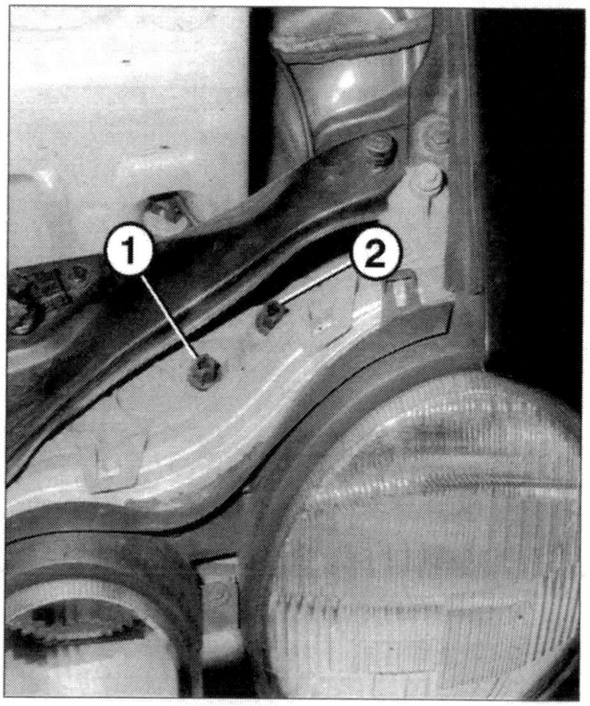

Die Scheinwerfer-Einstellschrauben.
❶ Stellschraube für Seiteneinstellung, ❷ Stellschraube für Höheneinstellung.

Nebelscheinwerfer einstellen

Arbeits-schritte

① Alle Scheinwerfer bis auf den einzustellenden Nebelscheinwerfer abdecken.

② Abdeckung unterhalb des Stoßfängers wie zum Lampenwechsel durch Öffnen der beiden Sicherungsknebel herunterklappen.

③ Nebelscheinwerfer mit der Einstellschraube neben dem Lampenhaus so einstellen, daß die breit gestreuten Scheinwerferstrahlen zehn Zentimeter unterhalb der Hilfslinie (Mittelpunkte der Nebelscheinwerfer) auf der Wand auftreffen.

Lampe in Heckleuchte auswechseln

Die Arbeitsschritte 2 bis 4 gelten gleichzeitig für den Wechsel des Nebelschlusslichts und des Rückfahrlichts im Kofferdeckel.

Arbeits-schritte

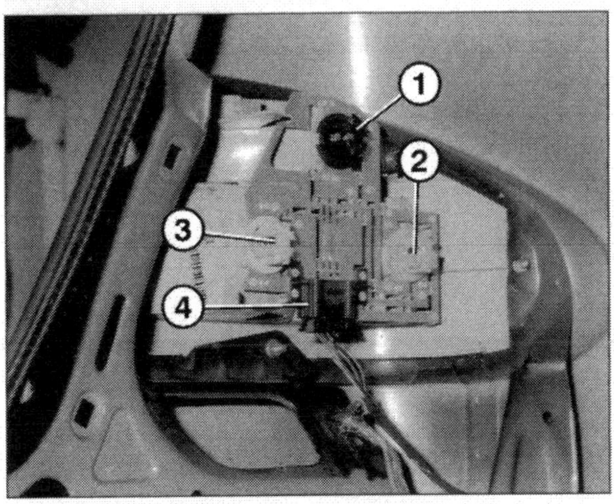

Die freigelegte Heckleuchte im Kotflügel.
❶ Blinkleuchte, ❷ Brems-/Schluss-/Parklicht, ❸ Schluss-/Parklicht, ❹ Mehrfachstecker.

① Kofferdeckel öffnen und Kofferraumverkleidung der Heckleuchte wegklappen.

② Lampenfassung gegen den Uhrzeiger (nach links) drehen und vom Lampengehäuse abnehmen.

③ Glühlampe in der Fassung etwas niederdrücken, nach links drehen (gegen den Uhrzeiger) und aus der Fassung nehmen.

④ Beim Einbau darauf achten, dass die Fassung bei der Rechtsdrehung (im Uhrzeigersinn) korrekt einrastet.

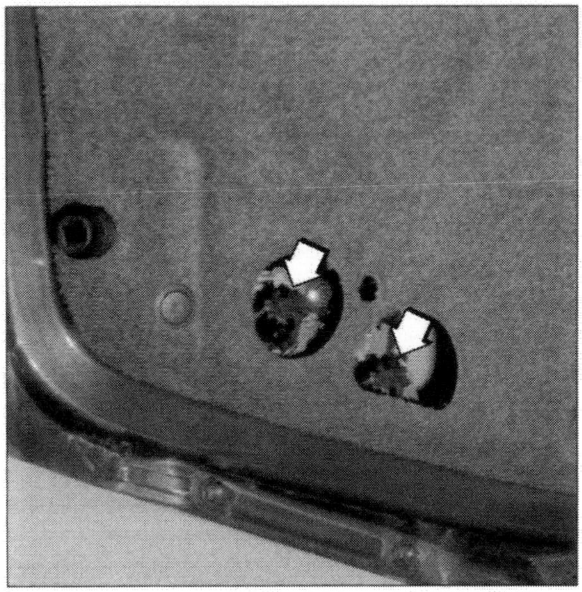

Zum Wechsel einer defekten Lampe von Rückfahr- oder Nebellicht lediglich die Lampenfassung (Pfeile) gegen den Uhrzeiger (nach links) drehen und aus dem Lampengehäuse nehmen.

Heckleuchte ausbauen

Arbeits-schritte

Heckleuchtenteil der Karosserie

① Kofferraumdeckel bzw. Heckklappe öffnen.

② Leuchtenabdeckung seitlich wegklappen. Beim T-Modell Ersatzrad herausnehmen (links) bzw. Verbandskasten mit Verkleidung herausnehmen.

③ Vom Fahrzeuginnern her rings um das Lampenhaus drei Muttern lösen und herausdrehen.

④ Heckleuchte vorsichtig mit Dichtung von außen aus dem Leuchtenausschnitt der Karosserie heben und Mehrfachstecker abziehen.

⑤ Vor dem Einbau den Leuchtensausschnitt an der Karosserie reinigen und eine verschlissene Dichtung gegen eine neue ersetzen,

Heckleuchtenteil des Kofferraumdeckels bzw. der Heckklappe

① Kofferraumdeckel bzw. Heckklappe öffnen.

② Verkleidung des Kofferraumdeckels bzw. der Heckklappe an der Leuchteneinheit anheben.

Vor dem Einbau eines Heckleuchtenteils den Leuchtenausschnitt reinigen und eine verschlissene Dichtung (Pfeile) gegen eine neue ersetzen.

③ Befestigungen ringsum lösen und Mehrfachstecker abziehen.

④ Leuchteneinheit vorsichtig mit Dichtung von außen aus dem Kofferraumdeckel bzw. der Heckklappe heben und Mehrfachstecker abziehen.

Lampe in hochgesetzter Bremsleuchte wechseln

Arbeits-schritte

① Laschen links und rechts eindrücken und Abdeckung abnehmen. Beim T-Modell Heckklappenverkleidung abbauen.

② Lasche am Reflektor eindrücken und Reflektor abnehmen.

③ Glühlampe in der Fassung etwas niederdrücken, nach links drehen (gegen den Uhrzeiger) und aus der Fassung nehmen.

④ Beim Einbau darauf achten, dass die Fassung bei der Rechtsdrehung (im Uhrzeigersinn) korrekt einrastet

Wie bei den meisten Leuchten, geht auch der Lampenwechsel bei der hochgesetzten bzw. dritten Bremsleuchte praktisch ohne Werkzeug vor sich. Neuere Modelle sind hier mit LEDs bestückt, deren Wechsel jedoch auch problemlos vonstatten geht.

Kennzeichenleuchte wechseln

Arbeitsschritte

① Bei der Limousine vier Schrauben abschrauben und Griffleiste des Kofferraumdeckels abnehmen.

② Leuchte vorsichtig mit Schraubendreher aus dem Ausschnitt hebeln. Beim T-Modell die jeweilige Kennzeichenleuchte mit zwei Schrauben abschrauben und aus dem Ausschnitt der Heckklappe ziehen.

③ Soffittenlampe aus den Kontaktfedern heben. Ggf. Kontaktfedern vorsichtig nachbiegen.

④ Neue Lampe einsetzen.

Zum Wechsel einer Soffittenlampe der Kennzeichenleuchte bei der Limousine muss die Griffleiste des Kofferraumdeckels abgeschraubt werden.

Beim T-Modell ist die jeweilige Kennzeichenleuchte mit zwei Schrauben (Pfeile) in der Heckklappe fixiert.

Die Signaleinrichtungen

Die Signaleinrichtungen Ihres Mercedes sind ein wichtiges Instrument, um andere Verkehrsteilnehmer zuverlässig über Ihre Fahrabsichten zu informieren. Wenn Sie zum Beispiel die Fahrtrichtung ändern wollen, betätigen Sie den Blinker, beim Tritt aufs Bremspedal warnen die Bremslichter den Hintermann. Bevor Sie außerhalb einer geschlossenen Ortschaft ein Fahrzeug überholen, drücken Sie kurz die Lichthupe. Aber es stehen Ihnen in Ihrem Mercedes noch mehr Warneinrichtungen zur Verfügung.

Hupe und Warnblinker sind Pflicht

Die Straßenverkehrs-Zulassungsordnung (StVZO) schreibt nämlich vor, dass jedes Kraftfahrzeug zum Abgeben von Warnzeichen mit einer Hupe ausgestattet sein muss. Außerdem muss die Warnblinkanlage funktionieren, damit im Notfall das haltende oder liegengebliebene Fahrzeug gesichert werden kann. Da die Warnblinkanlage auch bei ausgeschalteter Zündung funktioniert, wird der Schalter direkt von Batterieplus über eine Sicherung versorgt. Die Richtungsblinker erhalten dagegen nur bei eingeschalteter Zündung Strom vom Zündschloss. Die Signaleinrichtungen sollten Sie stets vor Fahrtantritt überprüfen.

Signaleinrichtungen prüfen

Arbeitsschritte — ständige Kontrolle

Warnblinkanlage. Drücken Sie bei ausgeschalteter Zündung auf den Druckschalter der Warnblinkanlage. Alle vier Blinklampen und die Kontrollleuchte im Druckschalter sollten im gleichen Rhythmus aufleuchten.

Blinker. Zündung einschalten, Blinkerhebel drücken. Die beiden Blinker auf der Fahrzeugseite müssen im gleichen

Rhythmus blinken, ebenso die Blinkerkontrolle im Kontrollinstrument.

Bremsleuchten. Fahrzeug mit dem Heck zur Garagenwand stellen, Bremspedal drücken. Die Wand muss dann rot aufleuchten. Sie können aber auch während der Fahrt in einer Kolonne prüfen, ob Ihr Bremslicht funktioniert. Kontrollieren Sie durch einen Blick in den Rückspiegel, ob sich Ihre Bremsleuchten in den Scheinwerfern oder in der Lackierung des folgenden Fahrzeugs spiegeln.

Lichthupe prüfen — Praxistipp

Wenn Sie bei eingeschalteter Zündung den Blinkerhebel zum Lenkrad hin ziehen, müssen das Fernlicht und die Fernlichtkontrolle stets aufleuchten. Funktioniert die Lichthupe nicht, obwohl die Scheinwerfer bei eingeschalteter Beleuchtung brennen, sollten Sie zuerst prüfen, ob das Kabel zum Kombischalter unter Spannung steht. Ist dies der Fall, dürfte der Lichtumschalter im Hebelschalter defekt sein.

Vordere Blinkleuchten wechseln

Arbeitsschritte

① Motorhaube öffnen.

② Oberhalb des Abblendscheinwerfers Lampenfassung der Blinkerlampe nach links drehen (gegen den Uhrzeigersinn) und aus dem Lampengehäuse herausnehmen.

③ Glühlampe etwas in die Fassung eindrücken, nach links drehen und herausnehmen.

④ Neue Glühlampe in die Fassung eindrücken, nach rechts drehen und einrasten.

⑤ Fassung in die Leuchteinheit einsetzen und bis zum Anschlag nach rechts drehen.

Wichtig beim Wechsel einer vorderen Blinkerlampe ist die orangefarbene Ersatzlampe, sonst blinkt's weiß.

Seitliche Blinkleuchten wechseln

Arbeitsschritte

① Blinkleuchte mit den Fingern vorsichtig in Fahrtrichtung verschieben und so aus dem Karosserieausschnitt heben.

② Lampenfassung nach links drehen (gegen den Uhrzeigersinn) und aus dem Lampengehäuse herausnehmen.

③ Glühlampe etwas in die Fassung eindrücken, nach links drehen und herausnehmen.

④ Vor dem Einbau der Blinkleuchte eine Funktionsprüfung vornehmen.

Behelf bei defektem Blinkrelais

Fällt an Ihrem Fahrzeug der Blinker aus, sollten Sie nicht einfach weiterfahren. Andere Verkehrsteilnehmer müssen schließlich eindeutig erkennen können, ob Sie abbiegen wollen oder nicht. Das gilt vor allem bei dichtem Verkehr und bei Dunkelheit. Wenn der Blinker nicht mehr funktioniert, weil das Blinkrelais ausgefallen ist, können Sie sich durch einen Trick helfen.

Arbeitsschritte

① Das Blinkrelais sitzt auf der Relaisplatte im Sicherungskasten.

② Blinkrelais leicht ruckelnd aus der Relaisplatte ziehen.

③ Kurzschlussbrücke zwischen den Klemmen 30 und 87 (am Relais markiert) herstellen. Dazu in die Steckanschlüsse im Relaishalter, die der entsprechenden Klemme gegenüber liegen, eine Büroklammer oder ein kurzes Stück dünnen Draht einklemmen.

④ Bei gedrücktem Blinkerhebel leuchtet jetzt eine Blinkerseite dauernd.

⑤ Durch Ein- und Ausschalten mit dem Blinkerhebel erhalten Sie einen Blinker-Rhythmus.

Bremslichtschalter prüfen und ausbauen

Wenn beide Bremslichter ausgefallen sind, liegt das oft am Bremslichtschalter. Er sitzt oberhalb vom Bremspedal am Pedalbock. Beim Tritt aufs Bremspedal wandert ein Druckstift aus dem Schalter und die Kontakte im Schalter und der Stromkreis zu den Bremsleuchten werden geschlossen. Wird das Bremspedal losgelassen, drückt der Pedalhals den Betätigungsstift wieder in die Ausgangsstellung – das Bremslicht verlöscht.

Arbeitsschritte

① Fußraumverkleidung ausbauen.

② Kabelstecker am Schalter abziehen.

③ Mit einem Ohmmeter das Schalten kontrollieren. Bei Betätigen des Bremspedals muss der Stromkreis über die beiden Anschlussstifte (4 mm) geschlossen werden.

④ Der Bremslichtschalter besitzt einen zusätzlichen Kontakt (Öffner). Die Anschlussstifte zum Kontakt sind kleiner (2,5 mm). Bei Betätigen des Bremspedals muss der Stromkreis über den Kontakt unterbrochen werden.

⑤ Zum Ausbau die Kunststoffarretierung des Bremslichtschalters mit einem Schraubendreher zurückdrücken.

⑥ Schalter drehen und herausziehen.

⑦ Vor dem Einbau den Druckstift am Bremslichtschalter mit Kraft (ca. 50 N) ganz herausziehen.

⑧ Bremspedal treten und Schalter einsetzen.

⑨ Schalter so weit drehen, bis er einrastet.

⑩ Bremspedal loslassen. Dabei stellt sich der Betätigungsweg selbsttätig ein.

⑪ Funktionsprüfung nicht vergessen!

Hupe ausbauen

Am Kontakt der Hupe im Lenkrad liegt über die Sicherung ständig Strom vom Batterieplus an. Deshalb muss auch bei ausgeschalteter Zündung beim Druck auf den Kontakt die Hupe ertönen. Wenn die Hupe keinen Laut mehr von sich gibt, sollten Sie zuerst prüfen, ob das Teil wirklich defekt ist.

Arbeitsschritte

① Zum Ausbau der Hupe am Kühler, Motorhaube öffnen und das Schutzgitter der Elektrolüfter (nur bei Klimaanlage) am Kühlergrill ausbauen. Zum Ausbau der Hupe hinter dem Stoßfänger, Fahrzeug aufbocken und untere Motorraumabdeckung ausbauen.

② Befestigungsmutter der Hupe lösen und abschrauben.

Bei Fahrzeugen mit Klimaanlage ist die vor dem Kühler montierte Hupe (Pfeil) erst nach abnehmen des Schutzgitters zugänglich.

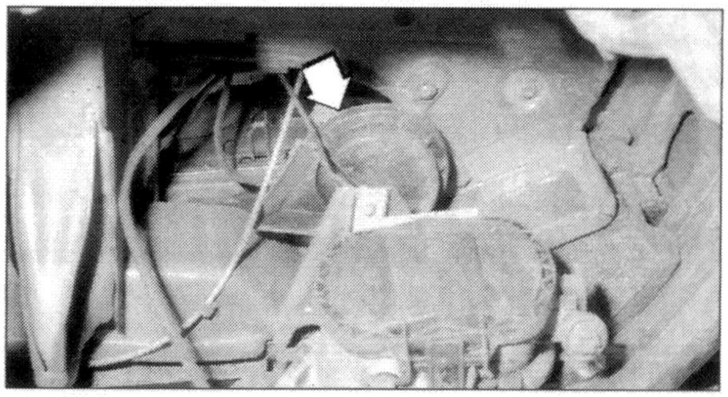

Um bei einer Hupe (Pfeil), die hinter dem Stoßfänger montiert ist, nach einem Defekt zu suchen, muss zuvor die untere Motorraumabdeckung ausgebaut werden.

③ Steckverbindungen abziehen und Hupe abnehmen.

Hupe prüfen

Arbeitsschritte

① An den Steckanschlüssen der Hupe ausreichend lange Kabelstücke aufstecken und diese mit dem Plus und Minuspol einer Fahrzeugbatterie verbinden.

② Bleibt es ruhig, ist das Signalhorn defekt.

③ Ertönt die Hupe, obwohl das im eingebauten Zustand nicht der Fall war, liegt der Fehler in der Zuleitung (Sicherung, Huptasten).

④ Ein krächzendes oder völlig stummes Horn lässt sich bisweilen durch Drehen der Einstellschraube an der Hupenrückseite wieder stimmen oder zu neuem Leben erwecken.

⑤ Schraube unter der Vergussmasse (Pfeil) freilegen.

⑥ Nach dem Einstellen die Schraube mit Karosseriedichtmasse wieder feuchtigkeitsdicht verschließen.

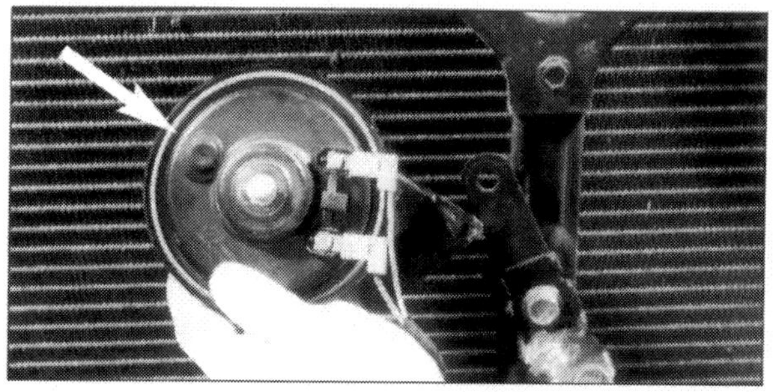

Hupe

Störungsbeistand

Störung	Ursache	Abhilfe
A Hupe tönt nicht	**1** Sicherung defekt	Sicherung Nr. 5 auswechseln
	2 Hupen defekt	Kontrollieren
	3 Anschlüsse der Hupen oxidiert	Blankkratzen
	4 Relais defekt (bei Fanfaren)	Ersetzen
	5 Hupkontakt im Lenkrad defekt	Kontrollieren
	6 Stromzuleitung oder Masseleitung (braun) zur Hupe schadhaft	Kabel kontrollieren
	7 Kontaktleitung Lenkrad oder Massezuleitung zum Lenkrad unterbrochen	Kabel, Kontaktspirale kontrollieren
B Nur eine Hupe tönt nicht	**1** Eine Hupe defekt	Ersetzen
	2 Kabel zwischen den Hupen defekt	Kabel kontrollieren
C Hupe tönt dauernd bei Zündschlüsselraste »I« oder »II«	**1** Kontaktleitung Lenkrad hat Masseschluss	Kabel kontrollieren. Unterwegs: Kabel an der Hupe abziehen und isolieren
	2 Hupe hat inneren Kurzschluss	Hupe ersetzen. Unterwegs: Kabel an der Hupeabziehen und isolieren
	3 Siehe A 4 und 5	

Bremslicht

Störungsbeistand

Störung	Ursache	Abhilfe
A Eine Bremsleuchte brennt nicht	**1** Glühlampe durchgebrannt	Austauschen
	2 Masseverbindung unterbrochen. Brennen alle übrigen Lampen in derselben Heckleuchte? Falls nicht:	
	3 Unterbrechung in der Zuleitung	Kabel kontrollieren
B Beide bzw. alle drei Bremslichter brennen nicht	**1** Sicherung defekt	Ersetzen
	2 Bremslichtschalter defekt	Überprüfen, ggf. ersetzen
	3 Siehe A1 und 3	
C Bremslicht brennt dauernd	**1** Siehe B2	
	2 Kabel zum Bremslichtschalter haben direkten Kontakt	Kabel kontrollieren

Warnblink- und Blinkanlage

Störungsbeistand

Störung	Ursache	Abhilfe
A Grüne Kontrolllampe für Richtungsblinker leuchtet auf einer Seite in ganz kurzen Intervallen auf, normaler Blinkrhythmus beim Warnblinken	**1** Eine Glühlampe defekt oder ohne Kontakt	Auswechseln
B Blinkleuchten und Kontrollleuchte brennen bei Richtungs- und Warnblinken dauernd oder gar nicht	**1** Blinkrelais defekt	Auswechseln
C Richtungsblinken funktioniert, aber kein Warnblinker	**1** Sicherung defekt	Auswechseln
	2 Kabel vom Steckkontakt am Warnblinkerschalter zur Sicherung bzw. Blinkerrelais unterbrochen	Durchgang kontrollieren, ggf. erneuern
	3 Warnblinkschalter defekt	Auswechseln
D Warnblinken funktioniert, aber kein Richtungsblinken	**1** Kabel zwischen Blinkerschalter am Blinkerrelais unterbrochen	Sicherung erneuern
	2 Blinkerschalter defekt	Auswechseln (lassen)
E Kein Richtungs- und kein Warnblinken	**1** Siehe C1 und 3	
	2 Siehe D1	

Instrumente und Geräte

Der Autofahrer muss zwar stets über den technischen und fahrdynamischen Zustand seines Wagens sowie die jeweilige Verkehrssituation unterrichtet sein. Eine zu große Vielfalt von Anzeigen und Cockpit-Informationen sollte jedoch vermieden werden. Das wurde durch den Einbau eines übersichtlichen Kombiinstruments gelöst. Es besteht im wesentlichen aus drei leicht ablesbaren Rundinstrumenten für Motordrehzahl, Geschwindigkeit, Kühlmitteltemperatur und Tankinhalt. Die Anzeigen für Außentemperatur, Uhrzeit, Kilometerstand und Tageskilometeranzeige haben untergeordnete Bedeutung und sind als Flüssigkeitskristalldisplays in die Rundinstrumente integriert. Weitere Informationen erhält der Autofahrer nur bei Bedarf: Die verschiedenen Kontroll- und Warnlampen sind dank des Durchlichtprinzips normalerweise nicht sichtbar und leuchten nur im Falle einer Betriebsstörung auf.

Die meisten Messstellen in Ihrem Mercedes werden durch elektronische Bauteile kontrolliert. Das spart Ihnen jede Menge Arbeit, weil Sie nur noch wenige Anzeigen und Kontrolllämpchen beachten müssen. Die sollten Sie freilich stets im Blick haben und eventuelle Fehlanzeigen in jedem Fall ernst nehmen: Leuchtet während der Fahrt plötzlich eine Kontrollleuchte auf, ist dies grundsätzlich ein Alarmzeichen.

Öldruckleuchte und Airbag-Kontrolle

Das gilt für die Öldruckleuchte ebenso wie für die Airbag-Kontrolle, die nur beim Einschalten der Zündung für etwa sechs Sekunden aufleuchten darf. Dann ist das System in Ordnung – brennt oder blinkt sie dagegen während der Fahrt oder erlischt sie nicht, liegt ein Defekt im Airbag-System vor. In diesem Fall sollten Sie den Airbag umgehend in der Werkstatt überprüfen lassen.

Sensoren, Kabel und Schalter

Allerdings arbeiten die Kontrollsysteme selbst nicht immer ohne Störungen. Manchmal sind Sensoren oder Kabel beschädigt, bisweilen sorgt ein kaputter Schalter für eine Fehlinformation. Wenn Sie zum Beispiel feststellen, dass mehrere Anzeigeninstrumente nicht richtig anzeigen, liegt das häufig am Regler der Lichtmaschine, der bei einem Defekt die Werte für die Bordspannung zu hoch oder zu niedrig einstellt.

Instrumente kontrollieren

Bevor Sie losfahren, sollten Sie stets einen Blick auf das Armaturenbrett werfen (die Anzeigen hängen ab von der jeweiligen Ausstattung Ihres Fahrzeugs). Beim Einschalten der Zündung müssen alle Kontrollen aufleuchten. Dies ist die Überprüfung auf durchgebrannte Lämpchen. Nach einigen Sekunden (4 Sekunden bei »SRS«; sonst 30 Sekunden) oder nach dem Motorstart müssen sie verlöschen, sonst muss die Ursache ergründet werden. Führen Sie die Kontrolle z. B. beim Gebrauchtwagenkauf bewusst durch und bedenken Sie mögliche Mängelhintergründe.

Arbeitsschritte | 8 | W | **ständige Kontrolle**

① **Kühlmitteltemperaturanzeige:** Unter Ausnahmebedingungen (Bergfahrt mit Anhänger, Kraftstoff mit zu geringer Oktanzahl etc.) darf die Anzeigenadel bis zur roten Marke wandern. Ab ca. 130°C kocht das Kühlmittel.

② **Kühlmittelstandsanzeige:** Verlöscht die Kontrolle nicht, hat der Geber im Ausgleichsbehälter bzw. am oberen Wasserkasten des Kühlers geschaltet. Jetzt Kühlmittel nachfüllen (nach Druckabbau!). Leuchtet die Kontrolle bald wieder auf, Undichtheit suchen oder Geber prüfen.

③ **Außentemperaturanzeige:** Über einen Geber hinter dem Stoßfänger wird die Temperatur erfasst und im Kombiinstrument angezeigt. Die Anzeige erfolgt aber in Abhängigkeit von der Fahrzeuggeschwindigkeit und der Dauer nach Abstellen des Motors. Bei steigender Temperatur bleibt der letzte Wert gespeichert, wenn das Fahrzeug steht. Erst nach längerer Zeit wird er angezeigt. Sinkende Temperaturen werden sofort angezeigt.

④ **Blinkerkontrollen:** Die beiden Anzeigen im Kombiinstrument für Richtungsblinken und die Leuchte im Warnblinkschalter müssen mitblinken. Bei Anhängerbetrieb muss zusätzlich die Blinkerkontrolle mitblinken.

⑤ **ASR- und ETS-Funktionswarnung:** Das Achtungs-Zeichen im Tachometer darf beim Fahren nur leuchten, wenn z. B. wegen Straßenglätte ein Rad durchdreht.

⑥ **Tachometer:** Wenige Meter nach dem Anfahren muss sich die Anzeigenadel bewegen. Eine Tachowelle ist im Fahrzeug nicht mehr eingebaut.

⑦ **Kilometer- und Tageskilometerzähler:** Beide müssen beim Fahren weiterzählen. Bei eingeschalteter Zündung den Rückstellknopf des Tageskilometerzählers ein Mal drücken, um die Anzeige auf »0« zu stellen; bei ausgeschalteter Zündung zwei Mal.

⑧ **Drehzahlmesser:** Entsprechend den Motordrehzahlen muss die Anzeige erfolgen. Der rote Bereich sollte vermieden werden (Überdrehzahlen).

⑨ **Digitaluhr:** Das Verstellen erfolgt am Kombiinstrument rechts.

⑩ **Fernlichtkontrolle:** Beim Lichthupen und bei eingeschaltetem Fernlicht muss das blaue Symbol aufleuchten.

⑪ **Motorölstandanzeige:** Wenn bei laufendem Motor und einer Öltemperatur über ca. 60°C die Kontrolle mit der Ölkanne aufleuchtet, ist der Ölstand bis zur unteren Marke am Ölmessstab abgesunken.

⑫ **Bremskontrolle:** Das rote Zeichen mit den Bremsbacken leuchtet bei betätigter Feststellbremse und wenn der Bremsflüssigkeitsstand im Vorratsbehälter zu weit abgesunken ist.

⑬ **Waschwasserstandskontrolle:** Wenn sich im Waschwasserbehälter noch ca. ein Liter Reinigungsmittel befindet, beginnt die Kontrolle aufzuleuchten.

⑭ **Bremsbelag-Verschleißanzeige:** Leuchtet beim Bremsen auf, wenn die Bremsklötze vorn abgeschliffen sind. Bei ASR sind an den Hinterradbremsen ebenfalls Geber eingebaut. Berühren sie die Bremsscheibe, bekommt die Anzeigeleuchte Masse zugeschaltet.

⑮ **Ladekontrolle:** Nach dem Motorstart muss das Batteriesymbol verlöschen. Sonst wird die Batterie nicht geladen oder der Keilrippenriemen ist gerissen. Sofort den Motor abstellen, wenn die Lampe auch bei leichtem Gasgeben nicht ausgeht.

⑯ **Lampenkontrolle:** Das gelbe Zeichen mit der Glühlampe leuchtet bei defekter Außenbeleuchtung auf. Anhalten und Außenbeleuchtung prüfen. Glühlampe ersetzen.

⑰ **SRS-Anzeige:** Nach dem Systemtest verlöscht die Kontrolle. Ansonsten sind Airbag und Gurtstraffer nicht einsatzbereit.

⑱ **ABS-, ASR- und ETS-Kontrollleuchten:** Leuchten diese während der Fahrt, ist das jeweilige System ausgefallen. In der Werkstatt entsprechenden Fehlerspeicher auslesen lassen und weitere Reparaturen beraten.

⑲ **Vorglühkontrolle:** Beim Einschalten der Zündung leuchtet die Lampe so lange auf, bis die Startbereitschaft des Motors erreicht ist. Leuchtet die Kontrolle nicht, ist die Vorglühkontrolle fehlerhaft.

⑳ **Heckscheibenheizung:** Die Kontrolle im Schalter in der Mittelkonsole muss beim Einschalten aufleuchten.

㉑ **Nebelschlusslicht-Kontrollleuchte:** Zieht man den Lichtschalter um zwei Stufen heraus, muss das orangefarbene Licht in der Mitte aufleuchten.

㉒ **Sitzheizung:** Die Kontrollleuchten der Wippschalter müssen beim Einschalten aufleuchten. Bei voller Heizleistung beide Lämpchen und bei halber Leistung nur eines.

Das Kombiinstrument

Das neu entwickelte Kombiinstrument hat folgende Besonderheiten:

- **Elektronischer Tachometer:** Neu ist die elektronische Steuerung des Tachometers, die im Gegensatz zu der herkömmlichen mechanischen Tachowelle eine größere Anzeigengenauigkeit ermöglicht. Das gilt vor allem für den unteren Geschwindigkeitsbereich: Herkömmliche Tachos zeigen das Fahrtempo erst ab 20 km/h an. Das Instrument der neuen E-Klasse arbeitet dagegen bereits ab einem Stundenkilometer und erleichtert somit das Ablesen niedrigster Geschwindigkeiten, wie sie zum Beispiel in verkehrsberuhigten Bereichen vorgeschrieben sind. Die Geschwindigkeit bekommt das Kombiinstrument vom ABS-Steuergerät mitgeteilt. Dieses wiederum wertet die Geberimpulse vom linken Vorderrad aus. Die Anzeige der zurückgelegten Strecken erfolgt über eine LCD-Anzeige. Die Strecken werden im Kombiinstrument gespeichert, wenn der Zündschlüssel abgezogen oder die Batterie abgeklemmt wird. Drückt man bei abgezogenem Zündschlüssel auf den Knopf links unten neben dem Tacho, leuchten die LCD-Anzeigen für Strecke, Temperatur und Zeit für ca. 30 Sekunden auf.
- **Tankanzeige:** Die gemeldeten Kraftstoffstände (Widerstandswerte der Hebelgeber) in den beiden Tankhälften werden vom Kombiinstrument aufbereitet. Bei Störungen zeigt die Tankanzeige »Tank leer« an, und die Reservewarnlampe bleibt aus.
- **Drehzahlmesser:** Das Drehzahlsignal wird vom Geber am Schwungrad abgenommen und im Steuergerät der Motronic von einem Sinus- in ein Rechtecksignal umgeformt.
- **Instrumentenbeleuchtung:** Die Beleuchtung erfolgt in so genannter Drucklichttechnik. Bei ausgeschaltetem Licht leuchten die Anzeigen in maximaler Helligkeit.

- **Kontroll- und Warnleuchten:** Diese sind seitlich in den Ecken angeordnet. Unabhängig von der Ausstattung sind überall Lämpchen eingebaut, so dass im Ersatzfall evtl. gewechselt werden kann.
- **Öldruckanzeige:** Dieses früher übliche Anzeigeinstrument ist entfallen. Der Öldruck wird indirekt über den Ölstand überwacht.

Die Elektronikplatte hinten am Kombiinstrument kann nur komplett erneuert werden, mit Ausnahme der Außentemperaturanzeige (SA). Die Platte ist mit Haltelaschen befestigt. Die Symbolscheiben vor den Kontrollleuchten sind je nach Fahrzeug unterschiedlich beschriftet.

Kombiinstrument ausbauen

Arbeitsschritte

① Lenkradverstellung lösen und das Lenkrad ganz herausziehen.

② Untere Armaturenbrettverkleidung links ausbauen.

③ Kombiinstrument von hinten Richtung Lenkrad vordrücken.

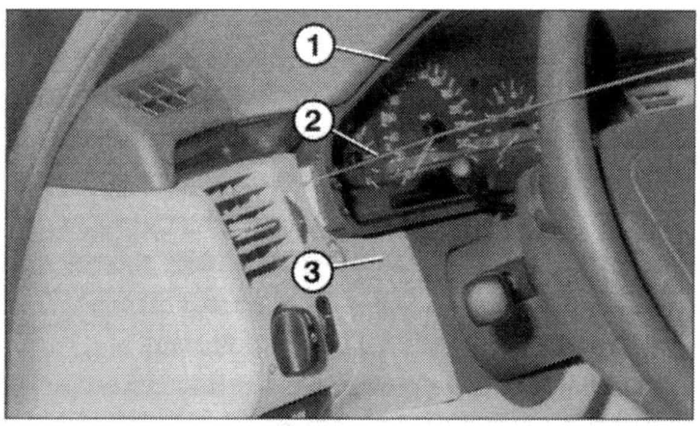

Das Kombiinstrument ❶ kann mit zwei geeigneten Haken, z.B. Fahrradspeichen ❷ aus dem Armaturenbrett ❸ herausgezogen werden. Nicht vergessen, Lenkrad ganz herauszuziehen.

④ Oder mit zwei umgebogenen Fahrradspeichen das Kombiinstrument von vorne herausziehen. Die Speichen vorsichtig oben am Instrument durchstecken, seitlich bis zur unteren Ecke schieben und das abgekröpfte Ende um 90° verdrehen. Haben sich die Speichen am Instrument eingehakt, kräftig mit Gefühl ziehen.

⑤ Bügel an den beiden Mehrfachsteckern hochklappen und Stecker abziehen.

⑥ Instrumenteneinheit seitlich vorsichtig abnehmen, damit keine Kratzer auf der empfindlichen Oberfläche des Armaturenbretts entstehen.

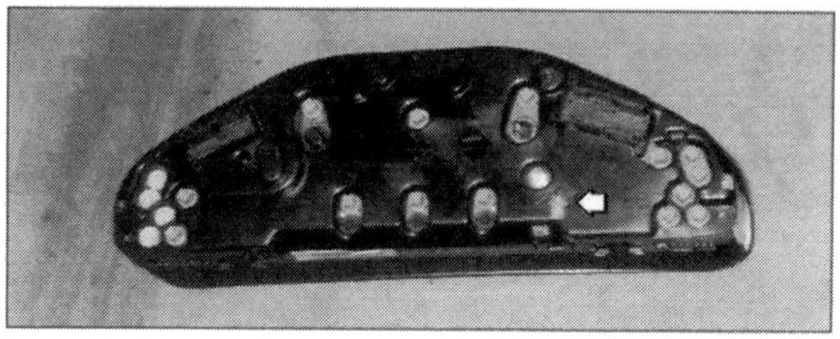

Die sockellosen Glühlämpchen (Pfeil) des Kombiinstruments sitzen in Fassungen aus Kunststoff, die mit einem so genannten Renkverschluss im Instrumententräger befestigt sind. Die winzigen Fassungen werden am besten mit einer Spitzzange gedreht und abgenommen.

Praxistipp

Störungen im Kombiinstrument

Funktionieren einzelne Instrumente im Armaturenbrett nicht, lohnt sich ein Blick in den Sicherungskasten (siehe Seite 248 ff). Für die Instrumente im Armaturenbrett gibt es von MotoMeter und VDO einen Reparaturdienst. Die Instrumente von MotoMeter werden von der Firma Imag, Gutenbergstraße 27, 70736 Fellbach-Schmiden repariert. VDO unterhält eigene Werkstätten, Anschriften erhalten Sie von der VDO Adolf Schindling AG, Postfach 6140, 65824 Schwalbach.

Der Tempomat

Auf Wunsch können alle Fahrzeuge mit Automatik-Getriebe damit ausgestattet sein. Bei geringer Verkehrsdichte können Sie eine bestimmte Fahrgeschwindigkeit fixieren und dann den Fuß vom Gaspedal nehmen.

Wird das Bremspedal betätigt oder langsamer als 40 km/h gefahren, schaltet der Tempomat aus. Weiterhin können Sie eine Fahrgeschwindigkeit speichern, die nach einem Abbremsvorgang wieder erreicht wird. Mit dem Ausschalten der Zündung wird die gespeicherte Geschwindigkeit gelöscht.

Funktion

- **Stellglied:** Es wird das Stellglied der Leerlaufregelung genutzt, welches die Drosselklappe über einen Motor bewegt.

- **Geber:** Das Geschwindigkeitssignal wird vom Geber an der Hinterachse abgenommen und im Steuergerät ausgewertet.
- **Elektronisches Steuergerät:** Es ist im Aggregateraum rechts untergebracht und vergleicht die augenblickliche Geschwindigkeit mit dem gewünschten Wert. Das Steuergerät befiehlt dann dem Stellglied, mehr Gas zu geben (z. B. am Berg) oder im Gefälle etwas Gas wegzunehmen. Auch die Geschwindigkeitsspeicherung erfolgt im elektronischen Steuergerät.
- **Hebelschalter:** Er ist links hinter dem Lenkrad zu finden. Hier wird der Tempomat ein- und ausgeschaltet und die gewünschte Arbeitsweise gewählt.

Airbag und Gurtstraffer

Der Airbag ist ein in das Lenkrad eingebauter Luftsack, der sich bei einem Aufprall nach $^1/_{30}$ Sekunde voll aufgeblasen hat. Bereits $^1/_{10}$ Sekunde später leert sich der Luftsack wieder durch Abströmöffnungen.

Der **Beifahrer-Airbag** besteht aus einem 170-Liter-Luftsack, der aus einem so genannten Rohrgasgenerator gefüllt wird. Dieser löst aber im Bedarfsfall nur aus, wenn der Beifahrerplatz auch besetzt ist. Unter dem Beifahrer-Airbag ist noch ein kleines Handschuhfach möglich.

Das **Auslösesystem** von Gurtstraffer, Fahrer- und Beifahrerairbag ist voll diagnosefähig.

Die **Gurtstraffer** sitzen an den Aufrollvorrichtungen der vorderen Gurte. Ein Treibsatz drückt einen Kolben nach oben, der mittels Drahtseil mit der Aufrollachse des Gurtes verbunden ist. Dadurch legt sich der Gurt mit 1200 N stramm an den Körper an, und eine starke Vorverlagerung beim Aufprall wird verhindert. Airbag und Gurtstraffer benötigen für ihre Arbeit eine bestimmte Gasmenge, die beim Mercedes aus einem Fest-Treibstoff gewonnen wird.

Meldet das elektronische Auslösegerät vor dem Schalthebel eine Verzögerung, die einem Aufprall mit mehr als 15 – 18 km/h auf ein starres Hindernis entspricht, bekommen die Zündpillen in den Treibsätzen Strom, und schlagartig wird die Gasladung erzeugt. Das System besitzt weiterhin einen Energiespeicher, welcher die Zündpille der Gasgeneratoren selbst dann noch mit Strom versorgt, wenn die Batterie beim Aufprall herausgerissen wird.

SRS-Kontroll-Leuchte

Die ständige Funktionsbereitschaft wird durch ein eigenes Kontrollsystem überwacht. Beim Einschalten der Zündung leuchtet die »SRS«-Kontrolle für einige Sekunden auf und muss dann verlöschen. Tut sie dies nicht oder leuchtet sie während der Fahrt auf, liegt eine Störung vor.

Airbag, Gurtstraffer und Do it yourself

Gefahrenhinweis

Schon bei Transport und Lagerung des Airbags sind strenge Vorschriften zu beachten, ebenso für den Arbeitsplatz, an dem Ein- und Ausbau der Einheit vorgenommen werden. Überdies unterliegt der Gasgenerator, der mit seiner Festbrennstoff-Füllung im Fall eines Crashs für das blitzschnelle Aufblasen des Prallsacks sorgt, den Bestimmungen des Sprengstoffgesetzes. Der Hersteller lässt daher schon beim serienmäßigen Einbau nur speziell geschulte Fachkräfte ans Werk; in den Werkstätten werden Mechaniker für Airbag-Arbeiten extra qualifiziert. Wir raten Ihnen daher dringend von Arbeiten an einem Lenkrad mit Airbag und am Beifahrer-Airbag ab. Das gilt auch für Schönheitsreparaturen, bei denen Sie zum Beispiel ein Lenkrad mit Holz- oder Lederbezug nachrüsten. Der Umgang mit dem Airbag ist in jedem Fall ein Job für die Werkstatt.

Die Vordersitze des Mercedes sind mit Gurtstraffern ausgestattet, die bei einem Crash die Sicherheitsgurte schlagartig anziehen. Aktiviert werden die Gurtstraffer von elektrisch gezündeten Gasgeneratoren. Dieses Rückhaltesystem ist fürs Do it yourself tabu. Montage und Demontage der Gurtstraffer sind Sache der Werkstatt, die dabei strenge Sicherheitsvorschriften einhalten muss.

Vorsicht bei Arbeiten unterm Fahrzeug

Wenn Sie an der Karosserie arbeiten, dürfen Sie nicht ohne weiteres in der Umgebung der Gurtrolle mit Schlagschrauber oder Hammer arbeiten – die Gurtstraffer reagieren empfindlich auf Vibrationen und harte Schläge und können auslösen. Ziehen Sie zur Sicherheit vor allen Arbeiten unter dem Fahrzeug die Sicherung für die Gurtstraffer ab und warten Sie fünf Minuten, bis sich die Kondensatoren entladen haben.

- Nach einem Unfall ist das System zu überprüfen und ggf. müssen der Airbag oder die vorderen Gurte erneuert werden.
- Vor Montagearbeiten am System, Lenkradausbau und vor Schweißarbeiten immer beachten: Airbag-Einheiten dürfen nie 100°C ausgesetzt werden.
- Fahrer-Airbag immer mit Polsterplatte nach unten ablegen.
- Airbag-Einheiten niemals unbeaufsichtigt lassen.
- Airbag-Einheiten sind stoßempfindlich. Fallen sie aus 50 cm und mehr Höhe auf den Boden, sind sie schrottreif.

Leitungen und Sicherungen

Im Ihrem Mercedes sind Einzelkabel häufig zu ganzen Kabelbündeln in schwarzer Umhüllung zusammengefasst, was die Suche nach einem bestimmten Kabel erschwert. Orientierungshilfe bieten in diesem Fall die zahlreichen Mehrfachsteckverbindungen, von denen Anzahl der Kabel und genaue Lage in den Stromlaufplänen in diesem Kapitel verzeichnet sind. Der Querschnitt eines Kabels wird je nach Stromanspruch des betreffenden Verbrauchers gewählt: Ein Kontrolllämpchen kommt mit 0,5 mm^2 Kabelstärke aus, der Anlasser braucht dagegen ein 16-mm^2-Kabel. Ein zu dünnes Kabel heizt sich auf, und die Spannung fällt ab. Dann kommen statt der erwünschten 12 Volt z.B. an den Scheinwerfern vielleicht nur 10 oder 9,5 Volt an – das Licht wird trübe.

An den meisten Stromverbrauchern sind zwei Kabel angeschlossen. Doch oft lässt sich nur eine Leitung vom Verbraucher zur Batterie oder zum Generator zurückverfolgen. Die andere ist meist schon nach wenigen Zentimetern am Blech der Karosserie, am Motor oder am Getriebe festgeschraubt oder an einer Steckerzunge eingesteckt. Die Automobilbauer machen sich hier ein physikalisches Prinzip zunutze – Metallteile, in der Autoelektrik als Masse bezeichnet, können nämlich Strom leiten. Man spart daher die langen Kabel für die Rückleitung des Stroms zum Minuspol der Batterie ein und überlässt diese Aufgabe der Masse. Wenn ein Verbraucher nicht funktioniert, liegt dies häufig an der fehlenden Masseverbindung. Er holt sich dann den Kontakt zur Fahrzeugmasse auf Umwegen und stiftet dabei Verwirrung im elektrischen System. Etwas Zähigkeit erfordert es schon, sich in die Autoelektrik einzuarbeiten. Doch unter Zuhilfenahme der Sicherungstabelle und der verschiedenen Stromlaufpläne in diesem Buch werden Sie sich bald zurechtfinden.

Minus kommt an Masse

Die Stromzuführung zum Verbraucher erfolgt durch ein Kabel, das sich mehr oder weniger kompliziert immer zur Batterie zurückverfolgen lässt, wie das auch die Stromlaufpläne zeigen. Die Rückleitung besorgen die elektrisch leitenden Metallteile von Karosserie oder Motor. Auf diese Weise wird eine Menge Kabel gespart. In manchen Fällen ist jedoch trotzdem ein kurzes Stück Kabel für die Rückleitung unumgänglich – nämlich dann, wenn der Stromverbraucher nicht direkt auf Metall sitzt. Diese so genannten Masseleitungen führen immer zu einem der Massepunkte oder Massestellen, die über die Karosserie verteilt sind und an denen die Kabelösen festgeschraubt sind.

Auch der Minuspol der Batterie ist natürlich mit der Karosserie – der »Masse« wie der Autoelektriker sagt verbunden. Denken Sie immer daran: »Minus kommt an Masse«.

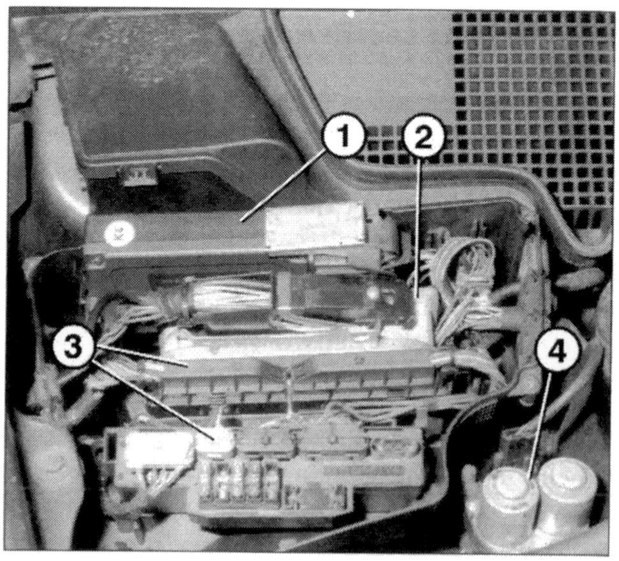

Unter einer Abdeckung gegen Feuchtigkeit und Spritzwasser geschützt, ist hinten rechts im Motorraum der so genannte Aggregateraum eingerichtet.
❶ ABS-/ETS-Steuergerät, ❷ EDS-Steuergerät, ❸ Steckverbindungen für ausstattungsabhängig unterschiedliche elektronisch gesteuerte Geräte, ❹ Duoventile für Fahrzeugheizung.

Kabelfarben mit System

Das bunte Kabelgewirr im Auto ist eigentlich ganz gut geordnet, denn viele Einzelheiten der Kraftfahrzeug-Elektrik sind genormt. Die Zahlen an verschiedenen Bauteilen und Kabelanschlüssen sowie in den Schaltplänen haben in allen deutschen und in manchen ausländischen Fahrzeugen dieselbe Bedeutung.

- **Klemme 15** erhält nur bei eingeschalteter Zündung (Zündschloss-Raste »II«) Strom ab Zündschloss, wobei außer den Zündspulen jene Stromverbraucher versorgt werden, die nur bei Betrieb des Fahrzeugs Strom erhalten sollen. Die Kabel an den Normklemmen 15 besitzen vielfach eine schwarze Ummantelung, meist noch mit farbigen Zusatzstreifen bei bestimmten Stromverbrauchern.
- **Klemme 15R** ist eine Benennung für Anschlüsse, die in den Zündschlossrasten »I« und »II« sowie in Anlass-Stellung funktionieren sollen. Die Ummantelung ist häufig schwarz mit Zusatzstreifen.
- **Klemme 30** erhält dauernd Strom vom Pluspol der Batterie bzw. bei laufendem Motor von der Lichtmaschine. Das kann bei unvorsichtigem Umgang mit Werkzeug zu Kurzschlüssen und Funkenregen führen, wenn das Minuskabel der Batterie nicht abgenommen wurde. Diese stets stromführenden Kabel haben meist eine rote Umhüllung ggf. mit zusätzlichen Farbstreifen.
- **Klemme 30a** erhält abgesichert dauernd Strom vom Pluspol der Batterie. Meist werden die Fehlerspeicher in den Steuergeräten damit versorgt.
- **Klemme 31** ist die Masse-Klemme, mit der ein Stromverbraucher zur Fahrzeugmasse verbunden sein muss, damit der Stromkreis geschlossen ist. Diese Kabel sind braun umhüllt.
- **Klemme 49** ist für die Blink- und Warnblinkanlage zuständig. Die Kabelfarbe ist schwarz/grün mit Zusatzfarbstreifen.
- **Klemme 50** versorgt beim Starten den Anlasser. Die Leitungen haben violett als Grundfarbe.
- **Klemme 53** versorgt die Scheibenwischeranlage.
- **Klemme 56** ist für die Spannungszufuhr des Abblendlichts mit gelben Kabel sowie des Fernlichts mit weißen Kabeln zuständig.
- **Klemme 58** gehört zum Standlicht vorn sowie zu den Schluss- und Kennzeichenleuchten. Die Grundfarbe der Kabelumhüllung ist grau, jeweils mit zusätzlichen Farbstreifen.
- **Klemme 61** gehört zur Ladekontrolle (D+) mit blauer Leitungsfarbe.
- **Klemme 87** erhält meist wie Klemme 15 Spannung, nur ist ein Relais zwischengeschaltet, z. B. der Überspannungsschutz.

Kabelsteckverbindungen

Lange Zeit musste der ADAC in seiner Pannenstatistik lose Kabelsteckverbindungen als eine der häufigsten Pannenursachen vermerken – und das bei fast allen Autos. Mercedes hat diesem Übel, welches meist erst nach ca. sechs Jahren lästig wird, mehrere Riegel vorgeschoben. Zunächst sind sehr häufig teure versilberte Rundstecker eingebaut. Mehrfachstecker sind zusätzlich mechanisch gesichert. Klar, dass diese Sicherungen zum Abziehen des Steckers überwunden werden müssen. Entweder sind die Stecker durch einen Drahtbügel gesichert oder haben seitlich zwei Sicherungsrasten, die zum Abziehen niedergedrückt werden müssen. Manche sind mit einem Dreh- oder Hebelriegel gesichert. Wo immer möglich, sind Steckverbindung und Geräte möglichst gut gegen Feuchtigkeit geschützt.

Die Batterie-Plusleitungen

Um den Strom von der hinten eingebauten Batterie in den Motorraum zu bringen, ist an der Pluspol-Klemme eine dicke rote Batterie-Plusleitung angeschlossen. Die dicke schwarze Leitung mit 50 mm^2 ist am Kardantunnel entlang verlegt. Sie endet an einer 3poligen Leitungsverbindung (X4) beim Gaspedal. Von dort führen Leitungen zum Anlasser und zu allen anderen Verbrauchern im Fahrzeug wie Zündschloss, Sicherun-

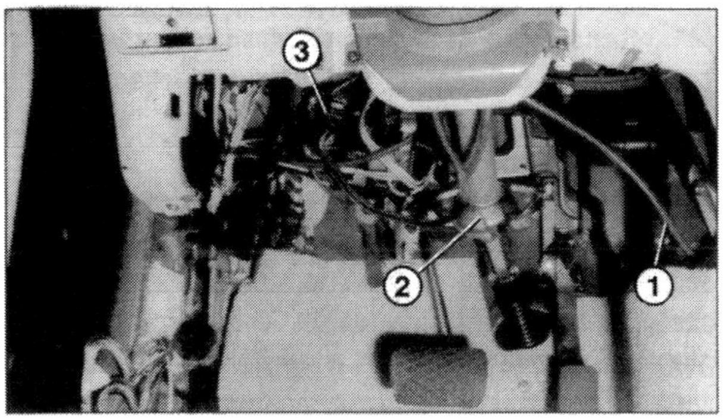

Bei abgenommener Fußraumverkleidung ist das von der Batterie kommende Pluskabel ❶ zu erkennen. ❷ Lenksäule mit Längenausgleich für verstellbares Lenkrad, ❸ roter Mehrfachstecker zum Airbag.

gen, Lichtmodul, Lichtmaschine, Heizung und zum Fremdstartpluspunkt (X 12/3) im Motorraum. An der Steckverbindung ist auch ein Kondensator (C2) zur Entstörung eingebaut.

Der Sicherungs- und Relaiskasten

Dieses zentrale Teil der Fahrzeugelektrik findet sich links hinten im Motorraum. Dort sind fünf Sicherungsblöcke (F1/1-5), die Diagnosesteckdose, das Taktmodul und ggf. das ADS-Steuergerät installiert. An der Unterseite des Sicherungs- und Relaiskastens sind farbig gekennzeichnete Mehrfachstecker zu finden. Zum Abziehen der Stecker müssen seitlich Verriegelungsschieber gedrückt werden. Einige stromzuführende Leitungen sind angeschraubt.

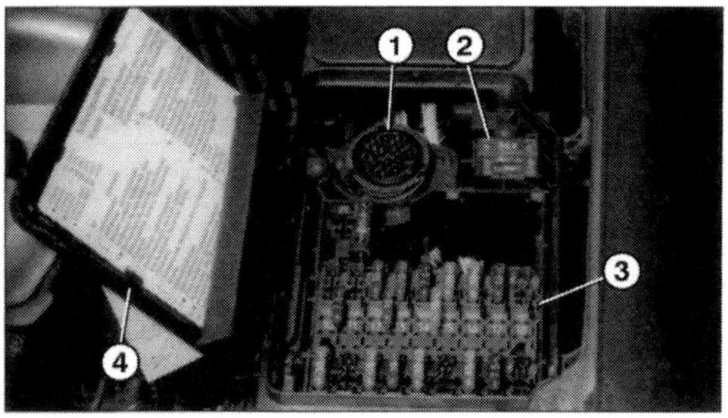

Auf der linken Fahrzeugseite neben dem Bremskraftverstärker sitzt der Sicherungs- und Relaiskasten. In ihm sind die meisten Sicherungen untergebracht. Zur Erleichterung bei einer Störung ist die Sicherungsbelegung im Deckel des Sicherungskastens untergebracht. ❶ Diagnosesteckdose, ❷ MAXI-Sicherungen, ❸ Sicherungsaufnahme für die gebräuchlichsten Sicherungen, ❹ Deckel des Sicherungskastens.

Die Sicherungen

Jedes elektrische Gerät im Auto braucht nur eine bestimmte, festgelegte Menge an Strom. Entsprechend diesem Stromverbrauch ist auch der Querschnitt des zugehörigen Kabels bemessen. Steigt der Stromverbrauch in diesem Stromkreis, etwa durch zusätzlich eingebaute Verbraucher oder gar durch einen Kurzschluss, wird das Kabel überlastet. Dadurch kann die Leitung warm werden oder gar zu glühen beginnen, wenn nicht rechtzeitig der Stromfluss unterbrochen wird. Und genau das erledigen die Sicherungen.
Damit Ihr Fahrzeug bei einem Defekt nicht gleich völlig ohne Strom dasteht, sind die Sicherungen auf verschiedene Stromkreise verteilt. Allerdings sind die Schaltungen zwischen Batterie, Generator, Anlasser und Zündschloss nicht von Sicherungen überwacht.

Flachstecksicherungen

In Ihrem Mercedes sind »Flachstecksicherungen« eingebaut. In ein durchscheinendes, eingefärbtes Kunststoffteil sind zwei Flachstecker eingebettet, die durch den Schmelzfaden verbunden sind.
Es werden zweierlei Größen verwendet: Im Motorraum und unter der Rücksitzbank sind MAXI-Sicherungen mit 30 oder 40 Ampere eingebaut. Die kleineren Sicherungen decken einen Strombereich von 7,5 – 20 Ampere ab. Zum leichteren Abziehen der Sicherungen ist dem Bordwerkzeug ein Werkzeug beigelegt. Reservesicherungen sind im vorderen Sicherungskasten zu finden. Besorgen Sie sich rechtzeitig Ersatz.
In Ihrem Mercedes können bis zu 56 (!) Sicherungen eingebaut sein, ein deutliches Anzeichen dafür, wie umfangreich in den letzten Jahren die Fahrzeugelektrik geworden ist.

Sicherungsbelegung

Die Sicherungsbelegung in den verschiedenen E-Klasse-Modellen ist baujahrabhängig und aufgrund der unterschiedlichen Ausstattung nicht bei allen Modellen gleich. Aus der Betriebsanleitung bzw. der Abdeckung des Sicherungskastens geht jedoch die für Ihren Mercedes zutreffende Sicherungsbelegung hervor.

Zur Unterscheidung der maximal zulässigen Nennstromstärke (Ampere) dienen die Kennfarben des Kunststoffteils: Braun – 7,5 A; Rot – 10 A; Blau – 15 A; Gelb – 20 A; Grün – 30 A, Orange – 40 A.

Sicherung wechseln

Arbeitsschritte

① Soll eine der Stecksicherungen ausgewechselt werden, können Sie sich dazu der kleinen Kunststoffzange bedienen, die dem Bordwerkzeug beigefügt ist.

② Mit dem Sicherungszieher die defekte Sicherung aus dem Steckplatz ziehen.

③ Neue Sicherung mit gleicher Amperestärke in den Steckplatz eindrücken. Achten Sie dabei auf korrekten Sitz.

④ Brennt die neue Sicherung sofort wieder durch, klären, ob eine zu schwache Sicherung eingesetzt wurde (siehe Sicherungstabelle).

⑤ War das nicht der Fall, anhand der Sicherungstabelle die angeschlossenen Verbraucher ermitteln und einzeln prüfen. Dabei hilft ggf. auch der zuständige Stromlaufplan.

Praxistipp

Sicherung auswechseln

- Brennt eine neu eingesetzte Sicherung nach kurzer Zeit wieder durch, muss der entsprechende Stromkreis überprüft werden.
- Auf keinen Fall Sicherung durch Draht, Büroklammer oder ähnliche Hilfsmittel ersetzen. Dadurch können ernsthafte Schäden an der elektrischen Anlage auftreten.
- Es empfiehlt sich, stets einige Ersatzsicherungen mitzuführen.

Sicherungs- und Relaiskasten im Motorraum

Nr	Abgesicherter Verbraucher	Abgesichert mit A
1	Zigarettenanzünder	15
2	BAS Bedien- und Anzeigesystem	7,5
3	Scheibenwischer, Wascherpumpe, Relais der Dualpumpe, Handschuhkastenleuchte	15
4	Warnsummer, Uhr, Heizmatik, Heizmatik/Motorrestwärme, Klima LC, Klimaautomatik	10
5	Blinker	15
6	BAS Bedien- und Anzeigesystem	15
7	Kombiinstrument, Heizmatik, Klima LC/Klimaautomatik, Relaismodul, Motronic	15
8	Klimaautomatik-Steuergerät, Klima LC-Steuergerät	7,5
9	nicht belegt	
10	nicht belegt	
11	BAS Zielführung, Heckwischer, Dualpumpe	7,5
12	Sicherheitsgurt mit Komfortautomatik, Sitzheizung vorne, Heckscheibenrollo	10
13	Sidebagsensoren, Radio	10
14	Zentrales Steuergerät, Infrarotsteuergerät, Einparkhilfe	7,5
15	Tankentlüftungsventil, Nockenwellensteller, Abgasrückführungsventil, Resonanzsaugrohrventil, Relais-02 Sondenheizung, Kickdown-Relais/EGS, Kickdown-Ventil, Ventil 2. Fahrprogramm, Steuergerät der Leuchtweitenregelung	15
16	Außenspiegelverstellung, Außenspiegelheizung, Abblendeinrichtung Innenspiegel, Waschdüsenheizung, Waschwasserheizung und Schlauchheizung	15
17	Infrarot-Steuergerät, Diagnosesteckdose, ADS-Lenkwinkelsensor	10
18	nicht belegt	
19	Zündspulen	15
20	Kühlerventilator(en)	40
21	nicht belegt	
22	Zentrales Steuergerät	30
23	Telefon, Regensensor	7,5
24	BAS CD-Wechsler, TV-Empfänger und Videorecorder	7,5
25	Zusatzheizung, Gebläse, Wasserpumpe und Duoventil	25
26	nicht belegt	

Sicherungskasten am Lichtmodul

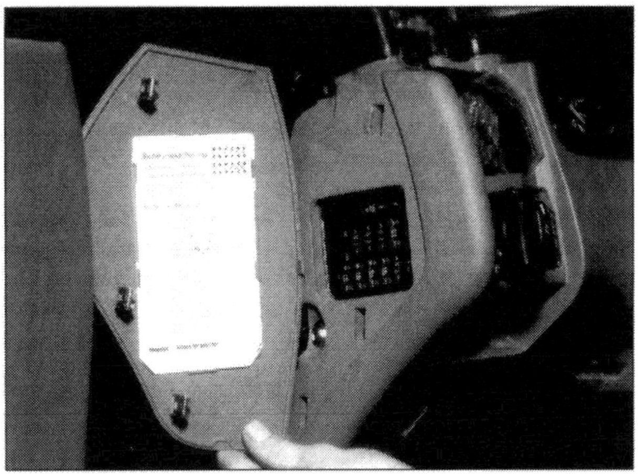

An der linken Armaturenbrettseite beim Lichtschalter sitzen die Sicherungen, die für die Außenbeleuchtung zuständig sind. Die Abdeckung kann mit einem Schraubendreher abgehebelt werden.

Nr	Abgesicherter Verbraucher	Abgesichert mit A
1	nicht belegt	
2	Bremslicht, Tempomat	15

Nr	Abgesicherter Verbraucher	Abgesichert mit A
3	Fernlicht rechts, Fernlichtkontrolle	7,5
4	Rückfahrlicht, Blinker, Heckwischer, Spiegel abblenden	15
5	Fernlicht links	7,5
6	Abblendlicht rechts	15
7	Park- und Schlusslicht rechts	7,5
8	Abblendlicht links	15
9	Nebellicht	15
10	Park- und Schlusslicht links	7,5
11	Kennzeichenbeleuchtung, Kombiinstrumentenbeleuchtung	7,5
12	Nebelschlusslicht	7,5
14	Sitzverstellung vorne rechts	25
15	BAS Telefon	7,5
16	BAS Soundsystem	25
17	nicht belegt	
18	Sitzheizung vorne	20
19	Heckscheibenheizung, Diebstahlwarnanlage	40
20	nicht belegt	

Sicherungskasten im Batterieraum

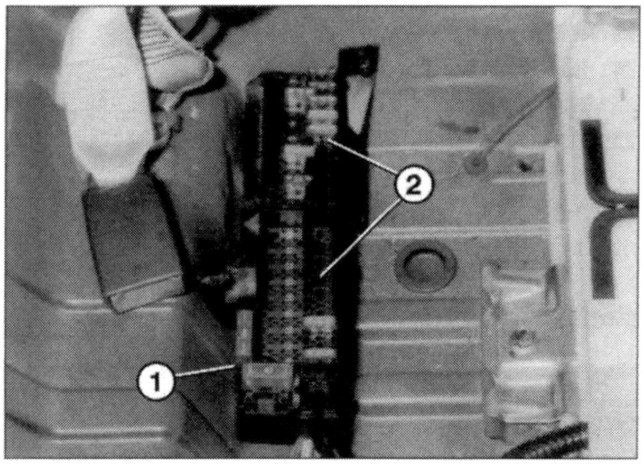

Weitere Sicherungsblöcke ❷ inklusive MAXI-Sicherungen ❶ sitzen unter der Rücksitzbank bei der Batterie.

Nr	Abgesicherter Verbraucher	Abgesichert mit A
1	Fensterheber hinten (über Zentralsteuergerät)	30
2	Fensterheber hinten (über Zentralsteuergerät)	30
3	Leuchten (über Zentralsteuergerät)	15
4	Schiebe-/Hubdach	25
5	Zentralverriegelung, Hupe, Radio, CD-Wechsler	25
6	Heckklappenverriegelung	20
7	Memorysystem für Lenksäulen-/Spiegelverstellung	30
8	Sitzverstellung vorne links	25
9	Sitzverstellung vorne links	25
10	Kühlbox, Innenraumschutz	10
11	BAS Zielführung, Videorecorder, Audio	10
12	Anhänger	25
13	Sitzverstellung vorne rechts	25

Die Schaltrelais

Technik-lexikon

- **Wozu werden Schaltrelais benötigt?** Schaltrelais verwendet man in erster Linie für leistungsstarke Stromverbraucher. Das hat folgenden Grund: Leitet man den Strom auf langen Kabelwegen über den dazugehörigen Schalter, gibt es Spannungsverlust. Außerdem werden die Schalterkontakte durch den hohen Stromfluss stark beansprucht. Bei einer Relaisschaltung benutzt man den Schalter nur für den geringen Schaltstrom, womit nicht der Verbraucher direkt, sondern dessen Relais eingeschaltet wird.

- **Funktion der Schaltrelais.** Stammt der Schaltbefehl nicht von einem Schalter, sondern vom rechten Aggregatraum im Motorraum, gilt dasselbe: Die empfindlichen Elektronikbauteile können hohe Ströme nicht weiterleiten, ohne Schaden zu nehmen.

- Beim Einschalten des betreffenden Verbrauchers wird im Relais durch den an Klemme 86 ankommenden »Schaltstrom« der Schaltstromkreis zu Klemme 85 (Masse) geschlossen.

- Dadurch zieht eine Magnetspule einen kräftigen Kontakt gegen Federdruck an und schließt so den Stromkreis für den »Arbeitsstrom«.

- Der Arbeitsstrom wird zur Vermeidung von Spannungsabfall auf kurzem Weg direkt an Klemme 30 des Relais herangeführt und von dort weiter – bei geschlossenen Schalterkontakten – über Klemme 87 an den Stromverbraucher weitergeleitet.

- Bisweilen ist noch eine Klemme 87a vorhanden. Die ist fest mit Klemme 87 verbunden, hat also dieselbe Funktion.

Praxistipp

Störungssuche am Schaltrelais

- An Klemme 30 muss immer Spannung anliegen, sofern es sich nicht um ein Relais handelt, dessen Verbraucher von einem anderen abhängt. Beispiel: Das Relais der Kraftstoffpumpe erhält nur dann Strom, wenn die Einspritzanlage arbeitet.
- Zur Kontrolle der Stromversorgung Relais herausziehen und mit Prüflampennadel Klemme 30 im Relaissockel antippen. Kein Strom: Zuleitung defekt.
- Relais abziehen, Klemme 86 mit Batterie-Plus und Klemme 85 mit Masse verbinden. Die Magnetspule muss den Relaiskontakt deutlich hörbar anziehen, sonst ist das Relais defekt.
- Behelf bei defektem Schaltrelais: Relais aus dem Stecksockel abziehen. Klemme 30 und 87 im Relaissteckfeld mit einer Büroklammer oder einem kurzen Drahtstück überbrücken. Dadurch erhält der betreffende Verbraucher Dauerstrom. Zum Abschalten die Kurzschlussbrücke abziehen, da der betreffende Schalter in diesem Fall ja überbrückt.

Kombirelais

Dieses große Relais mit mehreren Arbeitskontakten reduziert den Teileaufwand in der Elektrik etwas. Es ist für das Richtungs- und Warnblinken, die Heckscheibenheizung und für die Spannungsversorgung des Wischermotors zuständig.

Komfortrelais

Bei Fahrzeugen mit elektrischen Fensterhebern und/oder Schiebedach ist dieses Relais hinter der linken Kofferraumverkleidung platziert. Wird die Taste der Fernbedienung länger gedrückt bzw. an einer der Vordertüren oder am Kofferraumdeckel der Schlüssel für einige Sekunden am rechten Anschlag gehalten, sorgt das Komfortrelais dafür, das Schiebedach und Fenster schließen.

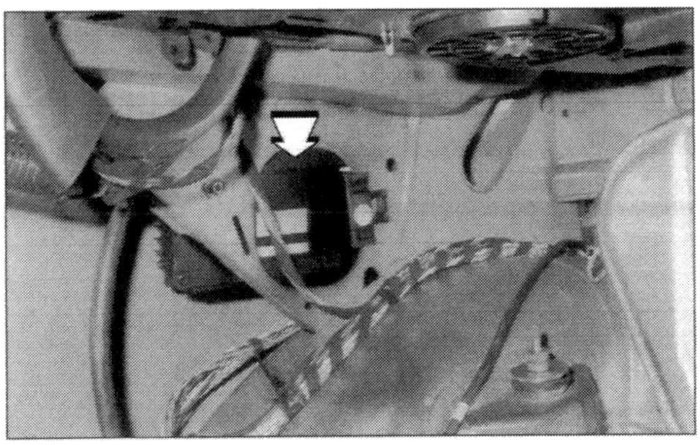

Das Komfortrelais (Pfeil) zum Schließen der Fenster und des Schiebedaches sitzt hinter der linken Kofferraumverkleidung.

Die Schaltpläne

Bei der Darstellung der elektrischen Einrichtungen und Leitungsverbindungen ist Mercedes neue Weg gegangen: Was früher noch in einem Gesamtschaltplan unterzubringen war, musste bei der E-Klasse in zahlreiche Funktionsgruppen getrennt werden. In dieser – aus dem gedachten Gesamtschaltplan herausgegriffenen – Teildarstellung ist dann alles enthalten, was zum Verstehen dieser Baugruppe dazugehört: Bauteilnamen, Stecker-Nummerierungen, Kabelfarben etc. – eine Tabelle mit allen Abkürzungen und Bezeichnungen ist nachfolgend angefügt. Nachteil dieser Darstellungsweise ist das ständig notwendige Blättern, wenn eine Querverbindung gesucht werden soll. Die Anwendung der Schaltpläne schafft nicht immer den gewünschten Überblick, aber ohne das Vermögen, »elektrisch denken zu können«, werden Sie mit der Elektrik in Ihrem Mercedes ohnehin nur schwer zurechtkommen.

Aufbau der Schaltpläne

Im Schaltplan ist ein Stromkreis mit dem kürzestmöglichen Kabelweg – dem Strompfad – gezeichnet, ohne Rücksicht auf die Einbaulage im Fahrzeug. Bauteile mit mehreren Funktionen können auf mehrere Pfade aufgeteilt sein.

Praxistipp

Schaltpläne für Ihren Mercedes

Die gesamten Schaltpläne für die in diesem Buch behandelten Modelle füllen zwei DIN A4 Ordner. Dieser Umfang kann natürlich hier im Buch nicht wiedergegeben werden. Wir haben uns für eine Auswahl der unserer Ansicht nach am häufigsten benötigten Pläne entschieden. Wer sich den kompletten Schaltplanordner zulegen möchte, kann ihn bei seinem Mercedes-Händler oder einer Mercedes-Niederlassung bestellen.

- **Stromzufuhr:** Oben im Schaltplan ist meist die Plus-Seite dargestellt. Von hier kommt der Strom von einer Sicherung, deren Klemmenbezeichnung, Nummer und Stärke angegeben ist.
- **Sicherungen:** Mit dem Kennbuchstaben »F« und einer nachfolgenden Zahl sind die im Sicherungshalter sitzenden Sicherungen bezeichnet. Die Nummerierung entspricht ihrem Platz im Sicherungs- und Relaiskasten (siehe dazu Tabellen auf den Seiten 249/250).
- **Leitungen:** Die elektrischen Leitungen sind vor der Farbbezeichnung mit dem Querschnitt ihrer Kupferseele angegeben. Die Kabelfarben und deren Abkürzungen finden Sie nachfolgend.
- **Steckverbindungen:** Sie tragen grundsätzlich den Kennbuchstaben »X«. Anhand der nachfolgenden Nummer lässt sich aus einer Tabelle herausfinden, wo der Stecker im Fahrzeug eingebaut ist.
- **Bauteile:** Alle elektrischen Bauteile sind in den Schaltplänen mit Kennbuchstaben und nachgestellten Unterscheidungsziffern angegeben. So bedeuten z. B. A – Baugruppen, Empfänger, Sender; B – Geber, Temperaturgeber; E – Glühlampen; F – Sicherungen; G – Stromquellen; H – Signaleinrichtungen; K – Relais; L – Spulen, Induktivgeber; M – Motoren; N – Steuergeräte; R – Widerstände; S – Schalter; T – Zündspulen; W Massestellen; X – Stecker, Leitungsverbinder; Y – Ventile; Z – Lötstellen im Leitungssatz.
- **Schaltzeichen:** Zur Darstellung der Bauteile werden genormte Schaltzeichen verwendet, wobei alle Schalter und Kontakte den Zustand des stehenden, abgeschlossenen Fahrzeugs mit getretener Feststellbremse zeigen.
- **Klemmen- oder Pinbezeichnungen:** Ein- oder zweistellige Ziffern, ggf. mit Zusatzbuchstaben im Schaltplan finden sich gleichlautend an den Anschlussklemmen des entsprechenden Bauteils.
- **Masse:** Karosserie, Motor oder Getriebe dienen in der Autoelektrik zur Rückleitung des Stromes – man spricht hier von »Masse«. Im Schaltplan ist jeder Masseanschluss mit »W« bezeichnet.
- **Verschiedene Ausführungen:** In den Schaltplänen sind auch Unterschiede je nach Ausstattung dargestellt. Die Teile sind strichpunktiert umrahmt und mit Abkürzungen bezeichnet (siehe Abkürzungsverzeichnis). Die Leitungen sind abgebrochen dargestellt. Wenn Sie die Ausstattungsvariante Ihres Fahrzeuges gefunden haben, müssen Sie diese bildlich unter die abgebrochenen Leitungen rücken und die Leitungsverbindung so herstellen.
- **Farbkennzeichnungen der Kabel:** bl – blau; br – braun; ge – gelb; gn – grün; gr – grau; rs – rosa; rt – rot; sw – schwarz; tr – transparent; vi – violett; ws – weiß.

Benennung elektrischer Teile und deren Abkürzung

1-5/6	Positionsgeber Kurbelwelle ERE/EVE
220/1	Abschirmung in Isolierschlauch eingelegt
237/2	Endhülse CAN-Motor-Bus (low)
27/24	Endhülse Klemme 87
27/25	Endhülse Klemme 87 ungesichert (Motronik/Relaismodul)
825/2	Sollwertgeber ERE/EVE
A1	Kombiinstrument
A16	Klopfsensoren
A16/1	Klopfsensor 1 links
A16/2	Klopfsensor 2 rechts
A1e1	Kontrollleuchte, Blinker links
A1e11	Warnleuchte Kühlmittelstand
A1e12	Warnleuchte Ölstand
A1e13	Warnleuchte Scheibenwaschwasserstand
A1e14	Warnleuchte Glühlampenausfall
A1e15	Kontroll-/Warnleuchte Airbag SRS
A1e16	Vorglühkontrollleuchte
A1e17	Kontrollleuchte ABS
A1e2	Kontrollleuchte, Blinker rechts
A1e21	Warnleuchte ASR
A1e22	Kontrollleuchte ASR
A1e27	Warnleuchte ADS, Federung
A1e3	Kontrollleuchte Fernlicht
A1e35	Kontrollleuchte ETS
A1e36	Warnleuchte ETS
A1e37	Warnleuchte Hydraulikölstand
A1e4	Warnleuchte Kraftstoffreserve
A1e44	Beleuchtung Multifunktionsanzeige weiß
A1e45	Beleuchtung Multifunktionsanzeige rot
A1e5	Ladekontroll-/Warnleuchte Generator
A1e6	Warnleuchte Bremsbelagverschleißanzeige
A1e7	Warnleuchte Bremsflüssigkeit/Feststellbremse
A1e8	Instrumentenbeleuchtung
A1e9	Warnleuchte Sicherheitsgurt
A1h1	Warnsummer
A1p1	Temperaturanzeige Kühlmittel
A1p2	Kraftstoffanzeige-Instrument
A1p4	Außentemperaturanzeige
A1p5	Drehzahlmesser
A1p6	Elektronische Uhr
A1p8	Elektronischer Tachometer
A1r1	Regelwiderstand Instrumentenbeleuchtung
A2	Radio
A2/29	Radio und Navigationsbedienteil, APS
A2/30	Navigationsrechner, APS
A26/7	Empfängereinheit Infrarot-Fernbedienung Innenspiegel
A32	Umlufteinheit Heizungssysteme
A32m1	Gebläsemotor
A32n1	Gebläseregler
A37	Pneumatische Steuereinheit (PSE), Kombifunktionen
A42b2	Sensor links mitte, Stoßfänger vorn
A42b3	Sensor links innen, Stoßfänger vorn
A42b4	Sensor rechts innen, Stoßfänger vorn
A42b5	Sensor rechts mitte, Stoßfänger vorn
A42b6	Sensor rechts außen, Stoßfänger vorn
A43	Sensoreinheit Parktronic-System (PTS), Stoßfänger hinten
A43b10	Sensor links außen, Stoßfänger hinten
A43b7	Sensor rechts außen, Stoßfänger hinten
A43b8	Sensor rechts innen, Stoßfänger hinten
A43b9	Sensor links innen, Stoßfänger hinten
A44/1	Warnanzeige Parktronic-System (PTS), Instrumententafel links
A44/3	Warnanzeige Parktronic-System (PTS), Deckenleuchte hinten
A44/4	Warnanzeige Parktronic-System (PTS), Instrumententafel mitte
A45	Kontaktspirale Fanfaren/Airbag
A45x2	Steckverbindung Kontaktspirale/Relais Fanfaren
A50	Taxameter
A51	Hinterachssensor Leuchtweitenregulierung
A52	Vorderachssensor Leuchtweitenregulierung
A6	Heizgerät Standheizung/Zuheizer
A7/3m1	Hochdruck-/Rückförderpumpe
A7/3y10	Magnetventil hinten links, Druck halten
A7/3y11	Magnetventil hinten links, Druck abbauen
A7/3y12	Magnetventil hinten rechts, Druck halten
A7/3y13	Magnetventil hinten rechts, Druck abbauen
A7/3y14	Rücklauf-Magnetventil
A7/3y15	Ansaug-Magnetventil
A7/3y16	Vorlade-Magnetventil Vorderachse
A7/3y17	Vorlade-Magnetventil Hinterachse
A7/3y18	Umschaltventil Vorderachse
A7/3y19	Umschaltventil Hinterachse
A7/3y5	Umschalt-Magnetventil
A7/3y6	Magnetventil vorn links, Druck halten
A7/3y7	Magnetventil vorn links, Druck abbauen
A7/3y8	Magnetventil vorn rechts, Druck halten

A7/3y9	Magnetventil vorn rechts, Druck abbauen
B10/1	Temperaturfühler Wärmetauscher
B10/4	Temperaturfühler Innenluft
B10/4b1	Temperaturfühler
B10/4m1	Belüftungsgebläse
B10/4x1	Steckverbindung Temperaturfühler Innenluft
B11	Temperaturfühler Kühlmittel
B17	Temperaturfühler Ansaugluft
B19	Temperaturfühler KAT
B19/1	Steckverbindung Temperaturfühler KAT
B2/5	Heißfilm-Luftmassenmesser
B24/2	Querbeschleunigungssensor
B24/3	Beschleunigungssensor Aufbau vorn links
B24/4	Beschleunigungssensor Aufbau vorn rechts
B24/6	Beschleunigungssensor Aufbau hinten rechts
B28	Druckgeber
B28/3	Hubgeber ARF
B34	Bremsdrucksensor ESP
B38	Regensensor
B4	Geber Kraftstoffanzeige
B6/1	Hall-Geber Nockenwelle
C2	Elko Entstörung-Generator/Batterieleitung
CZ7	Endhülse Klemme 30
E1	Leuchteinheit links
E18/1	Kofferraumleuchte
E1e1	Fernlicht
E1e3	Standlicht/Parklicht
E1e8	Abblendlicht Xenon-Scheinwerfer
E1m1	Motor Leuchtweitenregulierung
E1n1	Steuergerät Xenon-Scheinwerfer
E1n2	Zündgerät Xenon-Scheinwerfer
E2	Leuchteinheit rechts
E25/3	Innenleuchte D-Säule links
E25/4	Innenleuchte D-Säule rechts
E2e1	Fernlicht
E2e3	Standlicht/Parklicht
E2e8	Abblendlicht Xenon-Scheinwerfer
E2m1	Motor Leuchtweitenregulierung
E2n1	Steuergerät Xenon-Scheinwerfer
E2n2	Zündgerät Xenon-Scheinwerfer
E3	Schlussleuchte links
E3e5	Nebelschlusslicht
E4	Schlussleuchte rechts
E4e5	Nebelschlusslicht
F1	Sicherungs- und Relaiskasten
F1-1	Sicherung 1, Klemme 15R
F1-10	Sicherung 10, Klemme 15
F1-11	Sicherung 11, Klemme 15
F1-12	Sicherung 12, Klemme 15R
F1-13	Sicherung 13, Klemme 15R
F1-14	Sicherung 14, Klemme 56b
F1-15	Sicherung 15, Klemme 15
F1-16	Sicherung 16, Klemme 15
F1-17	Sicherung 17, Klemme 30
F1-18	Sicherung 18, nicht belegt
F1-19	Sicherung 19, Klemme 15
F1-2	Sicherung 2, Klemme 15R
F1-20	Maxi-Sicherung 20, Klemme 30
F1-21	Sicherung 21, nicht belegt
F1-22	Sicherung 22, Klemme 15R
F1-23	Sicherung 23, Klemme 15R
F1-24	Sicherung 24, Klemme 15R
F1-25	Sicherung 25, Klemme 30
F1-26	Sicherung 26, nicht belegt
F1-3	Sicherung 3, Klemme 15R
F1-4	Sicherung 4, Klemme 30
F1-5	Sicherung 5, Klemme 30
F1-6	Sicherung 6, Klemme 30
F1-7	Sicherung 7, Klemme 15
F1-8	Sicherung 8, Klemme 15X
F1-9	Sicherung 9, Klemme 30
F4	Sicherungsdose Fond
F4-1	Sicherung 1, Klemme 30
F4-10	Sicherung 10, Klemme 30
F4-11	Sicherung 11, Klemme 30
F4-12	Sicherung 12, Klemme 30
F4-13	Sicherung 13, Klemme 30
F4-14	Sicherung 14, Klemme 30
F4-15	Sicherung 15, Klemme 30
F4-16	Sicherung 16, Klemme 30
F4-17	Sicherung 17, Klemme 30
F4-18	Sicherung 18, Klemme 30
F4-19	Maxi-Sicherung 19, Klemme 30
F4-2	Sicherung 2, Klemme 30
F4-20	Maxi-Sicherung 20, nicht belegt
F4-3	Sicherung 3, Klemme 30
F4-4	Sicherung 4, Klemme 30
F4-5	Sicherung 5, Klemme 30
F4-6	Sicherung 6, Klemme 30
F4-7	Sicherung 7, Klemme 30
F4-8	Sicherung 8, Klemme 30
F4-9	Sicherung 9, Klemme 30
G1	Batterie
G2	Generator
G3/1	O2-Sonde nach KAT
G3/1x1	Steckverbindung O2-Sonde nach KAT
H2	Fanfaren
K26/2	Relais Umschaltung Wascherpumpe
K40	Relaismodul
K40/6	Sicherung Fanfaren
K40f1	Sicherung ETS/ASR/ESP
K40f5	Sicherung Kraftstoffpumpe
K40f6	Sicherung Fanfaren
K40k1	Relais Kraftstoffpumpe
K40k2	Relais Motor Klemme 87, ungesichert
K40k3	Relais EFP
K40k4	Relais Fanfaren
K40k5	Relais Elektronisches Traktionssystem (ETS)/ASR
K40k6	Relais Luftpumpe
K40k7	Relais Motor Klemme 87, HFM
K40k8	Relais Electronic Diesel-Control (EDC)
K52	Relais Nebelschlusslichtabschaltung
K54	Relais Schließrückmeldung
L11	Spule für Transponder
L5	Positionsgeber Kurbelwelle
L5/6	Positionsgeber Kurbelwelle ERE/EVE
L5/6x1	Steckverbindung Positionsgeber Kurbelwelle ERE/EVE
L6/1	Drehzahlgeber vorn links
L6/2	Drehzahlgeber vorn rechts
L6/3	Drehzahlgeber hinten links
L6/3x1	Steckverbindung Drehzahlgeber hinten links
L6/4	Drehzahlgeber hinten rechts
L9	Nadelbewegungsgeber
L9x1	Steckverbindung Nadelbewegungsgeber
M1	Starter
M12/1	Schiebe-Hebe-Dach
M12/1k1	Relais 1 Schiebe-Hebe-Dach
M12/1k2	Relais 2 Schiebe-Hebe-Dach
M12/1m1	Motor Schiebe-Hebe-Dach
M12/1s1	Mikroschalter Endabschaltung »auf«
M12/1s2	Mikroschalter Endabschaltung »oben«
M12/1s3	Mikroschalter Endabschaltung »unten«
M12/1s4	Mikroschalter Endabschaltung »zu«
M13	Heizwasserumwälzpumpe
M15	Vorladepumpe ASR/ESP
M16/1	Stellglied Elektronisches Fahrpedal (EFP)/ Tempomat (TPM)/Leerlaufregelung (LLR)
M16/1k1	Magnetkupplung
M16/1m1	Stellmotor
M16/1r1	Istwert-Potentiometer
M16/1r2	Istwert-Potentiometer
M16/1s1	Schalter Sicherheitskontakt (Schleppkontakt)
M16/1s2	Schalter Leerlaufsicherheitskontakt
M16/1x1	Steckverbindung Stellglied Elektronisches Fahrpedal (EFP)/Tempomat (TPM)/Leerlaufregelung (LLR)
M16/2	Stellglied Tempomat (TPM)/Leerlaufregelung (LLR)
M16/2k1	Magnetkupplung
M16/2m1	Stellmotor
M16/2r1	Istwert-Potentiometer Drosselklappe
M16/2r2	Istwert-Potentiometer Antrieb
M16/2s1	Schalter Sicherheitskontakt
M16/2s2	Schalter Leerlauferkennung
M16/2x1	Steckverbindung Stellglied Tempomat (TPM)/Leerlaufregelung (LLR)
M16/6	Stellglied Leerlaufregelung (LLR)
M16/6m1	Stellmotor
M16/6r1	Istwert-Potentiometer Drosselklappe
M16/6r2	Istwert-Potentiometer Antrieb
M21 /4	Außenspiegel links, elektrisch verstellbar, beheizt, mit Memory
M21/5	Außenspiegel rechts, elektrisch verstellbar, beheizt, mit Memory
M3	Kraftstoffpumpe
M33	Luftpumpe
M5/1	Wascherpumpe
M6/1	Wischermotor
M6/4	Wischermotor Rückwandtür
N10-1	Steuergerät Kombifunktionen
N14/2	Glühendstufe
N15/3	Steuergerät EGS
N18	Steuer- und Bediengerät Heizungsautomatik (HAU)
N19	Steuer- und Bediengerät Klimaanlage
N2/2	Steuergerät Gurtstraffer (GUS) mit Airbag (AB)
N22	Steuer- und Bediengerät Klimatisierungsautomatik (KLA)
N3/10	Steuergerät Motorelektronik (ME)
N3/4	Steuergerät Heißfilm Motorsteuerung (HFM)
N3/7	Steuergerät ERE
N3/8	Steuergerät EVE
N32/1	Steuergerät Verstellung Vordersitz links, mit Memory
N32/2	Steuergerät Verstellung Vordersitz rechts, mit Memory
N4/3	Steuergerät Tempomat (TPM)/Leerlaufregelung (LLR)
N47-1	Steuergerät ASR/PML
N47-2	Steuergerät ETS/PML
N47-5	Steuergerät ESP/PML
N49	Lenkwinkelsensor
N51	Steuergerät ADS, Federung
N54	Steuergerät Infrarotbedienung (IFZ)
N54/1	Steuergerät Infrarot Fahrberechtigungssystem
N62	Steuergerät Parktronic-System (PTS)
N64	Drehgeschwindigkeitssensor ESP
N65	Taktmodul (ETS, SRA, EDW, KLA)
N65k2	Relais Anlass-Sperre
N65k4	Relais Hochdruck-/Rückförderpumpe
N7-1	Lichtmodul
N71	Steuergerät Leuchtweitenregulierung
N76	Steuergerät Zusatzlüfter/Elektrischer Sauglüfter
R25/2	Sollwertgeber ERE/EVE
R25/2r1	Potentiometer Sollwertgeber
R25/2s1	Leerlaufkontaktschalter
R3	Zigarrenanzünder mit Ascherbeleuchtung, vorn
R3e1	Beleuchtung
R3r1	Heizelement
R3x1	Steckverbindung Zigarrenanzünder
R9	Glühkerzen
S10/1	Kontaktfühler Bremsbeläge vorn links
S10/2	Kontaktfühler Bremsbeläge vorn rechts
S10/4	Kontaktfühler Bremsbeläge hinten rechts
S11	Schalter Bremsflüssigkeitskontrolle
S12	Schalter Feststellbremskontrolle
S13/2	Schalter elektrisches Schiebe-Hebe-Dach (SHD)
S15	Schalter Heckdeckel Fernöffnung
S16/1	Startsperr- und Rückfahrlichtschalter
S16/10	Gangerkennungsschalter

S16/10s1 Rückfahrlichtschalter
S16/6 Kick-down-Schalter
S17/3 Türkontaktschalter vorn links
S17/4 Türkontaktschalter vorn rechts
S17/5 Türkontaktschalter hinten links
S17/6 Türkontaktschalter hinten rechts
S17/8 Schalter Kofferraumleuchte
S2 Startschalter
S26/1 Thermoschalter Beheizung Waschanlage
S29/3 Leerlauf Kontaktschalter
S35 Schalter Resonanzsaugrohr
S35/1 Schalter Resonanzsaugleitung
S4 Kombi-Schalter
S4/2 Schalter Fanfaren
S4/2x1 Steckverbindung Schalter Fanfaren
S40 Tastschalter Tempomat
S40/3 Schalter Kupplungspedal
S40s2 Verzögern/Fixieren
S40s3 Beschleunigen/Fixieren
S40s4 Ausschalten
S40s5 Kontrollkontakt
S40sl Wiederaufnahme aus Speicher
S40x1 Steckverbindung Tastschalter Tempomat (TPM)
S41 Schalter Kühlmittelstandskontrolle
S42 Schalter Scheibenwaschwasserstandskontrolle
S43 Schalter Ölstandskontrolle
S45/1 Schalter Komfort/Sport ADS
S4s3 Abblendschalter
S4s4 Wascherschalter mit Tipp-Wischen
S4s5 Schalter Wischen
S4x1 Steckverbindung Kombi-Schalter
S6/1 Schaltergruppe Cockpit
S6/1s2 Schalter ZV Innenbetätigung
S6/1s3 Schalter Kopfstützenentriegelung hinten
S68/9 Schalter Gurtschloss/Gurt-Tragekomfort, Sitz vorn links
S68/9x1 Steckverbindung Schalter Gurtschloss/Gurt-Tragekomfort, Sitz vorn links
S76/5 Schalter ASR OFF
S76/6 Schalter ESP-OFF
S77/2 Schalter Hydraulikölstand
S86/1 Schlossnuss-Schalter vorn links (Komfort)
S86/1s1 Schlossnuss-Schalter vorn links (Komfort), entsichern
S86/1s2 Schlossnuss-Schalter vorn links (Komfort), sichern
S87/1 Schlossnuss-Schalter vorn rechts (Komfort)
S87/1s1 Schlossnuss-Schalter vorn rechts (Komfort), entsichern
S87/1s2 Schlossnuss-Schalter vorn rechts (Komfort), sichern
S88/2 Schlossnuss-Schalter Heckdeckel (Komfort)
S88/2s1 Schlossnuss-Schalter Heckdeckel (Komfort), entsichern
S88/2s2 Schlossnuss-Schalter Heckdeckel (Komfort), sichern
S9/1 Bremslichtschalter
S95 Schalter Parktronic-System (PTS) ein/aus
T1/1 Zweifunkenzündspule 1, Zylinder 1 u. 4 (HFM/PMS)
T1/2 Zweifunkenzündspule 2, Zylinder 2 u. 3 (HFM/PMS)
T1/3 Zweifunkenzündspule 3, Zylinder 1 u. 6 (HFM/PMS)
U1 Gültig für USA
U12 Gültig für Linkslenker
U13 Gültig für Rechtslenker
U18 Gültig für Kombi-Instrument ohne CAN-Bus
U2 Gültig für alle (außer USA)
U23 Gültig für Motorelektronik (ME 1.0)
U24 Gültig für MG
U25 Gültig für AG
U26 Gültig für Motor 104
U29 Gültig für KLA
U3 Gültig für Elektronisches Traktionssystem (ETS)
U4 Gültig für Tempomat (TPM)
U50 Gültig für USA, J,CH,N,DK,FIN
U502 Gültig für Anhängerkupplung – Nachträglicher Einbau
U503 Gültig für Taxi
U505 Gültig für Elektronisches Fahrpedal (EFP)/Tempomat (TMP)/ Leerlaufregelung (LLR)
U506 Gültig für ADS
U507 Gültig für ESP
U512 Gültig für Niveauregulierung
U517 Gültig für alle (außer Motor 604)
U52 Gültig für Japan
U526 Gültig für Auto-Pilot-System
U527 Gültig für Elektronische Getriebesteuerung (EGS)
U54 Gültig für Xenon-Scheinwerfer und Leuchtweitenregulierung
U55 Gültig für Motor 604
U56 Gültig für Ausführung mit Sidebag
U57 Gültig für T-Limousine
U58 Gültig für Limousine und Limousine verlängert
U60 Nicht gültig für Gurt-Tragekomfort
U61 Gültig für Nebelschlusslicht (NSL) links
U64 Gültig für Nebelschlusslicht (NSL) rechts
U67 Gültig für Schlossnuss-Schalter, Linkslenker
U68 Gültig für Schlossnuss-Schalter, Rechtslenker
U69 Nicht gültig für Sitz- und Lenksäulenverstellung
U70 Gültig für Sitz- und Lenksäulenverstellung
U77 Gültig für Parameterlenkung (PML)
U8 Gültig für ASR
U85 Gültig für ETS/AG
U86 Gültig für ADS/ESP
U87 Gültig für Klimaanlage
U88 Gültig für Ausführung mit Regensensor
U9 Gültig für ETS/MG
U91 Gültig für Motorelektronik (ME 2.0)
U95 Gültig für HFM
U96 Gültig für Elektronisches Verteilereinspritzsystem (EVE)
U97 Gültig für Elektronisches Reiheneinspritzsystem (ERE)
W1 Hauptmasse (hinter Kombi-Instrument)
W10 Masse Batterie
W11 Masse Motor (elektrische Leitung angeschraubt)
W15/1 Masse Fußraum rechts
W15/2 Masse Fußraum links
W16/3 Leistungsmasse Radlauf links
W16/4 Leistungsmasse Radlauf rechts
W16/5 Masse Aggregateraum links, Elektronikmasse
W16/6 Masse Aggregateraum rechts, Elektronikmasse
W18 Masse Querträger, Sitz vorn links
W19 Masse Querträger, Sitz vorn rechts
W26 Masse Steuergerät Gurtstraffer (GUS)/Airbag (AB)
W29/8 Masse D-Säule links
W6/1 Masse Kofferraum Schlussleuchte links
X11/22 Prüfkupplung für Diagnose II
X11/4 Prüfkupplung für Diagnose
X12/3 Leitungsverbinder Klemme 30
X12/5 Leitungsverbinder Klemme 15/158 (Rahmenbodenanlage)
X18 Steckverbindung Cockpit/RBA
X21/1 Leitungsverbinder Bremslichtschalter
X22 Steckverbindung Motorraum/Motor
X22/1 Steckverbindung Motorraum/Motor, AG
X22/2 Steckverbindung Motorraum/Motor, Klemme 50
X22/3 Steckverbindung Motorraum/Motor Stellglied
X22/4 Steckverbindung Mechanisches Getriebe/Motor, 4polig
X25 Steckverbindung Motorraum/RBA (Diagnose)
X25/2 Steckverbindung Motorraum/RBA, TPM
X25/3 Steckverbindung Motorraum/RBA, EFP
X25/7 Steckverbindung Motorraum/RBA
X26 Steckverbindung Cockpit/Motorraum
X26/1 Steckverbindung Traktionssystem (Klemme 61e) Cockpit/RBA
X26/2 Steckverbindung Cockpit/Motorraum (Klemme 61e)
X26/27 Steckverbindung Parktronic-System (PTS), RBA/Stoßstange vorn
X35/1 Steckverbindung Tür vorn links/RBA
X35/2 Steckverbindung Tür vorn rechts/RBA
X35/27 Steckverbindung Parktronic-System (PTS), Warnanzeige RBA/Cockpit
X35/28 Steckverbindung Parktronic-System (PTS) RBA/Stoßstange hinten
X35/3 Steckverbindung Tür hinten links/RBA
X35/34 Steckverbindung Rahmen-Boden-Anlage (RBA)/Cockpit, Einspeisung Fondsicherungsdose
X35/4 Steckverbindung Tür hinten rechts/RBA
X4 Leitungsverbinder Klemme 30, Fußraum links
X58 Steckdose Anhängevorrichtung, 13polig
X58/4 Steckdose Laderaum
X58s1 Mikroschalter Anhängeerkennung
X62/1 Steckverbindung Drehzahlgeber/Bremsbelagverschleißanzeige hinten links
X62/19 Leitungsverbinder Drehzahlsignal ASR/Elektronisches Traktionssystem (ETS) vorn links
X62/2 Steckverbindung Drehzahlgeber/Bremsbelagverschleißanzeige hinten rechts
X62/21 Leitungsverbinder Drehzahlsignal ASR/Elektronisches Traktionssystem (ETS) hinten links
X62/6 Steckverbindung Vorderachse-Verteiler rechts (Aggregateraum)
X62/7 Steckverbindung Vorderachse-Verteiler links (Aggregateraum)
X63/5 Steckverbindung CAN-Bus, 2polig
X85/1 Steckverbindung Klimaleitungssatz/Motorleitungssatz
X88/1 Zwischensteckverbindung Wascherpumpe
Y1/1 Elektrohydraulischer Absteller
Y1/1b1 Temperaturfühler Kraftstoff
Y1/1y1 Stellglied
Y10 P-Ventil Parameterlenkung (PML)
Y13 Umschaltventil Frischluft/Umluftklappe
Y21 Duoventil
Y21y1 Wasserventil, linke Seite
Y21y2 Wasserventil, rechte Seite
Y22/6 Umschaltventil Resonanzsaugrohr
Y22/7 Umschaltventil Resonanzleitung
Y23/1 Reiheneinspritzpumpe (ERE)
Y23/111 Regelweggeber
Y23/112 Regelschieber-Istwert
Y23/1x1 Steckverbindung Mengenstellwerk ERE
Y23/2 Verteilereinspritzpumpe EVE
Y23/212 Positionsgeber Verteilerwelle
Y23/2r1 Abgleichwiderstand
Y23/2r2 Abgleichwiderstand
Y23/2x1 Steckverbindung Verteilereinspritzpumpe EVE
Y23/2y1 Abschaltventil
Y23/2y2 Rücklaufventil
Y23/2y3 Verstellventil
Y23/2y4 Zulaufventil
Y23/3 Verteilereinspritzpumpe (EVE)
Y23/311 Schieberweggeber
Y23/312 Regelschieber-Istwert
Y23/3b1 Kraftstofftemperaturfühler
Y23/3x1 Steckverbindung Verteilereinspritzpumpe (EVE)
Y23/3y1 Mengenstellwerk
Y27 Umschaltventil ARF
Y3/6 Elektrische Steuereinheit
Y3/6b1 Temperaturfühler
Y3/6n2 Drehzahlsensor 2
Y3/6n3 Drehzahlsensor 3
Y3/6s1 Anlass-Sperrkontakt
Y3/6y1 Regelmagnetventil, Modulierdruck
Y3/6y2 Regelmagnetventil, Schaltdruck
Y3/6y3 Magnetventil 1-2 und 4-5
Y3/6y4 Magnetventil 3-4
Y3/6y5 Magnetventil 2-3
Y3/6y6 Pulsweitenmoduliertes Magnetventil
Y31/1 Druckwandler ARF
Y31/2 Druckwandler Druckregelklappe
Y31/4 Druckwandler ARF/Druckregelklappe
Y49 Stellmagnet Nockenwellensteuerung
Y51y2 Magnetventil Vorderachse 2
Y51 Dämpfventil Vorderachse links
Y51y1 Magnetventil Vorderachse 1
Y52 Dämpfventil Vorderachse rechts
Y52y1 Magnetventil Vorderachse 1
Y52y2 Magnetventil Vorderachse 2
Y53 Dämpfventil Hinterachse links

Y53y1 Magnetventil Hinterachse 1
Y53y2 Magnetventil Hinterachse 2
Y54 Dämpfventil Hinterachse rechts
Y54y1 Magnetventil Hinterachse 1
Y54y2 Magnetventil Hinterachse 2
Y58/1 Umschaltventil Regenerierung
Y62 Kraftstoff-Einspritzventile
Y62y1 Ventil, 1. Zylinder
Y62y2 Ventil, 2. Zylinder
Y62y3 Ventil, 3. Zylinder
Y62y4 Ventil, 4. Zylinder
Y62y5 Ventil, 5. Zylinder
Y62y6 Ventil, 6. Zylinder
Y65/3 Ventil Heckdeckel-Fernöffnung ZV
Y66/1 Rückfahr-/Parksperre
Y6OX1 Steckverbindung Magnetventil Spritzversteller
Z13 Endhülse 5
Z14 Endhülse 6
Z20 Abschirmung in Isolierschlauch eingelegt
Z21/10 Endhülse Türkontakte (geschaltete Masse), Lötverbinder im Leitungssatz
Z21/11 Endhülse Kontrollleuchte Heckdeckel-Fernöffnung
Z21/3 Endhülse Türkontakt Fond (geschaltete Masse), Einspeisung aus Türkontaktschalter hinten links (S17/5) und hinten rechts (S17/6)
Z21/5 Endhülse Schlossnuss-Schalter 1 Heckdeckel, EDW/ZV
Z21/6 Endhülse Schlossnuss-Schalter 2 Heckdeckel, EDW/ZV
Z29/1 Endhülse Klemme 58L
Z3 Endhülse Klemme 15, ungesichert
Z3/11 Endhülse Klemme 15, Einspeisung aus Sicherung F1-7
Z3/26 Endhülse Klemme 15 ungesichert
Z3/28 Endhülse Klemme 15, Bremslicht
Z3/29 Endhülse Klemme 15 gesichert
Z30/1 Endhülse Blinker links, Cockpit
Z30/2 Endhülse Blinker rechts, Cockpit
Z30/3 Endhülse Blinker links, RBA
Z30/4 Endhülse Blinker rechts, RBA
Z36/1 Endhülse Masse, Parktronic-System (PTS), Sensoren hinten
Z36/2 Endhülse Spannungsversorgung, Parktronic-System (PTS), Sensoren hinten
Z36/3 Endhülse Masse, Parktronic-System (PTS), Sensoren vorn
Z36/4 Endhülse Spannungsversorgung, Parktronic-System (PTS), Sensoren vorn
Z37 Endhülse CAN-Innenraum-Bus, RBA (low)
Z37/1 Endhülse CAN-Innenraum-Bus, RBA (high)
Z37/13 Endhülse CAN-Motor-Bus, COC (low)
Z37/14 Endhülse CAN-Motor-Bus, COC (high)
Z37/2 Endhülse CAN-Motor-Bus (low)
Z37/3 Endhülse CAN-Motor-Bus (high)
Z38 Endhülse Rückfahrlicht
Z40 Endhülse Bremslichtsignal
Z41 Endhülse Tempomatabschaltung (Schlupfsignal)
Z42 Endhülse Anhängererkennung, Parktronic-System (PTS)
Z6 Endhülse Masse
Z6/20 Endhülse Masse Hecktür
Z6/8 Endhülse Sensormasse
Z6/8 Endhülse Sensormasse
Z6/8 Endhülse Sensormasse
Z6/8 Endhülse Sensormasse
Z7 Endhülse Klemme 30
Z7/1 Endhülse Klemme 30, Cockpit
Z7/24 Endhülse Klemme 87
Z7/25 Endhülse Klemme 87 ungesichert (Motronik/Relaismodul)
Z7/29 Endhülse Klemme 87 ungesichert, Einspeisung aus Relais Überspannungsschutz (K1)
Z7/33 Endhülse Klemme 30, Schiebe-Hebe-Dach (SHD)
Z7/5 Endhülse Klemme 87
Z81 Endhülse Klemme 58d
Z81/4 Endhülse Klemme 58d, Rahmen-Boden-Anlage (RBA)
Z83/6 Endhülse Schirm, Einspeisung aus EZL
Z84/3 Endhülse Stellglied, Elektronisches Fahrpedal (EFP) links (Signal +)
Z84/4 Endhülse Stellglied, Elektronisches Fahrpedal (EFP) links (Signal –)
Z89 Endhülse Drehzahlfühler Vorderachse rechts, Einspeisung aus Steuergerät ABS (N30), ASR (N30/1)/(N47-1), ETS (N47-2)
Z92 Endhülse TNA-SignalA
Z99/1 Endhülse Klemme 87, ASR/ETS
Z99/2 Endhülse Klemme 87, Elektronisches Fahrpedal (EFP)
Z99/3 Endhülse Klemme 87, Rahmen-Boden-Anlage (RBA)
Z99/4 Endhülse Lenkwinkel-Sensor

Werksinterne Abkürzungen und deren Bedeutung

4MATIC Automatisch geregelter 4-Radantrieb
AB Airbag
ABL Außenbeleuchtung
ABS Antiblockiersystem 4
ABW Abstandswarner
ADA Atmosphärendruckabhängiger Vollastanschlag
ADS Adaptives Dämpfungs-System
AG Automatisches Getriebe
AKR Antiklopfregelung
ALDA Atmosphärische Ladedruck-Anpassung
APS Auto-Pilot-System
ARA Antiruckelaufschaltung
ARF Abgasrückführung
ASA Automatische Spiegelabblendung
ASD Automatisches Sperr-Differential
ASF Abschaltventil Fahrberechtigungssystem
ASR Antriebs-Schlupf-Regelung
ATS Antennensysteme
BAS Brake Assist
CAN Control Area Network (Datenbus)
CDW CD-Wechsler
CV Cabriolet-Verdeck
DH Diagnose-Handbuch
EAG Elektronische Steuerung für Automatisches Getriebe
EDR Elektronische Diesel Regelung
EDS Elektronisches Diesel-System
EDW Einbruch-Diebstahl-Warnanlage
EFP Elektronisches Fahrpedal
EHD Elektronisches Hochdruck Diesel-Einspritzsystem
ELR Elektronische Leerlaufdrehzahlregelung
ELV Elektrische Lenksäulenverstellung
ENR Elektronische Niveauregulierung
EPC Electronic Power Control
ERE Diesel-Einspritzanlage (Elektronisches Reiheneinspritzsystem)
ESL Elektrische Spiegel-, Lenksäulenverstellung, Spiegelheizung
ESP Electronic-Stability-Program
ESV Elektrische Sitzverstellung
ETS Elektronisches-Traktions-System
EVE Diesel-Einspritzanlage (Elektronisches Verteilereinspritzsystem)
EZL Elektronische Zündanlage mit Zündlinienverstellung
FBS Fahrberechtigungssystem
GM Grundmodul
GUB Gurtbringer
GUS Gurtstraffer
HAL Hinterachslenkung
HAU Heizungsautomatik
HDF Heckdeckelfernöffnung
HFM Benzin-Einspritz- und Zündsystem (Heißfilm-Motorsteuerung)
HHT Hand-Held-Tester
HPF Hydropneumatische Federung
HZS Heckdeckel Zusatzsicherung
IFZ Infrarot-Fernbedienung für Zentralverriegelung
IR Infrarot
KA Benzin-Einspritzanlage (kontinuierlich, antriebslos)
KAF Kopfstützenabsenkung im Fond
KAT Katalysator
KE Benzin-Einspritzanlage KE
KFB Komfortbetätigung
KI Kombi-Instrument
KLA Klimatisierungsautomatik
KW Kurbelwinkel
LH Benzin-Einspritzanlage LH
LL Linkslenker
LLR Leerlaufregelung
LS Servo-Lenkgetriebe
LSA Lautsprecheranlage
MAS Motoraggregate-Steuergerät
ME Benzin-Einspritz- und Zündsystem ME (Motor-Elektronik)
MG Mechanisches Getriebe
MKS Multikontursitz
MSR Motorschleppmoment-Regelung
NV Niederverdichtet
OSL Orthopädische Sitzlehne
OT Oberer Totpunkt
PLA Pneumatische Leerlaufanhebung
PML Parameterlenkung
PMS Benzin-Einspritz- und Zündsystem (Druck Motorsteuerung)
PSE Pneumatische Steuereinheit
PSV Partielle Saugrohrvorwärmung
PTS Parktronic-System
RA Reparatur-Anleitung
RAF Rußabbrennfilter
RD Radio
RDK Reifendruck Kontrolle
RDU Reifendruck Oberwachung
RFH Rückfahrhilfe
RIV Reglerimpulsverfahren
RL Rechtslenker
RRE Reiserechner
RÜF Rückrüstlösung
RV Roadster-Verdeck
SA Sonderausstattung
SBS Sprach-Bedien-System
SHI Schließhilfe
SIF Sitzheizung/Fond
SIH Sitzheizung
SKF Steuergerät Kombifunktionen
SRA Scheinwerfer-Reinigungsanlage
SRS Rückhaltesystem
SRU Saugrohrunterdruck-Unterstützung
STH Standheizung
SVS Servoschließung
TAU Temperaturautomatik (Klimaanlage)
TD Drehzahlsignal (Time Division) EZL
TEL Telefon
TN Drehzahlsignal EZL/AKR
TPM Tempomat
TSZ Transistor-Zündanlage
TURBO Abgasturbolader
ORB Überrollbügel
UT Unterer Totpunkt
VHG Versenkbarer Heckdeckelgriff
WFS Wegfahrsperre
ZV Zentralverriegelung

Anlasser und Generator
(Motor 104, 111, 604, 605, 606)

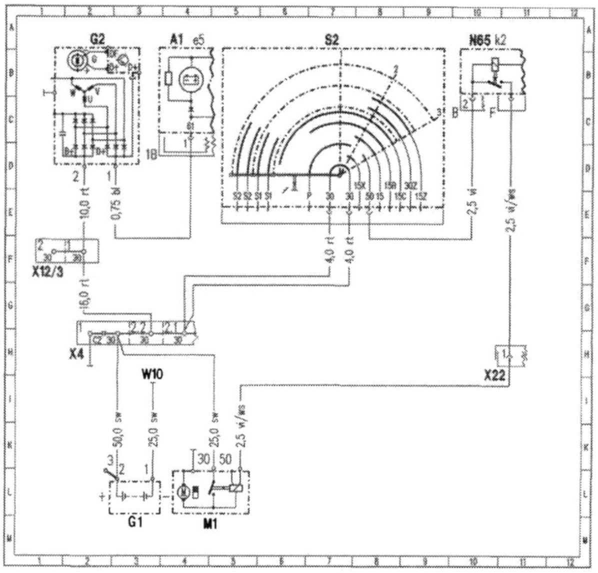

Geschwindigkeitssignal Vorderachse (GES)
(Motor 104, 111, 602, 604, 605, 606)

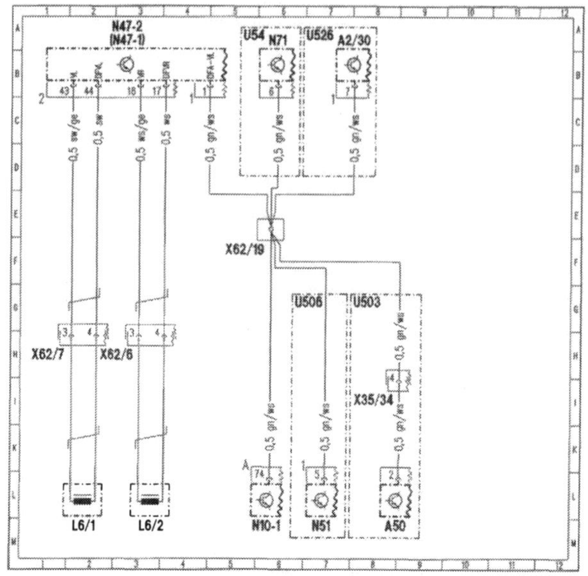

Geschwindigkeitssignal Hinterachse (GES)
(Motor 104, 111, 602, 604, 605, 606)

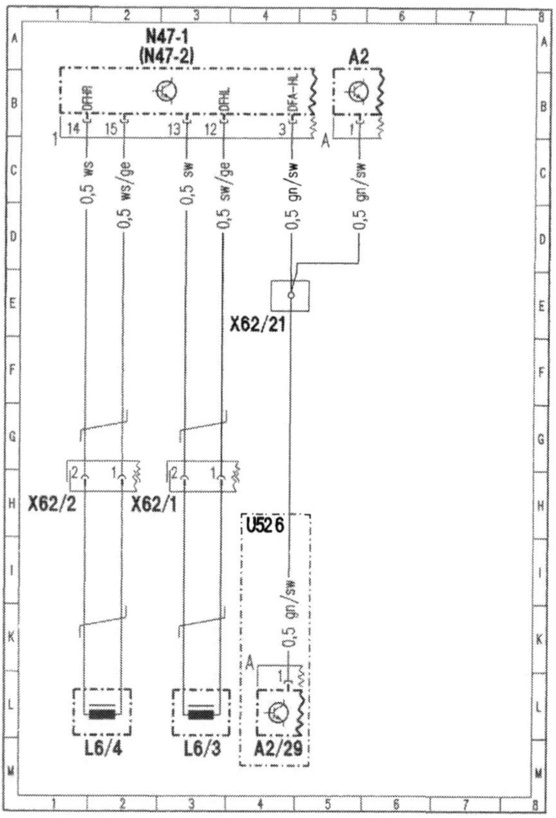

Geschwindigkeitssignal Hinterachse (GES)
(Motor 104, 111, 604, 605, 606)

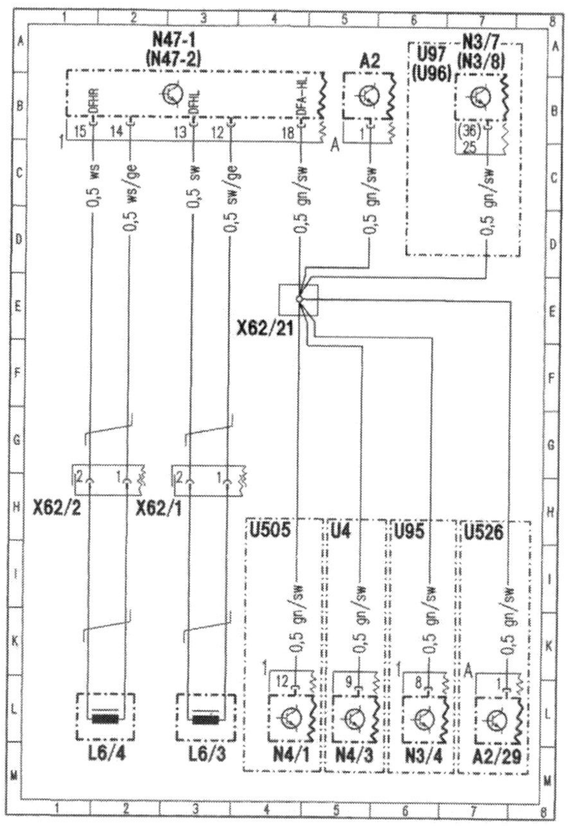

Automatisches Getriebe (AG) (Motor 104, 111, 119, 604, 605)

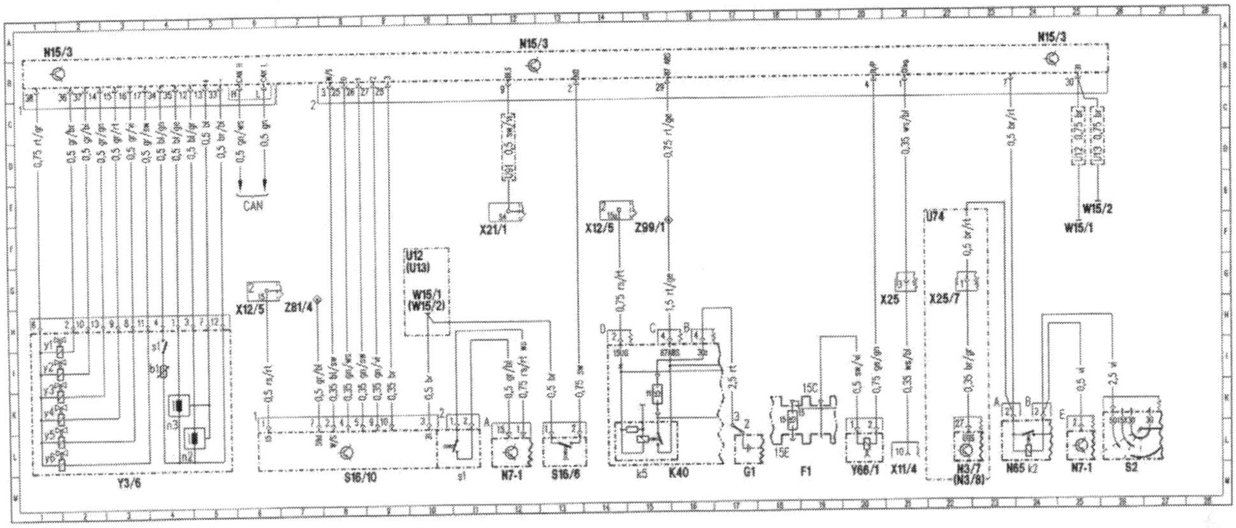

Relaismodul (K40) (Motor 602, 604, 605, 606)

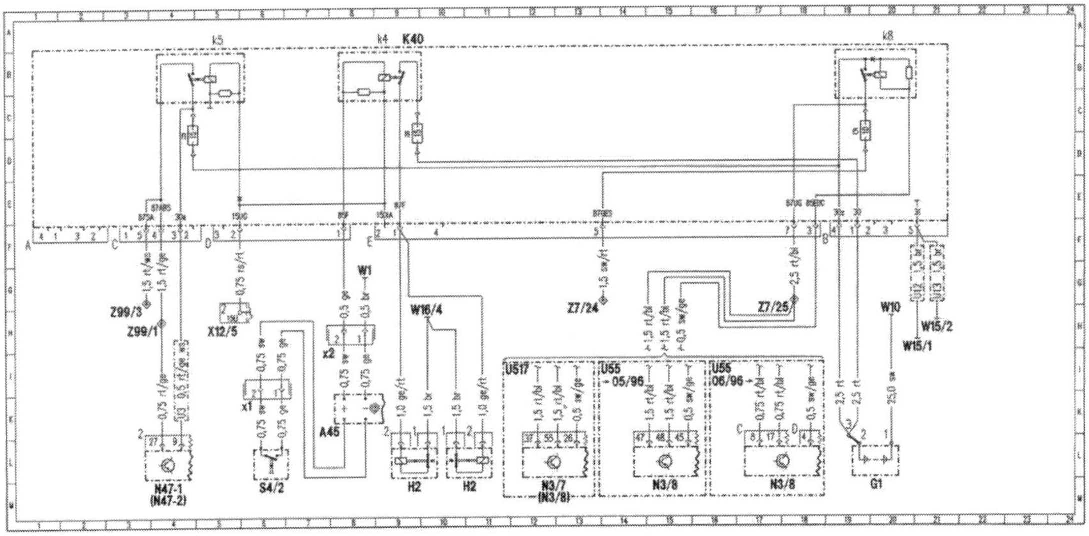

Elektronisches Gaspedal (EFP) / Tempomat (TPM) / Leerlaufregelung (LLR) (Motor 104)

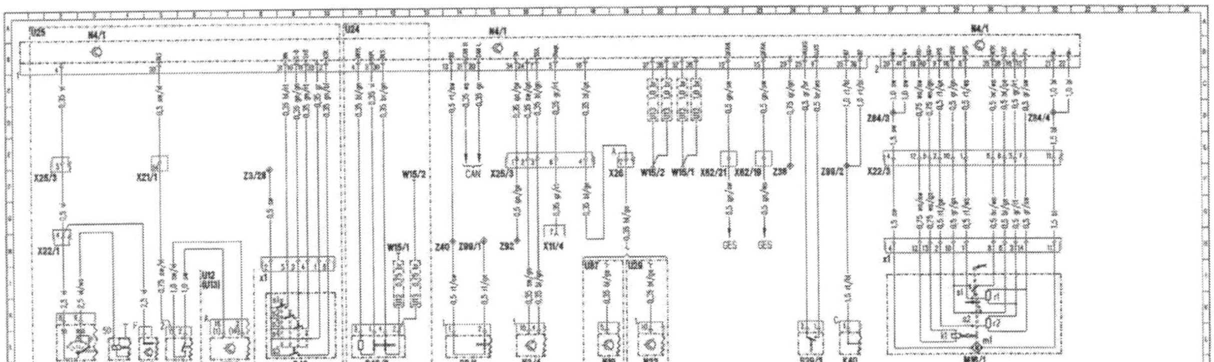

Dieseleinspritzanlage mit Verteilerpumpe (EVE) und elektronischer Regelung (Motor 602)

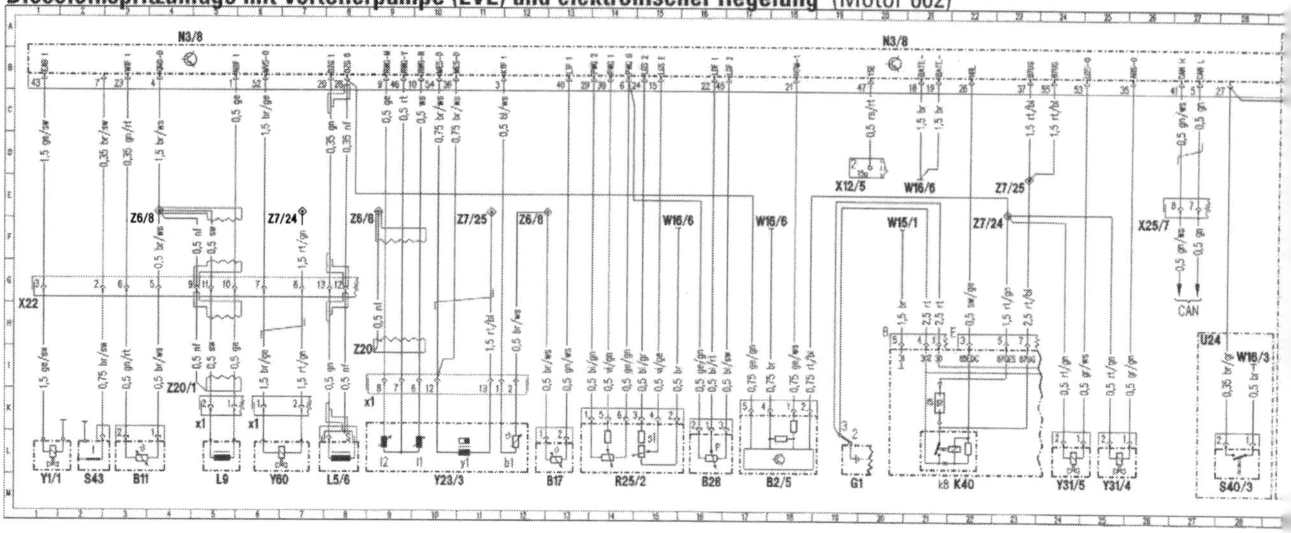

Dieseleinspritzanlage mit Verteilerpumpe (EVE) und elektronischer Regelung (Motor 604)

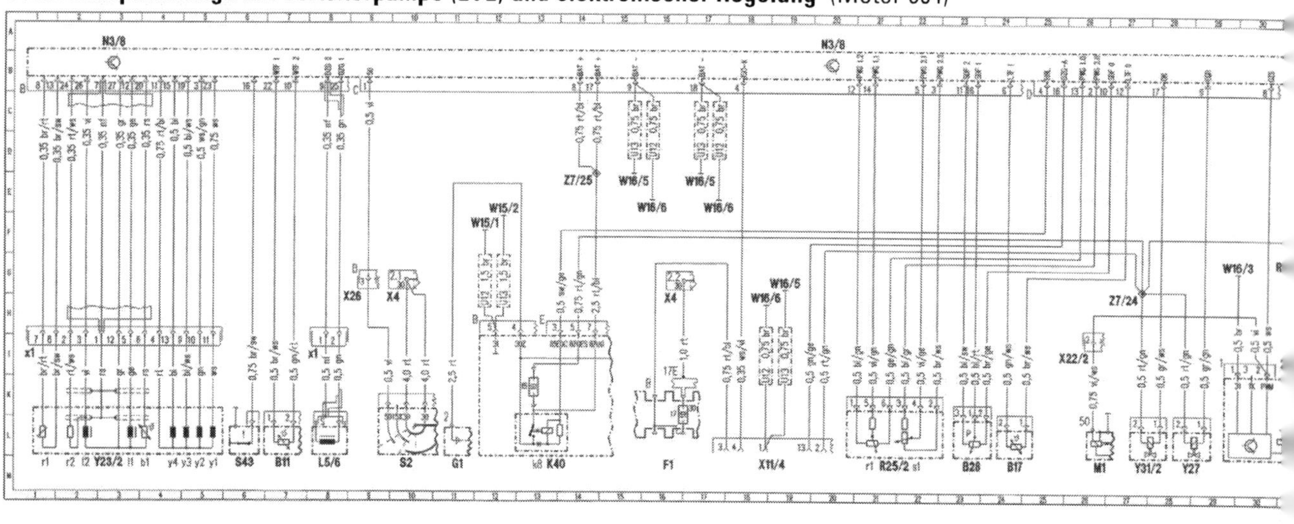

Dieseleinspritzanlage mit Reihenpumpe (ERE) und elektronischer Regelung (Motor 605)

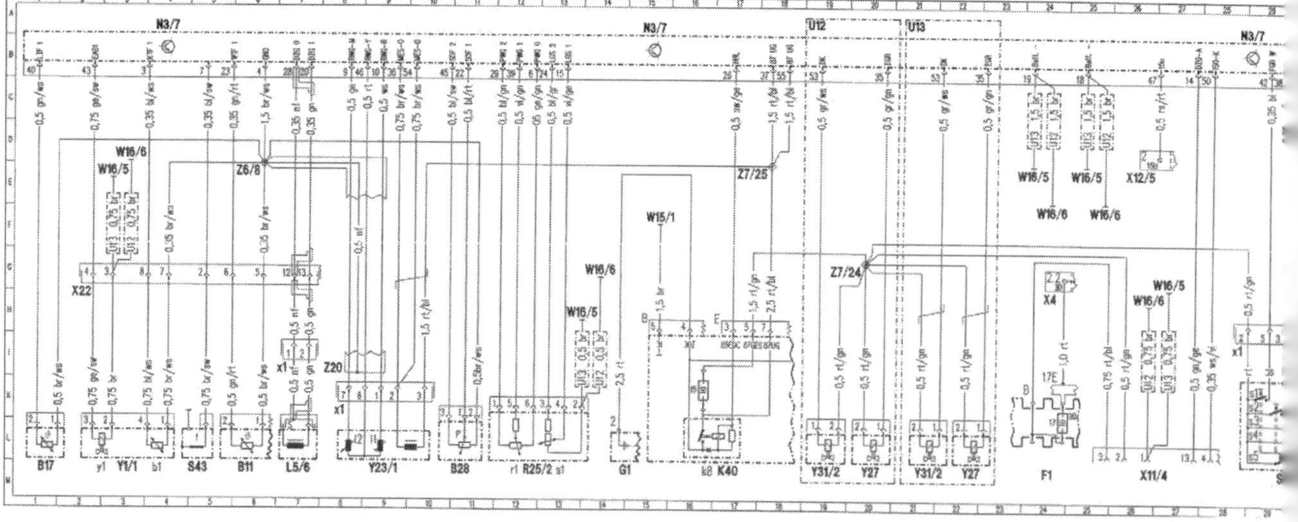

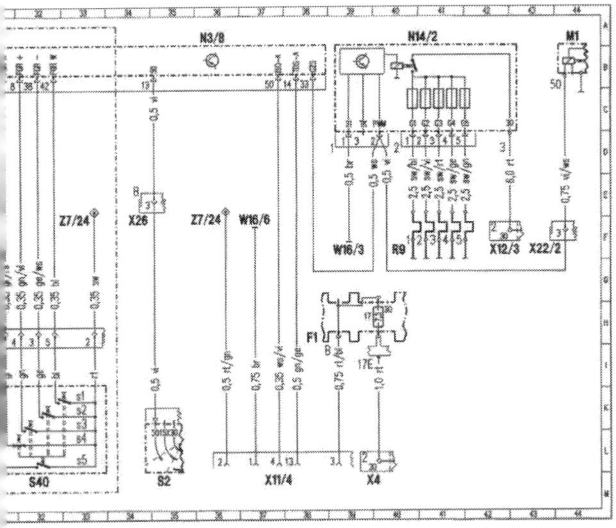
N3/8
N14/2
M1
Z7/24
X26
Z7/24
W16/6
W16/3
R9
X12/3
X22/2
F1
S40
S2
X11/4
X4

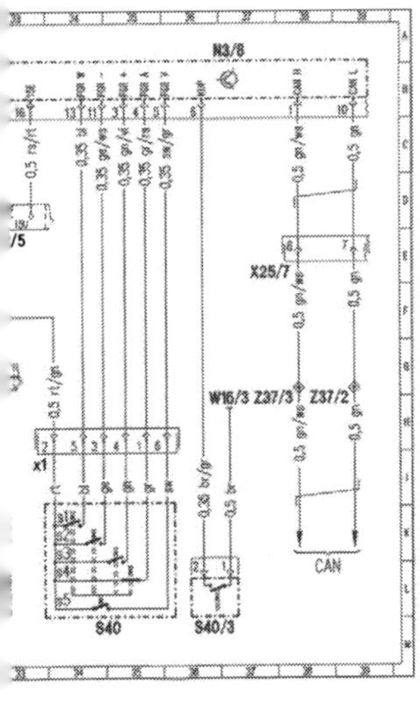
N3/8
X25/7
W16/3 Z37/3
Z37/2
x1
S40
S40/3
CAN

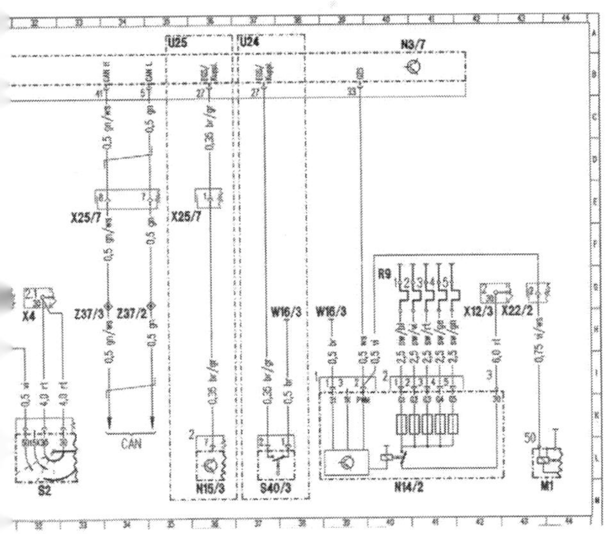
U25
U24
N3/7
X25/7
X25/7
R9
X4
Z37/3
Z37/2
W16/3
W16/3
X12/3
X22/2
CAN
S2
N15/3
S40/3
N14/2
M1

Dieseleinspritzanlage mit Reihenpumpe (ERE) und elektronischer Regelung (Motor 606)

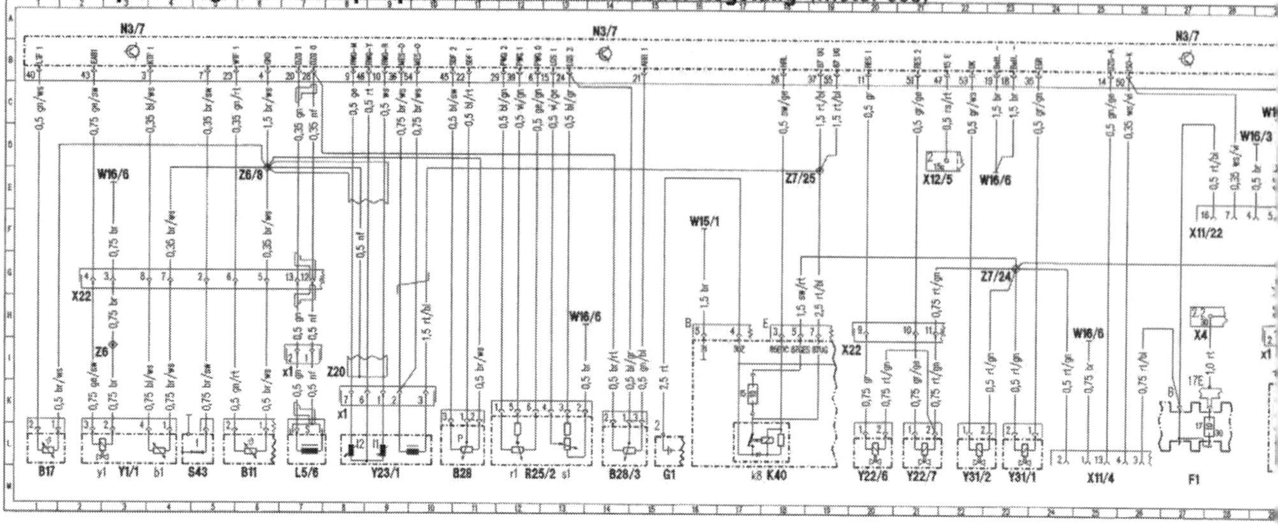

CAN-Bus Motor

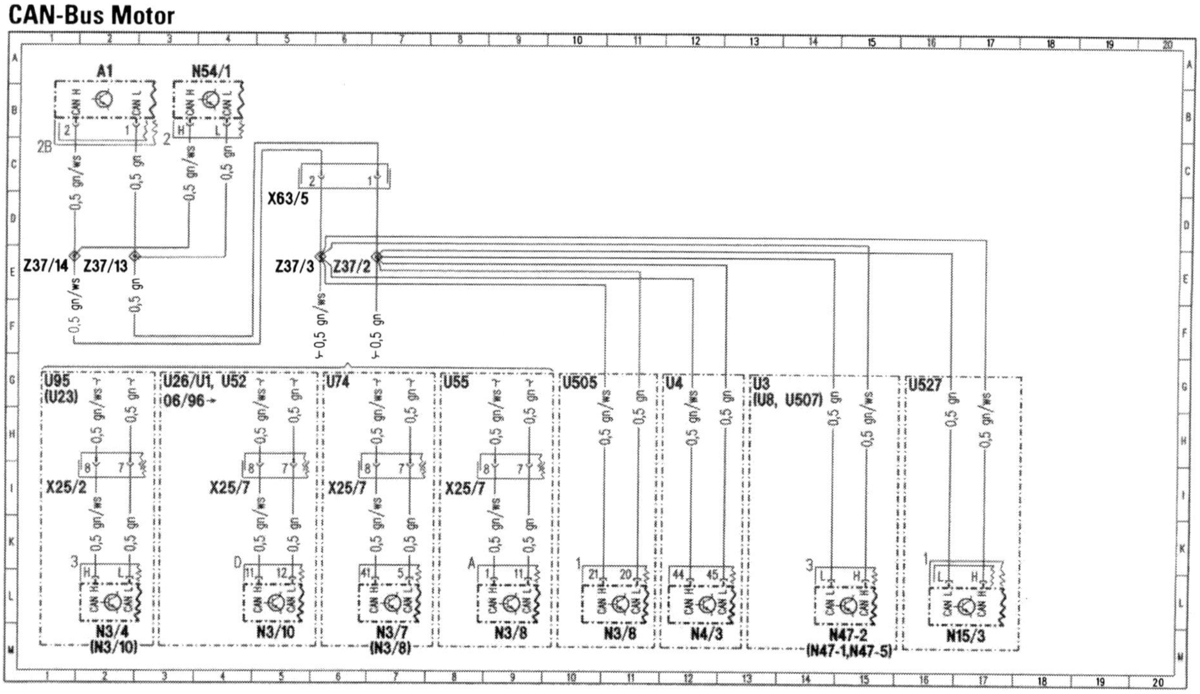

Elektronisches Traktionssystem (ETS)

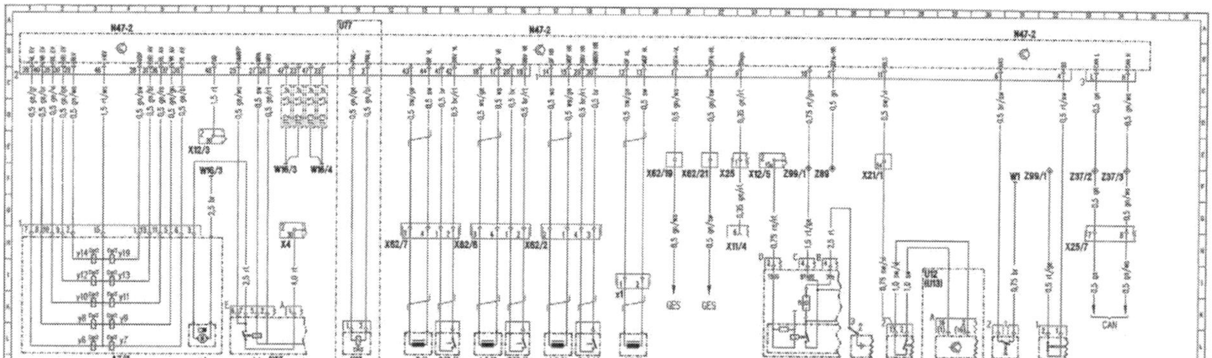

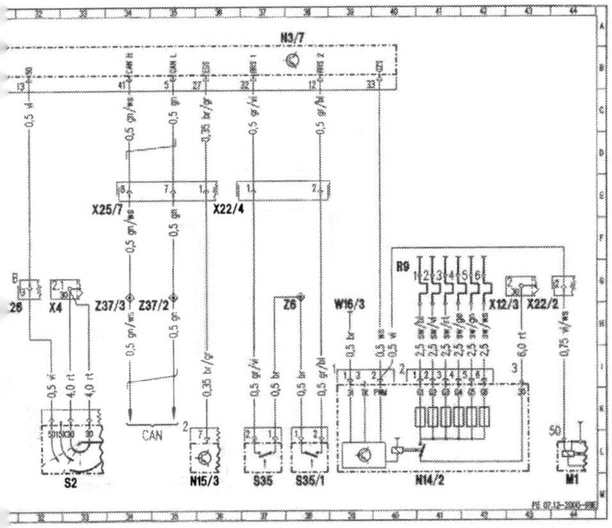

Adaptives Dämpfungssystem (ADS)

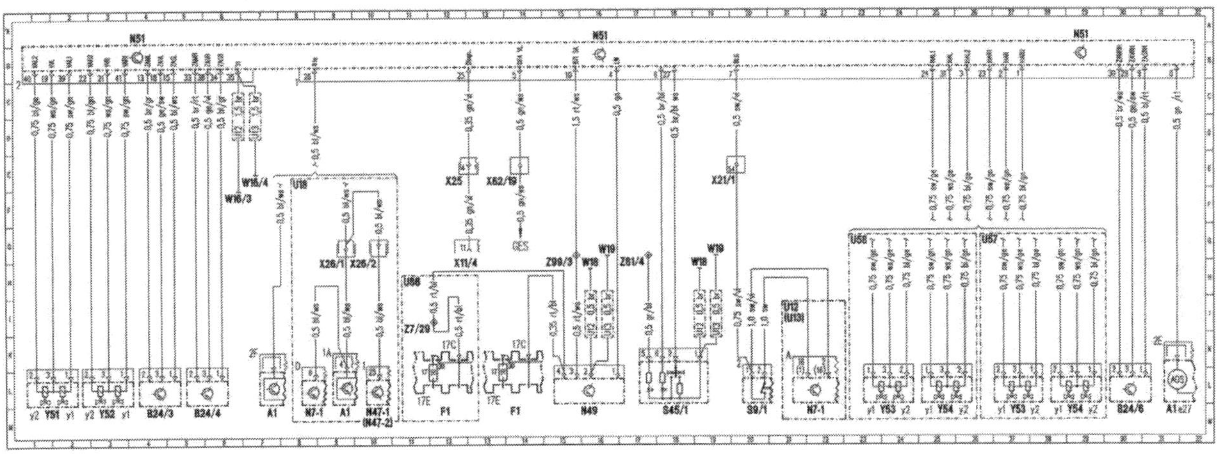

Antriebsschlupfregelung (ASR)

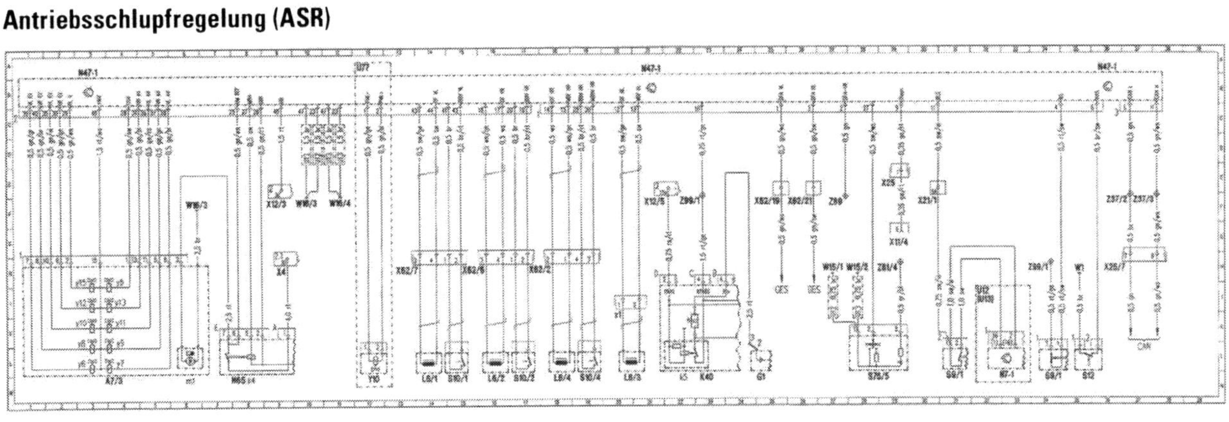

Kombiinstrument (KI) / Anzeigeinstrument / Warneinrichtungen (Motor 111, 602, 604, 605)

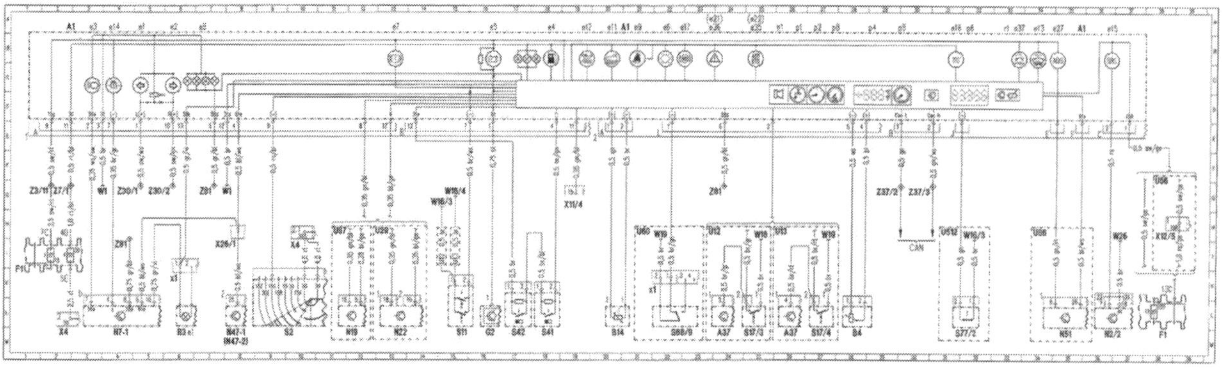

Kombiinstrument (KI) / Anzeigeinstrument / Warneinrichtungen (Motor 104, 606)

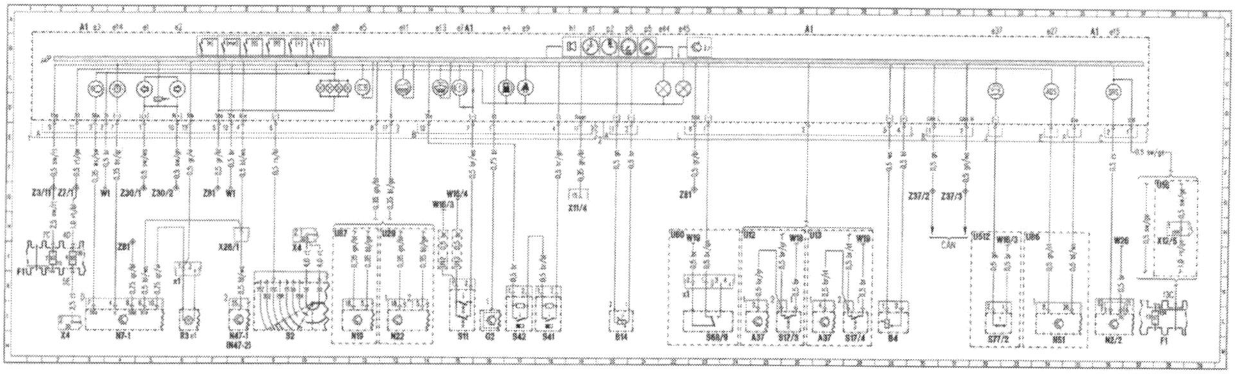

Innenspiegel-Abblendung

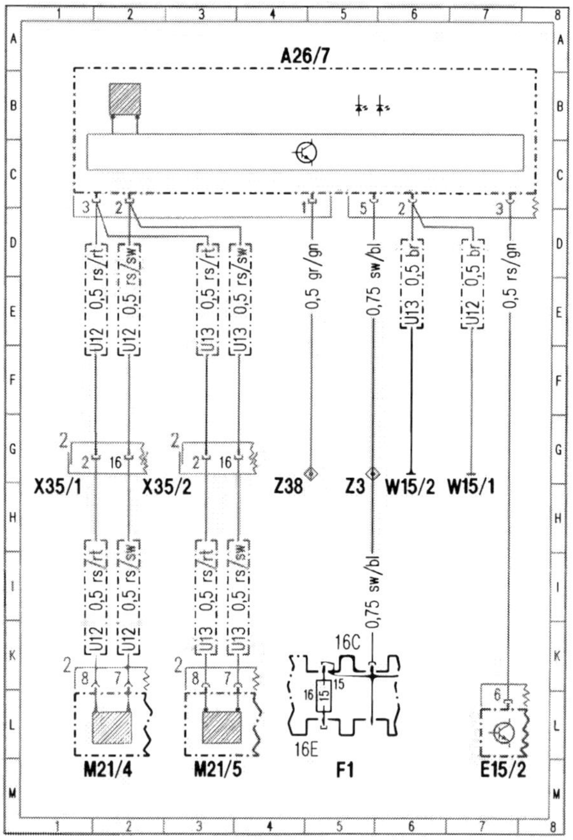

Signalanlage

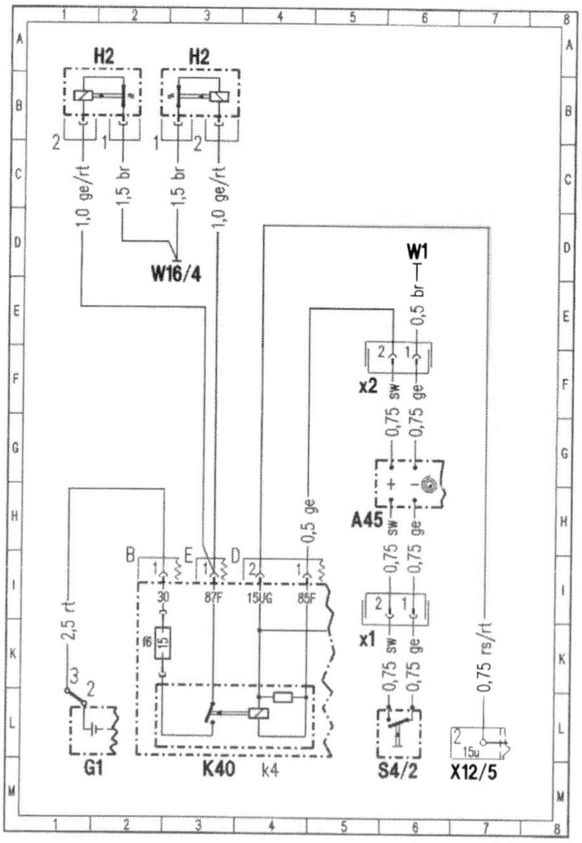

Parktronic-System (PTS)

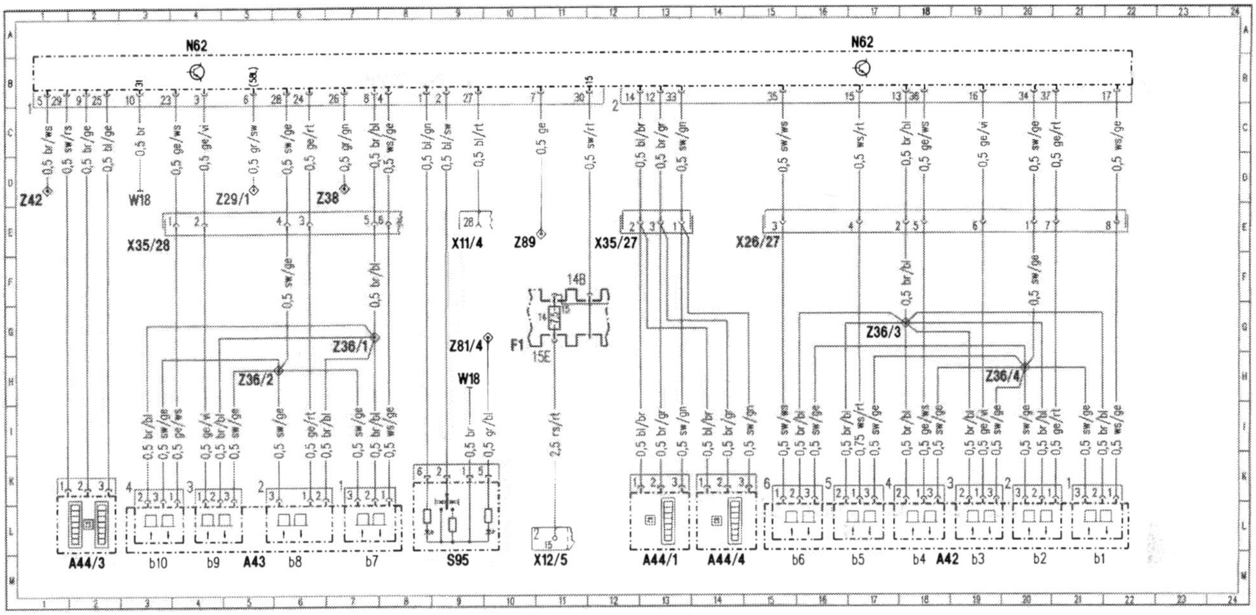

Kosmetikspiegel

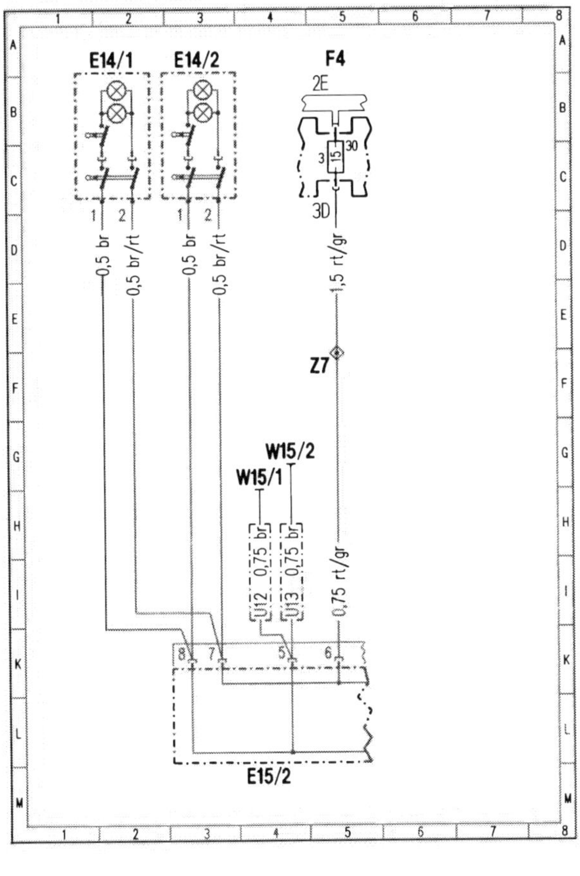

Sicherungs- und Relaiskasten (F1)

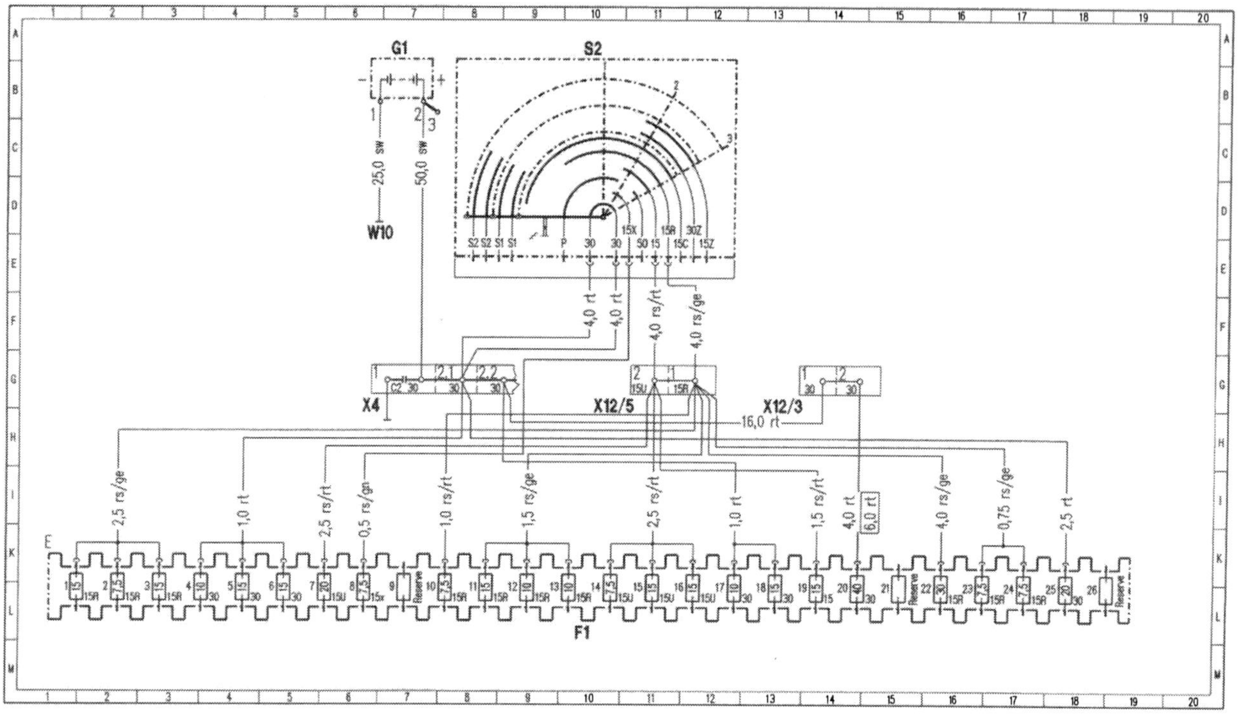

Schiebe-Hebe-Dach (SHD)

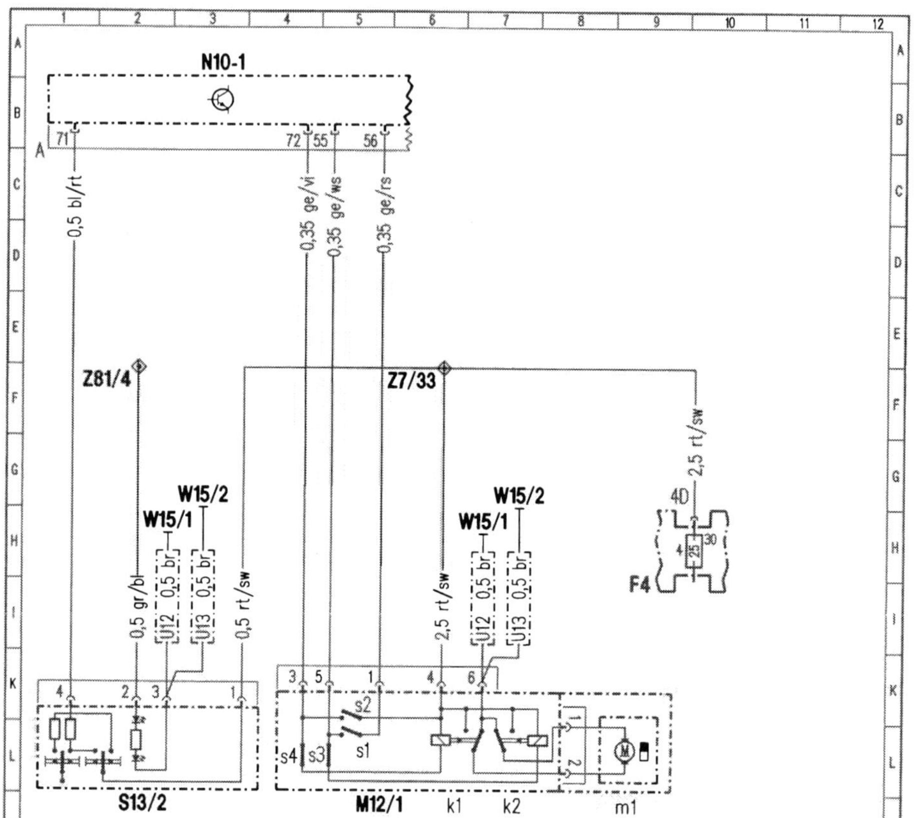

Scheibenwischer

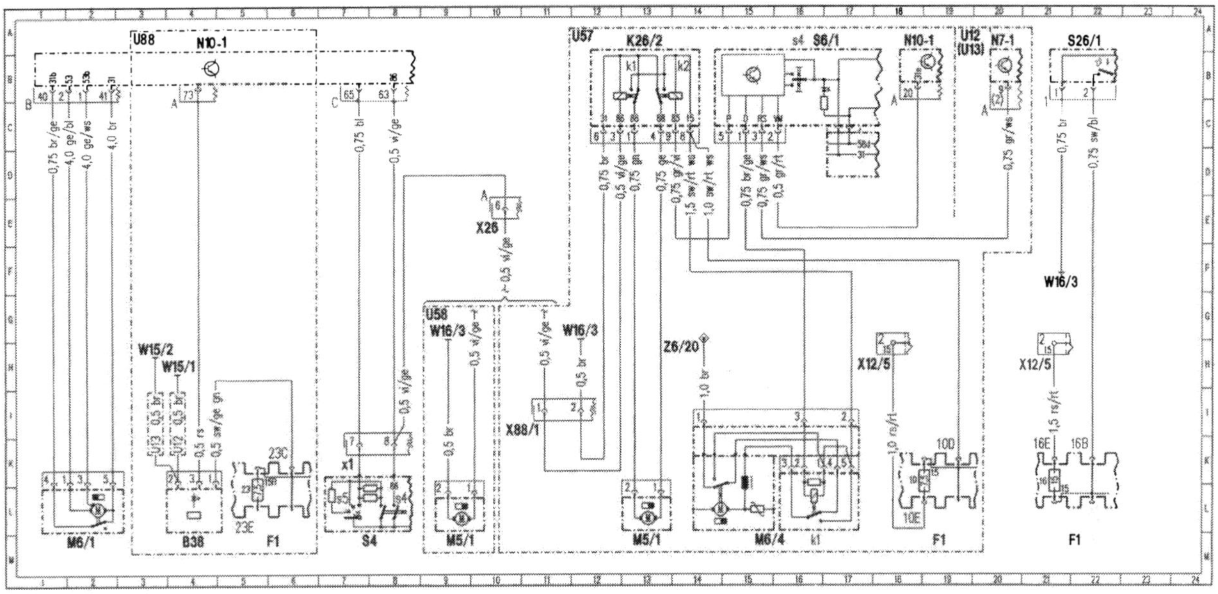

Innenbeleuchtung

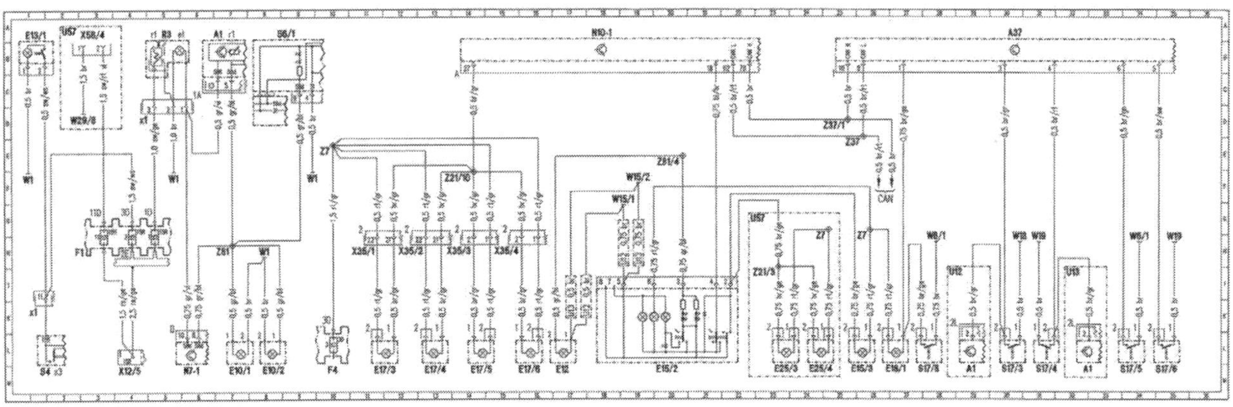

Infrarot-Fernbedienung

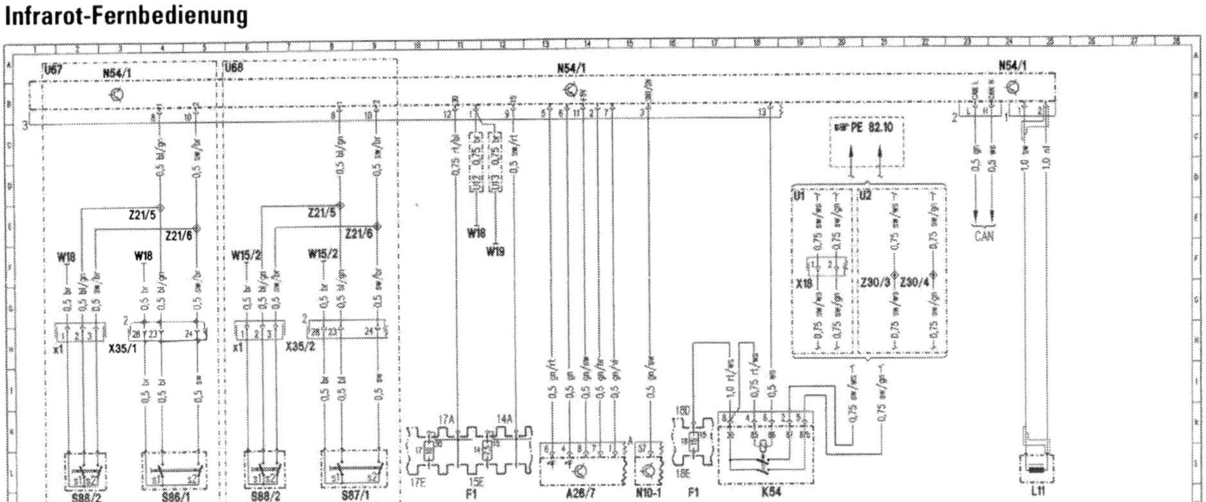

Anhängevorrichtung

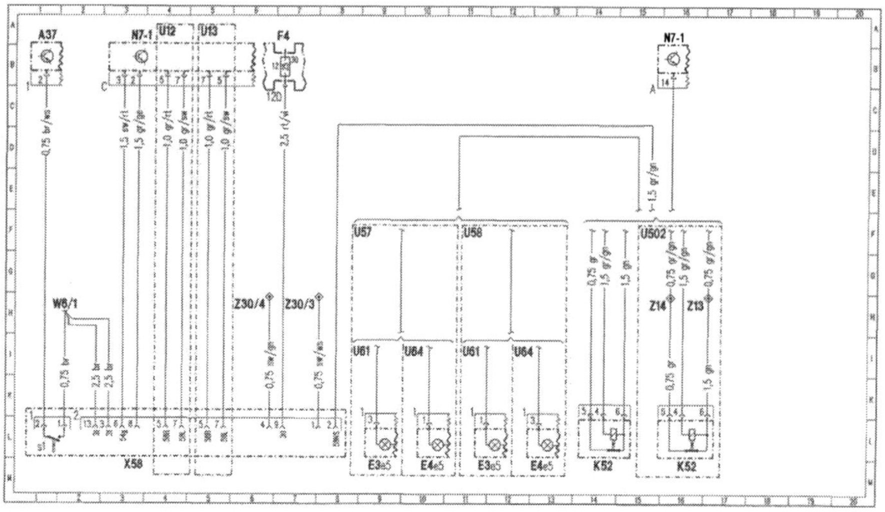

Zentralverriegelung

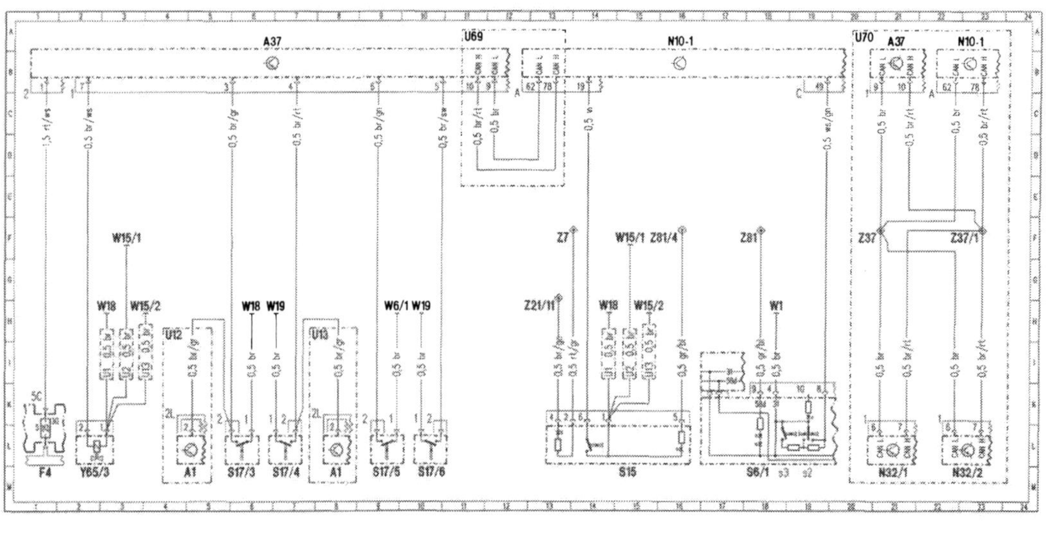

Außenbeleuchtung

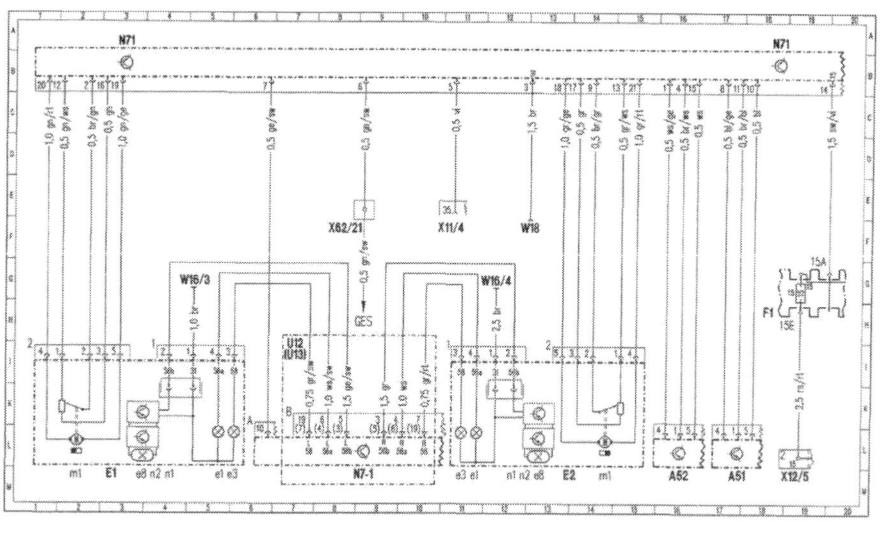

Heizungsautomatik (HAU)

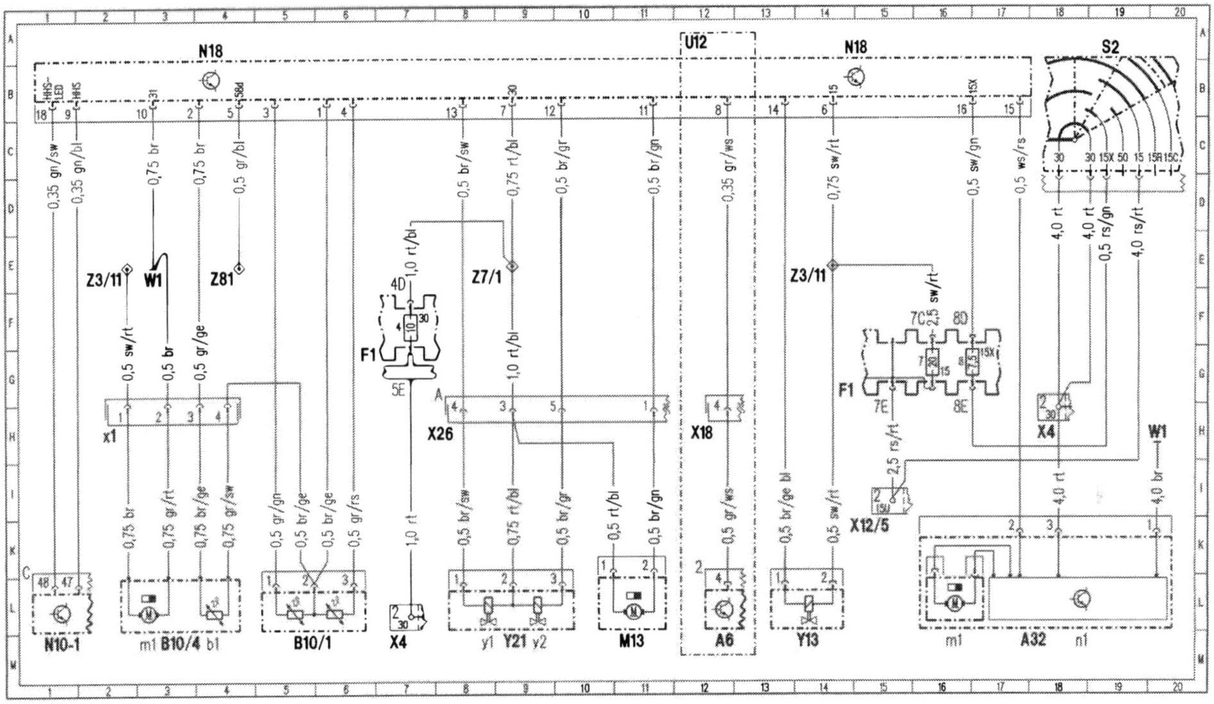

Sicherungsdose Fond (F4)

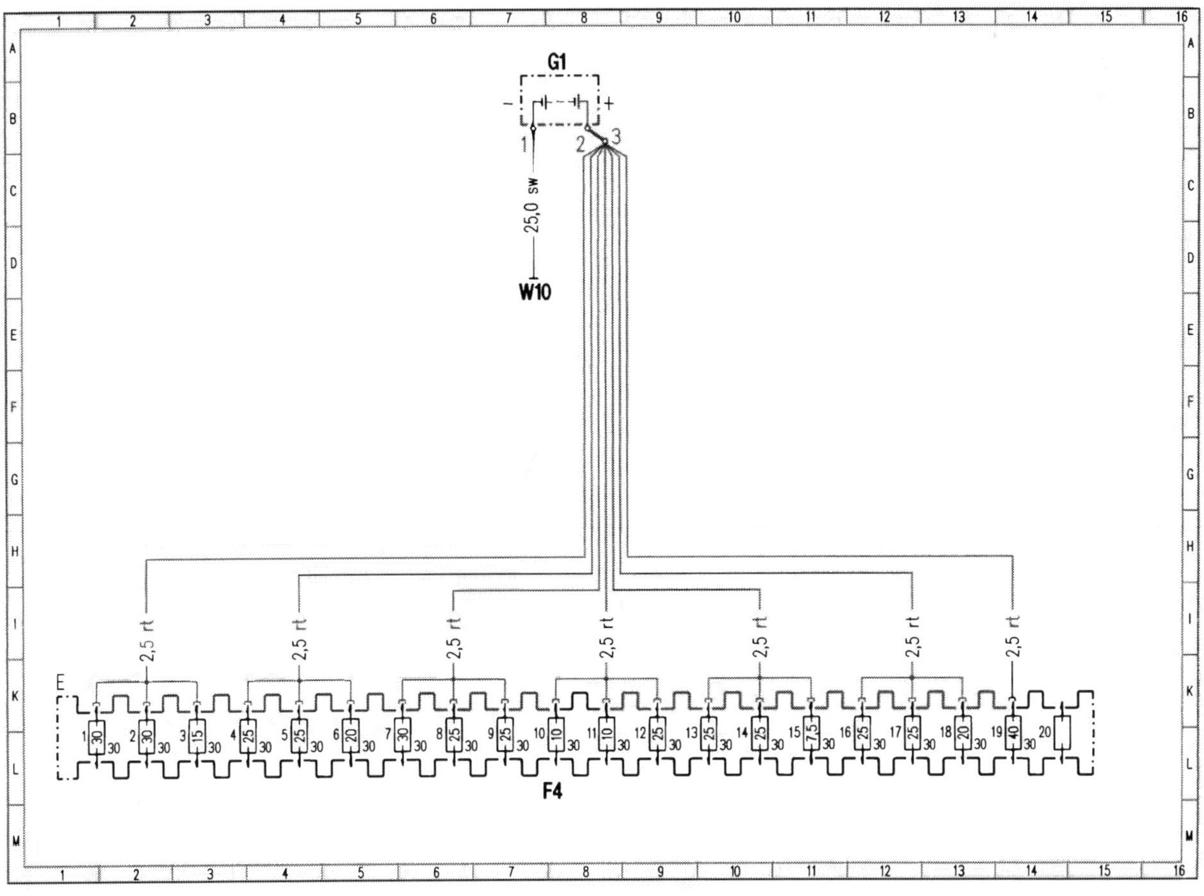

DER INNEN-RAUM

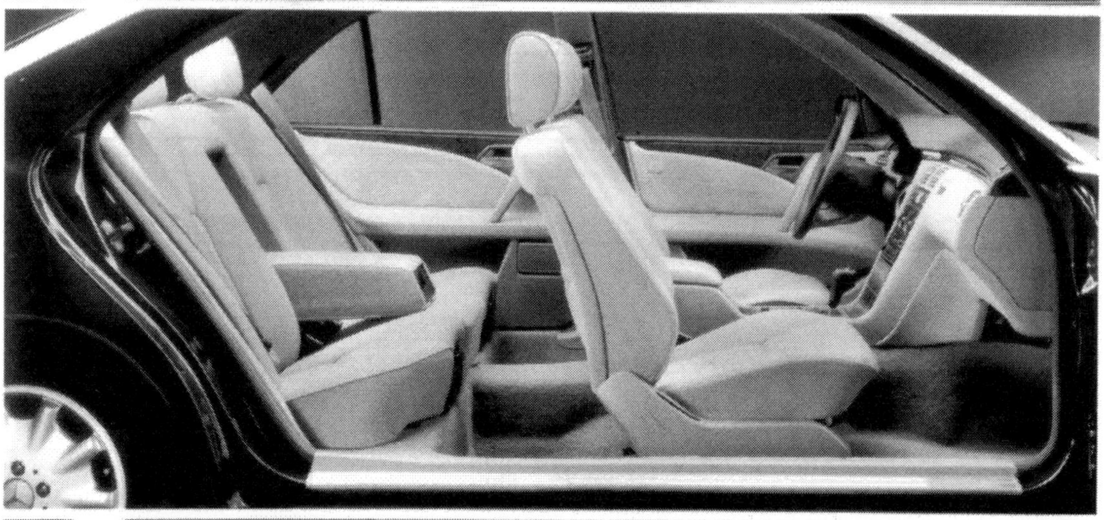

Wartung

Reparatur

Auch im Innenraum haben die Modelle der Mercedes E-Klasse einiges zu bieten. Die Gestaltung des Interieurs ist von fließend-weichen Formen geprägt, so dass ein Innenraum entstand, der Ruhe und Solidität ausstrahlt. Das Cockpit ist aufgeräumt, die Instrumente sind übersichtlich angeordnet und gut ablesbar. Bedienungselemente wie Scheibenwischer, Lichtschalter, Heizung und Lüftung lassen sich leicht erreichen.
Dieses Kapitel zeigt Ihnen, welche Wartungen und Reparaturen Sie im Innenraum selbst erledigen können. Ein elektrischer Fensterheber zum Beispiel übersteht selten das ganze Autoleben unbeschadet. Und eine defekte Innenleuchte oder ein defekter Türkontaktgeber stehen schon mal auf der Tagesordnung. Aber Selbsthilfe ist nicht nur bei Störungen angesagt. Wenn Sie den Sitzen Ihres Mercedes schicke Bezüge überstülpen wollen, müssen Sie schließlich wissen, wie man das Gestühl ausbaut.

Heizung und Lüftung

Serienmäßig ist der Mercedes mit einer elektronisch geregelten Heizungsautomatik mit Staubfilter ausgestattet – wie immer bei Mercedes mit getrennter Regelung für Fahrer und Beifahrer. Als Sonderausstattung können eine Klimaanlage oder eine Klimatisierungsautomatik eingebaut sein.
Bei E-Klasse-Modellen mit Sechs- und Achtzylindermotoren sowie allen Fahrzeugen mit Klimaanlage ist zur Verbesserung des Heizwasser-Kreislaufs eine elektrisch betriebene Kühlmittel-Zusatzpumpe eingebaut.

Die Frischluft für die Heizung gelangt über den Lufteinlass unterhalb der Windschutzscheibe in den Fahrzeuginnenraum. Dabei durchströmt die Luft den Heizungskasten und wird durch verschiedene Klappen auf die einzelnen Lufteintrittsdüsen verteilt. Wird die Heizung auf »warm« gestellt, öffnen die Heizungsventile im Motorraum den Zulauf zum Wärmetauscher. Der Wärmetauscher befindet sich im Heizungskasten und wird durch heißes Kühlmittel erwärmt. Die vorbeistreichende Frischluft erwärmt sich an den heißen Lamellen des Wärmetauschers und gelangt dann in den Fahrzeuginnenraum.

- **Steuer- und Bediengerät:** Es ist in der Mitte des Armaturenbretts eingebaut und besteht aus den beiden Temperaturwählrädern und der elektronischen Temperatursteuerung. Die eingestellten Temperaturen (Sollwert) werden mit den Werten von den Temperaturgebern (Istwerte) verglichen. Entsprechend erfolgt die Ansteuerung des Duoventils. Die Öffnungsdauer ist von der Abweichung Soll-/Istwert abhängig.
- **Duoventil:** Es ist im Aggregateraum rechts im Motorraum zu finden. Das Duoventil besteht aus zwei voneinander unabhängigen elektromagnetischen Ventilen, die in einem Bauteil zusammengefasst sind. Jedes Ventil ist im Kühlmittelkreislauf vor dem jeweiligen Wärmetauscher angeordnet. Das Duoventil steuert den Kühlmitteldurchfluss durch den Wärmetauscher. Wird z.B. zum Aufheizen die volle Heizleistung benötigt, hat das Ventil ständig geöffnet. Umgekehrt sind die Ventile bei ausgeschalteter Heizung geschlossen. Wird die Temperatur von der Heizungsautomatik geregelt, hört man bei eingeschalteter Zündung das Ventil öfters takten. Über den elektrischen Anschluss erfolgt die Spannungsversorgung zu den beiden Magnetspulen. Im stromlosen Zustand ist das Ventil geöffnet. Bei Stromfluss wird der Spulenanker nach unten gedrückt, und Dichtkegel verschließen den Kühlmitteldurchfluss.
- **Umwälzpumpe:** Sie ist unterhalb des Luftfilters seitlich rechts im Motorraum eingebaut. Bei eingeschalteter Zündung und bei Heizbetrieb pumpt sie das Kühlmittel durch die Wärmetauscher. Sie unterstützt dabei die Wasserpumpe. Bei Motorstillstand hält die Umwälzpumpe den Kühlmittelkreislauf über die Wärmetauscher alleine aufrecht. So kann weitergeheizt werden, bis alle Motorwärme verbraucht ist. Die Pumpe wird über Sicherung Nr. 3 mit Spannung versorgt. Der Masseanschluss ist über das Steuer- und Bediengerät der Heizungsautomatik geführt.

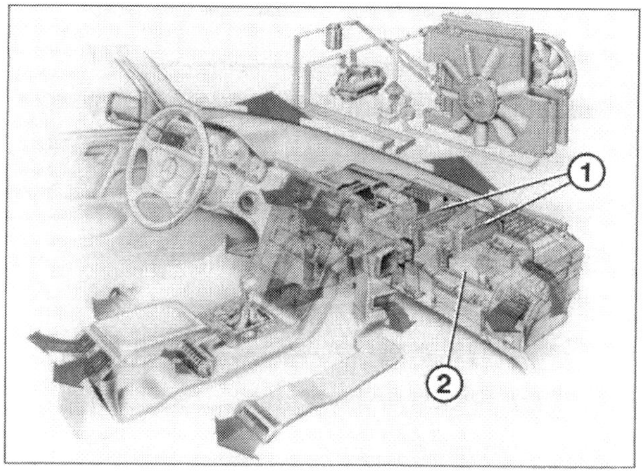

Die Heiz- und Klimaanlage mit Klimatisierungsautomatik ist in der neuen E-Klasse mit zwei Aktivkohlefiltern ❶ und einem Staubfilter ❷ ausgerüstet. Die Aktivkohlebehälter sind hinter dem Gebläse, der Staubfilter vor dem Gebläse angeordnet. Dadurch wird auch im Umluftbetrieb die Luft weiter gereinigt.

Heizungsautomatik (HAU)

- **Innenraum-Temperaturgeber:** Der Geber ist an der vorderen Innenleuchte eingebaut. Damit Temperaturschwankungen im Innenraum schnell erkannt werden, wird ständig Innenluft über den Geber angesaugt. Hierzu ist direkt am Geber ein kleines Gebläse eingebaut. Auf diese Weise wird die Temperatur im Fahrzeug nahezu konstant auf der vorgewählten Temperatur gehalten, und zwar unabhängig von der Fahrzeuggeschwindigkeit

- **Wärmetauscher-Temperaturgeber:** Am Heizungsgehäuse unter dem Armaturenbrett ist hinter jedem der beiden Wärmetauscher ein Temperaturgeber eingebaut. Sie erfassen die Lufttemperatur unmittelbar hinter den Wärmetauschern und geben sie an das Steuer- und Bediengerät weiter. Dieses bewertet die Temperaturinformationen vom Innenraum-Temperaturgeber und dem jeweiligen Wärmetauscher-Temperaturgeber in einem vorgegebenen Verhältnis und bestimmt so die momentane Innenraumtemperatur (Istwert). Zur Steuerung wird der Istwert mit dem eingestellten Sollwert verglichen. Zur Verstärkung der Heizleistung dient ein Heizgebläse. Die Gebläsegeschwindigkeit wird vom Steuergerät elektronisch geregelt.
- **Staubfilter:** Mit ihm wird Frischluft und Umluft gefiltert. Das Filterelement ist direkt hinter dem Gebläse eingebaut. Je nach Größe der Staubpartikel ist eine Reinigung bis zu 100% möglich. Der Filter besteht aus Polycarbonat und reinigt auch elektrostatisch. Er ist unempfindlich gegen Wasser und hat einen geringen Luftwiderstand. Der Filter kann nicht gereinigt werden.
- **Abluft:** Die Abluft strömt hinter der Heckablage durch doppelwandige Blech- und Kunststoffteile hinter die rechte Auskleidung des Kofferraums. Durch eine Lüftungsklappe unter dem rechten Seitenteil des Stoßfängers verlässt sie das Fahrzeug.

Heizungs-/ Lüftungs-Funktion prüfen

Bei einem Defekt an Heizungsregelung oder Duoventil bleibt das Ventil voll geöffnet. Um dem Defekt auf die Spur zu kommen, müssen die Komponenten der Heizungsregelung nacheinander geprüft werden.

Arbeitsschritte | 15000 km jährlich

① Zuerst die **Sicherung** Nr. 5 prüfen (Kapitel »Die Fahrzeugelektrik«).

② **Duoventil prüfen:** Temperaturregler am Armaturenbrett auf »Kalt« drehen.

③ Stecker am Duoventil abziehen, Prüflampe zwischen grau/rotem Kabel und braun/violettem bzw. braun/rotem Kabel anschließen.

④ Zündung einschalten.

⑤ Bei intakter Regelung liegt Batteriespannung an, die Prüflampe leuchtet.

⑥ Gegenprobe: Regler auf »Warm« drehen – die Prüflampe verlöscht.

⑦ Logische Folgerung: Sind die Spannungswerte in Ordnung, die Störung in der Heizanlage aber immer noch vorhanden, muss das Duoventil (Innenwiderstand 11 – 19 Ω) der Störenfried sein. Auswechseln.

⑧ Wurde keine Spannung angezeigt, Spannung am Zuleitungskabel (grau/rot) gegen Masse (z. B. am Motorblock) messen.

⑨ Zündung einschalten. Keine Spannung: Stromzufuhr von der Sicherung her unterbrochen.

⑩ Prüfung der Massezufuhr (vom Steuergerät): Voltmeter an (Klemme 30) der Batterie anschließen, anderes Messkabel an die braun/violette bzw. braun/ rote Leitung im Stecker. Es muss bei eingeschalteter Zündung (Regler auf »Kalt«) Batteriespannung anliegen. Sonst ist ein Teil der Heizungsregelung (Temperaturgeber oder Steuergerät) bzw. das Kabel defekt.

⑪ **Temperaturgeber prüfen:** Als Vorarbeit die Abdeckungen der Mittelkonsole ausbauen.

⑫ Ohmmeter zwischen den beiden Anschlüssen des rechten und anschließend des linken Gebers anklemmen. Es müssen bei unterschiedlichen Prüftemperaturen in etwa die genannten Widerstandswerte angezeigt werden:

⑬ Bei ca. 20°C (Umgebungstemperatur) 10 – 13 kΩ.

⑭ Bei ca. 30°C (in der Hand) ca. 8 Ω. Sonst den Temperaturgeber ersetzen.

⑮ **Stromversorgung Steuergerät prüfen:** Steuer- und Bediengerät ausbauen.

⑯ Voltmeter an Klemme 11 und 12 des Steckers hinten am Regler anklemmen. Bei eingeschalteter Zündung muss Batteriespannung anliegen. Sonst Stromversorgung samt Sicherung überprüfen.

⑰ **Steuergerät prüfen:** Das Steuergerät selbst kann mit Eigenmitteln nicht geprüft werden. Wir gehen von folgender Überlegung aus: Sind Stromzufuhr, das Duoventil und der Temperaturgeber intakt, muss bei gestörter Heizungsregelung das Steuergerät defekt sein.

Staubfilter erneuern

Da sich der Staubfilter aufgrund seines Filtermaterials nicht reinigen lässt, ist der Austausch alle 30.000 km erforderlich, bei extrem staubigen »Hausstrecken« auch früher.

Arbeits-schritte | 15000 km jährlich

① Verkleidung oben im Fußraum ausbauen.

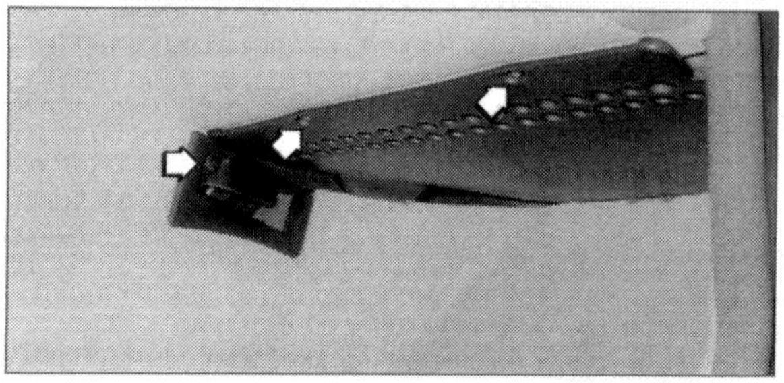

Die Befestigungsschrauben (Pfeile) der oberen Fußraumverkleidung auf der Beifahrerseite.

② Oben im Fußraum des Beifahrers die beide weißen Kunststoffriegel verschieben.

③ Abdeckung vor dem Staubfilter abnehmen.

④ Staubfilter aus dem Schacht ziehen. Einbaulage beachten.

⑤ Erreichbaren Schmutz im Heizungskasten herauswischen.

⑥ Neuen Filter in gleicher Position wie beim Ausbau einsetzen und Abdeckung schließen.

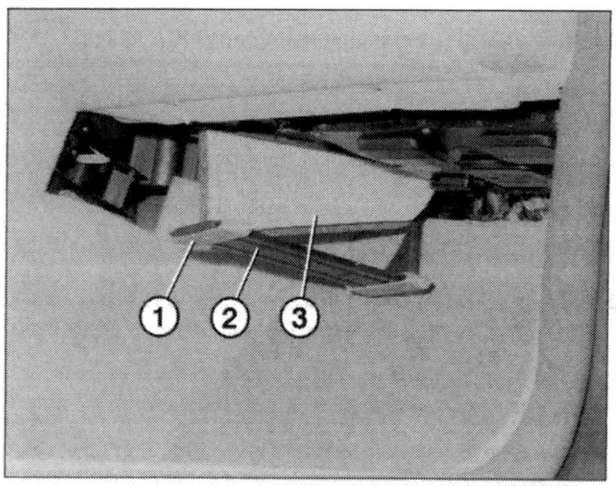

Das Staubfilter ❸ kann nach Verschieben der Sicherungsriegel ❶ aus der Halterung ❷ genommen werden.

Das Frischluftgebläse

Der Gebläsemotor läuft in fünf Geschwindigkeitsstufen, die durch den Drehschalter am Armaturenbrett eingestellt werden. Die Geschwindigkeitsstufen werden durch Zuschalten verschieden großer Widerstände bzw. durch direkte Stromversorgung erreicht. Die Widerstände bewirken eine verringerte Spannung am Motor und drosseln so seine Geschwindigkeit. Die volle Drehzahl erreicht der Gebläsemotor bei direkter Stromzuleitung.

Störungssuche am Frischluftgebläse

Arbeits-schritte

① Wenn das Gebläse bei eingeschalteter Zündung in keiner Schalterstellung rauscht, kontrollieren Sie zuerst die zuständige Sicherung Nr. 25 (Kapitel »Die Fahrzeugelektrik«).

② War diese in Ordnung, Gebläseschalter prüfen – dazu muss das Steuer- und Bediengerät ausgebaut werden.

③ Zündung einschalten.

④ Prüflampe oder Voltmeter an guten Massekontakt anschließen und prüfen, ob die am Schalter angeschlossenen Kabel Strom führen. Dazu Kabelisolierung mit Nadelkontakt durchstechen.

⑤ Beim schwarz/grünen Kabel (Stromzufuhr) muss die Prüflampe immer brennen bzw. das Voltmeter muss Batteriespannung anzeigen. Bei den Kabeln mit grüner Umhüllung und zusätzlichen Farbstreifen ist das nur bei entsprechender Schalterstellung der Fall.

⑥ Funktion nicht wie beschrieben: Fehler in der Stromzufuhr beheben bzw. Schalter austauschen.

⑦ Waren Stromzufuhr und Schalter einwandfrei, muss der Gebläsemotor freigelegt werden, wie unter »Gebläsemotor ausbauen« beschrieben.

⑧ Stromzufuhr zum Motor prüfen: Liegt am grün/ grauen bzw. roten Anschlusskabel des Gebläsemotors bei eingeschalteter Zündung Spannung an (zweites Prüflampen- bzw. Voltmeterkabel am Motorblock befestigen)? Wenn nicht, Stromzufuhr prüfen.

⑨ Spannung zwischen den beiden Anschlusskontakten am Gebläsemotor messen, Gebläseschalter auf Stufe »5« stellen. Jetzt müssen ca. 12 V anliegen.

⑩ Ist das der Fall, ohne dass sich der Gebläsemotor bewegt, ist er defekt. Austauschen.

⑪ Ist keine Spannung vorhanden, liegt der Fehler an der Sicherung auf der Widerstandsplatte.

⑫ Läuft das Gebläse nicht in allen Geschwindigkeiten oder läuft es nur auf Stufe »5«, ist möglicherweise einer der Vorwiderstände defekt.

⑬ Vorwiderstände im Aggregateraum ausbauen. Sichtprüfung vornehmen. Ist einer der Widerstände durchgebrannt, kompletten Widerstandsträger ersetzen. Bei Klimaanlage ist ein elektronischer Gebläseregler seitlich am Gebläsemotor eingebaut.

Frischluftgebläsemotor ausbauen

Arbeitsschritte

① Der Ausbau erfolgt vom Fußraum des Beifahrers. Dazu müssen Sie sich rücklings unter das Armaturenbrett quälen.

② Obere Fußraumverkleidung ausbauen.

③ Am Heizungskasten die Verschlüsse der Abdeckung zur Seite schieben.

④ Abdeckung vor Motor abnehmen.

⑤ Drei Schrauben um Motor lösen.

⑥ Elektrische Steckverbindung trennen und Gebläse herausnehmen.

Heizung

Störungsbeistand

Störung	Ursache	Abhilfe
A Heizleistung ungenügend	**1** Kühlmittelverluste	Auffüllen
	2 Thermostat schließt nicht mehr, Kühlmittel bleibt zu lange kalt	Thermostat erneuern
	3 Duoventil verklemmt	Duoventil erneuern
	4 Werte der Temperaturgeber falsch	Widerstandsmessung, ggf. Geber ersetzen
	5 Keine Luftabsaugung über Innenraum-Temperaturgeber	Gebläse prüfen
	6 Steuer- und Bediengerät defekt	Zur Überprüfung ausbauen, ggf. austauschen
	7 Luftgebläse nicht eingeschaltet	Luftgebläse mindestens in Stellung »I« einschalten
B Heizung lässt sich nicht abstellen	**1** Keine Spannung am Duoventil, da Steuer- und Bediengerät defekt	Steuer- und Bediengerät erneuern
	2 Siehe A3 und 4	
C Keine Heizung nach Abstellen des Motors	Umwälzpumpe läuft nicht	Bei eingeschalteter Heizung und Zündung Spannung an Pumpe messen, ggf. Pumpe ersetzen
D Luftverteilung nicht umschaltbar	**1** Drehregler lässt sich schwer oder widerstandslos drehen	Bowdenzüge ausgehängt oder Betätigungsteile am Heizungsgehäuse verklemmt
	2 Scheiben beschlagen innen, weil Umluftklappe nicht mehr öffnet	Bowdenzug und Betätigungsteile prüfen

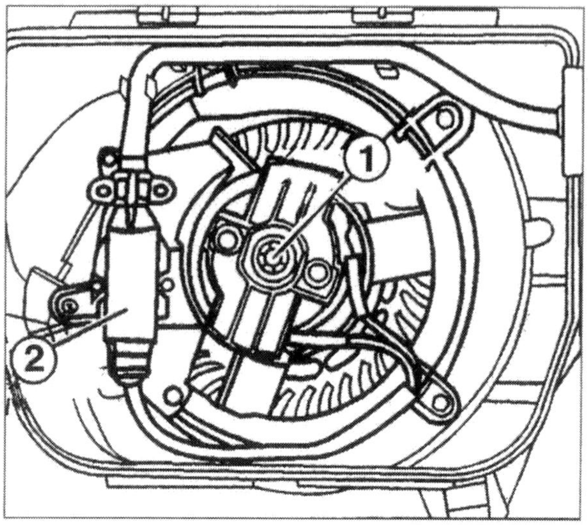

Den Gebläsemotor erreicht man nach dem Ausbau einer Verkleidung oben im Beifahrerfußraum. ❶ Gebläsemotor; ❷ elektronischer Drehzahlregler bei Fahrzeugen mit Klimaanlage.

⑦ Lüfter nicht von Motorwelle lösen oder verdrehen. Der Verbund ist gemeinsam gewuchtet.

⑧ Der kräftige Motor hat eine max. Stromaufnahme von ca. 22 A.

Klimaanlage

Technik-lexikon

Die Klimaanlage besteht aus Kältekompressor, Kondensator, Drossel, Verdampfer, Auffangbehälter und Druckleitungen. Im System zirkuliert ein Kältemittel, das je nach Temperatur und Druck flüssig oder gasförmig ist.

Der Kältekompressor. Er wird über einen Keilrippenriemen vom Motor angetrieben und erhöht den Druck im Kältemittelkreislauf auf etwa 20 bar. Dadurch erhitzt sich das Kältemittelgas.

Der Kondensator. Hier nimmt die vorbeistreifende Luft die Wärme auf, dadurch kühlt das heiße Kältemittelgas ab und kondensiert. Das Kältemittel wird flüssig.

Drossel. Das Kältemittel durchfließt eine Drossel, die den Druck reduziert. Dadurch verdunstet das Kältemittel im Kreislauf. Gleichzeitig kühlt es noch einmal stark ab.

Der Verdampfer. Hier nimmt das Kältemittel von der vorbeiströmenden Luft Wärme auf. Dadurch wird die Luft abgekühlt. Der Verdampfer sitzt vor dem normalen Wärmetauscher der Heizung im Heizungskasten. Die durchströmende Luft wird nun in den Innenraum des Fahrzeugs geleitet. Durch die aufgenommene Wärme im Verdampfer wird das Kältemittel gasförmig und mit niedrigem Druck zum Kompressor geleitet. Dort beginnt der Kreislauf von vorn.

Die Klimaanlage

Mit Hilfe der Klimaanlage kann die Innenraumtemperatur unter die herrschende Außentemperatur abgesenkt werden. Außerdem verringert die kühlende Klimaanlage die Luftfeuchtigkeit im Fahrzeuginnenraum. Die Klimaanlage arbeitet im »Reheat«-Betrieb. Das heißt, eintretende Frischluft wird zunächst durch die eingeschaltete Klimaanlage gekühlt und dann auf die gewünschte Temperatur gebracht. Beschlagene Scheiben werden durch diesen kombinierten Klima-Heizungsbetrieb in kurzer Zeit frei.

Temperaturautomatik (TAU)

Die Temperaturautomatik ist eine um die Kühlfunktion erweiterte Heizungsautomatik. Die Bedienungselemente und die Lage der Belüftungsöffnungen sind die gleichen wie bei der Grundausführung. Durch Betätigen der zusätzlichen Taste »EC« wird der Klimakompressor ausgeschaltet, eine rote Diode leuchtet auf. Dadurch verbraucht das Fahrzeug weniger Kraftstoff. In dieser Betriebsart bleibt die vollautomatische Regelung der Gebläsedrehzahl und der Klappensteuerung erhalten. Es kann jedoch keine Innenraumtemperatur erreicht werden, die unterhalb der Außentemperatur liegt, und es findet keine Luftentfeuchtung mehr statt.

Klimatisierungsautomatik (KLA)

Vorteil der Klimatisierungsautomatik gegenüber der Klimaanlage ist die zusätzliche Automatikschaltung »AUTO«. Sie kann für beide Fahrzeugseiten getrennt eingestellt werden. Ist sie aktiviert, erfolgt die Regelung der Luftmenge und -verteilung vollautomatisch. Ist sie nicht aktiviert, kann der Fahrer Luftmenge und -verteilung selbst bestimmen – getrennt wie bei der normalen Heizung und Belüftung – aber auch auf beiden Seiten gemeinsam.
Zum Ausstattungsumfang der KLA gehört ein Aktivkohle-Geruchsfilter. Er kann zusätzlich zum Reinluftfilter der anderen Ausstattungen zugeschaltet werden. Es werden dann auch kleinste Geruchspartikel ausgefiltert.

Ein CO-Sensor erkennt hohen Schadstoffanteil in der Außenluft und schaltet dann auf Umluft um. Im Display erscheint die Anzeige »Smog«.
Es werden auch Daten von einem Sonnensensor – er sitzt an der Unterkante der Windschutzscheibe in der Mitte – berücksichtigt. Beispielsweise wird bei starker Sonneneinstrahlung und über + 19°C Außentemperatur die vorgewählte Temperatur geringfügig zurückgenommen.

Funktion der Klimaanlage

Das gasförmige Kältemittel (ca. 1 kg) wird mit dem Taumelscheiben-Kompressor seitlich links am Motor verdichtet. Dessen Antrieb erfolgt über den Keilrippenriemen von der Kurbelwelle aus. Beim Verdichten durch den Kompressor verflüssigt sich das Kältemittel und strömt in den Verdampfer im Heizungsgehäuse unter dem Armaturenbrett. Dort verdampft das Kältemittel wieder, wobei Kälte entsteht. Die durch den Verdampfer strömende Luft kühlt sich an dessen Lamellen ab. Das Kältemittel strömt vom Verdampfer weiter zum Kondensator vor dem Kühler und von dort erneut zum Kompressor. Zur besseren Kondensierung sind vor dem Kondensator noch zwei Zusatzlüfter eingebaut. Die Kälteleistung der Klimaanlage wird elektronisch gesteuert. Sie hängt von der Außentemperatur, der augenblicklichen Innenraumtemperatur und der gewünschten Raumtemperatur ab.

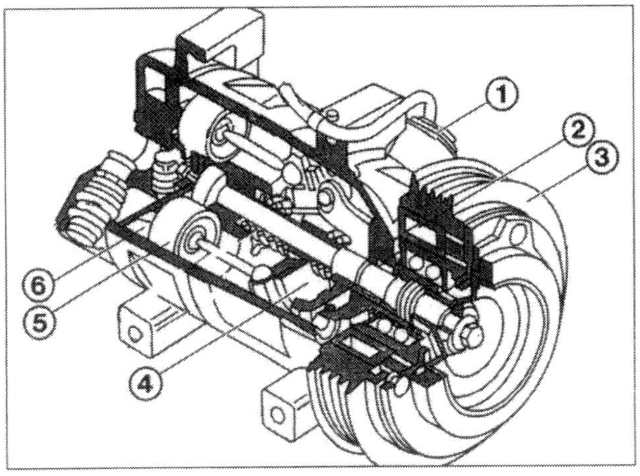

Schnitt am Taumelscheiben-Kompressor mit sechs Kolben. Es bedeuten: ❶ Hauptregelventil, ❷ Magnetkupplung, ❸ Riemenscheibe, ❹ Taumelscheibe, ❺ Kolben, ❻ Verdichtungsraum.

Weiteres Wissenswertes zur Klimaanlage

- Die Zusatzlüfter haben zwei Stufen. Bei einem Kältemitteldruck von 20 bar schaltet ein Druckschalter. Ein Relais zieht an, und die Zusatzlüfter erhalten über einen Vorwiderstand Strom. Bei einer Motor-Kühlmitteltemperatur von mehr als 107°C laufen die Zusatzlüfter mit Maximalleistung.

Nach Abbauen des Schutzgitters kommt man an die beiden Zusatzlüfter heran.

- Beim Einschalten des Kompressors wird die Leerlaufdrehzahl sofort geregelt, damit der Motor nicht abstirbt. Der Kompressor benötigt etwa 9 kW.
- Damit der Motor thermisch nicht überlastet wird, erfolgt die Abschaltung des Kompressors bei ca. 115°C Kühlmitteltemperatur.
- Das Bedien- und Steuergerät der Klimaanlage erfasst die Drehzahl des Kompressors mit einem induktiven Drehzahlgeber. Die Motordrehzahl erkennt es über die TD-Signale von der Motronic. Liegt das Verhältnis der beiden Drehzahlen nicht im festgelegten Bereich, ist der Kompressor zu schwergängig, und der Keilrippenriemen rutscht auf den Riemenscheiben durch. Zum Schutz des Riemens wird deshalb jetzt der Kompressor abgeschaltet.
- Zum Motorausbau darf der unter hohem Druck stehende Kältemittelkreislauf nicht ohne spezielle Auffanggefäße geöffnet werden. Auch das Ergänzen von Kältemittel ist nur in der Werkstatt möglich. Beim Motorausbau deshalb Kompressor, Kältemittelleitungen und die Halter vom Motor abschrauben. Die Teile seitlich im Motorraum mit Draht befestigen.

- Das Bedien- und Steuergerät der Klimaanlage ist diagnosefähig. Aufgetretene Fehler werden gespeichert und können später in der Werkstatt ausgelesen werden.

Die Schalter

Mit den Schaltern wird der Stromkreis zum jeweiligen Verbraucher geschlossen. In der neuen E-Klasse setzt Mercedes-Benz eine völlig neue Schaltergeneration ein. Hinter diesen runden Wipp-, Dreh- und Druckschaltern, Rändelrädern und Kombiknöpfen verbirgt sich in der Tat eine kleine Wissenschaft. Das Stichwort lautet Haptik – das ist die Lehre vom Tastsinn. Sie wurde bei der Entwicklung der neuen Schaltergeneration berücksichtigt. Ergebnis: Ergonomie und Handhabung passen. Fehlbedienungen sind nahezu ausgeschlossen.

Der Kombischalter

Für Blinker, Scheibenwischer und Lichthupe gibt es nur einen einzigen Bedienhebel, der sich nach wie vor an bewährter Stelle – links neben der Lenksäule – befindet. Dort liegt auch die Bedieneinheit für alle lichttechnischen Funktionen: Der Kombischalter für Park- und Abblendlicht, Nebelscheinwerfer, Nebelschlussleuchten sowie der Regler für die Scheinwerfer-Höheneinstellung.
Dieser Schalter (S4 in den Schaltplänen) ist ein wahres Meisterwerk, denn nicht weniger als zwölf Leitungen führen dorthin und werden auf die unterschiedlichste Weise miteinander verbunden. Solche Kombischalter gab es schon bei früheren Mercedes-Modellen. Dort hat sich mit den Jahren folgender Verschleißeffekt eingestellt: Beim Blinken ist der Schalterhebel nicht mehr eingerastet. In diesem Fall musste der Kombischalter ausgetauscht werden. Frühere Versuche, die Einrastung etwas nachzuarbeiten, haben oftmals nur kurzfristig Besserung gebracht.

Instrumenten- und Schalterkombinationen

Alle wichtigen Betätigungsschalter finden sich in der Mittelkonsole. Sie ist als wichtige Schaltzentrale für Fahrer und Beifahrer gleichermaßen gut zu erreichen. Im Interesse der Übersichtlichkeit sind die Wippschalter zu Funktionsgruppen zusammengefasst:
In der oberen Reihe befinden sich die Schalter für Fondkopfstützen, Zentralverriegelung und Warnblinkanlage, **darunter** ist die Bedieneinheit für Heizung, Klimaanlage und Umluftschaltung angeordnet. **Im unteren Teil** der Mittelkonsole befindet sich ein weiterer Schalterblock für die Bedienung der elektrischen Fensterheber, für die Kindersicherung und für die Einstellung der Außenspiegel.
Beim Blick nach oben erkennt man eine neugestaltete Bedieneinheit mit einem zweiteiligen Feld für die Innenraumleuchten sowie den Schaltern für Schiebedach und Innenraumbeleuchtung. Außerdem ist hier der gebläseunterstützte Sensor für die Heizmatik oder Klimaanlage untergebracht.

Elektronischer Startschalter

Dieser Schalter ist praktisch der Hauptschalter im Mercedes und ebenfalls eine Neuentwicklung: Der elektronische Zündstartschalter. Der Name verrät es bereits. Zündschloss und Zündschlüssel herkömmlicher Art gibt es in der neuen E-Klasse von Mercedes-Benz nicht mehr. An ihre Stelle tritt ein aufwendiges elektronisches System, bei dem der mechanische Zündschlüssel durch ein handliches Gerät mit vielerlei Funktionen ersetzt wird. Das auffälligste Merkmal des elektronischen Schlüssels: Er hat keinen metallenen Schlüsselbart mehr. Zum Starten des Motors wird lediglich die keilförmige Zunge in den Zündstartschalter gesteckt und einmal kurz nach rechts gedreht. Den Rest übernimmt die Elektronik. Bei Automatikmodellen steuert sie den Startvorgang selbsttätig, bis der Motor läuft.
Zuvor findet jedoch im Innern des Zündstartschalters ein blitzschneller Kontrollvorgang statt, bei dem die Elektronik automatisch prüft, ob überhaupt der richtige Schlüssel eingesteckt wurde. Dazu überträgt der Schalter auf induktivem Weg Energie in den Schlüssel, der daraufhin per Infrarotlicht mit einem codierten Datensignal antwortet. Der Mikrocomputer des Zünd-

startschalters prüft diesen Code mit Hilfe eines gespeicherten Vergleichswerts und gibt bei Übereinstimmung die elektrische Lenkradsperre frei. Jetzt lässt sich der elektronische Schlüssel nach rechts drehen und die Zündung einschalten. Die Daten-Codes des elektronischen Schlüssels und die dazugehörigen Vergleichswerte des Startschalters werden nach jedem Startvorgang aufs Neue berechnet und abgespeichert.
Will man das Schalten überprüfen, tut man dies am besten an der Steckverbindung unten an der Lenksäule. Direkt an den Schalter gelangt man nur schwierig. Am Schaltersymbol erkennen Sie, in welcher Zündschlüsselstellung welche Anschlüsse zusammengeschaltet werden. Bei Fehlern müssen Sie den Schalter in der Werkstatt ersetzen lassen, denn es werden zum Ausbau und zur Demontage von der Lenksäule Sonderwerkzeuge gebraucht.

Das Fahrberechtigungssystem

Seit Dezember '94 rüstet Mercedes-Benz alle Modelle serienmäßig mit einem elektronisch gesteuerten Fahrberechtigungssystem aus, das den verschärften Anforderungen des Gesetzgebers und der Autoversicherer entspricht. Das Kernstück der neuen Wegfahrsicherung ist eine Infrarot-Fernbedienung, die als elektronischer Türschlüssel dient. Wer den Motor des Wagens starten möchte, muss die Türen zuvor mit Hilfe der Fernbedienung entriegelt haben. Andernfalls bleibt die Motorsteuerung blockiert, und das Triebwerk springt nicht an.
Ein kleiner Sender im Fahrzeugschlüssel sendet ein unsichtbares Infrarotsignal kombiniert mit einem Funksignal an verschiedene Empfänger im Türinneren und hinter dem Innenspiegel. Das von den Empfängern verarbeitete Signal wird an ein Steuergerät im Motorraum übertragen. Es speichert das Infrarotsignal und erstellt den Wechselcode, der zum nächsten (späteren) Öffnen der Türen und zum Starten des Motors erforderlich ist. Gleichzeitig besteht eine Datenkommunikation mit der Motorsteuerung zur Blockade der Startfunktionen und mit der Zentralverriegelung zum Verschließen der Türen.

Der Warnblinkschalter

Der Schalter der Warnblinkanlage ist bei eingeschaltetem Licht von einer kleinen Lampe in der Schaltertaste schwach erleuchtet. Dazu erhält das Lämpchen Strom vom Lichtschalter über einen elektrischen Widerstand. Wird der Schalter niedergedrückt, ist der Widerstand nicht mehr im Stromkreis – das Lämpchen leuchtet mit voller Lichtstärke im Blinkertakt.

Schalter prüfen

Muss man im Rahmen einer Fehlersuche die Schalterfunktion überprüfen, zunächst den Schalter im Schaltplan suchen und an der Steckverbindung zum Schalter prüfen. Hierzu verwendet man entweder eine Prüflampe und prüft »unter Spannung«, oder man steckt die Leitungen aus und misst mit einem Ohmmeter. Meist ist die erste Methode aufschlussreicher. Versuchen Sie, ob mit der Spitze der Prüflampe die zu prüfende Leitung in der Steckverbindung erreicht werden kann. Wenn nicht, stechen Sie mit der Prüfspitze in die Leitung. Die Wippschalter sind nur in ihren Ausschnitt gesteckt und können ausgebaut werden, wenn die Abdeckung ausgebaut ist. Andere Schalter sind angeschraubt. Viele Schalter im Mercedes sind von innen beleuchtet. Leider lassen sich diese Lämpchen – außer beim Lichtschalter – nicht einzeln auswechseln, weil dadurch der Schalter zerstört würde.

Arbeitsschritte

① Mit einer Prüflampe mit Nadelkontakt können Sie die Kabelisolierung durchstechen und feststellen, welche Kabel Spannung führen.

② Nehmen Sie den passenden Schaltplan (Näheres dazu unter »Schaltpläne«) zur Hand.

③ Zuerst wird geprüft, ob der Schalter überhaupt Spannung geliefert bekommt; hierzu muss vielfach die Zündung oder die Beleuchtung eingeschaltet werden.

④ Dann wird kontrolliert, ob der Schalter in entsprechender Stellung die Spannung weiterleitet.

⑤ Am Beispiel des Zünd-/Anlass-Schalters sieht das folgendermaßen aus:

⑥ Das rote Kabel von Batterie-Plus muss ständig Strom führen.

⑦ Das Kabel der Zündschloss-Klemme »15x« führt in den Zündschlossrasten »I«, »II« und in der Anlass-Stellung Strom.

⑧ Das Kabel der Zündschlossklemme 15 führt in Raststellung »II« und in Anlass-Stellung Strom.

⑨ Das violette Kabel Klemme 50 führt nur in Anlass-Stellung Strom.

Elektrische Fensterheber

Unabhängig von der Zündschlüsselstellung lassen sich die elektrischen Fensterheber auf Knopfdruck bedienen. Die Sicherungen für die Fensterheber finden sich im Sicherungskasten unter der Rücksitzbank. Sind vier Fensterheber eingebaut, können die hinteren durch Betätigen des mittleren Einzelschalters mit dem Kindersymbol in der Mittelkonsole abgeschaltet werden.

Störungssuche an den Fensterhebern

Arbeitsschritte

① Wenn sich keine Fensterscheibe mehr rührt, Sicherungen unter der Rücksitzbank prüfen.

② Andere Fehlerquelle: Läuft nur ein Fensterheber nicht, bauen Sie den Schalter aus und überprüfen ihn.

③ Ist der Schalter auch in Ordnung, Kabelverlauf zu den Türen kontrollieren.

④ Dazu auch die Türverkleidung abnehmen und bei abgezogenem Kabelstecker prüfen, ob bei gedrücktem Schalter Spannung am Motor anliegt. Plus und Minus werden an den Kabeln umgepolt – je nach dem, ob der Fensterhebermotor vorwärts oder rückwärts laufen soll.

⑤ Liegt Spannung wunschgemäß an, bleibt nur noch der Fensterhebermotor als Defektursache. Austauschen.

⑥ Schlechter Lauf einer Scheibe dürfte an einer verklemmten Fensterführung liegen.

⑦ Laufen nur die hinteren Fensterheber nicht, Kindersicherung prüfen. Dazu den Schalter aus der Mittelkonsole ausbauen.

⑧ Wurden all diese Möglichkeiten durchprobiert, kann es eigentlich nur am Komfortrelais oder an der Zentralverriegelung liegen.

Behelf unterwegs

Bei streikendem Fensterheber brauchen Sie trotzdem nicht mit offenem Fenster durch Wind und Wetter zu fahren. Voraussetzung ist allerdings, dass der Fensterhebermotor selbst noch intakt ist und dass Sie zwei ausreichend lange Kabel zur Hand haben:

Arbeitsschritte

① Türverkleidung abbauen (Kapitel »Die Karosserie«).

② Kabelsteckverbindung in der Fensterheberleitung trennen.

③ Je ein Kabel an Plus- und Minuspol der Batterie anschließen – darauf achten, sich die Enden nicht berühren.

④ Kabel mit den Steckkontakten zum Fensterheber verbinden – der Motor befördert die Fensterscheibe nach oben. Läuft er nach unten, Kabel einfach gegeneinander austauschen (umpolen).

⑤ Ist dagegen auch der Fensterhebermotor defekt, hilft nur noch eins: Fensterscheibe unten vom Fensterhebergestänge abbauen.

⑥ Fensterscheibe nach oben schieben und mit Packband oder Isolierband über dem oberen Fensterrahmen sichern.

Schalter der elektrischen Fensterheber

Die elektrischen Fensterheber werden von den Schalterblöcken in der Mittelkonsole betätigt. Zwei Einzelschalter sitzen (bei elektrischen Scheibenhebern hinten) in den Verkleidungen der beiden hinteren Türen. Alle Schalter sind beleuchtet, wenn die Fensterheber einsatzbereit sind.

Fensterheberschalter ausbauen

Arbeitsschritte

① Abdeckung in der Mittelkonsole lösen und über den Schalthebel anheben.

② Mit der Hand die Fensterheberschalter von unten aus der Mittelkonsole drücken.

③ Die Schalter können mit und ohne Halterahmen ausgebaut werden.

④ Zum Abziehen der Stecker die Halterasten mit einem Schraubendreher lösen.

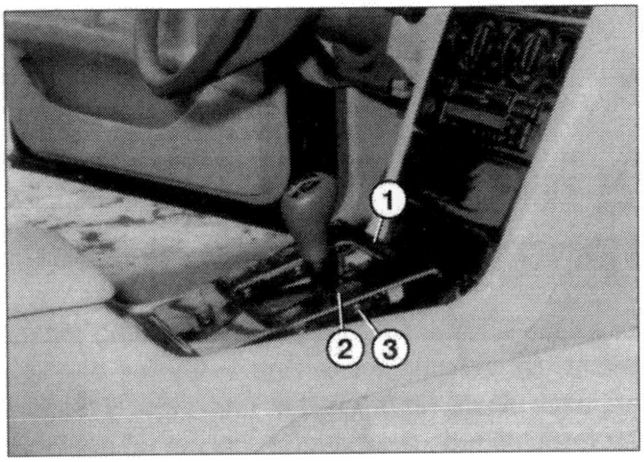

Einige Schalter gibt es in der Mittelkonsolenverkleidung am Schalthebel. ❶ Verkleidung, ❷ Fensterheberschalter, ❸ Mehrfachstecker.

Die Zentralverriegelung

Die Infrarotsteuerung ist in Kombination mit dem Fahrberechtigungssystem in der E-Klasse serienmäßig eingebaut. Die Ansteuerung der pneumatisch betätigten Zentralverriegelung erfolgt über Schalter in den Vordertüren und am Kofferraumdeckel. Je nach Schlüsselsignal bzw. -drehrichtung wird eine Leitung auf Masse gelegt, und die Versorgungspumpe läuft vorwärts oder rückwärts. So erzeugt sie Über- oder Unterdruck. Die Zentralverriegelung arbeitet durch die Pneumatik fast geräuschlos. Man hört keine Magnete schlagen oder Elektromotoren schwirren, wie es teilweise bei anderen Fahrzeugen der Fall ist. Mit einem Schalter an der Mittelkonsole kann der Mercedes von innen zentralverriegelt werden.

Notbetätigung

Bei Ausfall der Zentralverriegelung lassen sich die Türen normal mechanisch öffnen und schließen. Die

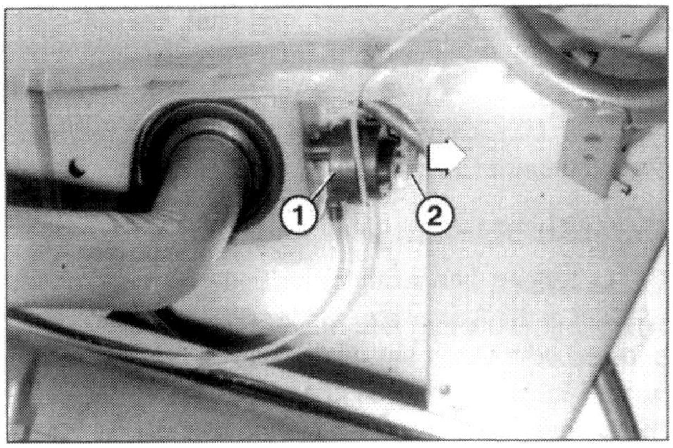

Seitlich rechts im Kofferraum erreicht man bei weggeklappter Verkleidung das Stellelement ❶ der Zentralverriegelung für die Tankklappe. Lässt sich die Tankkappe bei einem Defekt der Zentralverriegelung nicht öffnen, am Stößel ❷ ziehen (Pfeil). Gegebenenfalls sollte ein Helfer gleichzeitig von außen die Klappe öffnen.

Tankklappe kann am Stellelement entriegelt werden. Dazu rechte Kofferraumverkleidung ausbauen.

Pneumatische Steuereinheit

Die Versorgungspumpe unter der Rücksitzbank bei der Batterie wird vom Werk als pneumatische Steuereinheit bezeichnet, denn sie hat eine ganze Reihe weiterer Aufgaben. So versorgt sie Unter- und Überdruckvorratsbehälter, die für die orthopädische Sitzlehne und die Klimaanlage gebraucht werden. Außerdem unterstützt sie Systeme, die vom Saugrohrdruck abhängig sind. Ist z. B. der Unterdruck in einem Vorratsbehälter unter 400 mbar gefallen, schaltet die Pumpe

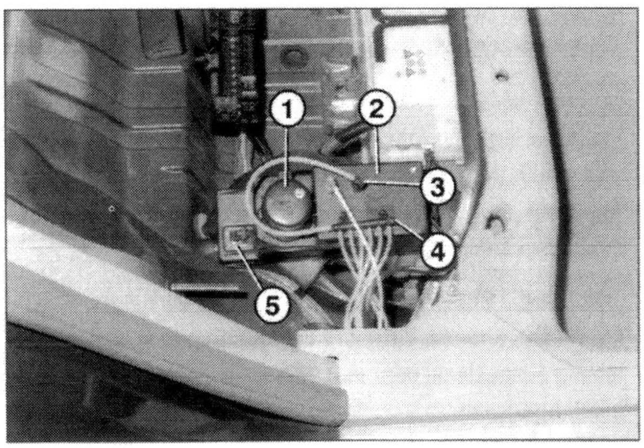

Unter der Rücksitzbank rechts vor der Batterie ist die Steuereinheit der Zentralverriegelung unter einer Abdeckung untergebracht. ❶ Versorgungspumpe, ❷ Druckspeicher, ❸ Unterdruckleitung mit Steckanschluss, ❹ Verteilersegment mit Steckanschlüssen, ❺ elektrische Steckverbindung.

über einen Druckschalter ein und läuft, bis 600 mbar erreicht sind. Schaltet die Pumpe nicht mehr ab, kann eines der Systeme undicht sein. Je nach Ausstattung des Fahrzeuges sind vier verschiedene pneumatische Steuereinheiten eingebaut.

Unterdruckleitungen

Die Leitungen haben an ihren Enden einen Stecker, welcher in die Anschlüsse an der Pumpe, den Türstellgliedern oder in die Verteilerblöcke einrastet. Die Leitungen zu den Türen sind über die Türtrennstellen geführt. Vom Verteiler an der Pumpe werden die Systeme so versorgt:

- Zu den Türen und zur Tankklappe führen gelbe Unterdruckleitungen.
- Zum Kofferraumdeckel führt eine schwarze Leitung.
- Zum Unterdruckbehälter im Kofferraum führt eine graue Leitung.
- Eine transparente Leitung führt zum Unterdruck-Verteiler im Motorraum.

Fehlersuche an der Zentralverriegelung

Arbeitsschritte

① Zuerst klären, ob die elektrische oder die pneumatische Seite der Anlage gestört ist. Dazu hinten hören, ob die Pumpe bei Schlüsseldrehung bzw. beim Druck auf den Schlüsselsender losläuft.

② Läuft die Pumpe nicht, Spannungsversorgung prüfen. Vielleicht läuft die Pumpe doch, wenn Sie das Verriegeln von einem anderen Schaltteil aus versuchen. Evtl. ist ein Schaltteil defekt oder die entsprechenden Zuleitungen sind ausgesteckt.

③ Läuft die Pumpe und es wird nirgends verriegelt, so ist die Anlage undicht. Vielleicht ist irgendwo eine Schlauchleitung ausgesteckt oder eine Membran in einem der Stellglieder gerissen.

④ Zur einfachen Bestimmung der undichten Stelle alle Fußmatten aus dem Innenraum herausnehmen und nacheinander die Schlauchleitungen zu den verschiedenen Türstellgliedern ausstecken. Dabei den Schlauchanschluss Richtung Pumpe abdichten.

⑤ Funktioniert das Verriegeln plötzlich wieder, die undichte Stelle im gerade abgeschlossenen Bereich weiter suchen.

⑥ Wird nur an einer Stelle nicht verriegelt, Schlossbetätigung auf Leichtgängigkeit untersuchen. An der Tankklappe prüfen, ob der Verriegelungsbolzen leicht in seiner Führungshülse läuft.

Schalter für Außenspiegelverstellung

Der kleine Schalter für die Spiegelverstellung hat insgesamt vier Schaltkontakte zum Verstellen des Spiegels nach oben, unten, rechts und links. Zusätzlich sitzt im Schaltergehäuse der Umschalter für die Bedienung des rechten bzw. des linken Spiegels. Der Ausbau erfolgt wie bei den Schaltern für die Fensterheber.

Elektrische Außenspiegelverstellung prüfen

Falls sich nach Betätigen des Schalters in der Mittelkonsole nichts tut, muss die Stromversorgung geprüft werden.

Arbeitsschritte

① Sicherung Nr.16 in Ordnung? (Kapitel »Die Fahrzeug-Elektrik«).

② Spiegelschalter aus Mittelkonsole ausbauen und mit Prüflampe am grün/schwarzen Kabel kontrollieren, ob Spannung anliegt.

③ Wenn ja, Schalter durchprüfen.

④ Zuletzt Kabelführung zum Spiegel prüfen. Dazu Spiegelgehäuse ausbauen und Verstellmotor abschrauben.

⑤ War bisher alles in Ordnung, ist sicher der Verstellmotor des Spiegels defekt.

⑥ Vorübergehend lässt sich der Außenspiegel durch Verdrehen des Spiegeleinsatzes von Hand verstellen.

Außenspiegel zerlegen

Die Spiegel sind auf beiden Seiten elektrisch einstellbar. Das Umschalten erfolgt am Schalter der Mittelkonsole. Die Spiegel sind mit je drei Schrauben von außen an die Tür geschraubt. Die Schrauben erreicht man, wenn der Spiegel nach hinten gedrückt wird. Das Spiegelgehäuse kann nach außen abgezogen werden.

Arbeits-schritte

① Spiegelglas wie folgt ersetzen: Zuerst Spiegelglas innen nach vorne drücken.

② Spiegel umklappen und mit Schraubendreher den Federbügel, der das Spiegelgehäuse hält, etwas nach außen drücken.

③ Spiegelgehäuse nach außen abziehen.

④ Oben am Spiegelglas die Sicherungsfeder ausrasten.

⑤ Leitungen zur Spiegelheizung lösen.

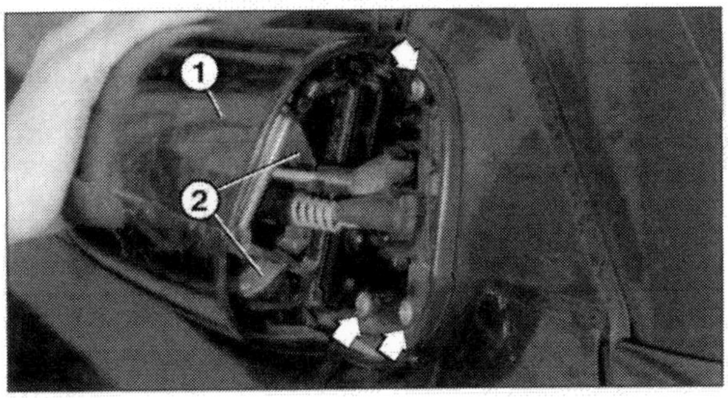

Am umgeklappten Außenspiegel ❶ kommt man gut an den Federbügel ❷ der Spiegelgehäusebefestigung heran. Der komplette Außenspiegel ist mit drei Schrauben (Pfeile) an der Tür befestigt.

Hier ist das Spiegelgehäuse abgenommen: ❶ Anschluss für Heizung des Spiegelglases ❷, ❸ Verstellmotor, Pfeil - zum Ersetzen des Spiegelglases die Feder aushängen.

Der Zigarettenanzünder

Der elektrische Anzünder erhält Dauerstrom über die zuständige Sicherung. Falls der Anzünder trotz intakter Sicherung nicht funktioniert, ist der Heizwendeleinsatz locker oder durchgebrannt. Dieser Einsatz lässt sich abschrauben und austauschen.

Heizbare Heckscheibe prüfen

Die Heizfäden erhalten über Sicherung Nr. 19 aus dem Sicherungsblock bei der Batterie Strom, wenn das entsprechende Relais im Kombirelais seinen Kontakt schließt. Dies geschieht dann, wenn der Schalter im Armaturenbrett betätigt wurde (Kontroll-Lampe brennt) und wenn die Bordspannung über 11 Volt liegt. Dafür sorgt die Elektronik im Kombirelais. Wird bei eingeschalteter Heckscheibenheizung die Zündung ausgeschaltet, muss danach die Heizung erneut eingeschaltet werden. Falls die Heckscheibe kalt bleibt, so vorgehen:

Arbeits-schritte

① Sicherung Nr. 19 prüfen.

② Verkleidung links und rechts an der Hecksäule ausrasten. Ca. 20 cm von den unteren Ecken entfernt findet sich auf jeder Seite ein Steckanschluss.

③ Den festen Sitz der Stecker an der Heckscheibe prüfen. Liefert das schwarze Kabel Strom und die Heckscheibe bleibt kalt, fehlt es an Masse. Stecker und Leitung prüfen.

④ Wippschalter aus dem Armaturenbrett ausbauen und mit einer Prüflampe feststellen, ob bei eingeschalteter Zündung Strom am schwarz/gelb-grünen Kabel ankommt. Gelangt beim Betätigen des Schalters Strom zum schwarzen Kabel?

⑤ Schaltet das Relais den Strom von Klemme 30 nach Klemme 87? Zur Probe Relais abziehen und die Buchsen überbrücken. Wenn Scheibe jetzt warm wird, ist das Kombirelais gestört. Kombirelais entweder ersetzen oder durch ein zusätzliches separates Relais die Heckscheibenheizung einschalten.

⑥ Wenn die Heizfäden von kantigen Gegenständen auf der Hutablage unterbrochen worden sind (Beweis: Scheibe heizt nur teilweise), hilft z. B. der Leitsilberlack der Firma Doduco (im Zubehörhandel erhältlich).

Radio ausbauen

In unseren Beschreibungen gehen wir lediglich auf den Einbau ab Werk ein. Bitte beachten Sie, dass sich selbst bei diesen Geräten die Einbauweise je nach Bauzeit und Ausführung von unserer Beschreibung unterscheiden kann.

Arbeitsschritte

① Sicherstellen, dass die Code-Nummer der Anti-Diebstahl-Codierung vorliegt.

② Batterie abklemmen.

③ **Radio mit vier Bohrungen seitlich in der Frontblende:** Entriegelungsbügel (bisweilen bei Radio-Einbausätzen mit dabei) in die vier Bohrungen seitlich an der Frontblende stecken und Radio aus der Mittelkonsole ziehen.

④ Oder vier passende Nägel oder Drahtstifte in die Bohrungen schieben und damit die Haltefedern entriegeln.

⑤ Radio nach vorn herausziehen, evtl. zusätzlich Ascher ausbauen und von hinten drücken.

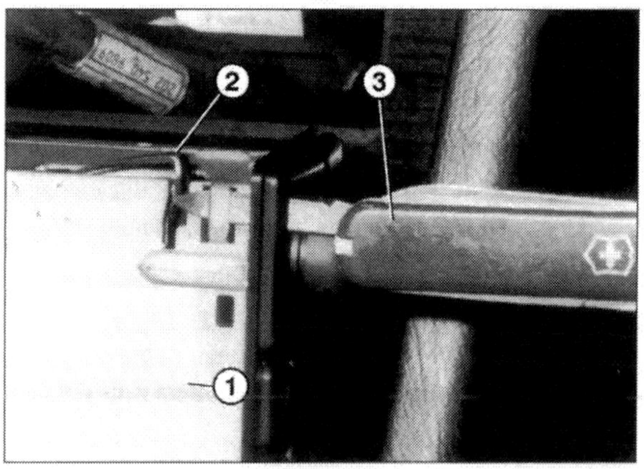

Zum Ausbau des Radios ❶ müssen die seitlichen Federn ❷ zum Entriegeln des Radios im Armaturenbrettausschnitt zurückgedrückt werden. Mangels der Originalwerkzeuge kann dies zur Not auch mit einem schmalen Messer ❸ gelingen. Dazu den Ascher ausbauen.

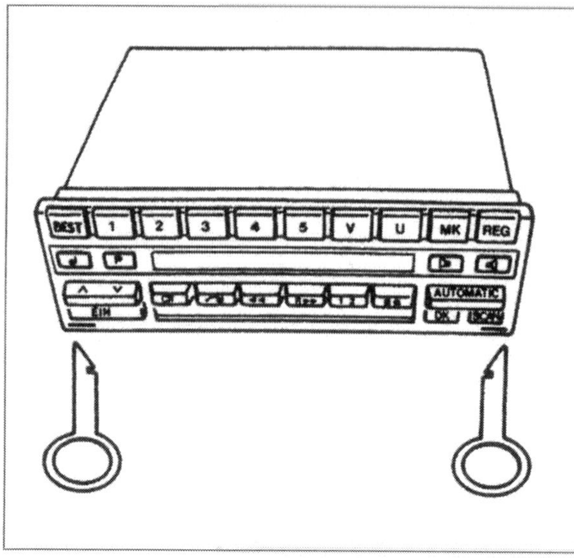

Besser als mit einem Messer arbeitet es sich mit den hier gezeigten Original-Entriegelungsschlüsseln.

⑥ **Radio mit Schlitzen an den unteren Ecken:** Dünne Ausbaubleche einschieben. Dadurch werden die seitlichen Federn zurückgedrückt. Mit Geschick können die Federn auch mit einer dünnen Klinge eines Taschenmessers erreicht werden. Dabei gleichzeitig von hinten drücken.

⑦ Radio aus dem Einbauschacht ziehen.

⑧ Stecker abziehen; evtl. kennzeichnen.

⑨ Beim Einbau Antennenkabel und Mehrfachstecker hinten am Radio wieder anschließen und Radio bis zum Anschlag einschieben.

⑩ Beim Einschieben darauf achten, dass der Haltebolzen an der Radio-Rückseite richtig eingeschoben wird.

⑪ Ggf. Besitzercode eingeben.

Lautsprecher ausbauen

Arbeitsschritte

① **Vorn:** Etwa 1 bis 2 cm breiten Holz- oder Kunststoffkeil außen am dreieckigen Abdeckgitter ansetzen.

② Steckverbindung zum Lautsprecher ausstecken.

③ Lautsprecher durch Verschieben zum Fensterrahmen ausrasten.

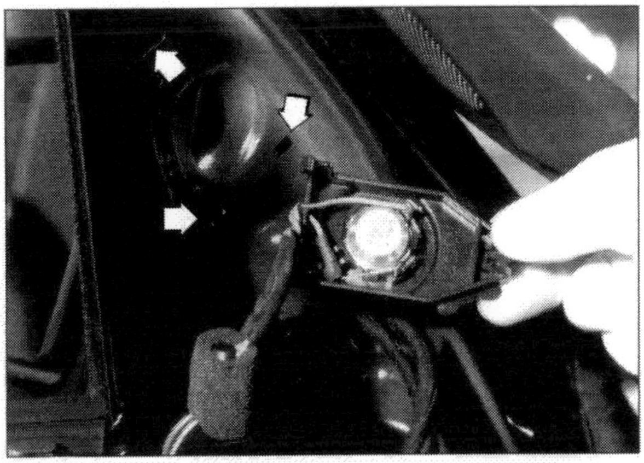

In diese Aufnahmen (Pfeile) muss der kleine Hochtonlautsprecher beim Einbau wieder einrasten.

④ **Hinten:** Sitzkissen hinten herausnehmen.

⑤ Rückenlehne komplett ausbauen.

⑥ Verkleidung am hinteren Dachpfosten beidseitig ausbauen.

⑦ Heckablage ausbauen.

⑧ Steckverbindungen zu den Lautsprechern lösen.

⑨ Gehäuse der Lautsprecher lösen (vom Kofferraum aus).

⑩ Rasten am Lautsprecher zurückdrücken und herausnehmen.

⑪ **Vorder- und Hintertüren:** Türverkleidung ausbauen, Siehe Kapitel »Die Karosserie«.

⑫ Leitung ausstecken.

⑬ Schrauben um Lautsprecher lösen.

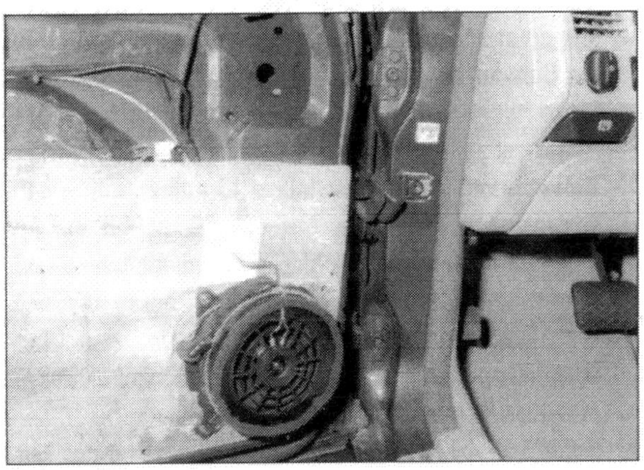

Hier ist der Sitz des Lautsprechers in der Vordertür gezeigt. Nach Ausbau der Türverkleidung ist es kein Problem, ihn auszubauen.

Glühlampen in den Innenleuchten wechseln

Arbeitsschritte

Vordere Deckenleuchte

① Lichtscheibe mit Schraubendreher heraushebeln.

② Soffittenlampe aus den Kontaktfedern abziehen. Kontaktfedern gegebenenfalls vorsichtig nachbiegen.

③ Neue Lampe einsetzen.

④ Soll die Deckenleuchte ausgebaut werden, bei ausgebauten Lichtscheiben die Klammern beidseitig zurückdrücken und Deckenleuchte ausheben. Kabel an der Rückseite abziehen.

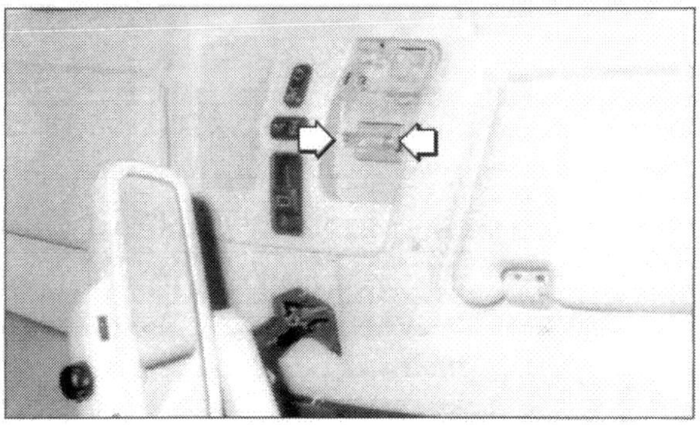

Nach Abhebeln der Streuscheibe kann die Soffitte (Pfeile) problemlos ausgewechselt werden.

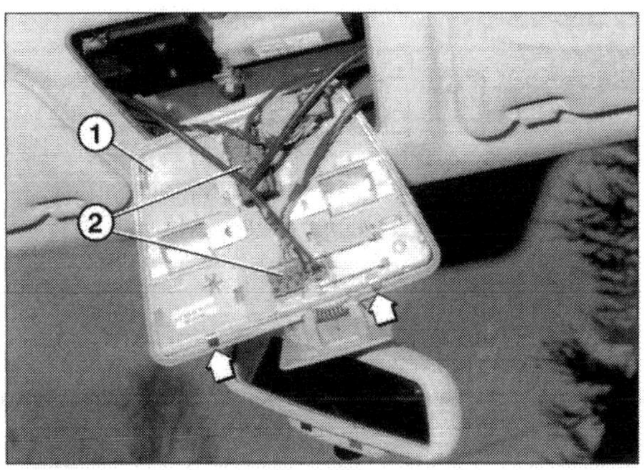

Beim Einbau die Deckenleuchteneinheit ❶ erst an der Windschutzseite genau ansetzen und dann hochklappen bis die Federklammern (Pfeil) korrekt einschnappen. Vorher jedoch die Stecker ❷ aufschieben und eine Funktionsprüfung vornehmen.

Hintere Deckenleuchte

① Leuchte mit einem Schraubendreher vorsichtig aus dem Deckenausschnitt hebeln.

② Reflektor zurückklappen.

③ Soffittenlampe aus den Kontaktfedern nehmen. Kontaktfedern gegebenenfalls vorsichtig nachbiegen.

④ Neue Lampe einsetzen.

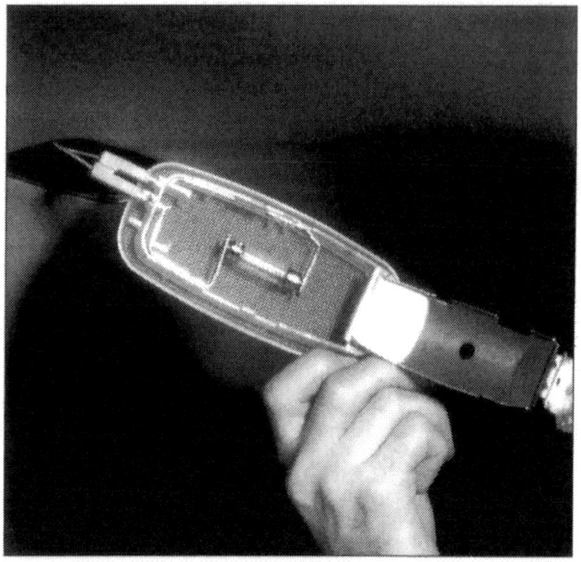

Weitere Glühlampen ersetzen

Arbeitsschritte

- **Beleuchtung der Sonnenblenden:** Mit einem Schraubendreher die Abdeckung abhebeln (Aussparung an der Unterkante).

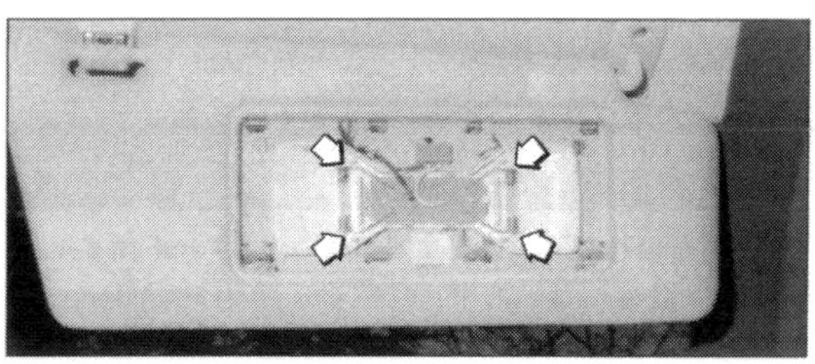

Auch in der Sonnenblende sind Soffittenglühlampen in Federbügel (Pfeile) geklemmt.

- **Beleuchtung des Handschuhfaches:** Um die Soffittenlampe tauschen zu können, die Leuchte einfach herausziehen.

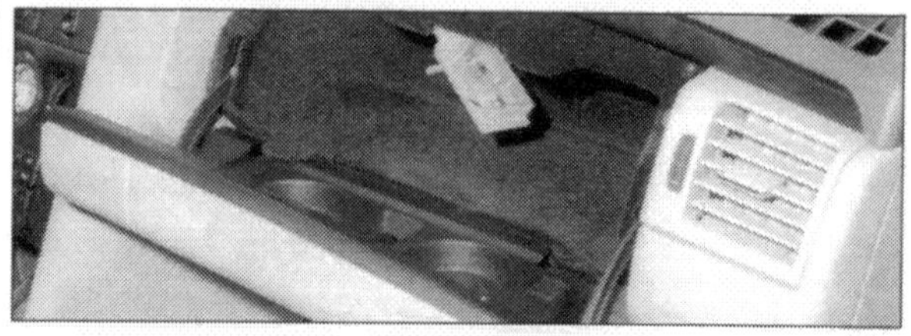

- **Kofferraumleuchte:** Bei geöffnetem Kofferraumdeckel die Leuchte von hinten aus dem Ausschnitt drücken und Soffittenlampe erneuern.

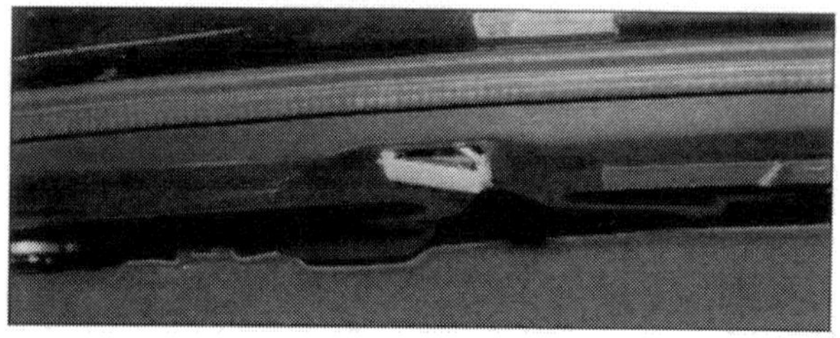

- **Beleuchtung des Kombiinstruments:** Die Glassockel-Glühlämpchen zur Beleuchtung sowie die kleineren Glühlämpchen sind von hinten ins Instrument gesteckt. Zum Lampentausch muss demzufolge erst das Kombiinstrument ausgebaut werden.
- **Beleuchtung der Wippschalter:** Die Schalter haben teilweise kleine Lämpchen eingelötet und müssen ersetzt werden. Andere haben Glassockellämpchen mit Steckfassung. Den jeweiligen Schalter erst aus dem Armaturenbrett ausbauen.
- **Beleuchtung der Heizungsregulierung:** Die beiden Drehknöpfe von Gebläseschalter und Luftverteilung mit lappenumwickelter Zange abziehen. Seitlich außen an der Schalterachse finden Sie eine kleine weiße Klappe. Diese hochschieben und das Glassockellämpchen darunter mit spitzem Werkzeug vorsichtig ersetzen.
- **Beleuchtung des Lichtschalters:** Drehknopf abziehen. Darunter findet sich das Glassockellämpchen, das bei eingeschaltetem Nebelschlusslicht aufleuchten muss.
- **Ascherbeleuchtung:** Aschereinsatz herausnehmen. Unter dem Anzünder findet sich seitlich das Glassockellämpchen. Vorsichtig mit abgewinkelter Zange ersetzen. Backen mit Klebeband umwickeln.
- **Schaltkulisse bei Automatik:** Abdeckung auf der Mittelkonsole losschrauben und etwas anheben. Vorn links am Schaltmechanismus finden Sie die Steckerfassung mit dem Glassockellämpchen.

Lampentausch

Praxistipp

- Nicht immer brennt eine ausgewechselte neue Lampe. Besonders bei älteren Fahrzeugen blockiert gern Korrosion den Stromweg in der Steckfassung. Man merkt dies, wenn die Lampe öfters aufleuchtet, solange sie hin- und hergedrückt wird. In solchen Fällen alle Berührungspunkte zwischen Fassung und Lampe sauber kratzen. Sicherstellen, dass die Kontaktzunge die Lampe ausreichend stark in die Fassung drückt.
- Mit einer Prüflampe können Sie leicht prüfen, ob überhaupt Strom zur Lampenfassung gelangt. Ggf. das Lämpchen im Schaltplan suchen und die Verschaltung schrittweise mit der Prüflampe kontrollieren.
- Wenn Sie vor dem Einbau einer neuen Lampe deren Glaskolben mit bloßen Händen angefasst haben, sollten Sie diesen unbedingt mit einem sauberen Taschentuch wieder abwischen, denn der unvermeidbare zurückgebliebene Handschweiß verdampft später vom heißen Glaskolben und macht den Reflektor blind.
- Im Kombiinstrument erhalten die Lampen über »aufgedruckte« Kupferbahnen Strom. Wenn eine Bahn durch einen Riss unterbrochen ist, kann man diese Stelle durch Auflöten eines Kabelstückes überbrücken.

Die Sitze

Die Sitze sind gegenüber dem Vorgängermodell in der Sitzfläche vergrößert und die Kontur ist stärker ausgeformt, besonders bei den Sitzen in Sport-Ausführung. Vorn sind eine elektrische Sitzverstellung, Sitzheizung und eine orthopädische Rückenlehne möglich. Weiterhin ist eine Höhenverstellung über eine Schrittmechanik eingebaut. Der Hub beträgt stattliche 47 mm.

Vordersitze ausbauen

Arbeitsschritte

① Kopfstütze ausbauen. Dazu den Verriegelungsknopf drücken und Kopfstütze aus der Sitzlehne ziehen.

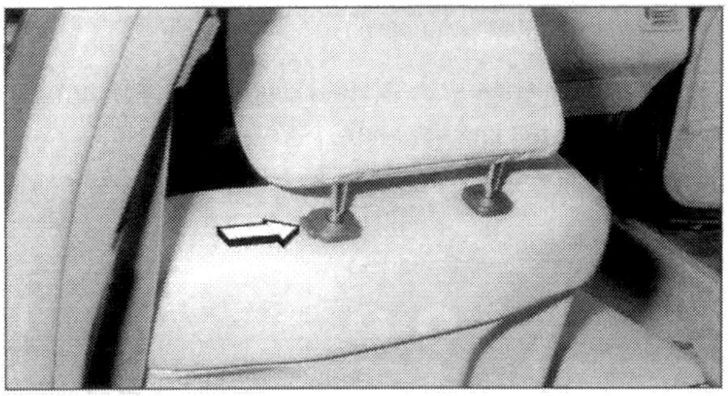

Zum Ausbau der Kopfstütze die Arretierung (Pfeil) drücken.

② Sitz vorschieben.

③ Verkleidung an äußerer Gurtbefestigung vom Sitz ausrasten.

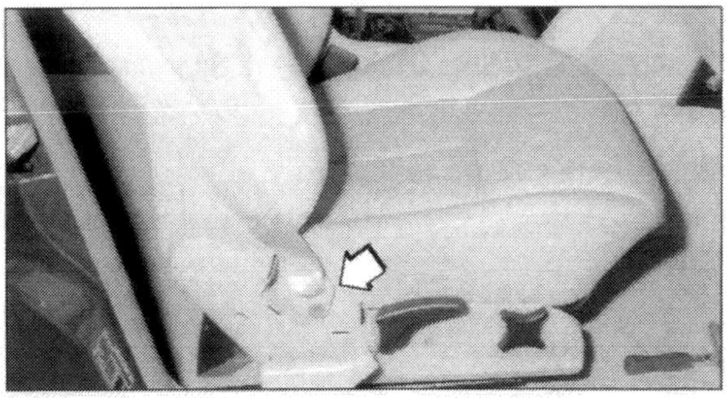

Nach Abdrücken der Gurtverkleidung kann der Gurt hier (Pfeil) abgeschraubt werden.

④ Gurt losschrauben. Auf Lage der Scheiben achten.

⑤ Sitzschienenabdeckung hinten abziehen.

⑥ Sitz hinten in Schiene losschrauben. Dazu ist ein Steckeinsatz für Außen-TORX E12 erforderlich.

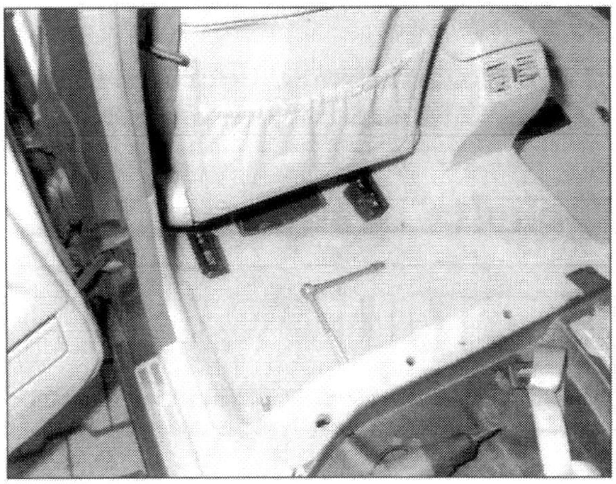

⑦ Sitz nach hinten schieben.

⑧ An Sitzschienen vorn Abdeckkappen mit Schraubendreher ausrasten und abziehen.

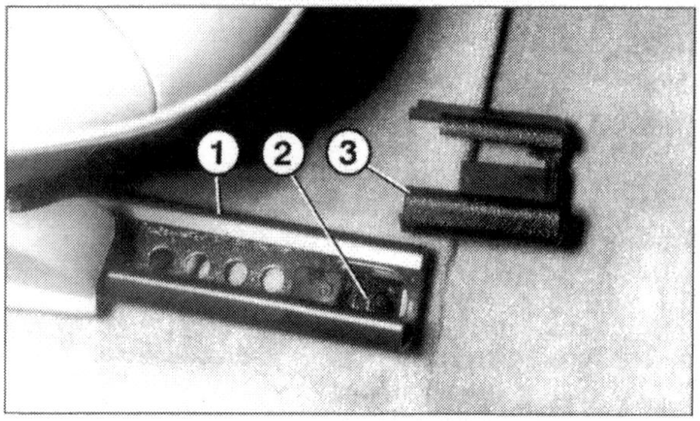

Vorderteil einer Sitzschiene am Vordersitz. ❶ Sitzschiene, ❷ TORX-Schraube E12, ❸ Schienenabdeckung.

⑨ Außen-TORX-Schrauben vorn in Sitzschienen abschrauben.

⑩ Steckverbindungen ausstecken.

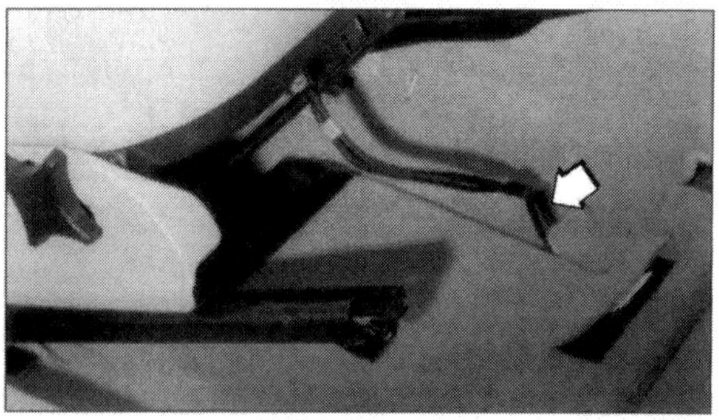

Beim Einstecken der elektrischen Steckverbindung (Pfeil) auf korrekten Sitz achten, sonst kann es z.B. bei der Sitzheizung zu Funktionsstörungen kommen.

⑪ Sitz herausnehmen.

⑫ Beim Einbau auf richtigen Sitz der Führungsbolzen achten. Gurt mit 35 Nm und Sitz mit 50 Nm festschrauben.

Rücksitz ausbauen

Arbeitsschritte

① Am Sitzkissen vorn außen beidseitig die Entriegelungsfedern drücken.

② Sitzkissen herausnehmen.

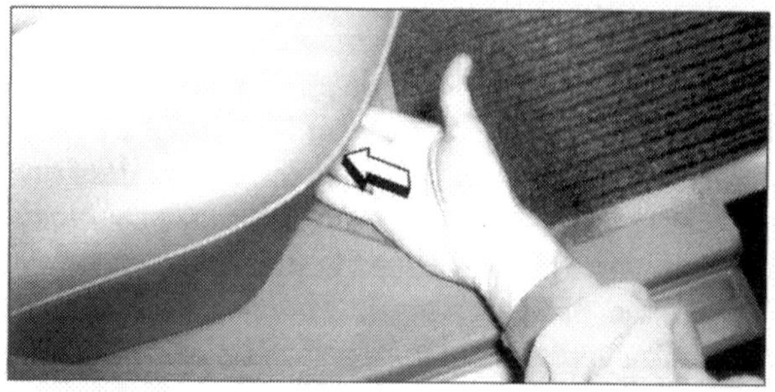

Zum Ausbau der Rücksitzbank links und rechts die etwas versteckt sitzenden Entriegelungen (Pfeil) betätigen.

③ Bei nicht umklappbarer Rückenlehne drei Schrauben an der Unterkante herausdrehen.

Beim T-Modell muss die Rücksitzbank an den Scharnieren (Pfeile) abgebaut werde

④ Rückenlehne nach oben drücken und heraus nehmen.

⑤ Beim Einbau auf richtige Lage der Gurte achten.

⑥ Bei klappbarer Rückenlehne die Anlenkpunkte unten losschrauben.

Kopfstütze hinten ausbauen

Arbeitsschritte

① Zum Ausbau Kopfstütze aufstellen.

② Abdeckung in Heckablage nach vorn drücken und gleichzeitig mit breitem Keil seitlich hebeln.

③ Abdeckung hochschieben.

④ Mit Schraubendreher beide Sperren drücken.

⑤ Kopfstütze aus Lager herausziehen.

Die Sitzheizung

Die Sitzheizung wird von einem Wipptaster neben dem Schalthebel gesteuert. Der Strom (von Sicherung Nr. 10) zu den Heizdrähten wird durch ein Relais zugeschaltet. Das Relais ist im vorderen Fußraum unter der Bodenmatte zu finden. In der 1. Heizstufe leuchtet eine Kontrollleuchte, und die Heizleistung beträgt 20 Watt. Leuchten beide Kontrollleuchten am Schalter, ist die starke Heizstufe (60 Watt) eingeschaltet. Für die geringe Heizleistung wird die Spannung getaktet (Einschaltzeit ca. 30 %).

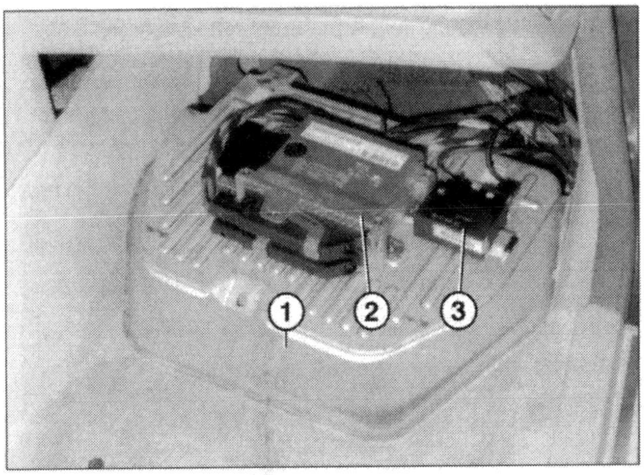

Nach Herausnehmen des Bodenbelags im Beifahrerfußraum können das Bodenblech ❶ mit dem Steuergerät für die Rückhaltesysteme ❷ und die Sitzheizung ❸ herausgeklappt werden.

Sicherheitsgurte prüfen

Haben die vorderen Gurtstraffer nach einem Unfall bereits einmal ausgelöst, müssen neue Sicherheitsgurte eingebaut werden. Zur Kontrolle Verkleidung an der Mittelsäule ausbauen und nachsehen, ob die Farbmarkierung am Drahtseil noch sichtbar ist. Bei bereits gezündeten Gurtstraffern hat die Gasladung den Kolben nach oben gedrückt, und das Drahtseil hat seine Lage geändert. In der Werkstatt kann dies auch über die Diagnose erkannt werden. Zum Gurtausbau vorn Verkleidung der Mittelsäule ausbauen. Hinten Sitzkissen, -lehne und Hecksäulenverkleidung ausbauen.

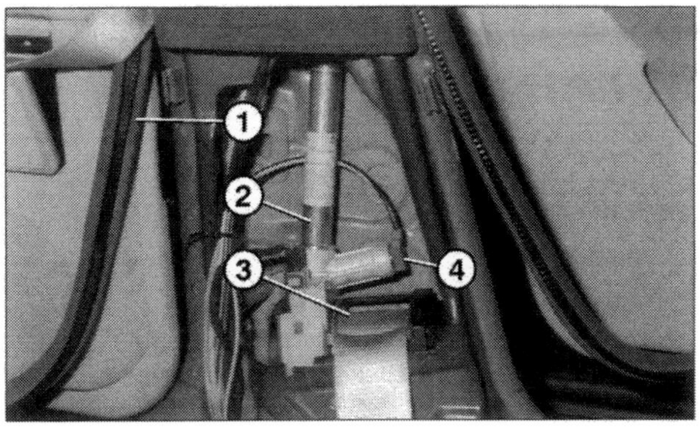

Hinter der B-Säulenverkleidung sitzt der Gurtstraffer der vorderen Sicherheitsgurte. ❶ Kantenschutz, ❷ Gurtstraffer, ❸ Gurtrolle, ❹ Steckverbindung.

Praxistipp

Kontrolle der Sicherheitsgurte

Bei einem Defekt am Sicherheitsgurt braucht nicht gleich der komplette Gurt ausgewechselt zu werden. Gurtrolle und Gurtschloss können getrennt ausgetauscht werden. Damit die Gurte im Notfall funktionieren, sollten sie bei einem der folgenden Mängel ausgewechselt werden.

- Welliges Gurtband.
- Ausgefranste Kanten.
- Aufgeriebenes Gewebe.
- Angerissene Nähte.

Verschmutzte Gurte dürfen nur mit Seife und Wasser gesäubert werden. Benzin oder chemische Reinigungsmittel greifen die Gewebestruktur an.

Handschuhfach ausbauen

Arbeitsschritte

① Deckel öffnen.

② Leuchte ausclipsen und ausbauen. Dazu Stecker abziehen.

③ Kunststoffdübel oben und unten (vier Stück) ausbauen.

④ Handschuhfach oben und unten mit Keil ausrasten und aus dem Armaturenbrett herausziehen.

Schalthebelabdeckung der Mittelkonsole ausbauen

Arbeits-schritte

① Bei Fahrzeugen mit Mittelarmlehne das Abfallfach öffnen.

② **Schaltgetriebe:** Den Faltenbalg nach unten schieben. Zusammen mit Faltenbalg die Verkleidung am Ausschnitt für den Schalthebel fassen und nach oben ziehen. Evtl. am Brillenfach vorn und an der Hinterkante der Verkleidung vorsichtig mit Keil loshebeln, bis die Verkleidung nach oben ausrastet.

③ **Automatikgetriebe:** Den Rahmen an Schaltkulisse seitlich mit Keil loshebeln. Verkleidung an Vorderkante und an Schaltkulisse mit Keil loshebeln.

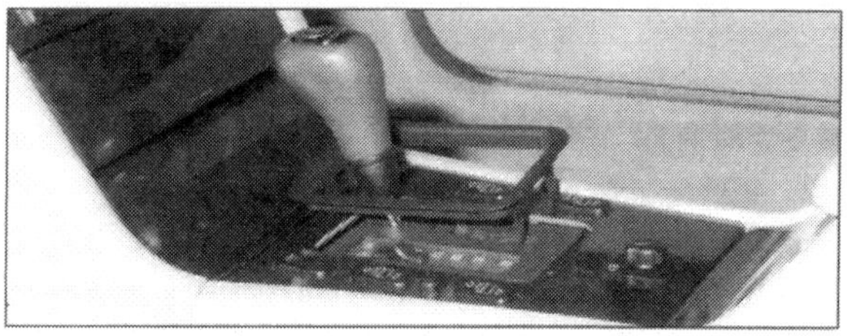

④ **Alle:** Stecker auf der Rückseite der Verkleidung abziehen. Durch ihre Form können sie nicht vertauscht werden.

Ascher ausbauen

Arbeits-schritte

① Aschereinsatz herausnehmen.

② Abdeckung um Schalthebel ausbauen bzw. an Vorderkante etwas anheben.

③ Ablagefach unter Ascher herausnehmen.

④ Beide Schrauben oben am Brillenfach herausdrehen.

⑤ Am Aschergehäuse unten seitlich die beiden Kreuzschlitzschrauben herausdrehen.

⑥ Ascher mit Brillenfach herausnehmen. Stecker abziehen.

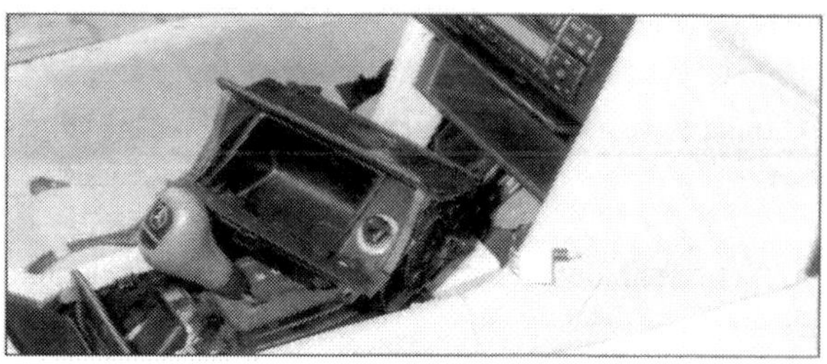

Bei allen Arbeiten an der Mittelkonsole sehr bedacht zu Werke gehen, denn die empfindliche Oberfläche der Einsätze ist sehr schnell zerkratzt.

Mittelkonsole ausbauen

Arbeits-schritte

① Abdeckung um Schalthebel ausbauen.

② Ascher ausbauen.

③ Ablagefach öffnen und Schraube am Boden herausdrehen. Oder Teppichbelag in Ablage herausnehmen (z. B. mit Staubsauger anheben), um an die Schrauben zu gelangen.

④ Zwei Schrauben hinter dem Schalthebel herausdrehen.

⑤ Mittelkonsole vorn so weit anheben, bis sie sich an der Schiebeverbindung zum Armaturenbrett abnehmen lässt.

⑥ Beim Einbau Mittelkonsole vor dem Anschrauben so ausrichten, dass sie möglichst flächenglatt zu den benachbarten Teilen anschließt.

Die Abbildung zeigt die Befestigungen (Pfeile), die zum Ausbau der Mittelkonsole gelöst werden müssen.

Heizreglerverkleidung ausbauen

Arbeits-schritte

① Ascher mit Brillenfach ausbauen.

② Radio ausbauen. Dazu zwei Entriegelungsbleche an Unterkante einschieben.

③ Drehreglerknöpfe abziehen.

④ Zwei Schrauben über dem Brillenfach herausdrehen.

⑤ Verkleidung unten nach vorne wegklappen, bis sie oben ausgehängt werden kann.

⑥ Schalterleiste ausrasten. Leitungen beim Einbau wieder seitlich verlegen.

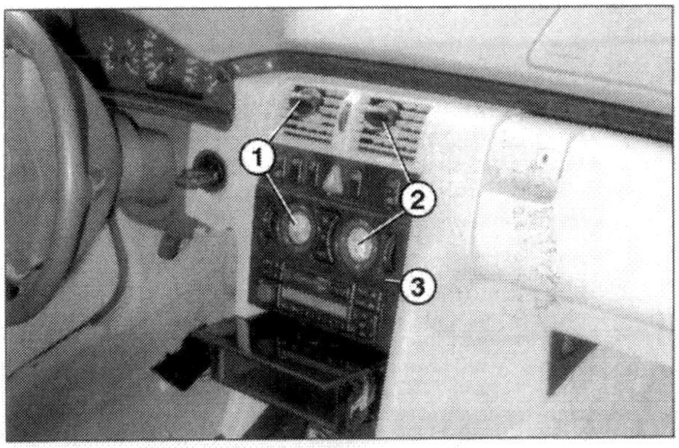

Die abgezogenen Drehreglerknöpfe. ❶ Gebläseschalter mit Stift zum Schalter, ❷ Regler für Luftverteilung, ❸ Heizreglerabdeckung.

B-Säulenverkleidung (Mittelsäule) ausbauen

Arbeitsschritte

① Kantenschutz im Türausschnitt entlang der B-Säule abziehen.

② Vier Klammern oben an Blechkante mit Schraubendreher ausrasten.

③ Verkleidung nach oben herausziehen.

④ Gurtende losschrauben.

⑤ Verkleidung unten am Schweller ausbauen.

⑥ Nach Einbau Gurtumlenkpunkt prüfen. Er muss in drei Stellungen einrasten.

C-Säulenverkleidung (Hecksäule) ausbauen

Arbeitsschritte

① Kantenschutz oben im Türausschnitt abziehen.

② Mit Keil die Vorderkante der Verkleidung von den drei Haken losdrücken.

③ Verkleidung hinten oben abdrücken.

④ Verkleidung nach vorn aus Steckungen an Heckablage herausziehen.

⑤ Gurtende losschrauben und Gurt aus Verkleidung ziehen.

Heckablage ausbauen

Arbeitsschritte

① Rücksitzbank und Rückenlehne ausbauen.

② Kopfstützen ausbauen.

③ Beide Verkleidungen an den Hecksäulen ausbauen.

④ Drei Schrauben an Vorderkante herausdrehen.

⑤ Ablage vorn anheben und herausziehen.

Fußraumverkleidungen ausbauen

Arbeitsschritte

① Das Luftgitter am Luftaustritt der Fußraumdüsen ist mit einer Kunststoffriegelschraube befestigt, die zum lösen 90° gedreht werden muss.

② Die schwarze Verkleidung oben im Beifahrerfußraum vom Armaturenbrett an der Hinterkante losschrauben.

③ Die Verkleidungen zur Seitenwand sind eingerastet.

Linke Fußraumverkleidung des Armaturenbretts ausbauen

Arbeitsschritte

① Verkleidung an Luftdüse im Fußraum ausbauen.

② Hebel für Haubenentriegelung ziehen. Entriegelung für Feststellbremse ziehen. Ggf. Knopf für Lenkradverstellung drücken.

③ Hebel für Haubenentriegelung abschrauben.

④ Kreuzschlitzschrauben am unteren Armaturenbrett herausdrehen.

⑤ Kunststoffschrauben SW 10 herausdrehen.

DIE KAROSS

ERIE

Reparatur

Die Karosserie ist weit mehr als ein »Dach über dem Kopf« für die Insassen. Sie soll geringes Gewicht, Verwindungssteifigkeit, hohe Formfestigkeit der Fahrgastzelle und energievernichtende »Knautschzonen« an Bug und Heck aufweisen.
Die E-Klasse hat eine selbsttragende Karosserie. Bodengruppe, Seitenteile, Dach und hintere Kotflügel sind miteinander verschweißt. Front- und Heckscheibe sind eingeklebt. Beim T-Modell sind auch die hinteren Seitenscheiben eingeklebt.

Do it yourself an der Karosserie

Die meisten Reparaturen in diesem Kapitel können Sie mit einer Werkzeug-Grundausstattung selbst erledigen. Mit einiger Geschicklichkeit kann man die Stoßfänger, die Wagenfront und die vorderen Kotflügel alleine ausbauen. Teile wie Motorhaube, Heckklappe und Türen sind jedoch ziemlich sperrig und können beim Ausbau nur schwer gesichert werden. Lassen Sie sich daher von einem Helfer unterstützen. Ein Tipp für Arbeiten an Motorhaube und Heckklappe: Sie erleichtern sich den Wiedereinbau, wenn Sie die Lage der Scharniere vor der Demontage mit einem wasserfesten Filzschreiber anzeichnen.

Praxistipp

Unfallschäden

- Bei einem selbst verschuldeten Blechschaden können Sie bei der Reparatur kräftig sparen, wenn Sie möglichst viele Arbeiten selbst durchführen und sonst eng mit einem Karosseriebetrieb zusammenarbeiten. Am Beispiel eines Frontschadens wollen wir dies verdeutlichen. Angenommen, folgende Teile sind beschädigt: Stoßfänger, Scheinwerfer, Blinkleuchte, Kotflügel, Motorhaube und Kühler.
- Bauen Sie alle beschädigten Teile aus und schaffen Sie das Fahrzeug zur Karosserie-Werkstatt. Diese soll das Ausbeulen und Ausrichten verbogener Bleche, das Einschweißen neuer Bleche und letztlich die Lackierarbeiten übernehmen. Den Zusammenbau machen Sie wieder selber.
- Werden Vorderkotflügel, Türen, Motorhaube und Heckklappe ausgetauscht, darf es nicht am erforderlichen Rostschutz fehlen. Hohlräume werden nach dem Lackieren mit Sprühwachs geschützt. Zum Abdichten von Schweißnähten und kleineren Fugen verwendet man ein klebstoffähnliches Universaldichtmittel aus der Tube. Man kann auch mehrmals hintereinander Unterbodenschutz in die Fugen schmieren.
- Nach einem Unfall können die Luftspalten darüber Auskunft geben, ob die Karosserie verzogen ist. Beispiel: Beträgt der Spalt zwischen dem vorderen Kotflügel und der Fahrertür statt 5 mm nur 2 mm und ist er an der Beifahrertür vergrößert, ist der Vorderbau nach links verzogen.

Montagestellung der Motorhaube

Arbeitsschritte

① Um die Motorhaube in die senkrechte Montagestellung zu bringen, diese etwa halb öffnen.

② Dann den Sperrhebel am rechten Scharnier drücken (PRESS) und Motorhaube weiter nach oben drücken, damit der Sperrhebel nicht mehr einrastet.

③ Um die Motorhaube wieder in ihre Normalstellung bringen zu können, den Sperrhebel bei leicht angedrückter (entlastetem Scharnier) Motorhaube drücken und Haube schließen.

Zur Montagestellung der Motorhaube bei leicht entlasteter Haube den Sperrhebel (Pfeil) drücken und Haube senkrecht stellen.

Motorhaube ausbauen

Arbeitsschritte

① Motorhaube öffnen.

② An den hinteren Ecken der Haube Lappen auflegen, dass die evtl. abrutschende Haube nicht auf Blech oder Lack aufsitzt.

③ Schlauch zur Scheibenwaschanlage und Kabel zu den beheizten Waschdüsen abziehen. Dazu die Abdeckungen innen an der Motorhaube abnehmen.

④ Rechts und links zuerst je eine der Scharnierhalteschrauben losdrehen.

⑤ Jeweils zweite Schraube nur lockern.

⑥ Von zwei Helfern die Haube links und rechts halten lassen, gelockerte Schrauben vollends herausdrehen und Haube abnehmen.

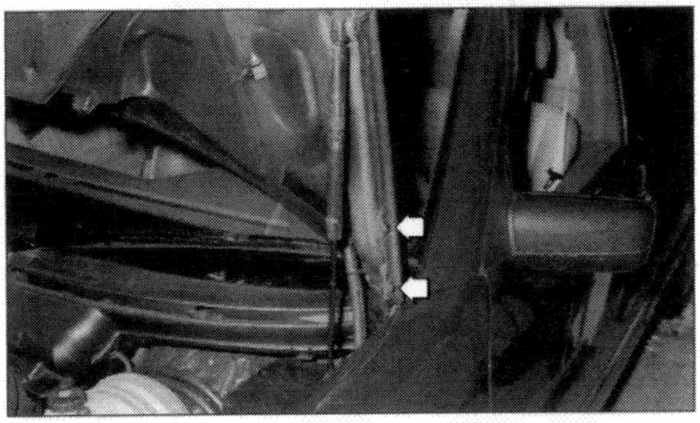

Die Scharnierschrauben (Pfeile) der Motorhaube erst lösen, wenn die Lage genau und wischfest bezeichnet ist.

Motorhaube einstellen

Vor dem Einbau einer neuen Motorhaube müssen Sie sämtliche Teile von der alten Haube umbauen. Vor allem die verschiedenen Anschlaggummis dürfen Sie nicht vergessen. Bei geschlossener Motorhaube muss der Abstand zu beiden Kotflügeln und zum Windlauf unterhalb der Windschutzscheibe rundum annähernd gleich sein (ca. 5 mm). In der Höhe soll die Haube bündig mit den Kotflügeln fluchten.

Arbeitsschritte

① Zur Einstellung in **Längsrichtung** werden die Schrauben zwischen Scharnier und Haube gelöst.

② Haubendeckel verschieben. Damit hierbei kein Lack verkratzt wird, evtl. an den Ecken zum Windlauf Lappen unterlegen.

③ In **Seitenrichtung** lässt sich der Sitz der Haube allenfalls durch vorsichtiges Biegen der Scharniere korrigieren.

④ Hilft das nicht, muss der Sitz der Kotflügel korrigiert werden.

⑤ Zur Einstellung der **Höhe** die Gummipuffer vorn am Querträger so weit hinein- bzw. herausdrehen, bis die Haube in geschlossenem Zustand in gleicher Höhe zu den Kotflügeln steht.

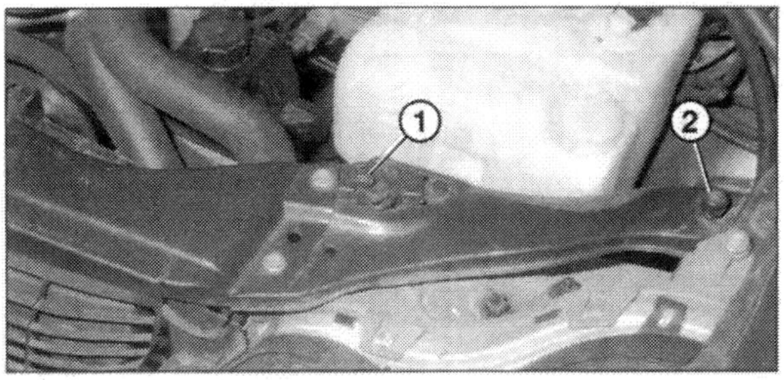

Schließriegel ❶ am Querträger und Schließbügel der Motorhaube müssen zum Schließen der Motorhaube exakt ineinander greifen. Zur Höheneinstellung der Motorhaube die Gummipuffer ❷ entsprechend verdrehen. Als Spion zur Abstandsmessung zwischen Puffer und Motorhaubenaufstandsfläche ggf. Knetmasse (Plastilin, Kitt o.ä.) verwenden und Puffer neu einstellen.

⑥ Falls die Schließriegel nicht mehr sauber in die Schließbügel greifen bzw. die Motorhaubenentriegelung schwergängig ist, müssen auch die Schließbügel für die neue Höheneinstellung eingestellt werden. Dazu die Kontermutter lösen und die Bügel durch Hinein- oder Herausdrehen entsprechend einstellen.

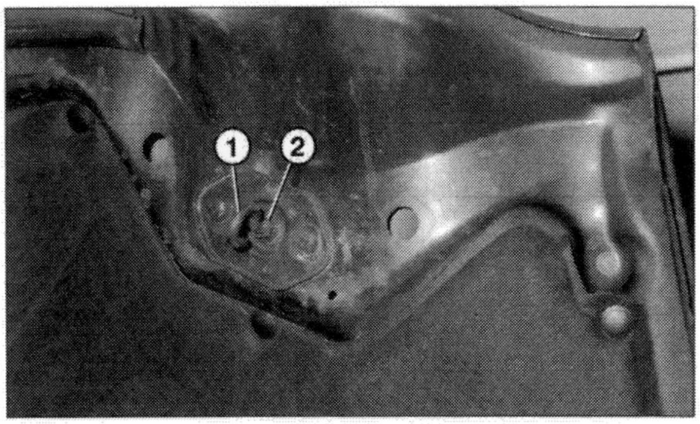

Zum Verstellen des Schließbügels ❶ die Konterung lösen ❷ und Bügel in die neue Einstellung drehen.

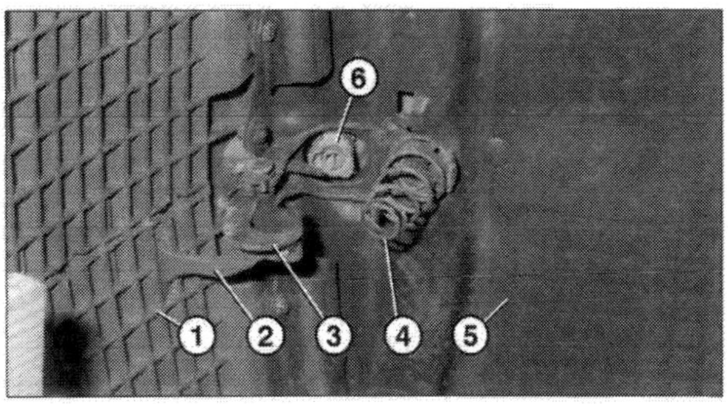

Die Motorhaubenentriegelung. ❶ Kühlergrill, ❷ Entriegelungshebel, ❸ Fanghaken, ❹ Feder für Motorhaubenentriegelung, ❺ Motorhaube, ❻ Mercedes-Stern.

Kühlergrill ausbauen

Arbeitsschritte

① Motorhaube öffnen und die Schrauben zum Kühlergrill von innen herausdrehen.

② Das Kunststoffgitter kann vom Rahmen abmontiert werden: Hierzu die Klammern abdrücken.

Zum Lösen des Rahmens vom Kunststoffeinsatz des Kühlergrills, die Klammern (Pfeile) ringsum abhebeln.

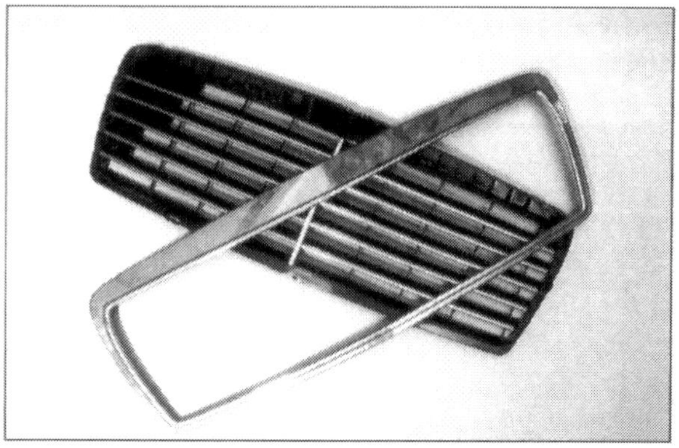

③ Beim Einbau des Kühlergrills darauf achten, dass die Unterlage an der Motorhaube klebt.

Mercedes-Stern ausbauen

Arbeitsschritte

① Der Mercedes-Stern wird bei geöffneter Motorhaube mit seinem Fußteil ausgebaut.

② Mit größerer Zange den Halteknebel fassen, nach unten ziehen und um 90° verdrehen. Die Enden des Knebels auf die vorgesehenen Nuten des Sternfußes absetzen.

③ Mercedes-Stern von außen abnehmen.

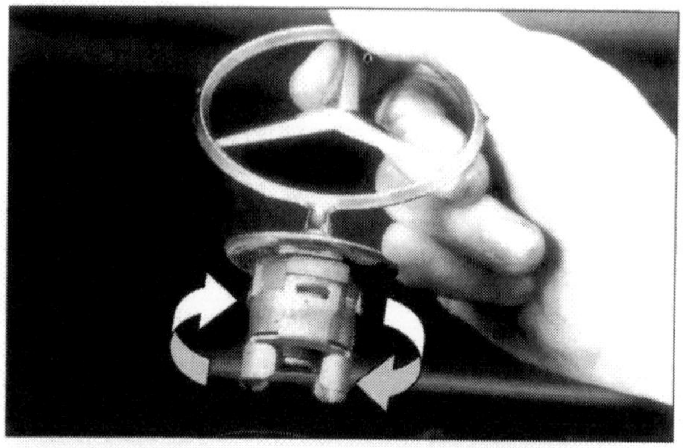

Den Knebel gegen die Federkraft nach unten ziehen und gleichzeitig um 90° verdrehen – dann kann der Stern von außen abgenommen werden.

④ Zum Einbau den Haltebügel wieder zurückdrücken.

Haubenzug auswechseln

Die Motorhaube wird durch zwei Schließriegel verschlossen. Die beiden Schließriegel werden vom Innenraum über einen gemeinsamen Bowdenzug entriegelt, der vom rechten zum linken Schließriegel der Haube über die linke Seite des Motorraums durch die Stirnwand ins Wageninnere führt. Dort ist der Zug im Armaturenbrett am Öffnungshebel verankert.

Arbeitsschritte

① Schließriegel der Motorhaube ausbauen (jeweils zwei Schrauben). Markieren Sie vorher die Einbaulage.

② Seilzug am Schließriegel aushängen. Ggf. auch Steckverbindung der Diebstahl-Warnanlage abziehen.

③ Im Fahrzeuginnern den Öffnungshebel abbauen (zwei Schrauben) und Zug an der Hebelhalterung aushängen.

④ Halteclipse am Kotflügel und im Stoßfängerbereich abhebeln und Haubenzug lösen.

⑤ Zum leichteren Einbau den neuen Zug mit Bindedraht an den alten Zug anhängen. Diesen ins Wageninnere ziehen, bis der neue Zug erscheint. Das neue Teil an der Halterung anbauen.

⑥ Korrekten Sitz der Dichtungstülle im Durchlass zum Motorraum kontrollieren.

Praxistipp

Haubenzug gerissen

Versuchen Sie zuerst, vom Inneren des Wagens aus (wenn der Zug dort gerissen ist) mit einer Zange am Zugende zu ziehen. Wenn die Haube nicht entriegelt, biegen Sie aus einem stabilem Draht einen Haken. Den Draht zwischen Motorhaube und Stoßfänger führen und den federbelasteten Hebel, in dem auch der Haubenzug eingehängt ist, nach rechts zur Seite drücken. Wenn Sie dabei die Haube etwas belasten, lässt sich der Sperrhaken leichter aufdrücken.

⑦ Haubenzug im Motorraum in die alten Halterungen bauen. Dabei auf richtigen Sitz der Zugnippel achten.

⑧ Nach der Montage des Haubenschlosses bei Bedarf die Motorhaube einstellen. Der Zug selbst kann nicht eingestellt werden.

Kotflügel ausbauen

Lediglich die vorderen Kotflügel sind verschraubt. Die hinteren Seitenteile sind mit der Karosserie verschweißt.

Arbeitsschritte

① Stoßfänger ausbauen.

② Scheinwerferblende ausbauen, wie beim Scheinwerferausbau im Kapitel »Die Fahrzeugelektrik« beschrieben.

③ Scheinwerfer ausbauen.

④ Seitliche Blinkleuchten ausbauen.

⑤ Zierleiste abziehen, ggf. mit Keil abhebeln.

⑥ Schrauben an der Unterkante des Kotflügels herausdrehen (zwei im Türbereich, zwei im Stoßfängerbereich).

⑦ Bei geöffneter Vordertür Schrauben an der Türsäule lösen.

⑧ Radhausverkleidung ausbauen.

⑨ Schrauben entlang der Kotflügeloberseite herausdrehen und Kotflügel abnehmen.

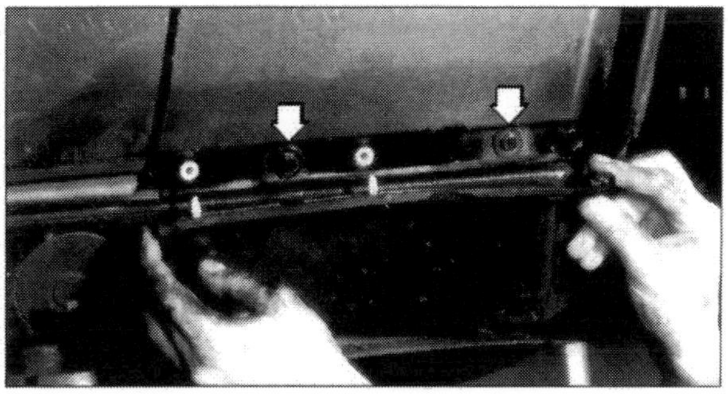

Unter der Zierleiste sitzen zwei Befestigungsschrauben (Pfeile) des Kotflügels.

⑩ Wenn erforderlich, Befestigungskanten an Kotflügel und Karosserie gründlich entrosten. Mit Zinkstaubfarbe vorstreichen und nach dem Trocknen überlackieren.

⑪ Bevor der Kotflügel beim Einbau festgeschraubt wird, muss er ausgerichtet werden. Dazu Motorhaube schließen und Kotflügel in der Höhe verschieben. Neues Dichtungsband verwenden.

Radhausverkleidungen ausbauen

Die schwarzen Kunststoff-Radhausverkleidungen um die Räder verhindern, dass sich Schmutznester in den Winkeln an den Kotflügel-Innenseiten bilden, wo der Rost besonders gut gedeiht.

Arbeitsschritte

① Zum Ausbau am besten das Fahrzeug anheben und sichern.

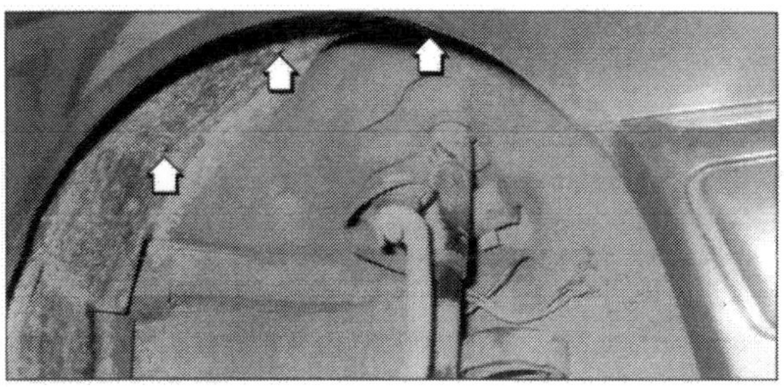

Insgesamt zwölf Kunststoffschrauben sind entlang der Radhausverkleidung verteilt – drei davon hier durch Pfeile gekennzeichnet –, die herausgeschraubt werden müssen, ehe die Verkleidung abgenommen werden kann.

② Jeweiliges Rad demontieren.

③ Entlang der Verkleidungen die Kreuzschlitz-Blechschrauben und die breiten Kunststoffmuttern SW 10 herausdrehen.

④ Radhausverkleidung herausnehmen.

⑤ Einen verschlissenen Dichtgummi gegebenenfalls gegen einen neuen auswechseln.

Kofferraumdeckel ausbauen

Arbeitsschritte

① Kofferraumdeckel öffnen.

② Scharnierbügelverkleidung abbauen.

③ Kunststoffverkleidung am Kofferraumdeckel mit einem breiten Schraubendreher vorsichtig ausclipsen.

④ Kabelzuleitung zu den Kennzeichenleuchten, dem Kofferraumleuchten-Kontaktschalter und der Unterdruckleitung zur Zentralverriegelung ausstecken. Es gibt leider keine Sammel-Steckverbindung.

⑤ Kofferraumdeckel gemeinsam mit einem Helfer halten und links und rechts je zwei Schrauben am Scharnierbügel herausdrehen.

⑥ Deckel von den Scharnieren abnehmen.

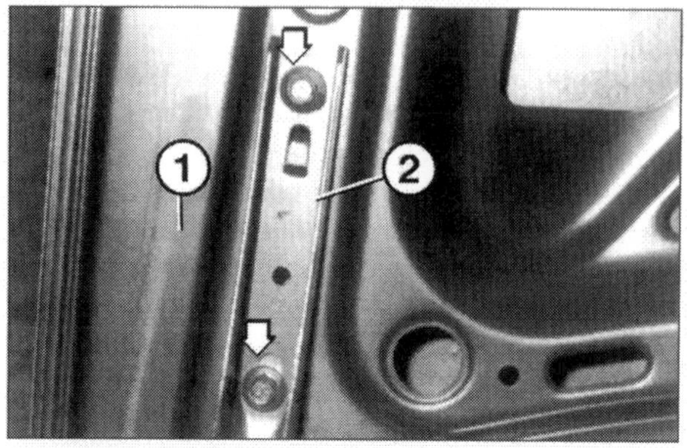

Nach Abbau der Kofferraumdeckel-Innenverkleidung liegen die beiden Scharnierschrauben (Pfeile) frei.
❶ Kofferraumdeckel, ❷ Hebelscharnier.

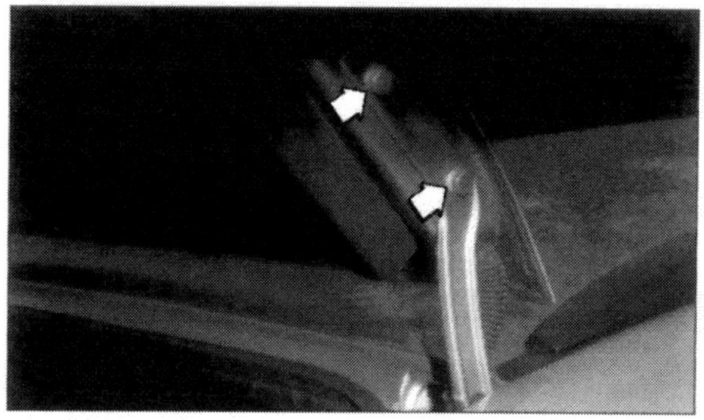

Wie bei den Scharnierschrauben des Kofferraumdeckels der Limousine gilt auch bei der Heckklappe des T-Modells – die Scharnierschrauben erst lösen, wenn deren Stellung markiert ist.

Kofferraumdeckel einstellen

Angestrebt wird ein gleich breiter Spalt zum rechten wie zum linken Seitenteil. An der Hinterkante muss der Deckel flächenbündig abschließen. Die Oberseite soll mit den Seitenteilen in einer Ebene liegen.

Arbeitsschritte

① **Einstellung seitlich und in Längsrichtung:** Schrauben am Deckelscharnier lockern und Deckel ausrichten.

② **Schließkraft:** Zwei Halteschrauben am Schließbügel lockern, bis sich der Schließbügel gerade verschieben lässt.

③ Deckel zuerst schließen und in Einstellposition bringen. Der Deckel soll nicht zu leicht schließen, sonst liegt er nicht dicht am Gummi an.

④ Schrauben am Schließbügel wieder andrehen.

Hier sind die beiden Schrauben (Pfeile) gezeigt, die zum Verschieben des Schließbügels etwas gelöst werden müssen.

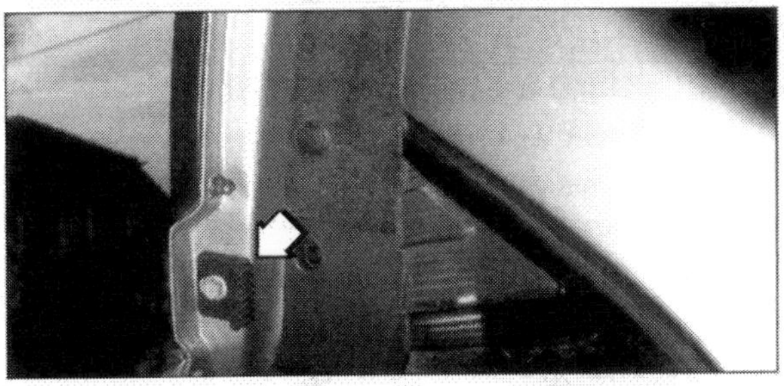

Diese einstellbaren Keile (Pfeil) fixieren die Heckklappe des T-Modells in geschlossenem Zustand in der Karosserie und verhindern, dass die Klappe ein »Eigenleben« mit dazugehörigem Klappern im Klappenausschnitt der Karosserie führt.

Praxistipp

Kofferraum bzw. Laderaum feucht

Wenn in den Kofferraum Staub oder Regenfeuchtigkeit eindringt, obgleich der Kofferraumdeckel rundum flächenglatt im Ausschnitt sitzt, müssen Sie einmal die Gummiumrandung unter die Lupe nehmen: Der Gummi kann mit den Jahren spröde geworden sein und schließt nicht mehr elastisch. Oder die Gummiumrandung ist eingerissen, weil im Winter der zugefrorene Kofferraumdeckel mit Gewalt aufgezerrt werden musste. Vorbeugend hilft hier regelmäßiges Einreiben mit Glyzerin oder einem Spezialpflegemittel. Die schadhafte Gummiumrandung austauschen.

Seitliche Stoßleisten abbauen

Arbeitsschritte

① An den Türen innere Kreuzschlitzschraube herausdrehen und Stoßleiste verschieben, damit sie abgenommen werden kann.

② Leiste von den Kunststoff-Halteklammern abhebeln.

③ Dazu eignet sich am besten ein flacher Schraubendreher, der zum Schutz vor Lackkratzern mit einem Lappen unterlegt wird. Auch ein breiter Kunststoffkeil ist möglich.

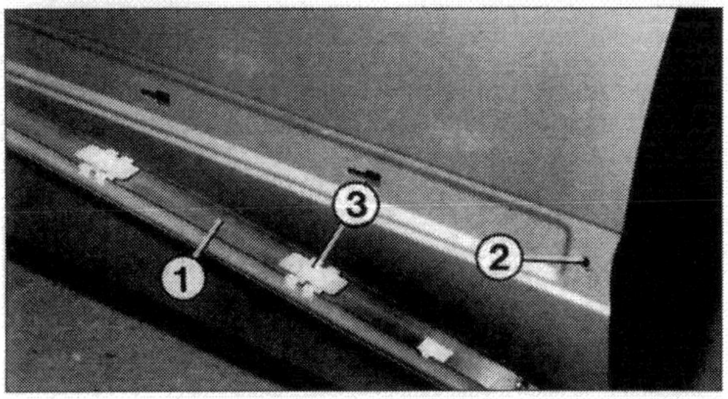

Im Bild gezeigt sind folgende Teile: ❶ Stoßleiste an der Tür, ❷ Kreuzschlitzschraube, ❸ Kunststoff-Halteklammer.

Die Stoßfänger

Jeder Stoßfänger besteht aus mehreren Teilen. Nicht immer muss wegen einer Beschädigung der komplette Stoßfänger erneuert werden. So könnte lediglich ein Halter verbogen sein. Zum Zerlegen die seitlichen Schrauben herausdrehen und die Haltelaschen an der Schutzleiste zurückdrücken. Die Verkleidung ist in den Träger eingeclipst. Nach ihrem Ausbau gelangt man an die Verschraubungen der Stoßfängerhalter.

Vorderen Stoßfänger ausbauen

Arbeitsschritte

① Falls vorhanden, Schutzgitter der Zusatzlüfter abnehmen. Dazu Clips um 90° verdrehen.

② Fahrzeug aufbocken und elektrische Anschlüsse von den Nebelleuchten abziehen.

③ An linker Stoßfängerseite Fühler der Außentemperaturanzeige ausclipsen.

④ Radhausverkleidung im Stoßfängerbereich lösen.

Beim Einbau müssen der Stoßfänger am Querträger (Pfeile) waagrecht angesetzt und die Schrauben mit 20 Nm festgezogen werden.

⑤ Schrauben links und rechts unten neben dem Kühlerausschnitt abschrauben.

⑥ Stoßfänger nach vorn abnehmen. Die seitlichen Stoßfängerecken sind über ein Schiebestück mit der Karosserie verbunden.

Durch diese Schiebestücke (Pfeil) der Stoßfängerbefestigung links und rechts kann das Spaltmaß (5 mm) zur angrenzenden Karosserie eingestellt werden. Nach einem Parkplatzrempler sind meist nur diese Halter deformiert.

Seitlich ist der Stoßfänger durch so genannte Schiebestücke in diesen Haltern befestigt.

Hinteren Stoßfänger ausbauen

Arbeitsschritte

① Verkleidungen im Kofferraum ausbauen. Dabei mit der Kunststoff-Verkleidung hinten beginnen.

② Alle Spreizdübel mit einem dünnen Schraubendreher lösen, indem man das mittige Teil etwas herauszieht. Steckdübel entlang der Ladekante vorsichtig heraushebeln. Schild rechts lösen.

Zum Ausbau der Verkleidungen im Kofferraum müssen diese Spreizclips mit einem seitlich angesetzten Schraubendreher vorsichtig aus ihrem Sitz gehebelt werden.

③ Je zwei Schrauben seitlich, etwa 20 cm unter der Heckleuchte herausdrehen.

④ Wenn vorhanden, noch Schraube in Fahrzeugmitte herausdrehen.

⑤ Schrauben der Radhausverkleidung im Stoßfängerbereich herausschrauben.

⑥ Stoßfänger nach hinten abnehmen.

Bei abgenommenem Stoßfänger ist auf der linken Fahrzeugseite die Innenraumentlüftung von außen zugänglich. Beim Einbau des hinteren Stoßfängers darauf achten, dass die Stoßfängerenden korrekt in den Aufnahmen (Pfeile) der Karosserie sitzen, bevor die Befestigungsschrauben angezogen werden.

Außenspiegel abbauen

Arbeits-schritte

① Von einem Helfer den Spiegel nach hinten drücken lassen. Die von außen eingeschraubten Befestigungsschrauben werden sichtbar.

② Drei Kreuzschlitzschrauben lösen.

③ Steckverbindung trennen und Spiegel abnehmen.

④ Wie der Außenspiegel zerlegt wird, steht im Kapitel »Der Innenraum«.

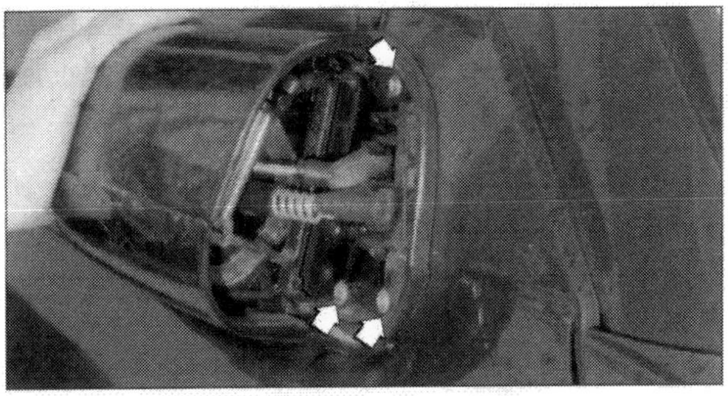

Nach Zurückklappen des Außenspiegels werden die drei Befestigungsschrauben (Pfeile) sichtbar.

Die Türen

Mercedes baut bei der Fahrzeugherstellung die Türen nach der Lackierung wieder von der Karosserie ab, damit sie in bequemer Arbeitshaltung getrennt vom Wagen bestückt (garniert) werden können. Erst dann erfolgt der endgültige Einbau der kompletten Tür.

Für diese Fertigungsart wurden spezielle Türscharniere entwickelt, die ein leichtes An- und Abbauen der Türen ohne Veränderung der Türeinstellung ermöglichen. Davon profitiert auch der Heimwerker: Nach der im Folgenden beschriebenen Ausbaumethode demontiert man die Tür, ohne die Einstellung zu verändern. Natürlich bleibt noch die herkömmliche Ausbaumethode durch Abbauen der Scharniere mit anschließendem Einstellen. In diesem Fall die unbehandelten Flächen unter den Scharnieren nachlackieren.
Alle Anschlüsse zur Tür sind über einen besonderen Mehrfachstecker geführt. Dieser wird mit einem Spezialwerkzeug geöffnet und geschlossen. Man kann auch einen Schraubendreher verwenden, der aber genau in den Ausschnitt passen muss.

Gurtstraffer und Do it yourself — Gefahrenhinweis

Die Vordersitze eines Mercedes sind mit Gurtstraffern ausgestattet, die bei einem Crash die Sicherheitsgurte schlagartig anziehen. Dieses Rückhaltesystem ist fürs Do it yourself tabu. Montage und Demontage der Gurtstraffer sind Sache der Werkstatt, die dabei strenge Sicherheitsvorschriften einhalten muß.

Vorsicht bei Arbeiten unter dem Fahrzeug

Wenn Sie an der Karosserie arbeiten, dürfen Sie nicht ohne weiteres in der Umgebung der Gurtrolle mit Schlagschrauber oder Hammer arbeiten – die Gurtstraffer reagieren empfindlich auf Vibrationen und harte Schläge und können auslösen.

Vordertür ausbauen

Arbeits-schritte

① Fenster öffnen.

② Einstiegschutzleiste am Türschweller abhebeln.

③ Seitliche Fußraumverkleidung ausbauen. Dazu Schraubenabdeckung vorsichtig heraushebeln und Kreuzschlitzschraube lösen.

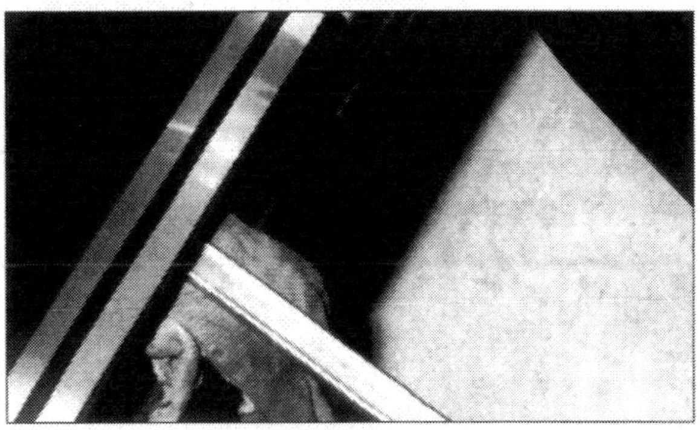

Die Einstiegsschutzleiste am Türschweller hebelt man am besten mit einem breiten Werkzeug ab. Zum Schutz der Karosserie einen Lappen unterlegen.

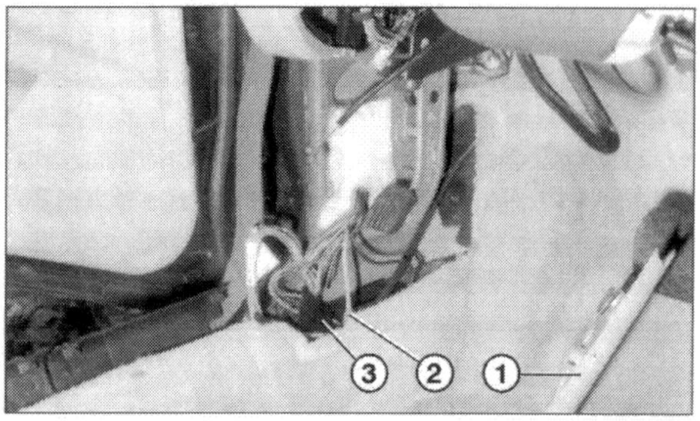

Nach Abnehmen der seitlichen Fußraumverkleidung ❶ kommt man an die pneumatische ❷ und elektrische ❸ Steckverbindung heran.

④ Elektrische Steckverbindungen und pneumatische Leitungen trennen.

⑤ Am Türfeststeller die Abdeckung abnehmen. TORX-Schraube an Türsäule abschrauben.

⑥ Je zwei Sechskantschrauben an jedem Türscharnier an der Türsäule abschrauben. Einen Helfer Tür etwas von Türsäule wegziehen lassen.

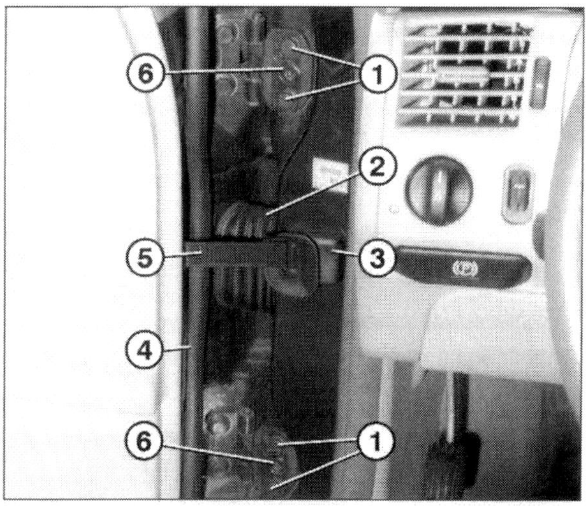

Die Türscharniere und Verbindungsteile der Vordertür zur Karosserie. ❶ Türscharnierschrauben an der A-Säule, ❷ Faltenbalg für Versorgungsleitungen, ❸ Verkleidung und Abdichtung der Türfeststellerbefestigung, ❹ Türdichtung, ❺ Türfeststeller, ❻ TORX-Schraube für Türhöheneinstellung.

⑦ Faltenschlauch an Türsäule ausrasten und Mehrfachsteckverbindung herausziehen.

⑧ Tür abnehmen.

Vordertür einstellen

Die Luftspaltmaße um die Tür müssen stimmen (ca. 6 mm) und die Türen müssen flächenglatt zu Nachbarteilen stehen (max. 1 mm tiefer ist zulässig). Zur Einstellung muss das Fahrzeug waagrecht auf den Rädern stehen.

Arbeits-schritte

① Oben und unten je zwei Sechskantschrauben zum Türblatt etwas lösen.

② Maße um Tür einstellen. Schrauben festdrehen.

③ Anschließend Sechskantschrauben an Türsäule lösen und mit der mittleren TORX-Schraube die Höhe zum vorderen Kotflügel ausrichten.

④ Keilschließzapfen so einstellen, dass die geschlossene Tür zur hinteren Tür ausgerichtet ist

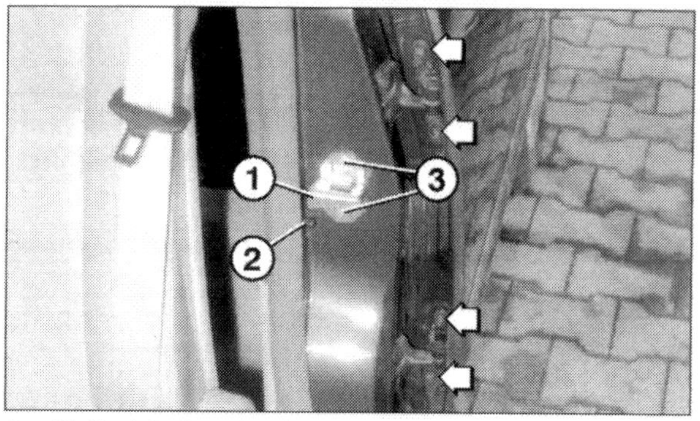

Der Keilschließzapfen der Vordertür. Die Pfeile deuten auf die Scharnierschrauben der hinteren Tür.
❶ Schließzapfen, ❷ Türkontaktschalter, ❸ Befestigungs- und Einstellschrauben des Schließzapfens.

Hintere Tür ausbauen

Arbeits-schritte

① Fenster öffnen.

② Bei geschlossener Tür oben und unten je eine Sechskantschraube an Tür herausdrehen.

③ Faltenschlauch an Türsäule ausrasten.

④ Mit Haken den Riegel an der Steckverbindung herausziehen.

⑤ Tür öffnen.

⑥ Türfeststeller wie vorn lösen.

⑦ Mit Helfer die Tür aus den Scharnieren heben und Stecker aus Türsäule ziehen.

Hintere Tür einstellen

Arbeitsschritte

① Oben und unten je zwei Sechskantschrauben an Mittelsäule etwas lösen.

② Maße um Tür einstellen. Schrauben festdrehen.

③ Oben und unten je zwei TORX-Schrauben am Türblatt etwas lösen.

④ Tür in der Höhe zur Vordertür ausrichten.

⑤ Durch Verschieben des Schließzapfens die Tür zum hinteren Seitenteil ausrichten.

Türverkleidung ausbauen

Arbeitsschritte

① Fenster öffnen.

② Schraube an Schlossverkleidung herausdrehen und Verkleidung nach unten abnehmen.

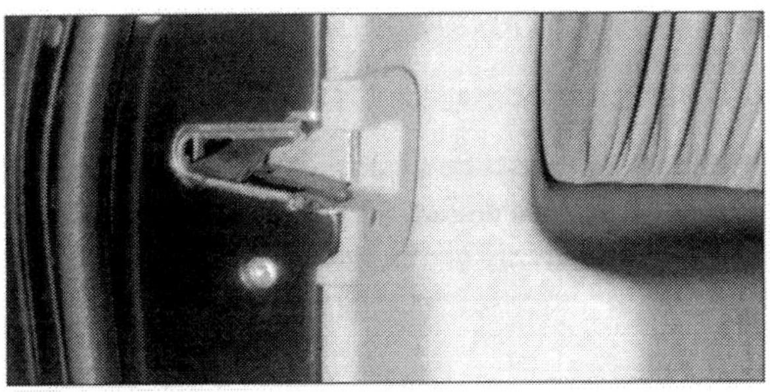

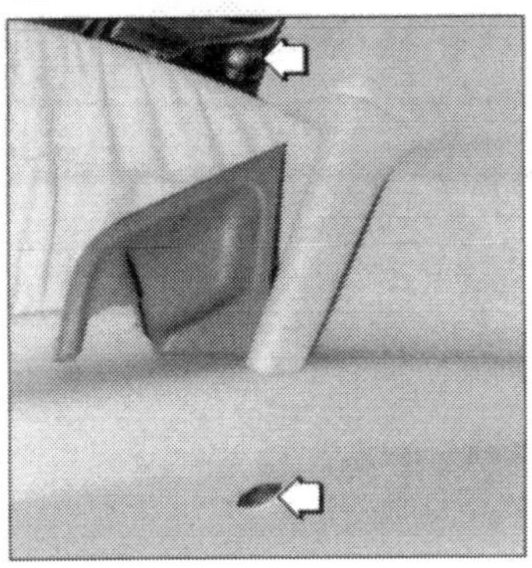

Die Pfeile zeigen auf die Befestigungsschraube des Türöffnungshebels und der Armlehne.

③ Mit einem breiten Werkzeug (Keil) die Griffmulde am Türöffnerhebel abhebeln. Werkzeug oben ansetzen.

④ Zwei Schrauben in Griffmulde herausdrehen.

⑤ Abdeckkappe unter Armlehne ausbauen. Kreuzschlitzschraube darunter herausdrehen.

⑥ Türverkleidung ringsum von Türblatt vorsichtig mit Keil loshebeln. Möglichst dicht neben den Clips hebeln.

⑦ Oben an der Abdichtleiste zum Fensterschacht die Verkleidung nach oben drücken.

⑧ Verkleidung abnehmen.

⑨ Verschluss am Schlossgestänge lösen und Gestänge aushängen.

⑩ Ggf. elektrische Anschlüsse lösen.

Die Vordertür mit abgenommener Verkleidung – die Isolierfolie ist schon entfernt. ❶ Türverkleidung mit Halteclips, Lautsprecherblende und Tür-Innenöffner, ❷ Griffmulde des Türöffners, ❸ Türschlossabdeckung, ❹ Sidebag, ❺ Übertragungsgestänge des Türöffners, ❻ Pneumatische Leitung der Zentralverriegelung.

Praxistipp: Türverkleidung beschädigt

- Wenn die Kunststoff-Folie hinter der Türverkleidung beschädigt ist, muss sie ersetzt werden. Ansonsten wird die Türverkleidung feucht und weicht auf.
- Die Abdichtschienen innen und außen am Fensterschacht einer Tür sind in Blechklammern gesteckt.

Türfenster ausbauen

Arbeitsschritte

① Türverkleidung ausbauen.

② Folie am Türblech lösen.

③ Abdichtschienen innen und außen am Fensterschacht ausbauen.

④ **Vorn:** Fenster so weit öffnen, bis Schraube am Fensterheber in der unteren Schiene herausgedreht werden kann.

Der Fensterhebemechanismus.
❶ Fensterhebermotor, ❷ Schraube zur Fensterdemontage, ❸ Fensterheberschiene, ❹ Fenster, ❺ Fensterführungsgleitschiene.

⑤ Fenster nach vorn unten aus Laufschiene ziehen.

⑥ Fenster vorsichtig nach vorn kippen und nach oben herausnehmen.

⑦ **Hinten:** Unten in der Mitte den Sicherungsbügel am Fensterheber ausrasten.

⑧ Fenster aus Schiene fahren und in der Tür abstellen.

⑨ Fensterlaufschiene aus Türrahmen nehmen.

⑩ **Hinteres festes Fenster ausbauen.** Dazu zwei Schrauben am Fenstersteg herausdrehen. Fenster mit Dichtung nach vorn ziehen und abnehmen.

⑪ Anderes Fenster aus Tür nehmen.

⑫ **Alle:** Beim Einbau können die Fenster eingestellt werden. Dabei das Fenster so an die untere Schiene schrauben, dass sie parallel zur Fensterführungsschiene laufen.

Türgriff außen ausbauen

Arbeitsschritte

① Türgummi auf Höhe des Griffes aus Falz ziehen.

② In der darunter befindlichen Öffnung die Innensechskantschraube SW 4 lösen.

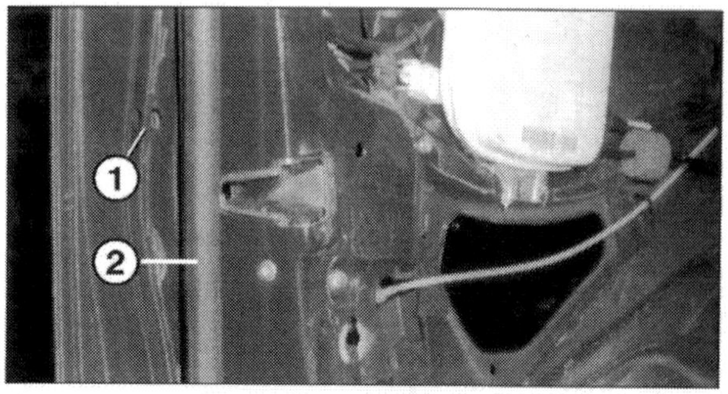

Nach Abziehen der Türdichtung ❷ in Türgriffhöhe wird die Innensechskantschraube ❶ der Türgriffbefestigung zugänglich.

③ Schließzylinderteil des Griffes nach hinten drücken und außen herausziehen.

④ Handgriff mit Gummiunterlage nach hinten vom Lagerteil ausbauen.

⑤ Damit es beim Einbau einfacher geht, die Exzenter-Kreuzschlitzschraube in der unteren Öffnung ganz nach außen drehen.

⑥ Erst Griff, dann den Schließzylinder einsetzen.

⑦ Innensechskantschraube SW 4 festschrauben.

⑧ Exzenter-Kreuzschlitzschraube in der unteren Öffnung so weit nach innen drehen, bis sich beim Ziehen am Griff ein Leerweg von ca. 2 mm einstellt.

Türschloss ausbauen

Arbeitsschritte

① Türverkleidung ausbauen.

② Folie am Türblech abziehen.

③ Türgriff außen ausbauen.

④ Fenster schließen.

⑤ Gestänge zum inneren Türöffnerhebel lösen.

⑥ Unterdruckleitung der Zentralverriegelung am Türschloss abziehen.

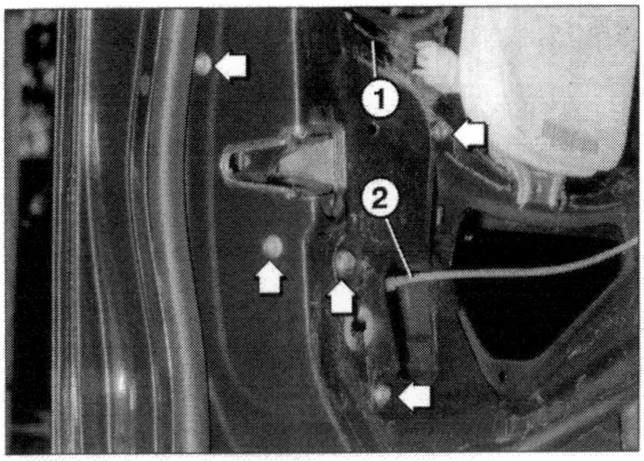

Die Befestigungsschrauben des Türschlosses (Pfeile). ❶ Gestänge zum Türöffnerhebel, ❷ Unterdruckleitung zum Stellglied der Zentralverriegelung.

⑦ Ggf. Abdeckung am Schloss abschrauben.

⑧ TORX-Schrauben an Türstirnseite und am Türblech herausdrehen.

⑨ Schloss aus Öffnung nehmen.

⑩ Beim Einbau erst Schrauben an Stirnseite anziehen.

Front- und Heckscheibe

Front- und Heckscheibe sind »kraftschlüssig verklebt«. Die Scheiben sind damit beim Mercedes ein konstruktives Element und wurden in die Festigkeitsberechnungen der Karosserie mit einbezogen. Dieses Verfahren ist bei der Suche nach möglichst glattflächigen Karosserien nahezu unumgänglich. Für den Selbsthelfer bedeuten die geklebten Scheiben das »Aus«. Ohne Spezialwerkzeug ist da nichts zu machen – ein Fall für die Werkstatt.

Das Schiebedach

Dieses Fenster zum Himmel aus Stahl oder Glas erfordert für problemlose Funktion eine exakte Einstellung, aber die hierzu notwendigen Beschreibungen würden den Rahmen dieses Buches sprengen. Es sind auch besondere Einstellehren und Montagevorrichtungen erforderlich. Ein undichtes Schiebedach hat seine Ursache meist in verstopften Ablaufrohren. Diese sitzen in den Ecken des Schiebedachausschnitts. Hinter der vorderen Deckenleuchte sitzt der flache Elektromotor, welcher über einen Zug das Schiebedach bewegt.

Störungsbeistand Schiebedach

Störungs-beistand

- Bei Undichtigkeit die Ablaufrohre mit einem Draht oder vorsichtig mit Pressluft durchgängig machen.
- Dreht der Motor nicht, zuerst die Sicherung Nr. 4 im Batterieraum unter der Rücksitzbank prüfen.
- Bewegt sich weiter nichts, das Schiebedach mit der Notbetätigung schließen (wahrscheinlich regnet es schon).
- Hierzu linke Abdeckung an der vorderen Deckenleuchte ausbauen. Die Kurbel in den Sechskant stecken und zum Schließen im Uhrzeigersinn (Pfeil) kräftig drehen.

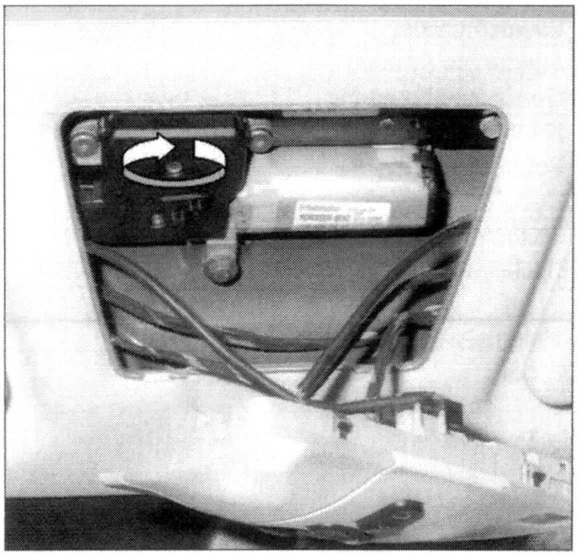

Fahrzeugtyp				
Modell		*E 220 D*	*E 290 TD*	*E 300 D*
Werkscode	*Limousine*	*210.004*	*210.017*	*210.020*
	T-Modell		*210.017*	*210.225*
Baujahr	*seit*	*5/1995*	*5/1996*	*5/1995*
Motor				
Motortyp		604.912	602.982	606.912
Bauart/Zylinder		Reihe/4	Reihe/5	Reihe/6
Ventile pro Zylinder		4	2	4
Gemischaufbereitung		EVE	EVE	ERE
Hubraum	cm^3	2155	2874	2996
Bohrung	mm	89,0	89,0	87,0
Hub	mm	86,6	92,4	84,0
Verdichtungsverhältnis		22,0 : 1	19,5 : 1	22,0 : 1
Höchstleistung	kW/PS	70/95	95/129	100/136
bei	1/min	5000	4000	5000
Maximales Drehmoment	Nm	150	300	210
bei	1/min	3100 – 4500	1800 – 2400	2200 – 4600

Fahrzeugtyp					
Modell		*E 200 CDI*	*E 220 CDI*	*E 270 CDI*	*E 320 CDI*
Werkscode	*Limousine*	*210.007*	*210.006*	*210.016*	*210.026*
	T-Modell		*210.206*	*210.216*	*210.226*
Baujahr	*seit*	*7/1998*	*7/1998*	*6/1999*	*8/1999*
Motor					
Motortyp		611.961	611.961	612.961	613.961
Bauart/Zylinder		Reihe/4	Reihe/4	Reihe/5	Reihe/6
Ventile pro Zylinder		4	4	4	4
Gemischaufbereitung		CDI	CDI	CDI	CDI
Hubraum	cm^3	2148	2148	2685	3222
Bohrung	mm	88,0	88,0	88,0	88,0
Hub	mm	88,4	88, 4	88,4	88,4
Verdichtungsverhältnis		18,0 : 1	18,0 : 1	18,0 : 1	18,0 : 1
Höchstleistung	kW/PS	85/115	105/143	125/170	145/197
bei	1/min	4200	4200	4200	4200
Maximales Drehmoment	Nm	250	315	370	470
bei	1/min	1400 – 2600	1800 – 2600	1600 – 2800	1800 – 2600

Ventilsteuerung	Zwei obenliegende Nockenwellen durch Doppelrollenkette angetrieben. Nockenwellen arbeiten direkt auf Tassenstößel
Schmiersystem	Druckumlaufschmierung durch Ölpumpe über Kette von der Kurbelwelle angetrieben, Ölfilter im Hauptstrom

Kraftübertragung

Schaltgetriebe

Modell	**E 220 D**	**E290 TD**	**E 300 D**	**E 200 CDI**	**E 220 CDI**	**E 270 CDI**	**E 320 CDI**
Kupplungsbetätigung	Durch hydraulische Anlage. Nehmerzylinder am Getriebe, Geberzylinder am Kupplungspedal. Anlage mit Vorratsbehälter der Bremsanlage verbunden						
Kupplungstyp	Einscheiben-Trockenkupplung mit Tellerfeder-Druckplatte						
Übersetzungsverhältnis							
1. Gang	3,91	4,10	3,86	4,99	5,01	5,01	–
2. Gang	2,17	2,18	2,18	2,82	2,83	2,83	–
3. Gang	1,37	1,38	1,38	1,78	1,79	1,79	–
4. Gang	1,00	1,00	1,00	1,25	1,26	1,26	–
5. Gang	0,81	0,80	0,80	1,00	0,80	1,00	–
6. Gang	–	–	–	0,82	0,82	0,82	–
Rückwärtsgang	4,27	4,22	4,22	4,54	4,57	4,57	–
Achsantrieb	3,64	3,07	3,46	2,65	2,65	2,65	–

Automatikgetriebe

Getriebetyp	elektronisch gesteuerte Fünfstufenautomatik mit hydraulischer Wandlerüberbrückungskupplung

Modell	**E 220 D**	**E290 TD**	**E 300 D**	**E 200 CDI**	**E 220 CDI**	**E 270 CDI**	**E 320 CDI**
1.Fahrstufe	3,93	3,93	4,25	3,93	3,59	3,59	3,59
2.Fahrstufe	2,41	2,41	2,41	2,41	2,41	2,19	2,19
3.Fahrstufe	1,49	1,49	1,49	1,49	1,49	1,41	1,41
4.Fahrstufe	1,0	1,0	1,0	1,00	1,0	1,0	1,0
5.Fahrstufe	0,83	0,83	–	0,83	0,83	0,83	0,83
Rückwärtsgang	3,10	3,10	5,67	3,10	3,10	3,16	3,16
Achsantrieb	3,64	2,87	2,87	2,87	2,65	2,87	2,65

Fahrwerk

Vorderachse Einzelradaufhängung mit negativem Lenkrollradius, zwei Dreiecks-Querlenker an Hilfsrahmen, Bremsmomentabstützung, Zweirohr-Gasdruckstoßdämpfer, Schraubenfedern, Drehstab-Querstabilisator

Modell	E 220 D	E290 TD	E 300 D	E 200 CDI	E 220 CDI	E 270 CDI	E 320 CDI
Spurweite mm	1548	1544	1544	1542	1542	1534	1534
Radstand mm	2833	2833	2833	2833	2833	2833	2833

Hinterachse Mercedes-Benz Raumlenker-Hinterachse mit getrennter Feder-Stoßdämpfer-Anordnung, Schraubenfedern, Zweirohr-Gasdruckstoßdämpfer, Anfahr- und Bremsmomentabstützung

Spurweite mm	1542	1538	1538	1536	1536	1528	1528

Lenkung wartungsfreie Zahnstangenlenkung mit geteilter Sicherheitslenksäule und Servounterstützung, Lenkungsstoßdämpfer

Wendekreisdurchmesser m ca. 11,3

Bremsanlage

Modell	E 220 D	E290 TD	E 300 D	E 200 CDI	E 220 CDI	E 270 CDI	E 320 CDI
Bremssystem	Hydraulische Zweikreisbremsanlage diagonal geteilt mit Unterdruck-Bremskraftverstärker, Stufenhauptbremszylinder, Brake-Assistent, vier Scheibenbremsen, Bremsbelag-Verschleißkontrolle						
Bremsausrüstung	ABS/ETS	ABS/ETS	ABS/ETS	ABS/ESP	ABS/ESP	ABS/ESP	ABS/ESP
Handbremse	mechanische Fußfeststellbremse, über Ausgleichsvorrichtung auf die Hinterräder wirkend						

Vorderräder

Bauart	Schwimmsattelbremse mit innenbelüfteten Bremsscheiben						
Scheibendurchmesser mm	278	278	278	288	288	300	300
Scheibendicke mm	25	25	25	25	25	28	28
Mindeststärke mm	22,5	22,5	22,5	22,5	22,5	25,4.	25,4
Max. Scheibenschlag mm	0,12	0,12	0,12	0,12	0,12	0,12	0,12
Mindeststärke der Bremsklötze ohne Trägerplatte mm	2,0	2,0	2,0	2,0	2,0	2,0	2,0

Hinterräder

Bauart	Schwimmsattelbremse mit Massiv-Bremsscheiben			Schwimmsattelbremse mit innenbelüfteten Bremsscheiben			
	Mechanische Feststellbremse in integrierter Trommelbremse						
Scheibendurchmesser mm	278	278	278	278	278	290	290
Scheibendicke mm	9,0	9,0	9,0	9,0	9,0	10	10
Mindeststärke mm	7,3	7,3	7,3	7,3	7,3	8,8	8,8
Max. Scheibenschlag mm	0,15	0,15	0,15	0,15	0,15	0,15	0,15
Mindeststärke der Bremsklötze ohne Trägerplatte mm	2,0	2,0	2,0	2,0	2,0	2,0	2,0

Elektrische Anlage

Modell		E 220 D	E290 TD	E 300 D	E 200 CDI	E 220 CDI	E 270 CDI	E 320 CDI
Bordspannung	V	12	12	12	12	12	12	12
Batterie	Ah	74	74	74	74	74	74	74
Generator	W	1260	1260	1260	k.A.	k.A.	k.A.	k.A.
Glühlampen		siehe Seite 230						

Füllmengen

Modell		E 220 D	E290 TD	E 300 D	E 200 CDI	E 220 CDI	E 270 CDI	E 320 CDI
Motoröl		siehe Seite 90						
Kühlsystem		siehe Tabelle Seite 99						
Kraftstofftank/Reserve								
Limousine ca.	l	65/8	65/8	65/8	65/8	65/8	65/8	65/8
T-Modell ca.	l	70/9	70/9	70/9	70/9	70/9	70/9	70/9

Gewichte

Limousine		E 220 D	E290 TD	E 300 D	E 200 CDI	E 220 CDI	E 270 CDI	E 320 CDI
Leergewicht*)	kg	1460	1540	1560	1590	1590	1630	1660
Zul. Gesamtgewicht*)	kg	1960	2040	2060	2090	2090	2130	2160
Nutzlast	kg	500	500	500	500	500	500	500
Zul. Anhängelast								
ungebremst	kg	740	750	750	750	750	750	750
gebremst	kg	1500	1900	1900	1900	1900	1900	1900
Zul. Stützlast	kg	76	76	76	76	76	76	76
Zul. Dachlast	kg	100	100	100	100	100	100	100
T-Modell								
Leergewicht*)	kg	–	1650	–	–	1690	1750	1780
Zul. Gesamtgewicht*)	kg	–	2230	–	–	2270	2330	2340
Nutzlast	kg	–	580	–	–	580	580	560
Zul. Anhängelast								
ungebremst	kg	–	750	–	–	750	750	750
gebremst	kg	–	1900-2100	–	–	1900-2100	1900-2100	2100
Zul. Stützlast	kg	–	84	–	–	84	84	84
Zul. Dachlast	kg	–	100	–	–	100	100	100

*) Ohne Sonderausstattung. Die für Ihr Fahrzeug geltenden Gewichte und zulässigen Anhängelasten entnehmen Sie bitte Ihren Fahrzeugpapieren.

Stichwortverzeichnis

Wartungsplan Mercedes E-Klasse

Für die E-Klasse gelten folgende Wartungsintervalle: Ölservice oder Pflegedienst alle 15.000 km bzw. einmal jährlich und Wartungsdienst alle 30.000 km bzw. alle zwei Jahre. Dabei standen besonders der Gedanke Umweltverträglichkeit und Kostenreduzierung im Vordergrund. Schonung der Umwelt und Verminderung der Entsorgungsmengen waren Entwicklungsziele, die ohne Nachteile für die Fahrzeugsicherheit und die Zuverlässigkeit verwirklicht werden sollten.
So braucht z. B. die Leerlaufdrehzahl nicht mehr geprüft zu werden, ein Ölwechsel beim Schaltgetriebe entfällt ebenso wie die Abnützungskontrolle der Kupplung. Die Ölstände im Schaltgetriebe, automatischen Getriebe und im Hinterachsdifferenzial werden nicht mehr kontrolliert, weil diese Aggregate ja keine Ölverbraucher sind. Eine Sichtprüfung auf Undichtigkeit genügt. Der Luftfiltereinsatz wird nur noch alle 90.000 km bzw. alle vier Jahre erneuert. Das Einstellen der Feststellbremse entfällt durch den Einbau eines automatischen Seilzuglängen-Ausgleiches.
Kommt Ihnen der folgende Plan (Seite 312) auf den ersten Blick lang und arbeitsintensiv vor? Lassen Sie sich nicht beeindrucken, denn wenn Sie Ihren Wagen erst ein- oder zweimal stur nach Liste gewartet haben,

werden Sie feststellen, dass die meisten Punkte mit wenigen Handgriffen erledigt werden können. Kopieren Sie sich den Wartungsplan, damit Sie jede ausgeführte Wartung gleich streichen können. Ganz oben im Wartungsplan finden Sie einige Arbeiten unter der Überschrift »Ständige Kontrollen« aufgeführt. Diese Punkte immer wieder durchführen. Dies muss eigentlich jeder bewerkstelligen können, der sich hinter ein Lenkrad setzt. In wenigen Minuten ist die Arbeit getan.

Einschränkungen in der Garantiezeit

Solange Ihr Wagen noch jünger als ein Jahr ist oder wenn ein Austauschmotor eingebaut wurde, verlangt das Werk, dass die entsprechenden Wartungsarbeiten termingerecht in einer Mercedes-Werkstatt erledigt werden. Andernfalls können auch berechtigte Garantieansprüche abgelehnt werden. Außerdem ist die Mercedes-Touring-Garantie nur dann vier Jahre lang gültig, wenn das Wartungsheft pünktlich ausgefüllt wurde.

HHT für die umfangreiche Elektronik

Der Hand-Held-Tester (HHT) erlaubt die schnelle und zielsichere Lokalisierung und Bewertung defekter elektronischer Bauteile. Eine Vielzahl diagnosefähiger Elektronik-Systeme – vom ABS bis zur elektronisch gesteuerten Klimaanlage – ist in E-Klasse-Fahrzeugen eingebaut. Die jeweiligen Steuergeräte sind an die Diagnosesteckdose im Motorraum angeschlossen. Mit dem Hand-Held-Tester steht den Werkstätten ein Fehlerdiagnose-Gerät mit Einsatzmöglichkeiten in der Fehlerdiagnose, der Reparatur, der Endabnahme und bei Probefahrten zur Verfügung. Per Tastendruck aktiviert der Anwender das Prüfprogramm, welches im auswechselbaren Prüfmodul enthalten ist. Die beim Kurztest als fehlerhaft erkannten elektronischen Systeme können in weiteren verfeinerten Diagnoseschritten analysiert werden. Die Fehlerursache wird auf dem Display angezeigt.

Es lassen sich über die Steuergeräte der elektronischen Fahrzeugsysteme auch Fehler abrufen, die beim Fahrbetrieb nur sporadisch aufgetreten, zum Zeitpunkt des Werkstatt-Aufenthalts aber nicht mehr feststellbar sind. So erhält man Informationen, die bislang verborgen blieben. Dazu werden die Betriebszustände von Motor bzw. Fahrzeug beim Auftreten des Fehlers gespeichert. Tritt ein Fehler wiederholt auf, werden die Umgebungsdaten beim ersten und letzten Auftreten gespeichert sowie dessen Häufigkeit mitgezählt.

Die Steuergeräte besitzen Notlaufprogramme, die den Betrieb auch bei Ausfall beispielsweise eines Sensors garantieren sollen. Manche dieser elektronischen Systeme funktionieren so gut, dass Sie als Fahrer einen Fehler gar nicht bemerken.

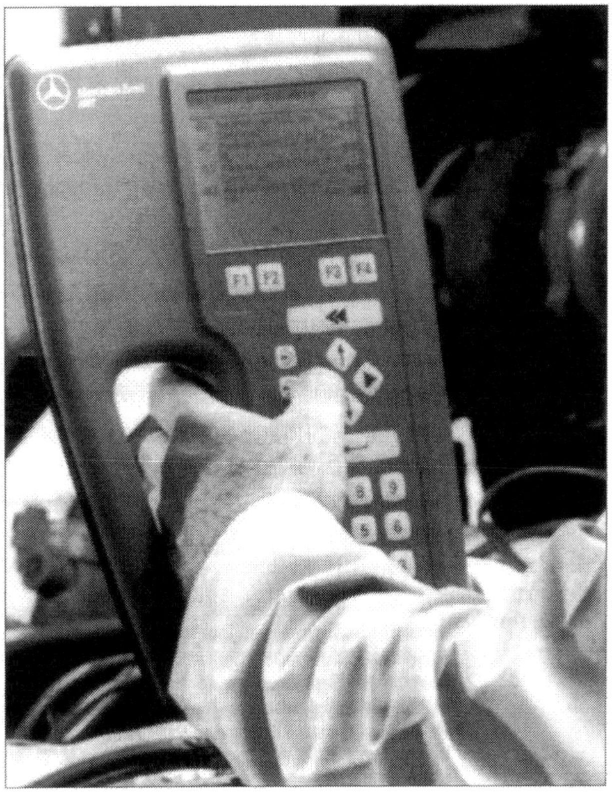

Mittels Hand-Held-Tester (HHT) »durchschaut« der geschulte Monteur die diversen, oftmals miteinander vernetzten elektronischen Systeme. Das ermöglicht eine schnelle und zielsichere Lokalisierung und Bewertung defekter Bauteile.

Wartungsplan

Ständige Kontrollen

- Scheibenwaschwasser auffüllen
- Scheibenwischer und Waschanlage prüfen
- Motorölstand prüfen
- Stand der Kühlflüssigkeit prüfen und nachfüllen
- Ölstand der Servolenkung prüfen
- Reifendruck prüfen
- Bremsen prüfen
- Stand der Bremsflüssigkeit prüfen
- Standlicht, Abblendlicht, Fernlicht prüfen
- Rücklichter und Nebelschlussleuchten prüfen
- Bremsleuchten und Blinker prüfen
- Warnblinker (Rundumwarnanlage)
- Hupe prüfen
- Instrumente kontrollieren

Wartung alle 15 000 km oder jährlich

- Scheibenwischerblätter auf richtige Ruhestellung und Funktion kontrollieren.
- Funktion der elektrischen Stromverbraucher, Schalter, Displays und anderen Betätigungen überprüfen.
- Türfangmechanismus und Schließzylinder schmieren.
- Säurestand in der Batterie kontrollieren (falls erforderlich) und ggf. destilliertes Wasser nachfüllen.
- Kühlsystem auf Dichtheit prüfen
- Wasserkasten und Ablaufventile auf Verschmutzung kontrollieren und ggf. reinigen.
- Motoröl und Ölfilter wechseln.
- Öldichtigkeit des Motors prüfen
- Auspuffanlage auf Leckstellen oder Beschädigung kontrollieren.
- Zustand der Stoßdämpfer prüfen
- Zustand der Reifen kontrollieren
- Bremsen prüfen
- Wirkung der Feststellbremse prüfen
- Bremsanlage auf Undichtigkeiten und Beschädigungen prüfen
- Bremskraftverstärker prüfen
- Bremsbelagdicke kontrollieren
- Zustand der Bremsscheiben kontrollieren
- Säurestand der Batterie kontrollieren, Kontakte pflegen
- Ladezustand der Batterie prüfen
- Heizungs-/Lüftungs-Funktion prüfen

Zusätzliche Wartung alle 30 000 km oder alle zwei Jahre

- Keilrippenriemen auf Beschädigung kontrollieren.
- Sichtprüfung der Einspritzanlage
- Kraftstoffanlage auf Dichtheit prüfen
- Zustand der Auspuffanlage kontrollieren
- Sichtprüfung der Kupplungshydraulik
- Schaltgetriebe auf Öldichtheit prüfen
- Ölstand im Automatikgetriebe kontrollieren
- Ölstand im Differential kontrollieren
- Manschetten der Antriebswellen prüfen
- Niveauregulierung prüfen
- Manschetten und Spiel der Spurstangenköpfe prüfen
- Manschetten und Spiel der Achsgelenke kontrollieren
- Radlagerspiel prüfen
- Radlagerspiel vorn einstellen
- Lenkungsspiel prüfen
- Dichtigkeit der Servolenkung prüfen
- Manschetten der Lenkzahnstange kontrollieren
- Staub- und Pollenfilter erneuern.
- Zustand des Unterschutzes kontrollieren. Falls erforderlich ausbessern lassen.

Zusätzliche Wartung alle 60 000 km

- Luftfiltereinsatz reinigen und auswechseln
- Kraftstofffilter ersetzen
- Kraftstoffvorfilter ersetzen
- Kupplungsverschleiß prüfen
- Bremsflüssigkeit wechseln
- Gleitschienen des Scheibe-Hub-Dachs reinigen und einfetten

Wartung alle 120000 km oder alle 4 Jahre

- Kühlflüssigkeit wechseln
- Kontrolle der Tankdurchlüftung
- Getriebeölstand prüfen

Kolibri 360 GmbH
Ferdinand-Jühlke-Straße 7
99095 Erfurt, Deutschland
produktsicherheit@kolibri360.de